21世纪高等学校计算机专业实用规划教材

计算机网络与通信

——原理与实践

◎ 洪家军 陈俊杰 编著

清華大學出版社

北京

内 容 简 介

全书分为两个部分，第一部分依照计算机网络经典的5层模型，以物理层、数据链路层、网络层、运输层和应用层自下而上逐层详细介绍了计算机网络的基本原理和技术；简要介绍了网络安全相关的基本理论；第二部分则以网络工程师的基本要求为目标设计了大量的综合性实验项目，所有实验项目均在虚拟机环境下实现，解决了真实实验环境下很多无法解决的难题。各章后面还附有大量来自历年网络工程师认证考试的真题，在附录中给出了绝大部分习题的参考答案。

本书的特点是概念准确、论述严谨、内容新颖、图文并茂、突出基本原理和基本概念的阐述，同时各实验项目均有详细实验指导过程，真正做到了理论与实践相结合，利于学以致用。

本书可供电气信息类和计算机类专业的高职、专科和本科生使用，对有志于参加网络工程师认证考试的读者以及从事计算机网络工作的工程技术人员也有一定的参考价值。

图书在版编目(CIP)数据

计算机网络与通信：原理与实践/洪家军，陈俊杰编著.—北京：清华大学出版社，2018 (2023.1重印)
(21世纪高等学校计算机专业实用规划教材)
ISBN 978-7-302-50150-3

Ⅰ. ①计… Ⅱ. ①洪… ②陈… Ⅲ. ①计算机网络—教材 ②计算机通信—教材 Ⅳ. ①TP393 ②TN91

中国版本图书馆CIP数据核字(2018)第112354号

责任编辑：闫红梅　薛　阳
封面设计：刘　键
责任校对：焦丽丽
责任印制：丛怀宇

出版发行：清华大学出版社
网　　址：http://www.tup.com.cn，http://www.wqbook.com
地　　址：北京清华大学学研大厦A座　　**邮　　编**：100084
社 总 机：010-83470000　　**邮　　购**：010-62786544
投稿与读者服务：010-62776969，c-service@tup.tsinghua.edu.cn
质量反馈：010-62772015，zhiliang@tup.tsinghua.edu.cn
课件下载：http://www.tup.com.cn，010-83470236
印 装 者：三河市君旺印务有限公司
经　　销：全国新华书店
开　　本：185mm×260mm　　**印　　张**：33.5　　**字　　数**：814千字
版　　次：2018年8月第1版　　**印　　次**：2023年1月第7次印刷
印　　数：8001～9000
定　　价：69.00元

产品编号：077544-01

出版说明

随着我国改革开放的进一步深化，高等教育也得到了快速发展，各地高校紧密结合地方经济建设发展需要，科学运用市场调节机制，加大了使用信息科学等现代科学技术提升、改造传统学科专业的投入力度，通过教育改革合理调整和配置了教育资源，优化了传统学科专业，积极为地方经济建设输送人才，为我国经济社会的快速、健康和可持续发展以及高等教育自身的改革发展做出了巨大贡献。但是，高等教育质量还需要进一步提高以适应经济社会发展的需要，不少高校的专业设置和结构不尽合理，教师队伍整体素质亟待提高，人才培养模式、教学内容和方法需要进一步转变，学生的实践能力和创新精神亟待加强。

教育部一直十分重视高等教育质量工作。2007 年 1 月，教育部下发了《关于实施高等学校本科教学质量与教学改革工程的意见》，计划实施“高等学校本科教学质量与教学改革工程(简称‘质量工程’)”，通过专业结构调整、课程教材建设、实践教学改革、教学团队建设等多项内容，进一步深化高等学校教学改革，提高人才培养的能力和水平，更好地满足经济社会发展对高素质人才的需要。在贯彻和落实教育部“质量工程”的过程中，各地高校发挥师资力量强、办学经验丰富、教学资源充裕等优势，对其特色专业及特色课程(群)加以规划、整理和总结，更新教学内容、改革课程体系，建设了一大批内容新、体系新、方法新、手段新的特色课程。在此基础上，经教育部相关教学指导委员会专家的指导和建议，清华大学出版社在多个领域精选各高校的特色课程，分别规划出版系列教材，以配合“质量工程”的实施，满足各高校教学质量和教学改革的需要。

本系列教材立足于计算机专业课程领域，以专业基础课为主、专业课为辅，横向满足高校多层次教学的需要。在规划过程中体现了如下一些基本原则和特点。

(1) 反映计算机学科的最新发展，总结近年来计算机专业教学的最新成果。内容先进，充分吸收国外先进成果和理念。

(2) 反映教学需要，促进教学发展。教材要适应多样化的教学需要，正确把握教学内容和课程体系的改革方向，融合先进的教学思想、方法和手段，体现科学性、先进性和系统性，强调对学生实践能力的培养，为学生知识、能力、素质协调发展创造条件。

(3) 实施精品战略，突出重点，保证质量。规划教材把重点放在公共基础课和专业基础课的教材建设上；特别注意选择并安排一部分原来基础比较好的优秀教材或讲义修订再版，逐步形成精品教材；提倡并鼓励编写体现教学质量和教学改革成果的教材。

(4) 主张一纲多本，合理配套。专业基础课和专业课教材配套，同一门课程有针对不同层次、面向不同应用的多本具有各自内容特点的教材。处理好教材统一性与多样化，基本教材与辅助教材、教学参考书，文字教材与软件教材的关系，实现教材系列资源配套。

(5) 依靠专家，择优选用。在制定教材规划时要依靠各课程专家在调查研究本课程教材建设现状的基础上提出规划选题。在落实主编人选时，要引入竞争机制，通过申报、评审确定主题。书稿完成后要认真实行审稿程序，确保出书质量。

繁荣教材出版事业，提高教材质量的关键是教师。建立一支高水平教材编写梯队才能保证教材的编写质量和建设力度，希望有志于教材建设的教师能够加入到我们的编写队伍中来。

21世纪高等学校计算机专业实用规划教材

联系人：魏江江 weijj@tup.tsinghua.edu.cn

前言

计算机网络，特别是 Internet 的产生与发展在现代科学技术史上具有划时代的意义。网络化、信息化和智能化正在改变我们的世界，包括我们的生活方式。互联网已经成为人类社会活动不可或缺的基础设施，掌握计算机网络原理与技术既是专业人士，也是现代社会各类人才的普遍要求。随着计算机网络向云计算、大数据和物联网等方向深入发展与应用，当代大学生更需要掌握计算机网络的基本原理，并具备一定的实践技能。

随着区域经济社会发展对应用型人才的需要，以及地方应用型本科院校对实践教学改革的迫切需求，急需建设一批以工程实践为导向的应用型教材，帮助学生在实践中更好地理解相关专业理论知识，并积累一定的工程实践经验，提升专业应用技能。

在本人从事计算机网络相关课程十余年的教学过程中，很少看到有教材能将计算机网络与通信的理论与实践融合在一起，让学生在学习理论的同时能有相应的实验指导来检验和实践相关的内容。因此，每次看到坐在讲台下的学生似懂非懂地听着这些理论知识的时候；每次在机房里看到那些学生因为没有具体的实验指导书而不知所措的时候；更重要的是经常有学生问学了这门课能做什么的时候……笔者都会有一种非常强烈的冲动，那就是要自己写一本既能将理论描述清晰而且简单，又能有丰富且具实用价值的综合性实验项目的教材，让学生读后知道计算机网络是什么，利用计算机网络能做什么以及如何构建和管理计算机网络等。近十年来，笔者参与了当地各企事业单位的各种教学、培训以及生产实践等活动；编写和修订了多种实验指导书，并在导师吴金龙教授的指导下，编写了一本《Internet技术与应用》，参编了另外两本关于计算机网络与安全的教材，积累了非常宝贵的经验。这次，终于下定决心，埋头工作半年有余的时间，将前期工作进行筛选和整理，完成本书的编写。

本教材以实用为价值取向，以网络工程师认证为目标进行设计安排。全书分为理论知识和实验实践两大部分。其中，理论知识依照计算机网络经典的 5 层模型，以物理层、数据链路层、网络层、运输层和应用层自下而上逐层介绍计算机网络的基本原理和技术，使读者逐步有序地深入学习和掌握各个层次的核心技术与协议规范；简要介绍了网络安全相关的基本理论。实验实践部分中的实验项目安排参考了网络工程师考试大纲的基本要求，所有实验项目均在虚拟机环境下实现，解决了真实实验环境下很多无法解决的难题，大多数实验项目为综合性和设计型实验，其中，第 11 章和第 12 章的实验项目来自于福建新大陆电脑股份有限公司，并在他们的基础上提炼简化而成。最后一章的综合实验则是将前面的实验进行再综合，达到了中小企业网络在规划、设计、配置、管理与维护等方面的基本要求。通过这些实验项目的训练，学生将对前面的理论学习有更直观的认识与理解，相信也能从实验中理解理论知识，掌握实践技能并能解决实际问题而由衷地感到愉悦，促进学生对网络工程师的认识，激发学生参加网络工程师认证考试的热情。

虽然本书不能作为网络工程师认证考试的教材，但通过本教材的学习，再去阅读网络工程师的教材以及考试真题，相信会轻松很多。

本书每章后面设有大量习题，这些习题很多均来自历年软考网络工程师认证考试的真题，期望这些习题能帮助读者更好地理解、掌握和检测每章中的重要知识点。附录A给出了大部分习题的参考答案或解析。为了能让读者更好地了解网络工程师认证考试，附录B给出了2016年下半年考试的全套考试真题及参考答案。

本教材由莆田学院信息工程学院的洪家军和陈俊杰共同编写，其中，洪家军编写了第1～7章和第10～14章，并统阅了全书。陈俊杰编写了第8章和第9章，并整理了附录B的内容。

本书涉及的许多资料来源于作者多年的教学与实践以及应用研究的积累，并参考了大量的书籍、文献和网络资源，特别是谢希仁教授编著的《计算机网络》(第7版)、张曾科和吉吟东编著的《计算机网络》以及雷震甲等人编写的《网络工程师教程》(第4版)三本重要教材。在此向有关书籍、文献和网络资源的作者表示衷心的感谢和诚挚的敬意。由于资料来源的广泛性，很多资料没有能够一一注明，在此向这些作者表示歉意。

最后衷心感谢清华大学出版社的大力支持，感谢福建省自科学基金项目(2016J01759)和莆田学院出版基金的资助。

由于时间和水平有限，书中难免存在不足和疏漏之处，敬请各位同行专家和广大读者批评指正。

洪家军

2018年1月

目　录

第一部分　计算机网络与通信的基本原理

第二部分 计算机网络与通信的实验与实践

附　录

第一部分
计算机网络与通信的基本原理

第1章 计算机网络概述

计算机网络和通信技术的发展与应用对人类的生产、生活和交流等日常行为方式都产生了深刻的影响。当前的商业、工业、科学、教育、卫生、体育与娱乐等领域都离不开计算机网络与通信技术。一场巨大的技术革命正发生在数据通信与网络行业。遍布全球的电信网络、有线电视网络和计算机网络正在迅速融合(**三网融合**),信息收集、数据传输、存储和处理之间的差别已逐步消失。计算机网络已经成为信息社会的命脉和发展知识经济的核心基础设施。

本章将讨论计算机网络的定义、形成与发展、分类、计算机网络的组成、Internet 的组成与结构、计算机网络的性能指标和计算机网络体系结构等常识性内容。最后简要介绍常用的几种物理传输媒体。

本章重点:

(1) 计算机网络的定义、功能、分类、分组交换技术与主要性能指标。

(2) 计算机网络的组成,特别是网络云与网络互联的思想。

(3) Internet 的组成与结构。

(4) 计算机网络的体系结构、协议、服务和协议数据单元等重要概念。

(5) 数据在层间的流动过程。

(6) 常用的物理传输媒体。

1.1 计算机网络的形成与发展

1.1.1 计算机网络的定义

计算机网络尚无精确的统一的定义,通常将计算机网络描述为:

通过**通信线路**和**网络设备**将地理位置不同、具有**自主处理能力**的多台计算机互连起来,以功能完善的网络**通信协议**和其他网络软件实现**资源共享**和**信息传递**的系统集合。

这个定义给出了计算机网络的组成构件和组建计算机网络的基本目的。这里的“自主处理能力”表明这台计算机包含中央处理器 CPU,它不依赖其他设备就能独立工作。

从计算机网络的定义可以看出,计算机网络是计算机技术与现代通信技术相结合的产物。计算机网络的基本功能就是**资源共享**和**数据通信**。因此,为接入网络的计算机提供连通性服务是计算机网络的基本能力。

1.1.2 计算机网络的形成与发展

计算机网络的形成与发展大致经历了以下 4 个阶段。

1. 以单台主机为中心的远程联机阶段

自从第一台计算机 ENIAC 诞生后，人们就开始尝试将通信技术与计算机技术相结合，如 20 世纪 50 年代初，美国半自动地面防空系统就将观测到的防空信息通过通信线路与一台 IBM 计算机连接，对分布在各地的防空信息实现集中处理与控制。该 IBM 计算机连接了一千多台终端（没有自主处理能力的设备），人们通过远离中心机房的终端分时使用该 IBM 中心计算机资源。1964 年问世的美国航空公司的飞机票预订系统 SABER 由两千多个终端组成。

这些早期的以单台主机为中心的远程联机系统显然不符合计算机网络的定义，但它确实给计算机网络的形成起到了开创性的贡献。

2. 计算机之间的联机阶段

1969 年，美国国防部高级研究计划局（Defense Advanced Research Projects Agency，DARPA）出资组建并成功运行的 ARPANET 分组交换网开创了计算机网络的先河。

ARPANET 最初由分设在加州大学洛杉矶分校、斯坦福研究院、加州大学巴巴拉分校和犹他大学的 4 个结点组成，结点之间通过通信线路和 IMP（Interface Message Processor，接口报文处理机）连接起来，主机之间的通信要通过 IMP 转发实现。ARPANET 的示意图如图 1-1 所示。

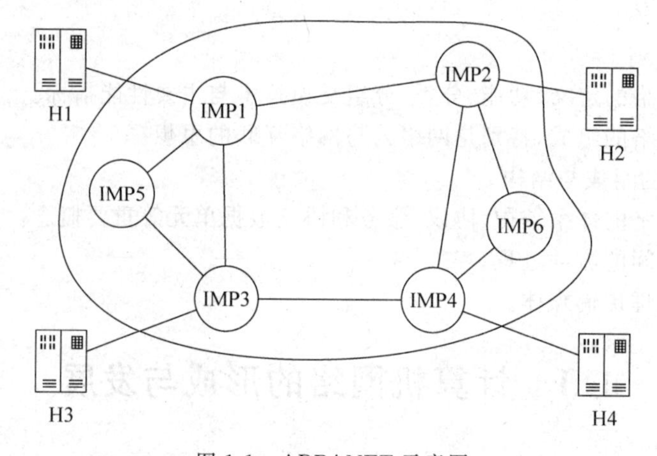

图 1-1　ARPANET 示意图

20 世纪 80 年代后，ARPANET 已由 4 个结点逐步发展到一百多个，并从美国本土覆盖到欧洲和太平洋地区。因此人们常用 ARPANET 作为第二代计算机网络的典型代表。

3. 标准化体系结构的计算机网络阶段

20 世纪 70 年代，人们发现采用不同网络体系结构组建的网络之间无法互联。例如，采用 IBM 的系统网络体系结构（System Network Architecture，SNA）组建的网络，就很难与 DEC 公司的数字网络体系结构（Digital Network Architecture，DNA）兼容。

为了使不同网络体系结构的计算机网络都能互联，DARPA 大力资助互联网技术的研究，于 20 世纪 70 年代末期推出了 TCP/IP 协议族规范。为了推广 TCP/IP，DARPA 资助加州大学伯克利分校将 TCP/IP 融入到当时非常流行的 BSD UNIX 操作系统中。1983 年，伯克利推出内含 TCP/IP 的网络操作系统 BSD UNIX，有力促进了 TCP/IP 的推广应用。同时，DARPA 将 ARPANET 上的所有计算机的网络协议改用为 TCP/IP，使得网络互联成为现实，互联网技术由此产生，ARPANET 也从开始的广域网向互联网转型和发展，拉开了 Internet 发展的大幕。

同一时期，国际标准化组织(International Standards Organization，ISO)于 1977 年成立了专门机构研究网络互联问题，并于 1984 年正式公布一个称为开放系统互连参考模型 OSI/RM 的国际标准 ISO7498。但由于 OSI/RM 层次过多和过于复杂，更重要的是由于当时的 TCP/IP 已投入巨资并得到了大量应用，使得 OSI/RM 的实现与应用缺乏商业驱动力和有力配合。因此，OSI/RM 目前只能是法定的计算机网络体系结构标准，而 TCP/IP 则成了事实上的计算机网络体系结构标准。但 OSI/RM 提出很多关于计算机网络的概念和思想仍被人们广泛接受和使用。

在这一时期，由于微型计算机的兴起与飞速发展，局域网也得到了极大的发展，多种局域网纷纷投入市场，包括 Xerox 公司的以太网(Ethernet)、Novell 公司的 NetWare 以及 Microsoft 的 Windows NT 局域网等。同时，IEEE(Institute of Electrical and Electronics Engineers，电气电子工程师协议)制定了一系列的 IEEE 802 局域网标准，其中很多标准都成为有广泛影响的国际标准。

4. 高速网络和 Internet 高速发展与应用的阶段

1990 年，由美国国家科学基金会(National Science Foundation，NSF)于 1986 年建立并成功运营的 NSFnet 取代 ARPANET 成为 Internet 的骨干网络，ARPANET 完成实验任务宣告解散，Internet 由此从大学和研究机构走进了公众社会。1993 年开始，Internet 逐渐转为商用，NSFnet 逐渐由被称为 ISP(Internet Service Provider，互联网服务提供商)的商业公司建设和经营的互联网骨干网络所取代。

1993 年 9 月美国公布了国家信息基础设施(National Information Infrastructure，NII)的建设计划。NII 被形象地称为信息高速公路。美国的 NII 触动了世界各国，引起人们对信息技术与信息服务的极大关注。尤其是 WWW(World Wide Web，万维网)和电子邮件等网络应用技术的诞生与应用将 Internet 的发展与应用推向了高潮。

随着 Internet 的广泛应用以及用户数的急剧增长，这将带来至少以下两个方面的问题。

一是网络无法满足人们在获取 Internet 信息资源特别是多媒体资源在速度方面的需求。因此在骨干网方面，光纤取代了早期的铜缆；局域网层面，快速以太网、吉比特以太网甚至更高速的以太网技术得到快速发展与应用；在用户端，数字用户线路(xDSL)、光纤同轴混合系统 HFC(Hybrid Fiber Coax)以及光纤宽带等宽带接入技术已得到广泛应用。

二是 Internet 经过四十多年的发展，32 位的 IPv4 地址空间消耗殆尽，这对 Internet 提出了新的挑战。于是 1996 年美国政府出台了 NGI(Next Generation Internet，下一代互联网)计划并进行 NGI 关键技术研究，先后建成了 vBNS 和 Abilene 两个高速网络实验床。其他国家和地区也相继开展了下一代高速互联网络研究，如中国的下一代互联网示范工程 CNGI(China's Next Generation Internet，中国下一代互联网)。

1.1.3 计算机网络在我国的发展

我国的计算机网络起步较晚，但近期发展相当迅速。1989 年 11 月，我国的第一个分组交换网 CNPAC(China Packet Switched Network，中国分组交换数据网)建成运行。1993

年建成新的中国公用分组交换网，并改称 CHINAPAC。CHINAPAC 由国家主干网和各省市的网络组成，在北京和上海设有国际出口。

20 世纪 80 年代后，局域网得到迅速发展，我国很多单位相继组建了自己的局域网，推动了各行各业的管理现代化和办公自动化。

1994 年 4 月 20 日，我国用 64kb/s 的专线连入 Internet，从此被国际上正式承认为真正拥有全功能 Internet 的第 77 个国家。同年 5 月，中国科学院高能物理所建立了我国的第一个万维网站。9 月，中国公用计算机互联网 ChinaNET 正式启动。目前，我国主要有以下 5 大公用计算机网络。

(1) 中国电信互联网 ChinaNET；

(2) 中国移动互联网 CMNET；

(3) 中国联通互联网 UNINET；

(4) 中国教育和科研计算机网 CERNET；

(5) 中国科学技术网 CSNET。

2004 年 2 月，我国的第一个下一代互联网 CNGI 的主干网 CERNET2 实验网正式开通并提供服务，这标志着我国在互联网的发展过程中，已经逐渐达到与世界国际先进水平同步。

中国互联网网络信息中心(China Internet Network Information Center，CNNIC)自 1997 年以来，每年两次公布我国互联网的发展统计报告。根据 2017 年 1 月发布的研究报告可以看到我国的互联网用户已超过 7 亿，其中手机用户已接近 7 亿，早已跃居世界第一。

目前，我国互联网产业正处于蓬勃高速发展与应用时期，诸如搜狐、网易、新浪和凤凰网等中国最大的门户网站为用户提供新闻浏览、邮件服务和搜索等网络服务。腾讯网作为中国最大的互联网综合服务提供商，为用户提供游戏、邮件、即时通信、资讯和软件下载等服务。百度作为全球最大的中文搜索引擎为用户提供各种信息资源的搜索服务。

最值得一提的是全球最大的电子商务网——阿里巴巴(包括淘宝和天猫在内)以及第三方支付平台——支付宝，为全国范围内的用户提供了简单、安全和快速的网络购物环境，同时也为大量年轻人提供了难得的创新和创业舞台，并将中国电子商务的发展快速推向一个全新的高度。

所有这些互联网应用正极大地推动着我国互联网向全国各地和全年龄段的全覆盖。

1.2 计算机网络的组成

1.2.1 计算机网络的基本构件

尽管计算机网络结构十分复杂，网络设备多种多样，但从逻辑上讲，构成计算机网络的所有实体均可以抽象为以下两种基本构件。

(1) **结点**(Node)：结点可以分为端结点和中间结点两类，端结点也称为端系统或者主机，如 PC。中间结点包括路由器、交换机、自治系统和代理等网络设备或组织。

(2) **链路**(Link)：链路就是从源主机到目的主机之间的端到端的路径。或者两个相邻结点之间的“跳”(hop)。相邻结点是指它们的数据没有经过路由器转发。

最简单的计算机网络可以是若干台计算机通过双绞线与交换机连接组成，如图 1-2 所示。图中的所有 PC 均为端结点，交换机是中间结点，端结点之间的线路就是链路，PC1 和任何其他端结点均为相邻点，它们之间的链路就是“跳”。

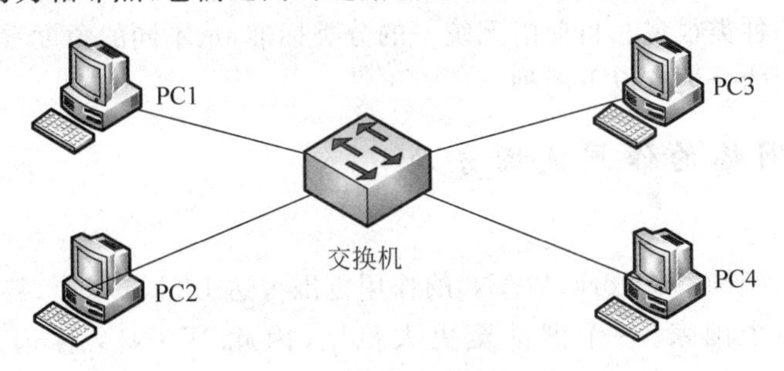

图 1-2　由交换机连接而成的计算机网络

1.2.2　网络互连与网络云

将众多诸如图 1-2 所示的网络再通过路由器以及其他网络互连设备连成一个更大的网络，这种连接方式称为**网络互连**，这个更大的网络就称为**互联网**，Internet 就是全球最大的一个互联网，称为因特网或者国际互联网。

于是我们可以有如下基本概念。

单个计算机网络将计算机连接在一起，而**互联网是网络的网络**，它把多个计算机网络通过路由器连接在一起。

为了便于研究，通常将诸如图 1-2 所示的网络抽象地用一朵云来表示，这就是**网络云**，一个网络云中通常采用同一种技术，并属于某一个组织和企事业单位。如图 1-3 所示，各个网络云通过路由器或者其他网络互连设备连接起来，我们的 PC 可以形象地认为接入到某个网络云上，并通过各网络云之间的连通性来实现资源共享和数据通信。这样用户就不需要关心网络的内部细节，只需要了解如何接入到网络并利用网络解决我们的各种需求即可。

Internet 就是一朵最大的网络云，它包含众多大小不同、技术各异的网络云。

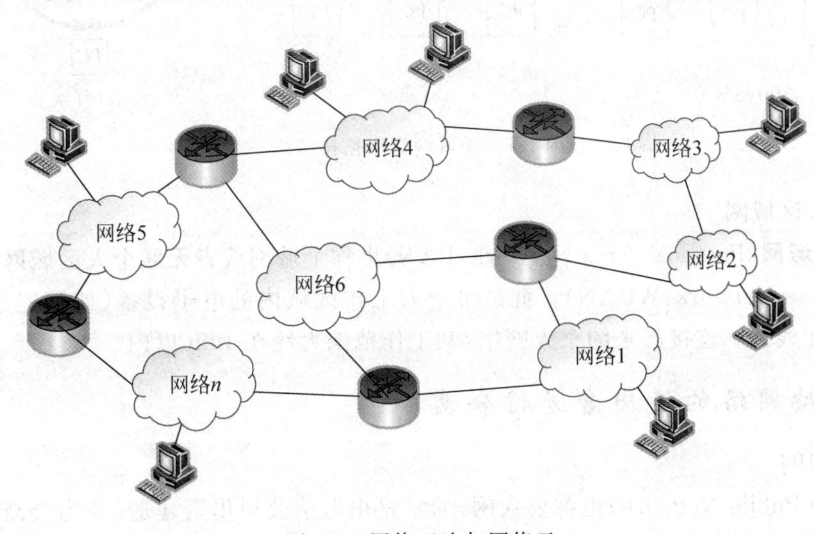

图 1-3　网络互连与网络云

1.3 计算机网络的分类

计算机网络的种类很多。目前尚无统一的分类标准，从不同的角度看，便有不同的分类方法。其中最常用的分类有以下两种。

1.3.1 按照网络的作用范围分类

1. 广域网

广域网(Wide Area Network，WAN)的作用范围可达 100km 以上，甚至数千千米，可以覆盖一个地区、一个国家、一个洲甚至更大范围，因此 WAN 又称远程网(Long Haul Network)。WAN 是 Internet 的核心部分，其任务是实现数据的长距离传输。

2. 城域网

城域网(Metropolitan Area Network，MAN)的作用范围一般在 10～100km 的区域，局限在一座城市范围内。例如，有线电视网就是由城市管理部门组建的城域网。

3. 局域网

局域网(Local Area Network，LAN)就是局部范围内的小规模的计算机网络，作用范围一般在 10km 以内。例如一座办公楼、一个仓库或一个校区所组建的网络就是一个局域网。

局域网通常采用总线、星状和环状拓扑结构，分别如图 1-4 所示。其中，星状结构是当前局域网的主流技术，其他两种结构越来越少见了。

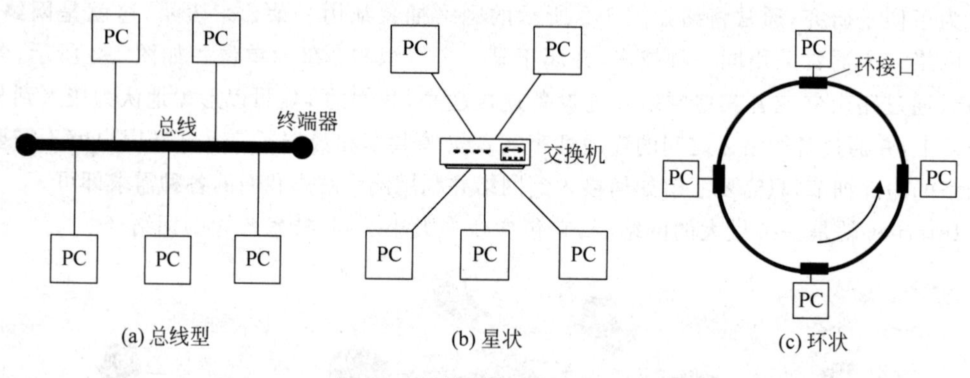

图 1-4　局域网常用拓扑结构

4. 个人区域网

个人区域网(Personal Area Network，PAN)也称个域网或者**无线个人区域网**(Wireless Personal Area Network，WPAN)。就是将个人工作区域内的电子设备(如智能手机、笔记本等)通过无线技术连接起来的个人网络，其工作范围大约在 10m 以内。

1.3.2 按网络的使用者进行分类

1. 公用网

公用网(Public Network)也称公众网，通常是由电信公司出资建造，并为公众提供有偿服务的大型网络,如大家所熟悉的中国电信网络、中国移动网络和中国联通网络均属此列。

2. 专用网

专用网(Private Network)也称私有网,是由某个部门为满足本单位的特殊业务工作需要而建造的网络。这种网络不向本单位以外的人提供服务。大多数局域网就属于专用网,其内部的计算机采用专用的 IP 地址实现相互之间的通信。

另外,按照传输媒体还可以分为有线网络和无线网络。

1.4 Internet 的组成

Internet 是由各个国家、各个部门、各个机构、各行业和各领域的计算机网络所组成的一个巨大的网络。按照前面介绍的网络云的概念就是由全球各个网络云互连起来的一个巨大的网络云。因此,人们无法确切地知道它的结构和规模。但研究者们为了便于研究,将 Internet 分成两个部分:**边缘部分**和**核心部分**,如图 1-5 所示。

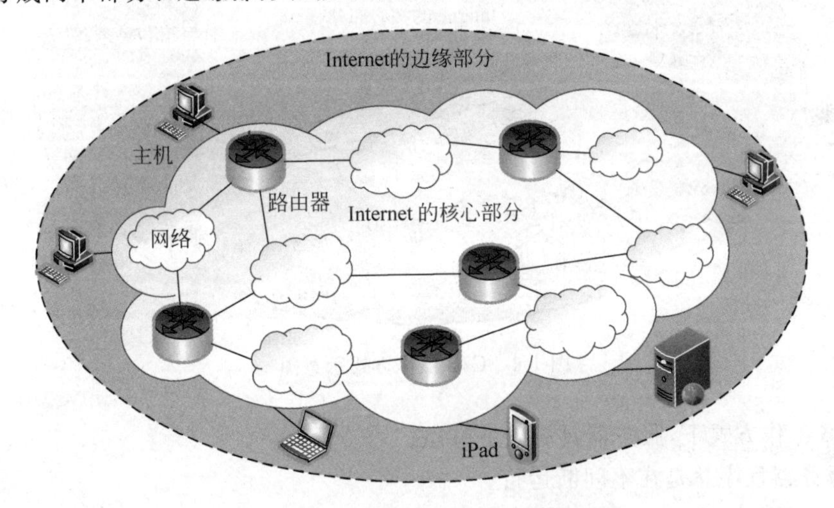

图 1-5 Internet 的边缘部分与核心部分

1. Internet 的边缘

Internet 的边缘也称为 Internet 的资源子网,它位于 Internet 云的外层,主要由端系统及其内部的软、硬件和数据资源组成,其主要任务是进行信息处理并提供资源共享。

2. Internet 的核心

Internet 的核心也称为通信子网,整个 Internet 云就是 Internet 的核心,主要由传输媒体、路由器和其他各种网络通信设备组成,其主要任务是提供连通性并实现信息传递。

1.4.1 Internet 的边缘

从图 1-5 可以看出,所有主机包括个人计算机、iPad、智能手机以及服务器都位于 Internet 云的边缘,也就是整个网络的最末端,这也是将这些主机称为端系统或者端结点的原因。

两个端系统之间的通信通常可以划分为客户/服务器工作方式(Client/Server,C/S)和对等工作方式(Peer to Peer,P2P)两大类。

1. C/S 工作方式

在 C/S 方式,运行有客户端程序的计算机称为客户机,运行有服务器程序的计算机称为服务器。服务器对外提供某种服务,而客户机通过向服务器提出服务请求来获取服务器的服务。

最典型的 C/S 实例就是 Web 服务(虽然有人称这种方式为 Browser/Server,简称 B/S,但其本质仍然是 C/S 模式)。当用户需要查看某个网页时,客户机通过浏览器客户程序向服务器发送请求该网页的服务,服务器响应该请求,并将该网页数据返回给浏览器,浏览器则对该响应进行解释并显示网页的具体内容。图 1-6 为 C/S 工作方式的示意图。

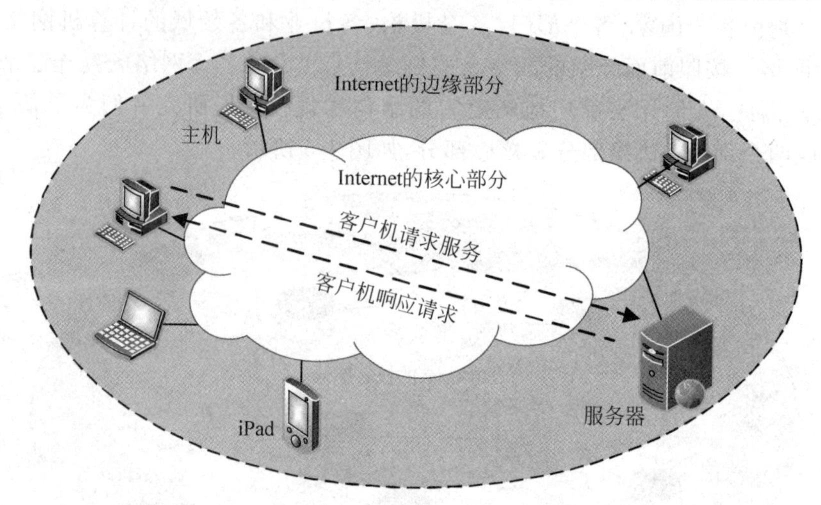

图 1-6　C/S 工作方式示意图

在 C/S 工作方式下,服务器具有以下特点。

(1) 服务器程序总是在不间断运行。

(2) 服务器具有永久的 IP 地址和固定的端口号,这是为了方便客户机总能找到它。

(3) 服务器总是被动地等待客户机的合法服务请求,并提供相应的服务予以响应。

在 C/S 工作方式下,客户机具有以下特点。

(1) 客户机总是主动地向服务器提出服务请求,并接收服务器的响应。

(2) 客户机的 IP 地址可以固定,也可以不固定,但端口号是随机的。

2. P2P 工作方式

由于用户计算机都具有相同的功能,运行着对等的程序,因而将它们称为对等方,它们之间的通信就称为对等通信。图 1-7 所示为 P2P 工作方式示意图。

最典型的 P2P 应用实例是 BitTorrent 和 eMule 等 BT 共享通信。运行了 BitTorrent 程序的客户机会自动共享 BitTorrent 共享目录中的所有文件,其他客户机则通过 BitTorrent 程序自动搜索 BitTorrent 共享目录中的文件并自动下载它所需要的文件或者文件的一部分内容。在这种应用中,所有客户机都是平等的,从他人计算机中获取了所需资源的同时也将自己所拥有的资源共享给了其他人,这种共享通信程序是自动进行的。

从微观的角度看,P2P 仍然是 C/S 工作方式,因为在某一个时刻,总是有一台计算机在请求资源，另一台计算机在提供资源。但从宏观角度看，在一段时间内，每台计算机既有作为客户机的时候，也有充当服务器的时候。例如图1-7中，主机C和主机E相互作为对方的服务器和客户机。主机A在向主机C和D提供服务的同时在向主机B请求服务。

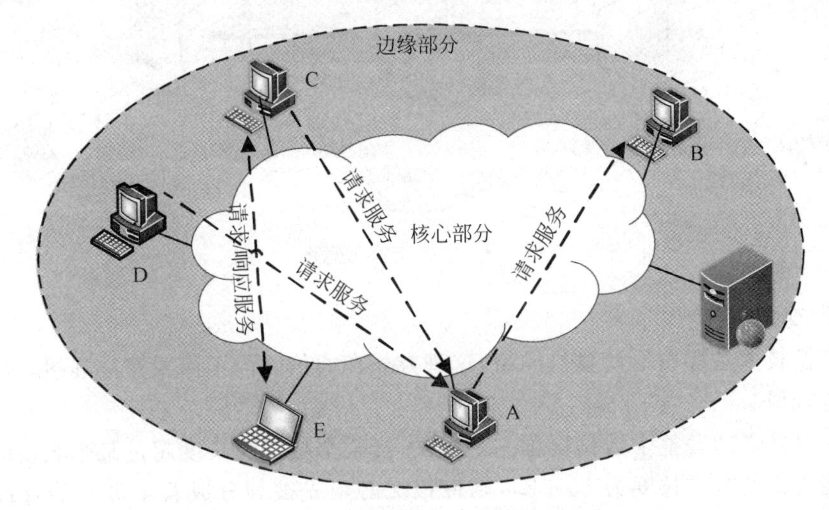

图1-7 P2P工作方式示意图

1.4.2 Internet的核心

Internet的核心是最复杂的部分，其核心部件是路由器，它是一种专用计算机，其主要作用是实现网络互连并将收到的每一个数据包转发出去。

我们将数据包从一个路由器转发到另一个网络的过程称为**交换**，路由器也因此称为交换结点。常用的交换技术主要有电路交换和分组交换，其中路由器采用的是分组交换技术。

1. 电路交换

电路交换主要存在于电话网中。在使用电路交换进行通信之前，必须先拨号请求建立连接，这条连接就是电路，每条电路都会分配恒定的传输带宽以便保证通信双方的通话质量，即使通信双方没有传递有效数据也要维持该分配，因此，该电路上的资源将一直被占用直到某一方挂掉电话才会释放这条电路及为其分配的带宽资源。因此，电路交换可以概括为"建立电路"→"发送数据"→"释放电路"三个过程。

电路交换的示意图如图1-8所示。电话机一侧的用户线为用户独占专用，电信网中的中继线为所有用户共享使用。当建立电路时，交换机将从中继线中划出一个话路分配给该电路，在通信过程中，用户线和分配的话路将始终被用户占用。

电路交换的优点就是一旦电路建立后，将可以实现近乎实时和可靠的通信，因而很适合像语音电话这样的业务。

当用电路交换方式来传输计算机数据时，由于计算机发送数据具有突发性和随机性，当只有少量数据要发送时，可以想象如果电路一直不释放，该电路的利用率将非常低。而且由于线路被独占，还将严重影响与其他计算机之间的通信。但如果每发送一次数据，哪怕只发送一个字节，都要先建立电路，这样会带来较大的时间延迟。因此，电路交换不太适合用来传输计算机数据。

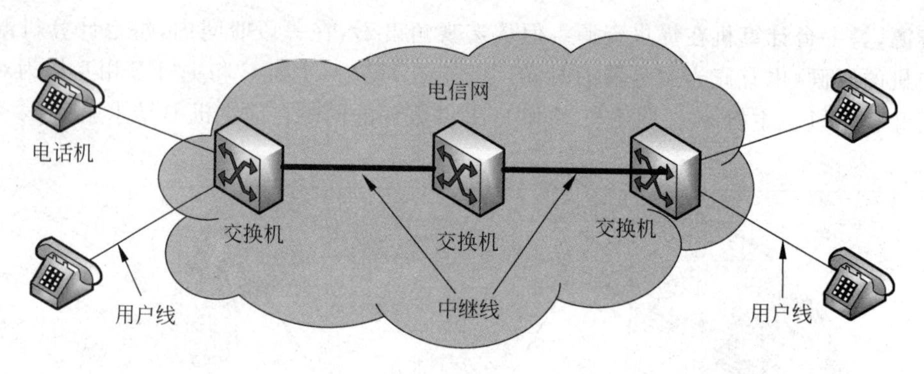

图 1-8　电路交换示意图

2. 分组交换

分组交换技术主要用于计算机网络，这种方式在通信之前不需要建立连接，也不需要预先分配带宽资源。

通常将要发送的一整个数据块称一个**报文**，当某个报文的长度超过某个数值时(例如以太网最大能传输的报文长度为 1500B)，则该报文必须先被划分成若干等长的片段(最后一个片段例外)，然后为每个片段加上一个头部，头部包含目的地址和源地址以及其他一些必要的控制信息。由此形成的新的片段称为分组，或者包，如图 1-9 所示。

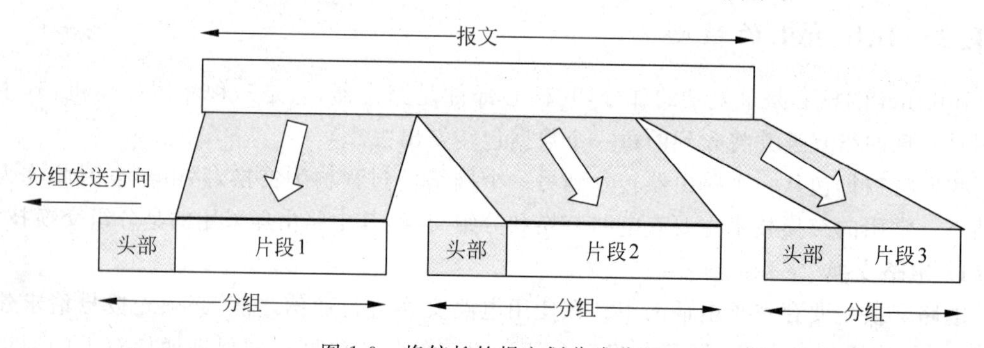

图 1-9　将较长的报文划分成分组

分组交换通常采用**存储转发**技术来传输各个分组，其基本思想是每个分组均单独处理与传输，每当路由器收到一个分组，就先将该分组暂时存储到内存，然后提取分组的头部信息加以处理，根据头部中的目的地址找到合适的接口转发给相邻的下一个路由器。这样一步一步地以存储转发的方式转发下去，直到把分组交付给最终的目的主机。

由于每个分组单独传输，且每个分组的长度很小，路由器在存储转发时就可以做得很高效。另外，由于网络状态可能瞬息万变，这将导致同一个报文的不同分组的传输路径可能不相同，到达目的地时与发送的先后顺序也可能不相同。

由于分组转发是在路由器之间进行，因此，我们可以将 Internet 中的网络云再次简化成一条链路，这样 Internet 的核心就只剩下路由器和链路了，边缘部分的主机直接连接到路由器上。分组在这样的环境传输将变得非常清晰。

如图 1-10 所示，三个分组从 PC1 传输到 PC2 的过程中，路由器 R1 将接收到的分组 1 和分组 2 转发给了路由器 R2，但在处理分组 3 的时候发现前往路由器 R3 的链路比前往 R2

的链路更优，于是分组 3 被转发给了路由器 R3。路由器 R2 也可能遇到类似的问题，最后的结果是最先发送的分组 1 最后到达到目的主机。

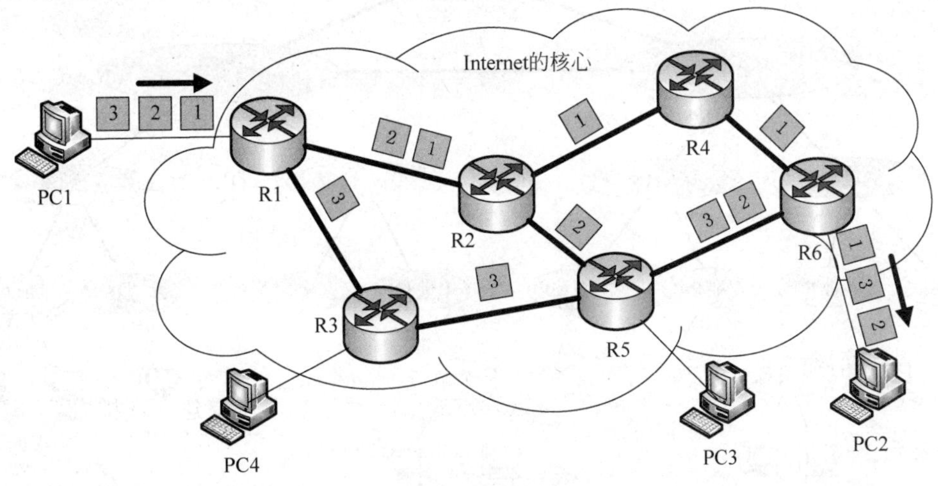

图 1-10　分组在网络中传输示意图

分组交换因为不需要建立电路，分组传输所需要的带宽在路由器之间传输时会动态分配，不同路由器之间分配的带宽也可能不相同。因此，分组交换可以有效地应对计算机发送数据的突发性和随机性，并有效提高了通信线路的利用率。

分组交换的主要缺点是分组在各路由器存储转发时需要被储存和排队，这将造成一定的时延，对实时通信有一定的影响。

1.5　Internet 的结构与管理

1.5.1　Internet 的结构

当前的 Internet 是一个多层次的 ISP 结构的互联网。ISP 就是为用户提供接入 Internet 服务的商业公司，如中国电信、中国联通和中国移动等公司都是我国知名的 ISP。

ISP 可以从 Internet 管理机构申请到很多 IP 地址(个人无法申请)，同时拥有通信线路和路由器等联网设备，用户通过向 ISP 租借 IP 地址和通信线路来连接到 Internet。

ISP 有大小之分，根据提供服务的覆盖面积，可以将 ISP 分成主干 ISP、地区 ISP 和本地 ISP 三个层次，如图 1-11 所示。

(1) 主干 ISP。主干 ISP 服务面积最大，覆盖国际区域，提供 Internet 高速骨干网。主干 ISP 包括 Level 3 Communications、AT&T、Sprint 和 NTT 等十几家公司。

(2) 区域 ISP。区域 ISP 服务面积覆盖一个地区或国家，中国电信、中国联通和中国移动就属于此列。区域 ISP 向上与少数主干 ISP 相连，或者与其他区域 ISP 相连。区域 ISP 之间还可以通过 IXP(Internet eXchange Point，互网络交换点)实现互连，IXP 可以将与其相连的两个区域的数据高速直接转发，而不必经过主干 ISP，从而减轻了主干 ISP 的负担，使得骨干网上数据流量分布更加合理。

(3) 本地 ISP。本地 ISP 可以连接到区域 ISP 上，也可以直接连接到主干 ISP 上，用户端包括个人计算机、一些小的企事业单位和学校等。

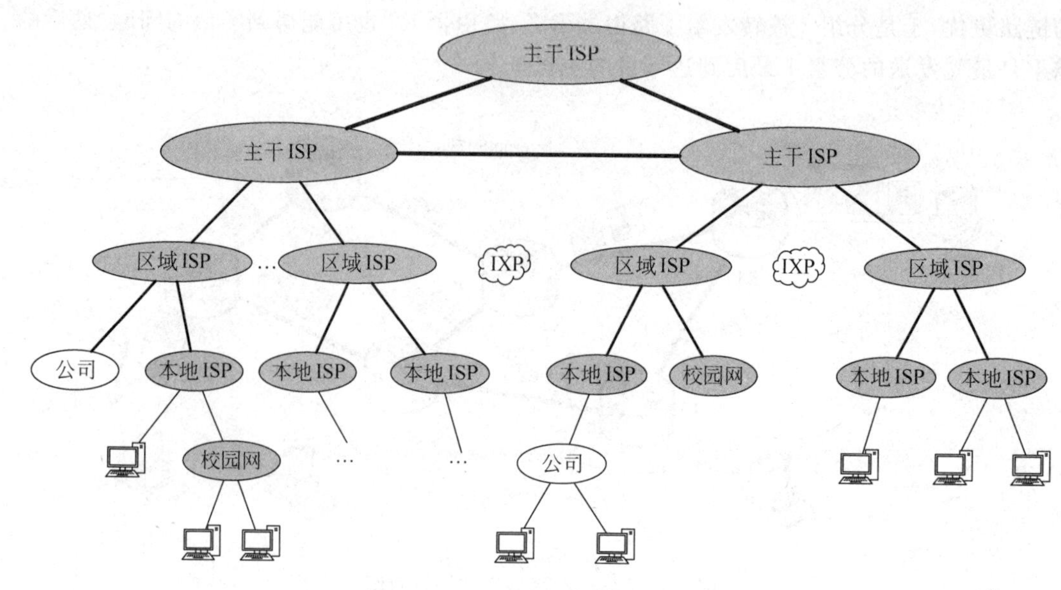

图 1-11 Internet 层次结构示意图

1.5.2 Internet 的管理机构及标准化组织

1992 年以后 Internet 不再归美国政府管辖，因此，没有一个政府机构对 Internet 负责，没有首席执行官或领导，甚至没有主席。但 Internet 沿袭了 20 世纪 60 年代形成时的多元化模式，由以下一些组织帮着展望新的 Internet 技术、管理注册过程以及处理其他与网络运行相关的工作。

1. Internet 协会

Internet 协会(Internet Society，ISOC)是一个专业性的会员组织，由来自一百多个国家的 150 个组织以及 6000 余名个人成员组成，这些组织和个人展望影响 Internet 现在和未来的技术。ISOC 下面有一个名为 Internet 体系结构委员会(Internet Architecture Board，IAB)的组织，负责管理互联网有关协议的开发。IAB 下面又设以下两个工程任务组。

1) Internet 工程任务组

Internet 工程任务组(The Internet Engineering Task Force，IETF)是由许多工作组(Working Group，WG)组成的论坛，具体工作由 Internet 工程指导小组(Internet Engineering Steering Group，IESG)管理。每个工作组集中研究某一特定的短期和中期的工程问题，主要是针对协议的开发和标准化。IETF 是开放的，其站点是 http://www.IETF.org。

2) Internet 研究任务组

Internet 研究任务组(Internet Research Task Force，IRTF)是一个对一些长期的互联网问题进行理论研究的组织。同 IETF 一样，IRTF 也有很多研究小组，分别针对不同的研究课题进行讨论和研究。IRTF 站点是 http://www.IRTF.org。

2. Internet 名字和编号分配组织

Internet 名字和编号分配组织(The Internet Corporation for Assigned Names and

Numbers,ICANN)负责在全球范围内对互联网唯一标识符系统及其安全稳定的运营进行协调,包括 IP 地址的空间分配、协议标识符的指派、通用顶级域名、国家和地区顶级域名系统的管理,以及根服务器系统的管理。

3. 国际互联网信息中心

国际互联网络信息中心(Internet Information Center,InterNIC)是 ICANN 下的一个组织,通过提供用户援助,文件,Whois,Internet 域名和其他服务来为 Internet 团体服务。

4. 中国互联网络信息中心

中国互联网信息中心(China Internet Network Information Center,CNNIC)是 1997 年 6 月成立的非营利的 Internet 管理与服务机构,行使中国国家 Internet 信息中心的职责。

CNNIC 在业务上接受信息产业部领导,在行政上接受中国科学院领导。中国科学院计算机网络信息中心承担 CNNIC 的运行和管理工作。由国内知名专家、各大互联网络单位代表组成的 CNNIC 工作委员会,对 CNNIC 的建设、运行和管理进行监督和评定。

5. 国际电信联盟

国际电信联盟(International Telecommunication Union,ITU)是联合国的一个重要专门机构,简称"国际电联"或"电联"。主管信息通信技术事务,负责分配和管理全球无线电频谱与卫星轨道资源,制定全球电信标准,向发展中国家提供电信援助,促进全球电信发展。

ITU 的组织结构主要分为电信标准化部门(ITU-T)、无线电通信部门(ITU-R)和电信发展部门(ITU-D)。

6. 电气和电子工程师协会

电气和电子工程师协会(Institute of Electrical and Electronics Engineers,IEEE)是一个国际性的电子技术与信息科学工程师的协会,是目前全球最大的非营利性专业技术学会。IEEE 专门设有 IEEE 标准协会(IEEE Standard Association,IEEE-SA)负责标准化工作。IEEE-SA 下设标准局,标准局下又设置两个分委员会,即新标准制定委员会(New Standards Committees)和标准审查委员会(Standards Review Committees)。IEEE 的标准制定内容包括电气与电子设备、试验方法、元器件、符号、定义以及测试方法等多个领域。

1.5.3 Internet 的标准化

Internet 标准是开放的标准,所有 Internet 标准都以 RFC(Request For Comments,请求评论)的形式在互联网上发表,并可免费下载。但并不是所有的 RFC 文档都是 Internet 标准。Internet 标准按发表时间先后顺序进行编号,如 RFC 1009。一个 RFC 文档更新后都会使用一个新的编号,并在文档中指出原来旧编号的 RFC 文档已陈旧。

要成为 Internet 的正式标准要经过以下三个阶段。

(1) **Internet 草案**(Internet Draft):一种新的技术或改进的想法经实际测试运行后,可以请求成为 Internet 草案,但此时还不能称为 RFC 文档。

(2) **建议标准**(Proposed Standard):Internet 草案经评论和反馈并得到多数支持,就可以成为建议标准,此时就可以称为 RFC 文档,并赋予了一个编号。

(3) **Internet 标准**(Internet Standard):随着建议标准的成熟,就可以提升为正式标准。

也有许多 RFC 文档在没有成为 Internet 标准时就已经有产品实现并得以广泛应用。

1.6 计算机网络的性能指标

计算机网络需要为端结点提供数据传输服务，这种传输服务的能力程度就涉及计算机网络的性能，也称为性能测度(metric)。

计算机网络的性能指标主要包括数据传输速率、带宽、吞吐量、时延、时延带宽积和误码率等。

1.6.1 数据传输速率

数据传输速率是计算机网络中最重要的一个性能指标，简称为**数据率**或者**比特率**，也就是人们常说的网速，是指每秒传输二进制数据的位数，单位为 b/s，也常写成 bps。

由于现在计算机网络的传输速率比较大，通常采用更大的单位来表示，如 kb/s、Mb/s 和 Gb/s 等，这里的 k(小写)、M 和 G 分别表示 10^3、10^6、10^9。而在表示数据量(单位为字节，即 B 或 Byte)时，千、兆和吉一般分别用 K(大写)、M 和 G 表示，分别代表 2^{10}、2^{20} 和 2^{30}。

1.6.2 带宽

带宽(Bandwidth)原本来自模拟通信领域，指的是信道所支持的最高频率与最低频率之差，单位为赫兹(Hz)。

后来计算机网络借用带宽来表示传输数字数据的能力，即网络所支持的**最大数据率**，单位与数据传输速率一样为 b/s。

生活中有一个名为**宽带**的名词，这里不要混淆了，宽带是相对窄宽而言的，是指宽的频带。生活中的宽带可以解释为高的数据传输率，光纤宽带就是指通过光纤来获得高的数据传输率。

1.6.3 吞吐量

吞吐量(Throughput)表示单位时间内通过某个信道或接口的实际数据量，单位可以是 b/s、frame/s 或者 packet/s。

虽然数据率、带宽和吞吐量的单位相同，但表示的含义还是有点儿差别的，这里对数据率、带宽和吞吐量稍做区分一下。

数据传输速率是指额定数据速率或者标称数据速率，而带宽指的是最大数据速率，吞吐量则表示实际数据速率。例如一段带宽为 100Mb/s 的链路连接的两台主机，但可能因为各种因素(如丢包、协议等)使得吞吐量只有 10Mb/s。这也是为什么在实际生活中，标称网速为 100Mb/s，但在使用时仍然会感到网络慢的原因之一。

1.6.4 时延

计算机网络中，**时延**(Delay)是指一个数据块从网络的一端传送到另一端所需要的时间。时延由以下三个部分组成。

1. 发送时延

发送时延是指结点将整个数据块从结点内存送入到物理传输媒体所需要的时间，计算公式如下：

$$\text{发送时延} = \frac{\text{数据块长度(b)}}{\text{数据传输速率(b/s)}} \tag{1-1}$$

2. 传播时延

传播时延是指承载信号的电磁波在一定长度的信道上传播所需要的时间，计算公式如下：

$$\text{传播时延} = \frac{\text{信道长度(m)}}{\text{电磁波在信道中的传播速率(m/s)}} \tag{1-2}$$

在自由空间，电磁波以光速 300 000km/s 传播，但在铜缆或光纤中，电磁波的速度大约降低到光速的 2/3，相当于 200m/μs。可见，在某一个信道中的传播时延取决该信道的长度。

3. 转发时延

转发时延是指数据块在中间结点（如交换机、路由器等转发设备）转发数据时引起的时延。路由器转发分组时可能产生如下时延。

1）排队时延

由于路由器采用存储转发，排队时延就是分组进入路由器后存储下来等候被处理所花费的时间。即分组在输入和输出路由器缓冲区的排队花费的时间，这个时间与网络负载状况有关。如若网络轻负载，则排队时延就会很少。

2）处理时延

路由器在处理分组时，如检查分组头部信息、差错检验和查找转发表等所花费的时间就是处理时延。

这样，一个数据块经历的时延就是上述三部分时延之和，公式如下：

$$\text{总时延} = \text{发送时延} + \text{传播时延} + \text{转发时延} \tag{1-3}$$

时延是计算机网络的一项重要指标，各种时延影响到网络参数的设计。和时延有关的一个概念是往返时间（Round Trip Time，RTT）。在 TCP 中，RTT 表示报文从发送出去时到确认返回时的这一段时间。

1.6.5 时延带宽积

一条链路的**时延带宽积**是指其传播时延和带宽的乘积，公式如下：

$$\text{时延带宽积} = \text{传播时延} \times \text{带宽} \tag{1-4}$$

时延带宽积的单位是比特。如图 1-12 所示，如果用一个圆柱形管道表示一条传输链路，单位时间从该管道流进或流出的最大比特数就是带宽，也就是这个管道的截面面积。一个比特从进入到流出这条管道的时间就是这个比特的传播时延，按照式(1-4)可知，时延带宽积就是这一段管道的容积。

其实时延带宽积是要测量从一比特进入该管道开始到流出该管道的这一段时间内，该管道最多可以装载多少比特数，这个数值对设计和实现发送方协议非常有用。

对于一条链路，只有当这条链路里都充满了比特数据时，链路的利用率才会达到最大，这和水管里充满了水时的利用率才到达最大的道理是一样的。

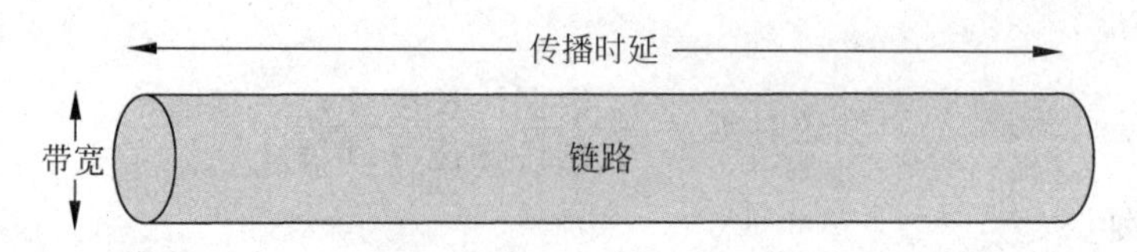

图 1-12　时延带宽积的概念

1.6.6　误码率

误码率(Bit Error Rate,BER)表示计算机网络和数据通信系统的可靠性,它是统计指标,指传输比特出错的概率,即一段时间内,传输出错的比特数与传输的总比特数的比值,用公式可表示为:

$$误码率 = \frac{出错的比特数}{传输的总比特数} \tag{1-5}$$

在计算机网络中,误码率一般要求低于 10^{-6},即平均每传 1 兆位才允许错 1 位。在 LAN 和光纤传输中,误码率还可以更低,可以达到 10^{-9},甚至更低。

1.6.7　丢包率

丢包率(Rate of Packet Lost,RPL)是指在一定的时间段内,两个结点之间分组传输过程中丢失的分组数与传输的总分组数的比率,用公式可以表示为:

$$丢包率 = \frac{丢失的分组数}{传输的总分组数} \tag{1-6}$$

一般情况下,网络无拥塞时链路的丢包率为 0,当网络发生拥塞时,由于前方链路拥塞,使得路由器缓存中的分组无法传递出去,而后方源源不断到来的分组将可能塞满路由器缓存,显然此时再流进来的分组将无法进入路由器缓存而不得不丢弃。

丢包率也是一个统计指标,用来衡量一个计算机网络在一段时间内的拥塞情况。

1.7　计算机网络体系结构

1.7.1　协议

我们的社会之所以能和谐发展,是因为有一套法律、道德和规章制度在有形无形中制约着每一个人的言行举止。同样的道理,计算机网络要能有条不紊地交换数据,也必须有一套规则。我们将**为网络中的数据交换而建立的规则、标准或规约称为网络协议(Network Protocol)**,**简称协议**。

协议由以下三个要素组成。

(1) **语法**:即数据与控制信息的结构或格式。后面各章中介绍的各协议数据单元格式就是该协议的语法。

(2) **语义**:即语法定义结构中的具体含义,表示需要发出何种控制信息,完成何种动作以及做出何种响应。数据单元格式中每个字段的含义就是语义。

(3) **定时**：事件实现顺序的详细说明。

下面用一个例子来说明这三个要素的含义。

假定一个中国人和一个俄罗斯人通电话商谈一笔买卖的事宜，但这个中国人听不懂俄语，俄罗斯人也听不懂汉语，于是约定都讲英语(便于简化说明，这里没有经过翻译，用翻译时可以称为协议转换)，并约定次日上午10点整由中国人打电话。在这个例子中，约定都讲英语就是规定语法，即规定"怎么讲"，指明数据格式为英语。商谈一笔买卖事宜就是语义，即规定"讲什么"。最后约定次日上午10点整由中国人打话电话就是定时，即规定"什么时候按什么顺序讲"。

协议是计算机网络不可缺少的重要组成部分，理解各种网络协议的工作原理是学习计算机网络领域知识的关键。

1.7.2 分层

计算机网络是个非常复杂的系统，要让通信的双方能够协调地工作并保证通信正确而有序是一件非常复杂的事情。

我们先来看一下大家都非常熟悉的航空快递包裹可能的一个流程，如图1-13所示。

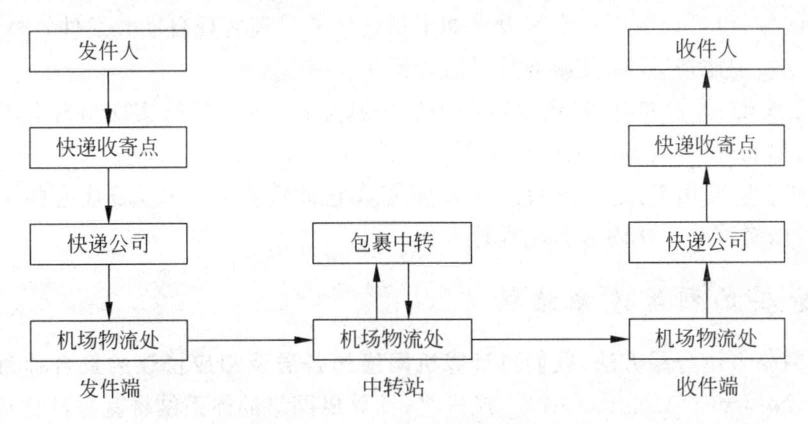

图1-13 航空快递包裹流程图

例如，我们需要给远在哈尔滨的朋友通过快递邮寄家乡特产，到哈尔滨的飞机需要在北京中转一下，大概的流程如下。

(1) 发件人将特产装箱打包，然后送到快递收寄点，或者通知快递员来取。

(2) 快递员会为你再套一个包装袋或包装箱，然后贴上快递单，写明收寄点、收件人地址和联系方式等信息。

(3) 包裹被送到快递公司，快递公司分类处理发往不同城市的包裹，然后将所有发往哈尔滨的包裹装车送往机场物流处。

(4) 机场物流处可能会将所有或者一部分寄往哈尔滨的包裹组装在一起，然后装上飞机运走。

(5) 飞机到达北京机场中转站，机场物流处卸载包裹，然后根据目的城市分类处理，并将送往哈尔滨的所有包裹装上另一架飞机运走。

(6) 飞机到达哈尔滨机场,由机场物流处卸载包裹并交给快递公司。

(7) 快递公司根据目的地址所在片区分类处理并分配包裹到不同片区的快递收寄点。

(8) 快递收寄点通知收件人取包裹,或者将包裹送达到收件人家里。

(9) 收件人取得包裹,拆封包装,取出特产。

从这个流程可以看到,如果这件事交给一个人去完成,其工作量和复杂度将会不可想象。我们把这种将一件复杂的事情分解给不同的人或部门共同完成的方法称为**分层**。图中发件端的每个人或部门就是不同的层次,每个人或部门是独立的,只负责他该完成的工作,同时每个人或部门的工作结果作为一种服务提供给他的上一层。如机场物流处为快递公司提供运输服务;快递公司为快递收寄点提供快件集中和分派等统一的基础服务;快递收寄点为用户提供快件收派服务;而中转站就像路由器,实现存储和转发。

分层方法的优点是显而易见的,主要表现如下。

(1) 各层次之间相互独立,每一个层次均不需要清楚它的下一层是如何实现的,而仅需要知道它的下一层为它提供了什么样的服务并使用这些服务来完成自己的工作即可。如用户并不需要关心快递员怎样收派件,而更关心的是如何使用快递员为我们提供的服务。

(2) 灵活性好,由于各层相互独立,则各层功能的实现就可以非常灵活。例如快递收寄点可以上门收件,也可以在用户小区设立如丰巢这样的设施实现自助收发件。显然,这并不影响用户使用快递服务,反而使服务更灵活方便了。

(3) 易于实现、维护和升级,还是因为各层的独立性,每一层的实现与升级不影响其他层,而且各层功能单一,有利于模块化实现和维护。

(4) 有利于标准化工作,由于每层只需要完成它该负责的工作,而且这些工作是具体的,因此就可以将这些工作内容和流程标准化。

1.7.3 分层的网络体系结构

计算机网络采用分层方法,我们将**计算机网络的各层及相应协议的集合称为计算机网络体系结构**(Network Architecture)。换言之,计算机网络的体系结构就是计算机网络及其部件应完成的功能的精确定义。至于这些功能用何种硬件或软件完成,则称为遵循这种体系结构的**实现**(Implementation)。因此,网络的体系结构是抽象的,而一个特定的网络是具体的。或者说一个具体的网络是遵循某种网络体系结构的实现,是具体的计算机、通信设备以及应用软件和协议的运行实例。

1974 年,美国的 IBM 公司推出了第一个分层的系统网络体系结构 SNA(System Network Architecture)。现在用 IBM 大型计算机构建的专用网络仍然使用这种体系结构。不久之后,其他一些公司也相继推出了自己公司的具有不同名称的体系结构,如美国 DEC 公司的数字网络体系结构 DNA(Digital Network Architecture,数据网络体系结构)等。

但由于不同的网络体系结构相互不兼容,使得不同公司的设备很难互相连通。为了解决这个问题,相继推出了 TCP/IP 和 OSI/RM 两个网络体系结构,其中,OSI/RM 是法定的国际标准,但由于种种原因并没有在真实的网络中实现,而 TCP/IP 由于得到广泛应用而成了事实上的国际标准。后来为了便于教学和研究,又提出了一个 5 层网络体系结构。图 1-14 为这三个网络体系结构的层次划分情况。

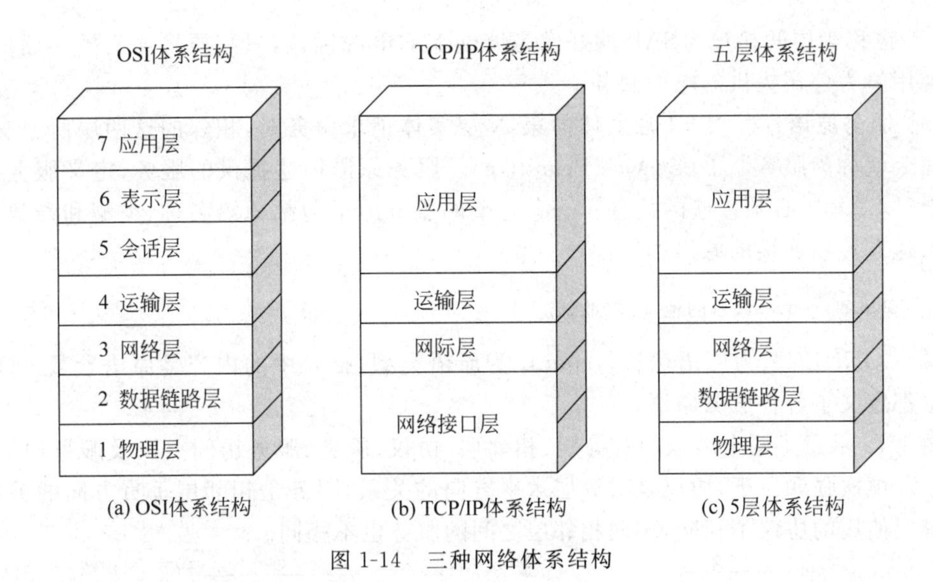

图 1-14　三种网络体系结构

1.7.4 OSI/RM 体系结构

虽然互联网并没有采用 OSI/RM 网络体系结构，但该模型本身是非常通用的，它提出的一些思想、概念和协议一直被广泛应用。因此，有必要了解一下 OSI/RM 模型，这对后面网络模型的学习和理解非常有帮助。

OSI/RM（Open System Interconnection Reference Model，开放系统互连参考模型，OSI）是 ISO（International Organization for Standardization，国际标准化组织）提出的一种分层次的网络体系结构。

OSI 网络体系结构从功能上划分为 7 个层次，从上到下依次为应用层、表示层、会话层、运输层、网络层、数据链路层和物理层，如图 1-14(a)所示。

每个层次都有相应的协议，不同结点的**通信实体**通过同等层（称为**对等层**）之间的协议实现通信，因此，**协议在水平方向起作用**。

每个层次可使用与其相邻下层提供的**服务**，并向它相邻上层提供服务，相邻两层之间通过**服务访问点**（Service Access Point，SAP）作为层间**接口**进行信息交换，因此，**服务在垂直方向作用**。

这里涉及几个重要概念，简要说明如下。

(1) **实体**：任何可以发送或接收信息的硬件或软件进程称为实体，两个结点的对等层中的实体称为**对等实体**。通常情况下，实体就是一个特定的软件模块或软硬件集合体。例如一台主机中运行的 QQ 程序进程就是一个应用层实体，两台主机中运行的 QQ 应有程序进程则互为应用层对等实体。

(2) **服务**：第 N 层实体在第 N 层协议的控制下可以向第 $N+1$ 层实体提供服务，实现第 $N+1$ 层所需要的某种功能。第 N 层实体称为服务提供者，而第 $N+1$ 层实体称为服务用户。

第 N 层可能实现了多个功能，但只有能被第 $N+1$ 层实体使用的功能才称为服务。

(3) **服务访问点**：同一个结点中，相邻两层的实体相互交换信息的地方称为服务访问点 SAP,也称为层间接口。SAP 就好像是墙壁上的电源插口,只需要将插头插入插口就可以就使用电力公司提供的电力服务。

(4) **服务原语**:第 $N+1$ 层实体向第 N 层实体请求服务时,相邻的这两层所要交换的一些命令就称为服务原语(Service Primitive)。服务原语描述提供的服务,定义服务规范,规定通过 SAP 所必须传递的信息。一个完整的服务原语包括原语名称、类型和参数,如一个请求建立传输连接的原语如下:

```
T-CONNECT.request(目的地址,源地址,…)
```

其中,T-CONNECT 为原语名称,request 为原语类型,括号中的内容是原语参数。OSI 的每一层都定义了各种服务原语。

图 1-15 示意了两个结点的对等层、相邻层、协议、服务、服务访问点以及服务原语之间的关系。再次强调一下,协议是对等层水平方向的关系,服务是相邻层垂直方向的关系,不同对等层使用的协议不相同,不同相邻层之间的服务也不相同。

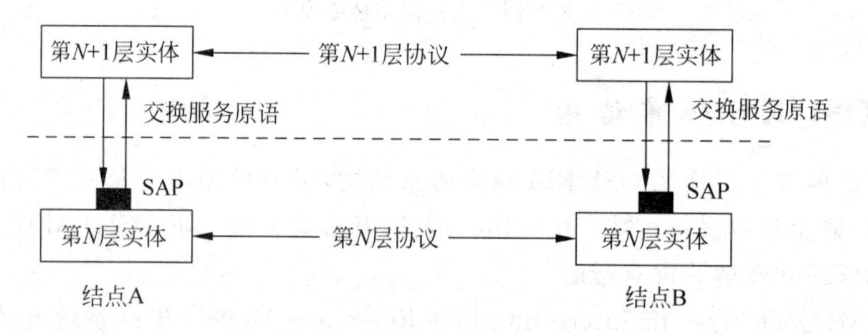

图 1-15　相邻层、对等层之间的关系

(5) **协议数据单元与服务数据单元**:两个结点的对等实体之间在协议的控制下所交换的数据块称为协议数据单元(Protocol Data Unit,PDU)。同一结点的相邻两层通过 SAP 交换的数据块则称为**服务数据单元**(Service Data Unit,SDU)。

1.7.5　TCP/IP 体系结构

TCP/IP 体系结构以 TCP/IP 协议族中最有代表性的两个协议 TCP 和 IP 来命名。TCP/IP 体系结构有时简称 TCP/IP,TCP/IP 是目前计算机网络事实上的国际标准。

TCP/IP 的体系结构分为 4 个层次,自上而下依次为应用层、运输层、网际层和网络接口层,如图 1-14(b)所示。

其实 TCP/IP 网络接口层并没有定义什么具体内容,严格地讲不是一个独立的层次,而只是一个接口。网络接口层负责将网际层的 IP 数据包通过各种网络发送出去,或者接收来自各种网络的数据帧,抽出 IP 数据包并上传给网际层。网络接口层可以使用各种网络,如 LAN、MAN、WAN 甚至点对点的链路。网络接口层使得上层的 TCP/IP 和底层的各种网络无关。网络接口层对应 OSI 的第 1、2 层,即物理层和数据链路层。

在 TCP/IP 网络体系结构中,诸如 LAN、MAN、WAN 和点对点链路等都是 Internet 的构件,在 IP 数据包的传输过程中,它们都可以看成是两个相邻的分组交换结点之间的一条物理链路。这些网络均受到 Internet 协议的平等对待,这就是 Internet 的公平性,它为协议设计提供了方便。

TCP/IP 网络体系结构中的网际层、运输层和应用层是 TCP/IP 的主要内容。TCP/IP 技术的核心是实现网络的互连，在底层网络与高层应用程序和用户之间加入了中间层次，屏蔽底层细节，向用户提供通用一致的网络服务。

1.7.6 5 层网络体系结构

虽然 TCP/IP 网络体系结构是事实上的国际标准，但它对底层的网络接口层并没有具体的定义，而且 TCP/IP 体系结构模型并不适合描述任何其他非 TCP/IP 网络。

因此，为了便于教学和研究，荷兰皇家艺术与科学院院士 Andrew S. Tanenbaum 提出了计算机网络的 5 层体系结构。该体系结构根据 Internet 的实际情况，以 TCP/IP 体系结构为基础，综合了 TCP/IP 和 OSI/RM 两种体系结构的优点。5 层体系结构自上而下依次为应用层、运输层、网络层、数据链路层和物理层，如图 1-14(c)所示。

这种 5 层体系结构并不是什么标准，但它比较符合 Internet 的实际情况，利用该 5 层体系结构可以更清晰地理解和分析 Internet。本书的层次结构划分也将贯穿这种 5 层网络体系结构的思想。

1. 5 层功能简介

在 5 层模型中，通信的两个端结点都有 5 个层次，各层次的主要作用简要描述如下。

1) 应用层

应用层(Application Layer)作为最高层，与 OSI 的应用层、表示层和会话层相对应，和 TCP/IP 的应用层相同。

本层提供面向用户的网络服务，负责管理和执行应用程序，为用户提供各种服务，管理和分配网络资源，提供通用一致和方便的服务。

TCP/IP 的应用层提供了很多应用层协议，如文件传输协议(File Transfer Protocol, FTP)，超文本传输协议(Hyper Text Transfer Protocol, HTTP)、远程通信协议(TELNET)、简单网络管理协议(Simple Network Management Protocol, SNMP)、电子邮件、网络新闻等。

2) 运输层

运输层(Transport Layer)也称为传输层，负责进程间的通信，为两个应用进程之间提供端到端(end to end)的数据传输服务。

端到端的通信涉及端点间是否和如何建立通信连接，是否和如何进行数据传输的流量控制、拥塞控制和差错控制等问题。

TCP/IP 的运输层有以下两个协议。

(1) 传输控制协议(Transmission Control Protocol, TCP)：该协议提供面向连接的、可靠的数据传输服务，其数据传输的基本单位为报文段。

(2) 用户数据报协议(User Datagram Protocol, UDP)：该协议提供无连接的、尽最大努力的数据传输服务，其数据传输的基本单位为用户数据报。UDP 不保证数据传输的可靠性，但传输效率高。

3) 网络层

网络层(Network Layer)的功能属于网络核心部分，其任务是实现网络互联与互通。网络层把传输层传下来的数据组织成分组，然后在网络核心部分的交换结点之间交换传送，交换过程中要解决的关键问题是选择路径，路径可以是固定不变的，也可以是动态变化的。

当一个分组从一个网络传输到另一个网络的过程中,可能会发生很多问题。网络层应负责对不同网络中分组的长度、寻址方式、通信协议进行变换,使得异构型网络能够互联互通。

由于提供网络服务的有偿性,所以网络层常常还设有记账功能。

网络层对应 TCP/IP 的网际层。TCP/IP 的网际层最主要的协议是网际协议(Internet Protocol,IP),它提供的是一种无连接的、不可靠的和尽力而为的数据传输服务。传递的数据基本单位为 IP 数据报,也称为分组、包或者数据包等。与 IP 配套的协议还有地址解析协议(Address Resolution Protocol,ARP)和因特网控制报文协议(Internet Control Message Protocol,ICMP)等。

4) 数据链路层

数据链路层(Data Link Layer)负责在单条链路两端上的结点之间传送称为帧(Frame)的 PDU,帧就是有定界的数据块,即每个帧都有明确的开始和结束标志。

数据链路层负责建立、维持和释放两结点之间的数据链路,检测和校正物理层可能发生的差错。

在 OSI 模型中,数据链路层还要实现差错控制、流量控制以及确认应答,这与运输层中的差错控制、流量控制与确认应答是重复的。现在网络的实践证明这是没有必要的。

5) 物理层

物理层(Physical Layer)是 OSI 的最低层,其任务是为数据链路层提供透明的比特流传输服务。向下与物理媒体相连,规定连接物理媒体的网络接口的规范。比如规定信号的电压值,多少伏特表示"1",多少伏特表示"0";1 比特持续多少纳秒;网络连接器有多少针以及各针的用途;传输的介质是什么和采用什么编码等。

2. 数据在层间传递过程

图 1-16 示意了主机 PC1 中的应用程序 AP1 向主机 PC2 中的应用程序 AP2 发送数据时数据的流动过程,中途有经过路由器交换。图中的 A 表示应用层,T 表示运输层,N 表示网络层,DL 表示数据链路层,PH 表示物理层。可见,与端结点不同,路由器只有下面的三层。

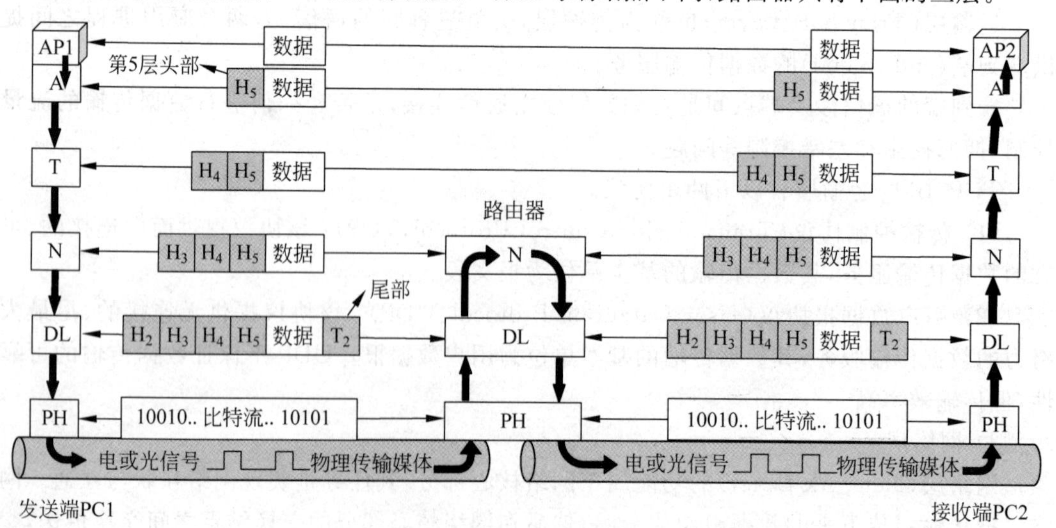

图 1-16　数据在层间流动

在发送端，数据由应用程序 AP1 的进程发给应用层，应用层则在该数据的前面加上该层的头部 H5，头部由该层一些必要的控制信息组成。然后向下传给运输层，之后每往下一层传送之前，都要先在前面加一个该层的头部。到达数据链路层后，除了要加头部外，还要在数据的后面加上一个尾部，尾部也是由一些控制信息组成，这里的头部和尾部会起到定界的作用。物理层是无结构的比特流，没有头部或尾部，它将二进制数据经网络接口转换成电或者光信号后传入物理传输媒体。

中间结点路由器接收到数据后，网络接口将电或光信号转换成二进制数据，然后交给物理层，物理层则根据数据链路层的头部和尾部信息提取出帧，并提交给数据链路层。数据链路层则检查该帧的一些必要信息，然后剥除头部和尾部，最后向上提交给网络层。路由器的网络层同样检查分组的一些必要信息，但不会剥离网络层的头部，而是为它选择一条适当的路径，然后向下传给数据链路层。数据链路层则为传下来的数据重新装配一个新的头部和尾部后传给物理层。物理层则在另外一个网络接口将数据传入物理传输媒体。

接收端 PC2 的网络接口收到数据后，与路由器的网络接口、物理层和数据链路层一样处理，然后向上一层提交。接收端的网络层及以上每一层向上一层提交时，都要剥离该层的头部，直到 AP2 看到数据。

从数据的整个流动过程可以看出，对等层之间看到的数据是一样的，就好像是对等实体直接发过来的一样，我们将这种情况称为**虚通信**，图中对等层之间用虚线标示就是这个意思。相对地，把在物理传输体上的通信称为**实通信**(即有真实的数据在这条链路上流动)，图中带方向的粗实线表示实通信。

从图 1-16 还可以看出，物理传输媒体(如光纤、双绞线和电磁波等)并不属于物理层，这是由于它们并不在物理层协议之内，因此，有的学者称它为第 0 层。

1.8　物理传输媒体

物理传输媒体简称传输媒体，也称传输介质，分为**有导向传输媒体**和**非导向传输媒体**两大类。常见的有导向传输媒体有双绞线、同轴电缆和光纤。**非导向传输媒体就是指自由空间**，非导向传输媒体一般应用于无线通信，常见的无线通信有无线电通信、微波通信、卫星通信和红外线通信等类型。

1.8.1　有导向传输媒体

1. 双绞线

双绞线是最古老也是最常用的传输媒体，它由两条互相绝缘的铜导线按照一定的密度绞合而成，绞合的目的是减少相邻导线之间的电磁干扰。实际使用时，双绞线由多对双绞线一起包在一个绝缘电缆套管里，这就是日常生活中见到的双绞线电缆，简称双绞线。

电话系统的用户线和计算机局域网里的网线都可以用双绞线，但这两种双绞线的接头与规范都不一样，电话系统里的双绞线只能传输模拟信号，而局域网中的双绞线传递的是数字信号，下面只介绍局域网中用到的双绞线。

双绞线可以延伸几千米，距离再长就要求安装中继器以便对失真的数字信号进行整型。双绞线的带宽取决于铜线的粗细和传输距离，在几千米内的传输速率可达几兆比特每秒。

由于性能价格比优良，所以使用十分广泛。

常用的双绞线分为 5 类、超 5 类和 6 类线三种，其中，5 类线常用于家用局域网，传输速率可达 100Mb/s，而超 5 类和 6 类线的传输速率可达 1Gb/s，一般用于局域网的主干线。

为了提高双绞线的电磁抗干扰能力，可以在双绞线的外面再加一层金属丝编织而成的屏蔽层，这就是**屏蔽双绞线**(Shield Twisted Pair，STP)。没有加这层屏蔽层的双绞线就称为**非屏蔽双绞线**(Unshield Twisted Pair，UTP)。

常见的双绞线由 4 对 8 芯组成，每对相互绞合，如图 1-17(a)所示。双绞线的连接器是 RJ-45，俗称"水晶头"，如图 1-17(b)所示。

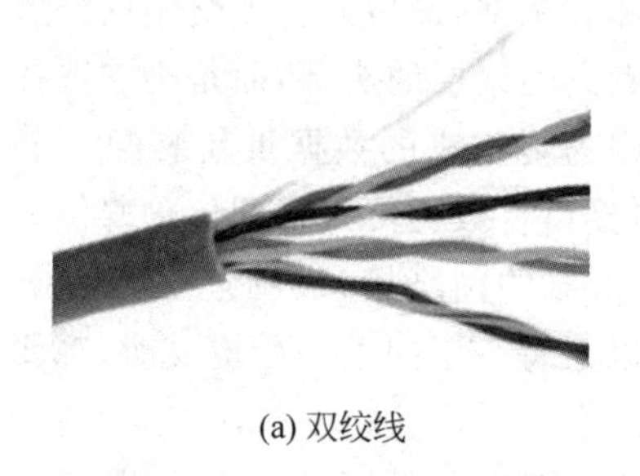

(a) 双绞线

(b) 双绞线连接器

图 1-17　双绞线和水晶头

双绞线与连接器相连时有两种标准，分别 EIA/TIA-568A(简称 T568A)和 EIA/TIA-568B(简称为 T568B)，这两个标准最主要的不同就是芯线序列的不同。一端采用 T568A 连接，另一端采用 T568B 连接的双绞线称为交叉线，又称反线。两端均采用 T568B 标准连接的双绞线称为直通线，也称为正线或者标准线，日常生活中见得最多的普通网线就是直通线。

2. 同轴电缆

同轴电缆(Coaxial Cable)由硬铜线为芯，外包绝缘材料，再用密织网状导体屏蔽层环绕，以及一层保护性塑料外层所组成。由于网状导体屏蔽层的作用，同轴电缆具有很好的抗干扰特性，被广泛应用于传输较高速率的数据。

同轴电缆可分为基带同轴电缆和宽带同轴电缆两种类型。

(1) **基带同轴电缆**：具有 50Ω 电阻，用于数字传输。

(2) **宽带同轴电缆**：具有 75Ω 电阻，用于有线电视的模拟信号传输。

在局域网发展的初期曾广泛使用同轴电缆作为传输媒体，但随着技术的进步，局域网内已普遍采用双绞线作为传输媒体。目前，同轴电缆主要用在有线电视网的居民小区中。

3. 光纤

光纤是光导纤维的简称，其中心是由非常透明的石英玻璃拉成的细芯，芯的外面包围着一层折射率比芯低的包层，如图 1-18 所示。由于光纤非常细而脆，因此将一条或多达上百条光纤组合在一起，加上加强芯和填充物，最外面再加护套制作成一条结实的光缆。

目前，光纤通信是现代通信技术中的一个十分重要的领域，计算机网络、有线电视网和电信网络的骨干线路早已全部光纤化了。

光纤可分为多模光纤和单模光纤两类。

(1) **多模光纤**的纤芯直径有 50μm 和 62.5μm 两种，大致与人的头发的粗细相当。由于光纤包层的折射率低于纤芯，光线从高折射率的媒体射向低折射率的媒体时，其折射角将大于入射角。因此，如果入射角足够大，就会出现全反射，如图 1-18 所示。由于多模光纤的纤芯较粗，因此允许有多条不同角度入射的光线，以不同的反射角以全反射的方式在一条光纤中传输。这样每一束光线就是一种模式，因此，这样的光纤就称为多模光纤(Multimode Fiber)。多模光纤价格相对比较便宜，但传输距离一般在 500m 以内。

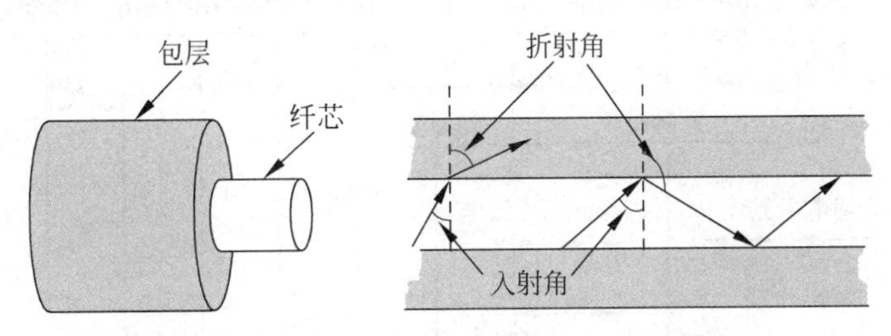

图 1-18　光纤结构及光线在光纤中的折射

(2) **单模光纤**的纤芯直径为 8～10μm，相当于光波波长，由于纤芯足够细，使得光在光纤中没有反射，只能沿直线传播，故称单模光纤(Singlemode Fiber)。另外，常说的 9/125μm 光纤是指纤芯 9μm，包层 125μm。单模光纤比多模光纤贵，但传输性能更好，传输距离可高达 120km。

光纤通信中光纤的工作波长通常为 850nm、1310nm 和 1550nm 三种，其中，单模光纤的工作波长为 1300nm。

光纤除具有带宽高，传输远的优点外，还具有很强的抗干扰性能，它不受电磁干扰或电源故障的影响，不怕化学腐蚀或环境恶劣，而且重量轻，安装费用少。此外，光纤的安全性高，不漏光且难拼接、极难被窃听。

光纤中光的传输是单向的，因此，双向传输需两根光纤或一根光纤用两个频段。

1.8.2　非导向传输媒体

1. 电磁波和频谱

无线传输是靠电磁波穿过自由空间运载数据。在电路上加上一个适当长度的天线，电磁波便可以通过天线广播出去，在距离天线一定范围内的接收器便可以收到电磁波。

在真空中，所有电磁波以光速传播，与频率无关，光速约为 3×10^8 m/s。在铜线或光纤中，电磁波传播速度降低到大约光速的 2/3，并且与频率有关。

电磁波频谱与无线传输通信有密切关系，如图 1-19 所示，无线电波、微波、红外线和可见光部分均可以实现信息的传输；紫外线、χ 射线和 γ 射线由于对生物有害，目前还未用来实现无线通信。

图 1-19 中波段中的 LF、MF 和 HF 等是由 ITU 命名的频段名称，如 LF 表示低频，其波长为 1～10km，频段为 30～300kHz。接下去的分别是中频 MF、高频 HF、甚高频 VHF、超高频 UHF、特高频 SHF、极高频 EHF、巨高频 THF 等。

电磁波可运载的信息量与它的频率有关，一般情况下，频率越高，可运载的信息量就越大。

2. 无线通信

下面简要介绍 4 种常用的无线传输通信技术。

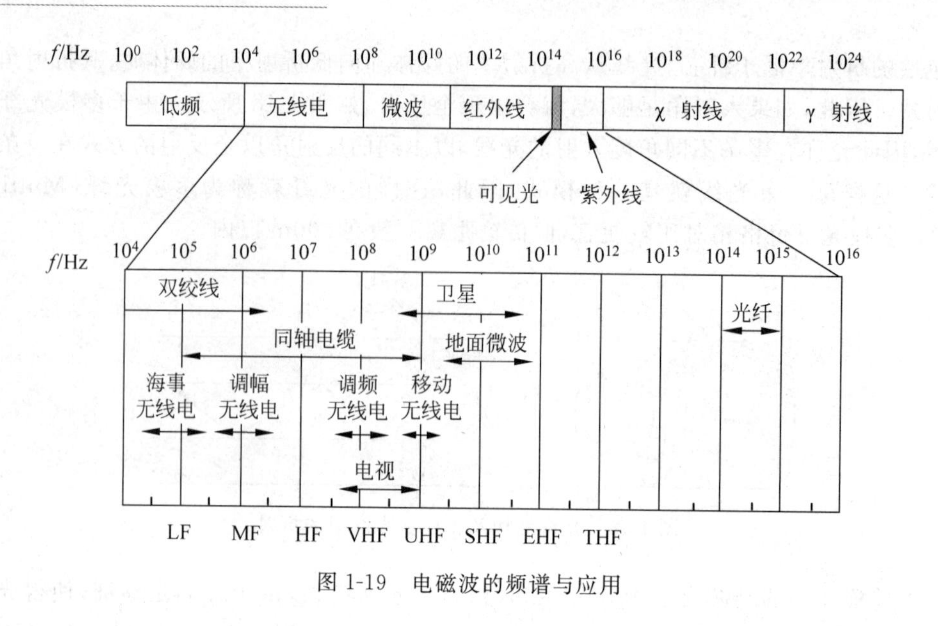

图 1-19　电磁波的频谱与应用

1）无线电传输

无线电波(Radio Wave)位于电磁波频谱的 1GHz 以下，它易于产生，容易穿过建筑物，传播距离可以很远，因此得到了广泛应用。

在 VLF、LF、MF 波段，无线电波沿地面传播，在较低频率上，可在 1000km 以外检测到，在较高频率上距离要近一些。在 HF 和 VHF 波段，地表电波被地球吸收，但电离层的电波能反射回地球，因此，无线电波主要用于长距离通信。

无线电波的发送和接收通过天线进行。**无线电波的传输是全方向传播**的，信号在所有方向传播开来，发射和接收装置无须很准确地对准。

无线电波的特性与频率有关。在较低频率，无线电波能轻易穿过障碍物，但是能量随着与信号源距离的增大而急剧减小。在高频，无线电波趋于直线传播并受障碍物的阻挡。在所有的频率，**无线电波都易受电磁的干扰**，这是它的一个严重问题。

2）微波通信

微波(Microwave)是频率较高的电磁波，频率范围在 300MHz～300GHz，主要使用 2～40GHz。

微波是沿着直线传播的，通过抛物状天线把所有的能量集中于一小束发射出去，便可以获得极高的信噪比，但是发射天线和接收天线必须精确地对准。

地面微波通信是在地球表面建造微波塔进行中继的通信。由于微波沿直线传播，不能很好地穿过建筑物，而且由于地球曲面的影响以及空间传输的损耗，因此每隔 50km 左右，就需要设置一个中继站将电磁波放大并转发出去。因此，又将这种通信方式称为微波中继通信或微波接力通信。长距离微波通信干线可以经过几十次中继而传至数千千米仍可保持很高的通信质量。

微波通信由于其频带宽、容量大、可以用于各种电信业务的传送，如电话、电报、数据、传真以及彩色电视等均可通过微波电路传输。

3）卫星通信

卫星通信是在地球站之间利用位于约 36 000km 高空的人造同步地球卫星作为中继器

的一种微波接力通信。通信卫星就像是在太空的无人值守的微波通信的中继站。

卫星通信的最大特点是覆盖范围大,通信距离远。只要在地球赤道上空的同步轨道上等距离地分布三颗相隔120°的卫星,就能基本上实现全球的通信。

卫星通信具有较大的传播时延,不管两个地球站之间的地面距离是多少,从一个地球站经卫星到另一地球站的传播时延为250～300ms,一般可取为270ms。

4) 红外线通信

利用红外线来传输信号的通信方式,叫红外线通信。红外线由于相对有方向性、便宜,易制造,且不能穿透坚实物体等特性,被广泛地应用于短距离通信,如为电视、录像机的遥控器、飞机内广播和航天飞机内宇航员间的通信以及室内无线设备之间的通信等。

习　　题

一、简答题

1. 什么是计算机网络?它由哪些部分组成?它的主要功能是什么?
2. 计算机网络的形成与发展经历了哪几个阶段?每个阶段的标志性事件是什么?
3. 我国公用骨干网络有哪些?
4. 按网络覆盖范围划分,计算机网络分为哪几类?各有什么特点?
5. Internet 可以分为哪两个部分?各组成部分又由哪些元素构成?各部分的主要任务是什么?
6. 两个端结点之间的工作方式可以分为哪两种?各有什么特点?
7. 常用的交换技术有哪两种?各有什么特点?
8. 什么是ISP?它可以分为哪几个级别?
9. Internet 的管理机构主要有哪些?各自的主要工作是什么?
10. Internet 的标准化过程是什么?
11. 计算机网络的常用性能指标有哪些?各指标衡量网络的哪个性能?
12. 网络协议的三个要素是什么?各有什么含义?
13. 计算机网络为何要采用分层结构?有哪两种常用分层模型?
14. 简述5层网络体系结构中各层的主要功能。
15. 简述5层网络体系结构中数据传输的流程。
16. 试解释以下名词:协议,实体,服务,对等层,协议数据单元,服务访问点。
17. 常用的有导向传输媒体有哪些?各自有什么特点?
18. 非导向传输媒体是指什么?有哪些应用?

二、选择题

1. 关于多模光纤,下面的描述中描述错误的是________。

   A. 多模光纤的芯线由透明的玻璃或塑料制成

   B. 多模光纤包层的折射率比芯线的折射率低

   C. 光波在芯线中以多种反射路径传播

   D. 多模光纤的数据速率比单模光纤的数据速率高

2. ________拓扑结构需要中央控制器或者集线器。

A. 网状　B. 星状　C. 总线　D. 环状

3. 线缆断开会导致________拓扑结构的所有传输中断。

A. 网状　B. 星状　C. 总线　D. 环状

4. ________离传输媒体最近。

A. 物理层　B. 数据链路层　C. 网络层　D. 运输层

5. 当分组从低层传到高层时,头部被________。

A. 添加　B. 去除　C. 重排　D. 修改

6. 当分组从高层传到低层时,头部被________。

A. 添加　B. 去除　C. 重排　D. 修改

7. ________层位于网络层和应用层之间。

A. 物理层　B. 数据链路层　C. 网络层　D. 运输层

8. 第二层位于物理层和________之间。

A. 物理层　B. 数据链路层　C. 网络层　D. 传输层

9. ________层将二进制流转换成电磁信号。

A. 物理层　B. 数据链路层　C. 网络层　D. 传输层

10. 在数据交换方式中,需要经过建立连接的交换方式是________。

A. 电路交路　B. 分组交换　C. 报文交换　D. 电话交换

11. 在数据交换方式中,需要划分成分组后再传输的交换方式是________。

A. 电路交路　B. 分组交换　C. 报文交换　D. 电话交换

12. ________时延是指主机或路由器发送数据帧到通信媒体上所需要的时间。

A. 发送时延　B. 传播时延　C. 排队时延　D. 处理时延

13. ________时延则是指携带数据的电磁波在信道中传播一定的距离所需要花费的时间。

A. 发送时延　B. 传播时延　C. 排队时延　D. 处理时延

14. 在网络体系结构中,通信双方的相同层次之间通过________进行通信,它们之间传送的数据单位称为该层的协议数据单元。

A. 协议　B. 分层　C. 服务　D. 接口

15. 计算机网络的体系结构就是各层及其________的集合。

A. 协议　B. 结点　C. 线路　D. 服务

16. 以下关于光纤通信的叙述中,正确的是________。

A. 多模光纤传输距离远,而单模光纤传输距离近

B. 多模光纤的价格便宜,而单模光纤的价格较贵

C. 多模光纤的包层外径较粗,而单模光纤包层外径较细

D. 多模光纤的纤芯较细,单模光纤的纤芯较粗

17. 光纤分为单模光纤和多模光纤,这两种光纤的区别是________。

A. 单模光纤的数据速率比多模光纤低　B. 多模光纤比单模光纤传输距离更远

C. 单模光纤比多模光纤的价格更便宜　D. 多模光纤比单模光纤的纤芯直径粗

18. 在相隔 400km 的两地间通过电缆以 4800b/s 的速率传送 3000b 长的数据包，从开始发送到接收完数据需要的时间是________。

A. 480ms B. 607ms C. 612ms D. 627ms

19. 将双绞线制作成交叉线（一端按 EIA/TIA 568A 线序，另一端按 EIA/TIA 568B 线序），该双绞线连接的两个设备可为________。

A. 网卡与网卡

B. 网卡与交换机

C. 网卡与集线器

D. 交换机的以太网口与下一级交换机的 UPLINK 口

20. 与多模光纤相比较，单模光纤具有________等特点。

A. 较高的传输速率，较长的传输距离，较高的成本

B. 较低的传输速率，较短的传输距离，较高的成本

C. 较高的传输速率，较短的传输距离，较低的成本

D. 较低的传输速率，较长的传输距离，较低的成本

21. 光纤分为单模光纤与多模光纤，这两种光纤的区别是________。

A. 单模光纤的纤芯大，多模光纤的纤芯小

B. 单模光纤比多模光纤采用的波长长

C. 单模光纤的传输频带窄，而多模光纤的传输频带宽

D. 单模光纤的光源采用发光二极管(Light Emitting Diode)，而多模光纤的光源采用激光二极管(Laser Diode)

22. 在相隔 2000km 的两地间通过电缆以 4800b/s 的速率传送 3000b 长的数据包，从开始发送到接收完数据需要的时间是________。

A. 480ms B. 645ms C. 630ms D. 635ms

23. 针对上一题，如果用 50kb/s 的卫星信道传送，则需要的时间是________。

A. 70ms B. 330ms C. 500ms D. 600ms

24. 在地面上相隔 2000km 的两地之间通过卫星信道传送 4000b 长的数据包，如果数据速率为 64kb/s，则从开始发送到接收完成需要的时间是________。

A. 48ms B. 640ms C. 322.5ms D. 332.5ms

25. 在 ISO OSI/RM 中，________实现数据压缩功能。

A. 应用层 B. 表示层 C. 会话层 D. 网络层

第2章 物 理 层

物理层处于5层模型的最低层，向下与传输媒体相连。物理层要考虑的是怎样才能在各种物理传输媒体上传输无结构的二进制数据流。要解决的问题是如何将二进制数据流转换成适合在物理传输媒体上传输的信号，以及如何更有效地传输这些信号。

本章将讨论物理层的基本概念、数据通信的基本知识、信道复用技术、数字传输系统和宽带接入技术。其中，数字传输系统与宽带接入技术也就是信道复用技术的具体应用。

本章重点：

(1) 数据通信的基础知识，包括数据通信的基本模型、常用编码和调制方式、信道的极限速率和数据通信方式等基本概念。

(2) 基本的复用技术。

(3) 数字传输系统。

(4) 常用的宽带接入技术。

2.1 物理层概述

由于现有的计算机网络中的硬件设备和传输媒体的种类很多，通信手段也各有不同。物理层的作用就是尽可能地屏蔽掉这些传输媒体和通信手段的差异，使物理层上面的数据链路层感觉不到这些差异，这样数据链路层就可以利用物理层提供的二进制比特流传输服务来完成它的协议和服务。

物理层协议(又称物理层规约)定义了一些与传输媒体接口有关的特性，主要包括以下几个方面。

(1) **机械特性**：定义了接口所用连接器的形状和尺寸、引线数目以及排列、固定和锁定装置等。

(2) **电气特性**：定义了在接口电缆的各条线上出现的电压的范围。

(3) **功能特性**：定义了某条线上出现的某个电平的电压表示何种意义。

(4) **过程特性**：定义了对于不同功能的各种可能事件出现的顺序。

物理层协议的技术细节往往相当繁杂，需要定义的内容很多，例如，多种物理连接方式(点对点、点对多点或广播方式等)，不同的传输媒体、编码技术、调制技术和复用技术等。一旦确定了物理层协议，互连设备使用相同的物理层标准，在这些设备之间交互比特流就不会存在问题。

2.2　数据通信基础知识

2.2.1　通信系统模型

下面通过一个简单的实例来说明数据通信系统的模型,如图 2-1(a)所示。两台计算机通过 Modem 连接到 Internet,并实现相互通信。我们将这个过程抽象成如图 2-1(b)所示的数据通信的一般模型,于是,**一个数据通信系统就由发送方、传输系统和接收方三个部分组成**。

下面对图 2-1(b)中各个部分的功能简述如下。

(1) **信源**:信源可以是模拟信源,也可以是数字信源。模拟信源输出的是模拟信号,如音频和视频信号。数字信源输出的是数字信号,如计算机输出的信号。模拟信号与数字信号可以相互转换。信源的作用就是将要发送的信息转换成原始电信号。

(2) **发送设备**:信源生成的电信号可能无法在传输媒体上传输(如数字信号就不能在电话线上直接传输),发送设备就是要将信源产生的电信号转换成适合在传输媒体上传输的信号。典型的发送设备就是 **Modem**,也称为**调制解调器**。

(3) **传输系统**:传输系统可以是一条最简单的传输媒体(如两台计算机直接通过一条网线相连),也可以是连接在发送方与接收方之间的复杂的网络系统。传输系统在传输信号的同时,还会产生和传输各种干扰和噪声。噪声的形式多样,通常是随机的,它的存在会干扰信号的正常传输。

(4) **接收设备**:接收设备与发送设备相对应,它将从传输系统传送过来的信号转换成信宿能处理的信号,如将模拟信号转换成计算机能处理的数字信号。

(5) **信宿**:信宿是传输信息的目的地,其功能与信源相反,它需要将接收设备发过来的原始电信号还原成相应的信号。

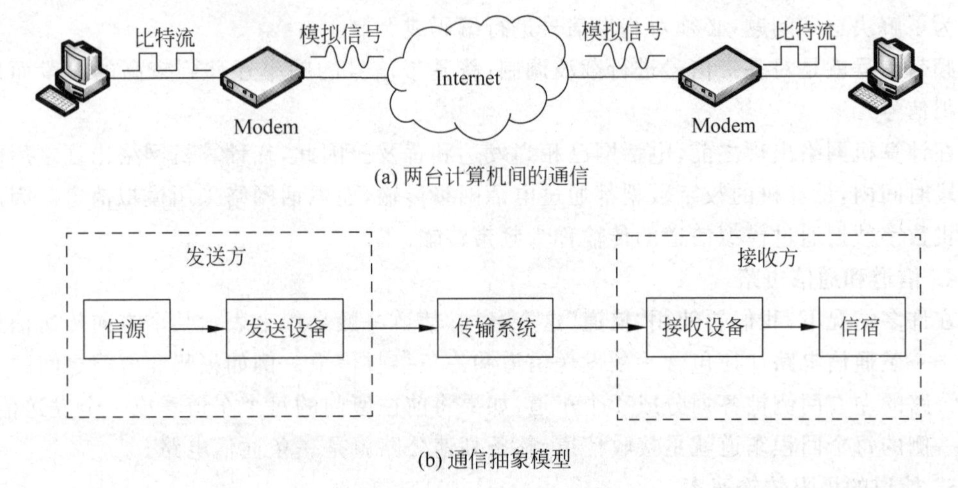

(a) 两台计算机间的通信

(b) 通信抽象模型

图 2-1　数据通信的一般模型

上面简单的描述掩盖了通信技术的复杂性。实际上,通信系统应在不同层次上完成多项复杂的任务,这里不再展开,感兴趣的读者可以查阅有关数据通信的书籍。

2.2.2 数字通信及其性质

1. 数据、信息与信号

信息就是要表达的具体消息。在数据通信术语中，**数据**(data)是承载信息的实体，它可以以任何格式来表示信息，如视频、音频、图像和文字等。**信号**(signal)则是数据的电或磁的表现形式。传输媒体上传输的是信号，信号是根据数据的内容变换而成，数据是要表达某种意义的符号序列。数据经过加工处理之后，就成为信息；而信息需要经过数字化或模拟化转变成数据才能进行存储和传输。

2. 模拟的与数字的

无论是数据还是信号，都可以是模拟的，也可以是数字的。所谓"模拟的"就是随时间连续变化的，如声波就是连续的。而"数字的"表示取值仅允许为有限的几个离散数值，如电脉冲就是离散的，自然数也是离散的。

相对应地，用于传输模拟信号的信道就是**模拟信道**，用于传输数字信号的信道就是**数字信道**。还有很多相关的名词，如模拟传输、数字传输；模拟通信、数字通信；模拟电视和数字电视等。

数字信号的基本单位称为**码元**，码元就是表示离散值的基本波形，一个码元携带多少二进制位是不固定的，传输码元的速率称为**码元传输速率**，也称为**波特率**。

利用数字信号传输信息的通信系统称为**数字通信系统**。数字通信具有抗干扰能力强，传输差错可控，便于处理、变换和存储，易于复用和加解密等优点，目前已得到了广泛应用。

3. 基带与频带

信号还有**基带信号**和**频带信号**之分。基带信号即基本频带信号，来自计算机的数字信号常称为基带信号，将数字数据通过数字信道传输称为**基带传输**。计算机网络主要采用这种传输技术。

基带信号往往包含较多的低频成分，包括直流成分，许多信道并不能传输这种低频分量。为了解决这一问题，必须对基带信号进行编码或调制。

频带信号就是对基带信号进行载波调制，将基带信号的频率迁移到较高的频段而形成的模拟信号。

在计算机网络出现之前，电话网已相当发达和普及。因此，在计算机网络出现之后的相当一段时间内，计算机的数字数据都通过电话网络传输，而电话网络采用模拟信道。因此将计算机数字数据通过模拟信道的传输称为**频带传输**。

4. 信道和通信电路

在许多情况下，我们要使用"**信道**"这个名词，信道一般是用来表示某个方向传送信息的媒体。一条**通信电路**往往包含一条发送信道和一条接收信道。例如福州和厦门之间的一条高速公路的左右两侧被各划分成 4 个车道，如果将前往厦门的每个车道看成一个发送信道，则另一侧的每个回程车道就是接收信道，整条高速公路就是一条通信电路。

5. 信道的极限传输速率

人们总是希望在一条信道上尽可能快和尽可能多地传输数据，然而任何实际的信道都有其自己的特性，在传输信号时会产生各种失真以及带来多种干扰。

早在 1924 年，奈奎斯特(Nyquist)提出了著名的**奈氏准则**，奈氏准则指出了在理想条件

下(无噪声干扰)信道的极限传输速率,用公式表示如下:

$$C = 2W\log_2 V \text{b/s} \tag{2-1}$$

C 为极限传输速率; W 表示信道带宽; V 表示信号状态数量,即码元的种类数。

例如在无噪声的 3kHz 信道上不能以高于 6000b/s 的速率传输二进制信号。这是由于二进制信号只有两个码元类型,也就是 $V=2$,而带宽 $W=3000$Hz,根据奈氏准则可以计算出最大传输速率为 6000b/s。

应该自然想到,提高码元种类数就可以提高极限数据传输率,例如让码元种类提高到 4 种,则每个码元可以代表两个比特(两位二进制可以表示 4 个状态,每个状态为一个码元),最大传输率就为 12 000b/s。以此类推,当 $V=8$ 时,每个码元就可以表示 3 个比特,最大数据传输速率为 18 000b/s。

提高码元种类数可以利用编码方式来实现,但码元种类数是否可以无限制提高呢?

1948 年,信息论的创始人香农(Shannon)提出了著名的**香农公式**,香农公式指出在有高斯白噪声环境下,信道的极限信息传输速率 C 用公式可以表示为:

$$C = W\log_2(1 + S/N)\text{b/s} \tag{2-2}$$

W 为带宽; S 为信道内所传信号的平均功率; N 为信道内部的高斯噪声功率。S/N 称为信噪比,单位为分贝(dB),关系如下:

$$\text{信噪比(dB)} = 10\log_{10} S/N \tag{2-3}$$

例如 $S/N=1000$,则 $10\log_{10} S/N=10\log_{10}1000=30$dB。

因此,根据香农公式,一条带宽为 3000Hz,信噪比为 30dB 的信道,不管使用多少种码元类型,其数据传输速率绝不大于 $3000\log_2(1+1000)\approx 30\,000$b/s。

香农公式指出了信息传输速率的上限,同时也表示信道的带宽或信道中的信噪比越大,信息的极限传输速率就越高。

香农公式的意义在于:**只要信息传输速率低于信道的极限传输速率,就一定存在某种办法来实现无差错的传输**。

在实际的信道上能够达到的信息传输速率要比香农的极限传输速率要低得多。因此,需要设法使信息传输速率尽可能地接近香农上限速率。

对于一条具体的传输媒体,频带带宽和码元传输速率已经确定,若信噪比不能再提高了,那么还可以通过让一个码元表示更多比特来提高信息传输速率,这就是编码技术的问题了。

2.2.3 编码与解码

由于基带信号存在直流分量,因此基带传输一般需要对基带信号进行编码。将数字信号转换成另一种形式的数字信号的过程就称为**编码**,将编码所得的数字信号还原成原来的数字信号的过程就称为**解码**。编码与解码通过**编码解码器**实现,编码解码器称为 Codec。

编码的基本目的除了可以消除基带信号中的直流分量外,还可以提高数据传输速率和实现同步等。

基本的编码方案有归零码、不归零码、曼彻斯特编码和差分曼彻斯特编码等。它们的编码规则描述如下,图 2-2 中以二进制数据 01101001 示例了每种编码方案。

(1) **不归零码**:用正电平代表二进制 1,负电平代表二进制 0。从图中可以看出,当出现

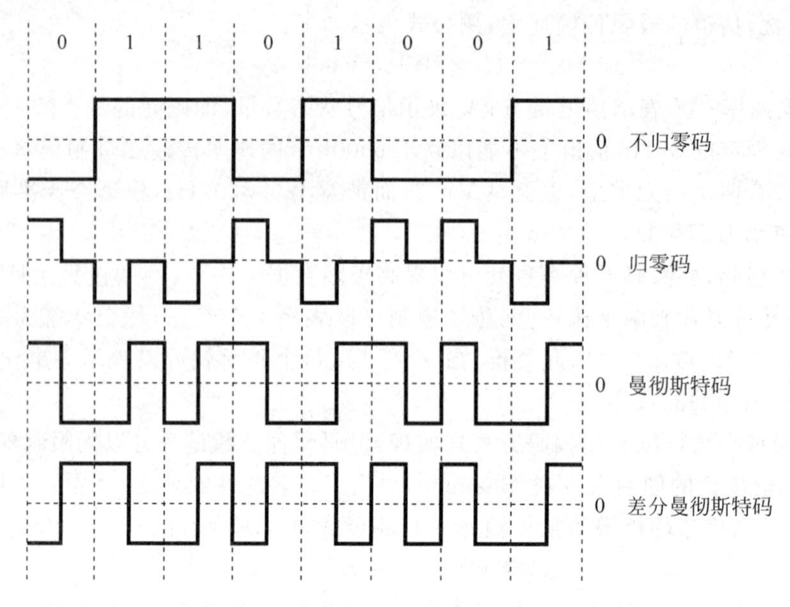

图 2-2 常用的编码方案示例

连续的 0 或 1 时，电压都没有变化，接收方将很难识别每个比特的边界（即图中垂直虚线），这种现象称为失去同步，即收发双方无法同步。

（2）**归零码**：用由负电平向零电平跳跃的正脉冲代表二进制 1，用正电平向 0 电平跳跃的负脉冲代表二进制 0。对比不归零码，归零码解决了当出现连续的 0 或 1 时接收方无法同步的问题，每个比特中间的电平跳跃就用来作为定时时钟，因此也称为自定时编码。

（3）**曼彻斯特编码**：用一个负电平到正电平的跳跃表示比特 1；正电平到负电平的跳跃表示比特 0（也可以反过来定义），每个比特中间都不归零。接收端可依此跳跃作为位的定时时钟，因此，这种编码也是一种自定时编码。传统以太网采用这种编码方案。

（4）**差分曼彻斯特编码**：用每位的起始处有、无跳跃来表示二进制 0 和 1，若有跳跃则表示 0，若无跳跃则表示 1。与曼彻斯特编码不同的是这种方案中每位中间的电平跳跃只用作同步时钟信号，不表示数据。令牌环网采用这种编码方案。

另外，还有不归零反转码 NRZ-I、mB/nB 编码、双极性 8 零替换编码 B8ZS 和高密度双极性 3 零编码 HDB3 等常用的编码方案。感兴趣的读者可以参考其他文献。

这里再普及一下，一个码元就是一个基本的电脉冲，如图 2-2 所示不归零码中每一个比特的波形就是一个码元，而曼彻斯特和差分曼彻斯特编码方案中的每一个比特则用了两个码元表示，因此，同样传输一个比特，曼彻斯特和差分曼彻斯特编码方案的码元传输率只有不归零码的一半。

2.2.4 模拟信号的数字化编码

模拟语音信号由用户的电话机通过本地用户线传送到电话系统端局（End Office），然后被编解码器 Codec 数字化。模拟信号数字化的常用方法称为脉冲代码调制（Pulse Code Modulation，PCM）。

PCM 的处理过程可以分为三个阶段：**采样**（Sampling）、**量化**（Quantizing）和**编码**

(Coding)。

采样就是每隔一个固定的时间间隔对模拟信号进行一次采样，变成离散的脉冲。**采样定理**指出：在某时间间隔内，以有效信号 $f(t)$的两倍以上频率对该信号进行采样，就足以恢复原有模拟信号。例如，带宽为 4000Hz 的话音，其采样频率可为每秒 8000 次，即每 $125\mu s$ 采样一次就够了。

由于采样得到离散脉冲信号的值不一定能和编码后的码值空间的某个码值相对应，因此需要量化。因此，**量化**就是把采样得到的离散脉冲值与码值空间的某个码值相对应的过程。例如，一个模拟信号的 4 个采样值分别是 0.9、3.1、8.6 和 13.2，量化后分别为 1、3、9 和 13。

编码就是将量化后的值转换成若干位二进制数的过程。例如上述量化后的 4 个数进行 4 位二进制编码，分别可表示为 0001、0011、1001 和 1101。实际的编码一般采用 8 位二进制，可达 256 个量级。

PCM 是现代数字电话系统的基础，在电话 TDM 系统中，采样的时间间隔均为 $125\mu s$，并用 8 位二进制对采样值进行编码。

2.2.5 调制与解调

频带传输必须先将基带数字数据转换成模拟信号，这个转换过程就是**调制**。反过来，将模拟信号转换成基带数字数据的过程就是**解调**，调制与解调通常做在一起，这就是**调制解调器**，俗称 Modem，或者猫。

调制一般需要使用一个正弦信号作为**载波**，可以形象地理解为用该正弦信号来运载要传输的数据。调制其实就是根据需要被传输的基带数字数据来改变该正弦信号的某些特征参数，并用这种改变来表示数字数据，因此调制也称为**载波调制**。

一个正弦信号可以用以下公式表示：

$$S(t) = A\sin(2\pi ft + \varnothing) \tag{2-4}$$

可见，一个正弦信号有三个特征参数可以改变，分别是幅值、频率和相位。

因此，基本的调制方法可以分为以下三种，图 2-3 给出了对于二进制数据 0101100100100 的每种调制方法的示例。

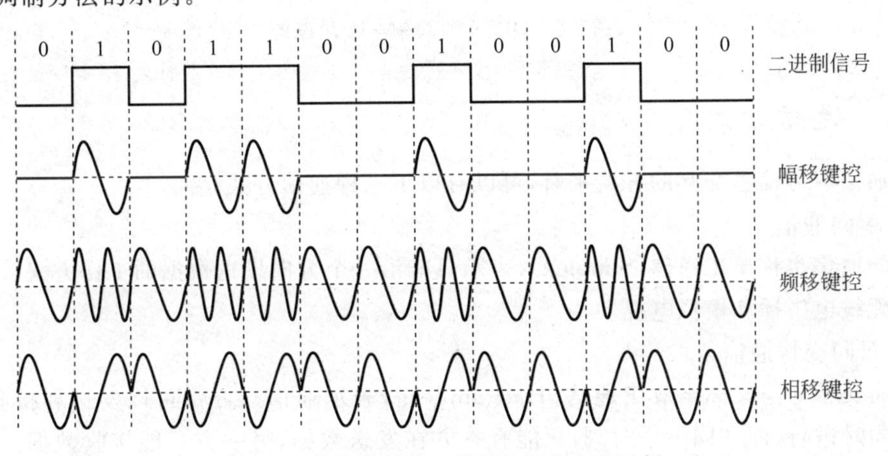

图 2-3 数字数据的三种基本调制方法示例

(1) **幅移键控**(Amplitude Shift Keying,ASK):又称幅度调制,简称调幅,即载波的振幅随基带数字数据的变化而变化。例如,二进制 0 和 1 分别对应载波的振幅为 0 和 1。

(2) **频移键控**(Frequency Shift Keying,FSK),又称频率调制,简称调频,即载波的频率随基带数字数据的变化而变化。例如,二进制 0 和 1 分别对应载波的频率 f_1 和 f_2。

(3) **相移键控**(Phase Shift Keying,PSK),又称相位调制,简称调相,即载波的初始相位随基带数字数据的变化而变化。例如二进制 0 或 1 分别对应载波的相位 0°和 180°。

从图 2-3 可以看出,基本调制方法每调制一次只能表示一个二进制位,这样的效率显然是很低的。为了提高调制效率,可以采用多级调制。例如,常用的调制技术采用 4 个相位,相位偏移值为 π/2 的倍数,这种调制技术称为**正交相移键控**(Quadrature Phase-Shift Keying,QPSK),这时一个信号单元可代表两个二进制位,如图 2-4 所示。

$$
\text{QPSK}\quad g(t)\begin{cases} A\cos\left(2\pi f_c t+\frac{\pi}{4}\right) & 11 \\ A\cos\left(2\pi f_c t+\frac{3\pi}{4}\right) & 10 \\ A\cos\left(2\pi f_c t+\frac{5\pi}{4}\right) & 00 \\ A\cos\left(2\pi f_c t+\frac{7\pi}{4}\right) & 01 \end{cases}
$$

图 2-4 正交相移键控 QPSK

该技术可进一步拓展。比如使用 8 个不同的相位,一次就可传输 3 个比特。还可以联合其他特征参数一起调制,如每个相位再使用不同的振幅值。例如,标准的 9600b/s 调制解调器使用了 12 个相位角度,其中 4 个相位具有两种振幅值。这样合成的结果是 8 个相位+8 个振幅=16 种,这就是**正交幅度调制**(Quadrature Amplitude Modulation,QAM)。图 2-5 分别示例了振幅和相位的两种合法组合,这些图形称为**星座图**(Constellation Diagram),其中图 2-5(a)为 QPSK 的星座图,图 2-5(b)是采用了 12 个不同相位的 QAM 即 QAM-16 的星座图。

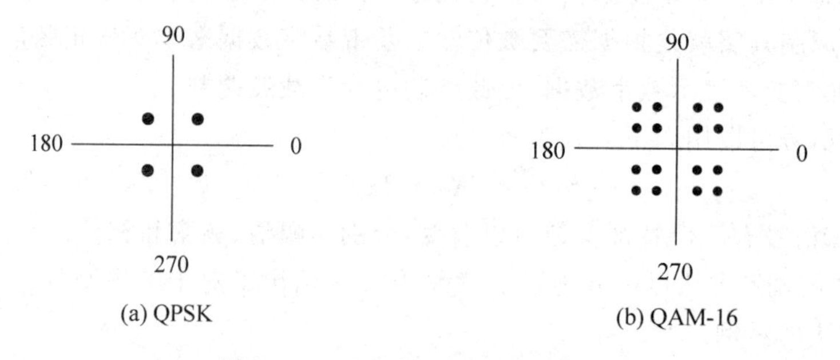

图 2-5 QPSK 和 QAM-16 星座图

2.2.6 通信方式

从通信双方信息交互的方式来看,可以有以下三种通信方式。

1. 单向通信

单向通信也称**单工通信**(Simplex),表示只能沿一个方向发送数据的工作方式。典型实例就是无线电广播和模拟电视。

2. 双向交替通信

双向交替通信又称**半双工通信**(Half-duplex),表示通信双方都可以发送和接收数据,但不能同时进行,即在同一个时刻,只能有一方在发送数据,另一方只能接收数据。典型实例就是对讲机系统,早期传统的 10Mb/s 的以太网也采用这种方式。

3. 双向同时通信

双向同时通信又称为**全双工通信**(Duplex),表示通信双方可以同时发送和接收数据。目前的计算机网络和电话都采用这种通信方式。

2.3 信道复用技术

在计算机网络中,广泛采用各种信道复用技术来提高传输线路的利用率。**信道复用**就是将一条物理传输线路在逻辑上划分成多个信道,每个信道传输一路信号,如同一条高速公路被划分成多条车道一样。

信道复用包括复用、传输和解复用三个过程。发送端将 n 个信号复合在一起,送到一条线路上传输,接收端则将收到的复合信号解复用成 n 个信号,并分别送到 n 条输出线路上。图 2-6 示意了复用的基本原理。

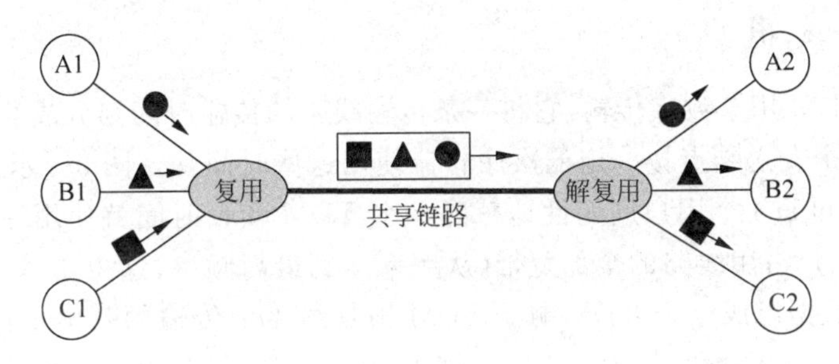

图 2-6 复用示意图

基本的复用技术包括频分复用和时分复用。

早期的电话系统采用**频分复用**(Frequency Division Multiplexing,FDM),现在电话网主干线已经实现数字化了,**时分复用**(Time Division Multiplexing,TDM)成了主流。计算机网络主要使用 TDM 技术。

现在人们对信道复用技术的研究又由电信号的 TDM 转向光信号的**波分复用**(Wavelength Division Multiplexing,WDM),充分挖掘光纤的巨大带宽潜力。

还有一种复用技术是**码分复用**或者称为**码分多址**(Code Division Multiplexing Address,CDMA),它根据码型结构的不同来实现信道复用,主要应用于卫星通信和移动通信中。

2.3.1 频分复用

频分复用 FDM 用于模拟传输,它将一条传输线路按频率划分成若干个频带,每个频带传输一路信号。电话系统中,每路电话信号的带宽是 300~3400Hz。在电话 FDM 系统中,每个信道分配 4000Hz 作为标准带宽,同时,在各路信号之间还要留有一定的带宽作为防护带以避免串扰。

如图 2-7 示例了频分复用的原理,图中的黑粗线表示隔离频带,在此图中,一条物理链路被分割成三个信道,每个信道传输某一路信号,要注意,这三个信道是按频率而不是按空间划分的。

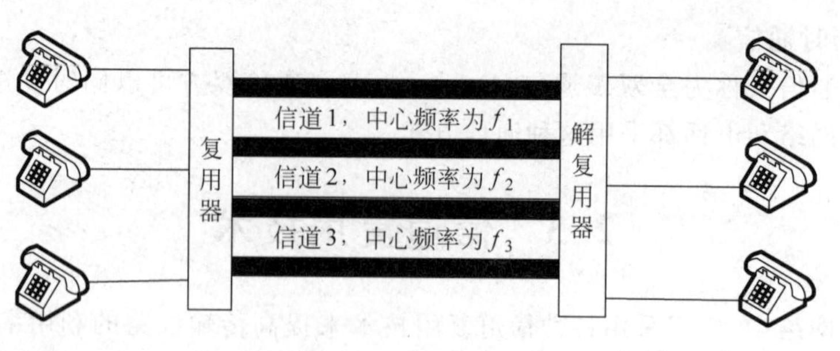

图 2-7　FDM示意图

FDM还应用到调幅(AM)广播或者调频(FM)广播。AM无线电广播的波段是530～1700kHz,每个AM电台有10kHz带宽。FM的波段为88～108MHz,每个FM电台有200kHz带宽。电视广播也采用FDM,每个频道带宽是6MHz。

2.3.2　时分复用

时分复用 TDM用于数字传输,它将一条传输线路的传输时间划分成若干时间片(也称**时隙或时槽**),各个发送结点按一定的次序轮流使用这些时间片。图2-8示意了TDM的原理,图中A、B、C和D 4个用户周期性地每隔一个TDM帧长时间就使用一个时间片,在每个时间片内,该用户占用线路的全部宽带(从频率0到最高频率,这也是基带传输的特征)。4个用户发送的数据组成一个TDM帧。TDM帧是线路上传输的基本单位,TDM的帧时长是固定的,所有TDM帧时长均为125μs,所以用户越多,每个用户分得的时间片就越小。而FDM中,每个用户分得的频带宽度是一样的,各自占用一个独立的信道传输数据,不受其他用户的影响。而在TDM中,从宏观的角度看,这4个用户合用了这一条线路。实际上,在微观层面,它们是周期地分段独占使用这条线路,这和FDM是不一样的。

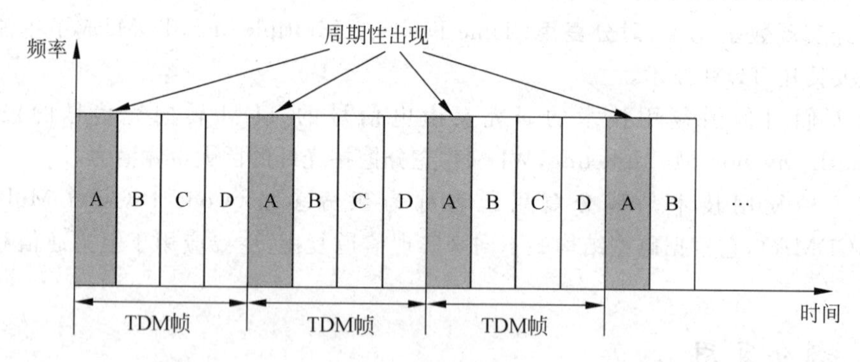

图 2-8　TDM示意图

实际上,图2-8中的4个用户并不是一直都有数据要发送,他们发送数据具有随性机和突发性,这将导致一个TDM帧可能没有填满就传输出去了,如图2-9所示的4个TDM帧都没有填满。这时即使有用户一直有数据要发送,也不能使用这些空闲的时间片。显然这浪费了宝贵的线路资源。

统计时分复用(Statistic TDM,STDM)是一种改进的时分复用技术,它按需动态地分配时间片,能明显地提高线路的利用率。STDM的基本思想是在复用器中设置一个缓存,缓

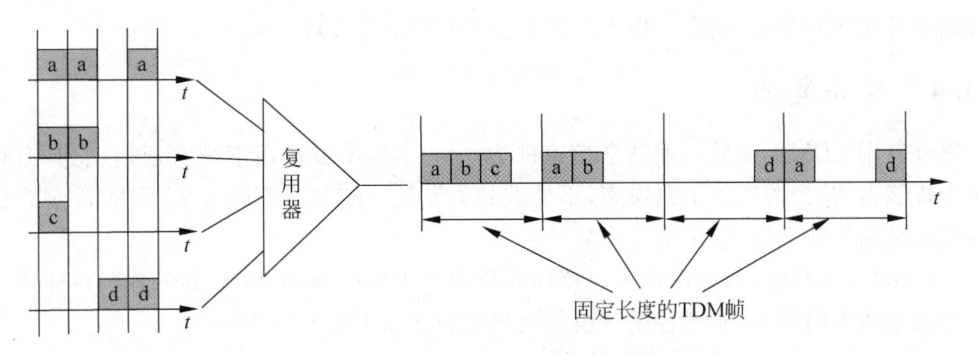

图 2-9　TDM 可能会造成线路资源浪费

存的大小一般小于用户数。各用户有数据要发送时就将数据送入缓存，复用器按时间片依次扫描缓存，若有数据则将数据填入 STDM 帧中，若没有则直接跳过。当一个 STDM 帧填满后就发送出去，如图 2-10 所示。

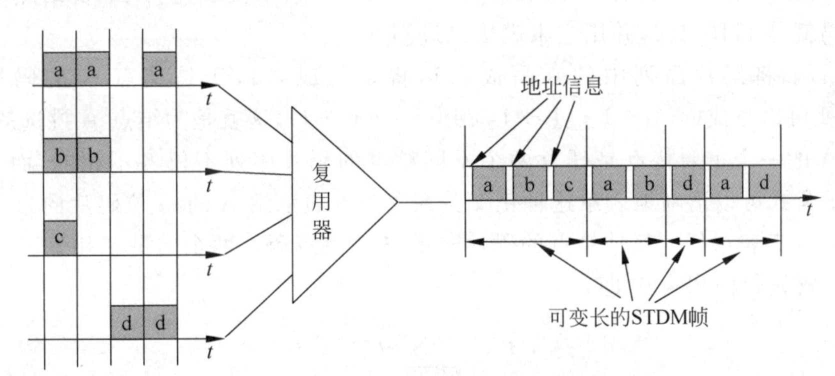

图 2-10　STDM 原理示意

对比图 2-9 和图 2-10 可以看出，STDM 帧中的时间片位置与用户没有固定的对应关系，一个用户所占用的时间片也不是周期性地出现，而是无规律的。因此，STDM 也称为异步 TDM，原来的 TDM 则称为同步 TDM。

由于 STDM 中的时间片与用户失去了对应关系，因此必须为每一个时间片加上一个用来标识用户的地址信息，即图 2-10 中每个时间片前面的白色方块部分，这是 STDM 为了提高线路利用率必须要付出的代价。

另外，与 TDM 相比，TDM 的帧长是固定的，而 STDM 的帧长是可变的。

2.3.3　波分复用

波分复用 WDM 本质上就是光的频分复用，只是由于光载波的频率很高，人家习惯上用波长而不用频率来表示所使用的光载波，这就是波分复用的由来。波分复用就是将不同波长的光复用到一根光纤上传输的技术，主要设备为合/分波器。

按照复用时信道间隔的不同，WDM 又可以分为**稀疏波分复用**(Coarse WDM，CWDM)和**密集波分复用**(Dense WDM，DWDM)，CWDM 的信道间隔为 20nm，而 DWDM 的信道间隔为 0.2～1.2nm。目前，每个波长的数据传输速率超过 40Gb/s，在一根光纤上可以复用的光波数量可达 320 个,这使得一根光纤的数据传输可高达 10Tb/s。

2.3.4 码分复用

码分复用 CDMA 是另一种共享信道的方法。CDMA 最初用于军事通信,它具有很强的抗干扰能力,其频谱类似于白噪声,不易被敌人发现。随着技术的进步,CDMA 现在已广泛应用在民用移动通信,特别是无线局域网。

在 CDMA 系统中,每个用户可以使用同样的频带同时通信,这是由于各用户使用了经过特殊挑选的不同码型,使得各用户信号之间不会相互干扰。

在 CDMA 中,每 1 个比特时间被分成 m 个短的间隔,称为**码片**(Chip)。通常情况下,每个比特分成 64 或 128 个码片。为了便于说明,这里假定 $m=8$。

使用 CDMA 的每个结点都分配了一个唯一的 m 位**码片序列**(Chip Sequence)。一个结点如果要发送比特 1,则发送它自己的 m 位码片序列。如果要发送比特 0,则发送该码片序列的反码。例如,结点 A 的码片序列为 00011011,并用它来代表比特 1;将结点 A 的码片序列取反码就是 11100100,并用它来表示二进制 0。

按照惯例,将码片序列中的 0 写成 −1,将 1 写成 +1,于是结点 A 的码片序列为 00011011 就可以写成(−1 −1 −1 +1 +1 −1 +1 +1),这就是为结点 A 挑选的**码型**。

CDMA 的一个重要特点是任意两个不同结点的码片序列不仅各不相同,而且相互正交。用数学公式可以清晰地表示这种正交关系。令 $\boldsymbol{S}$ 表示站 A 的 m 位码片向量,$\bar{\boldsymbol{S}}$ 表示它的反码。再令 $\boldsymbol{T}$ 表示任何其他结点的码片向量,$\bar{\boldsymbol{T}}$ 为其反码。两个向量 $\boldsymbol{S}$ 和 $\boldsymbol{T}$ 正交,就是这两个向量的规格化内积为 0,即:

$$\boldsymbol{S} \cdot \boldsymbol{T} = \frac{1}{m}\sum_{i=1}^{m} S_i T_i = 0 \tag{2-5}$$

根据上述公式,可以容易地推导出 $\boldsymbol{S} \cdot \bar{\boldsymbol{T}}=0$。

任何向量与自身的规格化内积一定是 1,即:

$$\boldsymbol{S} \cdot \boldsymbol{S} = \frac{1}{m}\sum_{i=1}^{m} S_i S_i = \frac{1}{m}\sum_{i=1}^{m} S_i^2 = \frac{1}{m}\sum_{i=1}^{m} (\pm 1)^2 = 1 \tag{2-6}$$

上述结论显而易见,因为内积中每一项为 1,求和结果为 m,同样可推出 $\boldsymbol{S} \cdot \bar{\boldsymbol{S}}=-1$。

如果 A 结点发送数据的传输速率为 k b/s,由于每一个比特要划分成 m 个码片序列,因此,A 结点实际上发送的数据传输速率为 mk b/s,这时 A 结点所占用的频带带宽就会提高到原来的 m 倍,因而称这种通信方式称为**扩频**(Spread Spectrum)通信。常用的扩频技术有**直接序列扩频**(Direct Sequence Spread Spectrum,DSSS)和**跳频扩频**(Frequency Hopping Spread Spectrum,FHSS)两大类。这里介绍的扩频技术为直接序列扩频。

现假定一个 T 结点要接收 A 结点发送的数据,T 结点必须事先知道 S 结点的码片序列 S。这里再假定所有结点在时间上是同步的,它们的码片序列都从一个时刻开始发送。当多个移动结点同时发送数据时,根据线性叠加原理,接收结点 T 接收到的信号将是各个结点发送的码片序列之和。因此,当 T 结点使用 A 结点的码片向量 $\boldsymbol{S}$ 与接收到的未知信号进行求内积运算时,根据式(2-5)和式(2-6)可知:所有其他结点的码片向量与向量 $\boldsymbol{S}$ 的内积均为 0,最后只剩下结点 A 发送的信号。于是当计算结果为 +1 时,表示 A 结点发送的是二进制 1,结果若为-1,则表明 A 结点发送的是二进制 0。

图 2-11 示例了 CDMA 的工作原理。图中发送结点 A 要发送的数据是二进制数据 110，并假定 CDMA 将一个比特分成 8 个码片，且 A 结点的码片序列为(−1 −1 −1 +1 +1 −1 +1 +1)，发送的扩频信号为 $\boldsymbol{S}_x$，其中，$\boldsymbol{S}_x$ 只包含互为反码的两种码片序列(即发送 0 或 1 对应的码片序列)。T 结点选择的码片序列为 $\boldsymbol{T}=(-1\ -1\ +1\ -1\ +1\ +1\ +1\ -1)$，并假定 T 结点也发送二进制数据 110，T 结点的扩频信号为 $\boldsymbol{T}_x$。因所有结点都使用相同的频率，所以每个结点都能接收到所有其他结点发送的扩频信号，且所有结点收到的都是叠加的信号 $\boldsymbol{S}_x+\boldsymbol{T}_x$。结点 T 将收到的该叠加信号与结点 A 的码片向量 $\boldsymbol{S}$ 进行内积运算，即 $(\boldsymbol{S}_x+\boldsymbol{T}_x)\cdot\boldsymbol{S}=\boldsymbol{S}\cdot\boldsymbol{S}_x+\boldsymbol{S}\cdot\boldsymbol{T}_x$。

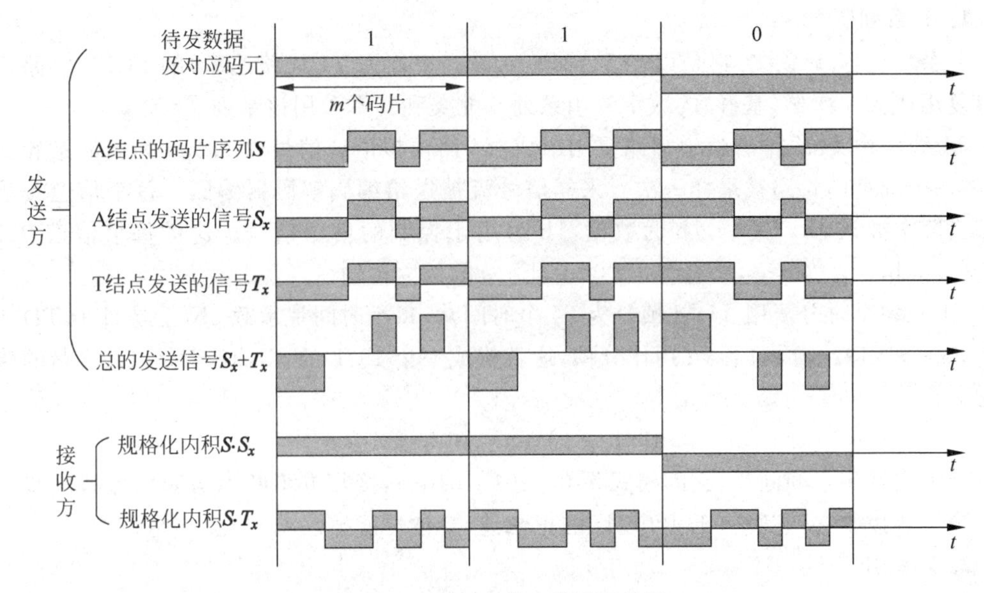

图 2-11 CDMA 的工作原理示例

根据式(2-5)和式(2-6)可知：所有其他结点的码片向量与向量 $\boldsymbol{S}$ 的内积均为 0，即 $\boldsymbol{S}\cdot\boldsymbol{T}_x=\boldsymbol{0}$，最后只剩下 $\boldsymbol{S}\cdot\boldsymbol{S}_x$。于是当计算结果为 +1 时，表示 A 结点发送的是二进制 1，结果若为 −1，则表明 A 结点发送的是二进制 0。

从这个示例可以看出，CDMA 就是根据结点拥有的各不相同且相互正交的码片序列来实现共享自由空间信道进行数据通信的。

2.4 数字传输系统

当多个结点的信号通过复用技术复用到一起以更高的速率传输时，如果复用设备输入的码流速率有差异，处理起来就相当棘手，这就希望网络的所有结点有统一的基准时钟，这称为**网同步**。网同步一般使用如下两种方式。

(1) **准同步**：网络内各结点的定时时钟信号互相独立，各结点采用频率相同的高精度时钟工作。但实际上频率不可能完全一致，只能接近同步状态，故称为准同步。准同步适用于各种规模和结构的网络，各网络之间相互平等，易于实现，但各结点必须使用高成本的高精度时钟。**准同步数字系列**(Plesiochronous Digital Hierarchy，PDH)采用准同步。

(2) **主从同步**：使用分级的定时时钟系统，主结点使用最高一级时钟，称为**基准参考时钟**(Primary Reference Clock，PRC)。铯原子钟常作为基准参考时钟，长期频率偏离小于1×10^{-11}。基准参考时钟信号通过传输链路传送到网络的各个从结点，各从结点将本地时钟的频率锁定在基准参考时钟频率，从而实现网络各结点之间的时钟同步。**SONET/SDH同步数字系列**采用这种主从同步。

2.4.1 准同步数字系列

国际电信联盟(ITU)推荐了T系列和E系列两类准同步数字系列。

1. T系列

T系列也称T载波，它是以1.544Mb/s(该速率称为**T1线路速率**)的PCM 24路语音时分复用成为一次群(基群)的数字复用系列。北美和日本采用该系列。

T1线路由24个语音信道多路复用组成，24路模拟语音信号以125μs为周期被轮回采样，在一个周期内每路被采样一次。采样信号流被送给编码解码器编码。每个信道按顺序在输出流中插入8b。其中，7b为数据，1b为用于控制的信令信号。这样每个信道有$7\times8000=56$kb/s的数据率，还有$1\times8000=8$kb/s的信令传输。

T1的一个时分复用TDM帧分为24个时间片，每个时间片承载8b，于是每个TDM帧长为$24\times8=192$b，再加上1b用作分帧，这就构成一个193b的T1帧，于是T1线路的传输速率为：

$$193\text{b}\div125\mu\text{s}=1.544\text{Mb/s}$$

分帧比特用于帧同步，它的模式是01010101010…，接收方不断地检测以保持同步。模拟用户不会接收它，它对应于4000Hz的正弦波，会被过滤掉。

2. E系列

E系列是以2.048Mb/s(该速率称为**E1线路速率**)的PCM 30/32路语音时分复用成为一次群的数字复用系列。欧洲和中国等采用该系列。

E系列的一次群中的30信道用于传输数据，另外两个信道(CH0和CH6)用于传输控制信令。

实际的T系列和E系列的通信线路可以使用铜缆和光缆，还可以用于卫星传输。

TDM允许多个一次群T1和E1进一步复用。每级速率是前一级的若干倍再加上一些辅助信号。如4个T1信道复用成1个T2，7个T2复用成1个T3，6个T3复用成1个T4等。

2.4.2 SONET/SDH同步数字系列

由于准同步数字系列PDH的T系列和E系列数据传输速率标准不统一，这样国际范围的高速数据传输就不易实现。同时，PDH采用准同步方式，由于各路信号的时钟频率有一定的偏差，给时分复用和分用带来许多麻烦。特别是当数据传输在速率很高时，收发双方的时钟同步就成了很大的问题。

为了解决上述问题，美国在1989年推出了一个数字传输标准，名为**同步光纤网**(Synchronous Optical Network，SONET)。SONET为光纤传输系统定义了同步传输的线路速率等级结构，每个等级的数据传输速率均为51.84Mb/s的整数倍，并将51.84Mb/s对应的等级结构称为**第1级光载波**(Optical Carrier)，简称OC-1，该速率对电信号称为**第1级**

同步传送信号(Synchronous Transfer Signal,STS-1),

ITU-T 以 SONET 为基础,制定出国际标准**同步数字系列**(Synchronous Digital Hierarchy,SDH)。由于 SDH 与 SONET 仅有很小的差别,因此,一般认为 SDH 与 SONET 是同义词,习惯上写成 SONET/SDH。

SDH 与 SONET 主要的不同是 SDH 的基本速率是 155.52Mb/s,称为**第 1 级同步传输模块**(Synchronous Transfer Module),简称 STM-1,这个速率与 OC-3 相对应。

表 2-1 列出了 SONET/SDH 的常用速率及其对应关系。

表 2-1 SONET 的 OC 等级与 SOH 的 STM 等级的对应关系

线路速度/(Mb·s^{-1})	SONET 等级名称	SOH 等级名称	常用近似值
51.840	OC-1/STS-1	—	
155.52	OC-3/STS-3	STM-1	155Mb/s
466.560	OC-9/STS-9	STM-3	
622.080	OC-12/STS-12	STM-4	622Mb/s
933.080	OC-18/STS-18	STM-6	
1244.160	OC-24/STS-24	STM-8	
1866.240	OC-36/STS-36	STM-12	
2488.320	OC-48/STS-48	STM-16	2.5Gb/s
4976.640	OC-96/STS-96	STM-32	
9953.280	OC-192/STS-192	STM-64	10Gb/s

SONET/SDH 还定义其他规格参数,如光信号采用波长为 1310nm 和 1550nm 的激光源,宽带接口采用帧技术传递信息,数字信号的复用和操作过程采用标准的帧结构等。

SDH 的帧结构是一种块状帧,其基本信号是 STM-1,更高的等级是用 N 个 STM-1 复用组成 STM-N。如 4 个 STM-1 构成 STM-4,16 个 STM-1 构成 STM-16。

现在 SONET/SDH 是全世界公认的数字传输网络体制的标准,也是支撑全球 IP 网络海量数据远程传输的关键技术。一般用于 WAN 和 MAN,构造环状互连结构,也适合于微波和卫星传输的技术体制。

2.5 宽带接入技术

宽带技术成熟之前,在相当长的一段时间内有一种十分流行的称为 PSTN(Public Switched Telephone Network,公共交换电话网络)拨号接入 Internet 的方法。在该接入方式中,用户使用 Modem 并通过电话网将计算机接入到 Internet,最高可提供 56kb/s 的数据传输率。后来又出现了一种称为 ISDN(Integrated Services Digital Network,综合业务数字网)的拨号接入方式,该方式可以提供 144kb/s 的数据传输率。显然,这两个数据传输速率远不能满足当前用户的需求。

随着计算机网络技术的发展,宽带接入 Internet 已经得到普及。至于接入 Internet 的速率要达到多少才叫宽带接入,并没有统一的标准,而且接入速率还在不断提高。2015 年 1 月,美国联邦通信委员会 FCC 将接入网的宽带定义为下行速率为 25Mb/s,上行速率为 3Mb/s。

按用户计算机接入 Internet 所使用的传输媒体可以分为有线接入和无线接入两种。本章主要介绍有线宽带接入的常用方法,最后简要介绍一下无线宽带接入。

2.5.1 ADSL 接入

ADSL(Asymmetric Digital Subscriber Line,**非对称数字用户线路**)是利用电话线和 ADSL Modem 连接到电话网,并通过电话网接入到 Internet 的一种宽带接入技术。它支持同时传输电话语音和计算机业务数据。之所以称为"非对称",是因为 ADSL 提供了下行大于上行的非对称传输速率。ADSL 一般多用于个人或家庭用户,可传输数字电视、视频点播、WWW 浏览等日常网络业务。

ADSL 的 ITU 标准是 G.992.1,或称 G.dmt,表示它使用 DMT(Discrete Multi-Tone,离散多音调)技术,这里的多音调就是多载波或者多子信道的意思。

通常,模拟电话线路的传输带宽可达到 1.1MHz,而普通旧式电话业务(Plain Old Telephone Service, POTS)只使用 0~4000Hz 这一段。ADSL 使用 FDM 方式,将 40kHz 以上一直到 1.1MHz 的高端频谱划分成许多子信道,其中,25 个子信道用作上行信道,而 249 个子信道用作下行信道,并使用不同的载波进行数字调制。图 2-12 给出了 DMT 技术的频谱分布。

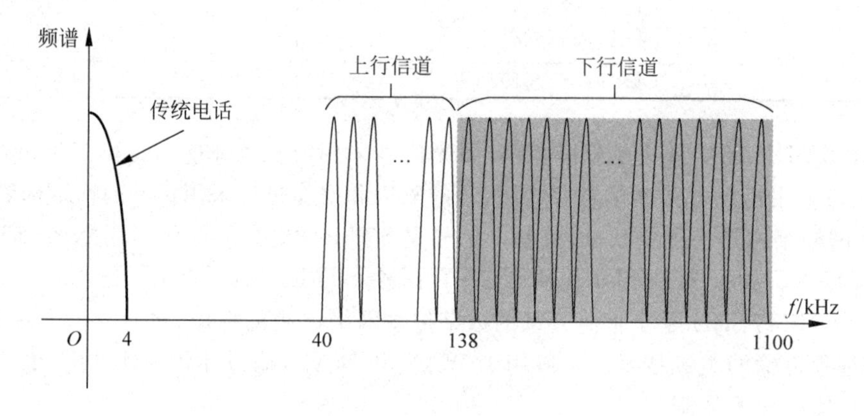

图 2-12 DMT 频谱分布

典型的 ADSL 接入 Internet 的网络结构如图 2-13 所示。从图中可以看出,基于 ADSL 的接入网主要由以下三个部分组成。

(1) 用户端设备:主要有 ADSL Modem 和 POTS 分离器。ADSL Modem 又称为远端接入端接单元(Access Termination Unit Remote,ATU-R),它将来自用户计算机的数字数据和来自电话线的模拟信号进行调制与解调。POTS 分离器则将来自 ADSL Modem 的模拟信号和来自电话机的语音信号合成并通过电话线进行传输。或者反过来则将这两个信号进行分离并分别送往 ADSL Modem 和电话机。现在的 ADSL Modem 已经集成了 POTS 分离器,只对外提供一个电话线接口和一个以太网口,电话线接口用于连电话机,以太网口用于连 PC。

(2) 中心机房(端局)设备:主要有数字用户线路接入复用器(DSL Access Multiplexer, DSLAM)和 POTS 分离器。DSLAM 主要有两个功能,一是 ADSL 接入,它内嵌了多个 ATU-C(这里的 C 表示 Central office,表示端局),它可以同时接入多个 ADSL 访问;二是

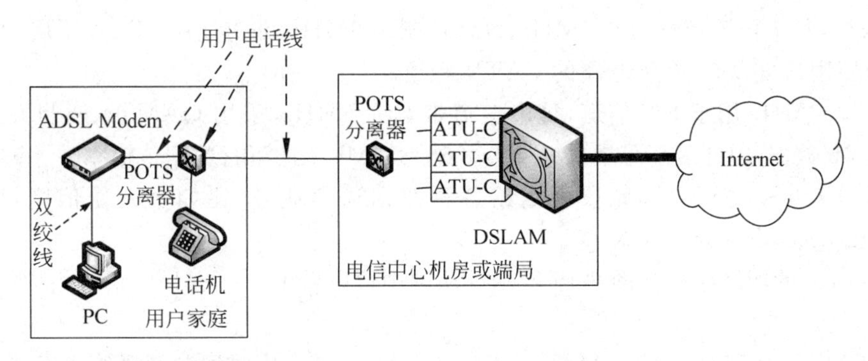

图 2-13　ADSL 接入的网络结构

多路接入复用，它将同时接入的多个 ADSL 访问复用到 Internet。

(3) 用户线：就是图中的用户电话线，用于将用户的 ADSL Modem 和电信端局的 DSLAM 相连。

除了 ADSL，还发展了一系列的 xDSL 技术，包括单线对称数字用户线(Single-pair DSL，SDSL)、高比特率数字用户线(High bit-rate DSL，HDSL)和甚高比特数字用户线(Very high bit-rate DSL，VDSL)等。

ITU-T 也颁布了更高速率的第 2 代 ADSL 标准，如 ADSL2 和 ADSL2＋。ADSL2 至少可以支持上行 800kb/s 和下行 8Mb/s 的速率；ADSL2＋将频谱范围从 1.1MHz 扩展至 2.2MHz，可提供的上行速率达 800kb/s，下行速率最大可达 25Mb/s。

2.5.2　HFC 接入

光纤同轴混合网(Hybrid Fiber Coax，HFC)是在目前覆盖面很广的有线电视网(Community Antenna Television，CATV)的基础上开发的一种居民宽带接入网，除可传送电视节目外，还能提供电话、数据和其他宽带交互型业务。

HFC 也以频分复用 FDM 技术为基础，将各种图像、数据和语音通过调制解调器同时在同轴电缆上传输，如图 2-14 所示为 HFC 同轴电缆信号频谱的一种典型的分配方案。

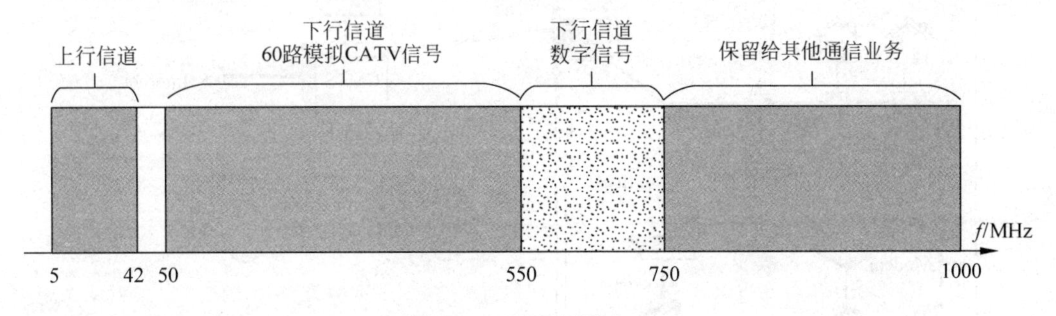

图 2-14　HFC 频谱分布

图 2-14 中的上行信道是原来 CATV 中不使用的低频段，现在 5～42MHz 为北美使用，欧洲和中国使用 5～65MHz。上行信道被划分成几个子频段，分别用于传输电话、数据通信和 HFC 网的状态监视信息等。

50～550MHz 频段(除 88～108MHz 用于 FM 无线电台外)用于传输现在的模拟

CATV 信号,每个信道带宽为 6/8MHz(NTSC 制用 6MHz,北美使用; PAL 制用 8MHz,中国和欧洲使用),可以有 60~80 路的 CATV 频道。

550~750MHz 用于下行信道,每个信道带宽为 6MHz,采用 QAM-64 调制方式,每个码元携带 6b 数据,因此最高可提供 6MHz×6b=36Mb/s 的下行数据传输率。

高端的 750~1000MHz 频段确定给各种双向通信业务,比如个人通信网(Personal Communication Network,PCN)等。

HFC 接入的网络结构如图 2-15 所示。从图中可以看出,一个 HFC 系统由以下三个部分组成。

(1) CMTS。**CMTS**(Cable Modem Terminal Systems,**电缆调制解调终端系统**)又称头端。CMTS 一侧与 Internet 相连,另一侧通过光纤与 HFC 网络相连。它将来自 Internet 的数据转换为模拟信号,并与 CATV 信号混合送入到 HFC 网络。反方向上,将来自 HFC 网络的模拟信号转换为数字数据送到 Internet。

(2) HFC 网络。HFC 网络采用星状-树状两级拓扑结构。CMTS 到各服务区的光分配结点(Optional Distribution Node,ODN)使用光纤,形成星状结构。ODN 的另一端连同轴电缆,形成树状结构,将来自同轴电缆的电信号和来自光纤的光信息进行相互转换。一个 ODN 下可接 1~6 根同轴电缆,每根同轴电缆上再使用分线器将同轴电缆引入各个用户住宅。ODN 到用户住宅的距离一般不超过 2~3km,一个 ODN 下的所有用户组成一个用户群(cluster),一般可包含 500 户左右,不超过 2000 户。

(3) 用户端系统。用户住宅通过安装一个用户接口盒(User Interface Box,UIB)来连接机顶盒、电话和 Cable Modem(电缆调制解调器)。用户端的主要设备是 Cable Modem,它用来连接用户计算机和 HFC 网络,实现计算机中的数字数据与同轴电缆中的模拟信号之间的调制与解调。

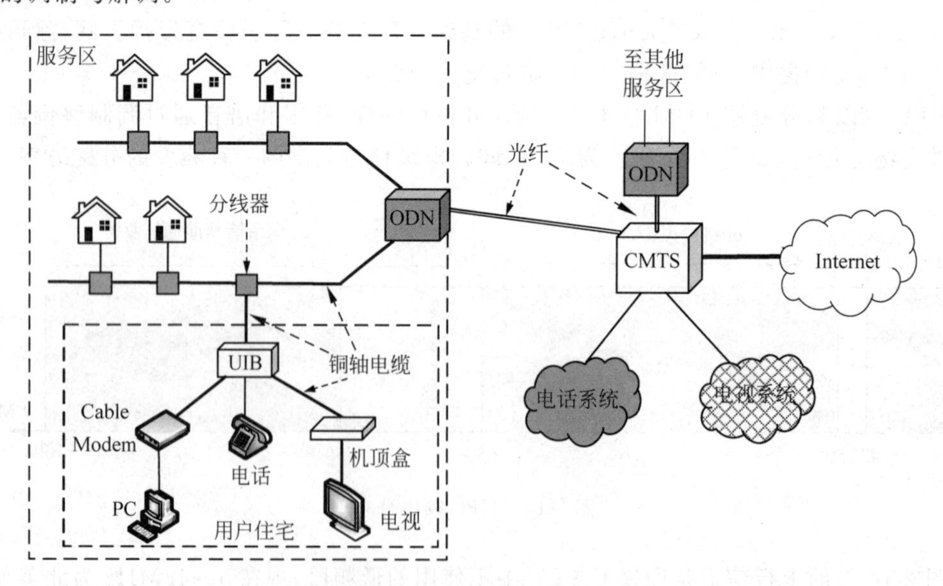

图 2-15 HFC 接入的网络结构

相对于一个 ADSL 用户独占且稳定的带宽,一个 ODN 下的所有用户共享该 HFC 网络带宽,当同时上网的用户较多时,速度就会下降,而且带宽也不稳定。另外,由于同轴电缆是共享传输媒体，因此容易被人窃听，安全性较差。

2.5.3 光纤宽带接入

光纤的超大容量与较高的传输速率一直被人们所青睐。随着光纤通信技术的快速发展，采用光纤通信的成本越来越低，光纤铺设的终点离用户家越来越近，光纤走进用户家门逐渐兴起。

光纤宽带接入就是指利用光纤作为主要传输媒体与 Internet 相连，实现高速传输网络数据业务的一种宽带接入技术。光纤接入网可分为**无源光网络**（Passive Optical Network，PON）和**有源光网络**（Active Optical Network，AON）。由于 PON 具有扩展更方便、投资成本更低以及可靠性和安全性更高等优点而得到广泛应用。因此本节将主要介绍利用 PON 实现光纤宽带接入。

典型的基于 PON 的光纤宽带接入的网络结构如图 2-16 所示。它可以分为以下三个部分。

（1）**局端**：该部分主要的设备是 OLT（Optical Line Terminal，光线路终端），OLT 是连接到 Internet 光纤干线的终端设备，它将来自 Internet 的数据发往无源的 1∶*N* 光分路器。然后用广播方式发送给所有用户端的 ONU（Optical Network Unit，光网络单元）。

（2）**光配线网**：光配线网（Optical Distribution Network，ODN）是光纤干线和广大用户之间的一段转换装置。它使数十户家庭能够共享一根光纤干线。

（3）**用户端**：用户端的主要设备是 ONU（Optical Network Unit，光网络单元），平常说的光猫就属于一种特殊的 ONU，它的主要作用是实现计算机的数字数据与光纤上的光信号之间的相互转换。它的一端用光纤与光分路器相连，另一端用双绞线与计算机直接相接，或者通过交换机连接一个小型局域网。

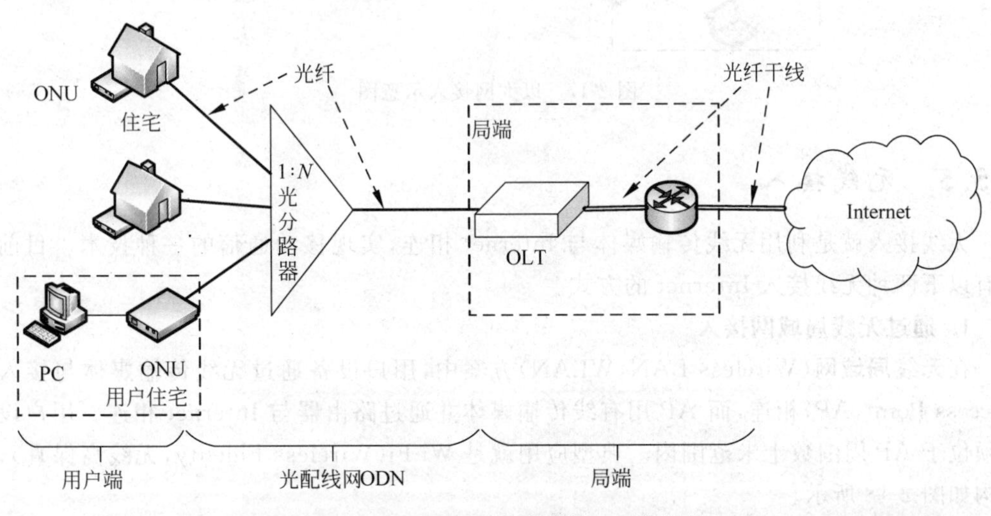

图 2-16 基于 PON 的宽带接入网络结构

ONU 的位置具有很大的灵活性，根据 ONU 的不同位置，光纤接入又可以分为以下几种不同类型，统称为 FTTx（Fiber to the x）。

（1）**FTTH**：这里的 H 代表 Home，意为光纤到户，ONU 设在用户家中。这应该是广大网络用户所向往的一种接入方案。

(2) **FTTC**：这里的C代表Curb，意为光纤到路边，ONU设在路边。

(3) **FTTB**：这里的B代表Building，意为光纤到大楼，ONU设在大楼内。

(4) **FTTO**：这里的O代表Office，意为光纤到办公室，ONU设在办公室内。

(5) **FTTF**：这里的F代表Floor，意为光纤到楼层，ONU设在楼层。

(6) **FTTZ**：这里的Z代表Zone，意为光纤到小区，ONU设置在小区内。

(7) **FTTD**：这里的D代表Desk，意为光纤到桌面。

2.5.4 以太网接入

大学校园和企事业单位的内部局域网通过与边缘路由器相连，边缘路由器则用光纤与ISP相连，用户计算机则通过连接到这样的内部局域网来实现与Internet相连。

这种接入是目前学校、公司、企业甚至小区等非常流行的一种接入方法，其本质可以认为是FTTx。即便是FTTH，家中的多台计算机通过与路由器相连来实现上网的方式也属于以太网接入。

图2-17示例了以太网接入的基本原理。

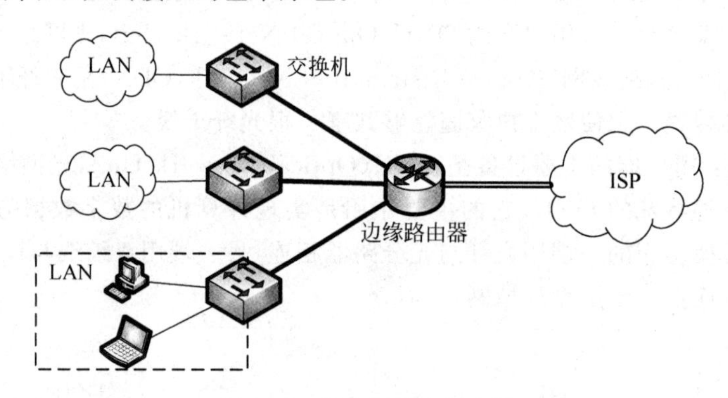

图2-17 以太网接入示意图

2.5.5 无线接入

无线接入就是利用无线传输媒体与Internet相连，实现移动通信的一种技术。目前主要有以下两种无线接入Internet的方式。

1. 通过无线局域网接入

在**无线局域网**(Wireless LAN，WLAN)方案中，用户设备通过无线传输媒体与接入点(Access Point，AP)相连，而AP用有线传输媒体并通过路由器与Internet相连。用户设备必须位于AP周围数十米范围内。典型应用就是Wi-Fi(Wireless Fidelity，无线高保真)，其结构如图2-18所示。

无线AP简单来说就是无线网络中的无线交换机，它可以将无线终端设备连接成一个无线局域网，但AP没有路由功能，因此，依靠单纯的AP是无法连到Internet的。

现在家庭中广泛应用的无线路由器就是一种扩展AP，它不仅具有AP的功能，还具备路由器的基本功能，这也是为什么家用WLAN中没有看到AP的原因。

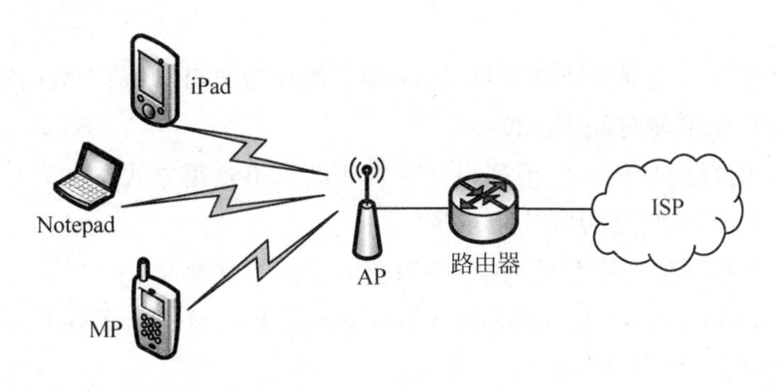

图 2-18　WLAN 结构

WLAN 采用 IEEE 802.11 标准，常用的包括 IEEE 802.11b、IEEE 802.11a、IEEE 802.11g 和 IEEE 802.11n，这些标准的主要特征如表 2-2 所示。

表 2-2　IEEE 802.11 常用标准及特点

标　　准	工 作 频 率	最高数据率
IEEE 802.11b	2.4GHz	11Mb/s
IEEE 802.11a	5GHz	54Mb/s
IEEE 802.11g	2.4GHz	54Mb/s
IEEE 802.11n	2.4GHz 和 5GHz	300Mb/s 以上

生活中常说的 **Wi-Fi** 是一个基于 IEEE 802.11 系列标准的无线局域网通信技术的品牌，由 **Wi-Fi 联盟**（Wi-Fi Alliance）所持有，其目标是改善基于 IEEE 802.11 标准的无线网络产品之间的互操作性。由于 Wi-Fi 和 WLAN 都是基于 IEEE 802.11 标准系列，因此，人们习惯将 WLAN 称为 Wi-Fi，也正因为如此，Wi-Fi 就成了 WLAN 的代名词。

2. 通过蜂窝移动通信网接入

在这种方案中，用户移动设备通过与基站相连，并通过基站实现无线上网。用户设备只要在基站信号覆盖范围内即可，一般可达数十千米。

习　题

一、简答题

1. 物理层要解决的问题主要是什么？物理层协议包含哪些内容？

2. 解释名词：数据、信号、模拟数据、数字数据、基带信号、频带信号、码元、单工通信、半双工通信、全双工通信。

3. 什么是基带传输？什么是频带传输？

4. 数字数据在使用基带传输方式传输前为什么还要编码？

5. 对于二进制数据 10101100，请画出采用不归零编码、曼彻斯特编码和差分曼彻斯特编码后的信号波形。假定起始状态为低。

6. 电视频道的带宽是 6MHz，如果使用 4 级信号传输，每秒能发送多少比特？假定为无噪声信道。

7. 一个用于发送二进制信号的3kHz信道，其信噪比为20dB，则最大数据传输速率为多少？

8. 为什么PCM采样时间为125μs？

9. 信道复用的目的是什么？请列出几种常用的信道复用方式。

10. 什么是PCM？它分为哪几个步骤？

11. 写出以下专用英文缩写的全文，并写出对应的中文含义。

FDM、TDM、STDM、WDM、DWDM、CDMA、SONET、SDH、STM-1、OC-1

12. 简要比较TDM与STDM。

13. 典型的ADSL接入Internet的方案中的主要设备包括哪些？它们的作用是什么？

14. 什么是HFC？Cable Modem在HFC网络中的作用是什么？

15. 一个CDMA接收器得到下面的码片序列为：(−1 +1 −3 +1 −1 −3 +1 +1)。假设各站码片序列如图2-19所示。请问哪些移动站传输了数据？每个站发送了什么位？

A：(−1 −1 −1 +1 +1 −1 +1 +1)
B：(−1 −1 +1 −1 +1 +1 +1 −1)
C：(−1 +1 −1 +1 +1 +1 −1 −1)
D：(−1 +1 −1 −1 −1 −1 +1 −1)

图2-19　各站的时间片序列

二、选择题

1. ________编码在每一位的中间都有一个跳变。

A. 归零码　　B. 曼彻斯特编码
C. 差分曼彻斯特编码　　D. 所有上述选项

2. PCM是一种________转换的实例。

A. 数字到数字　　B. 数字到模拟　　C. 模拟到模拟　　D. 模拟到数字

3. 如果信号频谱的带宽是1000Hz，最高频率是1500Hz，则按照奈奎斯特定理，采样频率应该是________________。

A. 500次/秒　　B. 1000次/秒　　C. 1500次/秒　　D. 3000次/秒

4. 奈奎斯特定理确定的最低采样频率是________。

A. 等于信号的最低频率　　B. 等于信号的最高频率
C. 信号带宽的两倍　　D. 信号最高频率的两倍

5. ASK、PSK、FSK和QAM都是________调制的实例。

A. 数字到数字　　B. 数字到模拟　　C. 模拟到模拟　　D. 模拟到数字

6. 如果QAM信号的比特率是3000b/s，且信号单元使用三位组表示，则波特率是________。

A. 300　　B. 400　　C. 1000　　D. 1200

7. 在QAM-16中，有16种________。

A. 相位和振幅的组合　　B. 振幅
C. 相位　　D. 频率

8. ________复用技术适用于传输模拟信号。

A. FDM　　B. TDM　　C. WDM　　D. A和C

9. ________复用技术适用于传输数字信号。

A. FDM　　B. TDM　　C. WDM　　D. A和C

10. ________复用技术将每一路信号平移到不同的载波频率上。

A. FDM　　B. TDM　　C. WDM　　D. A 和 C

11. ________在下行方向比在上行方面具有更高的传输速率。

A. VDSL　　B. ADSL　　C. SDSL　　D. A 和 B

12. ________是位于电话公司一端的设备。它接收来自多个 ADSL 的访问并将它们复用到 Internet。

A. DSLAM　　B. ADSL Modem　　C. 分离器　　D. 滤波器

13. 在 HFC 网络中,光纤结点到用户家中之间使用________作为物理传输媒体。

A. 光纤　　B. 同轴电缆　　C. UDP　　D. STP

14. SONET 是一种用于________网络的标准。

A. 双绞线　　B. 同轴电缆　　C. 以太网　　D. 光纤

15. 关于无线局域网,下面叙述中正确的是________。

A. IEEE 802.11a 和 IEEE 802.11b 都可以在 2.4GHz 频段工作

B. IEEE 802.11b 和 IEEE 802.11g 都可以在 2.4GHz 频段工作

C. IEEE 802.11a 和 IEEE 802.11b 都可以在 5GHz 频段工作

D. IEEE 802.11b 和 IEEE 802.11g 都可以在 5GHz 频段工作

16. 设信道带宽为 3400Hz,采用 PCM 编码,采样周期为 125μs,每个样本量化为 256 个等级,则信道的数据速率为________。

A. 10kb/s　　B. 16kb/s　　C. 56kb/s　　D. 64kb/s

17. 10BASE-T 以太网使用曼彻斯特编码,其编码的效率是________%。

A. 40　　B. 50　　C. 80　　D. 100

18. 在快速以太网中使用 4B/5B 编码,其编码效率为是________%。

A. 40　　B. 50　　C. 80　　D. 100

19. 在异步通信中,每个字符包含 1 位起始位、7 位数据位、1 位奇偶位和 1 位终止位,每秒钟传送 200 个字符,采用 DPSK 调制,则码元速率为________。

A. 200 波特　　B. 500 波特　　C. 1000 波特　　D. 2000 波特

20. 对于上一题,有效数据速率为________。

A. 200b/s　　B. 1000b/s　　C. 1400b/s　　D. 2000b/s

21. 假设模拟信号的频率范围为 3～9MHz,采样频率必须大于________时,才能使得到的样本信号不失真

A. 6MHz　　B. 12MHz　　C. 18MHz　　D. 20MHz

22. 设信道带宽为 3000Hz,信噪比为 30dB,则信道可达到的最大数据速率为________b/s。

A. 100 000　　B. 200 000　　C. 300 000　　D. 400 000

23. PCM 编码是把模拟信号数字化的过程,通常模拟语音信道的带宽是 4000Hz,则在数字化时采样频率至少为________次/秒。

A. 2000　　B. 4000　　C. 8000　　D. 16 000

24. 所谓正交幅度调制是把两个________的模拟信号合成一个载波信号。

A. 幅度相同相位相差 90°　　B. 幅度相同相位相差 180°

C. 频率相同相位相差 90°　　D. 频率相同相位相差 180°

25. 正交幅度调制 16-QAM 的数据速率是码元速率的________倍。

A. 2　　B. 4　　C. 8　　D. 16

26. 设信号的波特率为 500Baud,采用幅度-相位复合调制技术,由 4 种幅度和 8 种相位组成 16 种码元,则信道的数据速率为________。

A. 500b/s　　B. 100b/s　　C. 2000b/s　　D. 4800b/s

27. E1 载波的数据速率是________,其中每个话音信道的数据速率为 64kb/s。

A. 64kb/s　　B. 2.048b/s　　C. 34.368Mb/s　　D. 139.26Mb/s

28. ADSL 采用________技术把 PSTN 线路划分为话音、上行和下行三个独立的信道。同时提供电话和上网服务,采用 ADSL 联网,计算机需要通过 ADSL Modem 和分离器接到电话入户接线盒。

A. 时分复用　　B. 频分复用　　C. 空分复用　　D. 码分多址

29. 通过 HFC 网络实现宽带接入,用户端需要的设备是 Cable Modem,局端用于控制和管理用户设备的是________。

A. Cable Modem　　B. ADSL Modem　　C. OLT　　D. CMTS

30. 下面关于 Manchester 编码的叙述中,错误的是________。

A. Manchester 编码是一种双相码

B. Manchester 编码提供了比特同步信息

C. Manchester 编码的效率为 50%

D. Manchester 编码应用在高速以太网中

31. 设信道采用二进制差分键控相移键控 2DPSK 调制,码元速率为 300 波特,则最大数据速率为________ b/s。

A. 300　　B. 600　　C. 900　　D. 1200

32. 通过 ADSL 访问 Internet,在用户端通过分离器和 ADSL Modem 连接 PC,在 ISP 端通过________设备连接因特网。

A. 分离器　　B. 电话交换机　　C. DSLAM　　D. IP 路由器

33. 可以用数字信号对模拟载波的不同参量时行调制,如图 2-20 所示的调制方式称为________。

A. ASK　　B. FSK　　C. PSK　　D. DPSK

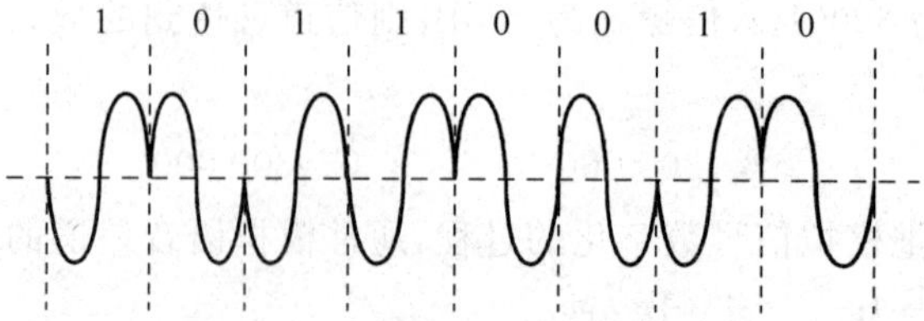

图 2-20　33 题图

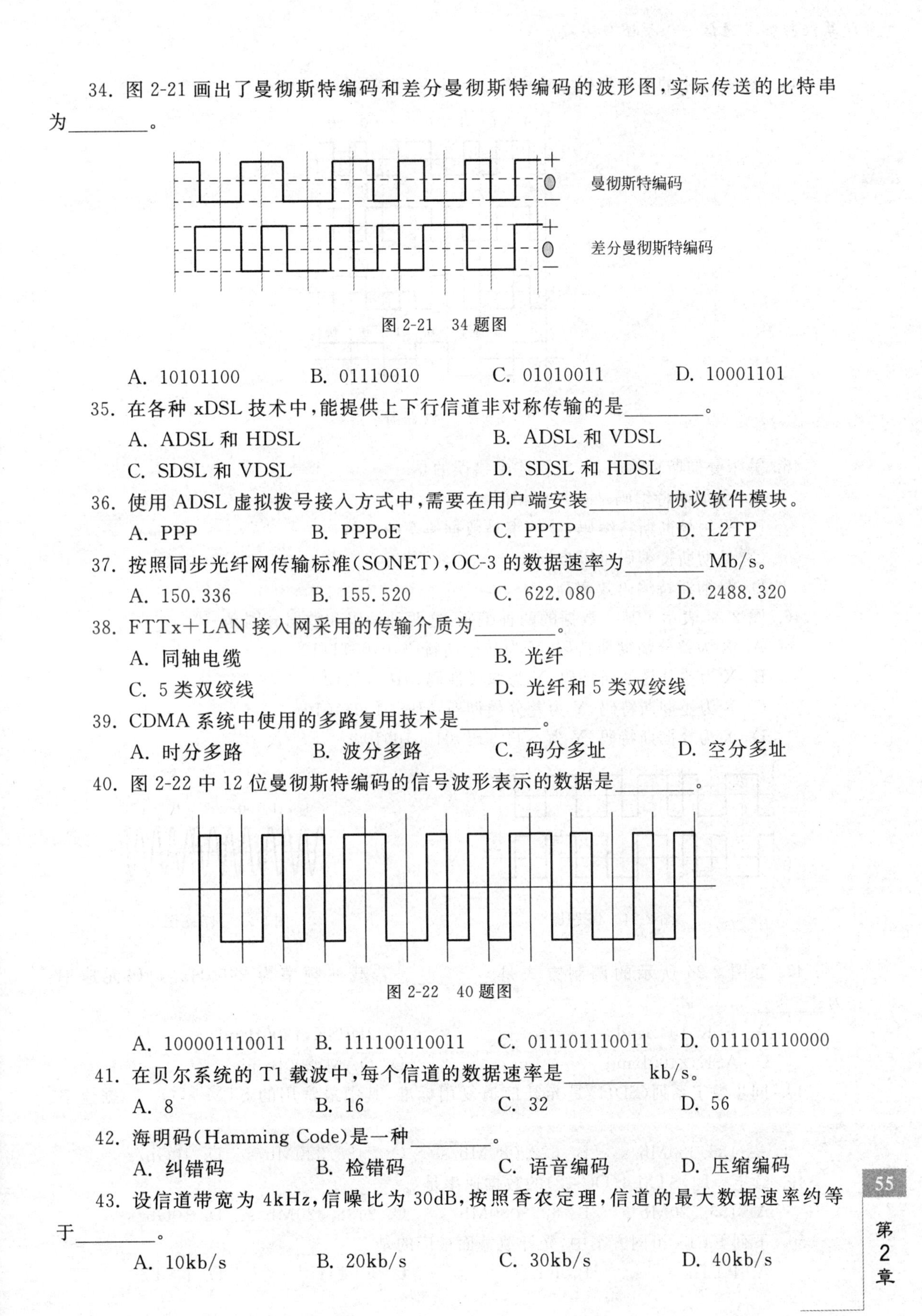

34. 图 2-21 画出了曼彻斯特编码和差分曼彻斯特编码的波形图，实际传送的比特串为________。

图 2-21　34 题图

A. 10101100　　B. 01110010　　C. 01010011　　D. 10001101

35. 在各种 xDSL 技术中，能提供上下行信道非对称传输的是________。

A. ADSL 和 HDSL　　B. ADSL 和 VDSL

C. SDSL 和 VDSL　　D. SDSL 和 HDSL

36. 使用 ADSL 虚拟拨号接入方式中，需要在用户端安装________协议软件模块。

A. PPP　　B. PPPoE　　C. PPTP　　D. L2TP

37. 按照同步光纤网传输标准(SONET)，OC-3 的数据速率为________Mb/s。

A. 150.336　　B. 155.520　　C. 622.080　　D. 2488.320

38. FTTx＋LAN 接入网采用的传输介质为________。

A. 同轴电缆　　B. 光纤

C. 5 类双绞线　　D. 光纤和 5 类双绞线

39. CDMA 系统中使用的多路复用技术是________。

A. 时分多路　　B. 波分多路　　C. 码分多址　　D. 空分多址

40. 图 2-22 中 12 位曼彻斯特编码的信号波形表示的数据是________。

图 2-22　40 题图

A. 100001110011　　B. 111100110011　　C. 011101110011　　D. 011101110000

41. 在贝尔系统的 T1 载波中，每个信道的数据速率是________kb/s。

A. 8　　B. 16　　C. 32　　D. 56

42. 海明码(Hamming Code)是一种________。

A. 纠错码　　B. 检错码　　C. 语音编码　　D. 压缩编码

43. 设信道带宽为 4kHz，信噪比为 30dB，按照香农定理，信道的最大数据速率约等于________。

A. 10kb/s　　B. 20kb/s　　C. 30kb/s　　D. 40kb/s

44. 图 2-23 中的 4 种编码方式中属于差分曼彻斯特编码的是________。

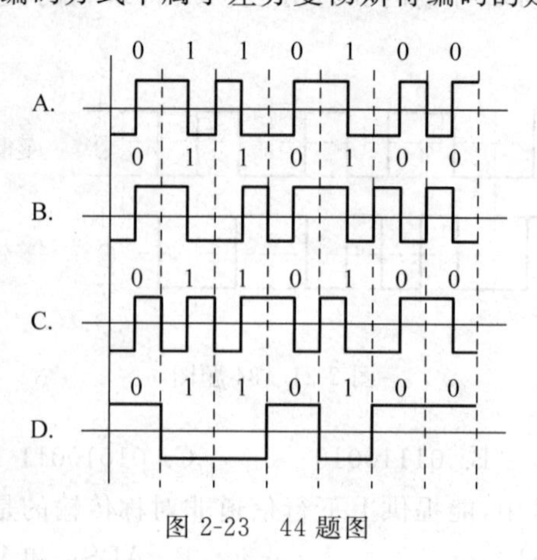

图 2-23　44 题图

45. 关于曼彻斯特编码,下面叙述中错误的是________。

A. 曼彻斯特编码是一种双相码

B. 采用曼彻斯特编码,波特率是数据速率的二倍

C. 曼彻斯特编码可以自同步

D. 曼彻斯特编码效率高

46. 图 2-24 表示了某个数据的两种编码,这两种编码和数据分别是________。

A. X 为差分曼彻斯特码,Y 为曼彻斯特码,010011110

B. X 为差分曼彻斯特码,Y 为双极性码,010011010

C. X 为曼彻斯特码,Y 为差分曼彻斯特码,010011010

D. X 为曼彻斯特码,Y 为不归零码,010010010

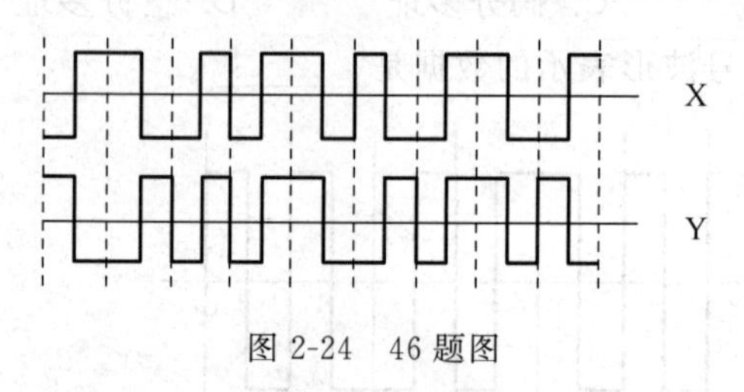

图 2-24　46 题图

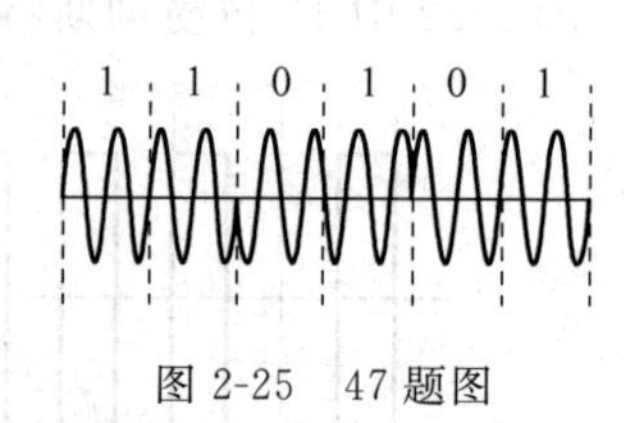

图 2-25　47 题图

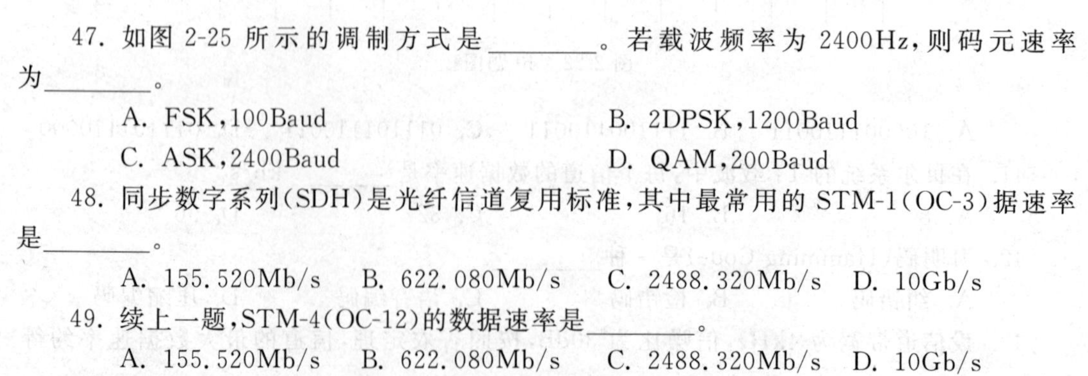

47. 如图 2-25 所示的调制方式是________。若载波频率为 2400Hz,则码元速率为________。

A. FSK,100Baud　　B. 2DPSK,1200Baud

C. ASK,2400Baud　　D. QAM,200Baud

48. 同步数字系列(SDH)是光纤信道复用标准,其中最常用的 STM-1(OC-3)据速率是________。

A. 155.520Mb/s　B. 622.080Mb/s　C. 2488.320Mb/s　D. 10Gb/s

49. 续上一题,STM-4(OC-12)的数据速率是________。

A. 155.520Mb/s　B. 622.080Mb/s　C. 2488.320Mb/s　D. 10Gb/s

50. 下列 FTTx 组网方案中,光纤覆盖面最广的是________。

A. FTTN　B. FTTC　C. FTTH　D. FTTZ

第3章　数据链路层

数据链路层负责通信结点之间在单个链路上的传输活动，实现帧的单跳传输。这里涉及的重要问题包括：一是如何实现封装成帧、透明传输和差错检测；二是帧如何在点对点信道和广播信道上传输。

本章根据这两个重要问题进行展开，主要讨论点对点信道及其 PPP，广播信道及其重要协议 CSMA/CD，最后讨论广播信道的典型实例——局域网。

本章重点：

(1) 数据链路层提供的服务及三个基本问题。

(2) 点对点协议及其帧格式。

(3) CSMA/CD 协议的工作原理及其相关的主要概念。

(4) 以太网的 MAC 帧格式，各代以太网技术的主要技术特征。

(5) 共享式以太网与交换式以太网的主要区别。

(6) 虚拟局域网的基本原理。

3.1　数据链路层概述

数据链路层的通信对等实体之间的传输通道称为**数据链路**，它是一个逻辑概念，包括物理线路和必要的传输控制协议。

数据链路层要求完成以下功能。

(1) 向网络层提供一个定义良好的服务接口。

(2) 处理传输错误。

(3) 调节数据流，确保慢速的接收方不会被快速的发送方的数据淹没。

为了实现这些目标，数据链路层将网络层传下来的分组封装到**帧**(Frame)中，分组与帧之间的关系如图 3-1 所示，在网络层分组的前后分别加上帧头和帧尾就组成了帧。对帧的管理是数据链路层的工作核心，基本任务可以概括为封装成帧、透明传输和差错检测三个方面。

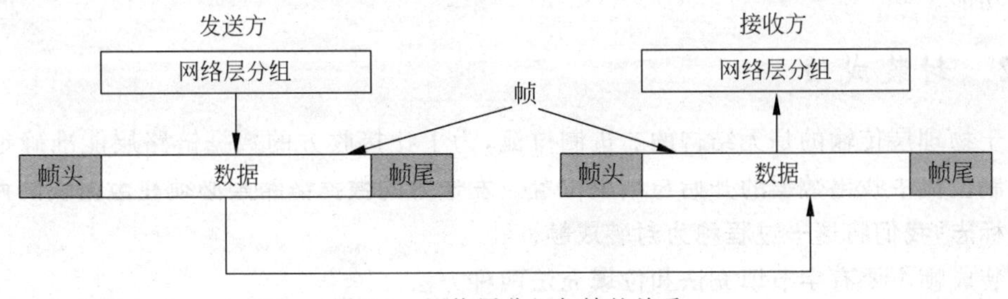

图 3-1　网络层分组与帧的关系

5 层网络体系结构模型中，数据链路层的功能是为网络层提供服务，最主要的服务是将发送方的网络层传下来的分组传输给接收方的网络层。这个过程如图 3-2(a)中的实线所示，但由于双方对等层看到的数据是一样的，很容易将这个过程想象成两个链路层实体使用数据链路层协议沿如图 3-2(b)所示虚线方向进行通信，这就是第 1 章中介绍的虚通信。

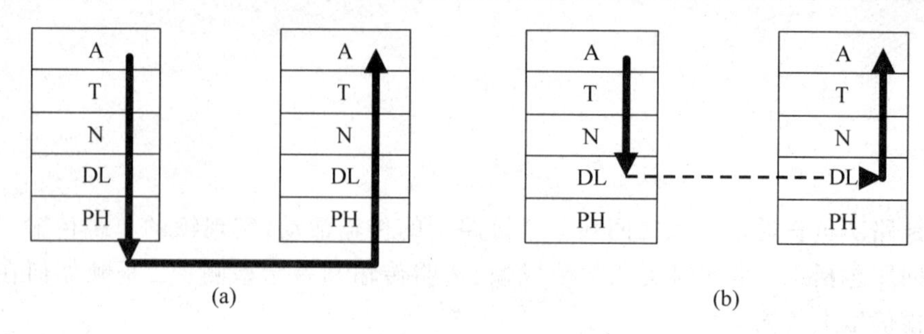

图 3-2 实通信与虚通信

3.1.1 数据链路层提供的服务

通常 OSI 的数据链路层要求提供以下三种服务。

1. 无确认的无连接服务

该服务就是指发送方向接收方发送一个帧，接收方收到该帧后并不向发送方进行确认。通信前也不用建立逻辑连接。在有线网络中，由于发生传输错误(如帧丢失)的概率非常低，而且即便有少量传输错误也可以交给高层来完成恢复。因此，这类服务适合于有线网络，实际的有线网络也确实如此，本章后面介绍的内容也将基于此服务。

2. 有确认的无连接服务

为了提高可靠性，引入了有确认的无连接服务。使用这种服务在通信前仍然不需要建立连接，但是每发送一个帧都需要接收方进行确认，如果在规定的时间内没有收到确认，则发送方需要重传该帧，直到收到确认为止。这类服务适用于无线系统。

3. 有确认的面向连接服务

在无线网络中，由于无线传输媒体受雨水、阳光和障碍物等影响，传输特性会不太稳定，传输错误概率就会比较高。为了进一步提高可靠性和传输效率，可以采用有确认的面向连接服务。这种服务在通信前要求先建立一条逻辑连接，然后数据位流沿着这条逻辑连接有序和可靠地传输，通信结束时释放该连接。

要实现有确认的面向连接的可靠服务，还要实现差错控制和流量控制，而运输层已经提供了这两个功能。为了避免重复，很多实际的网络特别是有线网络在数据链路层并不提供这两个功能。

3.1.2 封装成帧

由于物理层传输的是无结构的二进制位流，为了让接收方的数据链路层能准确地从这种二进制位流中找出数据的开始与结束位置。**发送方的数据链路层必须在数据块的两端加上特殊标志，我们将这一过程称为封装成帧。**

封装成帧主要有**字节填充法**和**位填充法**两种方法。

1. 字节填充法

字节填充法也称为**字符填充法**，就是在数据块的两端分别放置一个特殊的字节，该字节称为**标志字节**，作为帧的起始和结束分界符。以前，起始和结束的分界符是不相同的，如起始定界符为 SOH，意为 Start of Header，结束定界符为 EOT，意为 End of Transmission。

注意：SOH 和 EOT 是两个字符的名称，是不可打印的控制字符，并不是三个字母的组合。

后来，绝大多数协议将起始分界符和结束分界符设定为相同的字符，如图 3-3 所示。

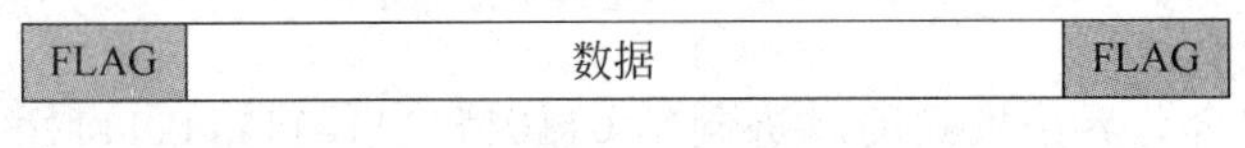

图 3-3　封装成帧原理示意

当数据在传输过程中出现差错时，比如某个帧的开始分界符丢失，则接收端会将一个没有开始分界符的帧直接丢弃。当结束分界符丢失时，接收端该如何处理？这个问题留给读者思考。（提示，它能否将下一个帧的开始标志当作当前帧的结束标志？）

2. 位填充法

使用字节填充的主要问题是它依赖的 8 位字符的模式，实际上，并不是所有的字符码都使用 8 位模式，例如 Unicode 码和汉字都使用 16 位模式。因此又出现了一种称为**位填充**的方法，该方法允许帧包含任意长度的位，也允许每个字符有任意长度的位。

位填充也称为 **0 比特填充**，每个帧都用相同的位模式 01111110 作为开始分界符和结束分界符。

3.1.3　透明传输

起始分界符和结束分界符解决了帧的定界问题，但也带来另一个问题，那就是当数据中也存在这样的符号该如何处理？

1. 字节填充法的透明传输

当数据部分存在用作定界的标志字节时，为了不让接收端产生歧义，发送方的数据链路层在数据中出现标志字节的前面插入一个**转义字符**“ESC”（这里的 ESC 也是一个控制字符，并不是三个字母的组合）。接收方的数据链路层在把数据提交给网络层之前删除这个插入的转义字符。这个过程对接收方的网络层实体来说是透明的，也就是说发送方的网络层实体发送的是什么样的数据，接收方就能收到完全一样的数据，它并不清楚数据链路层做了什么。

当数据中包含转义字符 ESC 时，按同样的处理办法，在数据 ESC 的前面插入一个转义字符 ESC。接收方则删除前面的一个 ESC 即可。

例如，要传输数据 A Flag ESC ESC Flag B，则数据链路层将该数据转换成如图 3-4 所示的样子（帧头和帧尾没有画出来）。

2. 位填充法的透明传输

对于位填充法的透明传输，其基本思想是发送方的数据链路层在对数据进行封装时，**每遇到 5 个连续的 1，就自动填充一个 0**。接收方的数据链路层在把数据提交给网络层之前，每看到 5 个连续的 1 就删除后面的一个 0。

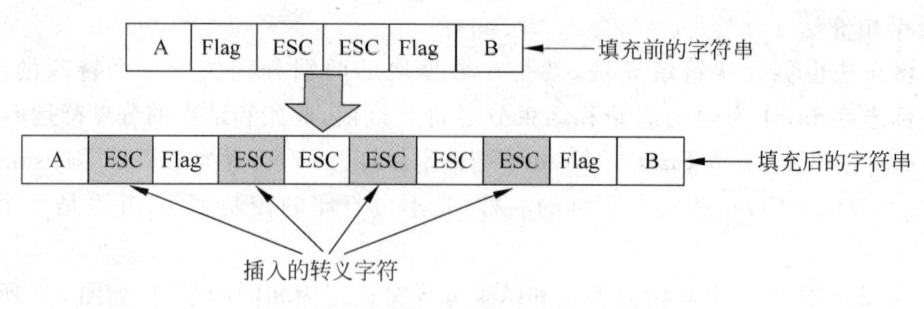

图 3-4　字节填充透明传输示例

例如,要传输包含分界位模式的二进制串 011011111101111111111110010,填充后的结果如图 3-5 所示。图中加粗且加下画线的位就是填充的位。

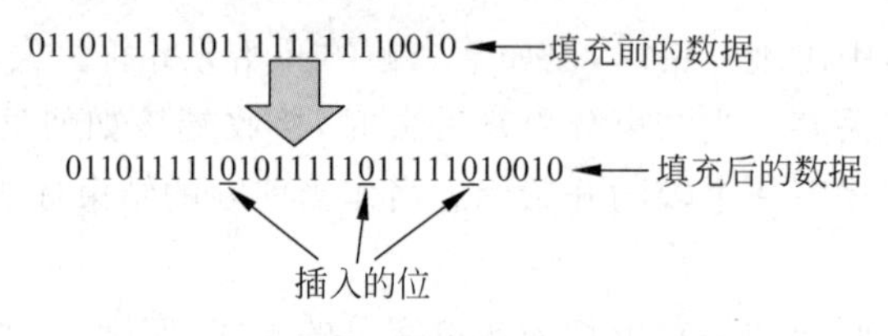

图 3-5　位填充法透明传输示例

从上面的例子可以看出,在位填充机制中,分界标志 01111110 只可能出现在帧的边界,而永远不会出现在数据中。

3.1.4　差错检测

我们知道,物理传输媒体因为其物理特性以及外界的干扰等因素导致传输错误是不可避免的。因此,接收方必须要有检测收到的每一个帧是否是差错的能力。这种差错可以分为以下 4 种情形。

(1) 数据比特错误: 就是二进制位中的 0 变成了 1,或者 1 变成了 0。

(2) 帧丢失: 就是一个帧没有在规定的时间内到达接收方。

(3) 帧重复: 就是收到一个和前面收到的完全一样的帧。

(4) 帧失序: 例如,发送方按 1、2、3 的先后顺序发送,但按 2、3、1 的顺序到达接收方,这种现象就称为失序。

由于第(2)、(3)和(4)种情形是可靠传输要解决的问题,因此,留到第 5 章的运输层中介绍。而无确认无连接的数据链路层只需要解决第(1)种情况即可。

数据比特错误可以分为**单比特错误**和**突发性错误**。单比特错误是指一个帧中只有一个比特发生错误; 而突发错误是指一个帧中有两个或两个以上的比特发生错误。

冗余检错法是常用的检测差错,就是在要传送的数据单元的末尾追加若干数据位一并发送给接收方,追加的这若干数据位对接收方来说是多余的,但它可以帮助接收方检测错误。

常用的冗余检错类型有**奇偶校验**、**循环冗余校验**和**校验和**三种类型。

1. 奇偶校验

奇偶校验(Parity Check)是一种最常用,最简单,费用也最低的错误校验方法。奇偶校验可分为奇校验和偶校验两种形式。

在**奇校验**中，在每个数据单元中附加一位校验位，使得每个数据单元(包括校验位)中的1的个数为奇数。如1000010的奇校验码为1000010**1**。

在**偶校验**中，在每个数据单元中附加一位校验位，使得每个数据单元(包括校验位)中的1的个数为偶数。如1000010的偶校验码为1000010**0**。

接收方则统计1的个数来判断数据单元是否发生了错误，例如奇校验，数据块10100101中有偶数个1，因此，该数据块至少有一位错误。

奇偶校验可以检测出所有单比特错误，也可以检测出发生错误的比特数是奇数的突发性错误，但无法检测出发生错误的比特数是偶数的突发性错误。

奇偶校验的扩展型是两维奇偶校验，感兴趣的读者可以参考其他文献。

2. 循环冗余校验

循环冗余校验(Cyclic Redundancy Check，CRC)又称**多项式编码**，是应用广泛且非常有效的一种冗余校验技术。

CRC校验将比特串看成是系数为0或1的多项式。例如m位的帧1010111011可表示成$M(x)=x^9+x^7+x^5+x^4+x^3+x+1$。传输该帧之前，发送方和接收方必须事先商定一个生成多项式$G(x)$，要求$G(x)$比$M(x)$短，且最高位和最低位的系数必须是1。假定$G(x)=x^4+x+1$，表示成二进制为10011；由于$G(x)$的最高位是x^4(幂次为4)，于是在帧$M(x)$的末尾附加4个0构成$M'(x)$，即10101110110000(相当于$M(x)$左移4位，扩大了2^4倍)，然后$M'(x)$用模2运算(即加法不进位，减法不借位)除以$G(x)$。如图3-6所示，图中被除数的灰色部分为附加的4个0。除法产生的余数0010(余数的位数应与$G(x)$的最高幂次相同，故前面的0不能省略)就是**循环冗余码(CRC码)**，CRC码常称为**帧校验序列**(Frame Check Sequence，FCS)。

CRC码必须具有以下两个特性才是合法的。

(1) CRC码必须比除数$G(x)$至少少一位。

(2) 将CRC码附加到帧$M(x)$末尾后形成的比特序列必须能被除数$G(x)$整除。

发送方将CRC码附加到$M(x)$的末尾，得到10101110110010，然后在该比特序列前后加上若干控制信息(如分界符等)组装成帧后向下传给物理层。

当接收方收到一个帧后，首先去除控制信息，然后用它除以$G(x)$，如果余数为0，则认为数据是正确的而接收此数据，否则拒绝接收该数据。

现在广泛使用的生成多项式$G(x)$有以下三种。

(1) $\text{CRC-16}=x^{16}+x^{15}+x^2+1$

(2) $\text{CRC-CCITT}=x^{16}+x^{12}+x^5+1$

(3) $\text{CRC-32}=x^{32}+x^{26}+x^{23}+x^{22}+x^{16}+x^{12}+x^{11}+x^{10}+x^8+x^7+x^5+x^4+x^2+x+1$

其中，IEEE 802就采用CRC-32作为局域网数据链路层的检错生成多项式。它能检测出所有单比特错误以及长度不超过32位的突发性错误。

接收方数据链路层对收到的每个帧进行CRC校验，一旦检测到错误就直接丢弃，且不通知发送方，由此造成的帧丢失交给运输层去处理。因此，数据链路层可以做得很简单，可以实现**无差错接收**，即向网络层提交的帧都是正确的。

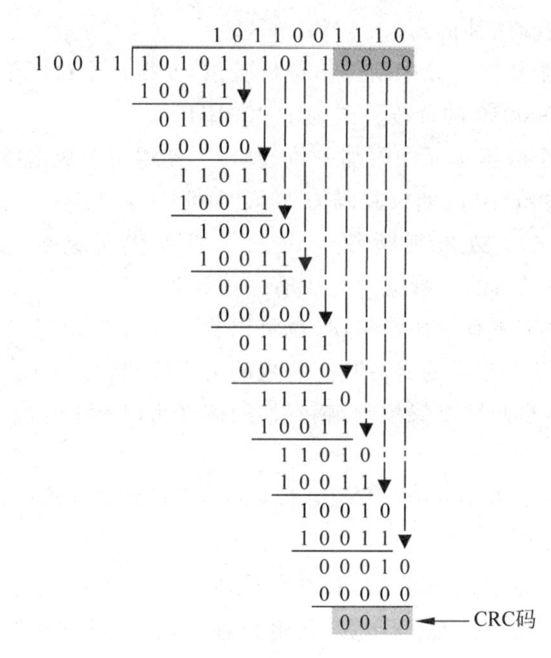

图 3-6 循环冗余校验

3. 校验和

在高层协议(如 IP、TCP 和 UDP 等)中使用的错误检测技术称为校验和技术,也是一种基于冗余技术的错误校验方法。

在校验和方法中,发送方将数据发送出去之前,需要完成以下工作。

(1) 在待发送的数据单元末尾附加 n 个 0(通常 $n=16$)。

(2) 将数据单元平分成 k 段,每段 nb。

(3) 将所有分段对应位采用反码运算累加求和。(反码相加运算规则是:0+0=0; 1+0=1; 0+1=1; 1+1=0 且向前进一位,如果最左一列有进位,则进位加在结果的最低位。)

(4) 对最后的计算结果取反,其结果便为**校验和**。

发送方将校验和附加在待发送的数据单元末尾并将此扩展后的数据单元传送出去。

当接收方收到数据后,同样将数据单元分成 k 段,每段 nb,然后将这 k 段进行反码累加求和,并对计算结果取反码,如果最终结果为全 0,则表示数据是完整的而接收此数据,否则拒绝接收此数据。

作为示例,这里假定 $n=8$,现发送方要传送比特串 10100101 11000011。其运算过程如图 3-7 所示。

发送方将校验和 10010110 附加在数据 10100101 11000011 末尾并传送给接收方。

接收方收到数据后,将数据均分成三段并对这三段用反码运算累加,其运算过程如图 3-8 所示,如果运算结果取反后为全 0,则表示数据正确,否则表示数据发生错误。

校验和技术能检测出所有奇数个比特的错误,以及大多数偶数个比特的错误。

最后再声明一下,校验和技术只用于网络层和传输层等高层,在数据链接层没有用到。

检测到错误之后,应该还有一个纠错环节,主要有以下两种纠错方式。

(1) **前向纠错**:就是接收方根据冗余信息自动纠正错误,如海明码。

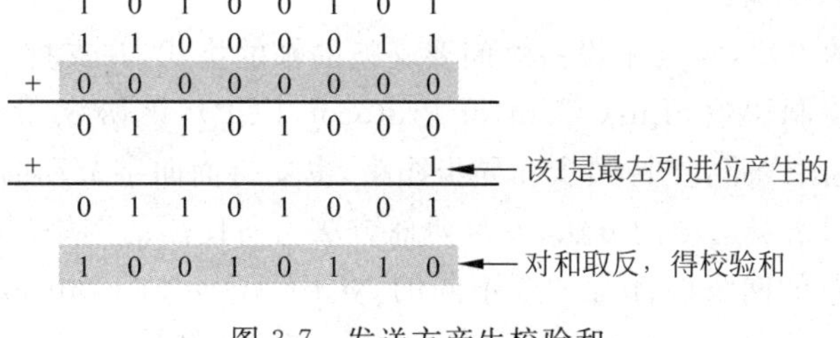

图 3-7　发送方产生校验和

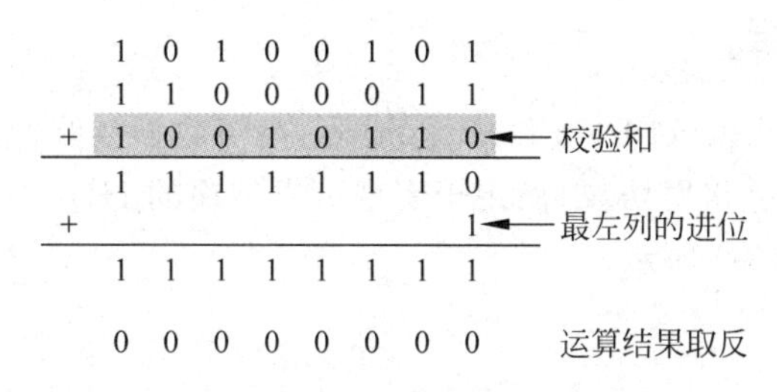

图 3-8　接收方对数据进行验证

(2) **重发纠错**：就是接收方通过某种途径告诉发送方发生了错误，发送方将重新发送出现错误的数据，从而实现纠错。

正如前面讲述，大多数网络的物理线路高度可靠，其**数据链接路层只需要做到无差错接收，因极少数错误造成的帧丢失交给高层通过重发纠错解决**。

但前向纠错在卫星通信以及其他无线通信环境中还是很有必要的，具体可参考其他文献。

3.1.5　数据链路层中的信道

数据链路层使用的信道有**点对点信道**和**广播信道**两种类型，与此对应的就有**点对点传输**和**广播传输**两种传输技术。

1. 点对点信道

这种信道使用一对一的通信方式，常称为**单播**。常用的点对点协议是 PPP。典型应用就是用户通过带宽接入技术拨号接入到 ISP 时，用户设备与 ISP 之间的信道就是点对点的信道，并采用 PPP 或者 PPP 的扩展协议(如 PPPoE)进行通信。

2. 广播信道

这种信道使用一对多的广播通信方式，这种通信也称为**多路访问**或**多点访问**。多台主机连接到同一条线路上，并共享使用该线路的所有资源。在这样的信道上，要实现一对一的通信，就必须使用专用的共享信道协议来协调这些主机之间的通信。典型实例就是局域网及其 CSMA/CD 协议。

3.2　点到点协议

点到点协议(Point-to-Point Protocol，PPP)用于传送从路由器到路由器之间的流量，以及从家庭用户到 ISP 之间的流量。PPP 是一种提供无确认无连接服务的数据链路层协议，它提供的服务可以归纳为以下三点。

(1) 一种成帧的方法,定义了设备之间要交换的帧的格式,并支持错误检测。

(2) 一个链路控制协议(Link Control Protocol,LCP),该协议用于启动线路、测试线路、协商参数以及关闭线路,支持同步和异步线路,也支持面向字节和面向位的编码方法。

(3) 一种协商网络层选项的方法,并且协商方法与所使用的网络层协议独立,所选择的方法对于每一种支持的网络层都有一个不同的 NCP(Network Control Protocol,网络控制协议)。

3.2.1 PPP 帧格式

PPP 是 HDLC(High-level Data Link Control,高级数据链路控制)协议的一个版本,是目前使得最广泛的数据链路层协议,而用于实现可靠传输的 HDLC 已经很少使用了。

PPP 的帧结构如图 3-9 所示。

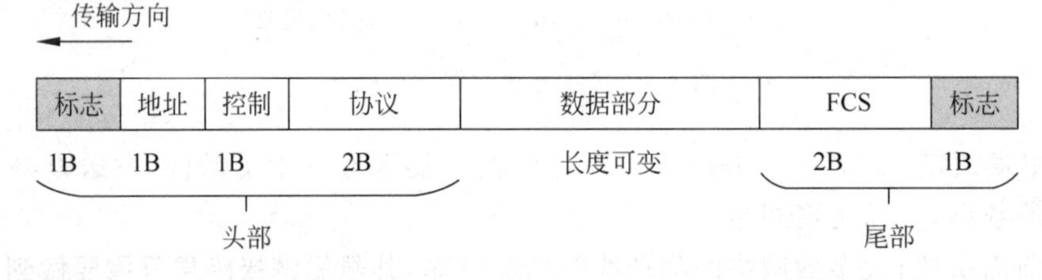

图 3-9 PPP 帧的结构

PPP 帧结构的各字段的含义描述如下。

(1) 标志:占 1B,该字段用于标识帧的起始和结束,其二进制值为 01111110(对应十六进制 0x7E),与位填充法的位模式完全一样。**当 PPP 用于异步传输时,采用字节填充法**,且转义字符的二进制值为 01111101(对应十六进制 0x7D),它将每一个 0x7E 转义成 2B 序列(0x7D 0x5E),将 0x7D 转义为 2B 序列(0x7D 0x5D)。当 **PPP 用于 SONET/SDH 链路的同步传输时,采用位填充法**。

(2) 地址:占 1B,该字段的二进制值为 11111111,该值为 HDLC 的广播地址,表示所有站都可以接受该帧。

(3) 控制:占 1B,该字段使用 HDLC 的 U-帧格式,其二进制值为 00000011,表示没有帧序号,也没有流量控制和差错控制。

(4) 协议:默认占 2B,该字段用于指明网络层传下来的数据部分属于哪个协议分组,如可为 LCP、NCP、IP、IPX 和 AppleTalk 等协议分组。当该字段的值为 0x0021 时,表示数据部分就是 IP 分组;0xC021 则表示 LCP 数据。

(5) 数据部分:这个字段的长度是可变化的,但最大不超过通信双方协商好的最大值,通常默认值为 1500B。必要时,数据部分的末尾还可能包含一些填充 B,以保证帧长不小于规定的最小长度。

(6) FCS:通常占 2B,就是使用 CRC 校验得到的 CRC 码。

3.2.2 PPP 的工作状态

一个 PPP 链路的建立需要经过不同的阶段,其大致过程可以用如图 3-10 所示的状态转换图来说明。下面简要说明各状态的转换过程。

(1) 链路空闲：该状态意味着目前线路处于静止状态，线路上没有活动的载波。

(2) 链路建立：该状态表示一个结点向另一结点请求通信，如用户计算机通过 Modem 拨号呼叫路由器，路由器检测到 Modem 发出的载波信号，双方开始协商一些配置选项，如链路允许的最大帧长、是否需要鉴别及使用何种鉴别协议等。

协商过程中需要使用 LCP 并交换一些 LCP 分组。如果协商成功，则成功建立一条 LCP 链路，并进入鉴别状态(如果需要鉴别的话)，或者直接进入网络层配置状态；否则回到空闲状态。

(3) 鉴别：如果需要鉴别，则采用协商好的鉴别协议进行身份鉴别。如果鉴别成功，则进入网络层配置状态，否则进入链路终结状态。

鉴别就是验证用户身份的有效性，PPP 提供 PAP 和 CHAP 两个鉴别协议。

① PAP(Password Authentication Protocol，口令鉴别协议)是一个简单的鉴别协议。由于 PAP 只在建立链路时对账户名和口令进行鉴别，而且账户名和口令以明文形式传输，因此不适合于安全性要求较高的环境。

② CHAP(Challenge Handshake Authentication Protocol，质询握手鉴别协议)是一个三次握手鉴别协议。在鉴别的过程中，发送的是经过摘要算法处理过的质询字符串，口令是加密的，而且绝不在线路上发送。因此，CHAP 相较于 PAP 有更高的安全性。

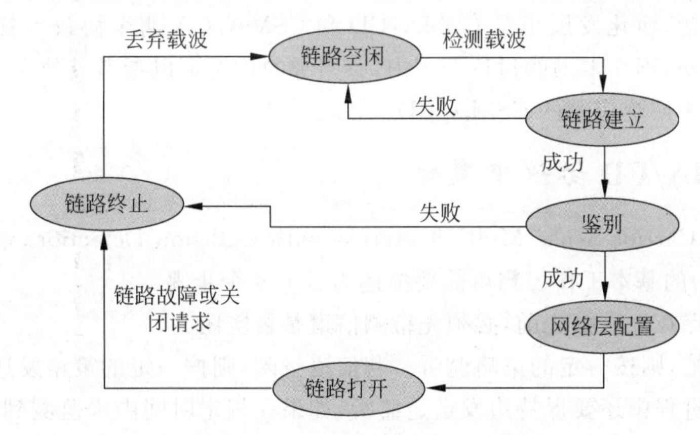

图 3-10 PPP 链路的状态转换图

(4) 网络层配置：由于路由器能够同时支持多种网络层协议，因此，在该状态下，PPP 链路两端的网络控制协议 NCP 需要根据网络层不同协议互相交换网络层特定的网络控制分组。如果在 PPP 链路上运行的是 IP 协议，则对 PPP 链路的每一端配置 IP 协议模块(如分配 IP 地址)时就要使用 NCP 中支持 IP 的协议——IP 控制协议(IP Control Protocol，IPCP)。IPCP 分组被封装成 PPP 帧(其中的协议字段为 0x8021)在 PPP 链路层上传送。

(5) 链路打开：当网络层配置完成后，链路就进入可以进行数据通信的"链路打开"状态。在该状态下两端结点还可以发送 Echo-Request 和 Echo-Reply 分组以检测链路状态。

(6) 链路终止：数据传输结束后，链路两端中的任意一个结点均可以发出终止请求的 LCP 分组请求终止链路连接，在收到接收方发来的终止确认 LCP 分组后，转到"链路终止"状态。当链路出现故障，也会转到该状态。

最后 Modem 的载波停止后，链路就又回到了空闲状态。

3.3 多路访问协议

当多个结点使用一条共同的信道时，该信道就叫多点信道，或者广播信道。这时就需要一个多路访问协议来协调对信道的访问。就像在一个会议室控制发言的规则一样，确保不能有两个人同时在讲话，不能相互干扰，也不能由一方独占所有时间等。

所有结点对广播信道的访问可以分为以下两种方式。

(1) 随机访问：就是所有结点可随机地发送信息，显然这可能会产生冲突，因此必须有解决冲突的网络协议。广泛应用的局域网就采用这种方式。

(2) 受控访问：就是所有结点不能随机地发送信息，而必须服从一定的控制。典型应用是集中控制的多点线路轮询(Polling)。该情形目前已经很少使用，本书不进行讨论。

随机访问需要解决以下 4 个问题。

问题一：结点何时访问信道？

问题二：如果信道忙，结点该做什么？

问题三：结点如何确定传输成功与否？

问题四：如果发生了访问冲突，结点该做什么？

针对这些问题，演化发展出了 CSMA/CD 和 CSMA/CA 两个协议。其中，CSMA/CA 适用于无线局域网，不在本书的讨论范围内，感兴趣的读者可以参考其他文献。下面将重点讨论传统以太网中广泛应用的 CSMA/CD。

3.3.1 CSMA/CD 协议及策略

CSMA/CD(Carrier Sense Multiple Access with Collision Detection，带冲突检测的载波监听多路访问)的基本工作思想可简要描述为以下 4 个步骤。

(1) 任意结点在发送帧之前，必须先检测信道是否空闲。

(2) 若信道忙，则按一定的策略监听。若信道空闲，则按一定的策略发送帧。

(3) 在发送过程中还要保持边发送边监听，如果在规定时间内未监测到冲突，则表明发送成功。

(4) 如果检测到冲突，就立即停止发送。然后等待一段时间后重新发送帧。

在这 4 个步骤中，CSMA/CD 回答了上述 4 个问题。下面简要说明以太网中 CSMA/CD 协议的具体策略。

1. 载波监听的实现

对于像传统以太网这样的基带系统，载波监听就是指检测信道上的电压脉冲序列。由于传统以太网采用曼彻斯特编码，结点可以把每个二进制位中间的电压跳变作为代表信道忙的载波信号。

2. 冲突检测的实现

对于采用总线型拓扑结构的以太网，每个结点在监听信道时，都要测量信道上的直流电平，由于冲突而叠加的直流电平比单个站发出的信号强。因此，如果电缆接头处的信号强度超过了单个站发送的最大信号强度，则说明检测到了冲突。

对于采用星状拓扑结构的以太网，集线器监视输入端口的活动，若有两处以上的输入端口出现信号，则认为发生冲突，并立即产生一个“冲突出现”的特殊信号 CP（Collision Presence，存在冲突），然后向所有输出端广播。

3. 坚持性策略

坚持性策略定义了结点检测信道忙时该如何处理，它分为非坚持策略和坚持策略两个子策略。

1）非坚持策略

在此策略下，要发送帧的结点首先检测信道，如果信道空闲，它就立即发送帧。如果信道忙，则等待一个随机时间，然后再次检测信道。这种策略的优点是减少了冲突的概率，但是，由于等待一个随机时间而可能导致信道闲置一段时间，这降低了信道的利用率，而且还增加了发送时延。

2）坚持策略

该策略有以下两种算法。

（1）**1-坚持**：如果结点发现信道忙，则继续监听，直到信道空闲，然后立即发送（概率为1）。该算法的优点是提高了信道的利用率。但增加了冲突的概率，因为有可能多个结点都发现信道空闲，然后都立即发送帧，最终导致冲突。

（2）***P*-坚持**：如果结点发现信道忙，则继续监听，直到信道空闲，然后以概率 P 发送帧，不发送帧的概率为 $1-P$。该算法综合了上面两个策略的优点，但实现比较困难，特别是如何选择概率 P。

4. 冲突窗口

如图 3-11 所示，在 t_0 时刻，结点 A 开始发送帧，假设经过时间 τ（结点 A 和结点 B 之间的最大单程传播时延）到达结点 B 的那一瞬间，结点 B 也开始发送帧。B 立即就能检测到冲突，于是停止发送。但 A 仍未检测到冲突并继续发送，再经过时间 τ，也就是在 $t_0+2\tau$ 时刻，A 才收到 B 发过来的信号，从而检测到冲突，因此也立即停止发送。

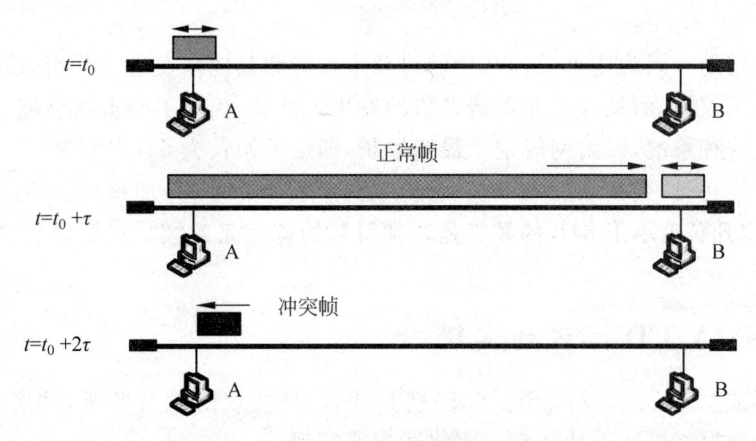

图 3-11　以太网中的冲突时间

可见，在基带系统中检测到冲突的最长时间是线路单程传播时延的二倍，即 2τ，我们将这个时间称为**冲突窗口**，或者**争用期**，或者**争用时间**。

对于传统的 10Mb/s 以太网，冲突窗口时间 $2\tau=51.2\mu s$。由于这段时间可以传输

512b,因此也用 512 比特时间来表示争用时间,争用时间也称为**比特时间**,或者**位时**。

冲突窗口表明**一个结点在一个争用期时间间隔内如果都没有检测到冲突,则帧传输成功**。

5. 强化冲突

一旦结点检测到冲突,除了立即停止发送数据外,还要再继续发送 32b 或 48b 的**人为干扰信号**(Jamming Signal),以便让所有其他结点都知道现在已经发生了冲突。这个过程称为**强化冲突**,也称为**强化碰撞**。

6. 二进制指数退避算法

前文已说明,当结点检测到冲突后,需要等待一段时间后再重新发送。等待时间的多少对网络的稳定工作有很大影响。特别是在负载很重的情况下,为了避免很多结点连续发生冲突,CSMA/CD 采用**二进制指数退避算法**。该算法规定,当一个结点检测到冲突后,就执行该算法,执行步骤描述如下。

(1) 从整数集合$\{0,1,\cdots,(2^k-1)\}$中随机取出一个数 r。则等待 $r\cdot 2\tau$ 时间后重传发生冲突的帧。其中,参数 k 的值按下面的公式计算(Min 是求最小值的函数名):

$$k = \text{Min}(\text{重传的次数},10) \tag{3-1}$$

可见,当重传次数不超过 10 时,参数 k 就等于重传次数。但当重传次数超过 10 时,k 就一直等于 10。也就是说,冲突退避上限为 10。

(2) 为了避免无限制地重传,需要对重传次数进行限制。通常当重传 16 次仍未成功时,则认为信道出现故障而丢弃此帧,并向上层协议报告错误。

例如,当第 1 次重传时,$k=1$,从集合$\{0,1\}$中随机选一个数 r,则重传需要等待的时间为 0 或者 2τ。

若再次发生冲突,则 $k=2$,随机数 r 则从集合$\{0,1,2,3\}$中选择,则重传需要等待的时间就可能为 0、2τ、4τ 或 6τ 中的某一个。

7. 最短帧长

现假定一个结点发送了一个很短的帧,发送完毕时都没有检测到冲突,这能否说明该帧传输成功了呢?

答案是否定的。因为这个短帧在传输过程中可能和其他帧发送了冲突,该帧被破坏,接收方将丢弃该错误帧,而发送方并不清楚该帧发生了冲突,因此不会重发该帧。

为了避免这种情况,以太网规定了**最短帧长**,即最短帧长为 64B(512b)。当一个结点只有很少数据要发送时,则必须加入一些填充字节(一般全部为 0),使得帧长不小于 64B。

因此,规定**凡长度小于 64B 的帧都是冲突引起的碎片无效帧**。只要收到这种无效帧都应当立即丢弃。

3.3.2 CSMA/CD 协议的实现

局域网标准 IEEE 802.3 采用 CSMA/CD 协议,该协议的载波监听、冲突检测、冲突强化和二进制指数退避算法等功能都由网络适配器实现。

IEEE 802.3 使用 1-坚持监听策略,因为这个算法可及时抢占信道,减少了空闲期,同时实现也比较简单。同时规定在监听到信道空闲后,不能立即发送帧,而是必须等待一个**帧间间隔**(Inter-frame Gap,IFG)时间,如果在这个时间内信道仍然空闲,才开始发送帧。**帧间间隔时间规定为 96 比特时间**。

在发送过程中仍需继续监听，若检测到冲突，则发送 8 个十六进制数（共 32 位）的序列 55555555，这就是前面介绍的强化冲突信号。

到此，已经比较清楚地回答了最前面提出的 4 个问题。最后，对 CSMA/CD 协议的工作思想总结如下。

(1) 任意结点在发送帧之前，必须先检测信道是否空闲。

(2) 若信道忙，则不停地检测，直到信道空闲。若信道空闲，且在帧间间隔 96 比特时间内信道仍保持空闲，则立即发送帧。

(3) 在发送过程中仍不停地检测信道，即边发送边监听。这里有如下两种结果。

① 如果在争用时间 2τ 间隔内仍未检测到冲突，则发送成功。

② 若检测到冲突，则立即停止发送，并按规定发送 32 位的强化冲突信号，然后执行二进制指数退避算法，等待 $r \cdot 2\tau$ 时间后，返回到步骤(2)继续检测信道以待重传。若重传达 16 次仍未成功，则停止重传并向上层协议报错。

3.3.3 基于 CSMA/CD 网络的特点

使用 CSMA/CD 的网络都具有以下特点。

1. 半双工传输方式

从上面的分析应该能很清晰地了解，采用 **CSMA/CD 协议的通信方式为半双工通信**。原因很简单，在任一时刻，只允许有一个结点发送帧，其实质是发送方的接收信道用于监听信道是否有冲突。

2. 共享信道带宽

虽然从微观角度看，在某一个时刻，一个结点占用信道的全部带宽资源发送帧，但从宏观角度看，各结点是平等的，共同竞争共享同一条信道。

3. 传输的不确定性

由于 CSMA/CD 只能尽量减少冲突，但不能完全避免冲突，而且发生冲突的次数也不尽相同。因此，传输一帧所需要的时间可能不相同，且难以估计，具有不确定性。这对实时性要求高的应用场合不具适用性。

4. 无确认无连接服务

在传输数据之前，CSMA/CD 并不建立连接，也不对接收到的帧进行确认，只做 CRC 校验，并将校验出错的帧直接丢弃。

3.3.4 CSMA/CD 协议的性能分析

下面分析传播时延和数据速率对基于 CSMA/CD 的网络性能的影响。

前面已介绍，吞吐量就是单位时间内实际传送的比特数。现假设网络上的所有结点都有数据要发送，没有竞争冲突，各结点轮流发送数据，则传送一个长度为 L 的帧所需要的时间为 t_p+t_f，其中，t_p 为传播时延，t_f 为发送时延。由此可得出最大吞吐率 T 为：

$$T=\frac{L}{t_p+t_f}=\frac{L}{d/v+L/R} \tag{3-2}$$

式中，d 表示网段跨度长度，即两结点之间的链路长度；v 为信号在铜线中的传播速度；R 为网络提供的数据传输速率，或者称为网络带宽。

由于信道利用率为吞吐率与网络带宽之比，于是可得信道利用率 E：

$$E=\frac{T}{R}=\frac{L/R}{d/v+L/R}=\frac{t_f}{t_p+t_f} \tag{3-3}$$

令 $\alpha=t_p/t_f$，则

$$E=\frac{1}{\alpha+1} \tag{3-4}$$

可以看出，当 α 越大，信道利用率就越低。表 3-1 列出了局域网中 α 值的典型情况。可以看出，对于大的高速网络，利用率是很低的。

值得指出的是，以上分析是假定没有竞争、没有开销时的最大吞吐率和最大效率。实际网络的情况会更差。

表 3-1 α 值和网络利用率

数据速度/(Mb/s)	帧长/b	网络跨度/km	α	E
1	100	1	0.05	0.95
1	1000	10	0.05	0.95
1	100	10	0.5	0.67
10	100	1	0.5	0.67
10	1000	1	0.05	0.95
10	1000	10	0.5	0.67
10	10 000	10	0.05	0.95
100	35 000	200	2.8	0.26
100	1000	50	2.5	0.04

3.4 局 域 网

局域网是多路访问的典型应用，在当前网络中占有重要地位。下面将详细介绍局域网的有关内容。

3.4.1 传统的以太网

习惯上，将最早流行的基于 CSMA/CD 协议的 10Mb/s 的以太网称为传统以太网。常用的传统以太网类型有以下几种

(1) **10BASE-5**：这是第一个 IEEE 802.3 以太网物理层标准，采用粗铜轴电缆作为传输媒体。这里的 10 表示最大传输速率为 10Mb/s，Base 表示基带传输，5 表示单段电缆的最大长度为 500m。网络结构为总线型，通过中继器扩展，网络跨距最大可达 2500m。

(2) **10BASE-2**：为了降低 10BASE-5 的安装成本和难度，推出了 10BASE-2 细铜轴电缆作为传输媒体的总线型以太网。单段电缆的最大长度为 200m，实为 185m。通过中继器扩展，网络跨距最大可达 1000m，实为 925m。

(3) **10BASE-F**：这里的 F 表示光纤，它使用一对光纤作为传输媒体。

(4) **10BASE-T**：这里的 T 表示双绞线，采用集线器组成星状拓扑结构，集线器与每台计算机之间的双绞线最大距离为 100m。

虽然传统的以太网早已淘汰，但现在的高速以太网技术也都是在传统以太网的基础上发展起来的，原有的很多概念、原理和思想仍然被广泛应用。下面只简要讨论传统以太网的一些基本原理与概念。

1. 两个以太网标准

以太网是美国 Xerox 公司于 1975 年研制的，并命名为 Ethernet。1980 年，DEC、Intel 和 Xerox 三家公司联合提出了 10Mb/s 以太网规范的第一个版本 DIX Ethernet V1。1982 年修改为第二版规约，即 **DIX Ethernet V2**，成为世界上第一个局域网产品的规范，并使用到今天。

在此基础上，IEEE 802 委员会的 802.3 工作组于 1983 年制定了第一个 IEEE 的局域网标准 **IEEE 802.3**，数据率为 10Mb/s。IEEE 802.3 标准与 DIX Ethernet V2 标准只有细微的差别，因此，很多人也常把 IEEE 802.3 局域网简称为“以太网”。本书不对以太网与局域网进行严格区分，并将它们看作同义词。

目前，TCP/IP 体系经常使用的局域网只剩下 DIX Ethernet V2。因此，本章介绍的局域网一般都指 DIX Ethernet V2 以太网。

2. 局域网体系结构

由于局域网是分组广播式网络，网络层的路由功能就不需要了。因此，在 IEEE 802.3 标准中，网络层被简化成了上层协议的服务访问点。

之前由于局域网使用多种传输媒体，而媒体访问控制协议与具体的传输媒体和拓扑结构有关，所以 IEEE 802.3 标准把数据链路层划分成了两个子层，即**逻辑链路子层**(Logical Link Control，LLC)和**媒体访问控制子层**(Medium Access Control，MAC)。与接入到传输媒体有关的内容都放在 MAC 子层，而 LLC 子层则与传输媒体无关，它提供标准的 OSI 数据链路层服务，这使得任何高层协议都可以运行于局域网标准之上。

图 3-12 给出了 IEEE 802.3 局域网的体系结构与 5 层模型的对应关系。但由于以太网在当前局域网中的绝对垄断地址，局域网的传输媒体变成了单一的双绞线，拓扑结构也只剩下星状结构。IEEE 802.3 中的 LLC 子层的作用已经消失，而且很多厂商生产的网络适配器也仅装有 MAC 协议而没有 LLC 协议。因此，本章将不再考虑 LLC 子层。

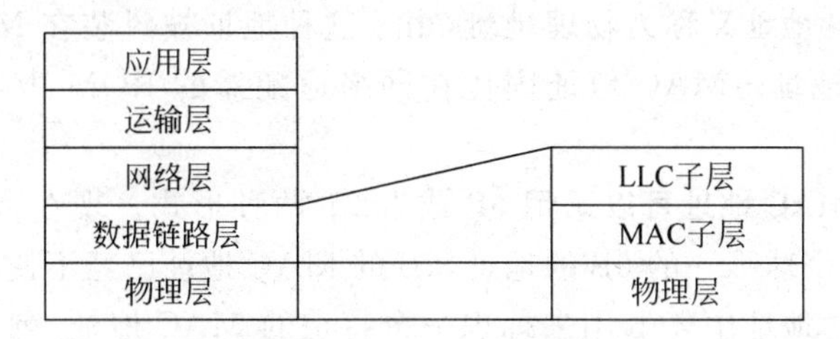

图 3-12　局域网体系结构与 5 层模型的对应关系

3. 以太网的 MAC 子层

与前面介绍的数据链路层的功能一样，MAC 子层的主要功能是将上层传下来的数据组装成帧。以太网帧的结构如图 3-13 所示。

(1) 前导同步码：该字段占 7B，其值为 10101010 10…，由 1 和 0 交叉出现，它的作用是告知接收方有帧要到来，并使其与发送方的时序同步。该字段及其后的 Flag 字段是物理层加上去的，并不是 MAC 帧的一部分，故图中用虚线表示。

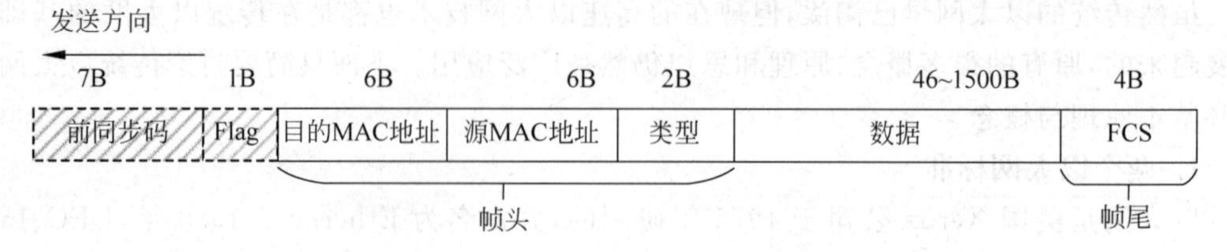

图 3-13　以太网的 MAC 帧结构

(2) Flag：占 1B，这是一个帧起始分界符，其二进制值为 10101011。

(3) 目的 MAC 地址：该字段占 6B，表示接收方的物理地址。

(4) 源 MAC 地址：该字段占 6B，表示发送方的物理地址。

(5) 类型：占 2B，标识上一层使用的协议类型。如 0x0800 表示 IP 协议，也就是说后面的数据字段的内容是网络层传下来的 IP 分组。

说明：IEEE 802.3 的 MAC 帧结构与以太网的 MAC 帧结构的主要区别就在这个字段，IEEE 802.3 将该字段称为长度，表示后面数据字段的长度。但这两种帧是兼容的，当该字段的十进制值小于 1518 时就表示是 IEEE 802.3 的 MAC 帧，如果大于 1536 就表示是以太网的 MAC 帧。

(6) 数据：该字段长度可变，其内容是网络层协议分组。最小长度为 46B，最大 1500B。前面有介绍，由于最小帧长为 64B，因此数据字段最小应为 64B－帧头 14B－帧尾 4B＝46B。由于数据最大为 1500B，因此，以太网的最大帧长为 1500B＋帧头 14B＋帧尾 4B＝1518B。

(7) FCS：该字段占 4B，其内容就是采用 CRC 校验计算出来的 CRC 码。

从图 3-13 可以看出，以太网的 MAC 帧没有帧结束分界符。这是由于以太网在连续传送帧时，规定各帧之间还必须有一定的间隙，就是前文介绍的帧间间隔 IFG。因此，接收方只要找到帧起始分界符，其后面的连续到达的比特流就都属于同一个 MAC 帧。可见以太网不需要使用帧结束分界符，也不需要使用字节填充或者位填充法就可以保证透明传输。

4. MAC 地址

1) MAC 地址及其地址空间

在局域网中，**硬件地址又称为物理地址**，由于这种地址被封装在 MAC 帧中，所以人们习惯上称之为 **MAC 地址**。MAC 地址固化在网络适配器的 ROM 中，用来标识该网络适配器。

IEEE 802 规定 **MAC 地址可以采用 6B** 或者 2B 两种形式。现在市面上销售的以太网适配器都分配了一个全球唯一的 6B 的地址，2B 的 MAC 地址已经不使用了。

6B(48b)的 MAC 地址中 46b 用来标识一个特定的 MAC 地址，剩下的 2b 用来标识该 MAC 地址的类型和类别。46b 的地址空间可表示 2^{46}，大约 70 万亿个地址，可以保证全球地址的唯一性。当一个网络适配器损坏时，它所使用的 MAC 地址也就随之消失了，再也不会出现。

2) MAC 地址的类型

MAC 地址按目的结点可分为以下三种类型。

(1) **单播地址**(Unicast Address)：标识一个目的结点，用于一对一通信。

(2) **多播地址**(Multicast Address)：也称组地址，标识一组目的结点，用于一对多通信。

(3) **广播地址**(Broadcast Address):该地址的二进制形式为 48 个 1,表示网络上的所有结点,用于对网络上的所有结点进行广播通信。

IEEE 802 规定 MAC 地址字段的最左边的第一个字节的最低位为单地址/组地址(Individual/Group,I/G)位。当 I/G 位为 0 时表示单播地址,I/G 位为 1 表示组地址。

3) MAC 地址的管理

现在 IEEE 的注册管理机构(Registration Authority,RA)是全球 MAC 地址的法定管理机构,它统一分配 6B 的全球 MAC 地址的前 3B。这 3B 构成一个号,实际上表示一个地址块,包含2^{24}(约 1678 万)个地址。这个号的正式名称是组织唯一标识符(Organizationally Unique Identifier,OUI)。世界上所有以太网适配器生产商从中购买一个号或者一组号,如 3Com 的 OUI 是 02 60 8C,Cisco 的 OUI 为 00 00 0C,VMware 的 OUI 为 00:0C:29。

MAC 地址的后三个字节称为扩展标识符(Extended Identifier),由生产商自行管理,生产网络适配器时,生产商将 MAC 地址固化到网络适配器的 ROM 中。

这种 48 位的 MAC 地址称为 MAC-48,其通用名称为 **EUI-48**,这里的 EUI(Extended Unique Identifier)表示扩展唯一标识符。

IEEE 802 还规定 MAC 地址字段的最左边的第一字节的最低第二位为全球/本地(Globe/Local,G/L)位,当 G/L 位为 0 时表示全球地址,即由 RA 统一分配,全球唯一的地址。市面上出售的网络适配器中的 MAC 地址均为全球地址。G/L 位为 1 时表示本地地址,即只在内部网络中有效,对外没有意义。现在本地地址几乎不使用了。

5. 传统以太网的主要设备

1) 网络适配器

计算机与局域网的连接是通过一个名为**网络适配器**(Adapter)的硬件设备进行的。该设备又称为**网络接口卡**(Network Interface Card,NIC),简称**网卡**。由于现在的计算机主板上都已经集成了这种适配器,不再使用单独的网卡了,因此,将它称为**网络适配器**更为准确。

网络适配器在 MAC 子层主要实现以下功能。

(1) 帧的封装与解封装。

(2) 提供缓存,并实现发送和接收数据的并行/串行和串行/并行转换。

(3) 帧的定界和寻址。

(4) 实现 CSMA/CD 协议。

(5) 差错校验,发送时生成 FCS,接收时根据 FCS 校验帧。

每个网络适配器都被赋予一个唯一的 MAC 地址,存储在 ROM 中,对外提供一个 RJ-45 插槽,以便于连接双绞线。

2) 中继器

由于电磁波能量在线缆上传输时会不断衰减,因此,当以太网的跨距或网络上的站点数量超过一定数量时,中途就需要对传输信号进行恢复。这个工作可以通过**中继器**(Repeater)来实现,**中继器工作在物理层**,一般有两个接口,物理信号从一个接口进入,中继器对信号进行放大和整形,最后通过另一个接口转发出去。

3) 集线器

集线器又称为 Hub,它其实就是一个多接口的中继器,每个接口连接一台计算机,形成以集线器为中心的星状拓扑结构。虽然形式上是星状结构,但逻辑上仍然是总线型结构,因此被称为星状总线。

6. 传统以太网的扩展

局域网的扩展就是对局域网的覆盖范围进行扩展。在物理层、数据链路层和网络层及以上各层均可以实现对局域网的扩展。

在物理层扩展需要使用中继器或集线器；在数据链路层扩展需要用到交换机；而在网络层及以上扩展则需要三层交换机或者路由器。在网络层扩展其实应称为网络互连了，这是由于网络层之下扩展的网络对网络层来说仍然是一个网络，而网络层设备连接的是两个不同的网络。网络互联将在第4章中介绍。

在如图3-14(a)所示的10BASE-T以太网中，主机与集线器之间的双绞线的长度不超过100m，两台主机通过集线器进行扩展后，双绞线的长度合计不超过200m，也就是网络跨距最大为200m。

将多个集线器级联可以进一步扩展局域网的覆盖范围，如图3-14(b)所示。通过集线器级联可以将不同部门的网络连接在一起，实现跨部门通信。

以太网还规定集线器之间的双绞线长度最大为100m，而且规定最多只能使用4个集线器级联。

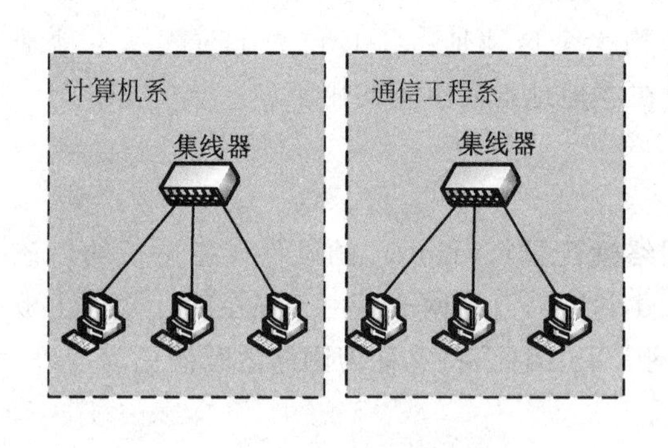

(a) 两个独立的以太网

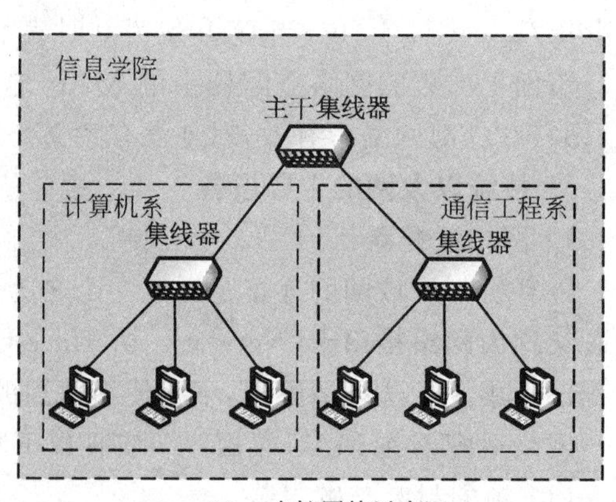

(b) 一个扩展的以太网

图3-14 利用集线器实现局域网的扩展

在图3-14(a)中，每个系的10BASE-T以太网是一个独立的**冲突域**，即在任一时刻，同一个冲突域中只有一个结点可以发送数据。每个系的以太网的最大吞吐量是10Mb/s，两个系总的最大吞吐量为20Mb/s。通过集线器连成如图3-14(b)之后，原来两个冲突域就变成了一个更大的冲突域，而整个学院以太网的最大吞吐量则只有10Mb/s。

另外，集线器不能将两个使用不同以太网技术的局域网连接起来。如10BASE-T以太网与100BASE-T以太网就不能用集线器级联。

中继器和集线器连接起来的局域网由于采用CSMA/CD协议，共享同一条信道。因此称为**共享式以太网**，由于这种网络安全性差，且网络带宽有限，因此，这种网络和设备已经被淘汰了。

3.4.2 交换式以太网

采用CSMA/CD协议的传统以太网存在以下问题。

(1) 多个结点处于一个冲突域中，共享一条传输信道，在任一时刻只允许一个结点发送帧，工作效率太低。

(2) 各结点共享固定的网络带宽，即如果有 n 个结点，则每个结点平均分享到的带宽只有总带宽的 $1/n$，网络系统的效率会随结点的增加大幅降低。

(3) 由于冲突域最大网络跨距的限制难以构造较大规模的网络。

由于以上原因，人们研究出了使用以太网交换机连接的**交换式以太网**。**交换式以太网采用星状拓扑结构，不使用 CSMA/CD 协议，没有争用期，以全双工方式工作，但仍然采用以太网的帧结构，保留最小帧长和最大帧长**。

1. 网桥与交换机

交换式以太网最初使用的设备是**网桥**(Bridge)。网桥对收到的帧根据其目的 MAC 地址进行**转发**和**过滤**。也就是说当网桥每收到一个帧时，首先查看该帧的目的 MAC 地址，然后查找网桥的地址表，最后确定将帧从哪个接口转发出去，或者将它丢弃(即过滤)。

1990 年问世的**交换式集线器**(Switching Hub)很快就淘汰了网桥。这种交换式集线器人们更习惯称之为**以太网交换机**，简称**交换机**(Switch)，或**第二层交换机**(L2 Switch)，强调它工作在数据链路层。

交换机本质上是一个多接口的网桥，工作在 MAC 子层。交换机由接口、接口缓存、帧转发机构和底板体系 4 个基本部分组成。

(1) 接口：交换机的每个接口用来连接一台计算机，或者另一个交换机。每个接口可以提供 10Mb/s、100Mb/s 或者 1000Mb/s 等速率，支持不同的数据传输速率，且一般都以全双工方式工作。

(2) 接口缓存：接口缓存提供缓存能力，由高速的接口向低速的接口转发帧时必须要有足够的缓存。

(3) 帧转发机构：帧转发机构在接口之间转发帧，有以下三种类型的转发机构。

① 存储转发交换：就是对接收到的帧先进行缓存、验证、碎片过滤，然后进行转发。这种交换方式延时大，但可以提供差错校验，并支持不同速率的输入、输出接口间的交换(非对称交换)，是交换机的主流工作方式。

② 直通交换：这种交换方式类似于采用交叉矩阵的电话交换机，它的输入接口扫描到目的 MAC 地址后就立即开始转发。这种交换方式的优点是延迟小、交换速度快。缺点是没有检错能力，不能实现非对称交换，而且当交换机的接口增加时，交换矩阵实现比较困难。

③ 无碎片交换：该交换方式介于上面两种交换方式之间。它在转发帧前先检查帧长是否足够 64B，如果小于 64B，则说是冲突碎片而直接丢弃，否则就转发该帧。这种交换机广泛应用于中低档交换机中。

(4) 底板体系：底板体系就是交换机内部的电子线路，在接口之间进行快速数据交换，有总线交换结构、共享内存交换结构和矩阵交换结构等不同形式。

2. 交换机的自学习功能

交换机通过自学习生成并维护一个包含 MAC 地址和相对应接口的映射**交换表**，并根据该交换表进行帧的转发。

现用一个简单的例子来说明交换机是怎样自学习的。如图 3-15 所示，5 台主机 A、B、C、D、E 分别连在 1、2、3、4、5 接口上，且这 5 台主机的 MAC 地址分别为 A、B、C、D 和 E。交换机刚开机时,内部的交换表是空的。

A 先向 E 发送一帧,从接口 1 进入到交换机。交换机收到帧后,将源 MAC 地址 A 和接口 1 写入交换表中,同时查找交换表,发现没有主机 E 的 MAC 地址及对应接口映射项。于是向除接口 1 外的所有接口广播这个帧。

主机 B、C、D 和 E 都能监听到这个帧,但只有主机 E 接收并处理该帧,其他主机则丢弃该帧。

接下来,主机 E 通过接口 5 向主机 A 发送一帧。交换机将源 MAC 地址 E 和接口 5 写入交换表中,同时查找交换表,发现交换表中有主机 A 的 MAC 地址及其对应接口映射项,于是将帧从 MAC 地址 A 所对应的接口 1 转发出去。显然,这一步是单播,这一过程就是交换机按 MAC 地址转发帧,实现一对一的通信。

经过一段时间后,只要其他主机有发送帧,无论发送给谁,交换机都会把它的 MAC 地址和连接的接口填入交换表中。等到交换机每个接口所连的主机 MAC 地址都填入交换表后,要转发给任何一台主机的帧,都可以很快地在交换表中找到相应的转发接口,而不需要广播。

考虑到有时可能要更换交换机接口所连接的主机,或者主机要更换网络适配器,这时就必须要更改交换表中的项目。为此,交换表中的每个项目都设有一定的有效时间(一般为几分钟),过期的项目将会自动删除。

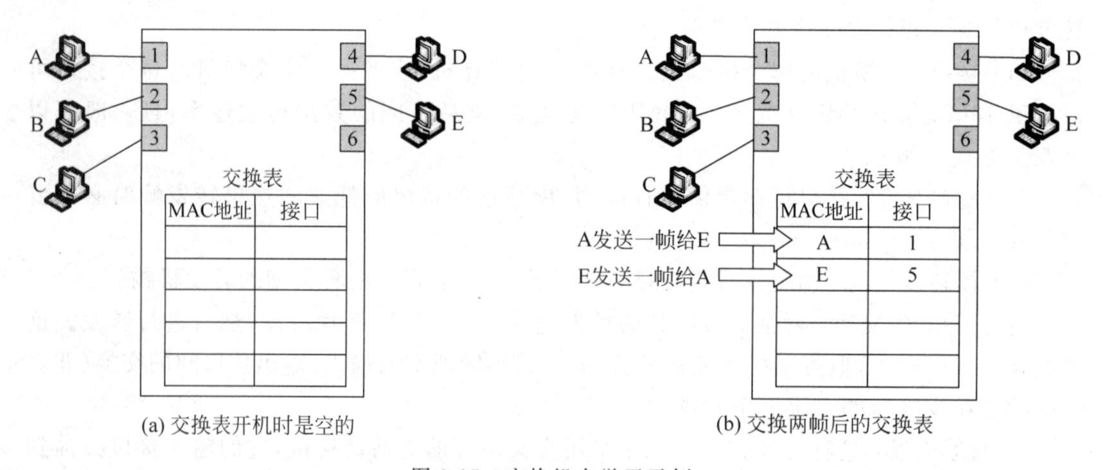

图 3-15 交换机自学习示例

当交换机的某个端口与另一台交换机级联时,交换机的自学习方法也是一样的,但交换机自身没有 MAC 地址,因此,交换表中存放的仍然是各主机的 MAC 地址及其连接的接口,或者交换机级联接口。

但当多个交换机连成一个环时,就会出现帧无止境地在网络中兜圈子,为了解决这个问题,IEEE 802.1D 标准制定了一个**生成树协议**(Spanning Tree Protocol,STP)。该协议的工作原理与实践可以参考第 11 章的相关内容。

3. 交换式以太网的扩展

交换式以太网的扩展是指在数据链路层利用以太网交换机对局域网进行扩展。

一个小规模的工作组级交换式以太网可以由一台交换机连接若干台计算机组成。

大规模的交换式以太网通常将交换机划分成几个层次连接,使网络结构更加合理,如可以由低到高划分为**接入层**、**汇聚层**和**核心层**三个层次。接入层交换机供用户计算机接入使用；若干台接入层交换机接入到一台汇聚层交换机，汇聚网络流量；若干台汇聚层交换机再接入到一台核心交换机，核心层交换机连接成主干网。

图 3-16 中的通信工程系交换机和电信工程系交换机就是接入层交换机，信息学院交换机则可以认为是汇聚层交换机，信息学院交换机与其他学院的交换机可以接入到学校核心交换机组成学校局域网。

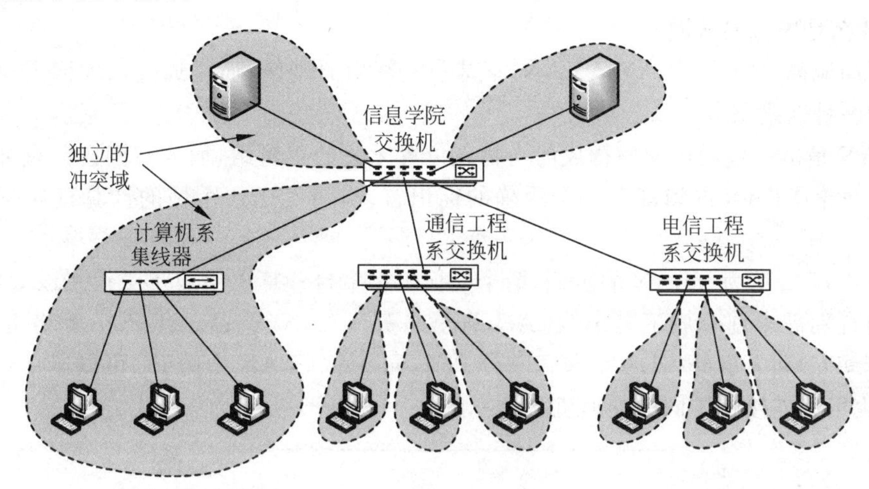

图 3-16　交换式以太网的扩展

4. 交换式以太网的特点

与传统以太网相比，交换式以太网具有以下特点。

(1) 突破了共享带宽的限制，增大了网络带宽。交换机的总带宽可以通过每个交换机接口的可用带宽来确定。如 16 个接口的 100Mb/s 快速以太网交换机最大可提供 16×100＝1600Mb/s 的总带宽。对于图 3-15 来说，假定集线器和交换机均为 100Mb/s 的设备，每条链路的带宽都是 100Mb/s，则计算机系的带宽为 100Mb/s，通信工程系和电信工程系各为 300Mb/s，整个学院的网络的总带宽为 100＋300＋300＋2×100＝900Mb/s。

(2) 隔离了冲突域，增大了网络跨距。交换机的端口可以连接计算机，也可以连接以太网网段，交换机将它各接口所连接的各网段隔离成独立的冲突域，交换式以太网的跨距突破了单个冲突域的限制，可以构造更大规模的网络。如图 3-16 中，一个交换机连接了三个系部的网络和两台服务器。由于交换机的每一个接口都是按 MAC 地址转发帧，因而与其他接口没有冲突，每个接口构成一个单独的冲突域。因此，如图 3-16 所示的网络组成了 9 个**冲突域**，整个网络是一个**广播域**。

(3) 安全性能更高。由于交换机按 MAC 地址转发帧，也就是说一个帧只会到达它的目的 MAC 地址所对应的接口，其他主机将无法看到这个帧。因此，交换式以太网难以窃听，比共享式以太网更安全。

(4) 处于一个广播域，可能产生**广播风暴**。虽然交换机将它连接的多个网段划分成多个独立的冲突域，但交换机工作在数据链路层，它可无障碍地传播广播帧和组播帧，因此交换机连接的网段均处于一个广播域。广播域处于数据链路层，MAC 地址为广播地址的帧都可以到达网络中的任意一个结点。因此在一个大规模的交换式以太网中，当广播通信较多时，就可能产生广播风暴，特别是包含不同数据速率的网段时，高速网段产生的广播流量可能导致低速网段严重拥挤甚至崩溃。如图 3-16 所示网络就是一个广播域，即图中的任意一台计算机发送一个广播帧，网络的任意其他计算机都可以收到该广播帧。

虚拟局域网技术可以有效解决广播风暴的问题。

3.4.3 虚拟局域网

1. 什么是虚拟局域网

虚拟局域网(Virtual LAN，VLAN)不是一个新型的网络，而是通过以太网交换机给用户提供的一种网络服务。

VLAN 是由一些局域网段构成的与物理位置无关的逻辑组，而这些网段具有某些共同的需求。每个 VLAN 的帧都有一个明确的标识符，指明发送这个帧的计算机属于哪一个 VLAN。

如图 3-17 所示为 VLAN 的示例，两个交换机将多台计算机组成了交换式以太网，并根据部门的特别需求划分成了三个 VLAN，即教务处 VLAN(包含 6 台 PC)、财务处 VLAN(包含 5 台 PC)和人事处 VLAN(包含三台 PC)，同一个 VLAN 中的 PC 可以连在同一个交换机上，也可以连接在不同的交换机上。

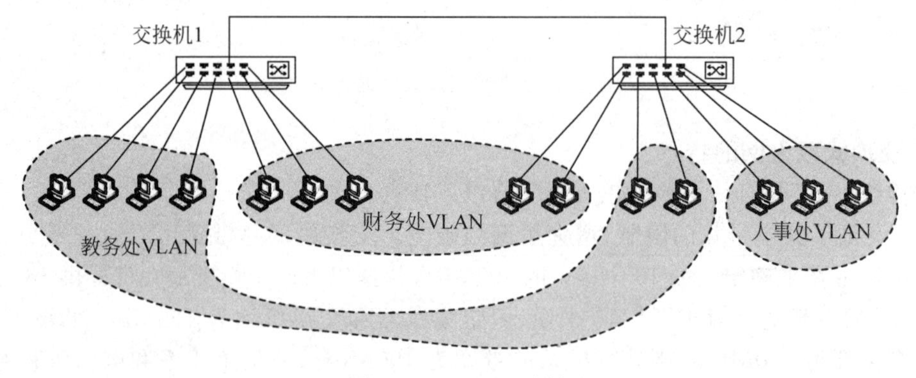

图 3-17　VLAN 示例

2. VLAN 的特点

VLAN 比一般的局域网具有更好的安全性。可以通过划分 VLAN，对 VLAN 之间在数据链路层上进行隔离，禁止非本 VLAN 中的主机访问本 VLAN 中的应用。如图 3-17 所示，一个学校的局域网可以根据职能部门划分成不同的 VLAN，各 VLAN 之间在数据链路层上将无法互相访问。各 VLAN 之间要实现相互访问可通过配置三层交换机或路由器来实现。

由于 VLAN 之间在数据链路层上进行了隔离，因此，**一个 VLAN 就是一个广播域**，一个 VLAN 的广播风暴不会影响到其他 VLAN。

划分 VLAN 可以控制通信流量，提高网络带宽利用率。日常的通信流量大部分限制在 VLAN 内部，减少了不必要的广播数据在网络上传播，使得网络宽带得到了有效利用。

3. VLAN 帧格式

1999 年，IEEE 批准了 IEEE 802.1q 标准，该标准对以太网的帧格式进行了扩展以便支持 VLAN，扩展的帧格式是在原以太网帧格式中插入一个 4B 的标识符，称为 **VLAN 标记**，用来指明发送该帧的计算机属于哪一个 VLAN，如图 3-18 所示。插入 VLAN 标记后得出的帧称为 **IEEE 802.1q 帧**。

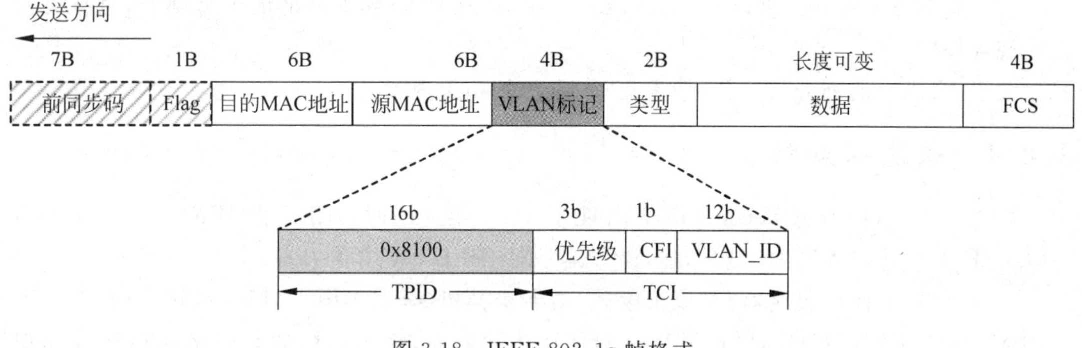

图 3-18　IEEE 802.1q 帧格式

插入的 VLAN 标记字段可以再分为以下两个字段。

(1) TPID(Tag Protocol Identifier，标记协议标识符)：该字段占 2B，是一个全局赋予的 VLAN 以太网类型，其值为常量 0x8100。该字段也常称为 IEEE 802.1q 标记类型，当数据链路层检测到 MAC 帧的源 MAC 地址字段后面的两个字节的值是 0x8100 时，就知道插入了 4B 的 VLAN 标记。

(2) TCI(Tag Control Information，标记控制信息)：该字段占 2B，它又分为以下三个部分。

① 用户优先级：占 3b，允许以太网支持服务级别的概念。其值为 0～7，其中值为 0 时表示优先级最高。

② CFI(Canonical Format Indicator，规范格式指示器)：占 1b，用来标识 MAC 地址是否以标准格式进行封装。取值为 0 时表示 MAC 地址以标准格式进行封装，为 1 时表示以非标准格式封装，以太网默认值为 0。

③ VLAN_ID：VLAN 标识符，占 12b，用于标识某个 VLAN，其值为 0～4095。其中 0 表示空 VLAN，1 表示默认 VLAN，4095 保留未使用。

由于用于 VLAN 的以太网帧增加了 4B，因此最大帧长从原来的 1518 变成了 1522B。

IEEE 802.1q 帧只在交换机之间的链路上传输，而交换机与计算机之间的链路上传输的仍然是普通以太网帧。普通以太网帧插入 VLAN 标记变成 IEEE 802.1q 帧后，必须重新计算帧校验序列 FCS。而 IEEE 802.1q 帧去掉 VLAN 标记变成普通以太网帧时也要重新计算 FCS。

4. 划分 VLAN 的方法

VLAN 的划分主要有以下三种方式。

(1) 基于交换接口划分。这种方式通常是网络管理员通过网管软件或直接设置交换机的接口，使其从属于某个 VLAN。这种方法看似比较麻烦，但相对比较安全，也容易配置和维护。因此是最常用的一种划分 VLAN 的方法。但当一个设备经常从一个交换接口移动到另一个交换接口时，就必须经常手动更改 VLAN 的设置，而且不能将一个接口的设备划分到多个 VLAN 中。

(2) 基于 MAC 地址划分。按 MAC 地址的不同组合来划分 VLAN，一个 VLAN 实际上就是一组 MAC 地址的集合，多个集合就是多个 VLAN。这种划分方式解决了按接口划分难以解决的设备移动问题。因为 MAC 地址是全球唯一的,计算机等设备移动之后 MAC 地址不变,所属的 VLAN 也不变。另外,在这种方式下,一个 MAC 地址还可以属于多个 VLAN。

(3) 基于协议划分。可以基于协议类型(如 IP 或 IPX)或子网地址进行划分,可在第三层实现 VLAN。

关于 VLAN 的划分与配置,请参见第 11 章的相关内容。

3.4.4 快速以太网

快速以太网(Fast Ethernet)最早出现于 1995 年。同时,IEEE 把 IEEE 802.3u 定为 100BASE-T 快速以太网的正式标准,该标准是对 IEEE 802.3 的补充。

100BASE-T 使用集线器(半双工模式)或者交换机(全双工模工)形成星状结构,保持了与 10Mb/s 以太网同样的 MAC 子层。当使用集线器时,采用同样的 CSMA/CD 协议和相同的帧格式,使用同样的基本运行参数,即最大帧长 1518B,最小帧长 64B,冲突重发次数上限为 16 次,冲突退避上限为 10 次,争用期时长为 512 比特时间,强化冲突信号为 32b,最小帧间间隔为 96b。

另外,100BASE-T 以太网不再使用曼彻斯特编码,改用效率更高的 4B/5B 编码。

由于快速以太网的速率是传统以太网速率的 10 倍,因此,100BASE-T 以太网的争用期 512 比特时间就变成了 5.12μs,冲突域的最大跨距也差不多减少到 200m,最小帧间间隔变成 0.96μs。

100BASE-T 以太网兼容 10BASE-T 以太网。用户只要使用 100Mb/s 的以太网适配器和 100Mb/s 集线器或交换机就可以升级到 100BASE-T,网络结构、应用软件以及网络软件均不用改变。早期的基于同轴电缆的总线型以太网则必须重新布线。

100Mb/s 的以太网有 4 种不同的物理层标准,如表 3-2 所示。其中后三种已很少用到。

表 3-2 100Mb/s 以太网的 4 种物理层标准

名　称	传输媒体	网段最大长度	特　点
100BASE-TX	双绞线	100m	两对 UTP 5 类或 STP 双绞线
100BASE-T4	双绞线	100m	4 对 UTP 3 类线或 5 类线
100BASE-T2	双绞线	100m	两对 UTP 3 类线或 5 类线
1000BASE-FX	光缆	2000m	两根光纤,发送和接收各用一根

为了与 10Mb/s 的传统以太网相兼容,IEEE 还设计了**自动协商模式**,也称为**自适应模式**。使用该模式的集线器和网络适配器能自动把它们的速率调节到最高的公共水平。

3.4.5 吉比特以太网

吉比特以太网(Gigabit Ethernet)的数据传输速率为 1Gb/s(1000Mb/s),故又称为千兆以太网。主要应用于园区网(校园和厂区等)的高速主干网。

吉比特以太网技术有 IEEE 802.3z 和 IEEE 802.3ab 两个标准。IEEE 802.3z 制定了光纤和短程铜线连接方案的物理层标准,分别是 1000BASE-SX、1000BASE-LX 和 1000BASE-CX。IEEE 802.3ab 制定了 1000BASE-T 5 类双绞线上较长距离连接方案的物理层标准。表 3-3 列出这些物理层标准及其特点。

表 3-3　吉比特以太网物理层标准

名　　称	传输媒体	网段最大长度	特　　点
1000BASE-SX	光纤	550m	使用 770～860nm 短波长的多模光纤
1000BASE-LX	光纤	5000m	使用 1270～1355nm 长波的多/单模光纤
1000BASE-CX	STP 双绞线	25m	使用两对屏蔽双绞线
1000BASE-T	UTP 双绞丝	100m	使用 4 对 UTP 5 类双绞线

吉比特以太网主要使用 8B/10B-NRZ 编码方式，支持半双工和全双工模式，但大部分以全双工方式工作。帧格式仍然使用 IEEE 802.3 规定的帧格式，最大帧长和最小帧长依然分别为 1518B 和 64B，最小帧间间隔为 96 比特时间，网段最大网段长度仍然保持 100m。

为了与传统的半双工以太网相兼容，吉比特以太网支持 CSMA/CD 协议，冲突重传上限次数仍为 16 次，冲突退避上限为 10 次，强化冲突信号 32 位。但由于传输速率提升到 1000Mb/s，如果吉比特以太网仍然保持传统以太网 512b 的争用时间，那么最大网络跨距将缩减至 20m，显然失去了实用价值。为此，吉比特以太网对 CSMA/CD 协议进行了以下两个方面的改进。

1. 载波延伸

载波延伸规定，凡是发送的 MAC 帧长度不足 512B 时，就在帧的末尾填充一些特殊字符，使 MAC 帧的长度增大到 512B，如图 3-19 所示。接收方收到该 MAC 帧后，把所填充的特殊字符删除后才向高层交付。这样就可以保证最小帧长 64B 不变，最大网络跨距仍可保持 200m。

但当仅 64B 长的短帧采用载波延伸填充到 512B 时，所填充的 448B 就造成了很大的开销，导致传输效率低下，对此，又提出了帧突发机制。

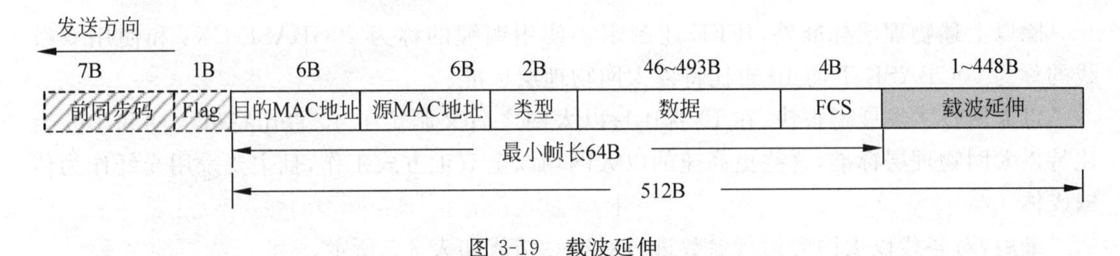

图 3-19　载波延伸

2. 帧突发

帧突发机制允许发送方连续发送多个帧，其中，第 1 帧按 CSMA/CD 协议和载波延伸的规定发送。即如果第 1 帧是个短帧，则用载波延伸将帧扩展到 512B 后才发送，如果该帧发送成功，发送方就可以继续发送其他帧直至发送完数据或者达到一次帧突发的最大长度限制。

帧突发机制规定，**连续发送的最大长度限制为 8192B**，即 8KB。

发送方为了连续占用信道，用 96b 载波延伸填充帧间间隔 IFG，如图 3-20 所示。因此，其他主机在帧间间隔期间仍然会监听到信道忙，发送方只要成功地发送第 1 帧后就不会再遇到冲突，就可连续发送。后续发送的各个帧，也不需要进行冲突检测，因此，即便是短帧也不必再进行载波延伸，从而改善了因短帧载波延伸引起的传输效率低的问题。

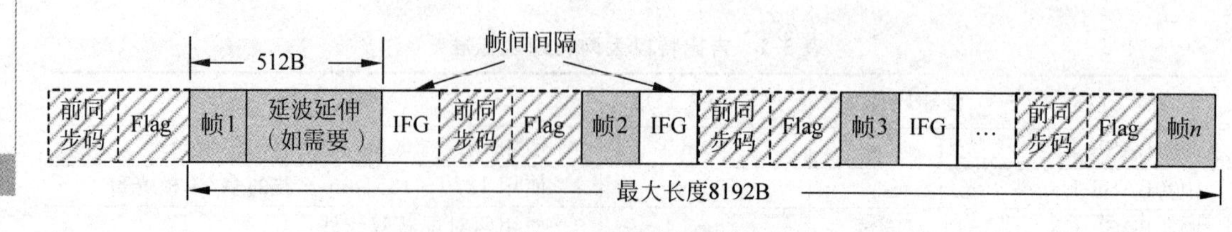

图 3-20　帧突发机制

3.4.6　10 吉比特以太网

10 吉比特以太网(10 Gigabit Ethernet)又称万兆以太网，与其前代相比，它主要有以下特点。

(1) 主要使用光纤作为传输媒体。

(2) 仍然使用 IEEE 802.3 帧格式，维持其最大、最小帧长度。

(3) 不再使用 CSMA/CD 协议，即只以全双工方式工作。因此，10 吉比特以太网完全突破了 CSMA/CD 冲突域的限制，进入了 MAN 和 WAN 的范畴。

目前用于局域网的光纤 10 吉比特以太网规范主要定义了以下三种，均采用 64B/66B 编码方案，如表 3-4 所示。

表 3-4　10 吉比特比以太网物理层标准

名　　称	传输媒体	网段最大长度	特　　点
10GBASE-SR	光纤	300m	使用 850nm 短波长多模光纤
10GBASE-LR	光纤	10km	使用 1310 长波长单模光纤
10GBASE-ER	光纤	40km	使用 1550nm 超长波长单模光纤

除以上述物理层标准外，IEEE 还制定了使用铜缆的称为 10GBASE-CX4 和使用双绞线的称为 10GBASE-T 的 10 吉比特以太网物理层标准。

以太网技术发展得很快，在 10 吉比特以太网之后又制定了 40 吉比特以太网和 100 吉比特以太网物理层标准，这些更高速的以太网均以全双工方式工作，且主要采用光纤作为传输媒体。

最后，对各代以太网的运行参数进行对比总结成如表 3-5 所示。

表 3-5　各代以太网运行参数

参　　数	10Mb/s	100Mb/s	1Gb/s	10Gb/s
是否支持 CSMA/CD	是	是	是	否
工作方式为半双工或全双工	半双工	均可	均可	全双工
争用期(比特时间/μs)	512/51.2	512/5.12	4096/4.096	—
帧间间隔(比特/μs)	96/9.6	96/0.96	96/0.096	96/0.0096
冲突重发上限	16	16	16	—
冲突退避上限	10	10	10	—
强化冲突信号 b	32	32	32	—
最大帧长/B	1518	1518	1518	1518
最小帧长/B	64	64	64	64
帧突发长度限制/B	—	—	8192	—

习　　题

一、简答题

1. 数据链路层要解决的基本问题包括哪三个方面？

2. PPP 是什么？它包含哪几个部分？

3. PPP 如何实现字节填充和位填充？它们各用于什么情况？

4. 十六进制字符串数据 5E 7E 7D 5D 7D 7D 在使用 PPP 的异步链路传输时，封装到 PPP 帧中的数据部分应为什么？

5. 设要发送的二进制数据为 101100111101，CRC 生成多项式为 X^4+X^3+1，试求出实际发送的二进制数字序列。

6. 已知发送方采用 CRC 校验方法，生成多项式为 X^4+X^3+1，若接收方收到的二进制数字序列为 101110110101，请判断数据传输过程中是否出错。

7. 一个异步传输的 PPP 帧的数据部分(用十六进制写出)是 7D 5E FE 27 7D 5D 7D 5D 65 7D 5E，试问真正的数据是什么(用十六进制写出)？

8. X^7+X^5+1 被生成多项式 X^3+1 所除，所得余数是多少？

9. 如果位串 0111101111101111110 是经过位填充的，那么输出串是什么？

10. 局域网有哪两个标准？画出以太网的帧格式，并说明各字段的基本含义。

11. CSMA/CD 有哪三种策略算法？请简述之。

12. 试说明 10BASE-T 中的 10、BASE 和 T 代表的意思。

13. 什么是比特时间？对于 10Mb/s 的以太网来说，512 比特时间是多少微秒？

14. 冲突域与广播域有何不同？

15. 为什么 CSMA/CD 是一种半双工工作方式？

16. 简要描述 CSMA/CD 协议的工作过程。

17. 简要描述二进制指数退避算法的基本思想。

18. 以太网帧的最小帧长和最大帧长分别是多少？

19. 什么是 VLAN？它是一种新型的网络吗？VLAN 的帧格式与以太网的帧格式有何不同？

20. 在全双工的以太局域网中，为什么不再需要 CSMA/CD？

21. 简要说明以太网帧为何没有帧结束定界标记？

二、选择题

1. 根据 PPP 的工作状态图，用户控制分组和数据分组的交换出现在________状态。

   A. 链路建立　　B. 鉴别　　C. 链路打开　　D. 链路终止

2. 根据 PPP 的工作状态图，选项协商出现在________状态。

   A. 链路建立　　B. 鉴别　　C. 链路打开　　D. 链路终止

3. 在 PPP 帧中，________字段定义数据字段的协议类型。

   A. 标志　　B. 控制　　C. 协议　　D. FCS

4. 在 PPP 中，LCP 分组的目的是________。

   A. 配置网络层　　B. 终止链路　　C. 协商选项　　D. 以上所有各项

5. PPP是连接广域网的一种封装协议，下面关于PPP的描述错误的是________。
   A. 能够控制数据链路的建立　　B. 能够分配和管理广域网的IP地址
   C. 只能采用IP作为网络层协议　　D. 能够有效地进行错误检测
6. 以太网中的帧属于________协议数据单元。
   A. 物理层　　B. 数据链路层　　C. 网络层　　D. 应用层
7. 以太网交换机是按照________进行转发的。
   A. MAC地址　　B. IP地址　　C. 协议类型　　D. 端口号
8. 以太网帧结构中“填充”字段的作用是________。
   A. 承载任选的路由信息　　B. 用于捎带应答
   C. 发送紧急数据　　D. 保持最小帧长
9. 在OSI参考模型中，数据链路层处理的数据单元是________。
   A. 比特　　B. 帧　　C. 分组　　D. 报文
10. 在以太网中，最大传输单元(MTU)是________B。
    A. 46　　B. 64　　C. 1500　　D. 1518
11. 在传统10Mb/s以太网的二进制指数退避算法中，基本的退避时间为________。
    A. 25.6μs　　B. 51.2μs　　C. 9.6μs　　D. 5.12μs
12. 如果以太网的目的MAC地址为07-01-02-03-04-05，那么它是一个________地址。
    A. 单播　　B. 多播
    C. 广播　　D. 上述选项中的任何一项
13. 中继器工作在________层。
    A. 物理　　B. 数据链路　　C. 网络　　D. 传输
14. ________实际上是一个多端口的中继器。
    A. 网桥　　B. 集线器　　C. 路由器　　D. 交换机
15. 交换机运行在________层。
    A. 物理　　B. 数据链路　　C. 网络　　D. 传输
16. VLAN技术将LAN划分成________分组。
    A. 物理的　　B. 逻辑的　　C. 多路的　　D. 以上都不是
17. 根据________可以用来将端结点分组成VLAN。
    A. 交换机端口　　B. MAC地址　　C. IP地址　　D. 以上所有项
18. IEEE 802.3局域网采用的CSMA/CD策略是________。
    A. 非坚持　　B. 1-坚持　　C. P-坚持　　D. 以上都不是
19. 以下以太网中，________不支持CSMA/CD协议。
    A. 10BASE-T　　B. 100BASE-T　　C. 1000BASE-T　　D. 10GBASE-SR
20. 以下以太网中，________可能需要用到帧突发技术。
    A. 10BASE-T　　B. 100BASE-T　　C. 1000BASE-T　　D. 10GBASE-SR
21. 通过以太网交换机连接的一组工作站________。
    A. 组成一个冲突域，但不是一个广播域
    B. 组成一个广播域，但不是一个冲突域
    C. 既是一个冲突域，又是一个广播域

D. 既不是冲突域,也不是广播域

22. 局域网冲突时槽的计算方法如下。假设 t_{PHY} 表示工作站的物理层时延,C 表示光速,S 表示网段长度,t_R 表示中继器的时延,在局域网最大配置的情况下,冲突时槽等于________。

A. $S/0.7C+2t_{PHY}+8t_R$　　B. $2S/0.7C+2t_{PHY}+8t_R$

C. $2S/0.7C+tt_{PHY}+8t_R$　　D. $2S/0.7C+2t_{PHY}+4t_R$

23. 在局域网标准中,100BASE-T 规定从收发器到集线器的距离不超过________m。

A. 100　　B. 185　　C. 300　　D. 1000

24. 一个运行 CSMA/CD 协议的以太网,数据速率为 1Gb/s,网段长 1km,信号速率为 200 000km/s,则最小帧长是________b。

A. 1000　　B. 2000　　C. 10 000　　D. 200 000

25. 关于网桥和交换机,下面的描述中正确的是________。

A. 网桥端口数少,因此比交换机转发更快

B. 网桥转发广播帧,而交接机不转发广播帧

C. 交接机是一种多播口网桥

D. 交换机端口多,因此扩大了冲突域大小

26. 以太网协议中使用物理地址的作用是________。

A. 用于不同子网中的主机进行通信

B. 作为第二层设备的唯一标识

C. 用于区别第二层和第三层的协议数据单元

D. 保存主机可检测未知的远程设备

27. 循环冗余校验标准 CRC-16 的生成多项式为 $G(X)=X^{16}+X^{15}+X^{2}+1$,它产生的校验码是________位,接收端发现错误后采取的措施是自动请求重发。

A. 2　　B. 4　　C. 16　　D. 32

28. 动态划分 VLAN 的方法中不包括________。

A. 网络层协议　　B. 网络层地址　　C. 交换机端口　　D. MAC 地址

29. 在局域网中划分 VLAN,不同 VLAN 之间必须通过________连接才能互相通信。

A. 中继端口　　B. 动态端口　　C. 接入端口　　D. 静态端口

30. 续上一题,属于各个 VLAN 的数据帧必须同时打上不同的________。

A. VLAN 优先级　　B. VLAN 标记　　C. 用户标识　　D. 用户密钥

31. 以太网采用的 CSMA/CD 协议,当冲突发生时要通过二进制指数后退算法计算后退延时,关于这个算法,以下论述中错误的是________。

A. 冲突次数越多,后退的时间越短

B. 平均后退次数的多少与负载大小有关

C. 后退时延的平均值与负载大小有关

D. 重发次数达到一定极限后放弃发送

32. 在局域网中可动态或静态划分 VLAN,静态划分 VLAN 是根据________划分的。

A. MAC 地址　　B. IP 地址　　C. 端口号　　D. 管理区域

33. 以下关于 VLAN 的叙述中，正确的是________。

A. VLAN 对分组进行过滤，增强了网络的安全性

B. VLAN 提供了在大型网络中保护 IP 地址的方法

C. VLAN 在可路由的网络中提供了低延迟的互联手段

D. VLAN 简化了在网络中增加、移除和移动主机的操作

34. 集线器与网桥的区别是________。

A. 集线器不能检测发送冲突，而网桥可以检测冲突

B. 集线器是物理层设备，而网桥是数据链路层设备

C. 网桥只有两个端口，而集线器是一种多端口网桥

D. 网桥是物理层设备，而集线器是数据链路层设备

35. 以下关于交换机获取与其端口连接设备的 MAC 地址的叙述中，正确的是________。

A. 交换机从路由表中提取设备的 MAC 地址

B. 交换机检查端口流入分组的源地址

C. 交换机之间互相交换地址表

D. 由网络管理员手工输入设备的 MAC 地址

36. 以下关于 CSMA/CD 协议的叙述中，正确的是________。

A. 每个结点按照逻辑顺序占用一个时间片轮流发送

B. 每个结点检查介质是否空闲，如果空闲则立即发送

C. 每个结点想发就发，如果没有冲突则继续发送

D. 得到令牌的结点发送，没有得到的令牌的结点等待

37. 用来承载多个 VLAN 流量的协议组是________。

A. IEEE 802.11a 和 IEEE 802.1q　　　B. ISL 和 IEEE 802.1q

C. ISL 和 IEEE 802.3ab　　　D. SSL 和 IEEE 802.11b

38. 下面关于交换机的说法中，正确的是________。

A. 以太网交换机可以连接运行不同网络层协议的网络

B. 从工作原理上讲，以太网交换机是一种多端口网桥

C. 集线器是一种特殊的交换机

D. 通过交换机连接的一组工作站形成一个冲突域

39. 以太网协议可以采用非坚持型、坚持型和 P-坚持型三种监听算法。下面关于这三种算法的描述中，正确的是________。

A. 坚持型监听算法的冲突概率低，但可能引入过多的信道延迟

B. 非坚持型监听算法的冲突概率低，但可能浪费信道带宽

C. P-坚持型监听算法实现简单，而且可以达到最好性能

D. 非坚持型监听算法可以及时抢占信道，减少发送延迟

40. IEEE 802.3 以太网帧格式如图 3-21 所示，其中的“长度”字段的作用是________。

前导字段	帧起始符	目的地址	源地址	长度	数据	填充	校验和

图 3-21　40 题图

A. 表示数据字段的长度

B. 表示封装的上层协议的类型

C. 表示整个帧的长度

D. 既可以表示数据字段长度也可以表示上层协议的类型

41. 下面列出的4种快速以太网物理层标准中，使用两对5类无屏蔽双绞线作为传输介质的是________。

A. 100BASE-FX　　B. 100BASE-T4　　C. 100BASE-TX　　D. 100BASE-T2

42. 以太网交换机的交换方式有三种，这三种交换方式不包括________。

A. 存储转发式交换　　B. IP交换

C. 直通式交换　　D. 碎片过滤式交换

43. 以太网介质访问控制策略可以采用不同的监听算法，其中一种是："一旦介质空闲就发送数据，假如介质忙，继续监听，直到介质空闲后立即发送数据"，这种算法称为________监听算法，该算法的主要特点是介质利用率和冲突概率都高。

A. 1-坚持型　　B. 非坚持型　　C. *P*-坚持型　　D. *O*-坚持型

44. 采用CSMA/CD协议的基带总线，其段长为1000m，中间没有中继器，数据速率为10Mb/s，信号传播速度为200m/μs，为了保证在发送期间能够检测到冲突，则该网络上的最小帧长应为________b。

A. 50　　B. 100　　C. 150　　D. 200

45. 以下属于万兆以太网物理层标准的是________。

A. IEEE 802.3u　　B. IEEE 802.3a　　C. IEEE 802.3e　　D. IEEE 802.3ae

46. 下面的光纤以太网标准中，支持1000m以上传输距离的是________。

A. 1000BASE-FX　　B. 1000BASE-CX　　C. 1000BASE-SX　　D. 1000BASE-LX

47. 在图3-22的网络配置中，总共有________个广播域，________个冲突域。

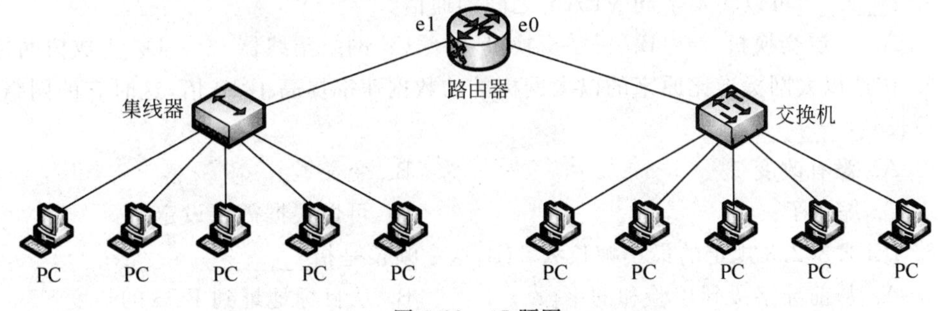

图3-22　47题图

A. 2；2　　B. 3；6　　C. 2；6　　D. 3；5

48. 在下面关于VLAN的描述中，不正确的是________。

A. VLAN把交换机划分成多个逻辑上独立的交换机

B. 主干链路(Trunk)可以提供多个VLAN之间通信的公共通道

C. 由于包含多个交换机，所以VLAN扩大了冲突域

D. 一个VLAN可以跨越多个交换机

49. 以太网中如果发生介质访问冲突，按照二进制指数后退算法决定下一次重发的时

间，使用二进制后退算法的理由是________。

A. 这种算法简单

B. 这种算法执行速度快

C. 这种算法考虑了网络负载对冲突的影响

D. 这种算法与网络的规模大小无关

50. 下面有关 VLAN 的语句中，正确的是________。

A. 虚拟局域网中继协议(VLAN Trunk Protocol，VTP)用于在路由器之间交换不同 VLAN 的信息

B. 为了抑制广播风暴，不同的 VLAN 之间必须用网桥分隔

C. 交换机的初始状态是工作在 VTP 服务器模式，这样可以把配置信息广播给其他交换机

D. 一台计算机可以属于多个 VLAN 即它可以访问多个 VLAN，也可以被多个 VLAN 访问

51. 划分 VLAN 的方法有多种，这些方法中不包括________。

A. 根据端口划分　　B. 根据路由设备划分

C. 根据 MAC 地址划分　　D. 根据 IP 地址划分

52. 在千兆以太网物理层标准中，采用长波(1300nm)激光信号源的是________。

A. 1000BASE-SX　B. 1000BASE-LX　C. 1000BASE-CX　D. 1000BASE-T

53. 下面关于 IEEE 802.1q 协议的说明中正确的是________。

A. 这个协议在原来的以太网帧中增加了 4B 的帧标记字段

B. 这个协议是 IETF 制定的

C. 这个协议在以太网帧的头部增加了 26B 的帧标记字段

D. 这个协议在帧尾部附加了 4B 的 CRC 校验码

54. ________可以转发不同 VLAN 之间的通信。

A. 二层交换机　B. 三层交换机　C. 网络集线器　D. 生成树网桥

55. 快速以太网标准比原来的以太网标准的数据速率提高了 10 倍，这时它的网络跨距(最大段长)________。

A. 没有改变　　B. 变长了

C. 缩短了　　D. 可以根据需要设定

56. IEEE 802.3 规定的最小帧长为 64B，这个帧长是指________。

A. 从前导字段到校验和的字段　　B. 从目标地址到 FCS 的长度

C. 从帧起始符到校验和的长度　　D. 数据字段的长度

57. 千兆以太网标准 IEEE 802.3z 定义了一种帧突发方式，这种方式是指________。

A. 一个站可以突然发送一个帧

B. 一个站可以不经过竞争就启动发送过程

C. 一个站可以连续发送多个帧

D. 一个站可以随机地发送紧急数据

第4章 网络层

物理层和数据链路层在本地网络中运行，共同负责两个相邻结点之间的数据传递。而网络层关注的是如何将分组从一个网络中的源结点传送到另一个网络中的目的结点，实现主机到主机的通信。为了实现这个目标，网络层必须要知道通信子网的拓扑结构，并在这个拓扑结构中选择适当的路径。另外，如果两个网络采用不同技术标准（异构网络）实现时，网络层的另外一个任务就是如何将这两个异构网络实现互连。总之，**网络层的任务就是要实现网络之间的互连与互通**。

本章是本书的核心内容之一，本章将根据网络层的这两个主要任务进行展开，主要讨论实现网络互连与互通的IP技术和路由技术。最后对VPN、NAT和MPLS进行了简要介绍。

本章重点：

（1）网络层提供的两种服务。

（2）IPv4协议分组的结构、IP地址与MAC地址之间的关系。

（3）分类IP地址。

（4）划分子网、CIDR与构造超网。

（5）ICMP与差错报告。

（6）IP数据报转发机制与基本算法。

（7）RIP、OSPF和BGP路由选择协议的工作原理。

（8）IPv6协议分组的基本结构与IPv6地址。

4.1 网络层概述

网络层应该向运输层提供“**面向连接**”的服务还是“**无连接**”的服务，这一问题曾经引起了人们长期的争论。

以Internet社团为代表的学者们认为，根据数十年来从Internet中获得的实践经验，网络层应该向运输层提供简单灵活的、无连接的和尽力而为的数据报服务，差错控制和流量控制由主机自己完成。

以电信公司为代表的学者们认为，根据全球电话系统100年来的成功经验，网络层应该提供可靠的、面向连接的服务。

典型案例是：**Internet提供了无连接的网络层服务**；而ATM网络提供了面向连接的网络层服务。采用著名的ITU-T X.25建议书虚电路服务标准的帧中继网络也是一种典型的面向连接的服务。

计算机网络发展到现在,以 ATM 为代表的面向连接服务并没有成为计算机网络发展的未来趋势,而 Internet 的灵活性以及发展到现在这个规模,足以证明当初 Internet 设计思想的正确性。

4.1.1 无连接服务的实现

Internet 是一种在网络层采用无连接服务的网络,所有分组都被独立地在网络中传输,且独立于路由,不需要提前建立任何辅助设施。网络中传递的分组通常称为**数据报**(Datagram)。每个数据报都携带了源地址和目的地址,路由器将根据目的地址动态地为每个数据报选择一条合适的路由,然后转发给相邻的某个路由器,直至最后交付给目的结点。这种实现无连接服务的方法称为**数据报方法**。

如图 4-1 所示,运输层传下来的报文被划分成三个数据报,每个数据报前面都会加上包含源地址和目的地址的网络层头部。这三个数据报从 PC1 传输到 PC2 的过程中,路由器 R1 将接收到的数据报 1 和数据报 2 暂时保存到内存,检验它们的校验和,并提取头部中的目的地址,然后根据路由表为它们选择到达目的结点的合适路由,例如选择将它们转发给路由器 R2。但在处理数据报 3 的时候发现到达 PC2 经过路由器 R3 的链路会比经过 R2 的链路更优,于是数据报 3 被转发给了路由器 R3。路由器 R2 也可能遇到类似的问题,因此最后的结果是最先发送的数据报 1 可能最后到达到目的主机。这就是失序。失序问题由接收方自行解决。

从这个示例可以清晰看到,数据报在发送之前无须建立连接,同一个运输层报文的不同数据报被单独路由和传输,每个数据报的传输路径与它的前一个数据报没有关系,到达目的结点的次序也可以与发送的次序不相同。

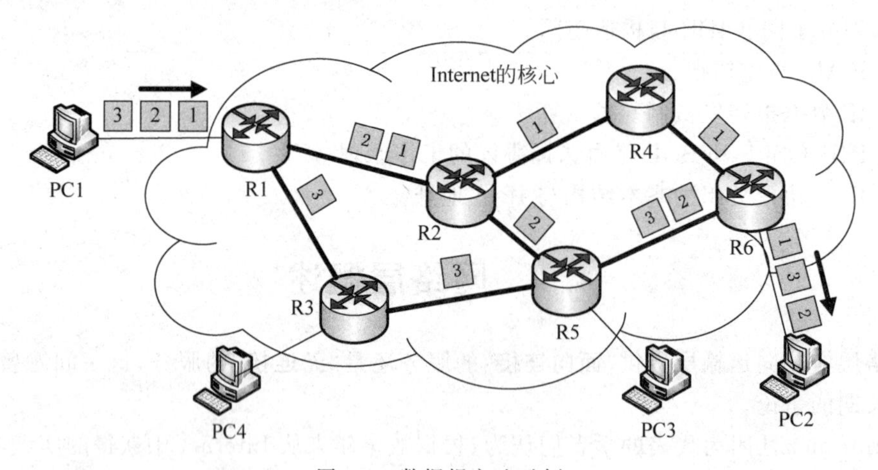

图 4-1 数据报方法示例

4.1.2 面向连接服务的实现

面向连接服务通过从源结点到目的结点的传输路径中建立一条**虚电路**(Virtual Circuit)实现,沿途路由器将该虚电路的电路号保存在内部表中。所有从源结点到目的结点的分组都将在这条虚电路中传输,分组到达目的结点的次序与发送次序是相同的。数据传输完毕后该虚电路将被释放。这种实现面向连接服务的方法称为**虚电路方法**。

在虚电路方法中，每个分组都包含虚电路的电路号，指明它属于哪一个虚电路，路由器将根据该电路号进行路由。

图 4-2 为虚电路方法示例，PC1 与 PC2 通信之前建立了一条虚电路（图中粗实线），为即将要进行的通信预分配了带宽资源，PC1 的所有分组都沿着该虚电路按顺序传输到目的结点 PC2，且传输路径是一样的。反过来，PC2 到 PC1 的所有分组也将沿着这条路径传输。

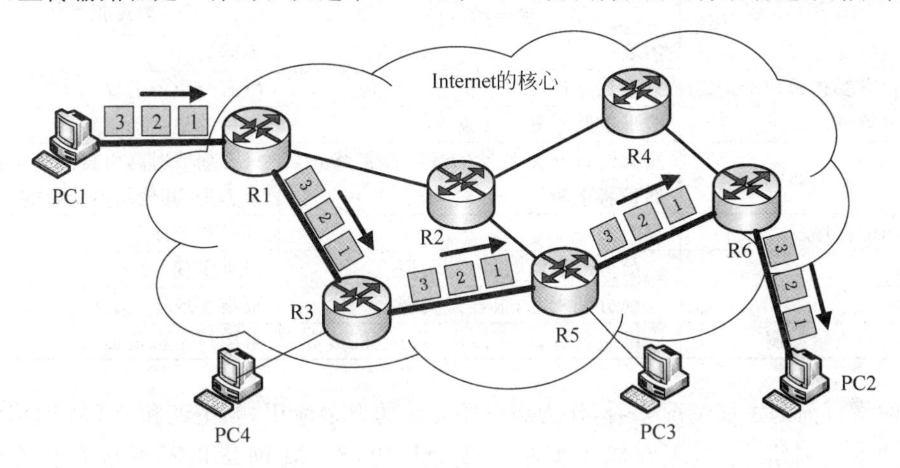

图 4-2　虚电路方法示例

虚电路与电路交换中的电路是有区别的，电路交换中的用户线路段是通信双方独占专用的。虚电路则不是，在虚电路中可以利用复用技术传输多路其他信号。虚电路中的每个源端结点和目的端结点可以根据不同应用建立多条虚电路，这多条虚电路共存于一个相同的传输线路中。另外，每个端结点还能与多个其他端结点建立虚电路，这些都是电路交换不具备的。

虚电路的实现有**交换式虚电路**（Switched Virtual Circuit，SVC）和**永久虚电路**（Permanent Virtual Circuit，PVC）两种形式。

1. 交换式虚电路

交换虚电路仅在这次通信交换过程中存在，当通信结束后，这条虚电路将被释放。

注意：相同的一对源结点与目的结点每次通信时都会建立一条新的虚电路，这条虚电路的路径可能每次都相同，也可能根据网络的状况而有所变化。

2. 永久虚电路

永久虚电路类似于租用线路，这种虚电路是专门提供给特定用户的，其他用户不能使用。由于这条虚电路总是建立好的，因此，虚电路的路径总是相同的，而且每次通信都不需要建立连接和释放该虚电路。

最后要强调的是：无论是数据报方法，还是虚电路方法，它们**都采用存储转发式的分组交换技术**。所有分组在每个路由器上都需要进行储存、校验、查找路由表和转发等过程，虚电路与数据报方法之间的差别在于各路由器不需要为每个分组做路径选择判定，而只需要在路由表中根据虚电路号索引到达目的结点的虚电路即可，因此，虚电路的存储转发效率要高于数据报方法。

4.1.3 虚电路和数据报的比较

虚电路方法与数据报方法各有优劣。表4-1对虚电路方法和数据报方法在多个主要方面进行了对比。

表4-1 虚电路与数据报的比较

对比项目	虚电路方法	数据报方法
是否需要建立连接	需要	不需要
分组是否需要携带地址信息	只在建立连接时携带	所有分组都需要携带
分组转发策略	按虚电路号静态转发	按目的地址动态转发
当路由器失效的影响	所有经过此路由器的VC都将终止，通信将中断	只有崩溃时路由器队列中的分组会丢失，其他均不受影响
分组到达的次序	没有失序	可以有失序
服务质量	提前分配资源，很容易实现	很难实现
拥塞控制	提前分配资源，很容易实现	很难实现
差错控制与流量控制	由网络负责，也可以由用户主机负责	由用户主机负责

从网络目前的发展情况来看，作为虚电路方法的典型应用，帧中继和ATM网络常用于广域网的主干网络中，但现在帧中继早已成为历史，ATM网络也不再是人们关注的重点了。

相反，随着服务质量变得越来越重要，Internet也在不断变化，并努力获得一些通常跟面向连接服务关联在一起的特性。Internet发展到今日的规模，也充分证明了数据报方法的灵活性和适应性。

鉴于上述原因，因此，本书下面将重点介绍基于TCP/IP的网络层如何实现互连与互通这个主题。

4.2 网际协议IPv4

4.2.1 网际协议概述

Internet网际层负责将分组从源主机传送到目的主机，提供无连接、不可靠但尽力而为的分组传送服务。

网际层最基本最重要的协议是网际协议(Internet Protocol,IP)，目前使用的主要是32位的IPv4，并逐步向128位的IPv6过渡，IP主要提供以下三个方面的内容

(1) IP定义了网际层的协议数据单元PDU，即IP数据报，规定了它的格式。

(2) IP软件为每个IP数据报选择合适的路由并将IP数据报转发出去。

(3) IP还包括一组体现不可靠、尽力分组发送的规则。这些规则规定了主机和路由器应该如何处理分组、何时及如何发出错误报告，以及在什么情况下可以放弃分组等。

与IP配套使用的网际层协议有地址解析协议ARP、逆向地址解析协议RARP，Internet控制报文协议ICMP，路由选择协议(如RIP、OSPF和BGP等)，Internet组管理协议IGMP以及多播路由协议(如DVMRP、CBT和MOSPF)等。

所有以上内容实现的基础都是 IP 地址，因此，本章将围绕 IP 地址及其相关内容展开介绍。本章约定在没有特别说明时，IP 就是指 IPv4。

IP 地址由 ICANN 负责管理和分配，是用来标识 Internet 上的每台主机和网络设备的唯一地址。严格地说，IP 地址是用来标识每个与网络相连的网络接口，通常个人计算机只有一个网络接口与网络相连，因而只有一个 IP 地址，而路由器可以有多个网络接口同时与多个网络相连，故有多个 IP 地址。

4.2.2 IP 数据报的格式

IP 协议数据单元 PDU 也称为 IP 分组、IP 包、数据报等名称，其结构分为头部和数据两个部分，其完整的格式如图 4-3 所示。

0	4	8	16	19	24	31
版本号	头部长度	区分服务	总长度			
标识			(保留) D M	片偏移		
生存时间		协议	头部校验和			
源IP地址						
目的IP地址						
可选字段（长度可变）					填充	
数据部分						

图 4-3　IP 数据报格式

(1) 版本号：占 4 位，表示 IP 协议的版本号，值为 0100 时表示 IPv4。

(2) 头部长度：占 4 位，表示 IP 头部的长度，以 32 位字(4B)为计数单位，其最小值为 5(即图中目的 IP 地址及以上部分的长度)，即代表 **IP 头部最小长度为 5×4=20B**，这也是 IP 数据包的固定头部长度。最大值为 15，表示头部长度最大为 15×4=60B，也就是说可选字段和填充最多可以有 40B。

(3) 区分服务：占 8 位，该字段主要用于区分不同的可靠性、优先级、延迟和吞吐率的参数以便获得不同的服务质量。只有在使用区分服务时，该字段才有用，一般情况下都不使有这个字段。

(4) 总长度：占 16 位，指包含 IP 头部和数据部分在内的整个数据单元的总长度(字节数)，可表示的总长度最大值为 $2^{16}-1=65\ 535$B。

(5) 标识：占 16 位，发送方每产生一个 IP 数据报都会生成一个唯一的数来标识这个数据报。当该 IP 数据报被分片后，各分片的标识都相同，接收端将根据该标识来识别不同的分片是否来自于同一个 IP 数据报。

(6) 标志：占 3 位，其中最高位(图中加浅灰色底纹的位)保留未用，M 位标志表示 More fragment，意为“还有分片”，其值为 1 表示该分片后面还有分片。M 为 0 表示这是最后一个分片。D 位标志表示 Don't fragment，意为“不能分片”，其值为 0 时才允许分片。

(7) 片偏移：占 13 位，当一个较大的 IP 包被分片后，用片偏移来表示某个分片在原 IP

包的相对位置，也就是该分片的数据部分的第1个字节在原IP包中顺序字节编号。

(8) 生存时间：占8位，IP包在生成时将会赋予一个TTL(Time To Live，生存时间)值，表示允许该IP包经过路由器的最大个数，该IP包每经过一个路由器，TTL值就会自动减1，当其值为0时，路由器将丢弃该IP包。这样就可以保证网络中不会存在一个IP包不停地在传输。

(9) 协议：占8位，该字段用于指明此IP包携带的数据来自何种协议，接收端通过该字段来决定将该IP包提交给上面的哪一个协议。常见的协议有ICMP、IGMP、TCP、UDP、OSPF等。

(10) 头部校验和：占16位，该字段只校验IP包的头部，不包括数据部分，而且不采用CRC校验，而是采用一种更为简单的校验方法，具体方法可参见3.1.4节中的校验和部分。

(11) 源IP地址和目的IP地址：各占32位，分别用来表示源结点和目的结点的地址。

(12) 可选字段：该字段长度可变，主要作用是支持排错、测量以及安全措施等。一般不使用该字段。

(13) 填充：该字段用于补齐32位的边界，使IP分组的长度为32B的整倍数。因此该字段的长度可变，且若该字段存在，则其值一定是8的倍数。

(14) 数据部分：上层协议传下来的报文，以字节为单位。

最后以一个例子说明数据报的分片与重装。

假设一个IP数据报的头部长为20B，数据部分的长度为3600B，途经以太网到达目的主机。

由于以太网的最大传输单元MTU为1500B，因此，该IP数据报必须要划分成三个分片，如图4-4所示。

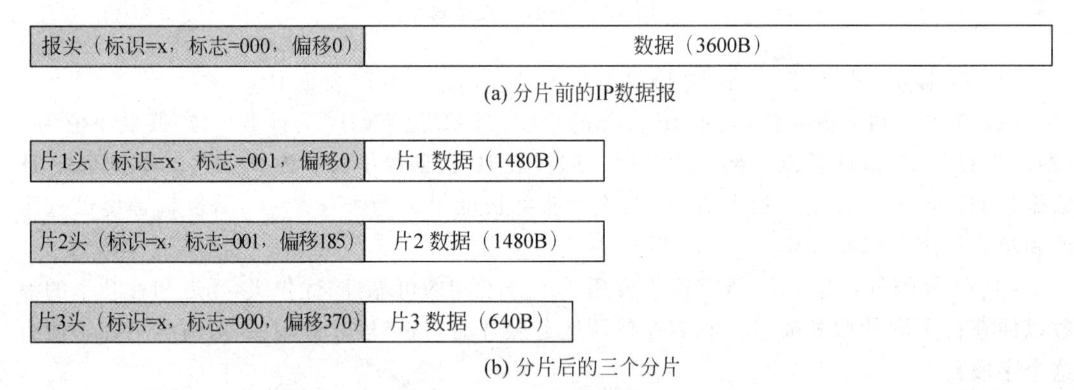

图4-4 IP数据报分片示例

从图4-4可以看到，各分片的片头中的标识与原IP数据报相同，表示来自同一个IP数据报，标志为001表示本分片不是最后一个分片。偏移值以8B为单位，例如第二个分片的偏移值为185，表示该分片数据部分的第一个B在原IP数据报中的字节编号为8×185=1480，也就是说相对原IP数据报，本分片的数据偏移量为1480B。

片头长度仍然为20B，因此，每片中的数据部分最大长度为1480B，最后一个分片有可能不足1480B，这是不可避免的。

所有分片与未分片的IP数据报一样单独路由与转发，中途路由器将它们与未分片的

IP 数据报一样对待，不做任何其他操作。

所有分片到达接收端后，接收端将根据片头中的标识、标志和片偏移字段值按序重装成一个 IP 数据报。

在接收端设置了一个重装定时器，用于分片的传输延迟控制。接收端收到某个 IP 数据报的某一个分片后，立即启动一个重装定时器开始计时，如果在规定的时间限制之内还未收到全部分片，则放弃整个数据报，并向发送端报告出错信息。

4.2.3 IP 地址与 MAC 地址

我们已经知道，在数据链路层对帧进行封装时，帧的头部是由源 MAC 地址和目的 MAC 地址等信息组成的。帧的数据部分就是网络层传下来的 IP 数据报，在 IP 数据报的头部就包含源结点和目的结点的 IP 地址，因此，可以得出以下结论。

MAC 地址是数据链路层和物理层使用的地址，是物理地址，或称硬件地址。而 **IP 地址是网络层和以上各层使用的地址**，由于 IP 地址是用软件实现的，因此是**逻辑地址**。图 4-5 说明了这两种地址的区别。

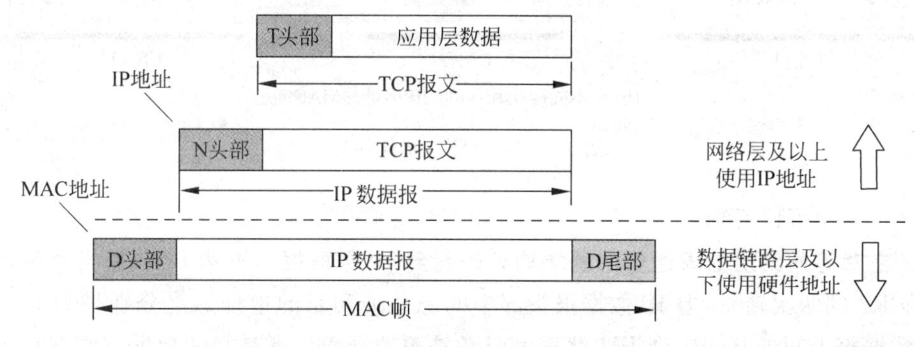

图 4-5　IP 地址与硬件地址的工作层次

发送数据时，数据从应用层往下逐层传到物理层，最后在传输媒体上传输。使用 IP 地址的 IP 数据报一旦交给了数据链路层，就被当作数据被封装到 MAC 帧中。在 MAC 帧的头部包含源结点和目的结点的 MAC 地址。MAC 帧在物理层被转换成无结构的二进制流，最后以电磁或光信号的形式在传输媒体上传输。

连接在通信链路上的设备（主机或路由器）在收到从传输媒体传过来的电磁或光信号时，网络适配器就将这些信号转换成二进制流并提交给物理层，物理层将根据 MAC 帧的头部和尾部的定界功能提取出完整的 MAC 帧，数据链路层则根据 MAC 帧头部中的目的 MAC 地址来决定收下或舍弃该帧。**数据链路层只对帧进行管理，因此看不见封装在 MAC 帧中的 IP 地址**。只有剥除掉 MAC 帧的头部和尾部后，将剩下的 IP 数据报提交给网络层，网络层才能在 IP 数据报的头部中找到源 IP 地址和目的 IP 地址。

图 4-6 示例了三个局域网通过两个路由器 R1 和 R2 互连起来。现在主机 PC1 要和主机 PC2 通信。这两个主机的 IP 地址分别是 IP1 和 IP2，它们的 MAC 地址分别是 M1 和 M2。通信路径是：

PC1 → 经过 R1 转发 → 再经过 R2 转发 → PC2

路由器 R1 的两个网络接口同时连接到 LAN1 和 LAN2 两个局域网上，这两个网络接口的 IP/MAC 地址分别是 IP3/M3 和 IP4/M4。同理，路由器 R2 的两个网络接口 IP/MAC 地址分别为 IP5/M5 和 IP6/M6。

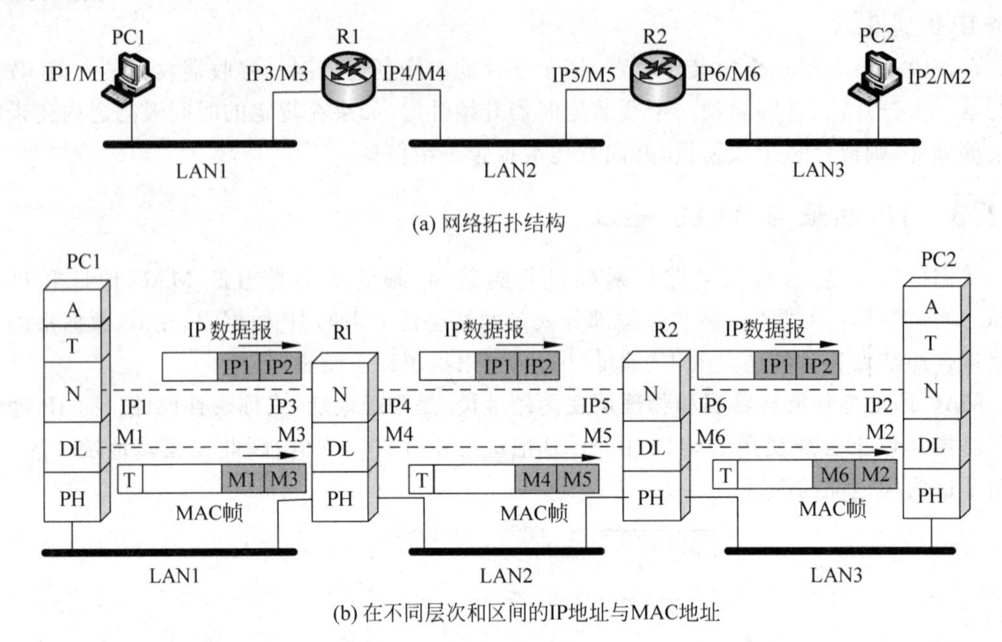

图 4-6　IP 地址与硬件地址

从图 4-6 中可以看到：

(1) **在对等网络层的虚通信的两端均只能看到 IP 数据报**。虽然 IP 数据报要经过路由器 R1 和 R2 的两次转发，但 IP 数据报头部中的源地址和目的地址始终分别是 IP1 和 IP2。图中的数据报上写的从 IP1 到 IP2 就表示前者是源地址而后者是目的地址。数据报中间经过的两个路由器的 IP 地址并没有出现在 IP 数据报的头部中。

(2) **在局域网的数据链路层间的虚通信两端只能看见 MAC 帧**。IP 数据报被封装在 MAC 帧中。MAC 帧在不同网络上传送时，帧都要进行重新封装，MAC 帧头部中的源 MAC 地址和目的 MAC 地址都要被替换成新的 MAC 地址。

(3) 无论两个结点之间的局域网是何种网络，使用何种 MAC 地址体系。但基于 IP 的网络层看到的都是统一格式的 IP 分组，它屏蔽了下层的这些复杂的细节，从而实现了**异构网络的互联**。

4.2.4 地址解析协议

我们已经清楚在网络层及以上采用 IP 地址实现对等层之间的虚通信，而数据链路层则使用 MAC 地址。因此，当 IP 分组向下传给数据链路层时，发送结点必须要知道目的 IP 地址所标识的网络接口的 MAC 地址，以便使用该 MAC 地址来封装 IP 分组。

获取目的 MAC 地址的这一过程称为地址解析，实现这一功能的协议为 **ARP**(Address Resolution Protocol，地址解析协议)。由于 IP 使用了 ARP，因此，通常就把 ARP 划归到网络层，且工作在网络层的最下面，如图 4-7 所示。

每台主机都维护着一个 **ARP 缓存表**(ARP Cache)，用于存放本局域网内所有其他主机

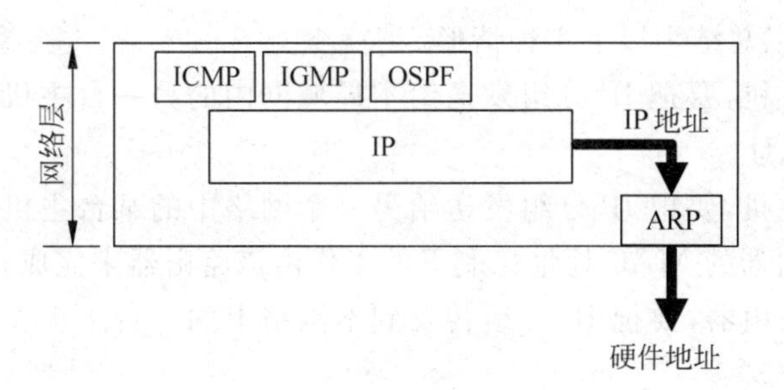

图 4-7　ARP 的工作层次

网络接口的 IP 地址及其对应的 MAC 地址，ARP 缓存表每隔一定时间会自动更新，Windows 的默认更新时间为 2min。

现假设主机 A 和 B 属于同一局域网，主机 A 要向主机 B 发送信息，ARP 的具体工作过程如下。

(1) 主机 A 首先查看自己的 ARP 缓存表中是否存在主机 B 对应的 ARP 表项。如果有，则主机 A 直接利用 ARP 缓存表项中主机 B 的 MAC 地址对 IP 分组进行帧封装。

(2) 如果主机 A 的 ARP 缓存表中没有关于主机 B 的 ARP 表项，则缓存该 IP 数据包，然后以广播方式发送一个 ARP 请求报文。ARP 请求报文中的目的 IP 地址和目的 MAC 地址分别为主机 B 的 IP 地址和全 0 的 MAC 广播地址，如图 4-8 所示为 Wireshark 捕获的两个 ARP 数据包，第一行是 IP 地址为 192.168.1.102 的主机向全网广播请求寻找 IP 地址为 192.168.1.1 的主机。注意，目的地址 Destination 为 Broadcast，其值为 48 位 0，表示广播。

(3) 局域网内的所有主机都能收到该广播包，但只有主机 B 会对该请求做出响应。主机 B 首先将主机 A 的 IP 地址和 MAC 地址更新到自己的 ARP 缓存表中，然后以单播方式发送包含自己 MAC 地址的 ARP 响应报文给主机 A。如图 4-8 所示的第二行是对第一行 ARP 请求的单播响应，该响应告知了主机 B 的 MAC 地址为 bc:46:99:a8:21:64。注意，这里的目的地址为 IntelCor_cb:90:99，其中，IntelCor_为 Intel 公司的 24 位组织标识符。

Source	Destination	Protocol	Length	Info
IntelCor_cb:90:99	Broadcast	ARP	42	Who has 192.168.1.1? Tell 192.168.1.102
Tp-LinkT_a8:21:64	IntelCor_cb:90:99	ARP	42	192.168.1.1 is at bc:46:99:a8:21:64

图 4-8　ARP 工作过程

(4) 主机 A 收到该 ARP 响应报文后，将主机 B 的 IP 地址和 MAC 地址更新到自己的 ARP 缓存表中，同时将前面缓存的 IP 分组封装成帧，然后发送出去。

如果主机 A 和主机 B 不在同一局域网，如图 4-6 所示的 PC1 和 PC2，则需要用到 **ARP 代理**，也就是本局域网内的路由器会代理主机 B 来响应主机 A 的 ARP 请求。如图 4-6 所示的在不同局域网内的 MAC 帧的目的 MAC 地址就说明了这一点。这也说明了从 PC1 到 PC2 的数据链路层帧在经路由器转发的途中为什么会用新的 MAC 地址进行重新封装的原因。

这里要强调的是 **ARP 是解决同一个局域网内**的主机或路由器 IP 地址到 MAC 地址的解析问题。

ARP 的工作可以总结为以下 4 种情形。

(1) 发送方是主机,要把 IP 分组发送给本局域网内的另一台主机。这时用 ARP 找到目的主机的 MAC 地址。

(2) 发送方是主机,要把 IP 分组发送给另一个网络中的某台主机。这时用 ARP 找到本网络上的一台路由器的 MAC 地址。剩下的工作由该路由器来完成。

(3) 发送方是路由器,要把 IP 分组转发到本网络上的一台主机。这时用 ARP 找到目的主机的 MAC 地址。

(4) 发送方是路由器,要把 IP 分组转发到另一个网络上的一台主机。这时用 ARP 找到本网络上另一台路由器的 MAC 地址。剩下的工作由该路由器来完成。

当两台主机不在同一局域网内时,就要在上述 4 种情形中反复调用 ARP,直到帧送达到目的主机。

最后要说明的是为何要使用 IP 地址,而不直接使用硬件地址进行通信。

这是由于当前网络类型很多,不同的网络使用不同的硬件地址体系。若要直接使用硬件地址使这些异构网络互相通信,就必须进行非常复杂的硬件地址转换工作,而这几乎是不可能的。

也正是因为这些异构网络相互不兼容,导致它们之间很难实现互联,因此才有后面的 TCP/IP 和 OSI/RM 网络互连模型。基于 TCP/IP 的互联网中的结点都采用统一的 IP 地址,这样它们之间的通信就像连接在同一个网络上那样简单方便,它屏蔽了下面复杂的异构网络的硬件地址体系。

4.3 分类的 IP 地址

最早的 IP 地址的编址与分配是基于类别的,但由于 IP 地址的分配与使用不够灵活,于是提出了划分子网的 IP 地址编址方案;后来又由于 IP 地址的利用率不高以及 IP 地址即将耗尽等原因,又提出了构造超网的变长掩码编址方案,即无类别编址。

4.3.1 IP 地址的结构与分类

分类的 IP 地址是最基本的编址方法,它采用二级地址结构,共 32 位长,分成**网络号**(net-id)和**主机号**(host-id)两个字段。网络号用来标识一个网络,主机号用来标识主机在该网络中的唯一编号。

IP 地址分为 A、B、C、D 和 E 5 个类别,其中,A、B 和 C 类 IP 地址是单播地址,是最常用的地址。D 类地址用于多播,E 类地址则保留给将来使用。各类地址结构如图 4-9 所示。

从图 4-9 可以看出:

A 类地址的网络号占 1B,含值为 1 的 1 位**类别位**,主机号占 3B。

B 类地址的网络号占 2B,含值为 10 的 2 位类别位,主机号占 2B。

C 类地址的网络号占 3B,含值为 110 的 3 位类别位,主机号占 1B。

D 类和 E 类地址没有分网络号和主机号,类别位的值分别为 1110 和 1111。

对主机和路由器来说,IP 地址都是 32 位的二进制代码。但二进制代码显然不便于书写、使用和记忆,因此,人们常把 32 位的 IP 地址按每 8 位分成一组,每组用其对应的十进制

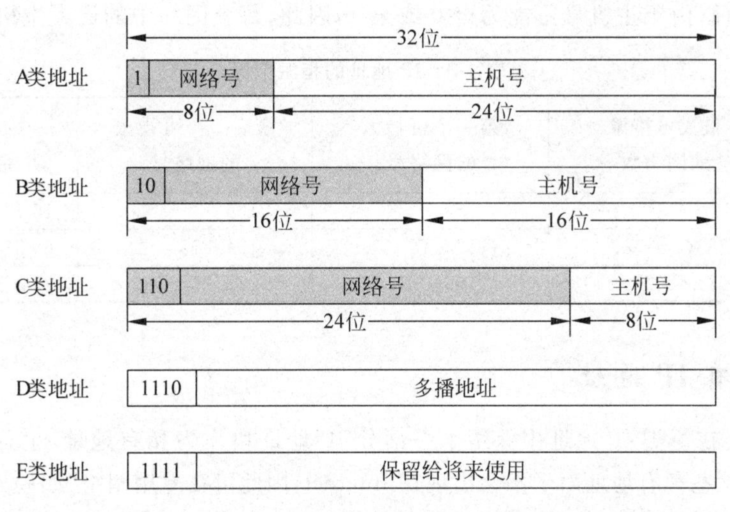

图 4-9　各分类 IP 地址的结构

数表示(最大不超过 255),每组之间用小数点隔开。如二进制表示的 IP 地址 11000000 10101000 01100100 11001000 就可以表示为 192.168.100.200。这种记法就称为**点分十进制**。

根据 IP 地址的分类以及点分十进制记法,每类 IP 地址的表示范围如下。

A 类网络的 IP 地址范围为:0.0.0.0～127.255.255.255。

B 类网络的 IP 地址范围为:128.0.0.0～191.255.255.255。

C 类网络的 IP 地址范围为:192.0.0.0～223.255.255.255。

D 类网络的 IP 地址范围为:224.0.0.0～239.255.255.255。

E 类网络的 IP 地址范围为:240.0.0.0～255.255.255.255。

4.3.2　特殊用途的 IP 地址

约定表 4-2 所列 IP 地址有特殊用途,不能分配给主机或路由器使用。

表 4-2　有特殊用途的 IP 地址

网络号	主机号	用　　途
全 0	全 0	DHCP 中表示本主机,只作源地址。默认路由中表示"不明确"的网络和主机
全 0	host-id	表示本网络中主机号为 host-id 的主机,只作源地址
全 1	全 1	只在本网络上进行有限广播(路由器不转发)
net-id	全 1	向 net-id 标识的网络中的所有主机进行广播,只作目的地址
127	任意值	只用于主机本地软件环回测试,网络中不会出现该地址

因此,A、B 和 C 类 IP 地址中可以指派给主机和路由器使用的地址范围如表 4-3 所示。表中 A 类地址最大可指派的网络数为 2^7-2,这里减 2 是由于 net-id 不能为全 0,也不能为全 1(127)。B 类和 C 类地址由于类别位不为 0 或全 1,因此,不存在网络号为全 0 或全 1 的情况。但 B 类地址减 1 是由于网络号 128.0 保留不指派。C 类地址减 1 的原因也是由于网络号 192.0.0 不指派。

同样的道理，由于主机号不能为全 0 或全 1，因此，每个网络中的最大主机数要减 2。

表 4-3　IP 地址的指派范围

网络类别	最大可指派的网络数	第一个可指派的网络号	最后一个可指派的网络号	每个网络中的最大主机数
A	126(2^7-2)	1	126	16 777 214($2^{24}-2$)
B	16 383($2^{14}-1$)	128.1	191.255	65 534($2^{16}-2$)
C	2 097 151($2^{21}-1$)	192.0.1	223.255.255	254(2^8-2)

4.3.3　私有 IP 地址

ICANN 还在每类 IP 地址中保留了一部分 IP 地址块作为**私有地址**，也称**专用地址**，如表 4-4 所示。这些私有地址由于不会出现在 Internet，因此可在专用网络(如局域网)内部自由分配使用，也不需要向 ICANN 申请和登记，只要保证在同一专用网络内部唯一存在即可。

表 4-4　每类 IP 地址的私有地址

网络类别	地 址 范 围
A	10.0.0.0～10.255.255.255
B	172.16.0.0～172.31.255.255
C	192.168.0.0～192.168.255.255

使用私有地址的主机无法直接访问 Internet，必须通过使用后面介绍的 NAT 技术或其他技术才可以访问 Internet。

最后，169.254.0.0～169.254.255.255 也是保留地址。当主机 IP 地址为自动获取，且网络中没有可用的 DHCP 服务器时，主机就会从 169.254.0.1，称为自动专用地址 APIPA (Automatic Private IP Address，APIPA)～169.254.255.254 中临时获得一个 IP 地址，但使用该 IP 地址的主机无法正常通信。

4.4　划 分 子 网

4.4.1　为何要划分子网

在 20 世纪 70 年代初期，Internet 的工程师们可能并未意识到计算机网络的发展速度有如此之快，也未意识到今天计算机网络的规模有如此之大。局域网和个人计算机的发明与普及对网络产生了更巨大的冲击。因此从现在的观点来看，当初的分类 IP 地址至少存在以下三个方面的不足。

1. IP 地址空间的有效利用率低

分类的 IP 地址是按类别分配给某个组织或公司的，而很少考虑它们是否真的需要这么大的地址空间。例如某公司申请分配到一个 A 类地址，则它将拥有 $2^{24}-2$＝16 777 214 个 IP 地址，这个数字可能比几乎所有的组织机构的需求都要大，多出的 IP 地址又无法分配给其他人使用，因此将有许多地址被白白浪费。同样，一个 B 类网络中的 65 534 个地址也比大多数中型组织机构所需要的量大，因此也会有许多地址被浪费掉。

2. 按类别分配 IP 地址会使网络性能变坏

如果按类别分配 IP 地址，将可能使路由器中的路由表项数目超过 200 万，这不仅会增加路由器的成本，还会导致查找路由时耗费更多的时间，同时也会使路由器之间定期交换的路由信息急剧增加，从而导致路由器和整个网络的性能下降。

3. 两级的 IP 地址不够灵活

随着局域网技术的迅速发展，一个组织机构内部经常会组建新的局域网，例如一所大学可能按系部构建各系部的局域网(子网)，显然，两级的 IP 地址结构无法标识出这些子网。另外，一个拥有 65 534 个 IP 地址的单位，采用两级结构的 IP 地址也不便于管理这些分布在不同区域和不同部门的上千万台的计算机。

针对以上问题，1985 年起在 IP 地址中又增加了一个“子网号”字段，用于标识不同子网，使两级 IP 地址变成了三级 IP 地址，它能较好地解决上述三个问题。这种做法就是**划分子网**。

4.4.2 如何划分子网

划分子网就是将本单位的物理网络化分成若干个子网，基本思路就是从 IP 地址的主机号中借用连续的若干位作为子网号，这样，两级的 IP 地址就变成了三级结构，即网络号，子网号和主机号三级。

划分子网是一个单位内部的事情，从外部看该单位仍然表现为一个网络，本单位以外的网络并不清楚该单位的网络是否了划分子网，即所有从其他网络发给本单位内某台主机的 IP 数据报都必须根据目的 IP 地址的网络号来查找路由，并转发到本单位网络的边界路由器上。

对本单位的边界路由器来说，它必须能识别本单位是否有划分过子网。因为当外面的 IP 数据报到达边界路由器时，路由器必须能准确地找到目的主机位于哪个子网，然后将 IP 数据报转发给目的子网的路由器，并最终由目的子网路由器直接交付给目的主机。

对于一个 C 类 IP 地址，如果将其 8 位主机号的一部分，例如前 3 位作为内部逻辑子网号，剩下的 5 位仍用作主机号。这样就可以划分出 $2^3-2=6$ 个子网(RFC 950 标准规定，子网号不能为全 0 或全 1，虽然由于 CIDR 的广泛应用，现在全 1 和全 0 的子网号也可以使用了。但本书默认仍以标准为准)。而每个子网中最多可以连接 $2^5-2=30$ 台主机(主机号不能为全 0 或全 1)。图 4-10 显示了这样划分的 IP 地址结构。

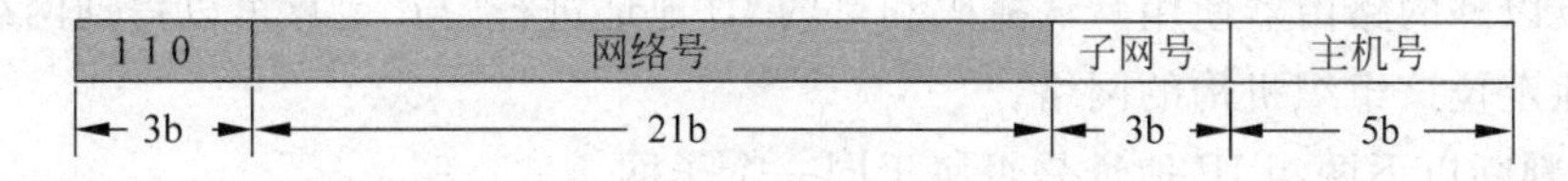

图 4-10 子网划分示例

4.4.3 子网掩码

划分子网后，一个很现实的问题就是边界路由器如何从一个 IP 地址中识别出子网号。为此人们提出了子网掩码这个概念，它也是一个 32 位的二进制编码，其编码规则是：**将 IP**

地址中的网络号(包括类别位)和子网号字段全部用1表示,而主机号字段全部用0表示,结果就是子网掩码。

以B类IP地址为例,表4-5列出了B类地址所有可能的子网划分方法及其对应的子网掩码等信息。

表4-5 B类地址的定长子网划分及对应子网掩码

子网号的位数	子网掩码	子网数	每个子网的最大主机数
2	255.255.192.0	2	16 382
3	255.255.224.0	6	8190
4	255.255.240.0	14	4094
5	255.255.248.0	30	2046
6	255.255.252.0	62	1022
7	255.255.254.0	126	510
8	255.255.255.0	254	254
9	255.255.255.128	510	126
10	255.255.255.192	1022	62
11	255.255.255.224	2046	30
12	255.255.255.240	4094	14
13	255.255.255.248	8190	6
14	255.255.255.252	16 382	2

将子网掩码和IP地址按位"与"运算(运算规则为1+1=1,1+0=0,0+0=0),运算结果就是该IP地址的网络号和子网号,由于一个IP地址的网络号是确定的,于是子网号也随之确定了。边界路由器利用子网号就可以准确地定位一个子网。

子网掩码的概念也适用于没有划分子网的A类、B类和C类IP地址,只是这时的子网掩码我们称为默认(或缺省)掩码。A类、B类和C类的默认掩码分别表示如下。

A类默认掩码:255.0.0.0

B类默认掩码:255.255.0.0

C类默认掩码:255.255.255.0

掩码是一个网络或一个子网的重要属性。在RFC 950成为互联网的正式标准后,路由器在和相邻路由器交换路由信息时,必须把自己所在网络(或子网)的掩码告诉给相邻路由器。

本单位以外的路由器使用默认掩码和目的IP地址进行"与"运算可以得到网络地址,从而能准确地定位该组织机构的网络。

例1:判断以下两组IP地址是否属于同一个子网。

IP1:156.26.27.71与IP2:156.26.27.94

IP3:156.26.101.88与IP4:156.26.101.132

以上IP地址对应的子网掩码均为255.255.255.224。

由于IP1、IP2、IP3和IP4都是B类地址,根据子网掩码为255.255.255.224,并对照表4-4可知,这些IP地址有划分子网,且子网号字段占11位。

将IP1、IP2、IP3和IP4分别与子网掩码进行按位"与"运算,如图4-11所示,灰色底纹部分就是子网号。IP1 和 IP2 分别与子网掩码作与运算的结果相同,故它们属于同一个子网。IP3 和 IP4 与子网掩码作与运算的结果不相同,故它们不在同一个子网内。

实际上,由于 255 与任意 8 位二进制数作与运算时,其结果就是该 8 位二进制数,因此,该例子可以简化为只要计算每个 IP 地址的最后一个十进制数与 224 的与运算即可。

IP1		10011100	00011010	00011010	01000111
子网掩码	^	11111111	11111111	11111111	11100000
		10011100	00011010	00011010	01000000
IP2		10011100	00011010	00011010	01011110
子网掩码	^	11111111	11111111	11111111	11100000
		10011100	00011010	00011010	01000000
IP3		10011100	00011010	00011010	01011000
子网掩码	^	11111111	11111111	11111111	11100000
		10011100	00011010	00011010	01000000
IP4		10011100	00011010	00011010	10000100
子网掩码	^	11111111	11111111	11111111	11100000
		10011100	00011010	00011010	10000000

图 4-11 IP 地址与子网掩码的"与"运算

4.4.4 定长子网划分示例

在这里举一个例子来说明如何进行子网规划。

例 2:假设某学院新建了两幢学生宿舍楼,现需为每间宿舍铺设网络,并假定将这两幢楼划分成 4 个子网,每个子网内的计算机数不超过 510 台,给定网络地址空间为 172.16.0.0。

(1) 首先可以确定 172.16.0.0 是一个 B 类网络地址,对应的默认掩码为 255.255.0.0,现在将 172.16.0.0 和对应的默认掩码分别转换成二进制形式,如图 4-12 所示,灰色底纹部分是网络号字段所占的位。

十进制形式	二进制形式
172.16.0.0	10101100 00010000 00000000 00000000
255.255.0.0	11111111 11111111 00000000 00000000

图 4-12 将网络地址和掩码转换成二进制形式

(2) 接下来需要确定从主机号中借多少位作为子网号才能满足需求。因需要 4 个子网,且每个子网要求机器数不超过 510 台。我们可依据子网内最大主机数来确定借几位。使用公式:

$$2^n - 2 \geqslant \text{最大主机数(这里的 } n \text{ 为主机号字段的位数)}$$

$2^9-2=510$,于是主机号位数至少为 9 位,同时也说明应向主机号借用 $16-9=7$ 位作为子网号,这样可以划分 $2^7-2=126$ 个子网,子网数和最大主机数同时满足要求。

由此还可以确定子网掩码为 11111111 11111111 11111110 00000000，点分十进制记为 255.255.254.0。

(3) 确定子网号和最多子网数后，接下来确定子网号的二进制取值范围为 0000000～1111111，表 4-6 列出了所有可能的子网，灰色底纹部分就是子网号。

(4) 从 126 个子网中任选 4 个分配给新建的两幢宿舍楼即可满足要求，然后为每个子网中的主机分配相应的 IP 地址即可。例如，对于子网网络地址为 172.16.2.0 的子网，可以分配的 IP 地址为 172.16.2.1，172.16.2.2，…，172.16.2.254，172.16.3.1，172.16.3.2，…，172.16.3.254 共 510 个地址。

表 4-6　确定子网号的取值范围

	二　进　制	点分十进制	备　　注
子网掩码	11111111 11111111 11111110 00000000	255.255.254.0	子网掩码均相同
最小子网	10101100 00010000 00000000 00000000	172.16.0.0	子网号全 0，不可分配
	10101100 00010000 00000010 00000000	172.16.2.0	可分配
	10101100 00010000 00000100 00000000	172.16.4.0	可分配
	10101100 00010000 00000110 00000000	172.16.6.0	可分配
	10101100 00010000 00001000 00000000	172.16.8.0	可分配
	…		可分配
	10101100 00010000 11111100 00000000	172.16.252.0	可分配
最大子网	10101100 00010000 11111110 00000000	172.16.254.0	子网号全 1，不可分配

4.5　CIDR 与构造超网

4.5.1　CIDR

使用子网寻址技术在一定程度上缓解了 Internet 在发展中遇到的困难，然而到了 1992 年，Internet 又面临以下三个新的问题。

(1) B 类地址由于 Internet 的快速发展，很快就要用完了。而一个 C 类地址最多只能提供 254 个可分配的 IP 地址，因而无法满足大中型网络的 IP 需求。

(2) 随着 C 类网络的增加，边界路由器中的路由表项急剧增加，使得路由器性能低下。

(3) IPv4 的地址空间将被耗尽，必须采取措施更有效地分配 IP 地址。2011 年 2 月 3 日，ICANN 宣布 IPv4 地址已经耗尽。

对此，1993 年 IETF 提出了一种 IP 地址分配和路由信息集成的无分类编址策略，并结合在 1987 年推出的 RFC 1009 中的**变长子网掩码**(Variable Length Subnetwork Mask，VLSM)技术，这就是**无分类域间路由**(Classless Inter-Domain Routing，CIDR)。

CIDR 的基本思想就是将大量的、容量较小的 C 类地址聚合成大小可变的连续地址块，每块就是一个**超网**。

例如某单位需要 2000 个 IP 地址，在不使用 CIDR 时，该单位可以申请一个 B 类地址，但这要浪费 63 534 个 IP 地址；也可以申请 8 个 C 类地址，但这会在边界路由表中出现对应于该单位的 8 个相应的路由表项。

如果使用 CIDR，ISP 可以给该单位分配一个连续的地址空间，该连续的地址空间就是一个 **CIDR 地址块**，该地址块至少应包含2^{11}＝2048 个 IP 地址，这相当于一个由 8 个连续的 C 类地址组成的超网。

假设该地址块的地址范围是 202.101.8.0～202.101.15.0，将这些地址块都转换成二进制形式，如表 4-7 所示。

表 4-7　CIDR 示例

点分十进制	二　进　制	备　　注
202.101.8.0	11001010 01100101 00001000 00000000	最小网络地址
202.101.9.0	11001010 01100101 00001001 00000000	
202.101.10.0	11001010 01100101 00001010 00000000	
202.101.11.0	11001010 01100101 00001011 00000000	⋮
202.101.12.0	11001010 01100101 00001100 00000000	
202.101.13.0	11001010 01100101 00001101 00000000	
202.101.14.0	11001010 01100101 00001110 00000000	
202.101.15.0	11001010 01100101 00001111 00000000	最大网络地址

可以发现，它们的前 21 位是相同的，如果将后面不同的 11 位全部用“0”表示，这 8 个 C 类地址共同的部分就可以表示成 202.101.8.0，我们将这个共同的部分称为**网络前缀**，数字 21 就是**网络前缀长度**，这个地址块的完整写法就可以写成 202.101.8.0/21，这种写法称为**斜线记法**，或 **CIDR 记法**，斜线之前为网络前缀，斜线之后为前缀长度。

如果将这个网络前缀作为一个路由表项就可以代表这 8 个 C 类地址块组成的超网，这样就大大减少了路由表项，这种方法称为**路由聚合**。这样网络前缀的作用类似于分类地址中的网络号，按照子网掩码的方法，很容易得出该超网的网络掩码为 255.255.248.0。

从上面的示例分析中，可以看到 CIDR 具有以下特点。

(1) CIDR 消除了传统的 A 类、B 类和 C 类地址以及划分子网的概念。CIDR 可以根据客户的需求分配适当大小的地址块，而不再局限于分类地址中只能按/8、/16 和/24 的分配方法，因而可以更灵活和更有效地分配 IP 地址，在一定程度上缓解了 IP 地址匮乏的紧张局面。

CIDR 使用“网络前缀”而不再使用网络号和子网号的概念。一个 IP 地址的 CIDR 记法可表示为：IP 地址/网络前缀所占的比特数，如 202.101.8.3/21，它表示在 32 位的 IP 地址中，网络前缀占 21 位，剩下的 11 位是主机地址。因此 IP 地址又回到了两级结构：网络前缀＋主机号。

(2) CIDR 将网络前缀都相同的连续的 IP 地址空间叫做 **CIDR 地址块**。CIDR 地址块用斜线记法表示为：地址块的最小网络地址/网络前缀所占的比特数。例如：202.101.8.0/21，它表示地址块的起始地址是 202.101.8.0，共有 2^{11}＝2048 个 IP 地址，其地址范围为 202.101.8.0～202.101.15.255。在不需要特别强调起始地址时，可以把这样的地址块简称为“/21 地址块”。CIDR 有时还可以写成 11001010 01100101 00001 *，星号 * 之前的是网络前缀，而星号 * 表示主机号，可以是任意值。

(3) CIDR 虽然不使用子网，但仍然使用“掩码”这一概念，但不叫子网掩码，而称为**地址掩码**。对于/21 地址块，它的地址掩码是 11111111 11111111 11111000 00000000，即 255.255.248.0。其实/21 也表明地址掩码中有 21 个连续的 1。

(4) CIDR采用路由聚合的方法将多个C类地址复合成一个CIDR地址块,并用该地址块的起始地址及地址掩码作为该地址块的路由表项。

同时将块的起始地址即网络前缀作为目标网络地址,并让它和地址掩码一起构成一个集成的路由表项,从而解决了路由表项爆炸的问题。

表4-8给出了常用的CIDR地址块,表中的K表示2^{10},即1024。网络前缀小于13或大于27的较少使用,故不在表中列出。在"包含的地址数"中没有把全0和全1的主机号扣除,在实际指派时需要排除这两种地址。

表4-8 常用的CIDR地址块

CIDR前缀长度	地址掩码	包含的地址数	相当于包含分类的网络数
/13	255.248.0.0	512K	8个B类或2048个C类
/14	255.252.0.0	256K	4个B类或1024个C类
/15	255.254.0.0	128K	2个B类或512个C类
/16	255.255.0.0	64K	1个B类或256个C类
/17	255.255.128.0	32K	128个C类
/18	255.255.192.0	16K	64个C类
/19	255.255.224.0	8K	32个C类
/20	255.255.240.0	4K	16个C类
/21	255.255.248.0	2K	8个C类
/22	255.255.252.0	1K	4个C类
/23	255.255.254.0	512	2个C类
/24	255.255.255.0	256	1个C类
/25	255.255.255.128	128	1/2个C类
/26	255.255.255.192	64	1/4个C类
/27	255.255.255.224	32	1/8个C类

4.5.2 构成超网

由于C类地址最多能容纳的主机数只有254,这对于许多组织机构来说是不够用的。但A类地址或B类地址显然对许多组织机构来说可能又太多了,而且A类和B类地址几乎也全部用尽。一个解决的办法就是把多个C类地址块合并成为一个大型网络,这就是**构成超网**。

所有能构成超网的C类地址必须满足以下条件。

(1) 地址块数必须是2的整数次方,表4-8的前11行说明了这一点。

(2) 这些地址块在地址空间中必须是连续的。

(3) 第一个地址块的第三个字节必须能被块数整除。

例如:198.47.32.0/24,198.47.33.0/24,198.47.34.0/24三个地址块不能构成一个超网;198.47.32.0/24,198.47.35.0/24两个地址块也不能构成一个超网(因为地址空间不连续);198.47.31.0/24和198.47.32.0/24两个地址块也不能构成一个超网(因为31不能被2整除)。

超网也有掩码,这种掩码称为**超网掩码**。超网掩码与子网掩码刚好相反,超网掩码中"1"的个数比该类地址的默认掩码的"1"的个数少。也就是说,**超网将网络前缀缩短了**,将原属于网络号的一部分位借来用作主机号了，而**划分子网使网络前缀变长了**，因为它将主机号中的一部分位借来用作子网号了。

4.5.3 最长前缀匹配

采用 CIDR 记法后，IP 地址由网络前缀和主机号两个部分组成，短的网络前缀地址块可能包含长的网络前缀地址块。因此，路由器在查找路由表时就可能会出现多个匹配的目的网络地址。这时就要求路由器必须找出一个最佳的匹配。

最佳的匹配就是选择具有最长网络前缀的目的网络地址，这种做法就称为**最长前缀匹配**，因为网络前缀越长，其地址块就越小，因而路由就越具体。最长前缀匹配又称为**最长匹配**，或者**最佳匹配**。

例如，某路由器的路由表有如表 4-9 所示的三个项目，现收到一个目的 IP 地址为 202.101.71.188 的 IP 数据报。

表 4-9 最长匹配路由表示例

网 络 前 缀	地 址 掩 码	下一跳路由器
202.101.68.0	255.255.240.0	R1
202.101.70.0	255.255.255.0	R2
202.101.71.128	255.255.255.128	R3

路由器将目的 IP 地址 202.101.71.188 分别与路由表的三个网络前缀所对应的地址掩码逐位进行与运算。由于任意数和 255 的与运算都等于该数，因此，只需要计算最后两个字节即可，计算过程如图 4-13 所示，图中灰色底纹部分是网络前缀的后面一部分。

71.188 和 240.0 相与	71.188 和 255.0 相与	71.188 和 255.128 相与
01000111 10111100	01000110 10111100	01000111 10111100
∧ 11111100 00000000	∧ 11111111 00000000	∧ 11111111 10000000
01000100 00000000	01000110 00000000	01000111 10000000
68 . 0	70 . 0	71 . 128

图 4-13 目的 IP 地址与各网络前缀逐位与运算

可见，与运算的结果均与该行的目的网络地址相同，即都匹配。但最后一个匹配的位数最多，即最长匹配。因此，路由器应该将该 IP 数据报转发给 R3 路由器。

4.5.4 超网及变长子网划分示例

下面将以一个例子来说明超网 IP 地址分配以及变长子网划分。

假设某一个本地 ISP 拥有地址块 218.188.64.0/18(相当于 64 个 C 类网络组成的超网)，现有一公司需要约 800 个 IP 地址。由于 800 介于 512 和 1024 之间，因此该 ISP 在自己的地址块中要为该公司划出一个至少包含 1024 个 IP 地址的地址块，例如 218.188.88.0/22，它包括 1024 个 IP 地址，相当于 4 个连续的 C 类地址块组成的超网。

该公司现在可以对这 1024 个 IP 地址进行按需分配了。该公司的网络分布假定如图 4-14 所示。公司总部共有三个局域网，分别为 LAN1、LAN2 和 LAN3，均通过 R1 连接到本地

ISP。本市远地还有两个分部局域网 LAN4 和 LAN5，分别通过 R2 和 R3 连接到 ISP。每一个局域网旁边标明的数字是该局域网内的主机数。现要求给每一个局域网分配一个合适的网络前缀。

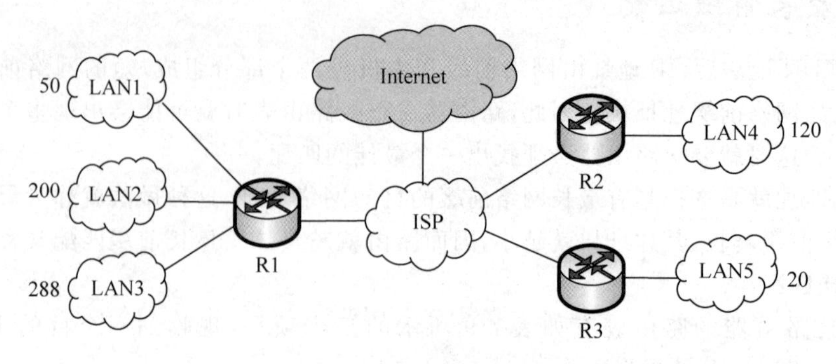

图 4-14　公司网络分布结构

由于各局域网需要的 IP 地址数相差较大，因此不宜采用固定长度的子网分配方案，而应采用变长子网分配方法，按 IP 地址需求量按从大到小的顺序依次分配。

将 218.188.88.0/22 转换成二进制形式 11011010 10111100 010110 *，由于前 22 位均相同，因此，只需要关注后面的 10 位二进制如何分配即可。从第 23 位开始，每位的取值情况可以用二叉树表示成如图 4-15 所示。图中左侧的数字表示网络前缀的位数和该网络前缀地址块拥有的 IP 地址数。如/22 的地址块，第 23 位为 0 时表示网络前缀为/23 的地址块，它包括 512 个 IP 地址；第 23 位为 1 时也包括 512 个 IP 地址。由于 LAN3 至少需要 288 个 IP 地址，且分配的 IP 地址数必须是 2 的次幂，所以至少需要分配 512 个 IP 地址。因此，可以将二叉树左侧的 512 个 IP 地址块分配给 LAN3，其网络地址块为 11011010 10111100 0101100 *，点分十进制表示为 218.188.88.0/23，可分配的 IP 地址数为 $2^9-2=510$。

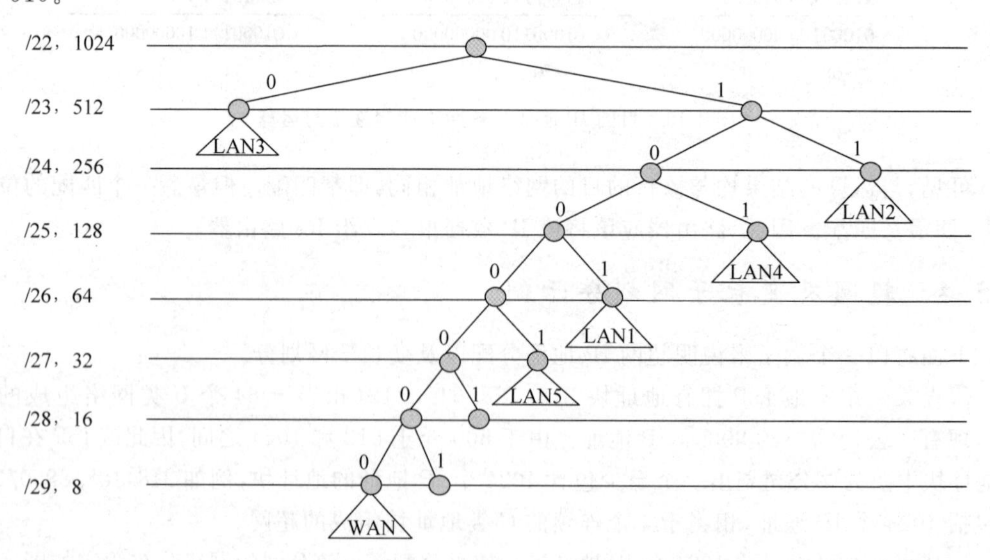

图 4-15　变长子网划分示例

剩下右侧的512个IP地址以同样的方法进行分配。按如图4-15所示的分配方案时，LAN2的网络前缀为11011010 10111100 01011011 *，点分十进制表示为218.188.91.0/24，可分配的IP地址数为$2^8-2=254$。

LAN4的网络前缀为11011010 10111100 01011010 1 *，点分十进制表示为218.188.90.128/25，可分配的IP地址数为$2^7-2=126$。

LAN1的网络前缀为11011010 10111100 01011010 01 *，对应的点分十进制表示为218.188.90.64/26，可分配的IP地址数为$2^6-2=62$。

LAN5的网络前缀为11011010 10111100 01011010 001 *，对应的点分十进制表示为218.188.90.32/27，可分配的IP地址数为$2^5-2=30$。

考虑到路由器R1、R2和R3的对外网络接口至少需要分配三个IP地址，因此，也划出一小块地址作为WAN地址，其网络前缀为11011010 10111100 01011010 00000 *，对应的点分十进制表示为218.188.90.0/29，可分配的IP地址数为$2^3-2=6$。

4.6 网际控制报文协议

由于IP提供的是无连接的、不可靠的数据报服务，它没有差错控制和其他辅助机制。现在的问题是，当出现比如网络不通、主机不可达、路由不可用、网络超时等差错时应该如何通知源主机。

ICMP(Internet Control Message Protocol，网际控制报文协议)就是为了解决以上问题而提出的，它是IP协议的扩充，是TCP/IP协议族的一个子协议，属于网络层协议，工作层次如图4-7所示，在IP之上。

4.6.1 ICMP报文及其格式

ICMP报文在向下传给数据链路层之前必须先被封装到一个IP数据报中，如图4-16所示。

ICMP报文格式如图4-17所示，所有ICMP报文的前4B(图中灰色底纹部分)都是一样的，但剩下的其他字段则可能互不相同。

(1) 类型：占1B，用于标识ICMP数据包的类型。

(2) 代码：占1B，ICMP的每种类型都可能有多种不同情况，为了区别同一类型中的不同情况，为每种情况又分配了一个代码。

(3) 校验和：占2B，该字段用于校验整个ICMP报文。

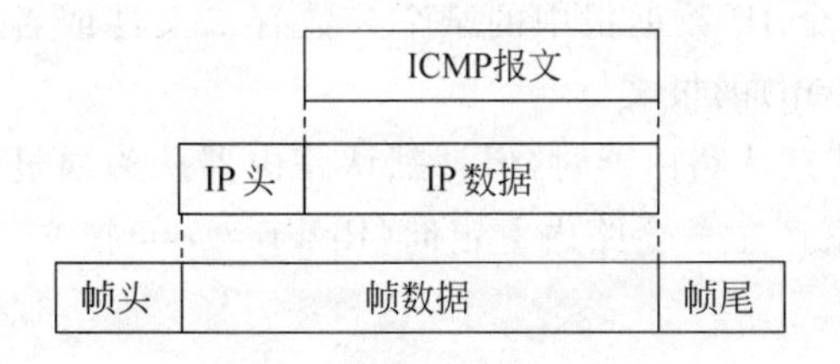

图4-16 ICMP报文封装

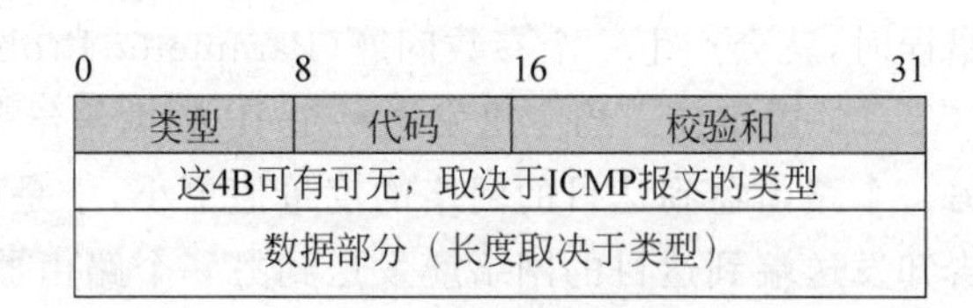

图4-17 ICMP报文格式

ICMP报文分为**差错报告**报文和**查询**报文两大类。表4-10列出了各类中常用类型字段及代码字段的值与ICMP报文类型的对应关系。

表 4-10　类型字段及代码字段的值与 ICMP 报文类型的对应关系

ICMP 报文种类	类型字段的值	代码字段的值	ICMP 报文的类型
差错报告报文	3	0	目的网络不可达
		1	目的主机不可达
		2	目的协议不可达
		3	目的端口不可达
		6	目的网络未知
		7	目的主机未知
	4	0	源抑制
	11	0	超时
	12	0	参数问题
	5	0	路由重定向
查询报文	0	0	回声(echo)应答
	8	0	回声(echo)请求
	13 或 14	0	时间戳请求或应答
	17 或 18	0	地址掩码请求或应用
	10 或 9	0	路由器询问或通告

4.6.2　ICMP 差错报告

ICMP 的主要作用就是报告差错,但不负责纠错,纠错留给高层协议完成。它总是将差错报告报文发给 IP 数据报的发送端。

ICMP 要处理的差错包括以下 5 类。

(1) **目的不可达**。当一台路由器不能路由一个数据报,或者一台主机不能传递一个数据报时,该数据就会被丢弃,这时就要向该数据报的发送端发送目的不可达(Destination Unreachable)的报文。

(2) **信源抑制**。当由于网络拥塞导致路由器或主机丢弃数据报时,路由器或主机就要向发送方发送一个信源抑制(Source Quench)报文。告诉发送方该数据报因网络拥塞而被丢弃,要求放慢发送进程。

(3) **超时**。当接收到一个 TTL 字段值为 0 的 IP 数据报时,路由器将该 IP 数据报丢弃,并向发送端发送一个超时(Time Out)的报文。或者当一个 IP 数据报的某个分段没有在限定的时间内到达目的端时,也会产生一个超时报文。典型应用为 tracert(Linux 下为 tracerout)。

(4) **参数问题**。当路由器或目的主机发现一个 IP 数据报中的某个参数有二义性或者错误时,就会产生一个参数问题(Parameter Problem)的报文。

(5) **重定向**。当主机发送一个 IP 数据报给其默认路由器时,但该默认路由器认为通过另一个路由器到达目的网络的度量值更小,于是就产生一个路由重定向(Redirection)报文,告知发送端到达目的网络应发送到另一个路由器。

4.6.3　ICMP 查询报文

除了差错报告,ICMP 还能通过查询报文来实现对一些网络问题的诊断。发送端发送一种 ICMP 报文,而目的端则以特定的格式做出应答,通过应答的格式来诊断网络问题。

查询报文主要包括以下 4 种。

(1) **回声请求和应答**：回声请求(Echo Request)和回声应答(Echo Reply)报文联合使用，可以用来诊断网络的连通性。典型应用就是 Ping，具体应用请参见第 8 章的相关内容。

(2) **时间戳请求和应答**：时间戳请求(Timestamp Request)和时间戳应答(Timestamp Reply)报文联合使用，可以用于确定一个 IP 数据报在源、目的两端往返一次所需的时间，如在 TCP 中，用它来获得往返时延 RTT 样本。它还能用来对两台机器中的时钟进行同步。

(3) **地址掩码请求和应答**：当主机需要知道自己 IP 地址中哪一部分是网络地址和子网地址时，就向路由器发送一条地址掩码请求(Address Mask Request)报文，路由器则以地址掩码应答(Address Mask Reply)报文回应。

(4) **路由器请求和通告**：当主机需要知道与它相连的路由器的 IP 地址以及路由器的工作状态时，就广播一条路由器请求(Router Solicitation)报文。接收到该请求报文的路由器则以路由器通告(Router Advertisement)报文广播回应；而且，路由器定期也会向全网主机广播路由器通告报文。

ICMP 提供一致易懂的差错报告信息。发送的差错报文返回到发送原数据的设备，因为只有发送设备才是差错报告的逻辑接收者。发送设备随后可根据 ICMP 报文确定发生错误的类型，并确定如何才能更好地重发失败的数据包。但是 ICMP 唯一的功能是报告问题而不是纠正错误，纠正错误的任务由接收方的高层协议处理。

4.7 IP 数据报转发

Internet 网际层的一项重要功能就是进行 IP 数据报的转发。IP 数据报的转发是基于数据报方式的分组交换技术，这里交换的分组就是 IP 数据报。

这里首先区分一下路由和转发这两个重要概念。

路由是根据路由器中的路由表查找到达目标网络的最佳路由表项，路由表由路由器根据路由算法得出。

转发是根据最佳路由中的出口及下一跳 IP 地址转发数据包的过程。

因此，路由选择是转发的基础，数据转发是路由的结果。

4.7.1 IP 数据报转发机制

1. 直接交付与间接交付

当源结点与目的结点位于同一个物理网络时，IP 数据报从源结点到达目的结点不需要经过路由器交换结点进行转发，这种交付就称为**直接交付**。

当源结点与目的结点不在同一个物理网络时，IP 数据报需要经过路由器转发才到达目的结点，这种交付就称为**间接交付**。但 IP 数据报在传输路径上的最后一个路由器转发给目的结点的交付属于直接交付。

判断目的结点与源结点是否在同一个物理网络的方法很简单，那就是将目的结点的 IP 地址中的网络号与源结点的网络号相比较是否相同即可。

如图 4-18 所示为将网络 N1、N2、N3 和 N4 抽象成一条链路的示意图，图中路由器两侧的 s1 和 f1 等标识为该路由器的网络接口名称。

PC1 向 PC2 发送 IP 数据报，只有 R3 到 PC2 的转发称为直接交付，PC1 到 R3 之间的所有转发都称为间接交付。

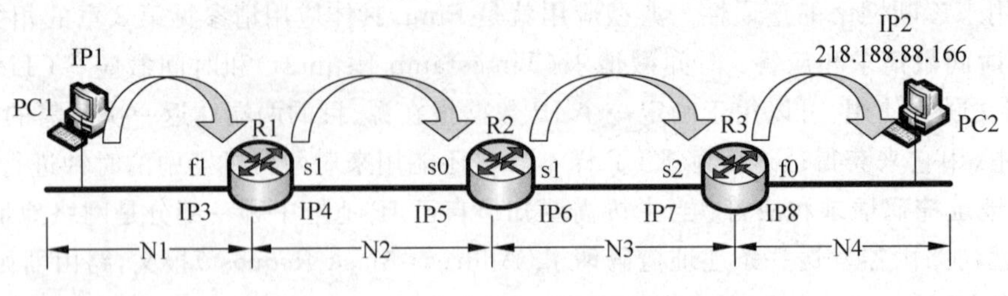

图 4-18　IP 数据报转发示例

2. 基于路由表的下一跳转发机制

最基本的 IP 路由表应包括以下内容：

<目的网络地址，下一跳 IP 地址>

其中，目的网络地址是将目的 IP 地址中的主机号字段全部置 0 后的地址；下一跳 IP 地址是指到目的网络路径上的下一个路由器靠近源结点这一侧的网络接口 IP 地址。

如图 4-18 所示，PC1 发送 IP 数据报到主机 PC2，PC2 的 IP 地址为 C 类地址，网络地址就是 218.188.88.0。对 PC1 来说，下一跳 IP 地址就是 IP3；对 R1 来说，下一跳 IP 地址就是 IP5；对 R2 来说，下一跳 IP 地址就是 IP7。R3 到 PC2 是直接交付，它的下一跳就是 IP2。

从图 4-18 可以看出，IP 数据报转发机制是基于路由表的下一跳转发，整个传送过程是逐跳进行的，每个结点只负责转发到下一跳。

IP 使用数据报的目的网络地址作为索引去搜索路由表，由匹配的路由表项得到下一跳 IP 地址，然后将 IP 数据报从对应的网络接口转发出去。

实际的路由表，除了上述的基本信息外，还包括一些其他信息，例如：

(1) **网络接口**(Interface)，它指明从哪个接口将数据报转发出去。图 4-18 中 IP 数据报从路由器 R1 转发到路由器 R2 的转发网络接口为 R1 的 s1 接口。

(2) **跳数**(Hop Count)表示到达目的网络的途中经过的路由器个数加 1，直接交付的跳数规定为 1。图 4-18 中的 R1 到 R3 的跳数为 2。R3 到 PC2 直接交付的跳数为 1。

表 4-11 给出了路由器 R2 可能的路由表示例，为了方便，表中的目的网络地址直接用图中的网络名称代表了。其他路由器也有类似的路由表。

表 4-11　路由器 R2 的路由表示例

目的网络地址	下一跳 IP 地址	接口	跳数
N1	IP4	S0	2
N2	直接交付	S0	1
N3	直接交付	S1	1
N4	IP7	S1	2

4.7.2　基本的 IP 数据报转发算法

1. 默认路由

默认路由就是一条没有明确指定目的网络地址的路由。当路由表中没有到达目的网络的具体路由时，就使用默认路由，将 IP 数据包转发给默认路由指定的默认路由器。

IP 转发中常常使用默认路由，特别是一个网络只通过唯一的路由器接入 Internet 时尤为有用。这对该网络上的主机而言，整个路由决策过程就简化到只包括两个路由匹配测试：一个用于本地网络，即直接交付；另一个就是使用默认路由器间接交付。

在对计算机进行 TCP/IP 设置时，通常需要设置默认网关，这就是指定默认路由器。

2. 特定主机路由

通常情况下，路由表中的目的网络地址是一个网络地址而不是单个主机 IP 地址，但作为特例，单个主机的 IP 地址也允许作为目的网络地址，这种路由就称**特定主机路由**。设置特定主机路由通常是网络管理员有特定的目的，比如检查路由或者提供安全措施等方面。

3. 基本的 IP 数据报转发算法

基于 IP 数据报的转发机制考虑了默认路由和特定主机路由，得到基本的 IP 数据报转发算法描述如下。

```
从 IP 数据报中提取出目的 IP 地址 D,并计算其网络地址 N,然后查找路由表
if N 就是与此路由器直接相连的某个网络地址
    then 把 IP 数据报直接交付给目的主机
else if 路由表中有目的地址为 D 的特定主机路由
    then 把 IP 数据报转发给该特定主机路由所指明的下一跳路由器
else if 路由表中有到达网络 N 的路由
    then 把 IP 数据报转发给该路由所指明的下一跳路由器
if else 路由表中有一个默认路由
    then 把 IP 数据报转发给该默认路由器
else 报告转发出错(即通过 ICMP 发送目的不可达差错报告报文)
```

4.7.3 子网 IP 数据报转发算法

划分子网之后，一个需要解答的问题就是如何识别出子网号。4.4.2 节中已经介绍了通过子网掩码可以计算出子网号，因此，为了让边界路由器能识别出子网号，就必须在路由表中添加子网掩码，于是基本的路由表就变成了以下形式：

<目的网络地址,子网掩码,下一跳 IP 地址>

其中，目的网络地址由网络号和子网号两部分组成，子网掩码为目的网络所对应的子网掩码。

当一个 IP 数据报到达路由器时，路由器将 IP 数据报的目的 IP 地址与路由表第一行中的子网掩码进行"与"运算，计算结果如果与该行的目的网络地址相同，则表示匹配，IP 数据报就转发给该行所指定的下一跳 IP 地址。否则就计算路由表的下一行，直到匹配成功，或者全部不匹配。

就像在划分子网时所强调的一样，划分子网是组织内部的事，外部网络并不清楚也不需要知道该组织内是否有划分子网。因此，子网 IP 数据报转发机制只用于组织内部网络。对于目的网络为外部网络，即使它划分了子网，也仍视为一个整体，即使用基本的 IP 数据报转发流程即可。实际上，发送方也不清楚外部网络是如何划分子网的，当 IP 数据报到达目的网络后，若其内部有划分子网，则使用子网 IP 数据报转发机制。

如图 4-19 所示为一个子网 IP 数据报转发的示例。该示例中，一个 C 类网络 202.101.1.0 被划分成了三个子网(子网号占三位)，并用路由器 R1 和 R2 连接起来。其中，R1 的路由表如表 4-12 所示，路由器 R2 也有类似的路由表。

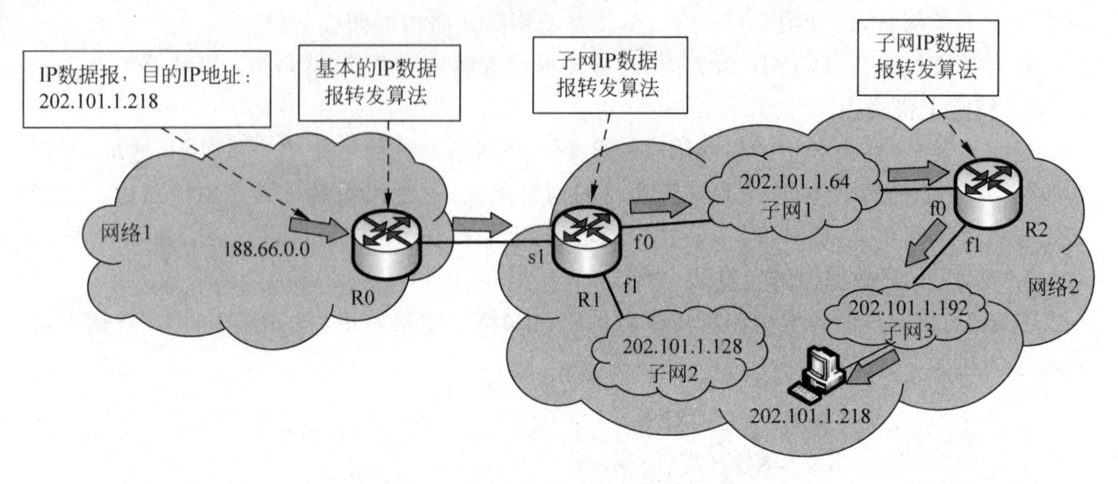

图 4-19　子网 IP 数据报转发示例

在网络 1 内生成一个 IP 数据报，其目的 IP 地址为 202.101.1.218，网络 1 的边界路由器 R0 执行基本的 IP 数据报转发算法将该 IP 数据报转发给网络 2 的边界路由器 R1。R1 执行子网 IP 数据报转发算法，将目的 IP 地址 202.101.1.218 依次与路由表的各行子网掩码进行"与"运算，发现与第三行路匹配，于是将 IP 数据报从接口 f0 转发给路由器 R2。

同样，R2 收到该 IP 数据报后，也执行子网 IP 数据报转发算法，发现目的 IP 地址就在与接口 f1 所连接的网络内，于是将 IP 数据报直接交付给目的主机。

表 4-12　路由器 R1 的部分路由表

目的网络地址	子 网 掩 码	下　一　跳	接口	跳数
202.101.1.64	255.255.255.224	直接交付	f0	1
202.101.1.128	255.255.255.224	直接交付	f1	1
202.101.1.192	255.255.255.224	R2 的 f0 接口地址	f0	2

4.7.4　统一的 IP 数据报转发算法

后来，由于 CIDR 及变长掩码的广泛应用，为了兼容基本的 IP 数据报转发算法和子网 IP 数据报转发算法，将子网 IP 数据报转发算法进行了改造，并最终形成一个统一的 IP 数据报转发算法，并给出如下规定。

(1) 划分了子网的网络，子网掩码不变。

(2) 没有划分子网的网络，将 IP 地址中的主机号部分全部置 0，其他部分全部置 1，得到的地址就是该网络的子网掩码。

(3) 特定主机路由的子网掩码规定为全 1，点分十进制表示就是 255.255.255.255。目的主机 IP 地址与这样的掩码进行"与"运算的结果就是该目的主机 IP 地址。

(4) 默认路由的目的网络地址规定为全 0，记为 0.0.0.0，子网掩码规定为全 0，也记为

0.0.0.0。任何目的IP地址与这样的掩码进行“与”运算的结果均为全0。

在这样的规定下，统一的IP数据报转发算法就可以描述如下。

```
从 IP 数据报中提取出目的 IP 地址 D
对路由器直接相连的网络逐个检查,用各网络的子网掩码和 D 进行"与"运算
If 运算结果与该网络的网络地址匹配
    then 将 IP 数据报直接交付给目的主机
else if 路由表有目的 IP 地址 D 的特定主机路由
    then 将 IP 数据报转发给该特定主机路由指定的下一跳 IP 地址
else for 从路由表的第一行开始匹配检查{
    把目的 IP 地址 D 与该行子网掩码进行"与"运算,得到目的网络地址 N
    if N 与该行目的网络地址相同
        then 将 IP 数据报发送给该行路由所指定的下一跳路由器,路由查找结束
    else 循环对下一行路由进行匹配检查,直到路由表结尾
    }
if 在路由表中未找到匹配的路由
    then 向源结点发送目的不可达的 ICMP 差错报告报文
```

4.8 路由选择协议

4.8.1 概述

前面讨论IP数据报转发算法的时候反复提到路由和路由表这一概念，路由表中的每一行就是一条到达该行所指定网络的路由。路由选择就是要从路由表中找出一条最佳路由。路由选择协议就是用来生成和更新路由表，并求解最佳路由的。

1. 路由表与路由选择协议

路由表可以由网络管理员手工配置生成，这样的路由表称为**静态路由表**，这种路由选择称为**非自适应性路由选择**。这种路由选择策略简单、开销小，但不能及时适应网络状态的变化，必须由人工更新和维护，因而只适用于很简单的小网络。

由于在Internet环境下，网络负载和网络拓扑随时发生变化，路由表需要能够不断优化和更新，以适应网络的这种动态变化。路由选择协议就是负责实现这种功能，它根据网络状态自动生成和更新的路由表称为**动态路由表**，这样的路由选择称为**自适应路由选择**，它能较好地适应网络状态的变化，因此适用于较复杂的大网络，缺点就是实现较为复杂，增加了路由器的处理开销。

路由选择协议的核心是路由算法，即需要何种算法来生成路由表的各表项。**一个理想的路由算法应具有正确性、简单性、自适应性、稳定性、公平性和最优性**。

(1) 正确性：这是最基本的，就是要求沿着路由表所指定路由，IP数据报一定可以最终到达目的主机。

(2) 简单性：路由算法的计算不应使网络通信量增加太多的额外开销。

(3) 自适应性：路由算法应当能够适应网络通信量和网络拓扑的变化，能均衡各链路的负载。当网络中的某些结点或线路因为故障停止工作时，路由算法能及时改变路由，保障网络不至于全局性故障。有时也称这种特性为**稳健性**，或者**鲁棒性**。

(4) 稳定性：即在网络通信量和网络拓扑相对稳定的前提下，算法应当收敛于一个可

接受的解，也就是所有结点都能得到正确的路由选择

(5) 公平性：就是要求路由算法对所有用户都是平等的。

(6) 最优性：就是要求路由算法对某种度量指标最佳，常用的度量指标如下。

① 距离：路由的长度，很多时候距离就是指跳数。

② 跳数：路由所经过的路由器数目。

③ 时延：IP数据报由源结点到达目的结点所花费的时间。

④ 吞吐量：线路单位时间内通过的数据量。

⑤ 费用：借助电信等部门的通信线路需要交纳的费用。

⑥ 可靠性：链路的误码率。

要求所有度量指标都达到最佳是不现实的，因为一些指标之间是相互矛盾的，比如吞吐量和时延，当吞吐量接近最大值时就意味着会有很长的排队时延。另外，不同的通信场合，对度量指标也有不同的要求。因此，所谓的最佳路由是指某一特定要求下得出的较为合理的选择而已。

通常情况下，将距离和时延作为最主要的度量指标。

2. 两类路由选择协议

由于Internet极其复杂且规模庞大，导致它无法采用一种全局性的路由选择算法。与计算机网络体系结构的分层思想一样，**路由选择协议也是分层次的**。

基于这种思想，将Internet划分成许多较小的称为**自治系统**(Autonomous System，AS)的网络，每个AS就是在**统一管理的一组路由器组成的网络，它有一个全局管理的唯一的识别编号**，这些路由器使用该AS内部的路由选择协议和共同度量。一个AS内可以自由决定使用哪一种或多种内部路由选择协议和度量，但它对其他AS表现出的是一个单一的和一致的路由选择策略。例如，中国电信互联网就是一个AS。

AS之间的路由选择称为**域间路由选择**(Interdomain Routing)，AS内部的路由选择称为**域内路由选择**(Intradomain Routing)，这实际上就是两级路由选择。相应地，路由选择协议就分为以下两大类。

(1) **内部网关协议**(Interior Gateway Protocol，IGP)是域内路由选择协议，具体协议由AS自主决定。常用的内部网关协议有**RIP**、**OSPF**、**IGRP**、**IS-IS**等。

(2) **外部网关协议**(External Gateway Protocol，EGP)是域间路由选择协议。目前常用的外部网关协议是BGP-4(Border Gateway Protocol，边界网关协议第4个版本)。

一般在AS内部使用的路由选择协议称为内部网关协议，在AS之间使用的路由选择协议则称为外部网关协议。内部网关协议和外部网关协议之间的关系如图4-20所示。

图4-20 内部网关协议和外部网关协议之间的关系

4.8.2 内部网关协议 RIP

1. RIP 概述

路由信息协议(Routing Information Protocol,RIP)是内部网关协议中最先得到广泛使用的协议。它采用 Bellman-Ford 的距离向量路由算法,**是一个分布式的基于距离向量的路由选择协议**,其最大优点就是简单。

这里的"距离向量"是指 RIP 中每个路由器都要维护自己到每一个目的网络的距离记录,由于是一组有方向的距离,因此称之为**距离向量**,该距离也称为"**跳数**"。

RIP 将跳数作为路由选择的度量指标,且**规定直接交付的跳数为 1,每经过一个路由器跳数就增加 1**,当跳数等于 16 时,就表示目的网络不可到达,因此,RIP 只适用于小规模的网络。

RIP 有以下三个要点。

(1) 与谁交换信息?

RIP 中的路由信息交换仅发生在相邻的两个路由器之间,不相邻的路由器不交换路由信息。

(2) 交换什么信息?

路由器交换的信息是当前本路由器知道的全部信息,即自己的路由表。路由表的基本内容包括:

<目的网络,最小跳数,下一跳>

路由表中还可能包括子网掩码和这条路由最后被更新的时间。

(3) 什么时候交换信息?

路由器按规定的时间间隔交换路由信息,例如每隔 30s,然后路由器根据收到的信息更新路由表;当网络拓扑发生变化时,路由器也会及时地告知相邻路由器。如果 180s 之内没有接收到某个邻居路由器的路由更新报文,则认为该邻居已经不存在了,这就意味着网络拓扑发生了变化,需要向周边相邻路由器通告路由更新信息。

2. 距离向量算法

RIP 基于 Bellman-Ford 算法更新路由表,下面以路由器 A 为例,算法描述如下。

(1) A 自动获取与其直接相连网络的路由。

(2) A 每收到一个来自邻居路由器 X 的 RIP 更新包时,就对该更新包中的路由记录进行如下修改。

① 将所有路由记录项的跳数+1;

② 将所有路由记录项的下一跳改为 X。

(3) 将修改过的更新包逐项与自己的路由表项进行比较,并按以下算法对自己的路由表进行处理。

```
if 本路由表中没有到达网络 N 的路由项记录,则将该路由记录项添加到本路由表中。
                                                    //原来没有,当然要添加
else if 本路由表中有到达网络 N 且下一跳也为 X 的路由项记录,则直接更新。  //以最新消息为准
else if 到网络 N 的跳数小于本路由表中的跳数,则要更新。    //距离更短,路由更优,当然要更新
    else 什么也不做;                    //距离不变或更大,更新没有好处,当然不需要更新
```

(4) 若3min内仍未没有收到相邻路由器的更新路由表,则把此相邻路由器记为不可达,即把距离记为16。

假定某网络中的路由器A的路由表如图4-21(a)所示。现收到相邻路由器C发来的路由更新包,如图4-21(b)所示。

目的网络	跳数h	下一跳
N1	7	B
N2	2	C
N6	8	F
N8	4	E
N9	4	F

(a) A当前的路由表

目的网络	跳数h
N2	4
N3	8
N6	4
N8	3
N9	5

(b) A收到的更新路由

图4-21 路由表当前的路由表及收到的路由更新信息

按照上述算法,路由器A先将收到的更新路由的下一跳全部更改为C,同时将跳数全部加1,最后更新后的路由表如图4-22中有灰色底纹一列所示。

当前路由	修改后的更新	动作	更新后的路由
N1 7 B		无新信息,不改变	N1 7 B
N2 2 C	N2 5 C	相同的下一跳,更新	N2 5 C
	N3 9 C	新的项目,添加进来	N3 9 C
N6 8 F	N6 5 C	不同的下一跳,跳数更小,更新	N6 5 C
N8 4 E	N8 4 C	不同的下一跳,跳数一样,不改变	N8 4 E
N9 4 F	N9 6 C	不同的下一跳,跳数更大,不改变	N9 4 F

图4-22 RIP路由更新示例

3. RIP报文格式

RIP属于应用层协议,其报文被封装在UDP数据报文中发送,报文格式如图4-23所示。RIP报文包含4B的报头,然后是若干个路由记录,每个路由记录占20B。**RIP报文最多可以携带25个路由记录**。因此,一个RIP报文最长为4+20×25=504B。

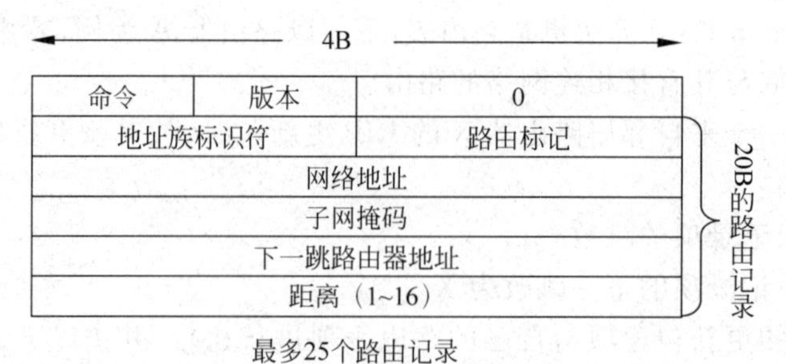

图4-23 RIP报文格式

RIP报文的各字段简要解释如下。

(1) 命令:用于区分请求和响应报文。

(2) 版本:RIP有第1版和第2版之分,两种版本的报文格式相同。

(3) 地址族标识符：又称地址类别，用来标识所使用的地址协议，如采用 IP 地址，则该字段的值为 2。

(4) 路由标记：用于区别内部或外部路由，用 16 位的 AS 编号来区分从其他 AS 学习到的路由。

(5) 网络地址：即目的网络地址。

(6) 子网掩码：对于 RIPv2，该字段的值就是目的网络地址的子网掩码；对于 RIPv1，该字段的值为 0，这是因为 RIPv1 是基于类别的，默认使用 A、B、C 类地址掩码。

(7) 下一跳路由器地址：表示下一跳的地址。

(8) 距离：表示到达目的网络的跳数。

RIPv1 和 RIPv2 在现有的网络中仍然还有大量应用。RIPv2 和 RIPv1 的大部分特性是相同的，但 RIPv2 在以下三个方面对 RIPv1 进行了增强。

(1) RIPv2 使用多播而不是广播来传播路由更新报文，并且采用触发更新(Triggered Update)机制来加速路由收敛，即出现路由变化时立即向邻居发送路由更新报文，而不必等待更新周期到达。

(2) RIPv2 是无类别的协议，即支持无类别域间路由 CIDR 和变长子网掩码 VLSM。

(3) RIPv2 支持认证，使用经过散列的口令字来限制路由更新信息的传播。当使用认证功能时，RIP 报文中的第一个路由记录为认证内容，其后最多可以携带 24 个路由记录。

4. RIP 的缺点

RIP 虽然简单，但是却有自身的不足，主要表现如下。

(1) 最大跳数为 16，只能适用于小规模网路。

(2) 路由度量仅仅是路由器跳数，比较单一。无法涵盖跳数多、延迟小的高速链路情况。比如有两条到达同一目的网络的链路，一条是经过两跳的 1000Mb/s 的以太网链路，另一条是经过一跳的 64kb/s 的 WAN 链路，则 RIP 会选取 WAN 链路作为最佳路由。显然，这种选择并不是最优的，而且这一特性还将导致 RIP 不支持不等距离度量的负载均衡。

(3) 当网络出现故障时，需要经过较长的时间网络才能收敛。

如图 4-24 所示，路由器 R1 和 R2 连接三个网络，当网络 net3 发生故障时，R2 检测到该故障并通过接口 s0 把故障通知给 R1。然而 R1 在收到该故障通知之前将其自己的路由表发送给了 R2。R2 则误认为通过 R1 可以到达 net3，于是更新自己的路由表，然后又将自己新的路由表发送给 R1，R1 同样也更新自己的路由表，然后又发给 R2。这样一来，R1 和 R2 之间就形成了一个死循环，直到双方都发现到达 net3 的跳数增长到 16 为止。

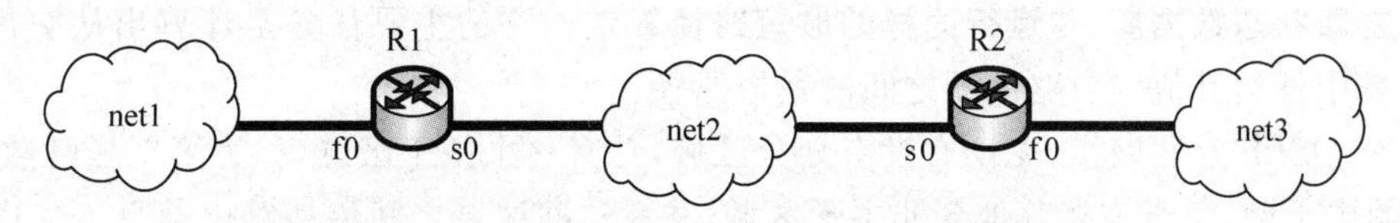

图 4-24　网络出现故障后，RIP 网络收敛慢

解决该问题的方法可以是对哪个接口学习来的路由信息就不从该接口发送出去。RIPv2 的触发更新机制也可以解决这个问题。

4.8.3 内部网关协议 OSPF

1. OSPF 协议概述

OSPF(Open Shortest Path First,开放最短路径优先)也是一种内部网关协议,它基于 Dijkstra 提出的最短路径优先 SPF 算法,主要用于在自治系统内部的路由器之间交换路由信息。与 RIP 不同的是,**OSPF 是分布式链路状态协议,而 RIP 是距离向量路由协议**。OSPF 具有支持大型网络和路由收敛快等优点,在目前的网络配置中占有很重要的地位。

OSPF 的三个要点也与 RIP 不一样。

1) 与谁交换信息

OSPF 采用定向洪泛法向本自治系统内的所有路由器发布路由信息。路由器通过网络输出接口向所有相邻的路由器发布路由信息,所有相邻路由器又将此路由信息经除接收该信息的接口外的所有接口转发给它相邻的路由器。这样最终整个 AS 中所有的路由器都得到了这个路由信息的一个副本。RIP 只是向自己相邻的路由器发送信息。

2) 交换什么信息

OSPF 发布的路由信息是与本路由器相邻的所有路由器的**链路状态**,RIP 发送的是整个路由表。所谓链路状态就是指"我的邻居路由器有哪些? 我到各个邻居路由器的链路度量是多少?"OSPF 的度量指标可以是费用、距离、时延和带宽等,具体采用哪些度量指标由网络管理员来决定。因此,相对于只使用距离的 RIP 而言,OSPF 更为灵活。

OSPF 路由器之间通过链路状态公告(Link State Advertisement,LSA)交换网络拓扑信息,LSA 中包含连接的网络接口、链路的度量值等信息。

3) 什么时候交换信息

OSPF 只有当链路状态发生变化时路由器才向所有路由器泛洪此消息,而 RIP 是不管网络是否有变化都要发送路由信息。

经过各路由器之间频繁地交换链路状态信息,最终每个路由器中都能建立一个链路状态数据库,这实际上就是全网络的拓扑结构图。里面记录着全网络中有哪些路由器,哪些路由器是直接相连的,链路度量值是多少。然后每个路由器使用最小路径算法计算出自己的路由表。RIP 永远只知道自己相邻路由器的情况,无从知晓整个网络的拓扑结构。

为了适应大型网络的配置需求,OSPF 协议将一个 AS 划分成若干个较小的区域。每个区域如同一个独立的网络,区域内的路由信息只在本区域内传播,从而限制了路由信息的传播范围,减少了路由器和网络的负担。同时,路由器也只保存该区域的链路状态信息,从而使得路由器的链路状态数据库保持为合理的大小。**在一个区域的内部,每台路由器都有同样的链路状态数据库,并运行同样的最短路径算法**。它的主要任务是计算出从它出发到同一区域中任何其他一台路由器之间的最短路径。

一个 OSPF 互联网络,无论有没有划分区域,总有一个**主干区域**,称为第 0 号区域,它是 OSPF 的主干网,负责连接其他各非主干区域,并在这些区域之间传播路由信息。如图 4-25 所示为一个划分了区域的示例。

2. OSPF 区域

每个 OSPF 区域都有一个 32 位的区域标识符,和 IP 地址一样,区域标识符也可以用点分十进制表示,如主干区域的标识符可以表示为 0.0.0.0。OSPF 的区域可以分为以下 5

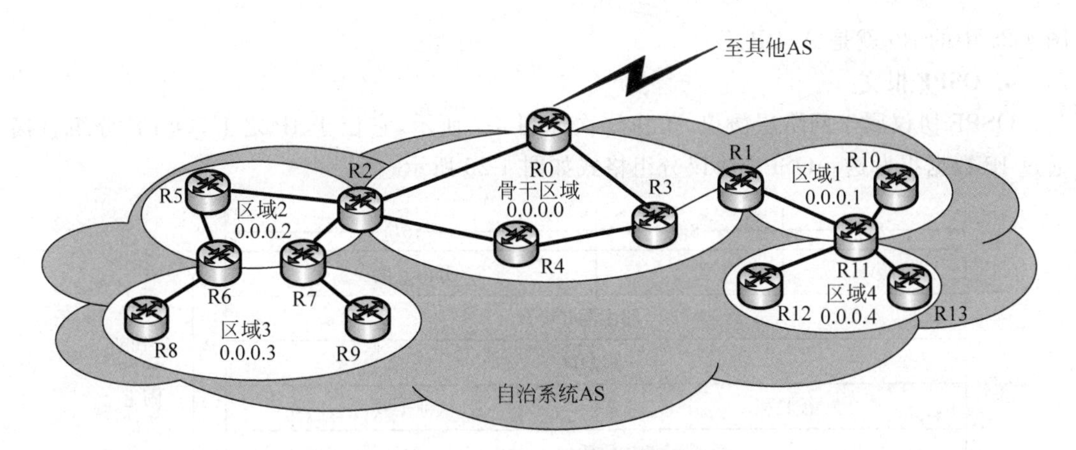

图 4-25　OSPF 中的区域示例

种，不同类型的区域对自治系统外部传入的路由信息的处理方式不同。

(1) **标准区域**：这种区域允许接收任何链路的路由更新信息和路由汇总信息。

(2) **主干区域**：主干区域连接各区域的传输网络，其他区域都通过主干区域交换路由信息。主干区域拥有标准区域的所有性质。

(3) **存根区域**：这种区域不接收 AS 之外的路由信息，但接收 AS 内其他区域的路由汇总信息。对目的网络地址为自治系统以外的网络，均采用默认路由。

(4) **完全存根区域**：该区域不接收 AS 以外的路由信息，也不接收 AS 内其他区域的路由汇总信息，发送到本地区域外的报文均使用默认路由。完全存根区域是 Cisco 定义的，是非标准的。

(5) **不完全存根区域**：类似于存根区域，但是允许接收链路状态公告 LSA 类型为 7 的外部路由信息。

3. OSPF 路由器

根据在自治系统中的不同位置和功能，OSPF 网络中的路由器可以分为以下 4 类。

(1) **区域内路由器**(Internal Routers)：该类路由器的所有接口都属于同一个 OSPF 区域。如图 4-25 中的 R3、R4、R5、R8、R9、R10、R12 和 R13 都属于区域内路由器。

(2) **区域边界路由器**(Area Border Routers，ABR)：该类路由器可以同时属于两个以上的区域，但其中，一个必须是骨干区域。ABR 用来连接骨干区域和非骨干区域，它与骨干区域之间既可以是物理连接，也可以是逻辑上的连接。ABR 负责将来自本区域的路由信息进行汇总并发送到主干区域，而主干区域上的 ABR 则负责将这些信息发送给各个区域。如图 4-25 中的 R0、R1、R2、R6、R7 和 R11 都属于 ABR，其中，R6、R7 和 R11 与骨干网是逻辑上的连接。

(3) **骨干路由器**(Backbone Routers)：该类路由器至少有一个接口属于骨干区域。因此，所有位于骨干区域的内部路由器以及该边界路由器都是骨干路由器，如图 4-25 中的 R0、R1、R2、R3 和 R4。

(4) **自治系统边界路由器**(AS Boundary Routers，ASBR)：与其他 AS 交换路由信息的路由器称为 ASBR。ASBR 并不一定位于 AS 的边界，它可能是区域内路由器，也可能是区域边界路由器 ABR。只要一台 OSPF 路由器引入了外部路由的信息，它就成为 ASBR，如

图 4-25 中的 R0 就是 ASBR。

4. OSPF 报文

OSPF 协议属于网络层协议,工作层次如图 4-7 所示,它位于 IP 之上,OSPF 分组直接通过 IP 数据报发送。OSPF 协议分组格式如图 4-26 所示。

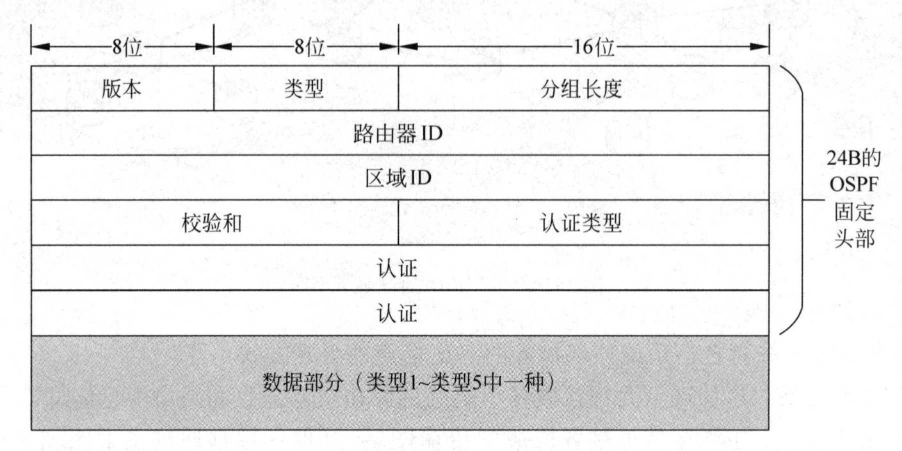

图 4-26　OSPF 分组的格式

各字段说明如下。

(1) 版本:OSPF 版本 1 已经废弃,现在使用的是版本 2。

(2) 类型:即 OSPF 的分组类型,共有 5 种类型,详见表 4-13。

(3) 分组长度:整个 OSPF 分组的长度,包括 OSPF 分组 24B 的固定头部。

(4) 路由器 ID:即路由器环路接口(Lookback)的 IP 地址,如果没有环路接口 IP 地址,则选择最大的接口 IP 地址作为路由器标识。

(5) 校验和:用于校验 OSPF 分组的差错。

(6) 区域 ID:即 32 位的区域标识符,用来标识分组属于哪个区域。

(7) 认证类型:目前只有两种认证类型,0 表示不用认证,1 表示口令认证。

(8) 认证:认证类型为 0 时就填入 0,类型为 1 时则填入 8 个字符的口令。

表 4-13 列出了 OSPF 的 5 种分组类型。

表 4-13　5 种 OSPF 分组

类型	分组类型	说　明
1	问候 HELLO	用于发现谁是自己的邻居路由器
2	数据库描述 DBD(DATABASE DESCRIPTION)	宣告发送方的链路状态数据库的更新情况
3	链路状态请求 LSR(LINK STATE REQUEST)	向邻接路由器请求链路状态信息
4	链路状态更新 LSU(LINK STATE UPDATE)	向邻居路由器发送链路状态通告
5	链路状态确认 LSA(LINK STATE ACK)	对链路状态更新分组的确认

当一台路由器启动的时候,它将向所有连接接口发送 HELLO 分组,以便发现哪些路由器是自己的邻居。由于局域网是多点接入的广播式通信,为了减少广播通信信息量,OSPF 要求在局域网中选举出一台路由器作为**指派路由器**(Designated Router)。指派路由器代表该局域网上所有的链路向连接到该网络上的各路由器发送状态信息。

OSPF 协议只在**邻接的路由器**之间交换信息，这里的**邻接**路由器与邻居路由器不是相同的概念。如在同一个局域网内的所有路由器都是邻居，但只和指派路由器是邻接关系，与指派路由器之间可以交换信息。其他不是邻接关系的路由器则不交换信息。

OSPF 规定，邻接路由器之间每隔 10s 要发送一次 HELLO 分组，若 40s 内都没有收到某个邻接路由器的 HELLO 分组，则认为该邻接路由器不可达，即链路状态发生了改变，需要修改链路状态数据库。

OSPF 还规定每隔 30min 要通过数据库描述分组来宣告自己的链路状态数据库的摘要信息。经过与邻接路由器交换数据库描述分组后，路由器就可以使用链路状态请求分组，向邻接路由器请求发送自己所缺少的某些链路状态项目的详细信息。对方路由器则使用链路状态更新分组进行响应，更新完成后向对方路由器返回链路状态确认分组。通过这样一系列的分组交换，全网同步的链路状态数据库就建立了。

5. OSPF 的优缺点

OSPF 支持变长子网掩码和无分类域间路由，与 RIP 相比较，OSPF 协议的主要优点如下。

(1) OSPF 收敛速度快，能够在最短的时间内将路由变化传递到整个自治系统。

(2) 将自治系统划分为不同区域后，区域之间交换的是路由信息的摘要，大大减少了需传递的路由信息数量，也使得路由信息不会随网络规模的扩大而急剧膨胀。

(3) 开销控制小，用于发现和维护邻居关系的 HELLO 分组非常短小，而且只有在路由变化时才会触发路由更新。

(4) 良好的安全性，所有在 OSPF 路由器之间交换的分组都具有认证功能，保证了仅在可信赖的路由器之间交换链路状态信息。

(5) 适应性广，OSPF 适应各种规模的网络，最多可达数千台。

(6) OSPF 允许管理员为每条路由指派不同的代价，灵活性更高。

OSPF 协议也存在一些不足，主要缺点如下。

(1) 配置相对复杂，由于网络区域划分和网络属性的复杂性，需要网络分析员具有较高的网络知识水平才能配置和管理 OSPF 网络。

(2) 路由负载均衡能力较弱，OSPF 虽然能根据接口的速率、连接可靠性等信息自动生成接口路由优先级，但在通往同一目的的不同优先级路由中，OSPF 只选择优先级较高的路由。这将导致不能使用不同优先级的路由实现负载平衡，而只能使用相同优先级路由才能实现负载均衡。

4.8.4 外部网关路由协议 BGP

1. BGP 概述

由于基于距离矢量的 RIP 只适用于小型网络，且安全性能低，因而无法适用于 Internet 这样庞大而复杂的网络。如果采用基于链路状态的 OSPF 协议，则每台路由器将要拥有一个巨大的链路状态数据库，当它们使用 Dijkstra 算法来计算其路由表时将要花费很长的时间。因此，前面介绍的 RIP 和 OSPF 均不适用于像 Internet 这样大规模的网络。

边界网关协议(Border Gateway Protocol，BGP)就是唯一一个用来处理像 Internet 这样巨大和复杂的网络路由选择协议。主要用于在不同的自治系统 AS 之间交换路由信息。

当两个 AS 需要交换路由信息时，每个 AS 都必须指定一个运行 BGP 的路由器来代表本 AS 与其他 AS 交换路由信息，这两个路由器称为各自 AS 的 **BGP 发言人**，BGP 发言人可以是边界网关(Border Gateway)或边界路由器(Border Router)。

BGP 是基于 TCP 的，也就是说一个 BGP 发言人与其他 BGP 发言人在交换路由信息前必须先建立 TCP 连接(端口号为 179)，之后交换的 BGP 报文被封装到 TCP 报文后才被向下传递给网络层。

BGP 制定于 1989 年，并经历了 4 个版本，现行版本为 BGP-4。**BGP 是基于路径矢量的路由选择协议**。

路径矢量路由选择不同于距离矢量路由选择和链路状态路由选择。路径矢量的路由表中每条记录包含目的网络，下一跳路由器和到达目的网络的路径。该路径通常定义为一个 AS 序列表，分组应该通过该序列表进行传输以到达目的端。表 4-14 为一个路径矢量路由表的示例。

表 4-14　路径矢量路由表示例

目的网络	下一跳路由器	路　　径
N1	R1	AS4、AS6、AS9
N2	R5	AS5、AS8、AS11、AS12
N3	R6	AS10、AS6、AS14、AS19

每个收到路径矢量报文的路由器验证通告路径与其策略(管理和控制路由所强制使用的一套规则)是否一致。如果一致，则路由器更新其路由表，并在将其发送到下一个相邻路由器之前对其进行修订。修订的内容包括将自己的 AS 编号加入到路径中去，并将自己作来下一跳路由器。

如图 4-27 所示，路由器 R1 发送一条路径矢量报文< N1 R1 AS1 >通告 N1 的可达性。路由器 R2 收到该报文后，经验证与其策略一致，则更新其路由表，同时将自己的 AS 编号添加到该路径中，并将自己作为下一跳路由器，得到一个新的路径矢量报文< N1 R2 AS2 AS1 >发送给 AS3 的边界路由器 R3。同样，R3 更新其路由表并得到一个新的路径矢量报文< N1 R3 AS3 AS2 AS1 >，然后发送给 AS4 的边界路由器 R4。

R4 也可以修改该路径矢量并发送给 AS1，但 R1 收到后发现自己就在该路径中，于是就丢弃该路由信息，从而避免了环路的产生。

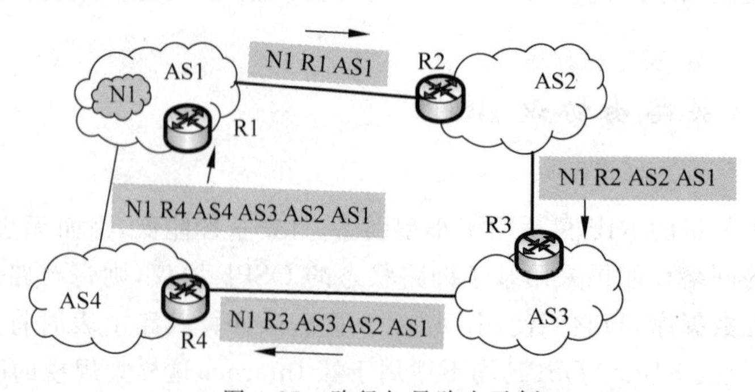

图 4-27　路径矢量路由示例

通过路径矢量路由选择算法，可以很容易实施策略路由。当一台路由器收到一条路由报文时，它首先检查其路径。如果在路径中列出的一个 AS 与其策略相违背（例如禁止通过某个 AS 到达目的端），则该路由器将忽略该路径及其目的网络，即不会更新其路由表，也不会将该报文转发给它的相邻路由器。这就意味着，路径矢量路由选择中的路由并不一定是最小距离或最小度量，它只表示通过该路径可以到达目的网络，且该路径符合管理员的策略。

2. BGP 报文类型

BGP 路由选择协议执行中使用以下 4 种报文：**打开**（Open）、**更新**（Update）、**存活**（Keepalive）和**通告**（Notification）。

（1）**打开**（Open）：Open 报文是 TCP 连接建立后发送的第一个消息，用于建立 BGP 对等路由器之间的连接关系。

（2）**更新**（Update）：Update 报文用于在对等路由器之间交换路由信息。它既可以发布一条可达路由信息，也可以撤销一条或多条不可达路由信息。

（3）**存活**（Keepalive）：BGP 会周期性地向对等路由器发出 Keepalive 消息，用于保持连接的有效性。

（4）**通告**（Notification）：当 BGP 检测到错误或要关闭连接时，就向对等路由器发出 Notification 报文，然后关闭 TCP 连接终止通信。

3. BGP 结构

BGP 报文结构如图 4-28 所示。

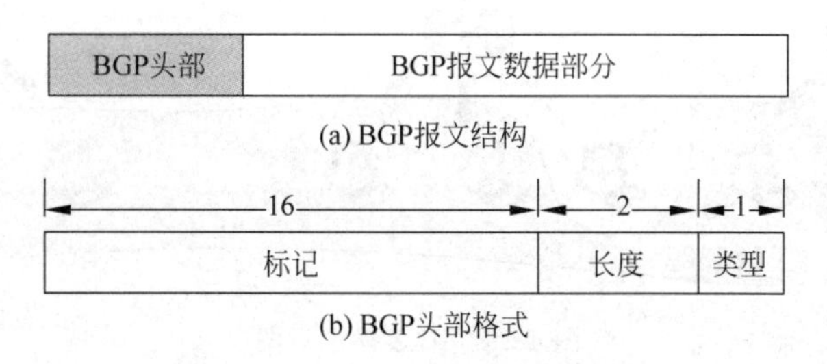

图 4-28　BGP 报文结构及头部格式

BGP 4 种类型的报文具有同样的头部格式，长度固定为 19B，各字段简要说明如下。

（1）标记：该字段占 16B，用于认证收到的 BGP 报文。不使用认证时，该字段的值为全 1。

（2）长度：包含 BGP 头部在内的报文长度，最小值为 19B。

（3）类型：就是前面介绍的 4 种报文类型。对应值为 1～4。

4.9　IP 多播与 IGMP

4.9.1　IP 多播概述

1988 年，Steve Deering 首次在其博士论文中提出 IP 多播的概念。

多播（**Multicast**）也称**多址广播**或**组播**，是一种允许一台主机将单个数据包同时发送到多台主机的网络技术，是一点对多点的通信。在 Internet 上进行多播时称为 **IP 多播**。

多播是节省网络带宽的有效方法之一，广泛应用于网络音频/视频点播、网络视频会议、多媒体远程教育、软件更新、新闻和股市行情推送和虚拟现实游戏等方面。

与单播相比，在一对多的通信中，多播可大幅节约网络资源。对于 N 个目的结点，一个数据包，单播需要重复发送 N 次，而多播只需要发送一次即可。图 4-29 为一个视频多播的示意图，图中灰色底纹圈起来的 PC 为一个多播组成员，它们关注同一个视频资源。视频服务器向这个多播组每发送一次多播，只需要发送一个多播 IP 包，路由器 R1 则将该多播 IP 包复制若干份，然后从不同网络接口转发出去。当多播 IP 包到达目的局域网时，由于局域网具有硬件多播功能，因此不需要复制多播 IP 包，在局域网上的多播组成员都能收到这个多播 IP 包，而不属于该多播组的 PC 将无法接收到该多播 IP 包。

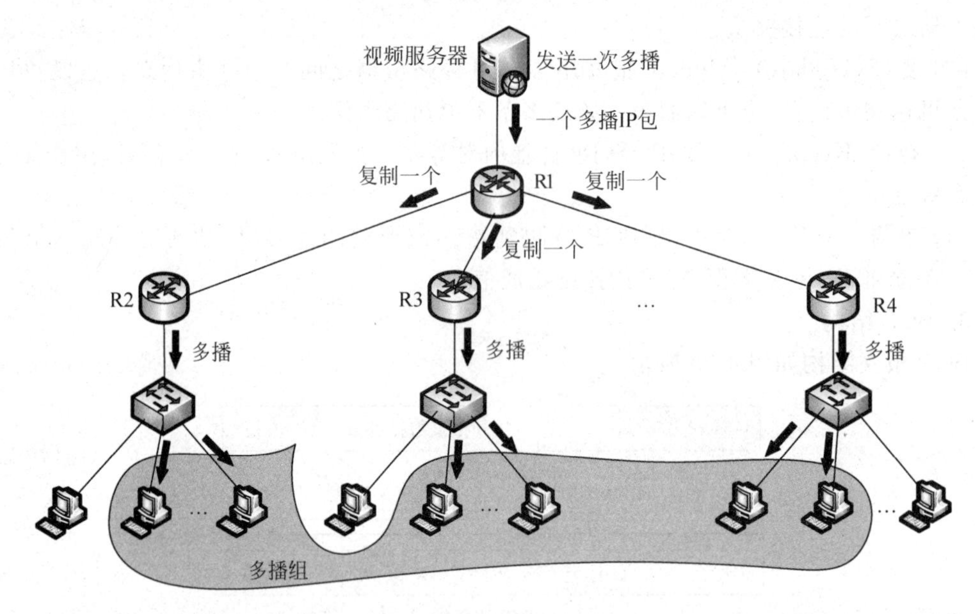

图 4-29　IP 多播示意图

多播与广播是不相同的，广播是将数据包发送给网络中的所有主机，不考虑对方是否需要，在结点比较多的网络中，广播会严重浪费网络带宽，甚至引发广播风暴导致网络瘫痪。另外，路由器禁止跨网广播，也就是说路由器不会转发广播数据包。而多播是将数据包发送给指定的一组主机，只有加入该多播组的主机才能收到该数据包。但也有人认为广播是多播的一种特殊例子。

4.9.2　多播 IP 地址

IP 多播通信依赖于 IP 多播地址，即 IPv4 中的 D 类 IP 地址，范围从 224.0.0.0 到 239.255.255.255。多播地址被划分为以下三类。

(1) **局部链接保留多播地址**：地址范围为 224.0.0.0～224.0.0.255，这是为路由协议和其他用途保留的地址，路由器并不转发属于此范围的 IP 包。如 224.0.0.1 代表本局域网中的所有主机；224.0.0.2 代表本局域网中的所有路由器；224.0.0.5 代表本局域网内所有 OSPF 路由器等。

(2) **全球多播地址**：地址范围为224.0.1.0～238.255.255.255，用于全球范围，由网络协议动态分配。当一个多播会话停止时，其地址就会被收回，并可以分配给新出现的多播组。

(3) **管理权限多播地址**：地址范围为239.0.0.0～239.255.255.255，可供组织内部使用，类似于私有IP地址，只能在本地子网中使用，不能用于Internet，限制了多播范围。

每个多播组被分配一个D类多播地址作为标识符。而多播源利用多播地址作为目的地址来发送IP分组。多播组成员向网络发出通知，声明它期望加入的多播组。例如，如某个网络视频内容与多播地址239.1.1.1有关，则多播源发送的数据报的目的地址就是239.1.1.1，而期望接收这个内容的主机就可以请求加入到这个多播组。

多播IP地址只能用于目的IP地址，而不能用于源IP地址。

4.9.3 以太网多播地址

当Internet多播数据包到达局域网的边界路由器时，路由器就需要将多播数据包在局域网内通过**MAC地址多播**(也称为**硬件多播**)交付给多播组的所有成员。

为了支持IP多播，IANA为以太网保留了一个MAC地址块作为多播地址，即01-00-5E-00-00-00～01-00-5E-7F-FF-FF。

将多播IP地址映射成以太网多播MAC地址的原理如图4-30所示，32位D类多播地址的前4位1110是固定的类别号，紧接的后面5位由于不需要映射到MAC层多播地址而被忽略，将剩下的低23位复制到48位MAC地址的低23位，MAC地址的前面高25位是固定的0000000***1*** 00000000 01011110 0。其中，MAC地址的第1字节的最低位置1表示以太网多播。

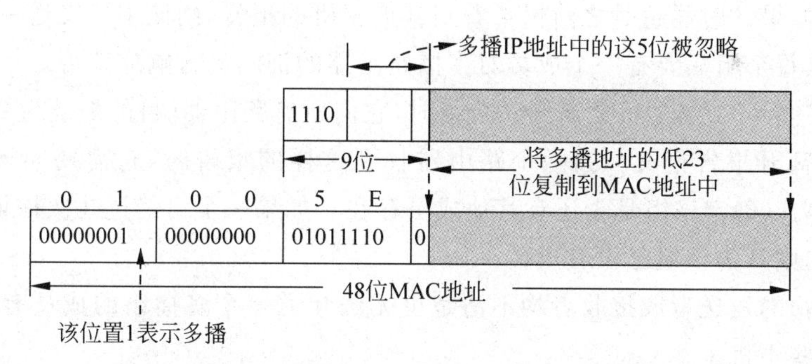

图4-30 多播IP地址映射成多播MAC地址

由于多播IP地址中有5位被忽略，这将导致可能出现多播MAC地址重叠的现象，如表4-15所示。图中灰色加粗的5位就是要被忽略掉的，后面23位完全相同，加上MAC地址前25位是固定的，于是映射成多播MAC地址就是一样的。

表4-15 多播MAC地址重叠示例

多播IP地址	多播IP地址的二进制表示	多播MAC地址
224.166.66.6	1110 **0000 1**0100110 01000010 00000110	01-00-5E-26-42-06
228.38.66.6	1110 **0100 0**0100110 01000010 00000110	01-00-5E-26-42-06

但在现实中,产生这种重叠的现象很少发生,而且即使产生了重叠,其影响也就是有个别结点收到了不期望接收到的多播数据包。因此,一个主机接收到一些不属于自己所属组的 MAC 层多播包是可能的,但这些包会被 IP 层通过判断 IP 目的地址而丢弃掉。

4.9.4 IGMP

IGMP(Internet Group Management Protocol,Internet 组管理协议)用于对多播组成员关系的管理,支持多播组成员加入或者退出多播组,为多播路由器提供连接到网络的主机或路由器的成员关系状态信息,帮助多播路由器创建和更新多播组列表。

IGMP 经历了三个版本,2002 年 10 月公布的建议标准 RFC 3376 是最新的版本 IGMPv3。和 ICMP 一样,IGMP 属于网络层协议,工作在 IP 协议之上,如图 4-7 所示,IGMP 也使用 IP 数据报传递其报文。在 IGMPv3 中定义了成员资格报告报文和询问报文。

IGMP 的操作可以分为以下三个内容。

(1) 加入一个多播组。当有某台主机需要加入一个多播组时,就向该多播组 IP 地址发送一个 IGMP 成员资格报告报文,声明自己要成为该组的成员。报文中包含它要加入的多播组地址。这个组的所有成员将会接收到这个分组,从而都知道了有新成员加入。本地局域网中的路由器必须监听所有 IP 多播地址,以便接收所有组成员的报告报文。

(2) 监视成员关系。为了维护一个当前活动的多播地址列表,多播路由器要周期性地发送 IGMP 通用询问报文,目的地址为 224.0.0.1(表示本局域网内的所有主机)。为防止产生不必要的通信量,接收到该通用询问报文的每个组成员都将设置一个具有随机时延的计时器,该组中的任何主机只要知道已经有其他主机声明了成员身份后就不再对询问报文做出响应。但如果计时器超时之前仍未看到其他主机的报告,则该主机发送一个响应报文。利用这种机制,每个组只要有一个成员对多播路由器的询问进行响应即可。

(3) 离开一个组。当主机要离开一个组时,它向所有路由器(目的地址为 224.0.0.2)发送一个 IGMP 离开报告报文。当一个路由器收到这样的报告时,它需要向该组发送一个 IGMP 询问报文以确定该组是否还有其他成员存在。如果一个组经过几次探询后仍然没有一台主机响应,则认为该组已没有成员。

多播数据报的发送者或接收者均不清楚也无法知道一个多播组的成员有多少,以及这些组成员是哪些主机。

4.9.5 多播路由协议

多播路由协议比前面介绍的 RIP 和 OSPF 等单播路由协议要复杂得多,这也是多播路由协议仍未标准化的主要原因。

多播路由协议根据 IGMP 维护的多播组成员关系信息,解决在多个特定路由器间多播数据转发的问题。常见的构造思路是在多播成员之间运用一定的多播路由算法构造多播扩展树,实现多播数据报的转发,扩展树连接了多播组中的所有主机。不同的多播路由协议使用不同技术构造扩展树。

下面主要针对目前实用的 IP 多播路由协议进行简要概述,协议的具体算法与实现请参考其他文献。

目前实用的 IP 多播路由协议的构造思路主要有以下两种类型。

第一类是假设多播组成员在网络中密集分布，并且带宽足够大，这种密集模式多播路由协议采用洪泛技术将数据推向所有的路由器，因而不适用于大规模的网络。目前，密集模式下的常见协议主要有以下三种。

(1) **距离矢量多播路由协议**(Distance Vector Multicast Routing Protocol，DVMRP)。

DVMRP 是互联网第一个使用的多播路由协议，它使用距离矢量路由算法来支持 RPB (Reverse Path Broadcasting，反向路径广播)算法、定时的路由更新策略"剪枝"机制和可靠的"嫁接"机制，常和隧道技术(Tunnel)相结合以构造 Internet 上的 MBone(Multicast Backbone，多播主干)。DVMRP 在实际的网络上实施起来比较简单，对路由器处理信息的要求不高。DVMRP 周期性地发送多播路由更新，扩展性很差。由于应用了距离矢量算法，所以存在距离矢量算法中慢收敛和无穷计算的问题。另外，每个路由器存储了大量的路由信息，伸缩性差，需要周期性地使用扩散机制来重新构造多播树。

(2) **多播开放式最短路径优先**(Multicast Open Shortest Path First，MOSPF)。

MOSPF 是一种基于链路状态的路由协议，使用点到点的链路状态数据库，每个区域内链路状态数据库一致，路由器无须发送任何控制分组，就可以通过链路状态表计算组中每个数据源的 SPT(Shortest Path Tree，最短路径树)，而且所有路由器计算的结果一致。不存在 DVMRP 中的路由控制开销问题，链路利用率比较高。按需执行路由算法，只有路由器收到数据源的第一个分组时，才利用 Dijkstra 算法计算 SPT，进一步提高了路由性能。Dijkstra 算法的计算量随着组的扩大而飞速增长，所以很有可能破坏路由器，它的扩展性也较差，而且依赖于点到点的路由协议，很难适应广域网上的多点通信。定期扩散路由控制信息也限制了组的规模。

(3) **独立多播协议-密集模式**(Protocol Independent Multicast-Dense Mode，PIM-DM)。

PIM-DM 属于数据驱动型协议，使用 SPT 来构建多播树。PIM-DM 直接使用单播路由算法给出的路由表转发数据，但独立于单播协议，在它的实现中使用了状态机的思想，并有相应的定时器。可以和所有的单播路由协议协同工作，可扩充性较好。PIM-DM 属于密集模式，适用于多播成员密集分布在整个网络上，即许多子网至少包含一个成员，带宽很充裕的情景。PIM-DM 采用洪泛技术把信息传播到网络的所有路由器，适用网络规模不大的情况。它有比 DVMRP 好得多的扩展性能，因为不用发送单独的多播路由更新，而且使用单播路由表来执行 RPF(Reverse Path Forwarding，逆向路径转发)校验。同时，它的状态刷新机制也防止了剪枝状态的超时，避免了不必要的信息周期性扩散。

第二类假设组成员在网络中稀疏分布，或没有足够带宽，广播就会浪费大量网络带宽。稀疏模式多播路由协议必须进行路由选择来构造多播树。稀疏模式下常用的协议如下。

(1) **独立多播协议-稀梳模式**(Protocol Independent Multicast Sparse Mode，PIM-SM)。

PIM-SM 由 RP(Rendezvous Point，汇聚点)来连接发送者和接收者。源发送数据到 RP，再由 RP 发送到组中。接收者接收数据时，需要先向 RP 注册。当数据流量达到一定阈值时，由共享树向 SPT 树转换。PIM-SM 适用于多播组成员稀疏地分布在整个网络，并且未必有充裕的带宽可用的情况。PIM-SM 使用显式加入模型，因此多播信息被更好地约束在确实需要它的网络部分。而且，它也消除了扩散和剪枝协议的低效率问题，因此具有较好的可扩展性。

(2) **基于核心的转发树**(Core Based Tree,CBT)。

CBT只需要为每个活动的组存储路由信息,一旦核心路由器确定,不在CBT上的路由器就可向核心路由器发送加入请求报文,再由核心路由器在每一跳建立路由表,而且第一个分组不需要在全网扩散。CBT不依赖于多播或单播的路由表,可伸缩性好、协议简单、存储开销小,不对非树上的路由器造成任何影响,也不需要它们保存任何信息,不需要参与树的维护。CBT容易存在核心的单点失效问题,容易导致通信量的集中和核心路由器附近的瓶颈。在源和目的结点间的路径不一定是最短路径,不是动态自适应的。CBT能把多播状态优化到组的数量级,这也是CBT相对于SPT树的最大优势所在。

虽然IP多播技术发展较快,且大多数路由器能支持多播,但要想大规模推广,还得在以下这些方面努力。

(1) 无连接机制无法提供服务质量和安全保证。

(2) 多播对成员的管理非常松散,无法提供一种对成员的有效管理及认证机制。

(3) 多播网络是一个随着多播源和组成员的变化而动态变化的网络,多播流量无法控制和预计,多播采用的UDP技术没有内在的拥塞避免机制。

(4) 启动多播功能对网络设备及运维要求较高,这是由于多播功能的实现需要所有的路由器都必须支持和启动多播功能的缘故。

(5) 路由协议的协同工作问题。由于不同厂家产品实施协议的具体方式不同,各种路由协议之间如果没有统一标准,很难协同工作。

多播路由协议的实现现在还主要处于实验阶段,主要是由于连接网络的路由器不支持多播数据的转发存在以上问题。关于多播路由技术的应用还限于实验室或小型局域网中使用,相信随着网络技术的进一步发展,多播与多播路由技术将发挥巨大的作用,并改变计算机网络的体系结构。

4.10 IPv6

4.10.1 IPv6概述

我们已经清楚,IP地址是Internet的核心,现在广泛应用的IP地址是32位的IPv4,但2011年2月3日,ICANN宣布IPv4地址已经耗尽。

解决IP地址耗尽的根本措施就是采用具有更大地址空间的IP版本,即IPv6。早在20世纪90年代初期,IETF就开始着手下一代Internet协议,即IPng(IP-the next generation)的制定工作。IETF在RFC 1550里进行了征求新的IP协议的呼吁,并公布了新的协议需实现的主要目标如下。

(1) 支持几乎无限大的地址空间。

(2) 减小路由表的大小。

(3) 简化协议,使路由器能更快地处理数据包。

(4) 提供更好的安全性,实现IP级的安全。

(5) 支持多种服务类型,尤其是实时业务。

(6) 支持多点传送,即支持多播。

(7) 支持即插即用，允许主机不更改地址即可实现异地漫游。

(8) 协议要有良好的可扩展性，以支持未来协议的演变。

(9) 允许新旧协议共存一段时间。

1994年7月，IETF决定以SIPP(Simple IP Plus)作为IPng的基础，同时把地址位数由64位增加到128位，新的IP协议称为IPv6。IPv6可提供2^{128}(约3.4×10^{38})个IP地址，几乎可为地球上的每个分子分配一个IP地址，彻底解决了地址不够用的问题。同时与IPv4相比，IPv6提供了更好的服务保证和更高的安全性，也能更好地支持移动网络。

制定IPv6的专家们充分总结了早期制定IPv4的经验以及Internet的发展和市场需求，认为下一代Internet协议应侧重于网络的容量和网络的性能。IPv6继承了IPv4的优点，摒弃了它的缺点。IPv6与IPv4是不兼容的，但它同所有其他的TCP/IP协议簇中的协议兼容。因此IPv6完全可以取代IPv4，是下一代Internet可采用的比较合理的协议。

和IPv4一样，**IPv6也不保证数据报的可靠交付**，因此IPv6也需要使用ICMP来反馈一些差错信息，**IPv6中的ICMP称为ICMPv6**，它比ICMPv4复杂得多，IPv4中的ARP和IGMP的功能都合并到ICMPv6中。

4.10.2 IPv6的基本头部

IPv6数据报由**基本头部**和**有效载荷**两大部分组成。有效载荷也称为**净载荷**，它包含零个或多个**扩展头部**以及数据部分。**扩展头部是有效载荷的一部分，它并不属于IPv6的头部**。如图4-31所示为IPv6的数据报的基本形式。

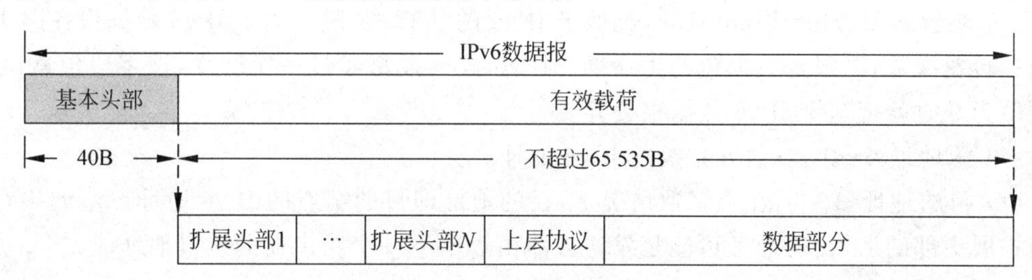

图4-31 IPv6数据报的基本形式

IPv6对IPv4数据报的头部进行了简化，IPv6数据报的基本头部只包含8个字段，加快了路由器处理分组的速度。IPv6数据报的基本头部格式如图4-32所示，基本头部中的各字段简要说明如下。

(1) 版本(Version)，4b，表明当前IP的协议版本，该字段值为6，表示IPv6。

(2) 流量类别(Traffic Class)，8b，指示IPv6数据流通信类别或优先级。功能类似于IPv4的区分服务字段。目前正在进行不同流量类别性能的实验。

(3) 流标记(Flow Label)，20b，这是IPv6新增字段，标记需要IPv6路由器特殊处理的数据流。该字段用于某些对连接的服务质量有特殊要求的通信，比如音频或视频等实时数据传输。在IPv6中，同一信源和信宿之间可以有多种不同的数据流，彼此之间以非“0”流标记区分。如果不要求路由器做特殊处理，则该字段值就置为“0”。

(4) 有效载荷长度(Payload Length)，16b，有效载荷长度包括扩展头和后面的数据部分，但不包括基本头部。16位最多可表示65 535B有效载荷长度，当超过这一数字的有效载荷时，该字段值就置为“0”，并使用扩展头部逐跳（Hop-by-Hop）选项中的巨量负载（Jumbo Payload）选项。

32b

版本	流量类别	流 标 识	
有效载荷长度		下一个头部	跳数限制
源地址（128b）			
目的地址（128b）			

图 4-32　IPv6 基本头部的格式

(5) 下一个头部（Next Header），8b，指明基本头部后的下一个头部，相当于 IPv4 中的协议字段或选项字段，用于识别紧跟 IPv6 基本头部后的报头类型，如扩展头部（如果有的话）或某个传输层协议头（如 TCP，UDP 或 ICMPv6 等）

(6) 跳数限制（Hop Limit），8b，类似于 IPv4 的 TTL 字段。用于 IPv6 数据报在路由器之间的转发次数，以限定数据包的生命期。IPv6 数据报每经过一次转发，该字段值就减 1，减到值为 0 时就把这个 IPv6 数据报丢弃。

(7) 源地址，128b，发送方主机的 IPv6 地址。

(8) 目的地址，128b，在大多数情况下，目的地址即目的结点的 IPv6 地址。但如果存在路由扩展头部的话，目的地址可能是发送方路由表中下一个路由器的接口地址。

4.10.3　IPv6 扩展头部

在设计 IPv6 时吸取了 IPv4 中的一些经验教训，比如 IPv4 中的可选项虽然增强了网络性能，但沿途的路由器需要对这些可选项进行处理，而实际上很多可选项沿途路由器并不需要处理，因此这降低了路由器的处理效率。

IPv6 使用扩展头部，可以在不影响性能的前提下实现 IPv4 中的选项功能。开发者可以在必要的时候使用选项，而无须担心路由器会对带扩展头部的数据包区别对待，除非设置了路由扩展头部或逐跳选项。即使设置了这两个扩展头部，路由器仍可以比使用 IPv4 选项容易处理。

在 RFC 2460 中定义了以下 6 种扩展头部。

1. 逐跳（Hop-by-hop）选项

该选项包含链路上每个路由器都必须处理的信息。目前只定义了两个字段，一是“**特大净载荷**”选项，该字段用于传送大于 64kb 的特大分组。第二个是“路由器警戒”字段，它用于区分数据报封装的多播监听发现（MLD）报文、资源预约报文（RSVP）和主动网络（Active

Network)报文等，这些协议利用该字段实现特定功能。

2. 路由(Routing)选项

最初该选项只定义了一个类型值为0的类型，表示**松散源路由**，即告知沿途路由器，该IP数据必须经过该松散源路由中指定的路由器。

3. 分片(Fragmentation)选项

与IPv4中的分片类似，该扩展头部包含片偏移字段和用于表示是否是最后一个分片的M标志位。IPv6规定，只能在源结点进行分片，中间路由器不能分片，这样就简化了路由过程中对分片处理。

4. 认证(Authentication)选项

该选项用于由接收者对发送方进行身份认证。

5. 封装安全载荷(Encrypted security payload)选项

该选项定义对IP数据报内容进行加密的有关信息。

6. 目的地(Destination)选项

该选项包含由目的主机处理的信息，如预留缓存区等。

一个IPv6数据报可以有多个扩展头部，但是，只有一种情况允许同一类型的扩展头部在一个IP数据报中多次出现，而且各扩展头部在链接时有一个首选顺序。建议扩展头部依照如下顺序封装。

(1) IPv6基本头部。

(2) 逐跳选项。

(3) 目的地选项(IPv6基本头部目的地址字段中指明的第一个目的结点要处理的信息，以及路由扩展头部中列出的后续目的结点要处理的信息)。

(4) 路由选项。

(5) 分片选项。

(6) 认证选项。

(7) 封装安全载荷选项。

(8) 目的地选项(最后一个目的结点要处理的信息)。

(9) 上层协议。

从以上顺序可知，在同一个IP数据包中只有目的地选项扩展头部可以多次出现，并且仅限于IP包中包含路由选择扩展头部的情况。

上述顺序并不是绝对的。例如，当IP数据报要加密时，ESP扩展头部必须是最后一个扩展头。同样，逐跳选项优先于所有其他扩展头部，因为每个接收IPv6包的结点都必须对该选项进行处理。

4.10.4 IPv6地址

1. IPv6地址的表示方法

IPv6地址在表示和书写时采用冒号分隔的十六进制数表示，即用冒号将128b分割成8个16b的组，每个组用4位十六进制数字表示。例如：

8000：0000：0000：0000：0123：4567：89AB：CDEF

在每个4位一组的十六进制数中，若其高位为0，则可省略0。如将0123可写成123，

0008 可写成 8,0000 可写成 0。因此上述地址可改写成如下形式：

8000：0：0：0：123：4567：89AB：CDEF

为了进一步简化，规定了重叠冒号的规则，即用重叠冒号置换地址中的一组或多组全 0 写法，由此上面的地址可简写成如下形式：

8000：：123：4567：89AB：CDEF

对于 IPv4 地址，也可以用 IPv6 的表示法书写成如下形式：

：：202.101.111.66

但要注意的是，重叠冒号的规则在一个地址中只能使用一次。例如地址：

0：0：0：BA98：7654：0：0：0

可简写成

：：BA98：7654：0：0：0

或者

0：0：0：BA98：7654：：

但不能写成：

：：BA98：7654：：

IPv6 地址仍然可以使用 CIDR 斜线表示法，例如，用十六进制表示的 64 位的前缀 12345678900000AB，用 CIDR 斜线表示法可写成：

1234:5678:9000:00AB/64

2. IPv6 地址的分类

IPv6 地址是单个或一组接口的 128 位标识符，IPv6 地址分配到接口，而不是分配给结点。IPv6 有以下三种类型。

1） **单播**（Unicast）地址

单播地址是一个单一的接口标识符。目的地址为单播地址的 IPv6 数据包被传递到由该地址标识的接口，实现传统的点对点通信。

单播地址还可以分为**可聚合全球单播地址**，**链路本地单播地址**和**站点本地单播地址**。可聚合全球单播地址类似于 IPv4 中的全球 IP 地址。链路本地单播地址类似于 IPv4 中的自动专用 IP 地址，就是在无法找到 DHCP 服务器后自动分配的 169.254.0.1～169.254.255.254 段的 IP 地址。站点本地单播地址类似于内网私有 IP 地址。

2） **任意播**（AnyCast）地址

任意播地址是一组接口（一般属于不同结点）的标识符。目的地址为任意播地址的数据包只交付给该地址标识的一组接口中的某一个，通常是路由协议度量距离最近的一个。任意播是 IPv6 新增的一种类型。

任意播地址不能作为源地址，而只能作为目的地址，而且**任意播地址只能指定给 IPv6 路由器**，而不能指定给主机。

3） **多播**（MultiCast）地址

多播地址也是一组接口的标识符，发送到多播地址的 IPv6 数据包被传递到标识该组的每一个接口，实现点对多点通信。**IPv6 中没有使用广播概念**，而是将广播看成多播的一个特例。

IPv6 地址的具体类型是由格式前缀来区分的，这些前缀的初始分配如表 4-16 所示。

表 4-16　IPv6 地址的初始分配

分　配	前缀(二进制)	占地址空间的比例
保留	0000 0000	1/256
未分配	0000 000	1/256
为 NSAP 地址保留	0000 001	1/128
为 IPX 地址保留	0000 010	1/128
未分配	0000 011	1/128
未分配	0000	1/32
未分配	0001	1/16
可聚合全球单播地址	001	1/8
未分配	010	1/8
未分配	011	1/8
未分配	100	1/8
未分配	101	1/8
未分配	110	1/8
未分配	1110	1/16
未分配	1111 0	1/32
未分配	1111 10	1/64
未分配	1111 110	1/128
未分配	1111 1110 0	1/512
链路本地单播地址	1111 1110 10	1/1024
站点本地单播地址	1111 1110 11	1/1024
多播地址	1111 1111	1/256

IPv6 地址空间的 15%是初始分配的,其余 85%的地址空间留作将来使用。这样的分配方案支持可聚合地址、本地地址和多播地址的直接分配,并有保留给 NSAP 地址和 IPX 地址的空间。其余的地址空间留给将来的扩展或者新的用途。

单播地址和多播地址都是由地址的高位字节值来区分的。如 FF 标识一个多播地址,其他值则标识一个单播地址,任意播地址取自单播地址空间,与单播地址在语法上无法区分。

IPv6 把 IP 地址配置作为标准功能,支持即插即用,即只要计算机连接到网络便可自动分配到 IPv6 地址。

4.10.5　IPv4 向 IPv6 过渡技术

因为不可能立即将所有 IPv4 网络都演进到 IPv6 网络,因此必须要有一个过渡方案,使得 IPv4 网络和 IPv6 网络能共存,这也是 IPv6 发展需要解决的第一个问题。目前,IETF 已经成立了专门的工作组,研究 IPv4 到 IPv6 的过渡问题和高效无缝互通问题,并且已提出了很多方案,主要包括双协议栈技术、隧道技术和 NAT 技术等。

1. 双协议栈技术

双协议栈技术是 IPv6 过渡技术中应用最广泛的一种过渡技术,也是所有其他过渡技术的基础。

双协议栈是指在完全过渡到 IPv6 之前,使一部分主机或路由器装有 IPv4 和 IPv6 两个协议栈，其协议栈结构如图 4-33 所示。双协议栈主机或路由器既能够和 IPv6 的系统通信，又能够和 IPv4 的系统通信。双协议栈主机在和 IPv6 主机通信时采用 IPv6 地址，在和 IPv4 主机通信时采用 IPv4 地址。

应用层协议	
TCP/UDP协议	
IPv4协议	IPv6协议
数据链路层	
物理层	

图 4-33　双协议栈结构

双协议栈主机可以通过对域名系统 DNS 的查询来知道目的地主机是采用哪一种地址。若 DNS 返回的是 IPv4 地址，双协议栈的源主机就使用 IPv4 地址，当 DNS 返回的是 IPv6 地址时，源主机就使用 IPv6 地址。

2. 隧道技术

隧道(Tunnel)技术是指将一种协议数据包封装到另外一种协议中。采用这种技术可以实现 IPv6 网络之间通过 IPv4 网络实现互联通信。

对于采用隧道技术的设备来说，在起始端(隧道入口处)，将 IPv6 的数据报文封装成 IPv4 数据报，IPv4 数据报的源地址和目的地址分别是隧道入口和出口的 IPv4 地址。在隧道的出口处，再将 IPv6 数据报取出转发给目的结点，如图 4-34 所示。

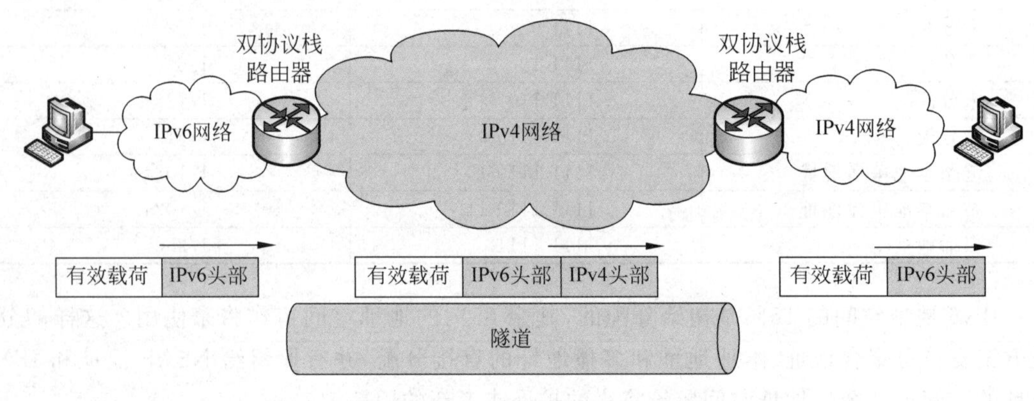

图 4-34　隧道技术示意图

隧道技术只要求在隧道的入口和出口处进行修改，对其他部分没有要求，因而非常容易实现。但是隧道技术不能实现 IPv4 主机与 IPv6 主机的直接通信。

3. NAT-PT

当 Internet 中绝大部分已经转换成 IPv6，但仍一些系统使用 IPv4 时，就可以进行头部转换，也就是将 IPv6 的头部转换成 IPv4 的头部。这种转换技术称为 NAT-PT(Network Address Translator-Protocol Translator，网络地址转换-协议转换)技术

支持 NAT-PT 的网关路由器应具有 IPv4 地址池，在从 IPv6 向 IPv4 域中转发数据包时使用，地址池中的地址是用来转换 IPv6 报文中的源地址。此外，网关路由器需要 DNS-ALG 和 FTP-ALG 这两种常用的应用层网关的支持，在 IPv6 结点访问 IPv4 结点时发挥作用。如果没有 DNS-ALG 的支持，只能实现由 IPv6 结点发起的与 IPv4 结点之间的通信，反之则不行。如果没有 FTP-ALG 的支持，IPv4 网络中的主机将不能用 FTP 软件从 IPv6 网络中的服务器上下载文件或者上传文件，反之亦然。

NAT-PT 通过修改协议数据报的头部来转换网络地址，使它们能够互通。NAT-PT 用于 IPv6 网络和 IPv4 网络之间的通信；另外，NAT-PT 通过与应用层网关相结合，实现了只

安装 IPv6 的主机和只安装 IPv4 主机的大部分应用的互相通信。NAT-PT 要求在 IPv4 与 IPv6 网络的转换设备上启用。图 4-35 示意了 NAT-PT 的技术原理。

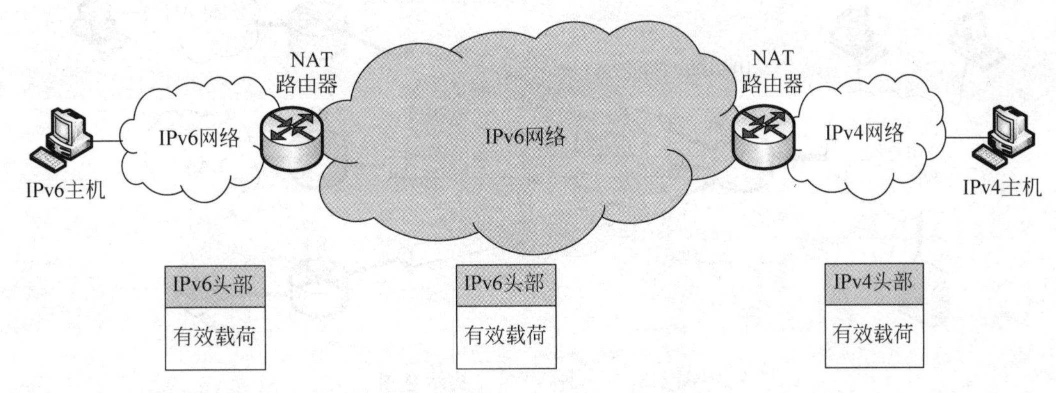

图 4-35　NAT-PT 技术示意图

以上三种过渡技术是从技术本身角度来分类叙述的，它们的工作原理不同，适用的场合也不同，在进行 IPv6 网络部署时，无非是两种情况：IPv6 跨 IPv4 网络互联和 IPv6 与 IPv4 之间互联。IPv6 网络之间通过 IPv4 网络实现互通的方法有 GRE 隧道、手动隧道、自动隧道、6to4 隧道、ISATAP 隧道等，IPv6 与 IPv4 网络之间互通的方法有双协议栈技术和 NAT-PT 等。

4.11　虚拟专用网

大多数的企事业单位的内部网络都采用私有地址组建局域网，这样的局域网也称为**专用网**(Private Network)，使用私有 IP 地址的主机无法直接访问 Internet，也无法穿越 Internet 访问外地的另一个企业内部网络。

但随着企业网应用的不断扩大，企业网的范围从本地到跨地区、跨城市，甚至跨国家。为了实现企业网络之间信息的安全传输，早前，企业通过租用昂贵的跨地区数字专线，后来人们提出了**虚拟专用网**(Virtual Private Network，VPN)的技术。这里的"虚拟专用网"是指没有使用真正的跨地区数字专线，而是只需要租用本地的数字专线，连接上本地的公众信息网，在 Internet 中开辟一条端到端的专用通信"隧道"，实现安全通信的专用网功能。

根据不同的需要，可以构造以下三种不同类型的 VPN。不同商业环境对 VPN 的要求和 VPN 所起的作用不同。其结构示意图如图 4-36 所示。

(1) **内部网**(Intranet)：指在公司总部和其分支机构之间建立的 VPN。

(2) **远程访问**(Access)：指在公司总部和驻外员工之间建立的 VPN。

(3) **外联网**(Extranet)：指公司与商业合作伙伴、客户之间建立的 VPN。

以图 4-36 中的公司总部中的 PC1 与公司分部中的 PC2 之间的通信为例。主机 PC1 向主机 PC2 发送 IP 数据报的源地址是私有地址 10.0.1.6，目的地址为 10.0.2.8。这个 IP 数据报到达路由器 R1 时，默认情况下 R1 是不会将该 IP 数据报转发到 Internet 中去的，但若将该路由器配置成 VPN 路由器，R1 就把这个 IP 数据包加密，然后加上一个新的头部，新头部的源 IP 地址为 R1 的全球 IP 地址 100.100.100.99，目的地址为 VPN 路由器 R2 的全球

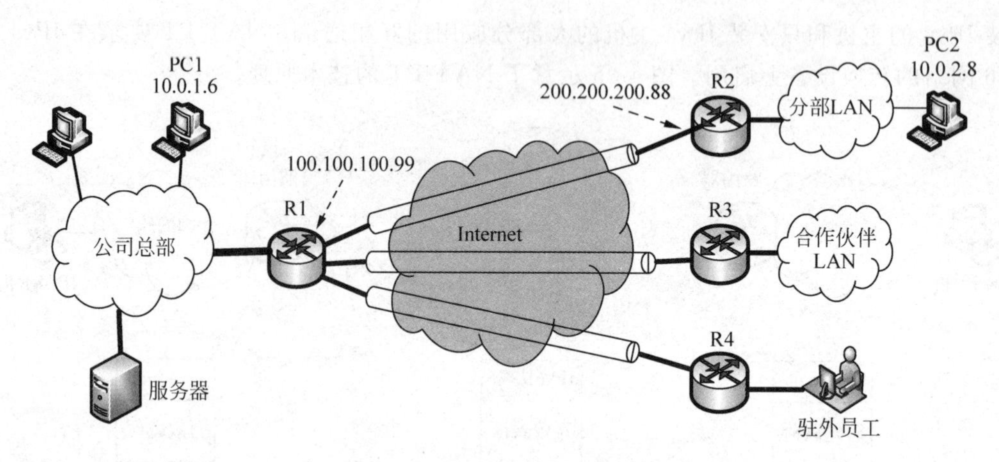

图 4-36 三种 VPN 结构示意图

IP 地址 200.200.200.88。于是这个新的 IP 数据报就可以穿越 Internet 到达路由器 R2,R2 收到该 IP 数据报后就将其数据部分解密,得到目的 IP 地址为 10.0.2.8 的原 IP 数据报,然后将该 IP 数据报交付给主机 PC2。

可见,虽然主机 PC1 和 PC2 使用的是私有 IP 地址,但通过 VPN 路由器的转换,使得它们就像在本地局域网中通信一样,它们之间的链路就好像一条隧道,它们之间的数据就在这条隧道中穿梭。

4.12 网络地址转换

VPN 实现了专用网内的一台主机通过 Internet 访问另外一个专用网。但另外一种场景 VPN 无法实现,那就是专用网内的主机要求能自由访问 Internet,而不是另一个专用网。

NAT(Network Address Translation,网络地址转换)技术正是为解决上述问题而诞生的。它的基本原理是将边界路由器配置为 **NAT 路由器**,当内部的 PC 要向外界通信时,NAT 路由器将通往外界的 IP 数据报头部中的源 IP 地址替换为自己的全球 IP 地址,然后将该 IP 数据报转发出去。当有外界响应的 IP 数据报返回时,NAT 路由器就将 IP 数据报中的全球 IP 地址换回成私有地址,并转发给内部 PC。

与 VPN 不同的是,NAT 路由器不需要对原 IP 数据报加密,只需要对原 IP 数据报的头部进行修改即可。VPN 路由器不仅需要加密原 IP 数据包(包括头部),还要重新加上一个新的 IP 头部。图 4-37 示例了 NAT 的基本原理。

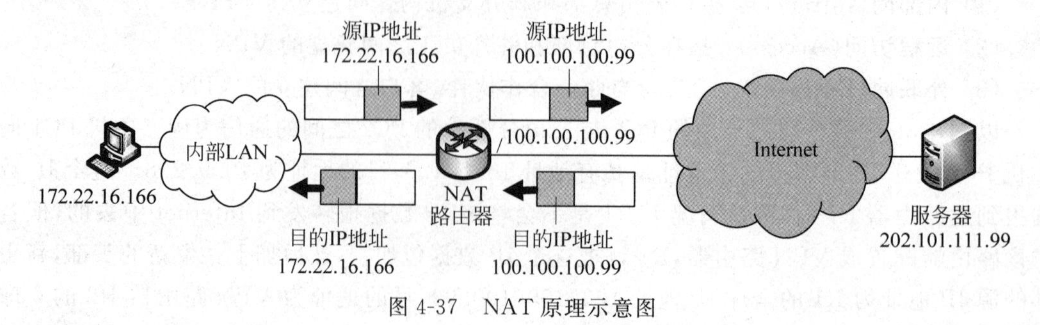

图 4-37 NAT 原理示意图

NAT 的实现技术主要有以下两种。

1. 动态地址翻译

动态地址翻译(Dynamic Address Translation)的基本思路是先给边界 NAT 路由器配置一小部分全球地址构成一个地址池共享给内部 PC 访问 Internet 时使用。只要边界 NAT 路由器的地址池中还有全球 IP 地址,内部的任何 PC 就可以动态分配到全球 IP 地址与 Internet 通信。

NAT 路由器为私有地址和全球 IP 地址建立一个动态 NAT 映射表。当有外部主机需要访问内部主机时,只有在 NAT 映射表中存在到该内部主机的 IP 地址映射时,外部主机才可以访问该内部主机,否则将无法访问。

动态 NAT 映射表结构如表 4-17 所示。

表 4-17　动态 NAT 映射表示例

内部 IP 地址	NAT IP
172.22.16.166	100.100.100.99
172.22.16.188	100.100.100.100
172.22.16.199	100.100.100.101

2. 伪装

伪装(Masquerading)也称为 **NAPT**(Network Address Port Translation,**网络地址端口转换**),它的基本思路是边界 NAT 路由器用一个全球 IP 地址将内部所有私有地址全部隐藏起来,当有内部主机需要与外网通信时,NAT 路由器将构造一个**伪装 NAT 表**,其结构如表 4-18 所示。

表 4-18　伪装 NAT 表示例

内部 IP	内部端口号	本地 NAT 端口
192.168.10.10	1688	18866
192.168.10.20	1888	18888
192.168.10.30	1999	19999

当 192.168.10.10:1688 的分组需要转发出去时,NAT 路由器将对该 IP 头部进行改造,将源 IP 地址换成自己的全球 IP 地址,端口号换成 18866,然后再转发出去。

当有外部响应分组需要进来时,NAT 路由器就通过该分组的目的端口号查找伪装 NAT 表,若该目的端口 18866 在该伪装 NAT 表中,则将该分组的目的 IP 地址和端口号分别替换成 192.168.10.10 和 1688,然后转发给该内部主机。

显然,伪装可以最大限度地节约 IP 地址资源。同时,又可隐藏网络内部的所有主机,有效避免了来自 Internet 的攻击。因此,这种技术得到了广泛应用。

4.13　多协议标记交换

由 IETF 于 1997 年提出的**多协议标签交换**(Multi-Protocol Label Switching,MPLS)属于**第三层交换技术**,所谓第三层交换是指利用第二层交换的高带宽和低延迟优势尽快地传送网络层分组的技术。交换与路由不同，交换用硬件实现，速度快，而路由由软件实现，速度慢。三层交换的工作原理可以概括为“一次路由，多次交换”，也就是说，当三层交换机第一次收到一个 IP 数据包时必须通过路由功能寻找转发端口，同时记住目的 MAC 地址和源 MAC 地址，以及其他有关信息，当再次收到目的 IP 地址和源 IP 地址相同的帧时就直接进行交换，不再调用路由功能。

所谓“多协议”是指 MPLS 支持 IP、PPP、以太网、ATM 和帧中继等协议，可以承载 IP 数据报、以太网帧和 ATM 信元等数据。

MPLS 支持任何第二层和第三层协议，MPLS 包头的位置界于第二层和第三层之间，可称为 2.5 层，标准格式如图 4-38 所示。

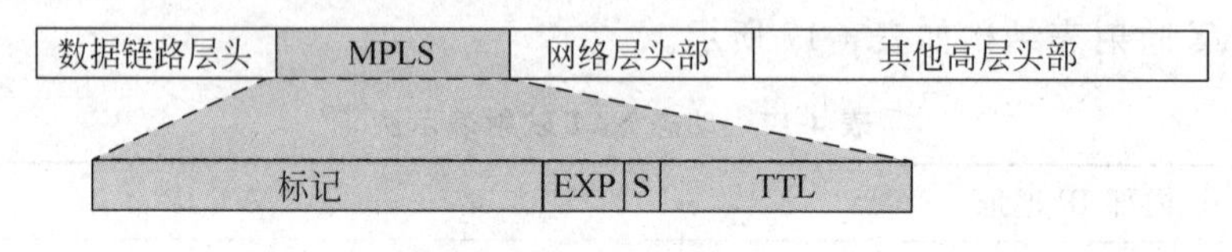

图 4-38　MPLS 标记的标准格式

MPLS 中各字段的含义简要说明如下。

(1) 标记：占 20b，用于转发的指针。

(2) EXP：占 3b 保留，用于实验，现在通常用作服务类别(Class of Service，CoS)。

(3) S：1b，栈底标识。MPLS 支持标签的分层结构，即多重标签，S 值为 1 时表明为最底层标签。

(4) TTL：占 8b，和 IP 分组中的 TTL 字段意义相同，指明 MPLS 包的生存期。

MPLS 网络是指由运行 MPLS 协议的交换结点构成的区域。这些交换结点就是 MPLS 标记交换路由器，按照它们在 MPLS 网络中所处位置的不同，可分为 MPLS **标记边缘路由器**(Label Edge Router，LER)和 MPLS **标记交换路由器**(Label Switching Router，LSR)。LER 位于 MPLS 网络边缘与其他网络或者用户相连；LSR 位于 MPLS 网络内部。两类路由器的功能因其在网络中位置的不同而略有差异。如图 4-39 中的 R1 和 R4 属于 LER，R2、R3 和 R5 属于 LSR。

MPLS 网络中的标记交换路由器 LSR 之间通过专用的**标记分配协议**(Label Distribution Protocol，LDP)交换报文，找出和特定标记相对应的路径，即**标记交换通路**(Label Switched Path，LSP)，如图 4-39 中的路径 R1→R2→R3→R4。各 LSR 根据 LSP 构造出标记信息库(Label Information Base，LIB)，LIB 的结构如图 4-40 所示。每个被打上标记的分组被指定到相应的 LSP 上传输，这条传输通路其实就是一条虚电路，这也说明 **MPLS 是面向连接的**。

MPLS 网络的数据传输采用基于标记的转发机制，其基本过程可以分为以下三个过程。

1. 入口 LER 的处理过程

当分组从 MPLS **入口结点**(Ingress Node)进入 MPLS 网络时，标记边缘路由器 LER 就将该分组指定到一条 LSP 上，然后为该分组打上一个小整数的标记，最后将标记分组从相应接口转发出去。

2. LSR 的处理过程

LSR 从接收到的标记分组中获得标记值，并用此标记值索引 LIB 表，找到对应表项的

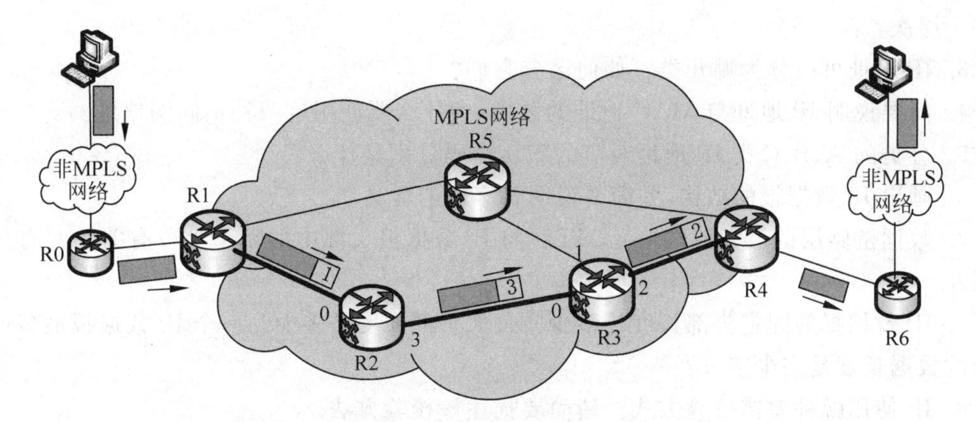

图 4-39　MPLS 三层交换示例

输入接口	输入标记	输出接口	输出标记
0	1	3	3
0	3	2	2

图 4-40　标记信息库结构示例

输出接口和输出标记，然后用输出标记替换输入标记，最后从输出端口转发出去。如图 4-39 中的 R2，收到输入标记为 1 的一个分组，然后通过查找 LIB，将该分组的标记更改为 3，最后从接口 3 转发出去。从这个示例可以看到 MPLS 标记只在 LSP 上两个相邻的 LSR 之间有效。

LSP 沿途的各 LSR 都按这种方法来处理分组，而不再需要经过第三层转发，从而加快了网络的传输速度。

3. 出口 LER 的处理过程

当分组离开 MPLS 网络时，MPLS **出口结点**(Egress Node)就把 MPLS 的标记去除，还原成原始的非标记分组，然后把分组交付给非 MPLS 的主机或路由器。以后就按普通的转发方法进行转发。

MPLS 是一种分类转发技术，它将具有相同转发处理方式的分组归为一类，称为**转发等价类**(Forwarding Equivalence Class，FEC)。相同转发等价类的分组在 MPLS 网络中将获得完全相同的处理。

转发等价类的划分方式非常灵活，可以是源地址、目的地址、源端口、目的端口、协议类型、VPN 等的任意组合。例如，在传统的采用最长匹配算法的 IP 转发中，到同一个目的地址的所有报文就是一个转发等价类。

习　题

一、简答题

1. 网络层向上可以提供哪两种服务？试比较这两种服务的优缺点。

2. 中继器、集线器、网桥、交换机、路由器和网关等设备或设施各工作在 5 层模型中的哪一个层次？

3. IP 地址可以分为哪几类？如何区分它们？

4. 简要说明 IP 地址与 MAC 地址的区别，为什么要使用这两种不同的地址？

5. 分类的 A、B、C 类 IP 地址对应的默认掩码分别是什么？

6. 画出 IP 数据报的结构，并简要说明各字段的含义。

7. 数据链路层的最大传输单元 MTU 与 IP 数据报头部中的哪个字段有关系？有什么关系？

8. IP 数据报的固定头部长度是多少？最大头部长度是多少？一个 IP 数据报最多可以携带的数据长度是多少字节？

9. IP 使用哪种差错校验方式？请简要描述该校验方法。

10. 一个采用最小头部长度的 IP 数据报，总长为 8888B 数据，需要经过最大传输单元 MTU 为 1500B 的以太网，请问该 IP 数据报应该分成几片？每片的总长度是多少？每片的 MF 标志位和片偏移值分别是多少？

11. 主机 A 发送 IP 数据报给主机 B，途中要经过 5 个路由器，请问在 IP 数据报的发送过程中总共使用了几次 ARP？

12. 某单位的网络使用 B 类 IP 地址 218.88.66.0，如果将网络上的计算机划分为 5 个子网，子网号应取几位？子网掩码是什么？每个子网最多可以包含多少台计算机？若子网号按从小到大顺序分配，请给出每个子网的最小地址、最大地址、最小可分配地址和最大可分配地址。

13. 一个 A 类 IP 网络 8.0.0.0，欲划分为 8 个子网，子网掩码应该是什么？给出每个子网 IP 地址的范围。

14. 假设某路由器 R 的部分路由表如表 4-19 所示。

现在路由器 R 收到目的 IP 地址为下述 6 个 IP 地址的 IP 数据报：

① 201.101.111.166　② 188.166.60.66　③ 188.166.94.66

④ 188.166.222.66　⑤ 188.166.126.66　⑥ 188.166.129.66

请回答以下问题：

(1) 计算路由器 R 收到的 6 个 IP 数据报的最佳路由。

(2) 假设 R1 的 F0/1 接口的主机号为十进制数 7230，请写出该接口的 IP 地址。

表 4-19　路由器 R 的部分路由表

序号	目的网络地址	子 网 掩 码	转发接口	下　一　跳
1	188.166.32.0	255.255.224.0	F0/2	R1 的 F0/1
2	188.166.64.0	255.255.224.0	F0/1	直接交付
3	188.166.96.0	255.255.224.0	F0/2	直接交付
4	188.166.128.0	255.255.224.0	F0/3	直接交付
5	0.0.0.0	0.0.0.0	F0/1	R2 的 F0/2

15. 一个单位有以下 6 个地址块，试进行最大程度的路由聚合，写出聚合后的 CIDR 地址块。请问这 6 个地址块能构成一个超网吗？如果不能，原因是什么？还需要补充什么条件后就可以构造成一个超网？构成的超网地址是什么？

① 218.88.129.0/24　② 218.88.130.0/24　③ 218.88.131.0/24

④ 218.88.132.0/24　⑤ 218.88.133.0/24　⑥ 218.88.135.0/24

16. ICMP有哪两类报文？各类报文中又主要包含哪些类型？它们的主要功能是什么？

17. 最基本的路由表包含哪些信息？并请简述基本的IP数据报转发流程。

18. 什么是静态路由和动态路由？路由的度量指标通常有哪些？

19. 什么是自治系统？自治系统内部常用哪些路由协议？自治系统之间又用什么路由协议？

20. 假定网络中的路由器A的路由表有如表4-20所示的项目。

表4-20　20题表1

目的网络	距离	下一跳路由器
N1	4	B
N2	2	C
N3	1	F
N4	5	G

现在路由器A收到从路由器C发来的如表4-21所示路由信息。

表4-21　20题表2

目的网络	距离
N1	2
N2	1
N3	3

试求出路由器A更新后的路由表。

21. 用于多播的以太网MAC地址范围是什么？全球可用的多播IP地址范围是什么？多播IP地址如何映射到多播MAC地址？

22. 画出IPv6基本头部的格式，并简要说明各字段的含义。

23. IPv6地址可以分为哪几类？

24. IPv6与IPv4兼容吗？IPv6与TCP、UDP、HTTP、FTP等高层协议兼容吗？

25. IPv4向IPv6过渡技术主要有哪些？简要说明各技术的原理要点。

26. IPv6地址使用什么记法表示？并用该记法的最简洁形式表示以下地址。

(1) 0000：0000：0000：0001：0020：0300：0000：0000

(2) 188.166.66.88

27. 将以下经过零压缩后的IPv6地址写成原来的形式。

(1) 0::188:0

(2) 888:66::666

(3) 1688:6666:88:66::

28. 什么是VPN？简述VPN的基本工作原理。

29. 什么是NAT？简述NAT的基本工作原理。

30. 什么是MPLS？结合图4-39简述IP数据报通过MPLS网络的过程。

二、选择题

1. 255.255.255.224 可能代表的是________。

A. 一个B类网络号　　B. 一个C类网络中的广播地址

C. 一个具有子网的网络掩码　　D. 以上都不是

2. 在OSI 7层结构模型中，处于数据链路层与运输层之间的是________。

A. 物理层　　B. 网络层　　C. 会话层　　D. 表示层

3. IP地址为140.111.0.0的B类网络，若要切割为9个子网，而且都要能连上Internet，请问子网掩码设为________。

A. 255.0.0.0　　B. 255.255.0.0　　C. 255.255.128.0　　D. 255.255.240.0

4. 下面________设备通常使用子网掩码进行路由决策。

A. 路由器　　B. 网桥　　C. 交换机　　D. 中继器

5. IP地址由一组________的二进制数字组成。

A. 8位　　B. 16位　　C. 32位　　D. 64位

6. 路由器运行于OSI模型的________。

A. 数据链路层　　B. 网络层　　C. 传输层　　D. 物理层

7. 在下面的IP地址中，________属于C类地址。

A. 141.0.0.0　　B. 3.3.3.3

C. 197.234.111.123　　D. 23.34.45.56

8. ARP的主要功能是________。

A. 将IP地址解析为物理地址　　B. 将物理地址解析为IP地址

C. 将主机域名解析为IP地址　　D. 将IP地址解析为主机域名

9. 网络层、数据链路层和物理层传输的数据单元分别是________。

A. 报文，帧，比特　　B. 包，报文，比特

C. 包，帧，比特　　D. 数据块，分组，比特

10. 在给主机配置IP地址时，下列能使用的IP是________。

A. 29.9.255.18　　B. 127.21.19.109

C. 192.5.91.255　　D. 220.103.256.56

11. 下面有效的IP地址是________。

A. 129.9.255.18　　B. 127.21.19.109

C. 192.5.91.255　　D. 220.103.256.56

12. ping实用程序使用的是________协议。

A. TCP/IP　　B. ICMP　　C. PPP　　D. SLIP

13. ICMP工作在TCP/IP协议栈的________。

A. 网络接口层　　B. 互连层　　C. 传输层　　D. 应用层

14. 下列属于B类IP地址的是________。

A. 128.2.2.10　　B. 202.96.209.5

C. 20.113.233.246　　D. 192.168.0.1

15. 开放最短路径优先协议OSPF采用的路由算法是________。

A. 静态路由算法　　B. 距离矢量路由算法

C. 链路状态路由算法　　D. 逆向路由算法

16. 下列关于网络互连设备的正确描述是________。

A. 中继器和网桥都具备纠错功能　　B. 路由器和网关都具备协议转换功能

C. 网桥不具备路由选择功能　　D. 网关是数据链路层的互连设备

17. IPv6 把 IP 地址长度增加到了________。

A. 32b　　B. 64b　　C. 128b　　D. 256b

18. IP 地址中的高三位为 110 表示该地址属于________。

A. A 类地址　　B. B 类地址　　C. C 类地址　　D. D 类地址

19. 下列不属于 TCP/IP 参考模型互连层协议的是________。

A. ICMP　　B. ARP　　C. IP　　D. SNMP

20. 下列关于分组交换的正确描述是________。

A. 分组交换中对分组的长度没有限制

B. 虚电路方式中不需要路由选择

C. 数据报方式中允许分组乱序到达目的地

D. 数据报方式比虚电路方式更适合实时数据交换

21. C 类 IP 地址可标识的最大主机数是________。

A. 128　　B. 254　　C. 256　　D. 1024

22. 路由信息协议(RIP)使用的路由算法是________。

A. 最短路由选择算法　　B. 扩散法

C. 距离矢量路由算法　　D. 链路状态路由算法

23. 在 Internet 中，路由器的路由表通常包含________。

A. 目的网络和到达该网络的完整路径

B. 所有目的主机和到达该主机的完整路径

C. 目的网络和到达该网络的下一个路由器的 IP 地址

D. 互联网中所有路由器的地址

24. 如果两台主机在同一子网内，则它们的 IP 地址与子网掩码进行________。

A. “与”操作，结果相同　　B. “或”操作，结果相同

C. “与非”操作，结果相同　　D. “异或”操作，结果相同

25. 当一个 IP 分组在两台主机间直接交付时，要求这两台主机具有相同的________。

A. IP 地址　　B. 主机号　　C. 物理地址　　D. 子网号

26. Internet 互连层的 4 个重要协议是 IP、ARP、RARP 和________。

A. TCP　　B. HTTP　　C. ICMP　　D. IMAP

27. OSI 参考模型中网络层的协议数据单元称为________。

A. 帧　　B. 分组　　C. 报文　　D. 信元

28. 工作在网络层的互连设备是________。

A. 转发器　　B. 网桥　　C. 路由器　　D. 网关

29. 下列 IP 地址中，属于 C 类的是________。

A. 59.67.148.5　　B. 190.123.5.89　　C. 202.113.16.8　　D. 224.0.0.234

30. 因特网的互连层协议中不包括________。

A. ICMP　B. SNMP　C. IP　D. RARP

31. 下列属于B类IP地址的是________。

A. 59.7.148.56　B. 189.123.5.89

C. 202.113.78.38　D. 223.0.32.23

32. IP协议向传输层提供的是________。

A. 无连接不可靠的服务　B. 面向连接不可靠的服务

C. 无连接的可靠的服务　D. 面向连接的可靠的服务

33. 某主机IP地址为202.113.78.38,对应的子网掩码为255.255.255.0,则该主机所在的网络地址为________。

A. 202.113.0.0　B. 202.113.78.1

C. 202.113.78.0　D. 202.113.78.255

34. 为使互联网能报告差错或提供意外情况信息,在互连层提供的协议是________。

A. TCP　B. IP　C. ARP　D. ICMP

35. 提供网络层的协议转换,并在不同网络之间存储和转发分组的网间连接器是________。

A. 转发器　B. 网桥　C. 路由器　D. 网关

36. IPv4网络中的C类网个数为________。

A. 2^{24}　B. 2^{21}　C. 2^{16}　D. 2^{8}

37. 可以用于表示地址块220.17.0.0～220.17.7.0的网络地址是________。

A. 220.17.0.0/20　B. 220.17.0.0/21

C. 220.17.0.0/16　D. 220.17.0.0/24

38. 设IP地址为18.250.31.14,子网掩码为255.240.0.0,则子网地址是________。

A. 18.0.0.14　B. 18.31.0.14

C. 18.240.0.0　D. 18.9.0.14

39. ICMP属于TCP/IP网络中的________协议,ICMP报文封装在IP包中传送。

A. 数据链路层　B. 网络层　C. 传输层　D. 会话层

40. RIP是一种基于________算法的路由协议,一个通路上最大跳数是15。

A. 链路状态　B. 距离矢量　C. 固定路由　D. 集中式路由

41. 在BGP4协议中,________报文建立两个路由器之间的邻居关系,update报文给出了新的路由信息。

A. 打开(open)　B. 更新(update)

C. 保持活动(keepalive)　D. 通告(notification)

42. ISP分配给某公司的地址块为199.34.76.64/28,则该公司得到的地址数是________。

A. 8　B. 16　C. 32　D. 64

43. 对下面4条路由:202.115.129.0/24、202.115.130.0/24、202.115.132.0/24和202.115.133.0/24进行路由汇聚,能覆盖这4条路由的地址是________。

A. 202.115.128.0/21　B. 202.115.128.0/22

C. 202.115.130.0/22　　D. 202.115.132.0/23

44. IP地址202.117.17.255/22是________地址。

A. 网络地址　B. 全局广播地址　C. 主机地址　D. 定向广播地址

45. 有一种特殊的IP地址叫做自动专用IP地址(APIPA),这种地址的用途是当无法自动获得IP地址时作为临时的主机地址,以下地址中属于自动专用IP地址的是________。

A. 224.0.0.1　B. 127.0.0.1　C. 169.254.1.15　D. 192.168.0.1

46. 某公司有2000台主机,则必须给它分配________个C类网络地址。为了使该公司的网络地址在路由表中只占一行,给它指定的子网掩码必须是________。

A. 2; 255.192.0.0　　B. 8; 255.255.248.0

C. 16; 255.255.240.0　　D. 24; 255.240.0.0

47. 如果子网172.6.32.0/20被划分为子网172.6.32.0/26,则下面的结论中正确的是________。

A. 被划分为62个子网　　B. 每个子网有64个主机地址

C. 被划分为32个子网　　D. 每个子网有62个主机地址

48. OSPF协议使用________报文来保持与其邻居的连接。

A. Hello　B. Keepalive　C. SPF　D. LSU

49. 下面________IP地址属于CIDR地址块120.64.4.0/22。

A. 120.64.8.32　　B. 120.64.7.64

C. 120.64.12.128　　D. 120.64.3.255

50. 在RIP路由协议中,当距离为________时表示目的不可达。

A. 15　B. 16　C. 17　D. 18

51. OSPF采用________向全网路由器发送它所知道的链路状态信息,只要当链路状态发生变化时,路由器才向它所在网络中的所有路由器洪泛此信息。

A. 定向洪泛法　B. 广播　C. 多播　D. 单播

52. IPv6地址长度为128位,基本头部固定为________B。

A. 20　B. 40　C. 60　D. 128

53. IPv6采用冒号分十六进制表示法,每________的二进制分成一组,并用4个十六进制数表示,每组之间用冒号分隔。

A. 8位　B. 16位　C. 32位　D. 48位

54. ________的主要功能是为位于不同地域的不同部门内部专用网络或合作伙伴网络之间提供加密的通信通道。

A. VPN　B. NAT　C. 防火墙　D. 入侵检测

55. ________是一种面向连接的三层交换技术,它的思想可以总结为"一次路由,多次交换"。

A. MPLS　B. VLAN　C. WLAN　D. ATM

56. 分类别的IP地址中,B类地址的默认子网掩码为________。

A. 255.0.0.0　　B. 255.255.0.0

C. 255.255.255.0　　D. 255.255.255.255

57. 运行RIP的路由器只与其相邻路由器交换信息,交换的信息为它本身的路由表,每隔________秒交换一次。

A. 20　　B. 30　　C. 40　　D. 180

58. RIP采用________协议来封装RIP报文。

A. TCP　　B. UDP　　C. IP　　D. ICMP

59. 当OSPF协议收敛时,网络中的所有路由器的________是相同的,OSPF就是利用这个数据库来计算得到路由表。

A. 链路状态数据库　　B. 路由表　　C. 路由度量　　D. 下一跳接口

60. IPv6的地址可以分为三类,以下________不属于IPv6的分类。

A. 单播　　B. 多播　　C. 任意播　　D. 广播

61. IP多播用________协议来管理多播组的成员关系。

A. ICMP　　B. IGMP　　C. OSPF　　D. UDP

62. ________的主要功能是为位于内部专用网络中的主机提供访问Internet的方法。

A. VPN　　B. NAT　　C. 防火墙　　D. 入侵检测

63. 假定IP地址为201.14.78.65,子网掩码为255.255.255.224,则该子网的地址是________。

A. 201.14.78.32　　B. 201.14.78.65

C. 201.14.78.64　　D. 201.14.78.12

64. 在ARP请求中,以太网中的目的MAC地址是________。

A. 48个0　　B. 48个1　　C. 32个0　　D. 32个1

65. 在IPv4中,如果其头部是28B,其数据字段是400B,那么按字节算其总长度字段的值是________。

A. 428　　B. 407　　C. 107　　D. 427

66. 当一个帧离开路由器接口时,其第二层封装信息中________。

A. 数据速率由10BASE-TX变为100BASE-TX

B. 源和目标IP地址改变

C. 源和目标MAC地址改变

D. 模拟线路变为数字线路

67. ARP的作用是________,它的协议数据单元封装在________中传送。ARP请求是采用________方式发送的。

A. 由MAC地址求IP地址,IP分组,单播

B. 由IP地址求MAC地址,以太帧,广播

C. 由IP地址查域名,TCP段,组播

D. 由域名查IP地址,UDP报文,点播

68. OSPF协议使用Hello报文来保持与其邻居的连接,下面关于OSPF拓扑数据库的描述中,正确的是________。

A. 每一个路由器都包含拓扑数据库的所有选项

B. 在同一区域中的所有路由器包含同样的拓扑数据库

C. 使用Dijkstra算法来生成拓扑数据库

D. 使用LSA分组来更新和维护拓扑数据库

69. ICMP 的功能包括________，当网络通信出现拥塞时，路由器发出 ICMP ________ 报文。

A. 传递路由信息，回声请求　　B. 报告通信故障，源抑制

C. 分配网络地址，掩码请求　　D. 管理用户连接，路由重定向

70. IP 地址分为公网地址和私网地址，以下地址中属于私网地址的是________。

A. 10.216.33.124　B. 127.0.0.1　C. 172.34,21.15　D. 192.32.146.23

71. 地址 192.168.37.192/25 是________，地址 172.17.17.255/23 是________。

A. 网络地址，网络地址　　B. 组播地址，主机地址

C. 主机地址，定向广播地址　　D. 定向广播地址，网络地址

72. 以下给出的地址中，属于子网 172.112.15.19/28 的主机地址是________。

A. 172.112.15.17　　B. 172.112.15.14

C. 172.112.15.16　　D. 172.112.15.31

73. 下面的地址中，属于全局广播地址的是________。

A. 172.17.255.255　　B. 0.255.255.255

C. 255.255.255.255　　D. 10.255.255.255

74. 续上一题，在如图 4-41 所示的网络中，IP 全局广播分组不能通过的通路是________。

A. a 与 b 之间的通路　　B. a 和 c 之间的通路

C. b 和 d 之间的通路　　D. b 和 e 之间的通路

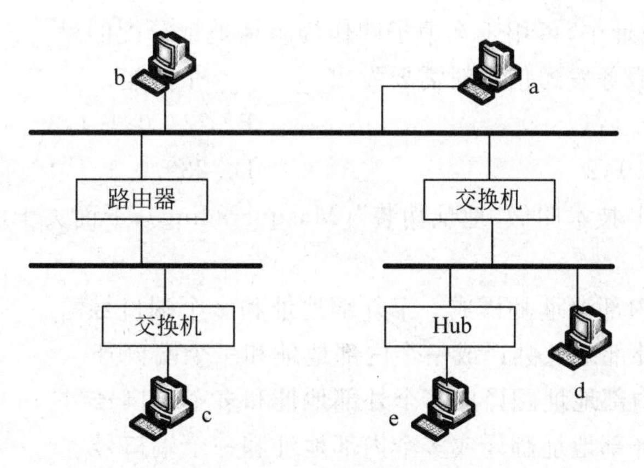

图 4-41　74 题图

75. 以下关于 ICMP 的说法中，正确的是________。

A. 由 MAC 地址求对应的 IP 地址

B. 在公网 IP 地址与私网 IP 地址之间进行转换

C. 向源主机发送传输错误警告

D. 向主机分配动态 IP 地址

76. 以下关于 RARP 的说法中，正确的是________。

A. RARP 根据主机 IP 地址查询对应的 MAC 地址

B. RARP 用于对 IP 协议进行差错控制

C. RARP根据MAC地址求主机对应的IP地址

D. RARP根据交换的路由信息动态改变路由表

77. 所谓“代理ARP”是指由________假装目标主机回答源主机的ARP请求。

A. 离源主机最近的交换机　　B. 离源主机最近的路由器

C. 离目标主机最近的交换机　　D. 离目标主机最近的路由器

78. 在距离矢量路由协议中，每一个路由器接收的路由信息来源于________。

A. 网络中的每一个路由器　　B. 它的邻居路由器

C. 主机中存储的一个路由总表　　D. 距离不超过两个跳步的其他路由器

79. 在BGP4协议中，________报文建立两个路由器之间的邻居关系。

A. 打开(open)　　B. 更新(update)

C. 保持活动(keepalive)　　D. 通告(notification)

80. 在BGP4协议中，________报文给出了新的路由信息。

A. 打开(open)　　B. 更新(update)

C. 保持活动(keepalive)　　D. 通告(notification)

81. 以下关于两种路由协议的叙述中，错误的是________。

A. 链路状态协议在网络拓扑发生变化时发布路由信息

B. 距离矢量协议是周期地发布路由信息

C. 链路状态协议的所有路由器都发布路由信息

D. 距离矢量协议是广播路由信息

82. 下面D类地址中，可用于本地子网作为组播地址分配的是________，一个组播组包含4个成员，当组播服务发送信息时需要发出________个分组。

A. 224.0.0.1,4　　B. 224.0.1.1,3

C. 234.0.0.1,2　　D. 239.0.1.1,1

83. 有一种NAT技术叫做“地址伪装”(Masquerading)，下面关于地址伪装的描述中正确的是________。

A. 把多个内部地址翻译成一个外部地址和多个端口号

B. 把多个外部地址翻译成一个内部地址和一个端口号

C. 把一个内部地址翻译成多个外部地址和多个端口号

D. 把一个外部地址翻译成多个内部地址和一个端口号

84. 把网络10.1.0.0/16进一步划分为子网10.1.0.0/18，则原网络被划分为________个子网。

A. 2　　B. 3　　C. 4　　D. 6

85. 下面关于IPv6的描述中，最准确的是________。

A. IPv6可以允许全局IP地址重复使用

B. IPv6解决了全局IP地址不足的问题

C. IPv6的出现使得卫星联网得以实现

D. IPv6的设计目标之一是支持光纤通信

86. 各种联网设备的功能不同，路由器的主要功能是________。

A. 根据路由表进行分组转发　　B. 负责网络访问层的安全

C. 分配 VLAN 成员　　　　　　　　　　　D. 扩大局域网覆盖范围

87. 如图 4-42 所示，若路由器 C 的 e0 端口状态为 down，则当主机 A 向主机 C 发送数据时，路由器 C 发送________。

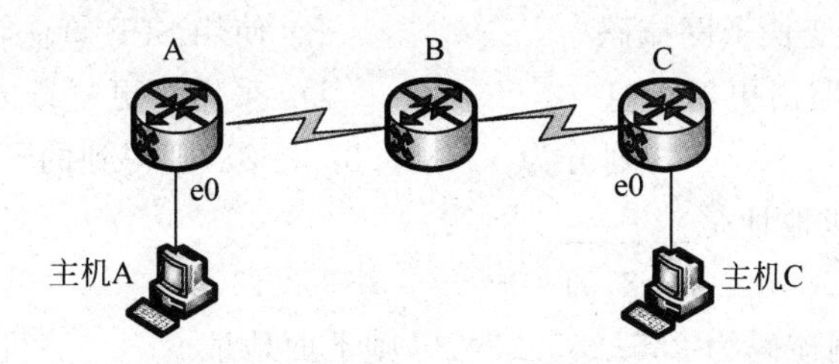

图 4-42　87 题图

A. ICMP 回声请求报文　　　　　　　　　B. ICMP 目标不可到达报文

C. ICMP 参数问题报文　　　　　　　　　D. ICMP 源抑制报文

88. 在网络层采用分层编址方案的好处是________。

A. 减少了路由表的长度　　　　　　　　B. 自动协商数据速率

C. 更有效地使用 MAC 地址　　　　　　　D. 可以采用更复杂的路由选择算法

89. 下列选项中，不采用虚电路通信的网络是________网。

A. X.25　　　　B. 帧中继　　　　C. ATM　　　　D. IP

90. 参见图 4-43，主机 A ping 主机 B，当数据帧到达主机 B 时，其中包含的源 MAC 地址和源 IP 地址是________。

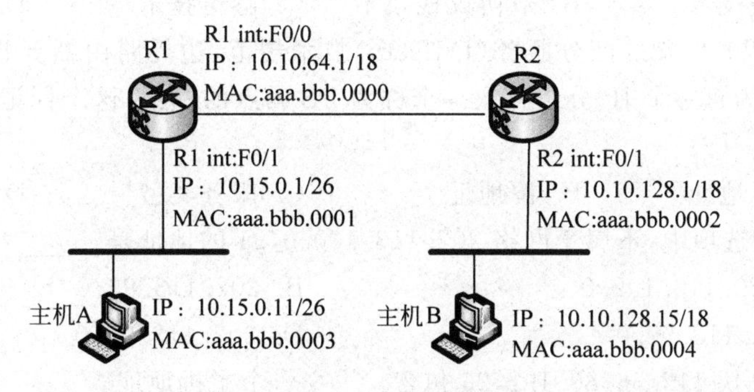

图 4-43　90 题图

A. aaaa.bbbb.0003 和 10.15.0.11　　　　B. aaaa.bbbb.0002 和 10.10.128.1

C. aaaa.bbbb.0002 和 10.15.0.11　　　　D. aaaa.bbbb.0000 和 10.10.64.1

91. 使用路由器对局域网进行分段的好处是________。

A. 广播帧不会通过路由进行转发

B. 通过路由器转发减少了通信延迟

C. 路由器的价格便宜，比使用交换机更经济

D. 可以开发新的应用

92. OSPF 网络可以划分为多个区域，下面关于区域的描述中错误的是________。

A. 区域可以被赋予 0～65 535 中的任何编号

B. 单域 OSPF 网络必须配置成区域 1

C. 区域 0 被称为主干网

D. 分层的 OSPF 网络必须划分为多个区域

93. 与 RIPv1 相比,RIPv2 的改进是________。

A. 采用了可变长子网掩码　　B. 使用 SPF 算法计算最短路由

C. 广播发布路由更新信息　　D. 采用了更复杂的路由度量算法

94. 把网络 117.15.32.0/23 划分为 117.15.32.0/27,则得到的子网是________个。每个子网中可使用的主机地址是________个。

A. 4,30　　B. 8,31　　C. 16,32　　D. 32,34

95. 如果指定子网掩码为 255.255.254.0,则下面地址________可以被赋予一个主机。

A. 112.10.4.0　　B. 186.55.3.0　　C. 117.30.3.255　　D. 17.34.36.0

96. 某个网络中包含 320 台主机,采用子网掩码________可以把这些主机置于同一个子网中而且不浪费地址。

A. 255.255.255.0　　B. 255.255.254.0

C. 255.255.252.0　　D. 255.255.248.0

97. 在 IPv4 向 IPv6 的过渡期间,如果要使得两个 IPv6 结点可以通过现有的 IPv4 网络进行通信,则该使用________。

A. 堆栈技术　　B. 双协议栈技术　　C. 隧道技术　　D. 翻译技术

98. 在 IPv4 向 IPv6 的过渡期间,如果要使得纯 IPv6 结点可以与纯 IPv4 结点进行通信,则需要使用________。

A. 堆栈技术　　B. 双协议栈技术　　C. 隧道技术　　D. 翻译技术

99. 按照 IETF 定义的区分服务(Diffserv)技术规范,边界路由器要根据 IP 协议头中的________字段为每一个 IP 分组打上一个称为 DS 码点的标记,这个标记代表了该分组的 QoS 需求。

A. 目标地址　　B. 源地址　　C. 服务类型　　D. 段偏置值

100. 下面的选项中,不属于网络 202.113.100.0/21 的地址是________。

A. 2020.113.102.0　　B. 202.113.99.0

C. 202.113.97.0　　D. 202.113.95.0

101. IP 地址块 112.56.80.192/26 包含________个主机地址。

A. 15　　B. 32　　C. 62　　D. 64

102. 续上一题,不属于这个网络的地址是________。

A. 112.56.80.202　　B. 112.56.80.191

C. 112.56.80.253　　D. 112.56.80.195

103. 下面的地址中属于单播地址的是________。

A. 125.221.191.255/18　　B. 192.168.24.123/30

C. 200.114.207.94/27　　D. 224.0.0.23/16

104. IPv6 地址的格式前缀用于表达地址类型或子网地址,例如,60 位地址 12AB00000000CD3 有多种合法的表示形式,下面的选项中,不合法的是________。

A. 12AB:0000:0000:CD30:0000:0000:0000:0000/60

B. 12AB::CD30:0:0:0:0/60

C. 12AB:0:0:CD3/60

D. 12AB:0:0:CD30::/60

105. IPv6 新增加了一种任意播地址，这种地址________。

A. 可以用作源地址，也可以用作目标地址

B. 只可以作为源地址，不能作为目标地址

C. 代表一组接口的标识符

D. 可以用作路由器或主机的地址

106. NAT 技术解决了 IPv4 地址短缺的问题，假设内网的地址数是 m，而外网地址数 n，若 $m>n$，则这种技术叫做________。

A. 动态地址翻译　　B. 静态地址翻译

C. 地址伪装　　D. 地址变换

107. 续上一题，若 $m>n$，且 $n=1$，则这种技术这叫做________。

A. 动态地址翻译　　B. 静态地址翻译

C. 地址伪装　　D. 地址变换

108. 边界网关协议 BGP4 被称为路径矢量协议，它传递的路由信息是一个地址前缀后缀________组成，这种协议的优点是可以防止域间路由循环。

A. 一串 IP 地址　　B. 一串自治系统编号

C. 一串路由编号　　D. 一串字网地址

109. 为了解决 RIP 形成路由环路的问题可以采用多种方法，下面列出的方法中效果最好的是________。

A. 不要把从一个邻居学习到的路由发送给那个邻居

B. 经常检查邻居路由的状态，以便及时发现断开的链路

C. 把从邻居学习到的路由设置为无限大，然后再发送给那个邻居

D. 缩短路由更新周期，以便出现链路失效时尽快达到路由无限大

110. ________时使用默认路由。

A. 访问本地 Web 服务器　　B. 在路由表中找不到目标网络

C. 没有动态路由　　D. 访问 ISP 网关

111. 链路状态路由协议的主要特点是________。

A. 邻居之间交换路由表　　B. 通过事件触发及时更新路由

C. 周期性更新全部路由表　　D. 无法显示整个网络拓扑结构

112. 根据图 4-44 的网络配置，发现工作站 B 无法与服务器 A 通信，________原因影响了两者互通。

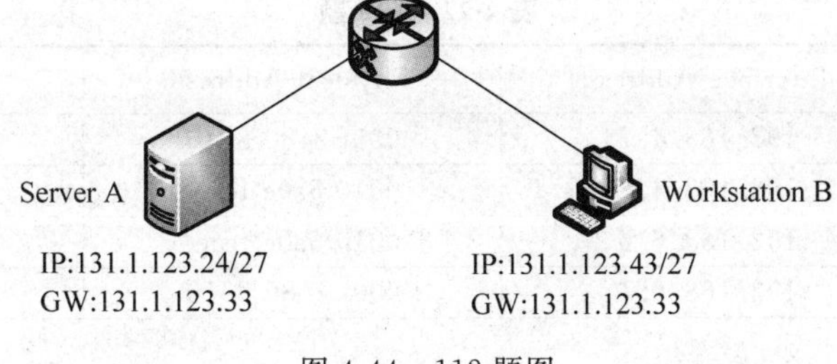

图 4-44　112 题图

A. 服务器 A 的 IP 地址是广播地址

B. 工作站 B 的 IP 地址是网络地址

C. 工作站 B 与网关不属于同一个子网

D. 服务器 A 与网关不属于同一个子网

113. 工作站 A 的 IP 地址是 202.117.17.24/28,而工作站 B 的 IP 地址是 202.117.17.100/28,当两个工作站直接相连时不能通信,________才能使得这两个工作站可以互相通信。

A. 把工作站 A 的地址改为 202.117.17.15

B. 把工作站 A 的地址改为 202.117.17.15

C. 把子网掩码改为 25

D. 把子网掩码改为 26

114. 运营商指定本地路由器接口的地址是 200.15.10.6/29,路由器连接的默认网关的地址是 200.15.10.7,这样配置后发现路由器无法 ping 通任何远程设备,原因是________。

A. 默认网关的地址不属于这个子网

B. 默认网关的地址是子网中的广播地址

C. 路由器接口地址是子网中的广播地址

D. 路由器接口地址是组播地址

115. 参见如图 4-45 所示的网络连接图,表 4-22 的 4 个选项是 Host A 的 ARP 表,如果 HOST A ping Host B,则 ARP 表中的________用来封装传输的帧。

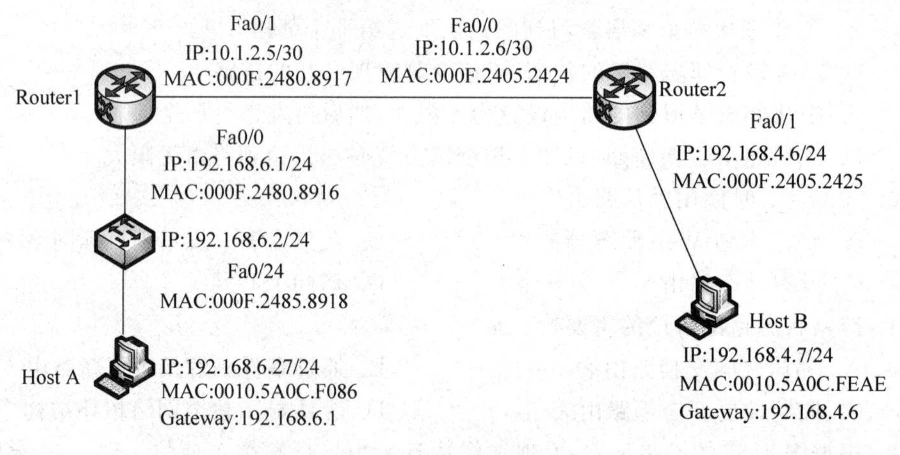

图 4-45　115 题图

表 4-22　115 题

	Interface Address	Physical Address	Type
A.	192.168.4.7	000f 2480 8916	dynamic
B.	192.168.4.7	0010 5a0c feae	dynamic
C.	192.168.6.2	0010 5a0c feae	dynamic
D.	192.168.6.1	000f 2480 8916	dynamic

116. 一个中等规模的公司,三个不同品牌的路由器都配置 RIPv1 协议。ISP 为公司分配的地址块为 201.113.210.0/24。公司希望通过 VLSM 技术把网络划分为三个子网,每个子网有 40 台主机,下面的配置方案中最优的是________。

A. 转换路由协议为 EIGRP,三个子网地址分别设置为 201.113.210.32/27, 201.113.210.64/27 和 201.113.210.92/27

B. 转换路由协议为 RIPv2,三个子网地址分别设置为 201.113.210.64/26, 201.113.210.128/26 和 201.113.210.192/26

C. 转换路由协议为 OSPF,三个子网地址分别设置为 201.113.210.16/28, 201.113.210.32/28 和 201.113.210.48/28

D. 转换路由协议为 RIPv1,三个子网地址分别设置为 201.113.210.32/26, 201.113.210.64/26 和 201.113.210.92/26

117. 多协议标记交换 MPLS 是 IETF 提出的第三层交换标准,以下关于 MPLS 的叙述中,正确的是________。

A. 带有 MPLS 标记的分组封装在 PPP 帧中传输

B. 传送带有 MPLS 标记的分组之前先要建立对应的网络连接

C. 路由器根据转发目标把多个 IP 聚合在一起组成转发等价表

D. MPLS 标记在各个子网中是特定分组的唯一标识

118. MPLS(多协议标记交换)根据标记对分组进行交换,MPLS 包头的位置应插入在________。

A. 以太帧头的前面　　B. 以太帧头与 IP 头之间

C. IP 头与 TCP 头之间　　D. 应用数据与 TCP 头之间

119. 为了确定一个网络是否可以连通,主机应该发送 ICMP ________报文。

A. 回声请求　　B. 路由重定向　　C. 时间戳请求　　D. 地址掩码请求

120. 在 OSI 参考模型中,上层协议实体与下层协议实体之回的逻辑接口叫做服务访问点(SAP)。在 Internet 中,网络层的服务访问点是________。

A. MAC 地址　　B. LLC 地址　　C. IP 地址　　D. 端口号

121. 网络地址和端口翻译(NAPT)用于________。

A. 把内部的大地址空间映射到外部的小地址空间

B. 把外部的大地址空间映射到内部的小地址空间

C. 把内部的所有地址映射到一个外部地址

D. 把外部的所有地址映射到一个内部地址

122. 续上一题,这样做的好处是________。

A. 可以快速访问外部主机　　B. 限制了内部对外部主机的访问

C. 增强了访问外部资源的能力　　D. 隐藏了内部网络的 IP 配置

123. 某 IP 网络连接如图 4-46 所示,主机 PC1 发出一个全局广播消息,无法收到该广播消息的是________。

A. PC2　　B. PC3　　C. PC4　　D. PC5

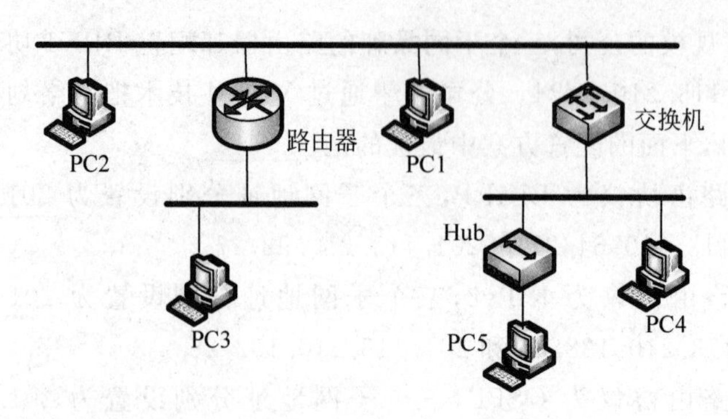

图 4-46　123 题图

124. 下列________设备可以隔离 ARP 广播帧。

A. 路由器　　B. 网桥　　C. 以太网交换机　　D. 集线器

125. 为了限制路由信息传播的范围，OSPF 协议把网络划分成 4 种区域，其中________的作用是连接各个区域的传输网络。

A. 不完全存根区域　　B. 标准区域

C. 主干区域　　D. 存根区域

第5章 运 输 层

运输层在5层模型中位于第4层,其上是应用层,其下是网络层,它将网络层提供的主机到主机的通信进一步扩展到进程到进程的通信。运输层运行在位于Internet边缘的端系统上,对上直接为不同的应用程序进程提供可靠的或尽力而为的通信服务,对下则有效利用网络层提供的服务。运输层是TCP/IP分层网络体系结构中承上启下的重要环节。

运输层的主要任务是在源主机和目的主机之间提供可靠的、性价合理的端到端的数据传输功能,并且与所使用的物理网络完全独立。

本章与第4章的IP技术是基于TCP/IP分层网络体系结构的核心内容,本章将根据运输层的主要任务进行展开,主要讨论TCP实现可靠传输的主要技术。

本章重点:

(1) 运输层的作用及两个主要协议。

(2) UDP结构与应用。

(3) TCP服务、确认机制、报文格式及连接管理。

(4) TCP可靠传输机制与实现。

(5) TCP流量控制。

(6) TCP拥塞控制。

5.1 运输层概述

5.1.1 运输层的地位与作用

从网络设计者的角度看,有两种因素促使网络为应用进程提供端到端的运输层服务。一是基于IP的网络层只能提供尽力而为的主机到主机的服务,经过IP传输的报文可能会出现丢失、乱序和重复等现象。二是应用层的应用进程通常希望能够得到一些基本的网络服务,包括在同一个主机上能够运行多个应用进程;保障报文可靠传输;保障发送方和接收方能够协调工作,不至于因双方性能差异而导致传输出错;支持任意长的报文等。

图5-1显示了运输层的基本工作过程。从图中可以看到,运输层只在网络两侧的主机中运行,而路由器并没有运输层。主机A上运行的应用进程AP1(如浏览器、网络游戏、即时聊天工具等)和AP2与主机B上运行的应用进程AP3和AP4通过网络进行通信。

在发送方,运输层可从不同**端口**接收来自多个应用进程的报文,并将它们**复用**成一个运输层报文,然后向下传给网络层。网络层则将收到的运输层报文封装成IP数据报并向下传给数据链路层。第4章已经讨论过,路由器只处理IP数据报的报头部分,而对IP数据报的

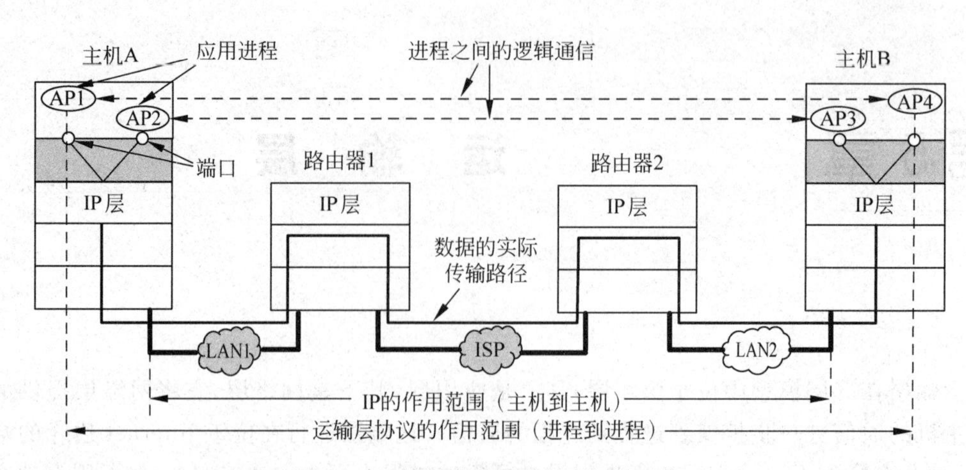

图 5-1　运输层进程到进程之间的通信

数据部分(即运输层报文)并不处理,因此,运输层报文对路由器而言是透明的。

在接收方,网络层从 IP 数据报中提取出运输层报文并向上提交给运输层。运输层根据**端口号**将报文**解复用**成多个应用层报文,然后分别向上提交给对应端口的应用进程。

根据第 4 章和上面的讨论,我们可以清晰地知道,IP 地址标识了一台主机的一个网络接口(或者说标识了一台主机),它能将一个 IP 数据报准确地传送到目的主机,实现主机到主机的端端通信。但数据的最终目的地是主机中的应用进程,而不是网络接口。因此,运输层需要在网络层的基础上进一步将通信拓展到进程到进程的端端通信。图 5-1 示例了 IP 的作用范围和运输层协议的作用范围。

5.1.2　运输层的两个主要协议

TCP/IP 模型运输层的两个主要协议分别是 UDP 和 TCP,它们都是 Internet 的正式标准。

(1) UDP(User Datagram Protocol,用户数据报协议)。

(2) TCP(Transmission Control Protocol,传输控制协议)。

UDP 和 TCP 在协议模型中的位置如图 5-2 所示。

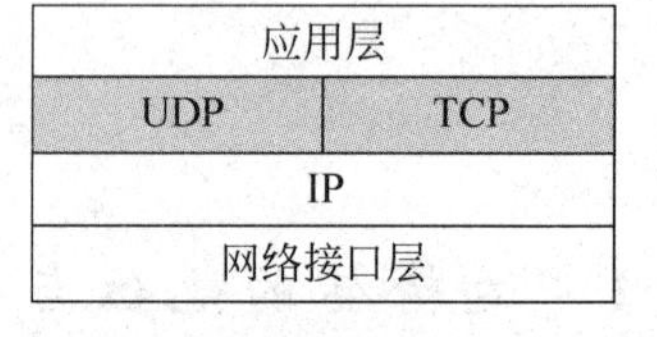

图 5-2　TCP/IP 模型中的运输层协议

1. UDP 及其服务

UDP 是一种提供最少服务的轻量级运输层协议。**UDP 是无连接的**,因此在通信之前不需要建立连接。UDP 提供了一种不可靠的数据传输服务,它不保证报文一定能到达接收进程,而且报文到达接收进程的顺序也可能与发送时的顺序不同,这一点与 IP 协议是类似的。

UDP 没有拥塞控制机制,所以 UDP 的发送方可以以任意速率向网络注入数据。

由于实时应用程序通常能容忍少量丢包以及 UDP 的上述特性,很多实时应用程序都采用 UDP 来传输数据。

2. TCP 及其服务

TCP 提供面向连接的、可靠数据传输和拥塞控制等服务。

(1) 面向连接:通信双方在通信之前需要先建立 TCP 连接,这条连接是全双工的,允许通信双方同时收发数据。通信结束后需要断开该TCP连接。

(2) 可靠数据传输：TCP能够为进程数据传输提供无差错、按序交付和无重复的服务。

(3) 拥塞控制服务：当检测到拥塞时，TCP的拥塞控制机制会抑制发送方的发送速率，使得向网络注入数据的速率变小。这种服务有利于提高Internet的整体性能，但对一对通信进程而言并不一定有直接的好处。这是因为当出现拥塞时，TCP的拥塞控制机制会抑制发送方的发送速率，这显然会对有最低带宽要求的实时应用产生严重影响。

3. 常用的TCP和UDP应用

表5-1给出了使用UDP或TCP的常用网络应用实例。

对带宽要求不高的网络应用属于**弹性服务**(Elastical Service)。对时延不敏感的网络应用，较长的网络时延会影响用户的使用体验，但不会对应用造成有害影响，这类应用更关注的是数据传输的完整性，例如文件传输。而对时延敏感的网络应用，通常允许有少量的数据包丢失，例如在多媒体通信中，偶尔的丢包只会对音/视频的播放造成偶尔的干扰，而且通常可以用技术手段将这些丢包部分或全部隐藏起来。

表5-1 使用UDP或TCP的常用应用实例

应　用	应用层协议	运输层协议	带宽要求	时延敏感
域名解析	DNS	UDP	弹性	不
文件传送	TFTP	UDP	弹性	不
路由选择协议	RIP	UDP	弹性	不
IP地址配置	DHCP	UDP	弹性	不
网络管理	SNMP	UDP	弹性	不
远程文件服务器	NFS	UDP	弹性	不
IP电话	专用协议	UDP	几kb/s～5Mb/s	是，几秒
流式多媒体通信	专用协议	UDP	几kb/s～1Mb/s	是，几秒
发送电子邮件	SMTP	TCP	弹性	不
接收电子邮件	POP3	TCP	弹性	不
远程终端接入	TELNET	TCP	弹性	不
万维网	HTTP	TCP	弹性(几kb/s)	不
文件传送	FTP	TCP	弹性	不

5.1.3 运输层端口与套接字

1. 端口及其作用

TCP和UDP使用**协议端口**来关联通信的某个应用进程，**协议端口简称端口**。TCP和UDP通过端口与应用层的应用进程进行交互，不同端口关联了应用层中的不同应用进程。端口相当于OSI运输层与上层接口处的服务访问点SAP。

端口是一种抽象的软件结构，包括一些数据结构和输入/输出缓存队列。应用程序与端口绑定(Binding)后，操作系统就创建输入/输出队列，暂存运输层和应用进程之间所交换的数据。

为了标识不同的端口，**每个端口都拥有一个端口号**(Port Number)，端口号用整数标识。由于TCP和UDP是完全独立的两个软件模块，它们的端口也相互独立，它们的端口号可以相同,但并不冲突。TCP 和 UDP 都规定使用 16 位的端口号,均可提供 65 536 个端口。

运输层通过端口机制提供了**复用**(Multiplexing)和**解复用**(Demultiplexing)的功能,使得 TCP 和 UDP 可以和应用层的多个应用进程交互。在发送端,TCP 或 UDP 可以将来自不同端口的多个应用进程报文复用成一个 TCP 或 UDP 报文。而在接收端,根据目的端口号将一个 TCP 或 UDP 报文解复用成多个应用进程报文,并向上提交给对应端口关联的应用进程。

2. 套接字

在网络环境中,为了唯一标识运输层的一个通信端点,无论是 TCP 还是 UDP,都使用 IP 地址和端口号的二元组来标识。例如,<主机 IP 地址,端口号>,这个二元组就是一个**套接字**(Socket)。

TCP 是面向连接的,在通信之前要建立连接,TCP 连接应该包括本地和远端的一对端点。因此,一个 TCP 连接实际上使用了两个套接字,即用如下四元组来描述:

<源主机 IP 地址,源端口号; 目的主机 IP 地址,目的端口号>

3. 两类端口

通信时主机上的应用程序如何得到一个端口号,以及它如何知道网络上另一台主机的应用程序所使用的端口号呢? 为了解决这个问题,TCP/IP 设计了一套有效的端口分配和管理办法,将端口分为两大类:一类是**保留端口**,另一类就是**自由端口**。

Internet 上的各种应用中,如 FTP、DNS、电子邮件和 WWW 等应用进程的交互方式一般都采用客户/服务器(Client/Server,C/S)模式。客户机和服务器分别是两个应用进程,服务器被动地等待服务请求,客户机向服务器主动发出服务请求,服务器做出响应并返回服务结果,从而为用户提供各种网络应用服务。保留端口和自由端口的设计正适应了 C/S 这种交互模式。

保留端口以全局方式进行统一分配并分布于众,因此这种端口又称为**周知端口**(Well-Known Port)。保留端口分配给服务器进程使用,每一种标准服务器都分配一个周知端口号。不同主机采用不同的技术实现同样的标准服务器,也都使用同样的端口号。

TCP 和 UDP 均规定**号码为 0~1023 的端口为保留端口**,它们由 Internet 名字和号码分配公司 ICANN 管理。

常用的保留端口号如表 5-2 所示。

表 5-2 常用保留端口

端口号	应用协议	使用 TCP 或 UDP	描 述
7	Echo	TCP/UDP	回应一个已接收的数据报给发送方
9	Discard	TCP/UDP	丢弃收到的任何分组
11	Users	TCP/UDP	活动用户数
13	Daytime	TCP/UDP	返回日期和时间
17	Quote	TCP/UDP	返回当天是星期几
19	Chargen	TCP/UDP	返回字符串
20	FTP,Data	TCP	文件传输协议(数据连接)
21	FTP,Control	TCP	文件传输协议(控制连接)

续表

端口号	应用协议	使用 TCP 或 UDP	描　述
23	Telnet	TCP	终端网络
25	SMTP	TCP	简单邮件传输协议
53	NameServer	TCP/UDP	域名服务器端口
67	Bootps	TCP/UDP	下载引导程序信息的服务器端口
68	Bootpc	UDP	下载引导程序信息的客户端端口
69	TFTP	UDP	简单文件传输协议
79	Finger	TCP	查找 Internet 用户的程序
80	HTTP	TCP	超文本传输协议
111	RPC	TCP/UDP	远程过程调用
123	NTP	UDP	网络时间协议
161	SNMP	UDP	简单网络管理协议
162	SNMP	UDP	简单网络管理协议(trap)

号码为 1024～65 536 的端口为自由端口,自由端口在本地分配和使用。当某一客户应用进程与远端应用进程通信之前,首先在本地申请一个自由端口号,然后使用周知端口与远端服务器进行通信。

最后需要强调一下,**端口号只具有本地意义**,它只是为了标识本计算机应用层中的各个应用进程在和运输层交互时的层间接口。在 Internet 的不同计算机中,相同的端口号是没有关联的,也不会产生冲突。

5.2　用户数据报协议

UDP 是无连接的、不可靠的传输层协议。除了将 IP 提供的主机到主机的通信服务扩展到进程到进程的通信服务外,UDP 没有对 IP 服务增加任何东西。但由于 UDP 的简单性以及开销小等特性,在很多发送短报文,且不是很在意可靠性的应用场合,UDP 还是很方便的协议,多媒体和多播应用也常使用 UDP。

5.2.1　UDP 结构

UDP 报文常被称为**用户数据报**,其报文格式如图 5-3(a)所示。**UDP 报文的报头长度固定为 8B**。当 UDP 报文向下传给 IP 层时,整个 UDP 报文将作为 IP 数据报的数据被封装成 IP 数据报,其中,IP 头部中的协议字段的值为 17,表示 IP 数据报的数据区是 UDP 报文。

UDP 报头各字段的含义简要说明如下。

(1) 源端口(Source Port):16b,发送端 UDP 端口号,当不需要返回数据时,该字段值为 0。

(2) 目的端口(Destination Port):16b,接收端 UDP 端口号。

(3) 长度(Length):16b,指整个 UDP 报文的长度,包括头部和数据部分,最小值为 8B,即不携带数据。

(4) 校验和(Checksum):16b,这是一个可选字段,其作用是用于接收方检查 UDP 报文的完整性。如果值为“0”就表示不计算校验和。UDP 校验和的计算方法与 IP 校验和计

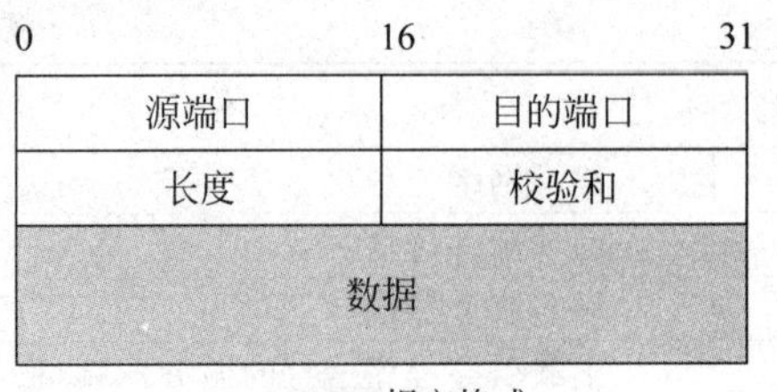

(a) UDP报文格式

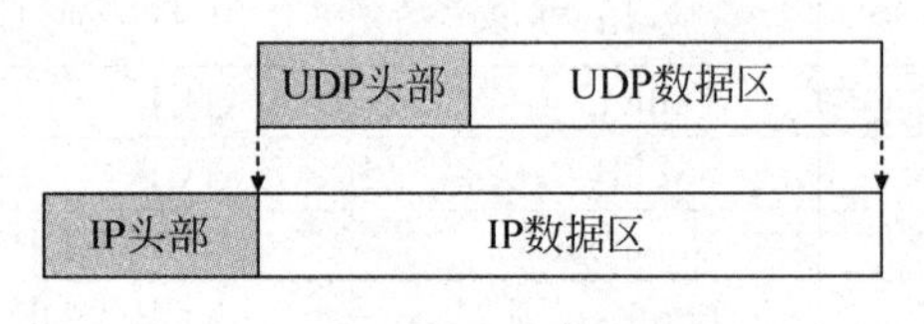

(b) UDP报文被封装成IP数据报

图 5-3　UDP 报文格式

算方法一样。

从图 5-3(a)可以看出,UDP 报文并没有包括源结点和目的结点的 IP 地址。运输层只需要识别出端口即可,识别主机的任务由 IP 层来完成。

但 UDP 在计算校验和时,除了校验 UDP 报文的头部和数据外,还要校验 IP 数据报头部的一部分字段,这就是**伪头部**(Pseudo Header),也称**伪报头**。伪头部共 12B,由如图 5-4 所示的字段组成。

源IP地址		
目的IP地址		
填充域	协议	UDP长度

图 5-4　UDP 伪头部格式

UDP 伪头部中的源 IP 地址、目的 IP 地址和协议字段的值来自于 IP 数据报的头部。填充域占 1B,值为 0,其作用是保证伪头部的长度为 32 的倍数。UDP 长度是指 UDP 报文的长度。

最后需要特别说明的是,**伪头部并不属于 UDP 报文**,它只是在计算 UDP 报文校验和时临时与 UDP 报文合在一起,校验和计算完之后就被丢弃了。这样做的目的是为了验证 UDP 报文是否传送到了正确的目的主机。在前面讨论端口与套接字时已经知道,标识一个通信端点需要二元组< IP 地址,端口号>,但 UDP 报文只包含端口号,因此需要由伪头部来补充 IP 地址。

5.2.2　UDP 的特点与应用

和 TCP 相比,UDP 具有以下特点。

1. 无连接

UDP 传送数据前不需要与对方建立连接就可以发送数据。

2. 可靠性差

UDP 校验和是检验数据正确传输与否的唯一手段,而且还是可选的。即使选择了校验和,当出现校验差错时,UDP 也不进行差错控制,而是交给上层处理。另外,由于 UDP 是无连接的,因此,报文不一定按照发送顺序到达接收端。而且 UDP 也不对收到的报文进行排序,在 UDP 报文的头部中没有关于数据顺序的信息,所以接收端也无从排起。

UDP 对接收到的报文不发送确认信息,发送端不知道报文是否有被正确接收,对发生了差错的报文也不会重发。

3. 效率高

由于 UDP 报文的头部只有 8B 的开销，而且通信前不需要建立连接，较之 TCP 有更高的传输效率。

4. 没有流量控制和拥塞控制

由于缺乏流量控制和拥塞控制，基于 UDP 的应用程序必须根据情况自己采取适当的传输控制处理。

5. 适合传输实时数据

UDP 适用于要求简单的请求－响应通信进程，该通信过程几乎不关心流量和差错控制。UDP 经常与实时传输协议一起使用，提供一种实时数据的运输层机制，如 IP 电话、视频会议和网络游戏等多媒体实时应用。

但 UDP 不适用于传输大量数据的进程，如文件传输 FTP。

5.3 传输控制协议

5.3.1 TCP 服务

1. 字节流传输服务

UDP 是面向报文的服务，也就是说，在 UDP 中，应用进程发送一个应用报文(一个大的数据块)给 UDP 时，UDP 只是简单地在该应用报文的前面附加一个 UDP 头部，然后向下传给 IP 层。而接收端的 UDP 将收到的 UDP 报文直接去除 UDP 头部后向上提交给应用进程，在整个过程中，UDP 并不对应用报文中的数据进行操作。

TCP 是一个面向字节流的协议，这就意味着 TCP 允许发送进程传递字节流形式的数据，并且接收进程也以字节流形式接收数据。在建立 TCP 连接时，该 TCP 连接就像是连接两个通信进程的一条数字管道，在这条管道上，发送进程产生字节流，这些字节流将按顺序、源源不断地流向接收进程，接收进程则按顺序、源源不断地接收字节流。如图 5-5 示例了这种通信场景。

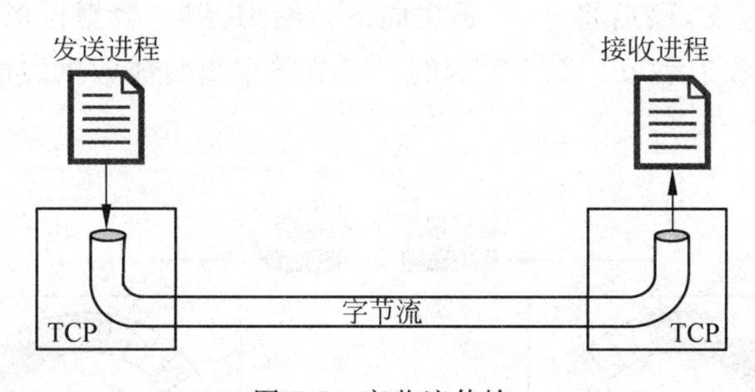

图 5-5　字节流传输

2. 发送和接收缓存

因为发送和接收进程可能以不同的速度产生与接收数据，所以 TCP 需要设置一个缓存以便消除这种差异，避免高速的发送数据流将低速的接收端淹没。TCP 在建立连接时，通信双方协商并各自创建一个适当大小的发送缓存和接收缓存。实现缓存的一种方法是使用

1B 的存储单元循环数组，如图 5-6 所示。

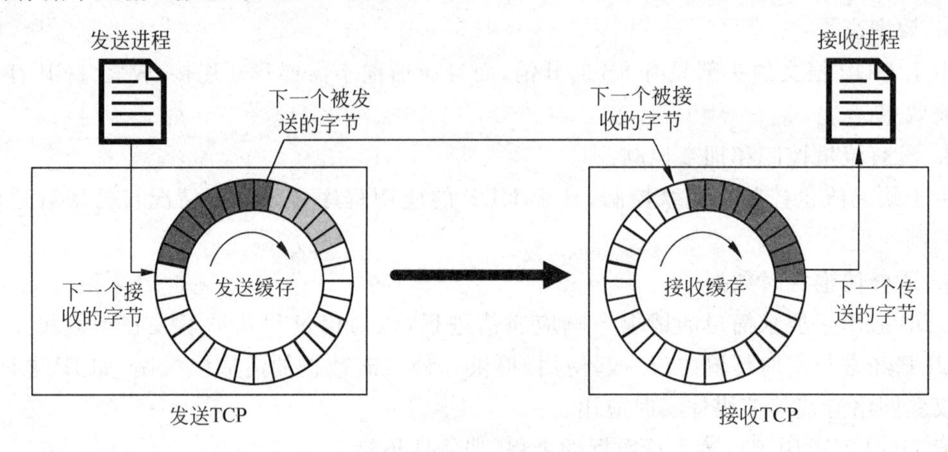

图 5-6　发送和接收缓存

为了简化，这里只画了一个方向上的两个相同大小的缓存，每个缓存有 32B。实际上 TCP 连接是全双工的，数据传输是双向的，缓存通常为几百或上千字节，缓存的大小也不一定相同。

在图 5-6 中，发送端的缓存被分成三种类型。白色的部分为空白存储单元，它可以接收和存储发送进程传下来的字节数据。浅灰色底纹的存储单元为已发送出去但还没有收到确认的字节数据。当这些字节数据得到确认后，浅灰色的存储单元中的数据将被清空，存储单元将被回收作为空白存储单元。深灰色的存储单元用于存放即将发送的字节数据。

在接收端的缓存中，存储单元只有两种类型，一是空白的存储单元，它可以接收和存储来自网络的字节数据。灰色底纹的存储单元为接收到的字节数据，当这些字节数据被接收进程接收和处理后，相应的存储单元就会被回收并作为空白存储单元。

3. 字节与数据段

由于 IP 层向运输层提供的是分组传输服务，而不是字节流。因此，运输层中的 TCP 需要将发送缓存中的多个待发字节数据组装成一个**数据段**，然后在该数据段的前面附加一个 TCP 头部构成 TCP 报文，最后将 TCP 报文向下传给 IP 层。数据段的长度不一定相同，通常可能包含数百或者数千字节。图 5-7 示例了字节数据组装成数据段的过程。

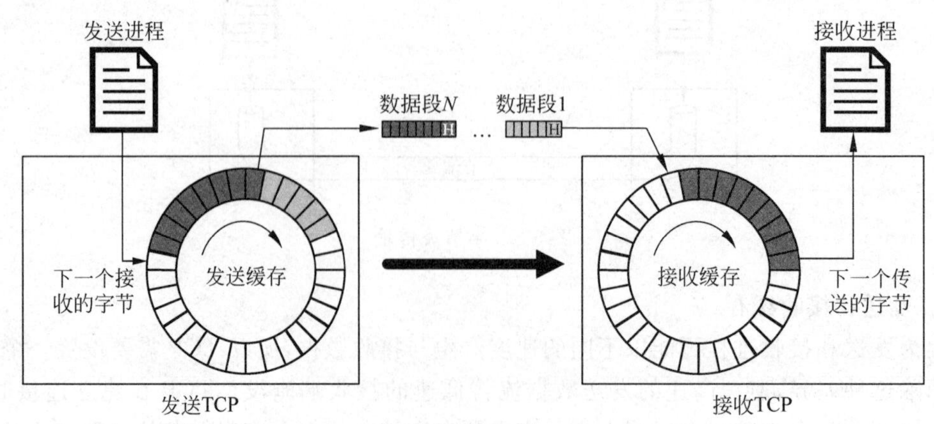

图 5-7　字节被组装成数据段

4. 全双工服务

TCP 提供全双工服务,数据能同时双向流动,每一方 TCP 都有发送和接收缓存,能同时发送和接收数据。

5. 面向连接服务

TCP 是面向连接的,一个应用进程需要与另一个应用进程通信时,必须先经过三次握手建立一个 TCP 连接;然后双方交换数据。当双方进程都没有数据要交换时,就断开 TCP 连接,并释放它们的缓存。

6. 可靠服务

TCP 是一种可靠的运输层协议,它使用确认机制来检查数据是否安全而且准确地到达了目的端。

5.3.2 TCP 字节编号与确认机制

1. 字节编号

虽然 TCP 将字节流组装成数据段之后发送,但 TCP 仍然只对字节流按字节进行编号,而不是按数据段编号。

每次建立 TCP 连接时,通信双方各自独立在 $0 \sim 2^{32}-1$ 随机选取一个整数作为本次通信第 1 个字节数据的编号,这个整数叫做**初始序号**(Initial Sequence Number,ISN),之后的每个字节数据均在此 ISN 的基础上依次加 1 进行编号。

TCP 定义了**最大报文段生存时间**(Maximum Segment Lifetime,MSL),RFC 793 规定的 MSL 为 120s。在一个 MSL 内,通信的任一端不能出现相同的 ISN,否则将会给接收方造成混淆。为了避免产生相同的 ISN,TCP 将序号空间设置为 32s,但对现在吉比特及以上高速网络来说,产生重复的 ISN 只需要数十秒甚至几秒的时间,远远小于一个 MSL 的时间。为此,TCP 使用了时间戳选项,收发双方将 32 位的序号和 32 位的时间戳选项组合在一起来解决 ISN 可能重复的问题。

为了标识每个 TCP 数据段,**TCP 规定将每个数据段的第一个字节的编号作为该数据段的序号**。

例如,在建立 TCP 连接时,发送方选取的 ISN 为 10000,并发送了 6000B 的数据,这些数据被组装成 5 个数据段进行传输,其中,前 4 个数据段长度为 1000B,最后一个数数据长度为 2000B,则每个数据段的序号及组成这个数据段的字节数据的编号范围如表 5-3 所示。

表 5-3　数据段序号及字节数据编号示例

数据段	数据段序号	字节数据编号范围
数据段 1	10000	10000～10999
数据段 2	11000	11000～11999
数据段 3	12000	12000～12999
数据段 4	13000	13000～13999
数据段 5	14000	14000～15999

2. TCP 确认机制

TCP 提供可靠服务的前提条件是 TCP 的确认机制。TCP 的确认机制的基本思想就是发送方发送的每个字节数据都要在规定的时间内得到接收方的确认。但在实现时，TCP采用**累计确认**方式，即接收方对正确接收的、按序到达的连续字节流只要确认最后一个字节即可。接收方在确认时，确认号是数据段的最后一个字节的编号加1，表示该字节编号之前的所有数据均已正确接收，并指明期望接收下一个数据段的序号。例如，对于如表5-3所示的5个数据段组成的TCP报文，确认号分别为11000、12000、13000、14000和16000。

为了提高效率，TCP的实现可以使用**延迟确认**算法[RFC 2581]。该算法的基本思想是TCP不必每收到一个报文就立即发回确认，而是推迟一段时间，等收到一个以上连续的报文后，对最后一个按序到达的报文进行确认即可。TCP规定延迟确认的延迟时间不能超过500ms，太长的确认延迟可能导致发送方不必要的超时重传。如果延迟等待期间接收方有数据要发送给发送方，接收方TCP还可以使用数据**捎带确认**，即在数据中将确认信息捎带了一并发送给发送方。

如果TCP报文因为传输错误或丢失等原因造成失序，接收方的TCP就立即发出一个对期望接收序号的确认，以便通知发送方可能出现了报文丢失。对于这个失序但没有差错的报文，接收方应该如何处理，TCP标准没有明确规定，通常有Go-Back-N（回退N）和ARQ（自动重传）两种算法，具体算法将在后面介绍。

5.3.3 TCP报文格式

TCP实体之间传输的协议数据单元PDU称为**TCP报文**，也称**TCP报文段**，其报文格式如图5-8所示。TCP头部由固定头部和选项两部分组成，其中，前面20B为固定头部（浅灰色部分），后面可以有选项（白色部分）。

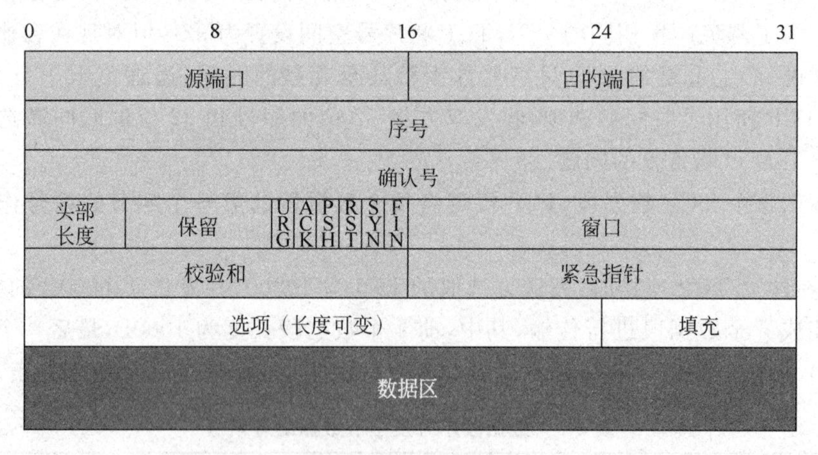

图5-8　TCP报文格式

TCP报文格式中各字段含义说明如下。

(1) 源端口和目的端口：各占16b，分别表示源服务访问点和目的访问点。

(2) 序号：32b，即本报文中第一个字节数据的编号。

(3) 确认号：32b，即本报文中最后一个字节数据的编号加1后的值。表示该编号之前的字节数据均已正确接收，并指明下一个要接收的字节数据的编号。

(4) 头部长度：占4b，表示TCP报文头部的长度，包括20B的固定头部和可变长的选项。和IP头部长度字段一样，该字段也是以32位字为单位，最小值为5，表示TCP头部最小长为 5×32＝160b＝20B；最大值为 15，表示 TCP 头部最长为 60B。

(5) 保留：占 6b，保留将来使用，其值全部为 0。

(6) 标志：共 6b，表示各种控制信息，各标志位各占 1b，其含义说明如下。

① URG，该位**置位**(就是将该位的值设置为 1)表示后面的紧急指针字段有效，表明此报文中有紧急数据，应尽快发送。

② ACK，该位置位表示确认号字段的值有效。

③ PSH，该位置位表示推进功能有效，适用于实时场合，设置有该位的 TCP 报文将被立即发送，且接收端也会立即将该报文交付给应用进程，该位很少使用。

④ RST，该位置位表示 TCP 连接中出现严重差错(如主机崩溃等)，必须释放连接，然后再重新建立连接。也用于表示拒绝一个非法连接。

⑤ SYN，该位置位表示与序号同步，用于建立 TCP 连接；当 TCP 报文中的 SYN＝1 和 ACK＝0 时，表明它是一个连接请求；若对方同意建立连接，应在响应的 TCP 报文中置 SYN＝1 和 ACK＝1。

⑥ FIN，该位置位表示数据发送完毕，请求释放连接。

(7) 窗口：占 16b，表示自己的接收窗口的大小，也就是告诉对方自己的缓存最多还可以接收多少字节的数据，发送方将据此调节发送窗口的大小，即发送速率。

(8) 校验和：占 16b，其校验范围包括整个 TCP 头部和伪头部，TCP 的伪头部与如图 5-4 所示的 UDP 伪头部类似，不同的是在 TCP 伪头部中，协议字段的值为 6，长度改为 TCP 报文长度。

(9) 紧急指针：占 16b，只有 URG 位置位时才起作用，表示该报文中紧急数据的位置。从序号开始到紧急指针处之间的数据是紧急数据，其他则是普通数据。

(10) 选项：该字段长度可变，最大可达 40B。目前常用的选项有以下 4 种，其格式如图 5-9 所示，图中括号内的数字表示该字段的字节数。

① MSS(Max Segment Size，最大段长)：用于指明本网络能接收的 TCP 报文中的最大数据长度，该长度不包括 TCP 头部。其格式如图 5-9(a)所示。在实际应用中，在建立 TCP 连接时，MSS 的值取双方声明的较小 MSS 值，如果一方没有声明，则取默认值 536B。

② WScale(Window Scale Option，窗口比例因子选项)：由于 TCP 固定头部中的窗口字段占 16b，最多可以表示 64KB，这一大小在现代高速网络中已不够用了，于是增设该选项来增加窗口的大小，该字段的格式如图 5-9(b)所示。移位数 S 表示原来的 16 位窗口值向左移位 S 位，新的窗口所占的位数就扩到了 $16+S$ 位，S 的最大值为 14，因此，窗口最大可扩展到 $2^{16+14}=2^{30}=16\,384\times 64$KB。比如当前窗口大小为 48 000，$S$ 为 3，则扩展后的窗口大小为 $48\,000\times 2^3=48\,000\times 8=384\,000$。

③ 时间戳(Timestamp)：该选项占 10B，其格式如图 5-9(c)所示。时间戳选项有以下两个功能。

- 用于计算往返时间 RTT。发送方在发送 TCP 报文时把当前时钟的时间值放入时间戳字段，接收方在确认该报文时把时间戳字段的值复制到时间戳回送字段。这样，发送方在收到确认报文后，可以准确地计算出 RTT。
- 用于处理 TCP 序号重复的问题，这个问题在 5.3.2 节中已经介绍了。

④ SACK(Selective ACK，选择确认)：该选项的格式如图 5-9(d)所示。当报文未按序

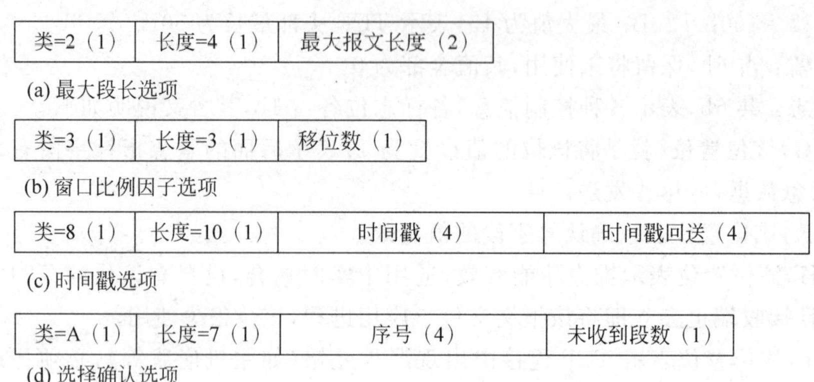

图 5-9　TCP 报文头部的常见选项

到达时，该字段使得接收方能告诉发送方哪些报文丢失等信息，发送方将根据这些信息只重传那些丢失的报文。其中，序号为丢失报文的序号，未收到的段数是根据 MSS 计算出来的。

（11）填充：补齐 32 位字边界，使得 TCP 头部长度为 32 位的整数倍。该字段要么不存在，存在则其长度一定是 8 的整数倍。

5.3.4　TCP 连接管理

1. 建立 TCP 连接

TCP 是面向连接的协议，建立 TCP 连接的过程被形象地称为**三次握手**过程，其过程及连接状态变化如图 5-10 所示，其中的 Seq 为序号，Ack 为确认号，[SYN]表示 SYN 标志置位，[SYN，ACK]表示 SYN 和 ACK 标志置位。

在建立连接之前，客户端和服务器端的 TCP 进程都处于 CLOSED 状态。当服务器 TCP 进程接收到来自服务器应用程序的被动开启请求后，服务器的 TCP 进程就进入到 LISTEN 状态，以监听客户端的连接请求。

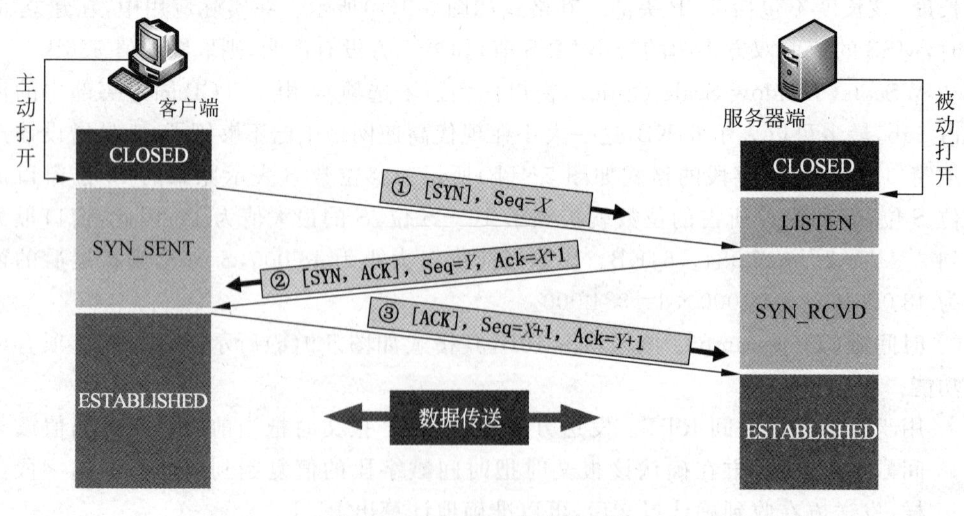

图 5-10　TCP 三次握手过程

建立 TCP 连接的三次握手过程说明如下。

第一次握手：当客户端打算与服务器端建立 TCP 连接时，就主动发送标志位 SYN 置位的 TCP 报文给服务器端以请求建立 TCP 连接，其中，报文中的序号字段 Seq＝X。TCP 规定，SYN 标志置位的 TCP 报文不能携带数据，但要消耗掉一个序号。这时，客户端的 TCP 进程将从 CLOSED 状态转到 SYN_SENT 状态。

第二次握手：服务器端接收到连接请求报文后，如同意建立连接，则选择自己的序号 Seq＝Y，并向客户端返回标志位 SYN 和 ACK 均置位的确认报文，其中，确认号 Ack＝X＋1。这时 TCP 服务器进程进入到 SYN_RCVD 状态。

第三次握手：客户端收到确认报文后就表明本端的 TCP 连接已经建立，TCP 进程进入到 ESTABLISHED 状态。此时，客户端的应用进程就可以利用此连接向服务器发送数据，但此时仍然需要向服务器发出确认报文，该确认报文可以稍带在用户数据报文中一并发送给服务器端，报文中的序号 Seq＝X＋1，确认号 Ack＝Y＋1，标志位 ACK 置 1。TCP 规定，ACK 标志置 1 的 TCP 确认报文可以携带数据，但如果不携带数据则不消耗序号。

服务器端收到客户端的确认报文后，也进入到 ESTABLISHED 状态，并通知其上层应用进程，自此，双方的 TCP 连接建立成功。

2. 释放 TCP 连接

数据传输结束后，通信的任意一方都可以释放 TCP 连接。假设客户端应用进程先发出连接释放请求报文，主动请求关闭 TCP 连接，并停止发送数据。释放 TCP 连接的过程被形象地称为四次挥手，具体过程及 TCP 进程的连接状态变化如图 5-11 所示。

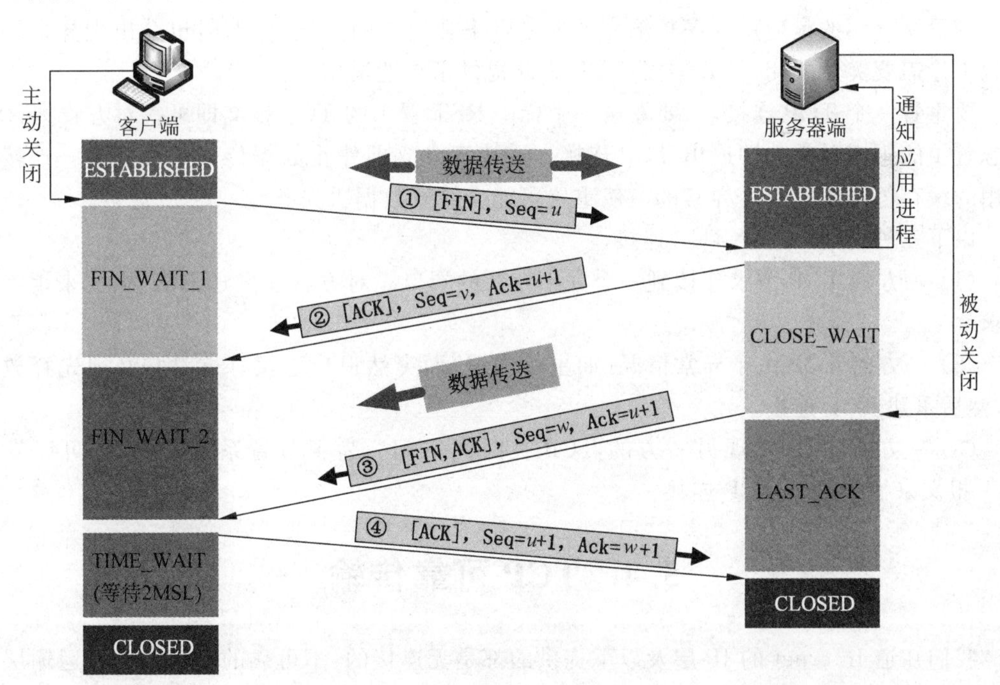

图 5-11　释放连接时的四次挥手过程

TCP 释放连接的四次挥手过程描述如下。

第一次挥手：客户端的应用进程先向其 TCP 进程发出连接释放报文，并停止发送数据，主动关闭 TCP 连接。客户端的 TCP 进程则发送一个 FIN 报文给服务器端，该 TCP 报文头部的标志位 FIN 置 1，序号 Seq=u(u 为前面已传送过的数据的最后一个字节的编号加 1。TCP 规定，FIN 报文即使不携带数据也要消耗掉一个序号)，此时客户端的 TCP 进程状态将由 ESTABLISHED 转为 FIN_WAIT_1，并等待服务器的确认。

第二次挥手：服务器收到连接释放请求后，就发送标志位 ACK 置 1，序号 Seq=v(v 为前面已传送过的数据的最后一个字节的编号加 1)，确认号 Ack=$u+1$ 的 TCP 确认报文给客户端，然后 TCP 进程状态由 ESTABLISHED 转为 CLOSE_WAIT。同时还要通知高层应用进程，从客户端到服务器端的 TCP 连接已经关闭。若此时服务端的应用进程还有数据要发给客户端，服务器端仍可以继续发送数据，客户端也应该继续接收。

第三次挥手：一段时间后，服务器的应用进程已经没有数据要发送了，就通知服务器 TCP 进程关闭 TCP 连接。此时服务器 TCP 进程发送一个 TCP 报文给客户端，该报文头部的标志位 FIN 和 ACK 均置位 1，序号 Seq=w，确认号 Ack=$u+1$。然后服务器 TCP 进程进入到 LAST_ACK 状态。**注意**，由于客户端一直没有再发送数据，因此，确认号与第二次挥手一样仍为 $u+1$。如果第二次挥手后服务器也没有继续发送数据给客户端，则 $w=v$。

第四次挥手：最后客户端发送标志位 ACK 置 1，序号 Seq=$u+1$，确认号 Ack=$w+1$ 的 TCP 报文给服务器后就进入到 TIME_WAIT 状态，然后等待 2MSL(MSL 为最大报文段寿命，默认为 2min)的时间后自动关闭 TCP 连接，TCP 进程状态转为 CLOSED。服务器端收到该 ACK 报文后则直接关闭连接，TCP 进程状态也转为 CLOSED。

3. 重置 TCP 连接

前面所介绍的是应用程序传输完数据之后正常地关闭连接，但有时也会出现异常情况导致中途需要突然关闭 TCP 连接，TCP 为此提供了重置措施。

要重置一个 TCP 连接，只要发送一个标志 RST 置 1 的 TCP 报文即可。对方收到 RST 标志置 1 的报文时就立即退出 TCP 连接。连接双方立即停止数据传输并释放这一连接所占用的缓存等系统资源。异常的突然重置可能会导致数据丢失。

以下三种情况会重置 TCP 连接。

(1) 一方的 TCP 请求连接到一个并不存在的端口。对方就会发送 RST 报文来拒绝该请求。

(2) 一方的 TCP 由于异常情况(如主机崩溃)而突然退出连接。这时它必须先释放连接，然后重建 TCP 连接。

(3) 一方的 TCP 发现另一方的 TCP 长时间空闲。为了节省系统资源，它可以发送 RST 报文来撤销这个 TCP 连接。

5.4 TCP 可靠传输

我们知道 Internet 的 IP 层及以下提供的都是无连接的、不可靠的传输服务。运输层作为提供传输服务的最后一层，它必须采取适当的措施来实现可靠传输。

我们也清楚，实际的传输信道不能保证传输不会产生差错。在运输层的 TCP 中，当出现差错时就让发送方重传出现差错的数据，这样，就可以在不可靠的传输信道上实现可靠传输。这就是 TCP 可靠传输的基本思想。

5.4.1 停止等待协议

停止等待协议是最简单但也是最基础的可靠传输协议。

停止等待的基本思想就是每发送完一个报文就停止发送,等待对方的确认。在收到确认后才能发送下一个报文。显然,在这种环境中,每个报文都需要进行编号。

在报文的传输过程中,有 4 种可能的状态:正常运行、报文丢失、确认丢失或确认延迟。下面分别对这 4 种情况进行说明。

1. 正常运行

如图 5-12(a)所示,发送方发送报文 M1,然后就等待 M1 的确认报文,接收方收到报文 M1 并校验没有差错后就对 M1 进行确认,发送 ACK 确认报文给发送方。发送方收到 M1 的 ACK 确认报文后就发送报文 M2,如此往复。

2. 报文丢失

图 5-12(b)示例了当报文 M1 因为传输差错或者因为其他原因被丢弃或丢失时,停止等待协议的处理办法。

由于接收方并没有正确接收到 M1,故不会对 M1 进行确认,而发送方每发送一个报文都会保留该报文的一个副本,同时开启一个定时器。当该定时器到时仍未收到确认时,就重新发送 M1 的副本。直到收到 M1 的确认后,发送方才会清除 M1 的副本,然后发送报文 M2。

3. 确认丢失

图 5-12(c)示例了当 M1 的确认报文因为传输差错或者其他原因未能被发送方正确接收时,停止等待协议的处理办法。

由于 M1 的确认报文丢失或者损坏,发送方将仍然继续等待 M1 的确认报文,当定时器到时后,发送方重发 M1 的副本,并重置定时器,直到正确收到 M1 的确认报文,然后才开始发送 M2 报文。

4. 确认延迟

如图 5-12(d)所示,接收方正确接收到了报文 M1,也正确地确认了该报文,但该确认报文迟到了,导致发送方在定时器到时前仍未收到 M1 的确认,因此重发了报文 M1。稍候发送方收到了这个迟到的确认,于是清除 M1 的副本并发送报文 M2。然后又收到一个 M1 的确认报文,由于发送方现在想得到的是 M2 的确认报文,于是发送方对这个重复的确认报文不予理会。

而接收方,由于已经正确地接收和确认了报文 M1,当它再次收到一个重复的 M1 报文时,将直接丢弃该报文,然后重复确认该报文。重复确认的理由是认为发送方还没有收到 M1 的确认。

通常发送方最终总是可以收到对所有发出的报文的确认。如果发送方一直不断地重传报文但总是收不到确认,则说明通信线路太差,不能进行通信。

使用这种确认和重传机制,我们就可以在不可靠的传输网络上实现可靠的通信。

像上述这种可靠传输协议常称为**自动重传请求**(Auto Repeat Request,ARQ)。重传是发送方自动进行的,不需要接收方来请求发送方重传某个报文。

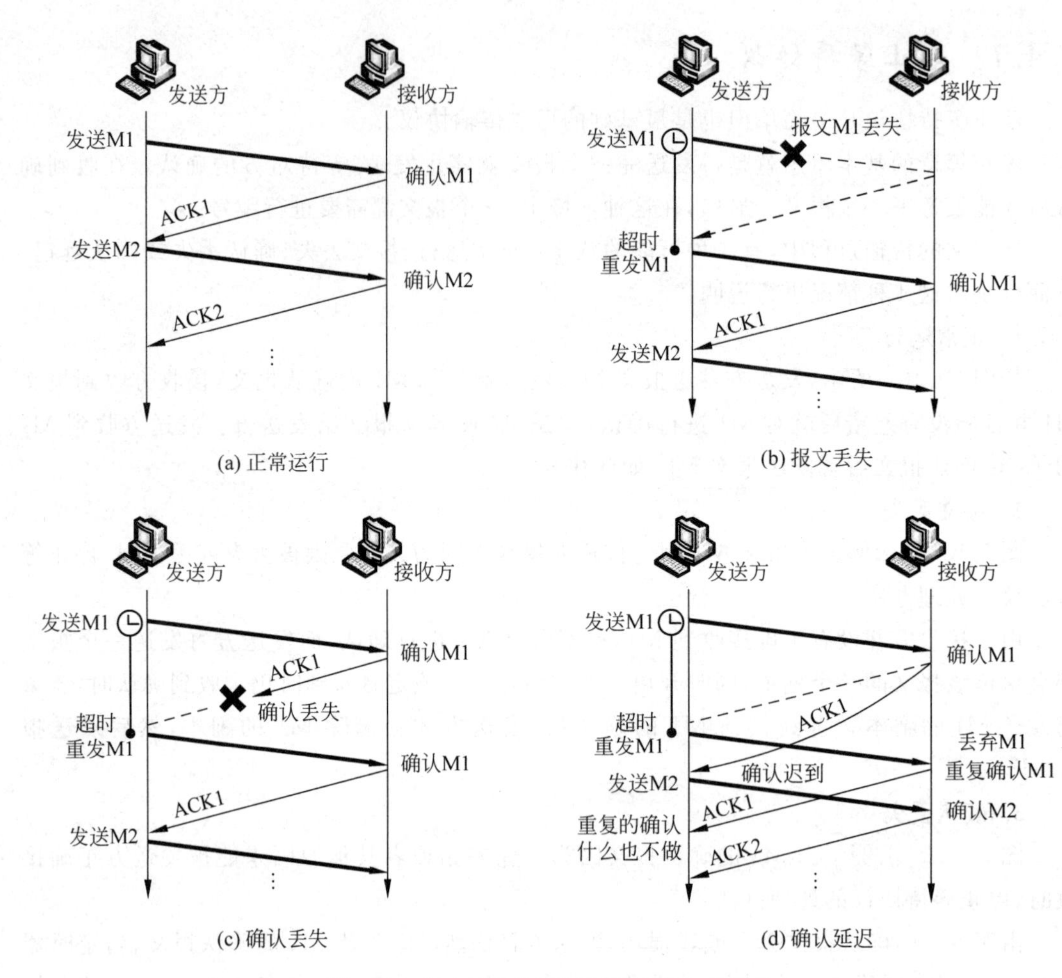

图 5-12　停止等待协议运行可能的 4 个状态

5.4.2　Go-Back-N 协议

很显然，停止等待协议的通信效率非常低，为了提高信道的利用率，TCP 不使用停止等待协议，而是使用**连续 ARQ 协议**，连接 ARQ 协议可以连续发出若干个报文，然后等待确认，而不是每发送一个报文就停止并等待该报文的确认。

Go-Back-N（回退 N）协议就是一种连续 ARQ 协议，它是对停止等待协议的改进，它使用滑动窗口机制。在 Go-Back-N 协议中，收发双方以全双工方式工作，在发送缓存和接收缓存中各开辟一个空间作为发送窗口和接收窗口。位于发送窗口内的报文均可以连续发送出去，而不需要等待接收方的确认。因此，发送方可以以流水线的方式一次性发送多个报文，从而提高了信道的利用率。

如图 5-13(a)所示，发送方的发送窗口大小为 6（实际上应该是 6 个报文段长，窗口大小是以字节为单位的，这里为了便于说明，假定以报文段为单位），位于发送窗口内的 6 个报文可以连续发送出去，在未收到确认之前，发送窗口不能滑动。连续 ARQ 协议规定，发送方每收到一个确认，就要把发送窗口向前滑动一个位置。由于接收方一般采用累积确认的方式，滑动窗口每次滑动的位置可能是多个。如图 5-13(b)所示，发送方收到一个对第 0、1、2 号三个报文的累积确认，滑动窗口于是向前滑动了三个位置(实际上应该是移动三个报文的长度)。现在第 3、4、5、6、7、0 号报文位于发送窗口内，发送方可以将位于发送窗口内的但还未发送的报文连续发送出去。

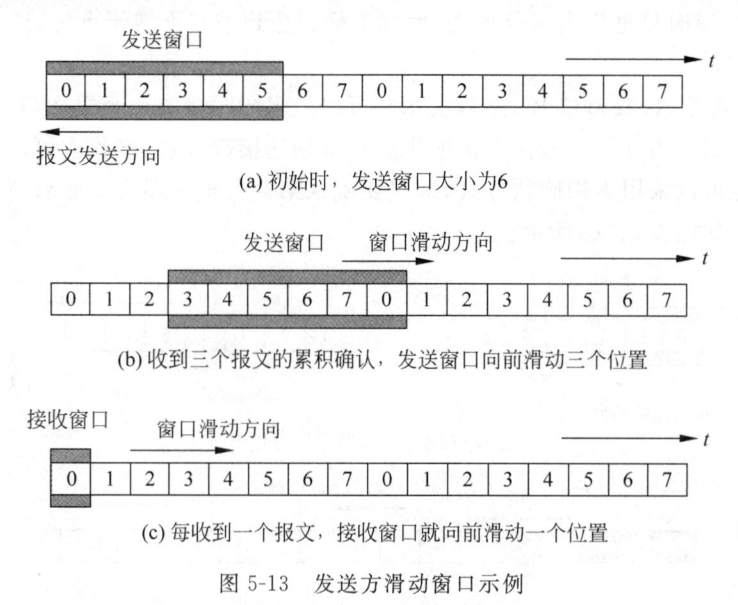

图 5-13　发送方滑动窗口示例

在接收方，接收窗口大小为 1，这样接收方无法保存失序的报文，必须按顺序接收。接收方每接收并确认一个报文后，窗口就要向前滑动一个位置，如图 5-13(c)所示。

Go-Back-N 协议也使用超时重传机制。对于发送的每一个报文都设置重传定时器，发送方发送一个报文时就启动一个重传定时器。当出现报文丢失、传输差错或 ACK 确认丢失导致定时器超时仍未收到 ACK 报文时，发送方不仅要重传该报文，而且还要重传此报文之后所有已发送的报文(不管这些报文是否有传输差错)，这就是所谓的回退 N。

接收方每收到一次失序的报文，都应重传最近一次已经发送过的 ACK 确认报文，这可弥补上次已发送的 ACK 丢失的可能性，并以此告知发送方后续的报文还没有正确收到。

在图 5-13(b)中，如果发送方已将发送窗口中的 3、4、5、6、7 和 0 号报文都发送出去，但一直没有收到报文 5 的 ACK 确认报文，当重传定时器到时后，发送方就要重传 5,6,7,0 这 4 个报文。实际上，可能只有第 5 号报文出现了差错，6、7 和 0 号报文均正确地到达了接收端，但由于 5 号报文没有按序到达，接收方不能对 6、7 和 0 号报文进行确认，因此只能重复确认报文 4，以此告知发送方第 5 号报文还没有正确收到。

实际上，发送窗口的大小是有限制的，而且图 5-13 应画成一个环形，但这里为了方便画图而没有画成环形。若报文序号用 n 位二进制编号时，则发送窗口 W_S 应满足以下关系：

$$W_S \leqslant 2^n - 1 = \text{最大序号} \tag{5-1}$$

例如 $n=3$ 时，最大序号为 7，则要求 $W_S \leqslant 7$。

当 $W_S \geqslant 2^n$ 时，Go-Back-N 协议将出现某些接收的不确定性。具体原因可参考其他文献。(提示：在图 5-13 中，初始时如果发送窗口大小为 9，发送窗口中的 9 个报文全部发送出去后，接收方将会收到两个 0 号报文，这将会导致什么问题呢?)

5.4.3 选择重传协议

选择重传也是一种连续 ARQ 协议，它在 Go-Back-N 机制的基础上做了如下两点改进。

(1) 接收窗口 $W_R>1$，这样就可以接收和保存正确到达的但失序的报文。

(2) 出现差错时只重传出错的报文，后续正确到达到报文不需要重传，这样再一次提高了信道的利用率。

如图 5-14 所示，接收窗口 $W_R=4$，表示它可以最多同时接收 4 个报文，且现在准备接收报文 0～3 号报文。当 0、1、2 号报文按序先后正确到达接收方后，接收方可以分别对这些报文进行确认，也可以采用累积确认方式，即只要确认第 2 号报文即可。然后将接收窗口向前滑动三个位置，如图 5-14(b)所示。

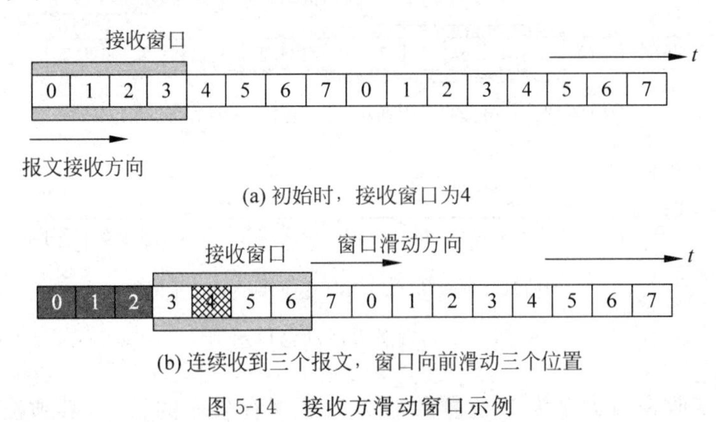

图 5-14 接收方滑动窗口示例

在图 5-14(b)中，如果第 3、5、6 号报文均已正确到达，但第 4 号报文可能因为出现报文丢失或传输差错而失序。这时，接收方只能对第 3 号报文进行确认，而且若再有后续报文到达时，接收方仍然重复确认 3 号报文，直到发送方重发的第 4 号报文正确到达到后才可以对第 4 号报文进行确认，或者与后续若干个报文进行累积确认。

在选择重传协议中，接收窗口不应该大于发送窗口，一般应相等，即 $W_S=W_R$。而且如果用 n 位二进制对报文序号进行编号时，它们还要满足以下关系。

$$W_S = W_R \leqslant 2^{n-1} = (\text{最大序号}+1)/2 \tag{5-2}$$

如 $n=3$ 时，最大序号为 7，则要求 $W_S=W_R\leqslant 4$。

当 $W_S>2^{n-1}$时，也会出现某些接收的不确定性。

5.4.4 以字节为单位的滑动窗口

在建立 TCP 连接时，通信双方均通过 TCP 报头中的窗口字段来告知对方本结点接收窗口的大小，发送方根据对方告知的窗口大小来动态设定自己的发送窗口的大小，发送窗口必须小于或等于对方的接收窗口的大小。如图 5-15(a)所示，发送方根据接收方通知的窗口大小(假设为 500B)将自己的发送窗口设定为 500，并假定每个 TCP 报文段长度为 100B，则发送窗口包含 5 个 TCP 报文段。图中的三个指针(P1、P2 和 P3)将发送方要发送的 9 个 TCP 报文分成以下 4 个部分。

(1) P1 左侧的是已发送且已收到确认的报文。

(2) 位于 P2 与 P1 之间的为已经发送但还未收到确认的报文。

(3) 位于 P3 与 P2 之间的为允许发送但当前还未发送的报文。P3－P2＝可用窗口大小,或有效窗口大小。

(4) P3 右侧的为还不可以发送的报文。

由此可知,如图 5-15(a)所示的状态是 1～200 的字节数据已经发送且已被确认,201～500 的字节数据已经发送出去,但还没有收到确认。发送方现在可以将位于发送窗口内的 501～700 的字节数据发送出去,701～900 的字节数据现在还不能发送。

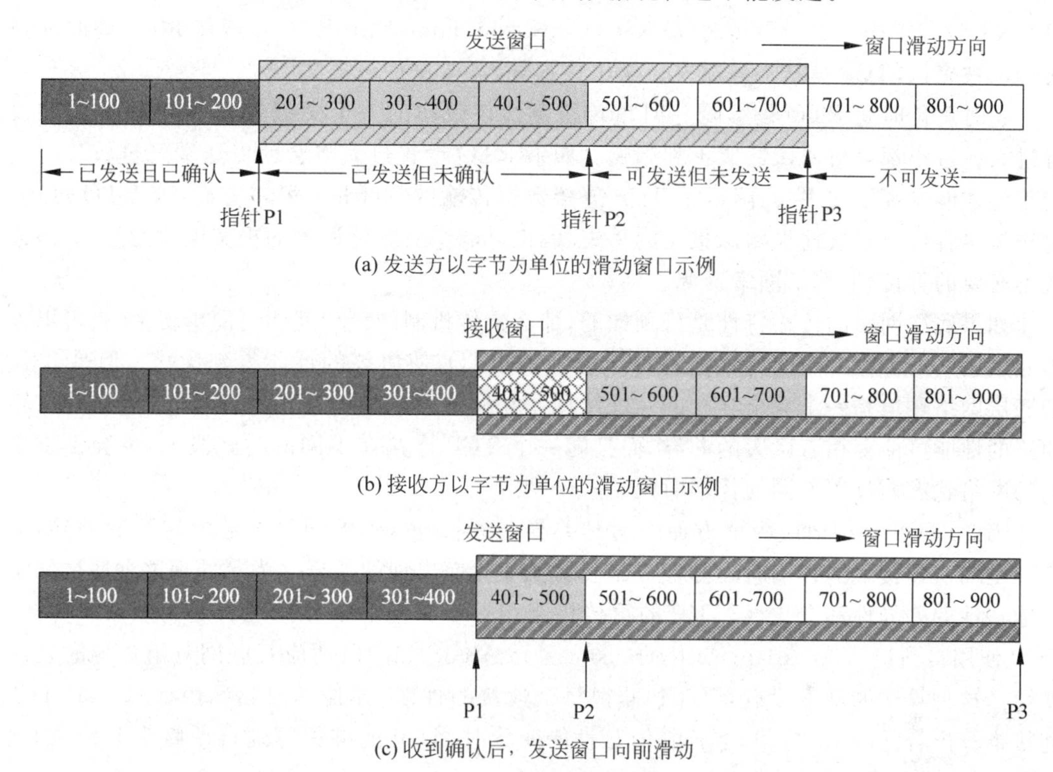

(a) 发送方以字节为单位的滑动窗口示例

(b) 接收方以字节为单位的滑动窗口示例

(c) 收到确认后，发送窗口向前滑动

图 5-15　以字节为单位的滑动窗口示例

在接收方,也有一个和发送方类似的接收窗口,接收方每收到并确认一个 TCP 报文后,接收窗口就向前滑动一个报文长度。位于接收窗口内的字节序号为允许接收的字节数据,或者已接收但还没有确认的数据。例如,图 5-15(b)中,接收方按序接收到 201～400 的字节数据,以及 501～700 的字节数据也已收到,但由于 401～500 的字节数据还没有收到,因此只能向发送方发送一个确认号为 401 的确认报文,表明序号 401 之前的所有字节数据均已成功接收,现在期望收到序号为 401 的 TCP 报文,然后将接收窗口向前滑动 200B(即两个报文长度)。现在位于接收窗口内的序号表示期望接收的字节数据,以及还没有确认的字节数据,或者未按序到达的字节数据。

发送方收到接收方发来的确认报文,就可以将发送窗口向前滑动。例如,在图 5-15(c)中,发送方收到了 201～400 的确认报文,那么发送窗口就向前滑动 200B,于是 701～900 的字节数据就位于发送窗口中了,现在窗口内的数据为 401～900,其中,401～500 是已发送但还未收到确认,发送方此时可以发送 501～900 的字节数据。

5.4.5 TCP 超时重传机制

1. TCP 超时重传机制概述

TCP 超时重传机制是为了进行差错控制，是 TCP 实现可靠传输的一个重要措施。TCP 要求发送端每发送一个报文都要保存一份该报文的副本，同时启动一个重传定时器(Retransmission Timer,RT)并等待确认信息。接收端成功接收报文后就返回一个确认信息。RT 设定了一个超时重传时间(Retransmission Time Out,RTO)，若在 RTO 超时前报文仍未被确认，TCP 就认为该报文已丢失或损坏，需要重传该报文。

超时重传时间 RTO 是影响超时重传机制协议效率的一个关键参数。RTO 的值被设置过大或过小都会对协议造成不利影响。如果 RTO 设置过大将会使发送端经过较长时间的等待才能发现报文丢失，降低了 TCP 连接数据传输的吞吐量；另一方面，若 RTO 过小，发送端尽管可以很快地检测出报文的丢失，但也可能将一些延迟大的报文误认为是丢失，造成不必要的重传，浪费了网络资源。

如果底层网络的传输特性是可预知的，那么重传机制的设计就相对简单得多，就可以根据底层网络的传输时延的特性选择一个合适的 RTO，使协议的性能得到优化。但是 TCP 的底层网络环境是一个完全异构的互联结构。在实现端到端的通信时，不同端点之间传输通路的性能可能存在着巨大的差异，而且同一个 TCP 连接在不同的时间段上，也会由于不同的网络状态而具有不同的传输时延。

因此，TCP 必须适应两个方面的时延差异：一个是达到不同目的端的时延的差异，另一个是同一连接上的传输时延随业务量负载的变化而出现的差异。为了处理这种底层网络传输特性的差异性和变化性，TCP 的重传机制相对于其他协议显然也将更为复杂。为此，TCP 使用自适应算法(Adaptive Retransmission Algorithm)以适应互联网分组传输时延的变化。这种算法的基本要点是 TCP 监视每个连接的性能(即传输时延)，由此每一个 TCP 连接推算出合适的 RTO 值，当连接时延性能变化时，TCP 能够相应地自动修改 RTO 的设定，以适应这种网络的变化。

2. 自适应超时重传算法

对一个连接而言，若能够了解端到端的传输往返时间(Round Trip Time,RTT)，则可根据 RTT 来设置一个合适的 RTO。显然，在任何时刻一个 TCP 连接的 RTT 都是随机的，无法事先预知。TCP 通过测量来获得当前 RTT 的一个估计值，并以该 RTT 估计值为基准来设置当前的 RTO。自适应重传算法的关键就在于对当前 RTT 的准确估计，以便适时调整 RTO。

为了精确地估算当前的 RTT，TCP 利用 TCP 报文中的时间戳选项来计算 RTT 值，并将它作为测量值的样本(Sample RTT)。

TCP 为每一个活动的连接都维护一个当前的 RTT 估计值，也称为**平滑的 RTT**(Smoothed Round Trip Time,SRTT)，它是实际 RTT 值的一种估计，其值是该 TCP 连接每次测得的 RTT 样本的加权平均。SRTT 值将在发送报文段时被用于确定该报文段的超时重传时间 RTO。为了保证它能够比较准确地反映当前的网络状态，每次测量获得新的 RTT 样本时，都要对 SRTT 进行更新。不同的更新算法或参数可能获得不同的特性。

最早的 TCP 曾经用了一个非常简单的公式来估算 SRTT，其公式如下：

$$\text{SRTT} = (1-\alpha) \times 旧的\ \text{SRTT} + \alpha \times 新的\ \text{RTT}\ 样本 \tag{5-3}$$

其中，α 是一个经验系数，取值范围为 $0 \leqslant \alpha < 1$，建议标准 RFC 6298 推荐的 α 值为 0.125。这个公式的意思是用上一次的 SRTT 和新的 RTT 测量样本综合到一起来估算本次的 SRTT。可以看到，这种估算在网络变化很大的情况下完全不能做出“灵敏的反应”，而且超时重传时间 RTO 应稍大于 SRTT。于是就有了下面的修正公式：

$$\text{RTO} = \text{SRTT} + 4 \times \text{RTT}_D \tag{5-4}$$

其中，系数 4 是一个实验得到的数值，而 RTT_D 是 RTT 的偏差的加权平均值，具体可用以下公式计算：

$$\text{RTT}_D = (1-\beta) \times 旧的\ \text{RTT}_D + \beta \times |\ \text{SRTT} - 新的\ \text{RTT}\ 样本\ | \tag{5-5}$$

这里 β 也是一个取值范围为 $0 \leqslant \beta < 1$ 的经验系数，它的推荐值为 0.25。

3. Karn 算法

如果 TCP 报文被一次性地成功传输和确认，那么发送端可以准确得到该报文传输的 RTT 样本。但若出现了重传，情况就会变得很复杂。例如，一个 TCP 报文发送后出现超时，TCP 将重传该报文的副本。但由于这两个报文是一样的，当发送方接收到一个确认报文时，发送方将无法分辨出该确认报文到底是针对哪个报文的。因为该确认报文既可能是对重传报文的确认，也可以是针对原始报文的(这种情况可能是由于确认在传输中被延迟造成的)。这种现象称为确认二义性(Acknowledgement Ambiguity)。图 5-16 示意了这种情况，确认的二义性将导致 TCP 无法准确地估算 RTT。

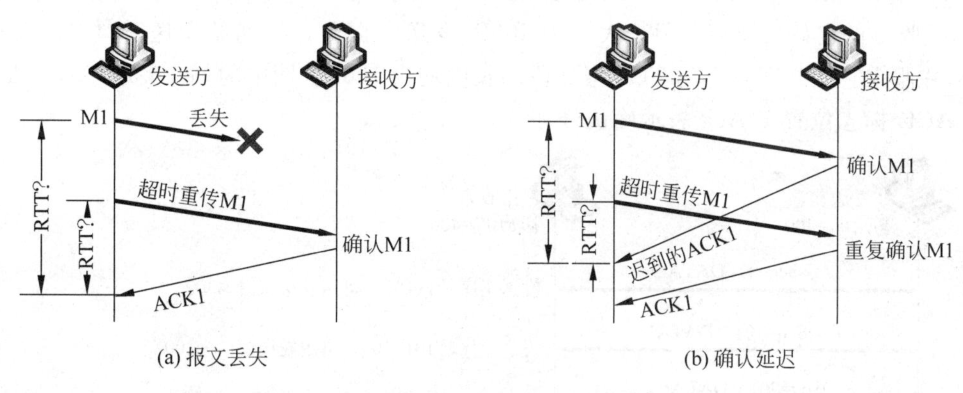

图 5-16　确认的二义性

为了避免确认二义性带来的问题，TCP 采用了 Karn 算法来维护 RTT 的估计值。Karn 算法规定，TCP 只能利用没有确认二义性的 RTT 样本来对 SRTT 和 RTT_D 进行调整。简单地说，只要发生了超时重传，就不采用重传报文的 RTT 样本来更新 SRTT 和 RTT_D 的值。

这种简单的 Karn 算法也带来了新问题。因为出现超时重传就意味着网络的传输时延增大了，应该适当加大 RTO。如果此时继续使用原来没有重传时计算的、小于目前实际情况的 RTO 值，将会使重传继续下去。因此，应该利用超时重传信息对 RTO 进行调整。

针对这种情况，Karn 算法进行了适当的修正。当出现超时重传时，TCP 就使用以下公式来更新 RTO 的值：

$$\text{RTO} = \gamma \times 旧的\ \text{RTO} \tag{5-6}$$

式中的 γ 是一个常数因子，典型值为 2。同时，为了避免定时时限的无限增加，在 TCP 的实现中可以规定 RTO 的上限。

总之，Karn 算法的思路是：计算往返时间 RTT 样本时，忽略超时重传的 RTT 样本，但当出现超时重传时，就把 RTO 的值加倍。实践表明，Karn 算法在分组丢失率很高的网络上也能很好地工作。

5.5 TCP 流量控制

所谓**流量控制**就是让发送方的发送速率不要过快，让接收方来得及接收。利用滑动窗口机制可以很方便地在 TCP 连接上实现对发送方的流量控制。

5.5.1 可变滑动窗口流量控制

TCP 使用可变的滑动窗口来实现流量控制。除了在建立 TCP 连接时，通信双方相互通过 TCP 报文中的窗口字段来告知对方本结点的接收窗口大小外，在通信的过程中，接收方还会使用 TCP 确认报文中的窗口字段来动态地向发送方反馈本结点的接收窗口大小，发送方则据此对发送窗口的大小在向前滑动时进行调节，使之等于接收方反馈的窗口大小，从而调节了发送数据的流量，以适应接收方的接收能力。

图 5-17 示例了可变的滑动窗口进行流量控制的过程。发送方与接收方在建立 TCP 连接时，接收方的初始接收窗口 W_R 大小为 400B，发送方据此设定初始发送窗口 W_S 大小为 400B，并假定它们之间发送的 TCP 报文段的长度均为 100B。图中的 Seq 表示序号，[ACK] 表示 ACK 标志位置 1，Ack 表示确认号。

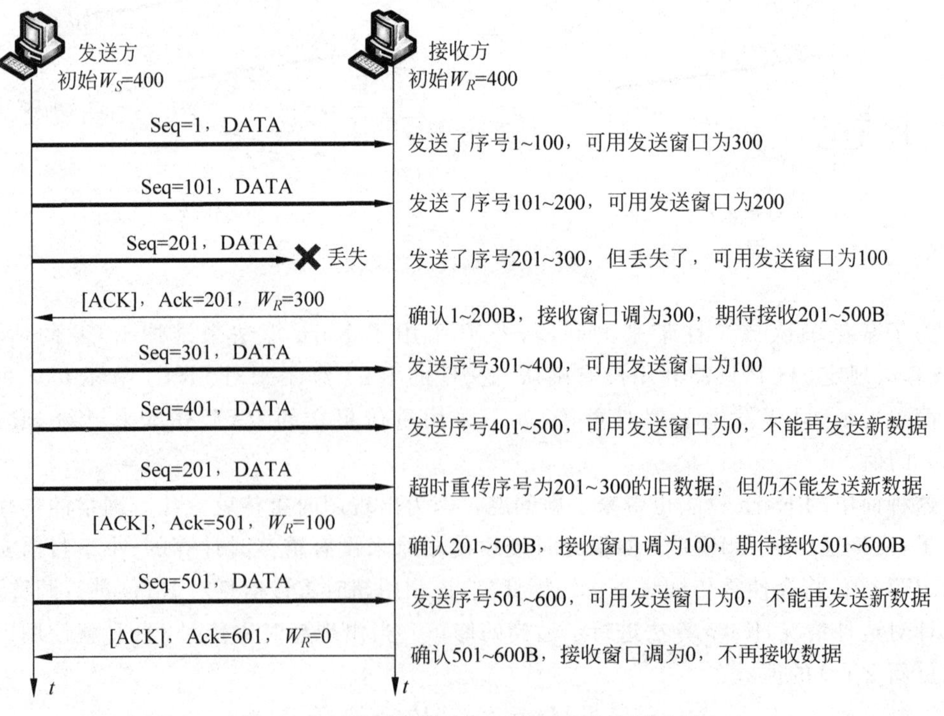

图 5-17 利用可变滑动窗口进行流量控制示例

从图 5-17 可以看到，接收方进行了三次流量控制。第一次将接收窗口调为 300，第二次又将接收窗口调为 100，最后将接收窗口调为 0，即不允许发送方再发送数据了。这种使发送方暂停发送的状态将持续到接收方重新发送一个新的非零接收窗口值为止。

5.5.2 零窗口与持续定时器

当接收方的接收缓存已经饱和，接收方可以使用大小为 0 的接收窗口来通知发送方停止发送数据。当接收缓存又有空间后，再用一个非零接收窗口激活发送方继续发送数据。

实际应用中，零窗口可能带来一个问题，例如，接收方发出了一个零窗口，发送方将发送窗口大小调整为 0，暂停发送。一段时间后，接收方缓存有空间了，接收方发送一个非零窗口的报文来激活发送方。但不幸的是这个非零窗口的报文丢失了，发送方和接收方将都处于等待对方的状态，从而导致了死锁。

为了解决这个问题，TCP 为每一个连接设置一个**持续定时器**。只要 TCP 的一方收到对方的零窗口通知，就启动该定时器，当定时器到时后，发送方就发送一个零窗口探测报文。接收方对探测报文的响应包含现在接收窗口的大小。如果接收窗口不为 0，则发送方调整发送窗口并发送数据。若接收窗口仍为 0，则重新设定持续定时器并重复上述过程。

TCP 规定，即使设置为零窗口，也必须接收零窗口探测报文段、确认报文段和携带紧急数据的报文段。

5.5.3 TCP 传输效率及 Nagle 算法

应用进程将数据传送到 TCP 的发送缓存后，剩下的发送任务就由 TCP 来控制了。TCP 可以采用以下三种控制机制来控制发送 TCP 报文段的时机。

(1) TCP 维持一个变量，它等于最大报文段长度 MSS。只要缓存中存放的数据达到 MSS 字节时，就组装成一个 TCP 报文段发送出去。

(2) 发送方的应用进程指明要求立即发送报文段，即 TCP 支持的 PUSH 操作，也就是标志位 PSH 置 1 的报文。

(3) 发送方维持一个定时器，当定时器到时后，就把当前已有的缓存数据装入报文段(但长度不能超过 MSS)发送出去。

但是，如何控制 TCP 发送报文段的时机仍然是一个较为复杂的问题。

在使用一些协议通信的时候，例如 Telnet，会有一个字节一个字节发送的情景，每次发送一个字节的有用数据，就会产生 41B 长的报文，其中，20B 的 IP 头部和 20B 的 TCP 头部，这就导致了 1B 的有用数据要耗费 40B 的开销，这是一笔巨大的字节开销，而且这种短报文的泛滥会导致 Internet 增加发生拥塞的概率。

为了解决这个问题，John Nagle 提出了一种通过减少网络发送分组的数量来提高 TCP/IP 传输的效率，这就是 Nagle 算法。

Nagle 算法主要是避免发送小的数据包，它要求一个 TCP 连接上最多只能有一个未被确认的短报文，在该短报文未被确认之前不能发送其他的短报文。在等待这个短报文的确认信息期间，TCP 发送缓存可以将应用进程传下来的字节数据都缓存下来，当前面的短报文被确认时就可以将发送缓存中的字节数据组装成一个较长报文发出去。当应用进程数据到达较快而网络速率较慢的情况下，Nagle 算法可明显减少对网络宽带的消耗。Nagle 算法还规定，当到达的数据已达到发送窗口大小的一半或者已达到报文段的最大长度时，就立即发送一个报文段。这样就可以有效提高网络的吞吐量。

默认情况下，TCP 发送数据时均采用 Nagle 算法。这样虽然提高了网络吞吐量，但是实时性却降低了，对一些交互性很强的应用程序来说是不允许的，使用 TCP_NODELAY 选项可以禁止使用 Nagle 算法。

另外要考虑的一个问题叫做**糊涂窗口综合征**。它也会使 TCP 的性能变坏。设想一种情况：当接收方的缓存已满，交互应用程序每次从缓存中只读取一个字节，这样就使接收缓存腾出一个字节，然后向发送方发送确认信息，并告诉此时的接收窗口大小为 1B。于是发送方再发送一个字节的数据过来（请注意：发送方发送的 IP 数据报至少是 41B 长，因为 TCP 头部和 IP 头部各至少长 20B），这样持续下去将导致网络的效率很低。

解决这个问题的办法是可以让接收方等待一段时间，使得接收缓存已有足够的空间容纳一个最长报文段，或者等到接收缓存已有一半的空间。只要这两种情况出现一种，就发送确认报文，并向发送方通知当前的窗口大小。此外，发送方也不要发送太小的报文段，而是把数据累积到足够大的报文段，或者达到接收方缓存空间的一半大小后再发送。

上述两种方法可配合使用。使得在发送方不发送很小的报文段的同时，接收方也不要在缓存刚刚有了一点点儿空间就急忙把这个很小的窗口大小信息告知发送方。

5.6 TCP 拥塞控制

计算机网络中的带宽、交换结点中的缓存和处理机等，都是网络的资源。在某段时间，若对网络中某一资源的需求超过了该资源所能提供的可用部分，网络的性能就会变坏。这种情况就叫做**拥塞**。

拥塞控制就是防止过多的数据注入网络，这样可以使网络中的路由器或链路不至于过载，从而减小拥塞的产生概率。**拥塞控制是一个全局性的过程**，它涉及网络中的所有路由器和主机，以及与降低网络传输性能有关的所有因素，**拥塞控制所要做的就是使网络负载与网络的承受能力相适应**。

拥塞控制与流量控制是两个不同的概念。**流量控制是指点对点通信量的控制**，它只涉及发送端与接收端，**流量控制所要做的是抑制发送端发送数据的速率，以便使接收端来得及接收和处理数据**。

5.6.1 网络拥塞产生的原因

拥塞是分组交换网共同的问题，在 Internet 和 WAN 中都存在。**拥塞现象**是指到达通信子网中某一部分的分组数量过多，使得该部分网络来不及处理，以至于引起这部分乃至整个网络性能下降的现象，严重时甚至会导致网络通信业务陷入停顿，即出现死锁现象。这种现象与公路交通网中经常所见的交通拥挤一样，当节假日公路网中车辆大量增加时，各种走向的车流相互干扰，使每辆车到达目的地的时间都相对增加（即延迟增加），甚至有时在某段公路上车辆因严重堵塞而无法移动（即发生局部死锁）。

拥塞发生的主要原因在于网络能够提供的资源不足以满足用户的需求，这些资源包括缓存空间、链路带宽容量和中间交换节点的处理能力。比如当有多条流入线路有大量分组到达，并需要通过同一流出线路输出时，如果此时路由器来不及处理，该链路输出队列的增长速度高于分组输出的速度，缓存队列将不断增长，分组将会在输出缓存队列中排队等候处理，传输时延增大，从而出现拥塞现象。严重时，路由器的缓存队列溢出，就会丢弃分组。对于带有差错控制的可靠传输，丢弃分组会引起发送方的超时重传，这又增加了网络上的分组数量，进一步加剧了拥塞的程度。

但是，是不是说只要增加网络资源，就能避免拥塞呢？答案却是否定的。拥塞虽然是由于网络资源的稀缺引起的，但单纯增加资源并不能避免拥塞的发生。例如，增加缓存空间到一定程度时，只会加重拥塞，而不是减轻拥塞，这是因为当分组经过长时间排队完成转发时，它们很可能早已超时，从而导致发送方超时重传，重传会增加网络流量，流量增加又进一步加剧了传输时延，形成恶性循环。事实上，缓存空间不足导致的丢包更多的是拥塞的"症状"而非原因。另外，增加链路带宽及提高处理能力也不能解决拥塞问题。增加中间交换结点的处理能力对解决拥塞是有益的，处理能力越强越好。

5.6.2 拥塞时的网络性能

在研究网络拥塞时，可以用两个指标来描述网络的性能，一个是网络的吞吐量，另一个是端到端时延，它们与网络负载有关。网络负载代表单位时间内输入到网络的分组数，吞吐量则代表单位时间内从网络输出的分组数。

吞吐量、端到端时延与网络负载之间的关系如图 5-18 所示。

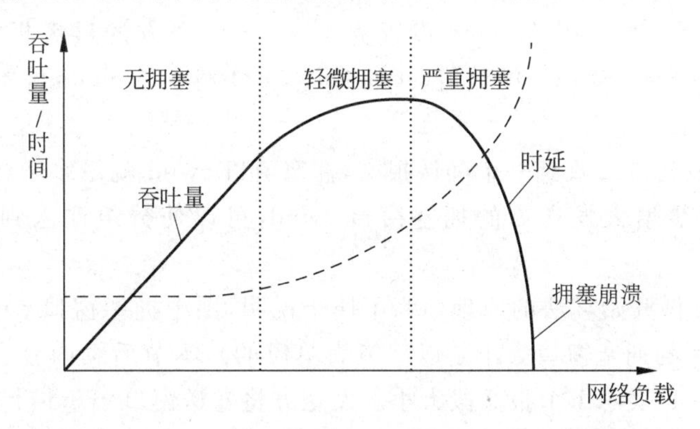

图 5-18 吞吐量、端到端时延与网络负载之间的关系

从图 5-18 可以看到，当轻负载无拥塞时，吞吐量与网络负载在数值上几乎相等，吞吐量曲线基本上是呈45°直线增加，但端到端时延几乎维持在一个水平常量状态。随着网络负载的增加，达到中间轻微拥塞区间时，吞吐量增长变缓，端到端时延则明显增加，说明网络资源已经不能满足网络负载的需求，并可能会出现丢包现象。当网络负载增大到右侧的严重拥塞区间时，吞吐量不升反降，端到端时延急剧增加，说明此时的网络已经出现了严重拥塞现象，并开始大量丢包，甚至吐吞量趋于 0，最终出现**拥塞崩溃**。当吞吐量为 0，网络完全失去传输能力的现象，就称为**死锁**。

5.6.3 TCP 拥塞控制策略

TCP 拥塞控制策略属于闭环控制策略，包括反馈和控制两个环节。反馈机制要求发送方发现拥塞，可由交换结点直接报告，也可以是间接地由发送方从本地观察到分组延迟或丢失等情况来推断。源结点拥塞的控制手段是源抑制，即降低发送流量。这一点与流量控制有点儿相似，但仍与流量控制有本质区别。

TCP 推荐使用以下几种控制策略：慢启动、拥塞避免、快重传和快恢复。

使用这些策略的前提是认为绝大多数报文丢失都是由拥塞所致，因为在目前的通信技术条件下，由于通信线路问题引起的传输差错而造成报文丢弃的概率已经很小了。

1. 慢启动与拥塞避免

慢启动和拥塞避免是较早提出的拥塞控制策略，TCP 通过报文段的重传定时器超时，或者接收到 ICMP 的源抑制报文来发现拥塞。

为了进行拥塞控制，发送方的 TCP 又设置了一个叫做**拥塞窗口** cwnd 的状态变量。拥塞窗口的大小取决于网络的拥塞程度，并且动态地变化。发送方让自己的发送窗口等于拥塞窗口，另外考虑到接收方的接收能力，发送窗口可能小于拥塞窗口。发送窗口的值按以下公式获得：

$$swnd = \min(cwnd, rwnd) \tag{5-7}$$

式中，变量 swnd、cwnd 和 rwnd 分别表示发送窗口、拥塞窗口和接收方通知的窗口，min 为最小值函数名。

慢开始算法的思想是当发送方开始发送数据时，不是立即发送大量的数据，而是先发送一个报文探测一下网络的拥塞程度，如果网络没有拥塞就由小到大逐渐增大拥塞窗口。

在慢开始算法中，通常初始 cwnd 设置为 1～2 个发送方的最大报文段大小(Sender Maximum Segment Size，SMSS)的数值(新的 RFC 5681 将初始 cwnd 设置为 2～4 个 SMSS 数值)。

慢开始规定，发送方每收到一个确认报文，拥塞窗口 cwnd 就最多增加一个 SMSS 的大小。用这种方法逐步增大发送方的拥塞窗口 cwnd，可以使分组注入到网络的速率更加合理。

图 5-19 示例了慢开始算法的原理。为了便于说明，图中拥塞窗口 cwnd 的大小用报文段个数来表示(实际的拥塞窗口大小是以字节为单位的)，本节后续内容也将这样处理。初始拥塞窗口 cwnd=1，表示 1 个报文段大小。发送方将发送窗口 swnd 设置为等于 cwnd，并发送一个报文 M1，接着收到 M1 的确认报文，完成第一轮的传输。cwnd 增大 1 变成 2，发送窗口也随之变成 2，因此连续发送 M2 和 M3 两个报文出去，稍候将收到 M2 和 M3 的 ACK 确认报文，完成第二轮传输。cwnd 和 swnd 随之从 2 增大到 4，接下来 M4～M7 将被连续发出去，当成功接收到这 4 个报文的确认信息后，就完成了第三轮传输。cwnd 和 swnd 将因此由 4 增大到 8。由此可见，每完成一轮传输，拥塞窗口 cwnd 就加倍。这种增大称为**“指数增大”**。

因为需要说明慢开始的原理和传输轮次的概念，图 5-19 中的发送方是等每一轮传输完成后才开始下一轮传输。在 TCP 实际运行时，发送方只要收到一个新报文的确认，就将拥塞窗口 cwnd 加 1，并可以立即发送新的报文段，而不是等这一轮中所有的确认都收到后才发送新的报文段。

为了防止拥塞窗口 cwnd 增长过大导致网络拥塞，TCP 还设置了一个称为**慢开始门限**的变量，该变量用 ssthresh 表示，其初始值一般设置为接收方通知的窗口大小。它用来分

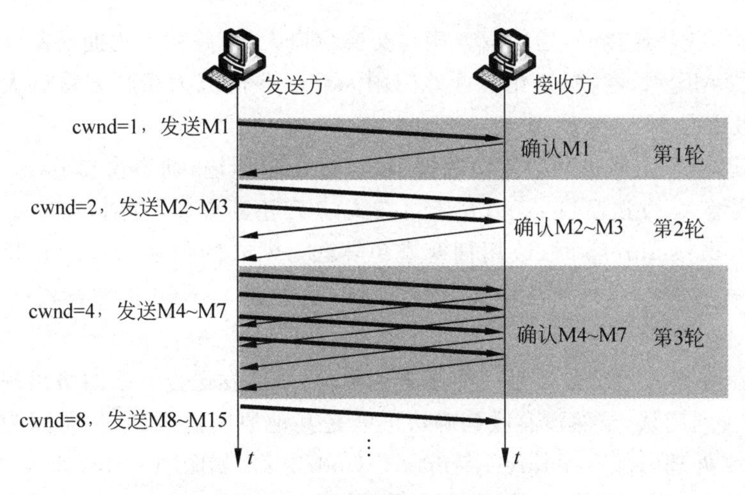

图 5-19　慢开始算法原理示例

界慢启动和拥塞避免策略，慢开始门限 ssthresh 的使用方法如下。

（1）当 cwnd＜ssthresh 时，使用慢开始算法。

（2）当 cwnd＞ssthresh 时，改用拥塞避免算法。

（3）当 cwnd＝ssthresh 时，既可以使用慢开始算法，也可以使用拥塞避免算法。

拥塞避免算法的思想是让拥塞窗口 cwnd 缓慢地增大。具体做法是每经过一个往返时间 RTT，就把发送方的拥塞窗口 cwnd 增加 1，而不像慢开始那样加倍增大，这种增大称为 **"加法增大"**。

慢开始与拥塞避免算法组合在一起使用。图 5-20 示例了慢开始和拥塞避免算法的原理。图中拥塞窗口大小仍然以报文段个数为单位，图中的横轴是传输轮数，总共 25 轮，纵轴是拥塞窗口的大小。现结合图 5-20 简要说明慢开始与拥塞避免算法的工作原理。

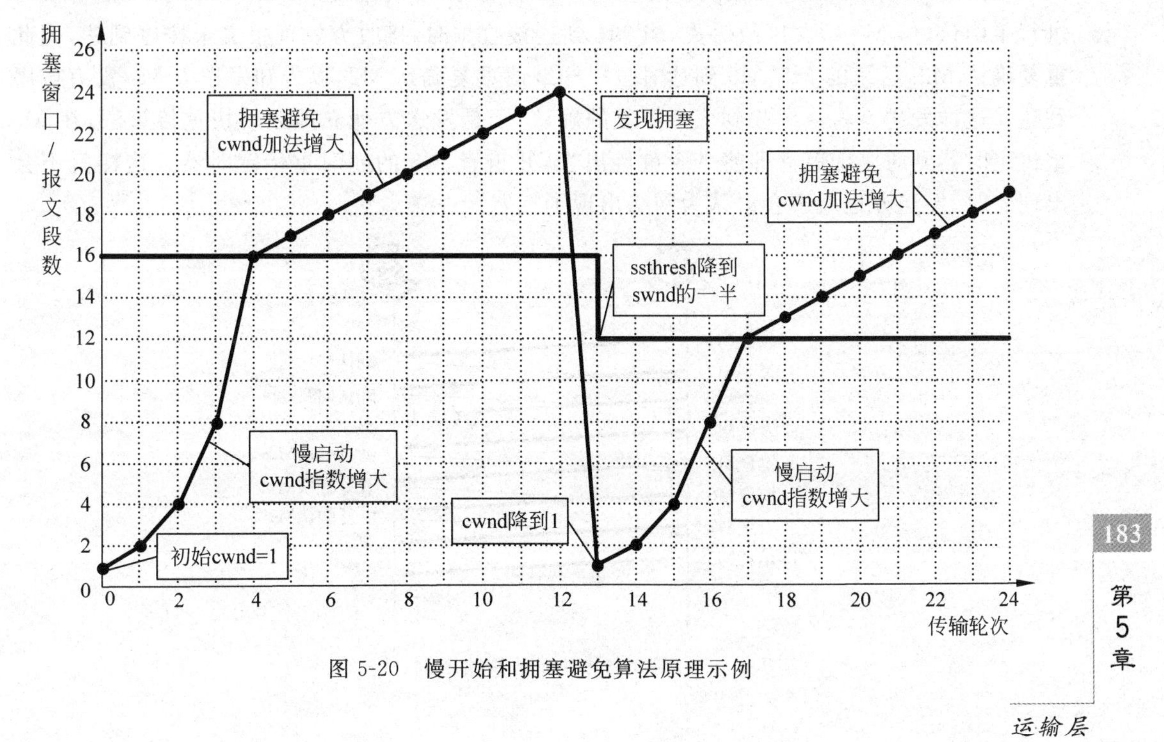

图 5-20　慢开始和拥塞避免算法原理示例

(1) 在建立 TCP 连接时，通信双方相互交换窗口大小，并初始化拥塞窗口 cwnd 的值为 1 个最大报文段 MSS 长度，初始化慢开始门限 ssthresh 的值为接收方窗口大小，这里假定为 16 个最大报文段 MSS 长度。

(2) TCP 以慢开始算法开始传输数据，每经过一轮传输，拥塞窗口 cwnd 的值就加倍，cwnd 呈现指数增大，发送窗口 swnd 也随之按式(5-7)不断更新，直到 cwnd≥ssthresh。

(3) 当 cwnd>ssthresh 时，改用拥塞避免算法，cwnd 的值从 ssthresh 开始，每经过一轮传输，cwnd 就增大 1，呈现加法增大趋势，同样，发送窗口 swnd 仍然按式(5-7)不断更新，直到出现拥塞。

(4) 无论是在慢开始阶段还是在拥塞避免阶段，只要发送方判断网络出现拥塞(其根据就是超时没有收到确认，虽然没有收到确认可能是其他原因造成的，但是因为无法判定，所以都当作拥塞来处理)，就令 ssthresh=max (swnd/2,2)，如图中 ssthresh 从 16 减小到 12，同时将拥塞窗口 cwnd 重置为 1，然后再次执行慢开始算法。

从以上的描述中可以理解到慢开始的"慢"是指发送方 TCP 将初始 cwnd 设置为 1 个最大报文段长度，使得发送方从最低发送速率开始启动数据传输，因此，慢开始其实就是低启动，而不是 cwnd 增长速度慢。

2. 快重传与快恢复

由于有时个别报文段的丢失并不一定是因为拥塞造成的，如果发送方错误地认为网络出现拥塞而将拥塞窗口 cwnd 重置为 1，则会大幅降低网络的传输效率。

快重传算法可以让发送方尽早知道发生了个别报文段的丢失。快重传要求接收方在收到一个失序的报文段后就立即发出重复确认，其目的是让发送方及早知道有报文段没有正确地到达，而不要等到自己发送数据时捎带确认。快重传算法规定，发送方只要一连收到三个重复的确认就应当立即重传对方尚未收到的报文段，而不必继续等待设置的超时重传定时器到时。

如图 5-21 所示，发送方依次连续发送了多个报文，接收方收到 M1 和 M2 报文后都及时进行了确认，但 M3 报文因故丢失，当 M4 到达接收方时，接收方发现报文未按序到达，因此重复确认 M2，后续的 M5、M6 到达时也一样继续重复确认 M2，以告知发送方 M3 没有按序到达。这样发送方将连续收到三个重复的确认，于是发送方就立即启动快重传算法，在 M3 重传定时器到时之前就立即将 M3 重传出去，并重置 M3 的超时重传定时器。这样就不会出现超时，发送方也就不会误认为网络出现了拥塞。

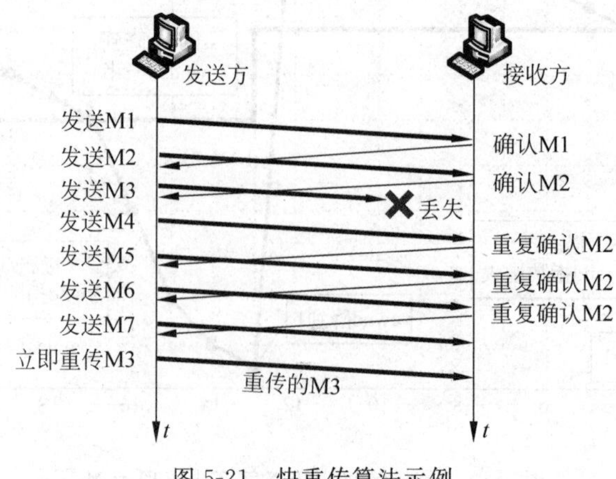

图 5-21 快重传算法示例

当发送方得知只是丢失了个别报文段，在执行快重传的同时，还要启动**快恢复**算法，快恢复算法就是发送方将慢启动门限值 ssthresh 设置为拥塞窗口 cwnd 大小的一半，然后设置拥塞窗口 cwnd＝ssthresh，接着执行拥塞避免算法，如图 5-22 所示。

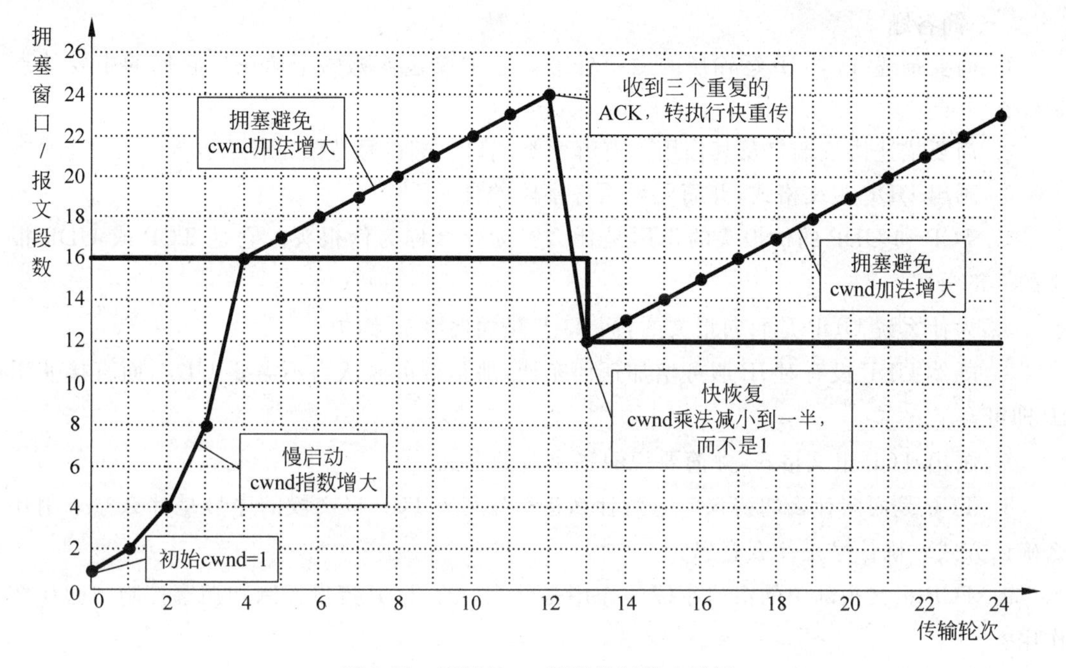

图 5-22　TCP Reno 拥塞控制策略示例

现在网络上广泛使用的是 TCP Reno 版本，它采用了快重传和快恢复算法，在建立连接和超时重传前使用慢开始和拥塞避免算法。它与如图 5-22 所示的 cwnd 曲线在执行快恢复时有点儿细微差异，主要表现在以下三个方面。

(1) 当发送方连续收到三个重复的确认时，与慢启动算法一样，令 ssthresh＝max(swnd/2,2)，通常 ssthresh＝cwnd/2，并令 cwnd＝ssthresh＋3，这里加 3 的原因是因为收到三个连续的重复确认，表明已经有三个报文段离开网络并正确进入到接收方缓存，它们不再占用网络资源，因此将 cwnd 在 ssthresh 的基础上加 3。这样做的目的只是为了更高效地利用网络资源。

(2) 每收到一个重复的确认时，令 cwnd＝cwnd＋1，理由与上述类似。

(3) 当发送方收到重传的报文段的确认信息时，就令 cwnd＝ssthresh，然后使用拥塞避免算法。这时就回归到如图 5-22 所示的曲线了。

与只使用慢开始与拥塞避免的拥塞控制算法相比，TCP Reno 版本的拥塞控制算法能提供更大的吞吐量。对比图 5-20 和图 5-22 可以看出，cwnd 曲线与坐标轴围起来的面积其实就是这 25 轮传输中网络提供的以报文段为单位的总传输量，图 5-22 所围起的面积明显要比图 5-20 中的要大，可计算得出大约大 21％，也就是说吞吐量提高了约 21％。如果只比较发生拥塞后的情况，则图 5-22 比图 5-20 的传输量要大约 50％。因此，采用了快重传与快恢复算法的 TCP Reno 版本可以提供更高的效率。

习　题

一、简答题

1. 简要描述 TCP/IP 运输层的主要任务。它主要包含哪两个协议？它们的主要特点是什么？

2. 简要描述协议端口及其作用。有哪两类端口？端口号范围是什么？

3. 画出 UDP 报文格式，并简要说明各字段的含义。

4. TCP 和 UDP 的伪报头的作用是什么？为什么称为伪报头？它是 TCP 或 UDP 报文的一部分吗？

5. 为什么说 UDP 是面向报文的，而 TCP 是面向字节流的？

6. 既然 UDP 没有对 IP 服务增加任何东西，那是否可以认为不需要 UDP，而直接使用 IP 即可？

7. 画出 TCP 报文格式，并简要说明各字段的含义。

8. TCP 是面向什么的协议？它对什么进行编号？TCP 报文段的序号是什么？采用什么确认方式？确认号是什么意思？

9. TCP 报文头部中的窗口字段的作用是什么？在 TCP 流量控制和拥塞控制中起什么作用？

10. 主机 A 向主机 B 连续发送了两个 TCP 报文段，其序号分别为 70 和 100。试问：

(1) 第一个报文段携带了多少个字节的数据？

(2) 主机 B 收到第一个报文段后发回的确认中的确认号应当是多少？

(3) 如果主机 B 收到第二个报文段后发回的确认中的确认号是 180，试问 A 发送的第二个报文段中的数据有多少字节？

(4) 如果 A 发送的第一个报文段丢失了，但第二个报文段到达了 B。B 在第二个报文段到达后向 A 发送确认。试问这个确认号应为多少？

11. IP 数据报中携带了 UDP 报文，IP 头部 IHL 字段的数值为二进制数 0101，IP 数据报总长度为 800B。求 UDP 报文中数据部分的长度(要求写出计算过程)。

12. 数据报中携带了 TCP 报文，其中 IP 头部长度为 20B，总长度为 1000B。TCP 数据段中字节序列号的字段值为十进制数 20 322 073，头部长度为 32B。求下一个 TCP 数据段的序列号(要求写出计算过程)。

13. 三次握手是指什么？请简要描述三次握手的过程。

14. 四次挥手是指什么？请简要描述四次挥手的过程。

15. 图 5-23 为 TCP 建立连接的过程示意图，假定主机 A 进程发送的起始数据段的初始序号为 1000，主机 B 进程发送的数据段的初始序号为 3000，请说明三次握手过程及所使用的标志位 SYN、数据段序号及确认号的变化情况。

16. 图 5-24 为 TCP 释放连接过程的示意图，请说明 $t_1 \sim t_5$ 时刻，发送方或接收方应完成的工作。

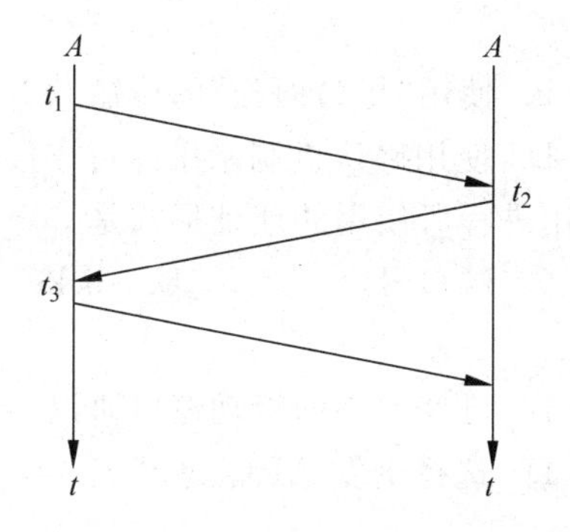

图 5-23　TCP 建立连接的过程示意图

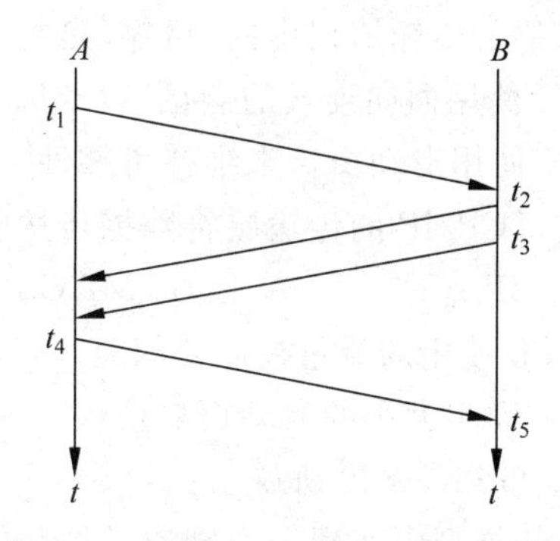

图 5-24　TCP 释放连接过程的示意图

17. A 用 TCP 传送 512B 的数据给 B,B 用 TCP 传送 640B 的数据给 A。设 A、B 的窗口都为 200B,而 TCP 报文段每次也是传送 200B 的数据,再假设发送端和接收端的起始序号分别为 100 和 200,由 A 发起建立连接,画出从建立连接、数据传输到释放连接的示意图。

18. 简要说明 TCP 连接过程中的状态转换过程。

19. TCP 实现可靠传输的原理是什么?有哪些协议可以实现可靠传输?

20. Karn 算法提出的原因是什么?简要描述 Karn 算法。

21. 最大报文段长度 MSS 是指什么的长度?TCP 如何设置该字段的值?

22. 在 TCP 的选项字段中,窗口比例因子的作用是什么?利用它如何扩大窗口的值?

23. 什么是 TCP 流量控制?简要描述 TCP 流量控制的基本思想。

24. 请描述糊涂窗口综合征所指的网络现象,并简要描述糊涂窗口综合征解决的方法。

25. 什么是 TCP 拥塞控制?简要描述产生拥塞的原因和实现拥塞控制的基本原理。

26. TCP 流量控制和 TCP 拥塞控制有什么区别?

27. 解释拥塞窗口和慢启动门限值。TCP 拥塞控制主要采用哪几种技术?简要解释这些技术特点。

28. 根据图 5-22 简要描述快重传和快恢复技术拥塞控制机制。

29. 设 TCP 门限窗口初始值为 8 个报文段。当拥塞窗口上升到 10 时网络发生了超时,TCP 采用慢启动、加速递减和拥塞避免,求出第 1 ～ 10 次传输的各拥塞窗口大小。

二、选择题

1. 传输层可以通过________标识不同的应用。

A. 物理地址　　B. 端口号　　C. IP 地址　　D. 逻辑地址

2. 用于高层协议转换的网间连接设施是________。

A. 路由器　　B. 集线器　　C. 网关　　D. 网桥

3. 在 TCP/IP 参考模型中,传输层的主要作用是为应用进程提供________。

A. 点到点的通信服务　　B. 网络到网络的通信服务

C. 端到端的通信服务　　D. 子网到子网的通信服务

4. 由 Internet 端口号分配机构(IANA)管理的端口范围是________。

A. 1～1023　　B. 1024～5000　　C. 5000～8000　　D. 8000～65535

5. TCP 段结构中,端口地址的长度为________

A. 8b　　B. 16b　　C. 24b　　D. 32b

6. 可靠的传输协议中的“可靠”是指________。
   A. 使用面向连接的会话　　B. 使用“尽力而为”的传输
   C. 使用滑动窗口来维持可靠性　　D. 使用确认机制来维持可靠性
7. 在 TCP/IP 的传输层将数据传送给用户应用进程所使用的地址形式是________。
   A. IP 地址　　B. MAC 地址　　C. 端口号　　D. socket 地址
8. TCP 使用的流量控制协议是________。
   A. 固定大小的滑动窗口协议　　B. 可变大小的滑动窗口协议
   C. Go-back-N 协议　　D. 选择重发 ARQ 协议
9. OSI 模型中实现端到端流量控制的是________。
   A. 数据链路层　　B. 网络层　　C. 传输层　　D. 应用层
10. 用户数据报协议 UDP 属于 TCP/IP 参考模型的________。
   A. 应用层　　B. 传输层　　C. 互连层　　D. 网络接口层
11. 简单邮件传送协议 SMTP 使用的端口号为________。
   A. 20　　B. 21　　C. 23　　D. 25
12. 对于采用窗口机制的流量控制方法，若窗口尺寸为 4，则在发送 3 号帧并收到 2 号帧的确认后，还可连续发送________。
   A. 4 帧　　B. 3 帧　　C. 2 帧　　D. 1 帧
13. TCP 提供的服务特征不包括________。
   A. 面向连接的传输　　B. 支持广播方式通信
   C. 全双工传输方式　　D. 用字节流方式传输
14. 造成因特网上传输超时的大部分原因是________。
   A. 路由算法选择不当　　B. 数据传输速率低
   C. 网络的访问量过大　　D. 网络上出现拥塞
15. 从滑动窗口的观点看，在停等协议中________。
   A. 发送窗口>1，接收窗口=1　　B. 发送窗口>1，接收窗口>1
   C. 发送窗口=1，接收窗口>1　　D. 发送窗口=1，接收窗口=1
16. 超文本传输协议 HTTP 使用的端口号是________。
   A. 25　　B. 70　　C. 80　　D. 110
17. 若从滑动窗口的观点看，发送窗口与接收窗口均等于 1 相当于________。
   A. 停等协议　　B. Go-back-N　　C. 选择重传　　D. 前向纠错
18. OSI 参考模型中提供应用进程之间端到端连接服务的是________。
   A. 物理层　　B. 网络层　　C. 传输层　　D. 应用层
19. TCP 采用的数据传输单元是________。
   A. 字节　　B. 比特　　C. 分组　　D. 报文
20. 当一个 TCP 连接处于________状态时表示等待应用程序关闭端口。
   A. CLOSED　　B. ESTABLISHED
   C. CLOSE-WAIT　　D. LAST-ACK
21. 下面________字段的信息出现在 TCP 头部而不出现在 UDP 头部。
   A. 目标端口号　　B. 序号　　C. 源端口号　　D. 校验和

22. 可靠传输的定义包括________。

A. 无差错传输　　B. 完整报文的传输

C. 有序传输　　D. 以上所有选项

23. UDP 报文头部的信源端口号定义了________。

A. 发送计算机　　B. 接收计算机

C. 发送计算机上的应用程序　　C. 接收计算机上的应用程序

24. ________定义了服务器程序。

A. 临时端口号　　B. IP 地址　　C. 公认端口号　　D. 物理地址

25. IP 负责________的通信，而 TCP 负责________的通信。

A. 主机到主机；进程到进程　　B. 进程到进程；主机到主机

C. 进程到进程；结点到结点　　D. 结点到结点；进程到进程

26. 主机由________识别，而运行在主机上的应用程序由________来识别。

A. IP 地址；端口号　　B. 端口号；IP 地址

C. IP 地址；MAC 地址　　D. MAC 地址；IP 地址

27. TCP 报文头部中的头部长度字段的值乘以________就是 TCP 头部的字节数。

A. 2　　B. 4　　C. 6　　D. 8

28. 一个 ACK 确认号为 1000，则说明________。

A. 前方 999 个字节已成功接收　　B. 前方 1000 个字节已成功接收

C. 期待接收序号为 1001 的字节数据　　D. 期待接收后续 1000 字节的数据

29. ________定时器可以防止一个 TCP 连接长时间闲置。

A. 重传　　B. 持续　　C. 生存时间　　D. 等待时间

30. ________定时器用于处理零窗口大小通告。

A. 重传　　B. 持续　　C. 生存时间　　D. 等待时间

31. Karn 算法使用________定时器。

A. 重传　　B. 持续　　C. 生存时间　　D. 等待时间

32. 在 OSI 模型中，提供端到端传输功能的层次是________。

A. 物理层　　B. 数据链路层　　C. 传输层　　D. 应用层

33. TCP 的主要功能是________。

A. 进行数据分组　　B. 保证可靠传输

B. 确定数据传输路径　　D. 提高传输速度

34. 应用层的各种进程通过________实现与传输实体的交互。

A. 程序　　B. 端口　　C. 进程　　D. 调用

35. 熟知端口的范围是________。

A. 0～100　　B. 20～199　　C. 0～1023　　D. 1024～49151

36. 以下端口为熟知端口的是________。

A. 8080　　B. 4000　　C. 161　　D. 1024

37. 传输层上实现不可靠传输的协议是________。

A. TCP　　B. UDP　　C. IP　　D. ARP

38. 欲传输一个短报文，TCP 和 UDP 相比，________更快。

A. TCP　B. UDP　C. 两个都快　D. 不能比较

39. TCP和UDP相比，________效率高。

A. TCP　B. UDP　C. 两个一样　D. 不能比较

40. 下述不属于TCP/IP模型的协议是________。

A. TCP　B. UDP　C. ICMP　D. HDLC

41. UDP校验的数据是________。

A. 首部＋伪首部　B. 首部　C. 首部＋数据　D. 伪首部＋数据

42. UDP中伪首部的传递方向________。

A. 向下传递　B. 向上传递

C. 既不向下也不向上传递　D. 上下两个方向都传递

43. UDP中伪首部中的IP地址内容和编排顺序是________。

A. 源IP地址　B. 目的IP地址

C. 源IP地址＋目的IP地址　D. 目的IP地址＋源IP地址

44. TCP报文段中序号字段指的是________。

A. 数据部分第一个字节　B. 数据部分最后一个字节

C. 报文首部第一个字节　D. 报文最后一个字节

45. TCP报文中确认序号指的是________。

A. 已经收到的最后一个数据序号　B. 期望收到的第一个字节序号

C. 出现错误的数据序号　D. 请求重传的数据序号

46. Internet上所有计算机都应能接收的TCP报文长度为________。

A. 65 535B　B. 1500B　C. 255B　D. 556B

47. TCP的确认是对接收到的数据中________表示确认。

A. 最高序号　B. 第一个序号

C. 第二个序号　D. 倒数第二个序号

48. TCP确认的方式是________。

A. 专门的确认　B. 专门的确认和捎带确认

C. 捎带确认　D. 稍等确认和否定确认

49. TCP发送一段数据报，其序号是35～150，如果正确到达，接收方对其确认的序号为________。

A. 36　B. 150　C. 35　D. 151

50. TCP重传计时器设置的重传时间________。

A. 等于往返时延　B. 等于平均往返时延

C. 大于平均往返时延　D. 小于平均往返时延

51. TCP流量控制中通知窗口的功能是________。

A. 指明接收端的接收能力　B. 指明接收端已经接收的数据

C. 指明发送方的发送能力　D. 指明发送方已经发送的数据

52. TCP流量控制中拥塞窗口指的是________。

A. 接收方根据网络状况得到的数值　B. 发送方根据网络状况得到的数值

C. 接收方根据接收能力得到的数值　D. 发送方根据发送能力得到的数值

53. TCP 中,连接管理的方法为________。

A. 重传机制　B. 三次握手机制　C. 慢速启动　D. Nagle 算法

54. TCP 连接建立时,会协商________。

A. 确认序号　B. IP 地址　C. 端口号　D. 最大窗口

55. TCP 连接建立时,发起连接一方序号为 x,则接收方确认的序号为________。

A. y　B. x　C. $x+1$　D. $x-1$

56. TCP 释放连接由________发起。

A. 收发任何一方均可　B. 服务器端

C. 客户端　D. 连接建立一方

57. TCP 连接释放时,需要将________标志位置位。

A. SYN　B. END　C. FIN　D. STOP

58. 属于用户功能的层次是________。

A. 物理层　B. 网络层　C. 数据链路层　D. 运输层

59. ________在运输层不采用 TCP。

A. IP 电话　B. 万维网　C. 电子邮件　D. 软件下载

60. TCP/IP 体系结构中的 TCP 和 IP 所提供的服务分别为________。

A. 链路层服务和网络层服务　B. 网络层服务和运输层服务

C. 运输层服务和应用层服务　D. 运输层服务和网络层服务

61. TCP 使用三次握手机制建立连接,当请求方发出 SYN 连接请求后,等待对方回答________,这样可以防止建立错误的连接。

A. SYN,ACK　B. FIN,ACK　C. PSH,ACK　D. RST,ACK

62. ________字段包含在 TCP 头部和 UDP 头部。

A. 发送顺序号　B. 窗口　C. 源端口　D. 紧急指针

63. 如果一个 TCP 连接处于 ESTABLISHED 状态,这表示________。

A. 已经发出了连接请求　B. 连接已经建立

C. 处于连接监听状态　D. 等待对方的释放连接响应

64. 图 5-25 中主机 A 和主机 B 通过三次握手建立 TCP 连接,图中(1)处的状态是________,

A. SYN received　B. Established　C. Listen　D. FIN wait

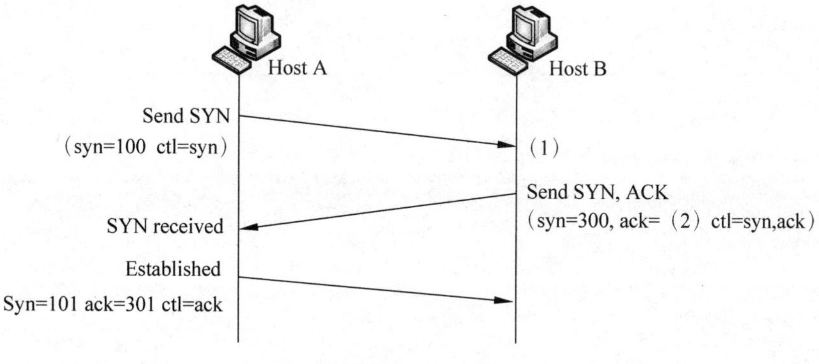

图 5-25　64 题图

65. 续上一题,图中(2)处的数字是________。

A. 100　　B. 101　　C. 300　　D. 301

66. 当TCP实体要建立连接时,其段头中的________标志置1。

A. SYN　　B. FIN　　C. RST　　D. URG

67. UDP在IP层之上提供了________能力。

A. 连接管理　　B. 差错校验和重传

C. 流量控制　　D. 端口寻址

68. 若采用后退 N 帧ARQ协议进行流量控制,帧编号字段为7位,则发送窗口的最大长度为________。

A. 7　　B. 8　　C. 127　　D. 128

69. 以太网的数据帧封装如图5-26所示,包含TCP段中的数据部分最长应该是________字节。

目的MAC地址	源MAC地址	协议类型	IP头	TCP头	数据	CRC

图5-26　69题图

A. 1434　　B. 1460　　C. 1480　　D. 1500

70. TCP在建立连接的过程中可能处于不同的状态,用netstat命令显示出TCP连接的状态为SYN_SEND,则这个连接正处于________。

A. 监听对方的建立连接请求　　B. 已主动发出连接建立请求

C. 等待对方的连接释放请求　　D. 收到对方的连接建立请求

71. 对于选择重发ARQ协议,如果帧编号字段为 k 位,则窗口大小为________。

A. $W \leqslant 2^k - 1$　　B. $W \leqslant 2^{k-1}$

C. $W = 2^k$　　D. $W < 2^{k-1}$

72. 当一个TCP连接处于________状态时表示等待应用程序关闭端口。

A. CLOSED　　B. ESTABLISHED

C. CLOSE-WAIT　　D. LAST-ACK

第6章 应用层

应用层是5层网络体系结构的最高层,在它之上是用户,在它之下是运输层。这意味着应用层从运输层接收服务,并向用户提供服务。应用层允许人们利用各种应用程序来使用Internet,并解决在工作、生活和学习中遇到的各种问题。由于不同的应用程序之间的通信规则不同,因此必须在运输层提供的端到端通信服务的基础上,由不同的应用层协议为某一类应用问题提供应用进程之间的通信规则。

在应用层,有三个一般性问题与该层有关,分别是客户/服务器模型、地址解析和服务类型。Internet中的应用层程序大多基于客户/服务器模型。应用层程序都有自己的地址格式,而且大多都与域名密切相关,例如电子邮件地址格式形式为zhangsan@abc.com,而访问Web页面的地址形式为http://www.mynet.com等。这些地址必须要映射成IP地址,这一过程就是地址解析,由DNS来完成。最后,应用层是设计用来为用户或者用户程序提供不同服务的,最常见的服务类型有电子邮件、文件传输、万维网和多媒体传输等。

本章将围绕这三个一般性问题展开介绍,分别介绍客户/服务器模型、域名系统DNS以及各种常见的应用层服务。

本章重点:

(1) 客户/服务器模型。

(2) 域名系统DNS。

(3) 电子邮件、文件传输和万维网等常见网络应用。

(4) 动态主机配置协议DHCP。

6.1 客户/服务器模型

Internet是基于客户/服务器(Client/Server)模型的,这就要求必须要有一个客户端(Client)和一个服务器(Server)。请求服务的称为客户端,提供服务的称为服务器。在客户端运行客户端应用程序,在服务器端运行服务器应用程序,客户端应用程序向服务器端应用程序请求服务,服务器端应用程序按需向客户端应用程序提供服务。

客户端应用程序由用户(或者另一个应用程序)启动,当服务完成时终止运行。客户端应用程序通过使用远程服务器端的IP地址与服务器应用程序的熟知端口号来开启通信通道,这一过程称为**主动开启**。当通信通道开启后,客户端发送请求并接收响应,当完成通信后,客户端应用程序使用主动关闭命令来关闭通信通道。

当服务器启动时,它开启从客户端接收请求的通路,但是在服务请求到来之前,它不会初始化服务。这称为**被动开启**。服务器程序启动之后就会一直运行,监听来自客户端的请求。

WWW 产生之后，Web 环境下的应用其本质仍然属于 C/S 模式，浏览器就是客户端应用程序，Web 文档驻留在 WWW 服务器所在计算机中。这种 C/S 模式也称为 B/S (Browser/Server，浏览器/服务器)模式。

B/S 模式可以提供多层次连接，通常为浏览器—WWW 服务器—应用服务器的形式，其中广泛使用的模式为 Browser/Web Server/DB Server，Web Server 与 DB Server 相连接，并根据用户需求读取数据库中不断更新的数据，这样 Browser 就可以在网页中浏览到动态的数据。

6.2 域名系统

通过 IP 地址可以访问 Internet 上的主机，但记忆和管理众多的无任何记忆规律的 IP 地址显然是一件痛苦的事情，因此人们使用 ASCII 字符组成的**域名**来标识和访问网络中的主机。但网络本身只能理解数字形式的 IP 地址，因此必须引入一种方案实现 IP 地址和域名之间的相互转换。**DNS**(Domain Name System，域名系统)就是这样的解决方案。

DNS 使用 UDP 传输域名解析请求与响应报文，DNS 服务器使用熟知端口 53 与客户端进行通信。

6.2.1 Internet 域名结构

1. 域名及其结构

Internet 域名是 Internet 上每台主机的名字，在全世界，**域名是唯一的**。域名的形式是由两个或两个以上的部分组成，各部分之间用英文的句号“.”分隔，一个完整的域名，即**完全合格域名**(Fully Qualified Domain Name，FQDN)的形式如下所示(注意最右侧有个点)：

主机名.三级域名.二级域名.顶级域名.

如 www.cctv.com.cn. 就是一个 FQDN，其中，www 为主机名，最右侧的“.”为**根域**，cctv 表示组织机构名称，com 代表该机构的属性，cn 则表示该机构网络所在的国度或地区。

每一级域名均由英文字符和阿拉伯数字组成，长度不超过 63 个字符，不区分大小写。各级域名自左向右级别越来越高，**顶级域名**(Top Level Domain，TLD)在最右边。一个完整的域名总字符数不能超过 255，**域名系统没有规定一个域名必须包含多少级别**。

ICANN 定义了域名的命名采用层次结构的方法。每个域都有不同的组织来管理，而这些组织又可将其子域分给下级组织来管理。

这样，整个 Internet 层次结构的名字空间就构成一棵命名树，其中根是无名的，根的下面就是顶级域，如图 6-1 所示。

2. 顶级域名

现在的顶级域名有如下三类。

1) 国家顶级域名

国家顶级域名如 cn(中国)、uk(英国)、us(美国)等，共 247 个。国家顶级域名下注册的二级域名均由该国家自行确定。

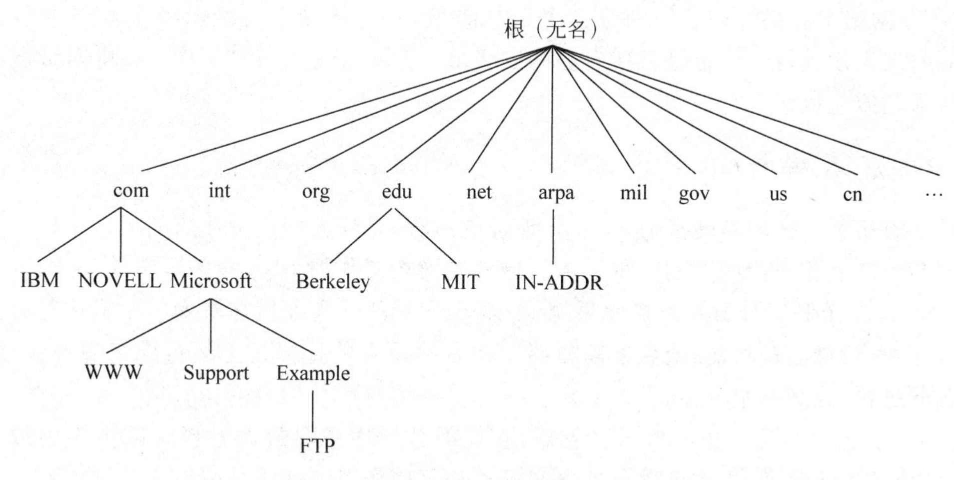

图 6-1 DNS 域名树

2）通用顶级域名

通用顶级域名早期有 7 个，后来由于 Internet 的用户量及应用急剧增多，又新增了 11 个通用顶级域名。通用顶级域名如表 6-1 所示。其中左侧为早期的 7 个通用顶级域名，右侧 11 个为新增的顶级域名。

3）基础结构域名

目前只有一个**基础结构域名**，即 arpa，用于反向域名解析，也就用来实现将 IP 地址解析为域名，故又称为反向域名。

表 6-1 通用顶级域

标识	描 述	标识	描 述
com	商业机构	pro	有证书的专业人员
net	网络支持中心	museum	博物馆和其他非营利性组织
org	非营利性组织	aero	航空航天公司
int	国际性的组织	mobi	移动产品与服务的用户和提供者
edu	教育机构，美国专用	name	个人
gov	政府部门，美国专用	coop	合作团体
mil	军事部门，美国专用	travel	旅游业
biz	商业或者公司，与 com 类似	jobs	人力资源管理
info	网络信息服务提供商	cat	加泰隆人的语言和文化团体

3. cn 下的二级域名

我国将 cn 下注册的二级域名分为“类别域名”和“行政域名”两类。

（1）**类别域名**，共有 7 个，分别为 ac（科研机构）、com（工、商和金融组织）、edu（教育机构）、gov（政府部门）、net（网络服务机构）、org（各种非营利组织）以及 mil（国防部门）。

（2）行政域名，共有 34 个，适用于我国的各省、自治区、直辖市，如 bj（北京）、sh（上海）、fj（福建）等。

当一个组织拥有一个域的管理权后，它可以决定是否需要进一步划分层次。例如，

CERNET 网络中心将“. edu”域划分为多个三级域,将三级域名分配给各个大学或教育机构。同时某大学也可以决定是否在自己的三级域下进一步划分多个四级域,将四级域分配给下属部门或主机。

6.2.2 域名解析

域名解析就是把域名转换成对应 IP 地址的过程,是让人们通过注册的域名可以方便地访问到与该域名相对应网站的一种服务。**域名的解析工作由 DNS 服务器完成**。

DNS 是一个联机分布式数据库系统,采用 C/S 模式。需要域名查询的主机运行客户端应用程序,称为**域名解析器**,或**名字解析器**。在专门设立的计算机上运行域名服务程序,称为**域名服务器**,或名字服务器。

Internet 上运行有大量的域名服务器,它们的数据库中存放着各自管辖范围内域名和对应 IP 地址的映射表,各域名服务器之间可以相互协作以实现域名解析。

1. 域名服务器

域名服务器基本上是按域名的层次来设置的。为了避免单机作为域名服务器而造成负载过重的问题,常常把 DNS 名称空间划分成不重叠的**区域**。每个区域包含域名树的一部分,同时也包含存放该区域信息的域名服务器。

一个域名服务器所负责管辖的范围称为区域,各单位根据具体情况将自己所拥有的域划分为多个区域。区域可能等于或小于域,但一定不能大于域,如图 6-2 示例了域和区域的关系。mynet. com 域根据需要,划分了人力资源部 HRD 和财务部 FMD 两个区域。当 mynet. com 域没有划分区域时,mynet. com 的区域与域就是同一件事。

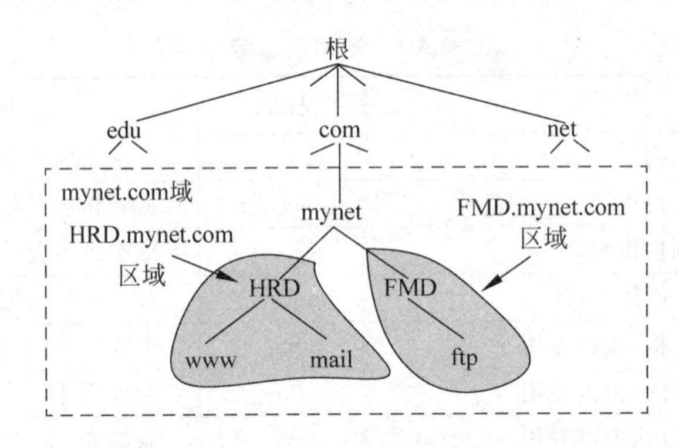

图 6-2 域与区域的关系

一般情况下,一个区域有一台**主域名服务器**,以及一台或多台**辅助域名服务器**。主域名服务器也称为**授权域名服务器**(Authoritative Name Server,ANS),它从自己的硬盘中读取信息,它存储了在本区域内创建、维护和更新的区域文件。辅助域名服务器则从主域名服务器中获得信息,它是主域名服务器数据的冗余备份,自身并不创建也不更新区域文件。主域名服务器和辅助域名服务器均可以对区域内的主机进行域名解析。

按照域名的层次,有以下几种特殊的域名服务器。

本地域名服务器(Local Name Server,LNS):对于每个区域内的所有主机来说,该区域内的授权域名服务器就是本地域名服务器,也是默认域名服务器,该区域内的所有主机都知道它的 IP 地址。

顶级域名服务器(TLD Name Server,TNS):每一个顶级域都有一个自己的域名服务器,该域名服务器就是顶级域名服务器。

根域名服务器(Root Name Sever,RNS):根域名服务器用于管理顶级域名服务器。目前有 13 个根域名服务器,域名分别为 a. rootserver. net～m. rootserver. net,由 ICANN 统一管理。其中,a. rootserver. net 为主根服务器,放置在美国弗吉尼亚州的杜勒斯,其余 12 个为辅助根服务器,其中有 9 个放置在美国,欧洲有两个,分别位于英国和瑞典,亚洲有一个,位于日本。

另外,13 个根域名服务器还拥有一百多台**镜像服务器**,镜像服务器就是原根服务器的克隆服务器。这些镜像服务器分布在世界各地,从而实现就近地址解析,其中我国有三个镜像服务器,分别位于北京和香港地区等地。

2. 域名解析方式

在 DNS 域名解析过程中,可以执行以下两种类型的查询。

(1) **迭代查询**:客户端向某个 DNS 服务器发出查询请求,该 DNS 服务器根据其缓存中的内容或从其区域数据库中查找并返回一个最佳解析结果。如果该服务器不能解析该请求,则返回一个指针,该指针指向域名空间中另一层次的权威服务器,由客户端向这一权威服务器提出查询请求。

(2) **递归查询**:客户端向某个 DNS 服务器发出查询请求后,该 DNS 服务器就要承担此后的全部工作,直到解析成功或解析失败。当该 DNS 服务器自身不能解析该请求时,则由该服务器自己充当客户端,向其他 DNS 服务器提交解析请求直到解析成功或返回一个错误。

主机向本地域名服务器的查询一般采用递归查询。本地域名服务器向根域名服务器的查询通常采用迭代查询。

DNS 服务器在解析客户端请求过程中,有两种查找方式,一种是**正向查找**,即将域名映射成 IP 地址;另一种是**反向查找**,即根据 IP 地址查找出对应的域名。

3. 域名解析过程

下面以一个实例来说明域名解析过程。例如主机 xyz. ptu. edu. cn 想查询主机 abc. xmu. edu. cn 的 IP 地址,其查询过程如图 6-3 所示的①～⑩步,简要解说如下。

第①步,主机 xyz. ptu. edu. cn 向本地域名服务器 ptu. edu. cn 请求解析 abc. xmu. edu. cn。

第②步,本地域名服务器 ptu. edu. cn 不能解析 abc. xmu. edu. cn,于是使用迭代查询向根域名服务器发出解析请求。

第③步,根域名服务器通常不参与具体的解析过程,而是将 cn 顶级域名服务器的 IP 地址告知本地域名服务器 ptu. edu. cn。

第④～⑧步,本地域名服务器 ptu. edu. cn 反复向不同域名服务器发出解析请求。

第⑨步,xmu. edu. cn 域名服务器成功解析了 abc. xmu. edu. cn 对应的 IP 地址,于是将 IP 地址返回给本地域名服务器 ptu. edu. cn。

第⑩步,本地域名服务器 ptu. edu. cn 将解析结果返回给主机 xyz. ptu. edu. cn,主机收到该解析结果后,就可以发起与主机 abc. xmu. edu. cn 的通信。

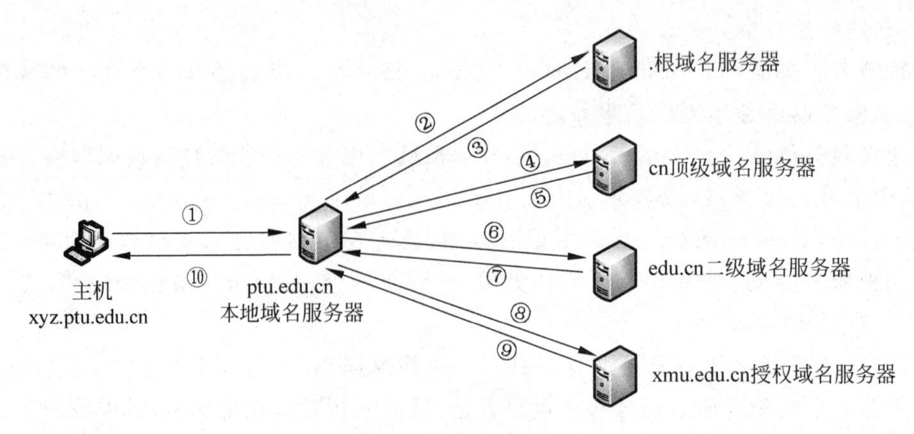

图 6-3　域名解析过程示例

4. 域名缓存

为了提高 DNS 查询效率，并减轻根域名服务器的负荷和减少 Internet 上的 DNS 查询报文数量，在域名服务器以及主机中广泛使用高速缓存机制，高速缓存用于存放最近查询过的域名以及从何处获得域名映射信息的记录。当同一客户端或其他客户端请求同一映射时，它会首先检查本地高速缓存并解析这一请求。为了标识这一解析结果来自高速缓存，服务器会将这一解析结果标识为“非权威的”(Unauthoritative)。

另外，高速缓存还为缓存中的映射记录设置了一个生存期，当生存期到时后，高速缓存就会清除该过期的记录。

有了域名缓存后，主机在进行域名解析时，先使用自己的域名缓存进行解析，如果不能解析时，才会请求本地域名服务器。

5. 资源记录

每个域都有一组与之相关联的资源记录，从资源记录的观点上看，DNS 的基本功能就是将域名映射到资源记录上。对于一台主机来说，最常见的资源记录就是它的 IP 地址，但除此之外还有一个用五元组表示的资源记录。其格式如下：

```
< Domain - name, Time - to - live, Class, Type, Value >
```

Domain-name(域名)指出该记录适用的域名，这是匹配查询的主要搜索关键字。Time-to-live(生存期)指示该记录的稳定程度，该值将决定域名解析的结果在 DNS 缓存中保留多长时间。Class(类别)指出信息类别，通常其值为 IN，表示 Internet，而非 Internet 信息，可用其他代码，但非常少见。Type(类型)指出该记录是哪一种类型的记录。Value(值)域的值可以是数字、域名或者 ASCII 字符串，其语义取决于记录的类型。表 6-2 中给出了一些常见的最重要的类型和每种类型的 Value 域的简要描述。

表 6-2　常见的 DNS 资源记录类型

类型	含　义	值
SOA	授权的开始	本区域的参数
A	一台主机的 IP 地址	32 位整数
MX	邮件交换	优先级，希望接收该域电子邮件的机器

续表

类型	含　义	值
NS	名称服务器	本域的服务器的名称
CNAME	规范名,或称别名	域名
PTR	指针	一个 IP 地址的别名
HINFO	主机的描述	用 ASCII 表示的 CPU 和操作系统
TXT	文本	未解释的 ASCII 文本

6.3 远程登录协议

6.3.1 TELNET 概述

TELNET 也称为终端仿真协议,是 Internet 远程登录服务的标准协议和主要方式,最初由 ARPANET 开发,现在主要用于 Internet 会话,它的基本功能是允许用户登录进入远程主机系统。

TELNET 也使用客户/服务器模式,在本地系统运行 TELNET 客户进程,而在远端主机上运行 TELNET 服务器进程。

TELNET 早前使用很广泛,但由于现在计算机软件功能越来越强大,已经很少有人使用 TELNET 了,但在网络管理与设备配置等方面还有一些应用。

TELNET 是一个通过创建**虚拟终端**提供连接到远程主机的 TCP/IP。这一协议需要通过用户名和口令进行认证,是 Internet 远程登录服务的标准协议。应用 TELNET 协议能够把本地用户所使用的计算机变成远程主机系统的一个终端。它提供了以下三种基本服务。

(1) TELNET 定义一个网络虚拟终端为远程系统提供一个标准接口。客户机程序不必详细了解远程系统,它们只需构造使用标准接口的程序。

(2) TELNET 包括一个允许客户机和服务器进行协商选项的机制,而且它还提供一组标准选项。

(3) TELNET 对称处理连接的两端,即 TELNET 不强迫客户机从键盘输入,也不强迫客户机在屏幕上显式输出。

6.3.2 TELNET 工作过程

使用 TELNET 协议进行远程登录时需要满足以下条件。

(1) 在本地计算机上必须装有包含 TELNET 协议的客户程序。

(2) 必须知道远程主机的 IP 地址或域名；必须知道登录标识与口令。

TELNET 远程登录服务分为以下 4 个过程。

(1) 本地与远程主机建立连接。该过程实际上是建立一个 TCP 连接,用户必须知道远程主机的 IP 地址或域名。

(2) 将本地终端上输入的用户名和口令及以后输入的任何命令或字符以 NVT(Net

Virtual Terminal,网络虚拟终端)格式传送到远程主机。该过程实际上是从本地主机向远程主机发送一个 IP 数据包。

(3) 将远程主机输出的 NVT 格式的数据转化为本地所接受的格式送回本地终端,包括输入命令回显和命令执行结果。

(4) 最后,本地终端对远程主机进行撤销连接。该过程就是撤销一个 TCP 连接。

6.4 文件传输协议

FTP(File Transfer Protocol,**文件传输协议**)是 Internet 上很早使用,且使用得最广泛的文件传送协议。

在使用 FTP 传送文件时,经常遇到"下载"(Download)和"上传"(Upload)两个概念。"下载"文件就是从远程主机复制文件至自己的计算机上。"上传"文件就是将文件从自己的计算机复制到远程主机上。

6.4.1 FTP 工作机制

FTP 使用 C/S 模式,但它比较复杂,它在客户端与服务器之间建立两条 TCP 连接,其中一条 TCP 连接为**数据连接**,用于传输数据;另一条为**控制连接**,用于传输控制信息(命令和响应)。数据与控制信息分开传输可以使 FTP 的效率更高。控制连接使用非常简单的通信规则,每次只需要传输一行命令或者一行响应。数据连接由于传输数据的多样性,所以需要更复杂的规则。

FTP 使用 TCP 服务,FTP 服务器使用两个熟知 TCP 端口进行通信,其中,**21 端口用于控制连接,20 端口用于数据连接**。

如图 6-4 所示为 FTP 的基本模型,客户端由用户界面、控制进程和数据传输进程三个部分组成。服务器端由控制进程和数据传输进程两个部分组成。控制连接作用于控制进程之间,而数据连接作用于数据传输进程之间。

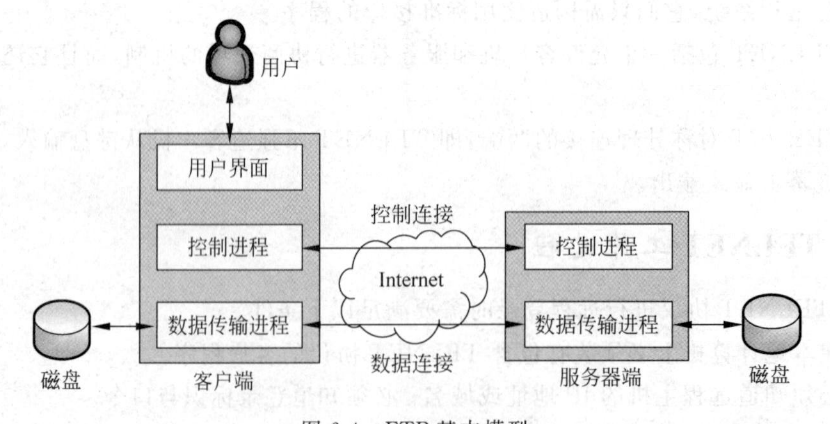

图 6-4 FTP 基本模型

控制连接在整个 FTP 交互式会话期间始终保持连接状态。数据连接在每个文件传输开始时开启,文件传输结束时关闭。在控制连接处于开启状态的期间,如果需要传输 N 个文件,则需要开启和关闭数据连接 N 次。

6.4.2 FTP连接通信

FTP 的控制连接通信通过使用 ASCII 字符集的命令和响应完成,每次只发送一个命令或响应,每个命令或响应只是一个短的 ASCII 字符串行,因此不需要担心文件格式或者文件结构,每一行结束于一个双字符的行结束标记(回车或换行)。

数据连接通信比控制连接通信要复杂得多,在通过数据连接发送文件之前,需要由控制连接完成传输准备工作,包括定义传输文件的类型、数据结构和传输模式。

1. 文件类型

FTP 能够通过数据连接传输以下类型的文件。

(1) ASCII 文件: 这是传输文本文件的默认格式,发送方将要传输的文件转换成 ASCII 字符,接收方则将接收到的 ASCII 字符转换成原来的文件格式。

(2) EBCDIC 文件: EBCDIC 文件是 IBM 计算机使用的编码方式。通信双方有一方文件使用该格式时,就可以使用这种编码方式通信。

(3) 二进制文件: 这是二进制文件传输的默认格式。文件以连续的字节流发送,而不需要任何译码和编码操作。如编译的程序,或者编码为 0 或 1 的图像文件均用这种格式。

2. 数据结构

FTP 通过数据连接传输文件,可以使用以下有关数据结构之一。

(1) 文件结构(默认): 这种文件没有结构,是连续的字节流。

(2) 记录结构: 这种文件被划分成记录,只能用于文本文件。

(3) 页结构: 这种文件被划分成页,每一页都有一个页号和页头,页可以随机或顺序地进行存储或访问。

3. 传输模式

(1) 流模式: 这是默认模式,FTP 以连续字节流的模式将数据传递给 TCP。TCP 负责将数据切割成合适大小的数据段。

(2) 块模式: 数据可以以数据块的形式由 FTP 传递给 TCP。在这种情况下,每一个数据块会附加一个 3B 的数据块头,用于描述该数据块,包括块的大小。

(3) 压缩模式: 如果文件很大,就可以对数据进行压缩。通常使用的压缩方法为行程编码。

6.4.3 FTP应用程序

大多数操作系统均提供了访问 FTP 服务的用户界面,例如 Windows 操作系统的 CMD 命令行。用户输入一行 ASCII 字符命令,CMD 命令行就会读取这一命令行,并将其转换成相应的 FTP 命令。具体操作与应用可以参考第 9 章和第 10 章中的相关实验内容。

对于客户端应用程序,Windows 环境下常用的有 FlashFXP、FileZilla Client 和 CuteFTP 等。服务器端的 FTP 应用程序主要有 Serv-u、FileZilla Server 和 IIS 中的 FTP 组件等。具体应用可以参考第 9 章中的相关实验内容。

6.5 电子邮件

电子邮件(E-mail)是最常用的网络服务之一,它可以将文本、视频/音频文件或者图像文件等传送给一个或者多个收件人。

6.5.1 电子邮件概述

与真实的邮件一样,电子邮件由**信封**和**报文**两部分组成,如图 6-5 所示为一封电子邮件的结构示例。

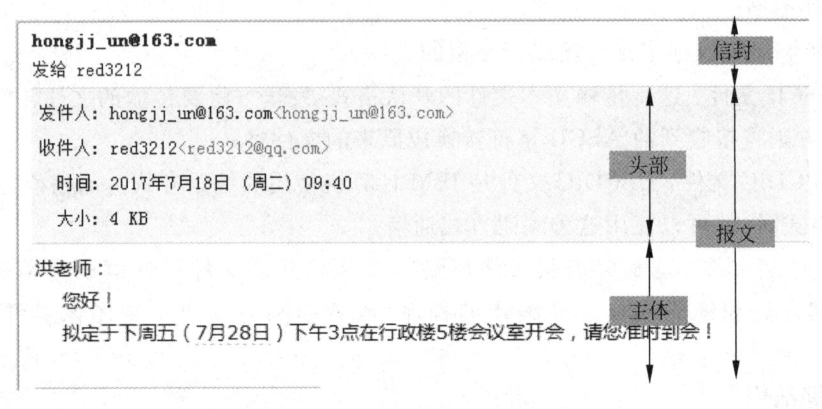

图 6-5 电子邮件的组成

信封包含发件人的地址和收件人的地址。

报文包含头部和主体两部分,其中,头部定义了发件人、收件人、时间及邮件大小等信息。报文的主体部分就是邮件的实际内容,由用户自由撰写。

要发送电子邮件,必须首先注册一个**邮箱地址**,邮箱地址由账户名称和域名两部分组成,中间用符号“@”连接,表示“at”,邮箱地址形式为 username@domainname,意为在域 domainname 中存在一个名为 username 的用户账号。

电子邮件系统会定期检查邮箱。如果某个用户有邮件,该系统会通知用户。收件箱会列出所有收到的邮件列表,每行为一封邮件的简要信息,通常包括发件人的邮件地址、主题、邮件发送和接收的时间。用户可以打开和阅读任何一封邮件。

为了便于人们接收、发送和管理邮件,开发出了称为**用户代理**(User Agent,UA)的应用程序,用户代理可以帮助人们创建、发送、接收、阅读、回复和转发邮件,以及管理邮箱和联系人等。常用的用户代理应用程序有 Outlook 和 Foxmail 等。

图 6-6 显示了 E-mail 的收发过程原理及其在收发过程中所采用的协议。可以看到发送的全过程均采用 SMTP,只有接收方从接收方邮件服务器接收邮件时才使用 POP3 协议。

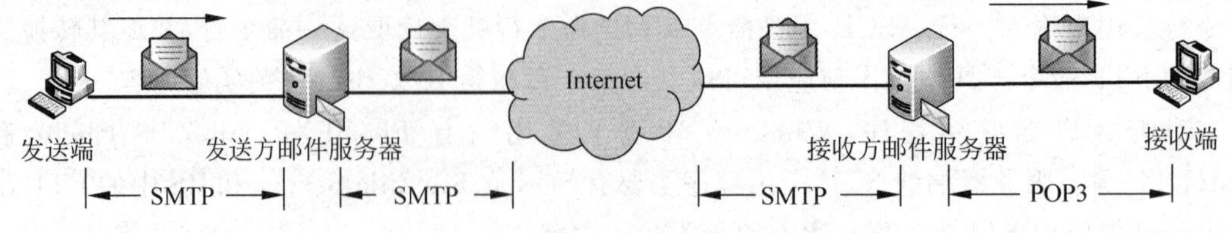

图 6-6 电子邮件的收发过程示意图

6.5.2 电子邮件的信息格式

电子邮件包括信封和主体两个部分组成，但 RFC 5322 文档中只规定了邮件内容中的头部格式，邮件的主体部分由用户自由撰写。用户填写好头部后，邮件系统自动地将信封所需的信息提取出来并写在信封上。

1. 文本报文格式

RFC 2822 规定了电子邮件文本报文格式，邮件信息由 ASCII 文本组成。

电子邮件的头部使用标准格式。头部的每一行由一个关键字加冒号开头，后面附加信息。有些关键字是必需的，而另一些是可选的。每个头部必须包含关键字 To 开头的行，引出一个或多个电子邮件地址。关键字 Subject 引出邮件的主题，关键字 From 引出发送方的电子邮件地址，由系统自动填入。常用的关键字如表 6-3 所示。

表 6-3 电子邮件常用关键字

关键字	说　明	关键字	说　明
To	接收方电子邮件地址	Subject	邮件的主题
From	发送方电子邮件地址	X-Charset	使用的字符集
Cc	发送副本的邮件地址	Reply-To	回复邮件的地址
Date	发送的日期和时间		

2. MIME

由于 SMTP 只能传送 7 位 ASCII 码文本，不能传送可执行文件或其他二进制文件，而且 SMTP 服务器还会拒绝超过一定长度的邮件。这都将导致无法使用电子邮件传送多媒体文件。因此，人们又提出了 **MIME**(Multipurpose Internet Mail Extensions，多用途互联网邮件扩展)。MIME 并没有改过或取代 SMTP，而只是对 SMTP 进行了扩展。MIME 的意图是继续使用原来的邮件格式，但增加了邮件主体的结构，并定义了传送非 ASCII 码的编码规则。也就是说，MIME 邮件可在现有电子邮件框架和协议下传送可执行文件或其他二进制文件。

MIME 的基本原理是发件端通过 MIME 将非 ASCII 码数据转换成 ASCII 数据，然后交付给 SMTP 通过 Internet 发送出去，收件服务器端的 SMTP 接收到 ASCII 数据后，交给 MIME 再转换成原始格式的数据。因此，可以认为 MIME 是一组软件函数，它可以将非 ASCII 数据与 ASCII 数据进行互换。其工作流程示意图如图 6-7 所示。

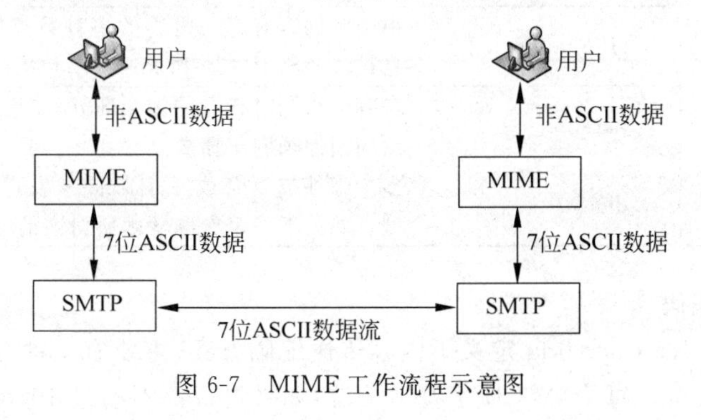

图 6-7　MIME 工作流程示意图

MIME 的主要内容包括以下三个方面。

1）邮件头部扩展

MIME 对 RFC 822 邮件头部进行了扩充，增加了以下 5 个 MIME 的关键字。

（1）MIME-Version：MIME 版本，现行版本为 1.1。

（2）Content-Description：邮件内容描述，说明此邮件主体是否有图像、音频或视频。

（3）Content-ID：邮件内容标识符。

（4）Content-Type：邮件内容的数据类型及其子类型。

（5）Content-Transfer-Encoding：内容传送编码，将邮件内容转换为 ASCII 码所使用的编码方式。

2）邮件内容类型

MIME 定义了邮件内容的数据类型，即关键字 Content-Type 包含的类型。MIME 标准规定 Content-Type 关键字必须包含内容类型（Content-Type）和子类型（Subtype）两个标识符，中间用符号“/”隔开，如 Content-Type：video/mpeg。MIME 标准定义了 7 种基础内容类型以及每种类型的子类型，如表 6-4 所示。

表 6-4　MIME Content-Type 类型

内容类型	子类型	说明
Text（文本）	plaint	无格式的文本
	enriched	包含少量格式命令的文本
Image（图像）	gif	GIF 格式的静态图像
	jpeg	JPEG 格式的静态图像
Audio（音频）	basic	音频邮件
Video（视频）	mpeg	视频邮件，MPEG 格式的活动图像（如影片）
Application（应用程序）	octet-stream	无结构的字节流
	postscript	PostScript 格式的可打印文档
Message（文件）	rfc822	MIME RFC 822 邮件
	partial	为了传输而被分割的邮件
	external-body	从网上获取的邮件，用于非常长的消息（如电影、视频广告等），消息本身需要从网上获取
Multipart（多部分）	mixed	包含多个独立的部分，可有不同的类型和编码，如邮件中有文字、图片和音/视频
	alternative	单个邮件含有同一内容的多种数据格式表示，如同一消息被以 ASCII 文本和 Postscript 格式发送
	parallel	含有必须同时查看的多个部分，如视频中的文字、音频和活动图像须同步播放
	digest	多个邮件被复合成一个邮件来发送时需要使用该子类型。如关于一个专题学术研讨会的一系列电子邮件

3）内容传送编码

Content-Transfer-Encoding 定义了内容传送编码方案，主要有三种方案，其中最简单的方案就是 ASCII 文本。每个 ASCII 字符占 7 位，如果每行都不超过 1000 字符，那么电子邮件协议就可以直接接收。通常一般的英文文本邮件采用这种方案。

其次是对于那些几乎全是 ASCII 字符，但有少量非 ASCII 字符的数据，可以使用一种称为**引用可打印字符编码**方案。它也是 7 位的 ASCII 编码，但所有超过 127 的字符都被编码成一个等号后面跟着两个用十六进制数字表示的字符值。具体编码规则可以参考其他文献。

第三种方案是针对可执行文件或其他二进制文件的编码，这种方案称为 **Base64 编码**。在这种方案中，二进制数据被分成 3B(24b)的组，每组再分成 4 个 6b 的小组，每个小组编码成一个合法的 ASCII 字符。若最后一组不足 24b，只有 8b 或 16b，就分别转换为两个或三个 ASCII 字符，再在尾部分别填充"=="或"="。

6.5.3 简单邮件传输协议

SMTP(Simple Mail Transfer Protocol，简单邮件传输协议)是一个基于 TCP 支持的，提供可靠电子邮件传输的应用层协议，主要用于传输系统之间的邮件信息传送。

SMTP 监听邮件服务器的 25 号端口，接收客户端的 TCP 连接请求，并将邮件消息复制到正确的邮箱中。如果一个消息不能够被投递，则向消息的发送方返回一个错误报告。

SMTP 是一个简单的 ASCII 协议。在与 SMTP 服务器的 25 号端口建立起 TCP 连接之后，客户端就等待 SMTP 服务器端的通知。SMTP 服务器首先发送一行文本，在这行文本中它给出了自己的标识，并且告诉客户端它是否已准备好接收邮件。如果 SMTP 服务器还没有准备好，则客户端将释放连接，然后再重试。

如果 SMTP 服务器已经准备好接收邮件，则客户端通过身份验证后，就声明这封电子邮件来自谁以及将要交给谁。如果目的邮件地址存在，则 SMTP 服务器指示客户端发送数据。然后客户端发送数据，SMTP 服务器确认数据。由于 TCP 提供了可靠的字节流传输，所以这里不需要校验和。如果还有更多的邮件需要发送，则可以继续发送，否则就要释放连接。

图 6-8 是通过 Foxmail 客户端发送如图 6-5 所示邮件时，Wireshark 捕获的数据摘要信息，其中，C 开头的行代表客户端发送的命令或响应，而 S 开头的行代表 SMTP 服务器发送的命令或响应，每行//后面的文字为该行命令或响应的注释。

从图 6-8 可以看到，SMTP 客户端和服务器之间的交换信息由可读的 ASCII 文本组成。SMTP 规定了 14 条命令和 21 种应答信息。每条命令用 4 个字母组成，而每一种应答信息一般只有一行，由一个三位数字的代码开始，后面可以附上(也可以不附)简单的文字说明。

6.5.4 邮件读取协议

1. POP 协议

通常用户访问邮箱并接收邮件都使用 POP(Post Office Protocol，邮局协议)，POP 是 TCP/IP 协议族中的一员，它建立在 TCP 连接之上，使用 C/S 模式，向用户提供对邮件服务器的远程访问服务，目前常用的版本是 POP3。

POP3 客户端与 POP3 服务器的 110 端口建立 TCP 连接，然后向 POP3 服务器发送命令并等待响应，POP3 命令与 SMTP 命令一样，也是用 ASCII 码表示。

POP3 协议支持"离线"邮件处理。其具体过程是：邮件发送到邮件服务器上，用户需要

```
S: 220 163.com SMTP service ready
C: EHLO redforce                  // 声明需要 SMTP身份验证
S: 250 mail | 250 PIPELINING | 250 AUTH LOGIN PLAIN | 250 AUTH=LOGIN PLAIN | 250 coremail
1Uxr2xKj7kG0xkI17xGrU7I0s8FY2U3Uj8Cz28x1UUUUU7Ic2I0Y2UFTPNpsUCa0xDrUUUUj | 250
STARTTLS | 250 8BITMIME           // 服务器支持的身份验证方式
C: AUTH LOGIN                     // 开始身份验证
S: 334 dXNlcm5hbWU6               // "username:"的Base64编码
C: User: **********               // 此处为经 Base64 编码后的用户名
S: 334 UGFzc3dvcmQ6               //"Password:"的Base64编码
C: Pass: **********               // 此处为经 Base64 编码后的密码
S: 235 Authentication successful           // 身份验证成功
C: MAIL FROM:hongjj_un@163.com             // 声明邮件来源，从这里开始要发送邮件
S: 250 Mail OK
C: RCPT TO:ed3212@qq.com                   // 声明邮件最终目的地
S: 250 Mail OK
C: DATA                                    // 从这里开始要发送邮件主体
S: 354 End data with <CR><LF>.<CR><LF>     // 要求以<CR><LF>.<CR><LF>结束邮件
C: DATA fragment, 421 bytes       // 开始发送邮件主体数据
C: DATA fragment, 1428 bytes      // 开始发送邮件主体数据
C: DATA fragment, 705 bytes       // 开始发送邮件主体数据
from: "hongjj_un@163.com" <hongjj_un@163.com>, subject:   =?GB2312?B?u+HS6c2o1qo=?=,
(text/plain) (text/html)          // 在邮件头部中声明邮件来源和主题
S: 250 Mail OK queued as smtp11,D8CowAD3YE2FCm9ZZQPoPw--.48897S2 1500449414
C: QUIT                           // 请求与服务器断开连接
S: 221 Bye
```

图 6-8　SMTP 发送邮件示例

的时候就通过用户代理，即邮件客户端程序连接到邮件服务器，下载所有未阅读的电子邮件。这种离线访问模式是一种存储转发服务，最终将邮件从邮件服务器传送到个人计算机上。

POP3 协议有认证状态、处理状态和更新状态三种状态。当 TCP 建立起来时，POP3 进入认证状态，客户端需要使用 USER/PASS 进行身份验证。通过验证后，POP3 进入处理状态，客户端可以发送 LIST 和 RETR 等命令来查询和获取邮件。当客户在处理状态时对邮件做出诸如删除等标记后，发送 UPDATE 命令后就转入更新状态，完成对邮件的最终处理，最后断开与服务器的连接。

2. IMAP

IMAP(Internet Mail Access Protocol，Internet 邮件访问协议)运行在 TCP/IP 之上，使用的端口是 143。其主要作用是支持邮件客户端从邮件服务器上收取邮件。

与 POP3 协议类似，IMAP 也是提供面向用户的邮件收取服务。常用的版本是 IMAP4。IMAP4 改进了 POP3 的不足，用户可以通过浏览信件头来决定是否收取、删除和检索邮件的特定部分，还可以在服务器上创建或更改文件夹或邮箱，它除了支持 POP3 协议的离线操作模式外，还支持联机操作和断连接操作。它为用户提供了有选择地从邮件服务器接收邮件的功能、基于服务器的信息处理功能和共享信箱功能。

IMAP4 与 POP3 协议的主要区别是用户可以不用把所有的邮件全部下载下来，IMAP 可以通过客户端直接对服务器上的邮件进行操作，如删除邮件和标记已读等。

另外，还有一种基于 Web 方式的邮件访问协议，如 Hotmail 和 Yahoo! Mail 等。用户通过 Web 浏览器访问邮件服务器，查看、收取、回复和撰写邮件均通过浏览器来实现。邮件服务器之间传送邮件仍然使用 SMTP，但这种方式使用烦琐，速度比较慢。

6.6 万　维　网

6.6.1 概述

万维网（World Wide Web）常简称为 WWW 或 Web。WWW 是 Internet 发展中的一个重要里程碑，是目前 Internet 最主要的应用。

WWW 并不等同于 Internet，也不是某一类型的计算机网络，它**只是 Internet 所提供的服务之一**，其实质是 Internet 中的一个大规模的提供海量信息存储和交互式超媒体信息服务的分布式应用系统。

WWW 采用 C/S 模式，客户端应用程序（常为浏览器）向 WWW 服务器发出信息浏览请求，服务器向客户端应用程序返回客户所要的 WWW 文档，并显示在浏览器中。目前，常用的浏览器有微软的 Internet Explorer、谷歌的 Chrome 和 Firefox 火狐浏览器等。

在 WWW 中，每个 WWW 文档均称为"**资源**"，为标识这些资源，WWW 使用了**统一资源定位符**（Uniform Resource Locator，URL），使得每一个资源在 Internet 范围内都具有唯一的标识。这些资源之间通过称为"**超链接**"的指针相互连接在一起，用户通过单击超链接，就可以实现从一个资源跳转到另一个资源。

为了使 WWW 文档能在 Internet 上传送，实现各种超链接，WWW 使用**超文本传输协议**（Hyper Text Transfer Protocol，HTTP），客户端和服务器端程序之间的交互遵循 HTTP。

WWW 文档的基础编程语言是**超文本标记语言**（Hyper Text Markup Language，HTML），现在又扩充了各种编程语言。

为了在 WWW 的信息海洋中快速找到所需要的信息，可以利用称为**搜索引擎**的工具实现网络信息资源的搜索。常用的搜索引擎有 Google（http://www.google.com）、Yahoo!（http://www.yahoo.com）和百度（http://www.baidu.com）。

6.6.2 统一资源定位符

统一资源定位符（Uniform Resource Locator，URL）是对 Internet 资源的位置和访问方法的一种简洁的表示，是 Internet 上资源的标准地址。Internet 上的每个资源都有一个唯一的 URL，它指明了资源的位置以及浏览器应该怎么处理。

URL 由两部分组成，第一部分为模式（或称协议），第二部分包含资源所在服务器的域名（或 IP 地址）、路径和资源名称，两部分之间用"://"隔开。形式如下，其中，[]中的内容是可选的。

协议://[用户名:密码@]服务器域名或 IP 地址[:端口号]/路径/文件名

例如 http://www.mynet.com/news/0720/nn101010.aspx。

URL 的第一部分，即模式（或协议）指明浏览器该如何访问这个资源。最常用的协议是

HTTP,其他协议如表 6-5 所示。

表 6-5　URL 支持的常用访问协议

协　议	说　明
http	超文本传输协议
https	用安全套接字层传送的超文本传输协议
ftp	文件传输协议
mailto	电子邮件地址
ldap	轻量级目录访问协议
file	本地计算机或局域网分享的文件
news	Usenet 新闻组
gopher	Gopher 协议
telnet	TELNET 协议

URL 的第二部分中,服务器的域名或 IP 地址后面是到达这个资源的路径和资源本身的名称。服务器的域名或 IP 地址后面有时还跟一个冒号和一个端口号。有时还可以包含访问该服务器所需要的用户名和密码。路径部分包含等级结构的路径定义,一般来说不同部分之间以斜线(/)分隔。

有时候,URL 以斜杠"/"结尾,而没有给出文件名,在这种情况下,URL 引用路径中最后一个目录中的**默认文件**(通常对应于主页),这个文件的文件名通常为 index、default 或 admin 等,扩展名则可能为 htm、html、asp、aspx、jsp、php、shtml 等。

6.6.3　超文本传输协议

超文本传输协议(HTTP)是互联网上应用最为广泛的一个网络协议,主要用于访问 WWW 上的数据,该协议可以传输普通文本、超文本、图像、音频和视频等格式数据。之所以称为超文本协议,是因为在应用环境中,它可以快速地在文档之间跳转。

HTTP 是 TCP/IP 协议族中的一个应用层协议,它依靠传输层的 TCP(服务器端端口默认为 80)实现可靠传输,但 **HTTP 本身是无连接的**,也就是说在交换 HTTP 报文前不需要建立 HTTP 连接。**HTTP 与平台无关**,在任何平台上都可以使用 HTTP 访问 Internet 上的文档。

HTTP 本身是一个**无状态协议**,客户端向服务器发送请求报文来初始化事务,服务端则发送响应报文进行回复。也就是说同一个客户第二次访问同一个服务器上的资源时,服务器的响应与第一次被访问时的响应相同,服务器并不记得该客户曾经访问过该资源。

1. 请求报文

请求报文由请求行和头部构成,有时还包括主体,其结构如图 6-9(a)所示。在 HTTP 请求报文的请求行中定义了请求类型、URL 和 HTTP 版本。

目前 HTTP 的最新版本为 1.1,在该版本中定义了几种请求类型。请求类型将请求报文分类为如表 6-6 所示的几种方法,方法就是对所请求的资源进行的操作,这些方法实际上也就是一些命令。

2. 响应报文

响应报文与请求报文的结构类似,如图 6-9(b)所示。状态行由 HTTP 版本、空格、状态代码、空格和状态语句构成。状态代码与 SMTP 中的状态代码相似，也是由三位数字组成。状态语句以文本格式解释状态代码的含义。

(a) 请求报文

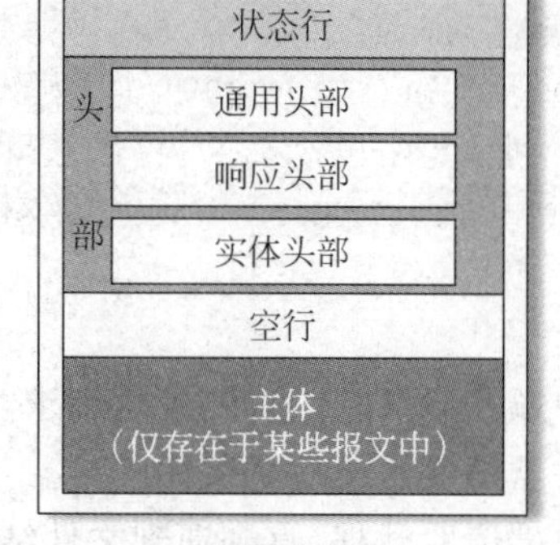

(b) 响应报文

图 6-9　HTTP 的请求报文与响应报文

表 6-6　常用的请求方法

方法	说　明
GET	请求读取由 URL 所标志的信息
HEAD	请求读取由 URL 所标志的信息的头部
POST	向服务器提供信息，如向服务口器提交输入的账号和口令信息
PUT	在服务器上存储一个文档，存储位置由 URL 指定，文档包含在主体中
COPY	将文件复制到另一位置，源位置由 URL 指定，目的位置在实体头部指出
MOVE	将文件移动到另一位置，源位置由 URL 指定，目的位置在实体头部指出
DELETE	删除指明的 URL 所标志的资源
LINK	创建从一文档到其他位置的一个或多个链接
UNLINK	删除由 LINK 创建的链接
OPTION	请求一些选项的信息

图 6-10 和图 6-11 分别给出了一个请求报文和对应响应报文的示例。

```
GET /m1.php HTTP/1.1          //使用GET方法请求m1.php，这里使用了相对URL，HTTP版本为HTTP/1.1
Host: 66.XXXX.club                     //此行是头部的开始，指出了服务器的域名
Connection: keep-alive                 //告诉服务器发送完请求文档后要保持连接
Accept: */*                            //声明可接受的文档格式
User-Agent: Mozilla/5.0                //表示用户代理是使用兼容Mozilla/5.0的浏览器
Accept-Encoding: gzip, deflate, sdch   //声明浏览器支持的编码类型
Accept-Language: zh-CN,zh;q=0.8        //声明浏览器可以理解的自然语言
```

图 6-10　请求报文示例

3. 持续与非持续连接

HTTP 的主要版本是 HTTP/1.0 和 HTTP/1.1。其中，**HTTP/1.0 采取非持续连接**，而 **HTTP/1.1 采用持续连接**。在非持续连接中，每一次请求/响应都要建立 TCP 连接。下面是实现这一策略的步骤。

```
HTTP/1.1 200 OK                              // 状态行，声明HTTP版本，状态代码为200
Date: Sun, 23 Jul 2017 09:24:05 GMT          // 通用头部，指明响应的日期与时间
Server: Apache/2.2.9 (Unix)                  // 响应头部，指明服务器的软件信息
Content-Length: 49                           // 实体头部，指明实体正文的长度，以字节为单位
Keep-Alive: timeout=5, max=100               // 保持时间为5s，在此时间内最多允许有100次请求
Connection: Keep-Alive                       // 表明为持续连接
Content-Type: text/html                      // 文档的MIME类型为text/html
```

图 6-11　响应报文示例

(1) 客户端开启 TCP 连接,发送请求。

(2) 服务器端发送响应并关闭连接。

(3) 客户端读取数据,直到遇到文件结束标志,客户端随后关闭连接。

在这种策略中,对于同一个 Web 文档中的 N 个不同的图像文件,就必须建立 N 个 TCP 连接,这显然增加了服务器的开销,也导致通信效率低下。

HTTP/1.1 中的持续连接解决了这个问题。服务器在发送响应以后会将 TCP 连接保留一段时间,以等待更多的请求。图 6-10 和图 6-11 中的 keep-alive 就是这个意思。如果客户端请求关闭或者超时,服务器才会关闭连接。

4. 代理服务器

HTTP 支持**代理服务器**(Proxy Server),代理服务器将最近请求的响应保留下来,并为下一次相同的请求服务。在有代理服务器存在的情况下,HTTP 客户端会向代理服务器发送请求,代理服务器首先检查本机的高速缓存,如果高速缓存中存在该请求的响应副本,则直接用该副本响应该请求,否则代理服务器代替客户端向相应 HTTP 服务器发送请求,HTTP 服务器返回的响应会发送到代理服务器。代理服务器在向客户端返回响应的同时将该响应的副本存储一份。

代理服务器降低了原 HTTP 服务器的负载,减少了网络通信量,并降低了延迟。使用代理服务器后,客户端所得到的响应并不一定是最新的。

5. Cookie

由于 HTTP 是无状态的,这将导致服务器不能识别出一个用户曾经是否有访问过该服务器上的资源,这一特性在当前的实际应用中很不方便。例如,一个用户在网上购物时,当他需要将一件件商品放入购物车时,服务器必须能够识别并记住该用户,以便将所有商品都放在同一个用户的购物车内,否则该用户就无法一次性结账。有时某些网站也可能需要限制某些用户的访问。

为了实现以上功能,HTTP 使用了 Cookie 技术。Cookie 的原意是"小甜饼",在这里表示 HTTP 服务器和客户端之间传递的状态信息,现在大多数网站都已使用 Cookie 技术。

当用户首次在一台计算机上浏览某个使用了 Cookie 的网站时,该网站的服务器就会为该用户产生一个唯一的识别码,并以此为索引在服务器的后台数据库中产生一个项目。同时再给该用户的 HTTP 响应报文中添加一个名为 Set-Cookie 的头部行,其值就是该用户的识别码。例如:

```
Set - cookie: aeb91881668addb5ca2ab796eei520a23aec392a
```

这样，该网站就可以根据这个 Cookie 识别码来跟踪该用户在该网站的活动，包括什么时间访问了什么页面，当然服务器也可以根据该 Cookie 识别码将多件商品添加到同一个购物车中，最后用户就可以一起结账。但服务器并不清楚该用户的真实姓名、性别和联系方式等信息。当该用户在该网站登记了这些个人信息并成功购物后，该网站将会把这些个人信息也保存下来，下次用户使用相同的计算机再来该网站购物时，用户甚至不用输入账号密码就可以登录到该网站，网站也会根据用户上次的购物喜爱好向用户推荐商品，在结算时，网站还会自动列出上次购物时使用的地址、联系方式和付款方式等。

显然，Cookie 给用户在体验 Internet 时带来了很大的方便，虽然 Cookie 只是一个文本文件，但由于它包含诸如用户喜好、姓名、住址和联系方式，甚至金融信息等个人隐私信息，因此存在重大隐患。例如现在有一些网站和个人专门非法收集和贩卖个人隐私信息。

可以在 IE 浏览器中设置使用 Cookie 的条件，具体方法是在 IE 浏览器中，依次单击“工具”→“Internet 选项”，在打开的对话框中，打开“隐私”选项卡，在如图 6-12 所示的窗口中上下拖动滑块设置 Cookie 的使用条件。

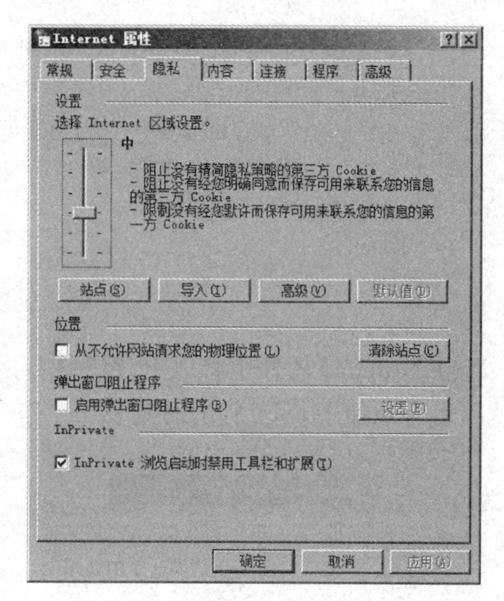

图 6-12　设置 Cookie 的使用条件

6.6.4　WWW 文档

在 WWW 中，Web 文档可以分为静态文档、动态文档和活动文档三种。

1. 静态文档与 HTML

静态文档的内容是固定的，这种文档的内容在创建时就已经确定了。当用户访问这种文档时，服务器会将文档的副本作为响应发送给用户端浏览器，浏览器在屏幕上显示该文档的内容。

HTML(Hypertext Markup Language，超文本标记语言)是制作 Web 文档的标准语言，是浏览器使用的一种语言，它消除了不同计算机之间信息交流的障碍。官方的 HTML 标准由 WWW 联盟 W3C 负责制定，从 1993 年问世以来，就不断进行更新，现在最新版本为 HTML 5.0。

HTML 通过定义一些标签来格式化文档内容在浏览器中的排版，例如：

```
<B>这对标签之间的文字要加粗!</B>
```

两个标签<B>和</B>的作用是告诉浏览器，这两个标签中间的文本要加粗显示。标签通常成对出现，格式化这一对标签中间的文本格式。

Web 页面的 HTML 代码由头部和主体两部分组成。头部由标签对<head></head>定义。它包含浏览器标题和浏览器用到的其他参数。主体由标签对<body></body>定义，它包含文档的内容及这些内容的格式标签。图 6-13 是一个简单的 HTML 文档示例。

```
<html>
    <head>
        <Title>这里是头部，在浏览器标题栏显示</Title>
    </head>
    <body>
        <Center>
            <H3><B>这是一个HTML示例，这里要居中，加粗，使用标题3样式</B></H3>
        </Center>
        <P>这里是正文第一段。这对是分段标签</P>
        <P>这里是正文第二段。这对是分段标签</P>
    </body>
</html>
```

图 6-13　HTML 程序示例

在 Notepad 软件中将以上代码保存为扩展名为 html 的文件，然后用浏览器打开该文件就可以看到如图 6-14 所示的效果。

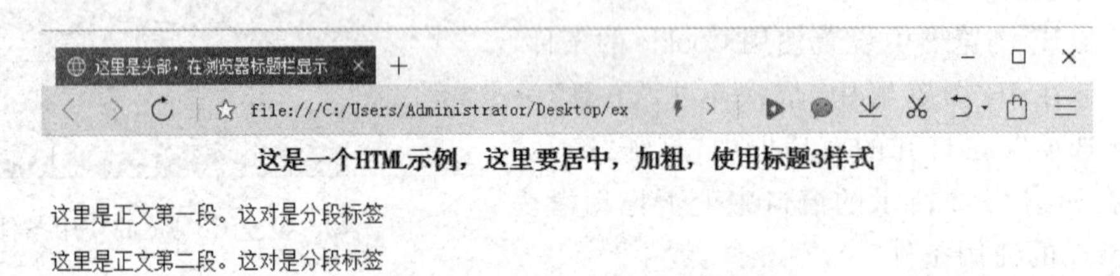

图 6-14　在浏览器中的显示效果

除了 HTML 标记语言外，还有 XML 和 XHTML 等标记语言，具体语法和开发技术请参考其他文献。

2. 动态文档与 CGI

动态文档是在用户浏览器请求文档时才由 Web 服务器创建的。当 Web 服务器收到一个动态文档的 HTTP 请求时，服务器将启动一个应用程序来处理该 HTTP 请求并最终创建一个 HTTP 格式的动态文档，服务器会将该应用程序的输出作为对浏览器的响应。由于对浏览器的每次请求的响应都是临时生成的，因此用户通过动态文档所看到的内容也是不相同的。

动态文档具有报告当前最新信息的能力，因此可用于报告股市行情、天气预报或民航售票情况等内容。

从动态文档的生成过程可以看出，动态文档的关键技术在于生成动态文档的应用程序，而不是编写文档本身，这就要求动态文档的开发人员必须会编程。

CGI(Common Gateway Interface，公共网关接口）是较早的创建和处理动态文档的一种典型技术。CGI 是一组标准，它定义了如何编写动态文档，输入数据如何提供给应用程序以及如何使用输出结果。

CGI 不是一种新的编程语言，但它允许程序员使用多种编程语言，如 C、C++、PHP、Bourne Shell 或者 Perl 等。CGI 只是定义了一组程序员应该遵循的规则和术语。

CGI 中的“公共”是指该标准定义的规则集对任何语言或者平台都是公用的。“网关”表示 CGI 程序是一个网关，它可用来访问其他资源，如数据库和图形分组。“接口”则说明 CGI 有一组预先定义的术语、变量、调用等，可以用于任何 CGI 程序。

CGI 还有一些替换技术用于生成动态文档，它们能处理表单，能够与服务器上的数据库进行交互，也可以接收来自表单的信息，在数据库中查找信息，然后利用这些信息生成动态的 HTML 页面。常用的替换技术包括 PHP、JSP、ASP 和 ASP. NET 等。

3. 活动文档与 Java

由于动态文档一旦创建，它所包含的信息内容就固定下来而无法及时刷新屏幕，另外，动态文档也无法提供像动画之类的显示效果，以及与用户之间的交互。

活动文档可以有效解决这种问题。当浏览器请求活动文档时，服务器以字节码格式发送创建活动文档的程序副本给客户端，然后客户端的浏览器运行该程序并显示活动文档内容，这时用户可与活动文档程序进行交互，并可以连续地改变屏幕的显示。只要用户运行活动文档程序，活动文档的内容就可以连续地改变。由于**活动文档程序是在客户端执行**，不需要服务器的连续更新传送，对网络带宽的要求也不会太高。同时，还可以将二进制形式的活动文档程序压缩后再传输给客户端，从而进一步节省了带宽和传输时间。

Java 是一种用于创建和运行活动文档程序的技术，在 Java 技术中使用了一个名为 applet(小应用程序)的名词，程序员利用 Java 类库来编写 applet 小程序。当用户从 Web 服务器获得一个嵌入了 Java 小程序的 HTML 文档后，就可以在支持 Java 小程序的浏览器中运行这个程序，然后就可以看到动画效果，或者与用户实现交互。

6.7 动态主机配置协议

6.7.1 概述

连接到互联网上的主机需要配置以下信息。

(1) IP 地址；

(2) 子网掩码；

(3) 默认网关；

(4) DNS 服务器地址。

如果采用人工配置和管理这些信息，对于较大规模的网络来说将是一项烦琐且极易出错的事情，特别是当主机还经常改变位置的情况下。错误的配置将导致主机无法连接到互联网，还可能影响其他主机。

DHCP(Dynamic Host Configuration Protocol，动态主机配置协议)就提供了这样一种机制，能为连到网络的主机自动配置上述信息，而且保证任何 IP 地址在同一时刻只能由一台 DHCP 客户端所使用。

DHCP 采用 C/S 工作模式，需要 IP 地址的主机称为 **DHCP 客户端**，它在启动的时候就向 **DHCP 服务器**广播发送 IP 申请请求，当 DHCP 服务器接收到来自网络主机申请 IP 地址的信息时，会向网络主机发送相关的地址配置信息。

由于路由器并不转发 DHCP 客户端广播的 DHCP 请求数据包，为了能让 DHCP 服务器为多个子网提供服务，通常采用 **DHCP 中继代理**服务，中继代理服务器通常是一台路由器，它能够实现在两个子网之间转发 DHCP 数据包。

6.7.2 DHCP 工作原理

DHCP 采用 UDP 作为传输协议，DHCP 客户端发送请求消息到 DHCP 服务器的 67 号端口，DHCP 服务器回应应答消息给主机的 68 号端口。详细的交互过程如图 6-15 所示。具体步骤简要描述如下。

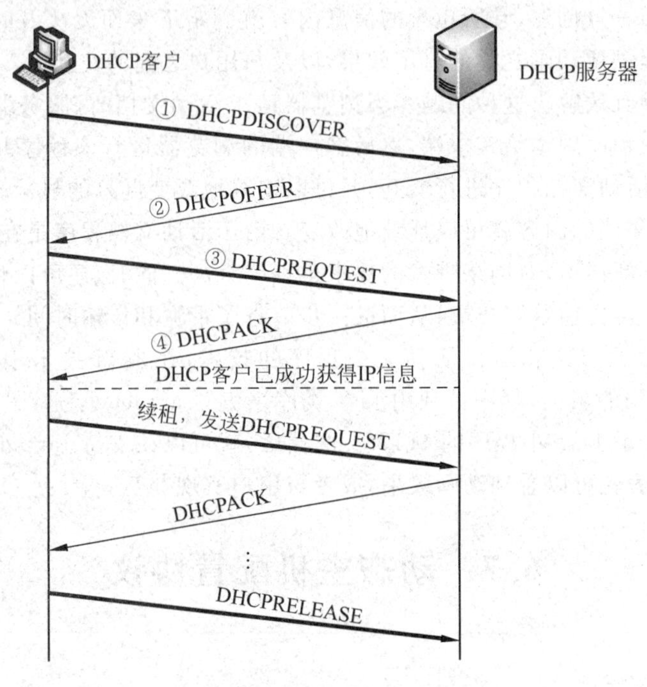

图 6-15　DHCP 工作过程

(1) 需要动态获得 IP 地址的网络主机启动时，就以广播的方式发送 DHCPDISCOVER 报文，该报文的目的 IP 地址为 255.255.255.255，这是由于它现在并不知道 DHCP 服务器的 IP 地址。源 IP 地址为 0.0.0.0，这是由于它现在还没有 IP 地址。

(2) 网络中的所有主机都能收到 DHCPDISCOVER 广播包，但只有 DHCP 服务器会对该广播包进行响应，DHCP 服务器首先在其数据库中查找是否有该主机的配置信息，若有，则返回找到的信息。若没有，则向 DHCP 客户端发送一个 DHCPOFFER 报文，表示它能提供报文中的 IP 地址等配置信息。为了区分网络上可能的多个 DHCP 服务器，DHCP 服务器会将自己的 IP 地址放在 Option 选项字段中，同时 DHCP 服务器在发出此报文后会产生一个预分配 IP 地址的记录。

(3) DHCP 客户端从多个 DHCP 服务器(如果有的话)中选择其中一个的 DHCPOFFER。一般的原则是 DHCP 客户端处理最先收到的 DHCPOFFER 报文。然后发出一个 DHCPREQUEST 广播报文(此处广播是想让其他响应了 DHCPOFFER 报文的 DHCP 服务器收到，以便释放它们预分配的 IP 地址)，该报文中包含选中的 DHCP 服务器的 IP 地址和自己需要的 IP 地址。

(4) DHCP 服务器收到 DHCPREQUEST 报文后，判断 Option 选项字段中的 IP 地址是否与自己的地址相同。如果不相同，DHCP 服务器就清除第(2)步中产生的 IP 地址预分配记录，否则，DHCP 服务器就向 DHCP 客户端响应一个 DHCPACK 报文，并在 Option 选项字段中设置 IP 地址的使用租期信息。

(5) DHCP 客户端接收到 DHCPACK 报文后，检查 DHCP 服务器分配的 IP 地址是否可以使用。如果可以，则 DHCP 客户成功获得 IP 地址，否则 DHCP 客户向 DHCP 服务器发出 DHCPDECLINE 报文，通知 DHCP 服务器禁用这个 IP 地址，然后 DHCP 客户端重新开始新的申请过程。

在使用租期超过 50% 时，DHCP 客户端会以单播形式向 DHCP 服务器发送 DHCPREQUEST 报文以续租 IP 地址。如果 DHCP 客户端成功收到 DHCP 服务器发送的 DHCPACK 报文，则按相应时间延长 IP 地址租期，否则 DHCP 客户端继续使用这个 IP 地址。

在使用租期超过 87.5% 时，DHCP 客户端再以广播形式向 DHCP 服务器发送 DHCPREQUEST 报文来续租 IP 地址。如果 DHCP 客户端成功收到 DHCP 服务器的 DHCPACK 响应报文，则按相应时间延长 IP 地址租期；否则 DHCP 客户端仍然继续使用这个 IP 地址，直到 IP 地址使用租期到期，DHCP 客户端才会向 DHCP 服务器发送 DHCPRELEASE 报文来释放这个 IP 地址，并开始新的 IP 地址申请过程。

在任何时候，DHCP 客户端都可以向 DHCP 服务器发送 DHCPRELEASE 报文释放这个 IP 地址，然后使用 DHCPRENEW 报文重新获取 IP 地址。

在协商过程中，如果 DHCP 客户端发送的 DHCPREQUEST 消息中的地址信息不正确，例如客户端已经迁移到新的子网或者租约已经过期，DHCP 服务器就会发送 DHCPNAK 消息给 DHCP 客户端，让客户端重新发起地址请求过程。

6.8 网络搜索

万维网包含海量的信息资源，如果知道信息资源存放位置的 URL，则只要通过该 URL 地址就可以访问该信息资源。但问题是大多数用户需要的信息资源的位置是不清楚的，且不易记忆。因此，用户必须通过某种途径从 Internet 中找出自己想要的信息。网络**搜索引擎**是专门帮助用户查询信息的站点，它具有强大的信息查找能力。

6.8.1 搜索引擎的分类

搜索引擎按其工作方式主要可分为三种，分别是**全文搜索引擎**(Full Text Search Engine)、**目录索引搜索引擎**(Search Index/Directory)和**元搜索引擎**(Meta Search Engine)。

1. 全文搜索引擎

全文搜索引擎是名副其实的搜索引擎，国外具代表性的有 Google、Bing 和 AllTheWeb 等，国内著名的有百度(Baidu)、搜狗和 360 搜索等。它们都是通过从 Internet 上提取各个网站的信息(以网页文字为主)建立的数据库中检索与用户查询条件相匹配的记录，然后按一定的排列顺序将结果返回给用户，因此它们是真正的搜索引擎。

从搜索结果来源的角度，全文搜索引擎又可细分为两种，一种是拥有自己的检索程序

(Indexer),俗称"蜘蛛"(Spider)程序或"机器人"(Robot)程序,并自建网页数据库,搜索结果直接从自身的数据库中调用,如Google、百度等搜索引擎;另一种则是租用其他搜索引擎的数据库,并按自定的格式排列搜索结果,如Lycos引擎。

2. 目录索引搜索引擎

目录索引虽然有搜索功能,但在严格意义上算不上是真正的搜索引擎,仅仅是按目录分类的网站链接列表而已。用户完全可以不用关键词(Keywords)查询,仅靠分类目录就可找到需要的信息。目录索引中最具代表性的莫过于大名鼎鼎的Yahoo!。国内的搜狐、新浪、网易也都属于这一类。

3. 元搜索引擎

元搜索引擎(META Search Engine)在接受用户查询请求时,同时在其他多个引擎上进行搜索,并将结果返回给用户。著名的元搜索引擎有InfoSpace、Dogpile、Vivisimo等,中文元搜索引擎中具代表性的有搜星搜索引擎。在搜索结果排列方面,有的直接按来源引擎排列搜索结果,如Dogpile,有的则按自定的规则将结果重新排列组合,如Vivisimo。

6.8.2 Google搜索引擎应用简介

下面仅以Google为例简要介绍搜索技术与搜索技巧。

Google搜索引擎是由斯坦福大学博士生Larry Page和Sergey Brin在学生宿舍内于1998年9月共同开发出来的全新的在线搜索引擎,然后在全球迅速传播开来。Google目前被公认为全球规模最大的搜索引擎,其可用的网址有www. google. com、www. google. com. hk等数百个。

1. 搜索单个关键字

关键字是指经过规范的,最能体现检索意图的中心词,提供的关键字越精确,查询的结果就越符合需要。

如果仅搜索只包含单个关键字的网页,只需在Google的首页中输入该关键字并回车确定即可搜索到包含该关键字的所有网页。

2. 搜索多个关键字

(1) 要求搜索结果中包含两个或两个以上关键字。

如果要求搜索的网页中同时包含指定的两个以上关键字,则在输入这多个关键字时,只需要用空格将这多个关键字隔开,表示逻辑"与",如关键字"张三 李四"表示网页中应同时包含"张三"与"李四"这两个关键字。

(2) 搜索结果至少包含多个关键字中的任意一个。

如果要求搜索的网页中包含指定的多个关键字中的任意一个,则在输入这些关键字时,只需要用"OR"将这些关键字隔开,表示逻辑"或"。注意,OR与其左右关键字之间均有空隔,如关键字"张三 OR 李四"表示网页中可以包含"张三",也可以包含"李四",还可以同时包含这两个关键字。

(3) 搜索结果要求不包含某些特定信息。

如果要求搜索的结果中不包含指定的信息,则将英文半角字符减号"-"加在需要排除的关键词之前,表示逻辑"非"。注意"-"之前应有空格,但之后没有空格。如关键字"张三-李四"表示搜索到的网页中只能包含"张三",而不能包含"李四"。

(4) 搜索的结果中包含完整的词句。

在用短语特别是英文词组或句子作关键字时，必须用英文半角双引号将关键词括起来，如“Google Engine”。

3. 在关键字中使用通配符

很多搜索引擎都支持通配符号，如“ * ”代表一串字符(包括 0 个字符)，而“?”代表一个字符。如可以使用“ * 引擎”和“搜索引?”作为关键字进行搜索。

4. 关键字的字母大小写

一般搜索引擎对英文字母大小写不敏感，例如，“Internet”与“INTERNET”作为关键字进行搜索的结果是一样的。

5. 高级搜索

前面介绍了搜索引擎的一些最基本的搜索语法，对于大多数用户来说，掌握这些简单的搜索语法已经能够解决绝大部分问题了。不过，如果想更迅速、更精确地找到需要的信息，还需要了解更多的内容。

如果对搜索的结果有更多的要求，要进一步缩小搜索的范围，例如需要指定文档的语言组成、网页所在区域、网域、文件类型、时间、关键字出现的位置等，则可以使用高级搜索。

单击 Google 主页上的“高级搜索”链接，在打开的页面中进行相关设置即可，如图 6-16 所示。

在 Google“高级搜索”页面中的很多设置选项均可用语法来表示，比如：

(1) “搜索引擎简介 site:edu.cn”表示在教育网内查找关于“搜索引擎简介”的网页。

(2) “搜索引擎简介 filetype:doc”表示查找关于“搜索引擎简介”的 Word 文档。

(3) “allinurl:搜索引擎简介”表示关键字“搜索引擎简介”出现在网页的网址中。

(4) “allintitle:搜索引擎简介”表示关键字“搜索引擎简介”出现在网页的标题中。

(5) “related: www.baidu.com/index.htm”表示搜索与网页 www.baidu.com/index.htm 相类似的网页。

(6) “link:www.baidu.com”表示搜索与网页 www.baidu.com 存在链接的网页。

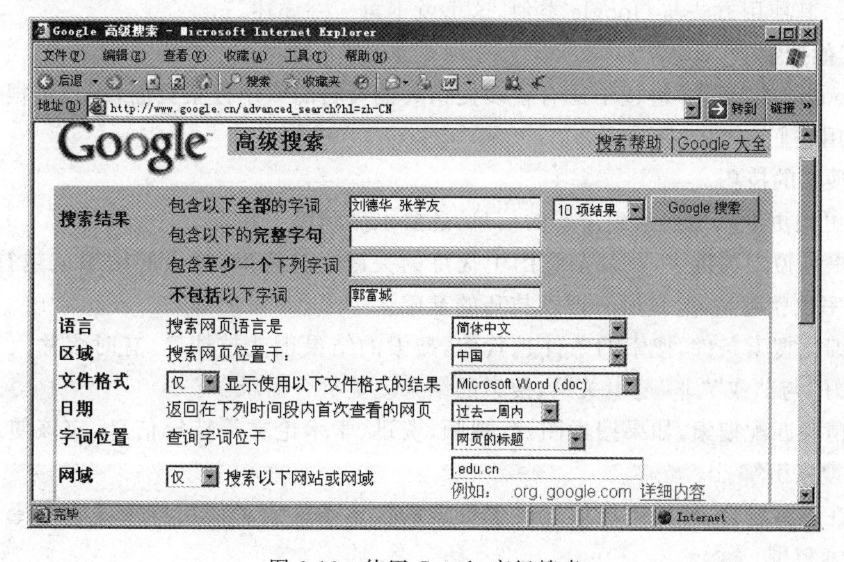

图 6-16　使用 Google 高级搜索

6. 使用网页快照

当搜索结果所在的站点或网页已删除时，用户还可以调用搜索引擎事先为用户储存的大量应急网页，即**网页快照**。经处理后，这些搜索项均用不同颜色标明，另外还有标题信息说明其存档时间，并提醒用户这只是存档资料。Google和百度等搜索引擎对它们检索到的网页都做了一番快照并存放在自己的服务器中，这样做的好处是不仅下载速度极快，而且可以获得Internet上已删除的网页。

在Google搜索到的结果列表中，几乎每一项的下方都有一个“网页快照”和“类似网页”的超链接，单击“网页快照”超链接便可查看此网页的快照。

7. 搜索图片

因图片直观易理解，而且表达的信息比用文字描述丰富形象得多，因此图片是人们最喜欢也最容易接受的信息之一。在这里单独介绍搜索图片的方法，以区别于前面介绍的搜索网页的方法，并希望读者以此为例，举一反三，以更精确和更快速的方法搜索mp3音乐、地图、视频、资讯等用户感兴趣的信息。

在Google的主页面中，单击“图片”链接，在打开的页面中输入图片的关键字并回车确认，搜索的结果将全部以图片的形式显示出来。

8. 学术搜索

“站在巨人的肩膀上”是人类得以不断向前发展的主要因素。因此学习与参考别人的学术研究成果，可使我们能更快更好地进步。在当今信息时代，必须学会快速准确地从信息海洋中找到自己需要的学术资料，而这就需要使用学术搜索，借助Google的学术搜索引擎可以快速准确地帮我们找到国内外公开发表的学术研究成果。

Google的学术搜索引擎的URL地址为http://scholar.google.com，也可以在Google主页面中的“更多”链接中找到学术搜索的链接。进行学术搜索与网页搜索的方法相同，在“学术高级搜索”中可以按自己的要求设置搜索条件以便查找到自己需要的文献。

另外，国内的中国知网(http://www.cnki.net)也是一个非常好的学术搜索引擎，它提供了国内公开发表的学术研究成果，在其中还可搜索到最新的学术论文，包括优秀硕士博士毕业论文。其使用方法与Google类似，这里就不再一一详述。

9. 其他搜索

在Google的“更多”链接中还有很多搜索其他资料的专用搜索页面，用户可根据自己的需求来使用它们。

10. 搜索的技巧

要想更快更准确地搜索到需要的信息，还要求做到以下几点。

(1) 提炼搜索关键字，从复杂意图中提炼的关键字越精确，搜索的结果就越符合需求，搜索的效率也就越高，这是所有搜索技巧的基础。

(2) 细化搜索条件，搜索的条件越具体，搜索的结果也就越精确，有时多输入一两个关键字并用好“与”“或”“非”逻辑关系，搜索的结果就更符合需求。

(3) 精确匹配搜索，如果搜索图片、视频、资迅、学术论文等特定信息，应该使用与之相关的专用搜索引擎。

(4) 在某些场合，使用高级搜索设置更多的搜索条件或者使用特殊搜索命令也可以大幅缩小搜索范围。

6.9 新兴网络应用

6.9.1 即时聊天

即时聊天是指通过特定软件来和网络上的亲朋好友就某些共同感兴趣的话题进行讨论。现在的即时聊天软件功能非常丰富,支持文字、语音和视频聊天,还具备文件传输等辅助功能。常用的即时聊天软件主要有以下几类。

(1) MSN Messenger：是由软件巨头微软所开发的,目前在企业内部使用得较广泛。

(2) ICQ：最早的网络即时通信工具,ICQ改变了整个互联网的交流方式。

(3) QQ：国内最常用的即时通信工具。

(4) 微信(WeChat)：腾讯公司推出的一个为智能终端提供即时通信服务的免费应用程序。

(5) 百度 Hi：百度公司推出的一款集文字消息、音视频通话、文件传输等功能的即时通信软件。

(6) 阿里旺旺：淘宝网和阿里巴巴为买卖双方度身定做的免费网上商务沟通软件。

(7) 生意通：批发网为国内中小企业推出的会员制网上贸易服务。

(8) Skype：网络即时语音沟通工具。具有视频聊天、多人语音会议、多人聊天、传送文件、文字聊天等功能。还可以拨打国内国际电话,无论是固定电话还是手机均可直接拨打,并且还具有呼叫转移、短信发送等功能。

6.9.2 博客与微博

博客(Blogger,部落格)是 Web Log 的混合词,它的正式名称为网络日记,是一种通常由个人管理、不定期张贴新的文章的网站。博客上的文章通常根据张贴时间,以倒序方式由新到旧排列。许多博客专注在特定的主题上提供评论或新闻,其他则被作为个人日记。一个典型的博客结合了文字、图像、其他博客或网站的链接及其他与主题相关的媒体,通常允许访客以互动的方式留下意见、建议和评论。大部分的博客内容以文字为主,也有一些博客专注在艺术、摄影、视频、音乐、播客等各种主题。博客是社会媒体网络的一部分,比较著名的提供博客服务的网站有新浪和网易等。

微博(Weibo),即微型博客(MicroBlog)的简称,也是博客的一种,是一种通过关注机制分享简短实时信息的广播式的社交网络平台。

微博是一个基于用户关系信息分享、传播以及获取的平台。用户可以通过 Web、WAP 等各种客户端组建个人社区,以 140 字(包括标点符号)的文字更新信息,并实现即时分享。微博的关注机制分为单向和双向两种。

微博作为一种分享和交流平台,它更注重时效性和随意性。微博更能表达出每时每刻的思想和最新动态,而博客则更偏重于梳理自己在一段时间内的所见、所闻、所感。

6.9.3 社交网站

社交网站(Social Networking Site,SNS)是近年来发展非常迅速的一种网站,其作用是为一群拥有相同兴趣与活动的人创建的在线社区。社交网站具有电子邮件、即时聊天、撰写博客、共享相册、上传视频、网页游戏、创建社团、刊登广告等功能。早前的BBS和博客可以认为是社交网站的前身。目前国外流行的社交网站主要有Facebook、YouTube、Twitter和LinkedIn等，国内的优酷、土豆、新浪微博、腾讯微博等都属于社交网站。

脸书(Facebook)是美国的一个在线社交网络服务网站，是世界排名领先的照片分享站点，目前单日用户数已突破10亿。Facebook的名字来源于新学年开始的学生花名册。Facebook于2004年2月由马克·扎克伯格与他的哈佛大学室友爱德华·萨维林、安德鲁·麦科勒姆等一起创建。起初，Facebook只限于哈佛学生注册，但很快就扩大到波士顿地区、常青藤联盟、斯坦福大学等高校。Facebook规定满13周岁的人才能注册成为会员。

推特(Twitter)是美国一个在线社交网络服务和微博服务的网站，用户可以经由SMS(Short Message Service，短信服务)、实时通信、电子邮件、Twitter网站或Twitter第三方应用发布更新，输入最多140字的更新，允许用户将自己的最新动态和想法以短信息的形式发送给手机和个性化网站群，推特对所有人都是开放的。

6.9.4 电子商务

所谓**电子商务**(Electronic Commerce)就是利用计算机技术、网络技术和远程通信技术，实现整个商务(买卖)过程中的电子化、数字化和网络化。电子商务的出现使得人们不再需要面对面的、看着实实在在的货物、靠纸介质单据(包括现金)进行买卖交易；而是利用计算机网络，通过网上琳琅满目的商品信息、完善的物流配送系统和方便安全的资金结算系统进行交易。

电子商务主要具有以下特点。

1. 更广阔的环境

电子商务使人们不受时间和空间的限制，可以随时随地在网上交易。

2. 更广阔的市场

Internet使这个世界变得很小，一个商家可以面对全球的消费者，而一个消费者可以在全球的任何一家商家购物。

3. 更快速的流通和低廉的价格

电子商务减少了商品流通的中间环节，节省了大量的开支，从而大大降低了商品流通和交易的成本。

4. 更符合时代的要求

如今人们越来越追求时尚、讲究个性，注重购物的环境，网上购物，更能体现个性化的购物过程。

常见的购物网站有淘宝网(www.taobao.com)、天猫网(www.tmall.com)、京东商城(www.jd.com)、亚马逊卓越网(www.z.cn)、当当网(www.dangdang.com)、苏宁易购(www.suning.com)、国美在线(www.gome.com.cn)、海淘网(www.haitao.com)等。

习　题

一、简答题

1. 什么是C/S模式？什么是B/S模式？两者有什么关系？
2. 什么是域名？什么是域名系统？简要描述Internet的域名结构。

3. 简述域名解析方式与解析步骤。

4. 假设域名为 m. a. com 的主机，由于重启动的原因两次向本地 DNS 服务器 dns. a. com 查询域名为 www. abc. net 的 IP 地址。请说明域名转换的过程。

5. 什么是 FTP？它有哪两种连接？各连接的主要工作分别是什么？

6. 假设在 Internet 上有一台 FTP 服务器，其名称为 ftp. bit. edu. cn，IP 地址为 202.12.66.88，FTP 服务器进程在默认端口守候并支持匿名访问（用户名：anonymous，口令：guest）。如果某个用户直接用服务器名称访问该 FTP 服务器，并从该服务器下载文件 File1 和 File2，请给出 FTP 客户进程与 FTP 服务器进程之间的交互过程。

7. 在电子邮件系统中，传送邮件采用什么协议？接收邮件又采用什么协议？各协议的工作端口分别是什么？

8. 什么是 MIME？它的作用是什么？

9. 图 6-17 列出的是使用 TCP/IP 通信的两台主机 A 和 B 传送邮件的对话过程，请根据该过程回答问题。

A ：220 beta.gov simple mail transfer service ready
B ：HELO alpha.edu
A ：250 beta.gov
B ：MAIL FROM: <smith@alpha.edu>
A ：250 mail accepted
B ：RCPT TO: <jones@beta.gov>
A ：250 recipient accepted
B ：RCPT TO: <green@beta.gov>
A ：550 no such user here
B ：RCPTTO: <brown@beta.gov>
A ：250 recipient accepted
B ：DATA
A ：354 start mail input; end with <CR><LF>.<CR><LF>
B ：Date: Thur 27 June 2017 20:08:08 BJ
B ：From: smith@alpha.edu
B ：…
B ：.
A ：250 OK
B ：QUIT
A ：221 beta.gov service closing transmission channel.

图 6-17　9 题图

问题：

(1) 邮件发送方主机的全名是什么？发邮件的用户名是什么？

(2) 发送方想把该邮件发给几个用户？分别叫什么名字？

(3) 邮件接收方主机的全名是什么？

(4) 哪些用户可以收到该邮件？

(5) 为了接收邮件，接收方主机上等待连接的端口是多少？

(6) 传送邮件所使用的传输层协议是什么？

10. 万维网是一种网络吗？它采用什么样的工作模式？使用什么传输协议？它通过什么实现 Web 文档之间的跳转？

11. HTTP 报文使用运输层的什么协议进行封装和传输？工作端口是什么？

12. 什么是持续连接和非持续连接？各有什么特点？

13. 考虑一个电子商务网站需要保留每一个客户的购买记录。描述如何使用 Cookie 机制来完成该功能。

14. 静态文档、动态文档和活动文档分别是什么？各有什么特点？各用什么技术实现？

15. 简述 DHCP 的工作原理与过程。

16. 写出以下专用英文缩写的英文全拼和对应汉语意思，并简要叙述它的功能。

DNS、FTP、Email、MIME、POP3、SMTP 、HTTP、URL、DHCP

17. 什么是搜索引擎？有哪几类的搜索引擎？在搜索引擎中如何用与、或、非逻辑关系实现多关键字搜索？

18. 什么是电子商务？它有什么特点？

二、选择题

1. 远程登录协议 Telnet、电子邮件协议 SMTP、文件传送协议 FTP 依赖________。

A. TCP　　B. UDP　　C. ICMP　　D. IGMP

2. 在电子邮件程序向邮件服务器发送邮件时，使用的是简单邮件传送协议 SMTP，而电子邮件程序从邮件服务器中读取邮件时，可以使用________协议。

A. PPP　　B. POP3　　C. P-to-P　　D. NEWS

3. 标准的 URL 由三部分组成，协议、主机名和路径及________。

A. 客户名　　B. 浏览器名　　C. 文件名　　D. 进程名

4. FTP Client 发起对 FTP Server 的连接建立的第一阶段是建立________。

A. 传输连接　　B. 数据连接　　C. 会话连接　　D. 控制连接

5. 客户/服务器(C/S)属于以________为中心的网络计算模式。

A. 大型、小型计算机　　B. 服务器

C. 通信　　D. 交换

6. DNS 的功能是解析________。

A. IP 地址和 MAC 地址　　B. 主机名和 IP 地址

C. TCP 名字和地址　　D. 主机名和传输层地址

7. 域名解析过程中，可以执行两种类型的查询，分别是________。

A. 直接查询与间接查询　　B. 迭代查询与递归查询

C. 间接查询与反复查询　　D. 反复查询与递归查询

8. 在 FTP 中，用于实际传输文件的连接是________。

A. UDP 连接　　B. 数据连接　　C. 控制连接　　D. IP 连接

9. 使用匿名 FTP 服务，用户登录时常常可以使用________作为用户名。

A. anonymous　　B. 主机的 IP 地址

C. 自己的 E-mail 地址　　D. 结点的 IP 地址

10. 一台主机希望解析域名 www.mynet.com，如果这台主机配置的域名服务器为 114.114.114.114，Internet 根域名服务器为 192.5.5.241，而存储 www.mynet.com 与其 IP 地址对应关系的域名服务器为 218.85.152.99，那么这台主机解析域名通常先查询________。

A. 地址为 114.114.114.114 的域名服务器

B. 地址为 192.5.5.241 的域名服务器

C. 地址为 218.85.152.99 的域名服务器

D. 不能确定,可以从这三个域名服务器任选一个

11. FTP 使用________端口传送数据

A. 21　　B. 22　　C. 20　　D. 19

12. 简单邮件传送协议 SMTP 规定了________。

A. 两个相互通信的 SMTP 进程之间应如何交换信息

B. 发件人应如何将邮件提交给 SMTP

C. SMTP 应如何将邮件投递给收件人

D. 邮件的内部应采用何种模式

13. 在配置一个电子邮件客户端时,需要配置________。

A. SMTP 以便可以发送邮件,POP 以便可以接收邮件

B. POP 以便可以发送邮件,SMTP 以便可以接收邮件

C. SMTP 以便可以发送接收邮件

D. POP 以便可以发送和接收邮件

14. ________协议将邮件存在远程的服务器上,并允许用户查看邮件的头部,然后决定是否下载该邮件,同时,用户可以根据需要对自己的邮箱进行分类管理,还可以按照某种条件对邮件进行查询。

A. IMAP　　B. SMTP　　C. MIME　　D. NTP

15. HTTP 定义的是________之间的通信。

A. 邮件服务器　　B. 邮件客户和邮件服务器

C. Web 客户和 Web 服务器　　D. Web 服务器

16. HTTP 的熟知端口号是________。

A. 23　　B. 80　　C. 1023　　D. 8080

17. 在下面的 TCP/IP 命令中,________可以被用来远程登录到任何类型的主机。

A. FTP　　B. TELNET　　C. RLOGIN　　D. TFTP

18. 用户提出服务请求,网络将用户请求传送给服务器;服务器执行用户的请求,完成所要求的操作并将结果送回用户,这种工作模式称为________。

A. Client/Server 模式　　B. Peer-to-Peer 模式

C. SMA/CD 模式　　D. Token ring 模式

19. 在客户/服务器模式下,________可以提高整个网络的性能。

A. 根据网络的流量大小改变传输的数据包的大小

B. 只传送"请求"和"结果"来减少网络的流量

C. 通过客户端本地存储所有的数据来降低网络流量

D. 在服务器上执行所有的数据处理

20. TELNET 为了解决计算机系统的差异性,引入了________概念。

A. 用户实终端　　B. 网络虚拟终端

C. 超文本　　D. 统一资源定位地址

21. 在 Internet 上浏览信息时，WWW 浏览器和 WWW 服务器之间传输网页使用的协议是________。

A. IP　　B. HTTP　　C. FTP　　D. TELNET

22. WWW 上每个网页都有一个独立的地址，这种地址统称为________。

A. IP 地址　　B. 域名地址　　C. 统一资源定位符　　D. WWW 地址

23. 域名与________地址是一一对应的。

A. IP　　B. MAC　　C. 主机名称　　D. 端口地址

24. 在 Internet 电子邮件系统中，电子邮件应用程序________。

A. 发送邮件和接收邮件通常都使用 SMTP

B. 发送邮件使用 SMTP，而接收邮件通常使用 POP3

C. 发送邮件使用 POP3，而接收邮件通常使用 SMTP

D. 发送邮件和接收邮件通常都是使用 POP3

25. 某 Ethernet 局域网已经通过电话线接入到 Internet。如果一个用户希望将自己的主机接入该局域网，并访问 Internet 上的 Web 地址，那么用户在这台主机上不必安装和配置的是________。

A. 调制解调器和驱动程序　　B. 以太网卡及其驱动程序

C. TCP/IP　　D. WWW 浏览器

26. FTP 客户发起对 FTP 服务器连接的第二阶段建立的连接是________。

A. 控制传输连接　　B. 数据传输连接　　C. 会话连接　　D. 控制连接

27. 从邮件服务器读取邮件的协议是________。

A. SMTP　　B. POP3　　C. MIME　　D. E-mail

28. 在 Internet 应用中，IP 地址与主机名的转换使用________。

A. ARP　　B. ICMP

C. 查路由器的映射表　　D. DNS 协议

29. 在 Internet 域名体系中，域的下面可以划分子域，各级域名用圆点分开，按照________。

A. 从左到右越来越小的方式分 4 层排列

B. 从左到右越来越小的方式分多层排列

C. 从右到左越来越小的方式分 4 层排列

D. 从右到左越来越小的方式分多层排列

30. mynet.com 公司的 WWW 服务器的名字是 myhost，客户要想通过 http://www.mynet.com/这个域名来访问该公司的主页，除了要在该公司的 DNS 服务器中为 myhost 填写一个 A 记录外，还应为该主机填写的记录是________。

A. NS 记录　　B. CNAME 记录　　C. MX 记录　　D. PTR 记录

31. HTML 的<p>…</p>标记的作用是________。

A. 将文本分段显示　　B. 按照文本原样进行显示

C. 将文本变为斜体显示　　D. 改变文本中字体的大小

32. 统一资源定位符 URL 由三部分组成：协议、________和文件。

A. 文件属性　　B. 域名　　C. 匿名　　D. 设备名

33. WWW 是 Internet 上的一种________。

A. 浏览器　　B. 协议　　C. 协议集　　D. 服务

34. SMTP 的默认端口号是________。

A. 21　　B. 80　　C. 110　　D. 25

35. 支持在电子邮件中传输汉字信息的协议是________。

A. SMTP　　B. POP3　　C. MIME　　D. E-mail

36. 用户请求 FTP 服务器返回当前目录的文件列表时，传输文件列表的连接是________。

A. 控制连接　　B. 数据连接　　C. UDP 连接　　D. 应用连接

37. 假定要在两个不同的系统之间使用 FTP 传送一个声音文件，则应该为这个传送文件指定的文件类型是________。

A. Binary　　B. ASCII　　C. Audio　　D. Video

38. HTTP 是一个无状态协议，然而 Web 站点经常希望能够识别用户，这时就需要用到________。

A. Web 缓存　　B. Cookie　　C. 条件 GET　　D. 持久连接

39. DNS 不能提供的服务是________。

A. 将主机别名转换为规范主机名　　B. 将主机名转换为主机的 IP 地址

C. 将 IP 地址转换为 MAC 地址　　D. 在冗余的服务器间进行负载分配

40. ptu. edu. cn 是一个________。

A. URL　　B. DNS　　C. MAC 地址　　D. 域名

41. 某公司 c 有一台主机 h，该主机具有的 Internet 域名可能为________。

A. h. c. com　　B. com. c. h　　C. com. h. c　　D. c. h. com

42. 在 WWW 中，标识分布在整个 Internet 上的文档采用的是________。

A. URL　　B. HTTP　　C. HTML　　D. 搜索引擎

43. 当仅需 Web 服务器对 HTTP 报文进行响应，但并不需要返回请求对象时，HTTP 请求报文应该使用的方法是________。

A. GET　　B. PUT　　C. POST　　D. HEAD

44. 下列关于 Cookie 的说法中错误的是________。

A. Cookie 存储在服务器端

B. Cookie 是服务器产生的

C. Cookie 会威胁客户的隐私

D. Cookie 的作用是跟踪客户的访问和状态

45. 在接收邮件时，客户端代理软件与 POP3 服务器通过建立________连接来传送报文。

A. UDP　　B. TCP　　C. P2P　　D. DHCP

46. 与 HTTP 1.0 相比，HTTP 1.1 的优点不包括________。

A. 减少了 RTTs 数量　　B. 支持持久连接

C. 减少了 TCP 慢启动次数　　D. 提高了安全性

47. DNS 通知是一种推进机制，其作用是使得________。

A. 辅助域名服务器及时更新信息　　B. 授权域名服务器向管区内发送公告

C. 本地域名服务器发送域名解析申请　　D. 递归查询迅速返回结果

48. 在 DNS 资源记录中，________记录类型的功能是把 IP 地址解析为主机名。

A. A　　B. NS　　C. CNAME　　D. PTR

49. 以下关于 DHCP 的描述中，正确的是________。

A. DHCP 客户机不可能跨越网段获取 IP 地址

B. DHCP 客户机只能收到一个 DHCPOFFER

C. DHCP 服务器可以把一个 IP 地址同时租借给两个网络的不同主机

D. DHCP 服务器中可自行设定租约期

50. 中国自主研发的 3G 通信标准是________。

A. CDMA2000　　B. TD-SCDMA　　C. WCDMA　　D. WiMAX

51. DNS 服务器的默认端口号是________端口。

A. 50　　B. 51　　C. 52　　D. 53

52. 使用________命令可以向 FTP 服务器上传文件。

A. get　　B. dir　　C. put　　D. push

53. DHCP 的________报文的目的 IP 地址为 255.255.255.255。

A. DHCPDISCOVER　　B. DHCPDECLINE

C. DHCPNACK　　D. DHCPACK

54. 客户端采用________报文来拒绝 DHCP 服务器。

A. DHCPOFFER　　B. DHCPDECLINE

C. DHCPACK　　D. DHCPNACK

55. 若一直得不到回应，DHCP 客户端总共会广播________次请求。

A. 3　　B. 4　　C. 5　　D. 6

56. 图 6-18 是 DNS 转发器工作的过程。采用迭代查询算法的是________。

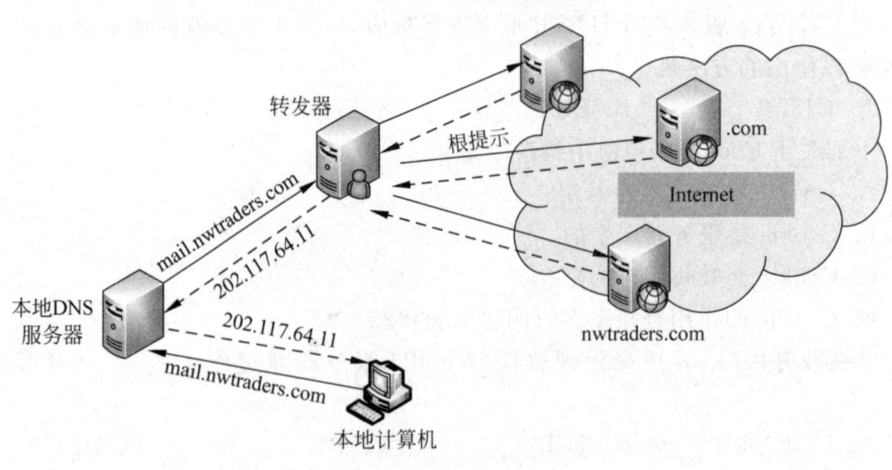

图 6-18　56 题图

A. 转发器和本地 DNS 服务器

B. 根域名服务器和本地 DNS 服务器

C. 本地 DNS 服务器和.com 域名服务器

D. 根域名服务器和.com 域名服务器

57. 下列域名中,格式正确的是________。

A. -123456.com　　B. 123-456.com

C. 123*456.com　　D. 123456.com

58. 以下关于域名查询的叙述中,正确的是________。

A. 正向查询是检查 A 记录,将 IP 地址解析为主机名

B. 正向查询是检查 PTR 记录,将主机名解析为 IP 地址

C. 反向查询是检查 A 记录,将主机名解析为 IP 地址

D. 反向查询是检查 PTR 记录,将 IP 地址解析主机名

59. 下列地址中,________不是 DHCP 服务器分配的 IP 地址。

A. 196.254.109.100　　B. 169.254.109.100

C. 96.254.109.100　　D. 69.254.109.100

60. 在进行域名解析过程中,由________获取的解析结果耗时最短。

A. 主域名服务器　　B. 辅域名服务器

C. 缓存域名服务器　　D. 转发域名服务器

61. FTP 命令中用来设置客户端当前工作目录的命令是________。

A. get　　B. list　　C. lcd　　D. ! list

62. HTTP 中,用于读取一个网页的操作方法为________。

A. READ　　B. GET　　C. HEAD　　D. POST

63. 以下关于 DHCP 的描述中,错误的是________。

A. DHCP 客户机可以从外网段获取 IP 地址

B. DHCP 客户机只能收到一个 DHCPOFFER

C. DHCP 不会同时租借相同的 IP 地址给两台主机

D. DHCP 分配的 IP 地址默认租约期为 8 天

64. DNS 服务器在名称解析过程中正确的查询顺序为________。

A. 本地缓存记录→区域记录→转发域名服务器→根域名服务器

B. 区域记录→本地缓存记录→转发域名服务器→根域名服务器

C. 本地缓存记录→区域记录→根域名服务器→转发域名服务器

D. 区域记录→本地缓存记录→根域名服务器→转发域名服务器

65. DNS 服务器进行域名解析时,若采用递归方法,发送的域名请求为________。

A. 1 条　　B. 2 条　　C. 3 条　　D. 多条

66. DNS 资源记录中记录类型(record-type)为 A,则记录的值为________。

A. 名字服务器　　B. 主机描述　　C. IP 地址　　D. 别名

67. 在域名系统中,根域下面是顶级域(TLD)。在下面的选项中________属于全世界通用的顶级域。

A. org　　B. cn　　C. microsoft　　D. mil

68. DHCP 客户端启动时会向网络发出一个 DHCPDISCOVER 包来请求 IP 地址,其源 IP 地址为________。

A. 192.168.0.1　　B. 0.0.0.0

C. 255.255.255.0　　D. 255.255.255.255

69. 当使用时间到过达租约期的________时,DHCP 客户端和 DHCP 服务器将更新租约。

A. 50%　　B. 75%　　C. 87.5%　　D. 100%

70. 在 Internet 上有许多协议,下面的选项中能正确表示协议层次关系的是________。

A.

<table><tr><td>SNMP</td><td>POP3</td></tr><tr><td>UDP</td><td>TCP</td></tr><tr><td colspan="2">IP</td></tr></table>

B.

<table><tr><td>SNMP</td><td>POP3</td></tr><tr><td>TCP</td><td>ARP</td></tr><tr><td colspan="2">IP</td></tr></table>

C.

<table><tr><td>SMTP</td><td>TELNET</td></tr><tr><td>TCP</td><td>SSL</td></tr><tr><td>IP</td><td>UDP</td></tr><tr><td colspan="2">ARP</td></tr></table>

D.

<table><tr><td>SNMP</td><td>TELNET</td></tr><tr><td>TCP</td><td>UDP</td></tr><tr><td>IP</td><td>LLC</td></tr><tr><td colspan="2">MAC</td></tr></table>

71. 不使用面向连接传输服务的应用层协议是________。

A. SMTP　　B. FTP　　C. HTTP　　D. SNMP

72. 关于 Windows 操作系统中 DHCP 服务器的租约,下列说法错误的是________。

A. 默认租约期是 8 天

B. 客户机一直使用 DHCP 服务器分配给它的 IP 地址,直至整个租约期结束才开始联系更新租约

C. 当租约期过了一半时,客户机提供 IP 地址的 DHCP 服务器联系更新租约

D. 在当前租约期过去 87.5%时,如果客户机与提供 IP 地址的 DHCP 服务器联系不成功,则重新开始 IP 租用过程

73. 以下关于 DHCP 服务的说法中正确的是________。

A. 在一个子网内只能设置一台 DHCP 服务器,以防止冲突

B. 在默认情况下,客户机采用最先到达的 DHCP 服务器分配的 IP 地址

C. 使用 DHCP 服务,无法保证某台计算机使用固定 IP 地址

D. 客户端在配置时必须指明 DHCP 服务器 IP 地址,才能获得 DHCP 服务

74. 使用代理服务器(Proxy Server)访问 Internet 的主要功能不包括________。

A. 突破对某些网站的访问限制

B. 提高访问某些网站的速度

C. 避免来自 Internet 上的病毒的入侵

D. 隐藏本地主机的 IP 地址

75. 某 DHCP 服务器的地址池范围为 192.36.96.101～192.36.96.150,该网段下某 Windows 工作站启动后,自动获得的 IP 地址是 169.254.220.167,这是因为________。

A. DHCP 服务器提供保留的 IP 地址

B. DHCP 服务器不工作

C. DHCP 服务器设置租约时间太长

D. 工作站接到了网段内其他 DHCP 服务器提供的地址

76. 浏览器与 Web 服务器通过建立________连接来传送网页。

A. UDP　　B. TCP　　C. IP　　D. RIP

77. 下面有关 DNS 的说法中错误的是________。

A. 主域名服务器运行域名服务器软件,有域名数据库

B. 辅助域名服务器运行域名服务器软件,但是没有域名数据库

C. 转发域名服务器负责非本地域名的本地查询

D. 一个域有且只有一个主域名服务器

78. 可以把所有使用 DHCP 获取 IP 地址的主机划分为不同的类别进行管理。下面的选项列出了划分类别的原则,其中合理的是________。

A. 移动用户划分到租约期较长的类　　B. 固定用户划分到租约期较短的类

C. 远程访问用户划分到默认路由类　　D. 服务器划分到租约期最短的类

79. 以下关于 DNS 服务器的叙述中,错误的是________。

A. 用户只能使用本网段内 DNS 服务器进行域名解析

B. 主域名服务器负责维护这个区域的所有域名信息

C. 辅助域名服务器作为主域名服务器的备份服务器提供域名解析服务

D. 转发域名服务器负责非本地域名的查询

80. 以下域名服务器中,没有域名数据库的是________。

A. 缓存域名服务器　　B. 主域名服务器

C. 辅助域名服务器　　D. 转发域名服务器

81. 采用 DHCP 分配 lP 地址无法做到________。

A. 合理分配 IP 地址资源　　B. 减少网管员工作量

C. 减少 IP 地址分配出错可能　　D. 提高域名解析速度

82. 当 DHCP 客户机发送 DHCPDISCOVER 报文时采用________方式发送。

A. 广播　　B. 任意播　　C. 组播　　D. 单播

83. 客户端登录 FTP 服务器后使用________命令来下载文件。

A. get　　B. !dir　　C. put　　D. bye

84. SMTP 传输的邮件报文采用________格式表示。

A. ASCII　　B. ZIP　　C. PNP　　D. HTML

85. DNS 服务器中提供了多种资源记录,其中,________定义了区域的邮件服务器及其优先级。

A. SOA　　B. NS　　C. PTR　　D. MX

第7章 网络安全

计算机网络的发展与应用给人们的社会生活带来了前所未有的便利,但由于 Internet 的开放性与匿名性,导致网络存在着严重的安全隐患。当前,无论是个人隐私数据还是企业、政府和国家机密数据在存储、传输和使用过程中都面临着日益严重的网络安全威胁,报道出来的网络安全事件层出不穷。因此,在当前的信息化社会中,网络安全技术日益受到人们和政府部门的高度关注。2014 年 2 月 27 日,中国中央网络安全和信息化领导小组正式成立,并由国家主席习近平担任小组组长,由此可见,网络安全的重要性已经提升至国家战略层面上来了。

本章将只对计算机网络安全问题的基本概念和基本原理进行简要介绍。

本章重点:

(1) 计算机网络面临的安全威胁、网络安全的目标和基本的安全技术。

(2) 两类密码体制的特点、基本概念和基本算法。

(3) 认证、数字签名和数字证书的基本概念和基本原理。

(4) 常用互联网安全协议 IPSec、SSL/TLS 和 PGP 的基本概念和特点。

(5) 防火墙和入侵检测的相关概念和特点。

7.1 网络安全的基本概念

从本质上讲,**网络安全**是指网络上存在的安全问题及解决方案,属于信息安全的一部分。它是指网络系统的硬件、软件和系统中的数据受到保护,不受偶然的或恶意的攻击而遭到破坏、更改和泄漏,系统连续可靠、正常运行,网络服务不中断。

广义上讲,凡是涉及网络上信息**保密性**、**完整性**、**可用性**、**可控性**、**不可否认性**和**真实性**等相关技术和理论都是网络安全所要研究的领域。

7.1.1 引发网络安全威胁的因素

引发计算机网络安全威胁的因素可以分为以下几个方面。

1. 开放的网络环境

互联网的美妙之处在于你和每个人都能互相连接,互联网的可怕之处在于每个人都能和你互相连接。

2. 协议本身的缺陷

网络传输离不开通信协议,而 TCP/IP 协议族中有不少协议本身就存在先天的安全性问题,很多网络攻击都是针对这些缺陷进行的。

3. 操作系统的漏洞

操作系统的漏洞主要是指操作系统本身程序存在 Bug 和操作系统服务程序的错误配置。

"三分技术,七分管理",网络系统的安全性在很大程度上取决于对网络系统的管理策略,而不是单纯地靠哪一种或几种技术。

因此,网络用户面临安全威胁是时刻存在的,要完全杜绝网络威胁是不可能的,只能加强防范,减少网络攻击发生的概率。

7.1.2 计算机网络面临的安全威胁

计算机网络面临的安全威胁主要分为以下三个方面。

1. 信息泄漏

指敏感信息在有意或无意中被泄漏或丢失,如商业或军事机密窃密或泄密。

2. 信息破坏

指以非法手段窃得对数据的使用权后,删除、修改、插入或重放某些重要信息,以取得有益于攻击者的响应;恶意添加、修改数据,以干扰用户的正常使用。

3. 拒绝服务

拒绝服务(Denial of Service,DoS)攻击指不断对网络服务系统进行干扰,改变其正常的作业流程,执行无关程序使系统响应减慢甚至瘫痪,影响正常用户的使用,甚至使合法用户被排斥而不能进入网络系统或不能得到相应的服务。这类攻击中最具威胁攻击的是 DDoS (Distributed Denial of Service,分布式拒绝服务),它借助于客户/服务器技术,将多个计算机联合起来作为攻击平台,对一个或多个目标发动 DoS 攻击,从而成倍地提高拒绝服务攻击的威力。

通常将可造成信息泄漏、信息破坏和拒绝服务的网络行为称为**网络攻击**。网络攻击可以分为**被动攻击**与**主动攻击**两大类。

被动攻击是指攻击者通过监控网络或者搭线窃听等手段截取他人的通信数据包,然后通过分析数据包而获得某些秘密,通常将这类攻击称为**截获**。这种攻击通常不会影响用户的正常通信,因而最难被检测得到,对付这种攻击的重点是预防,主要手段为数据加密。

主动攻击是指攻击者试图突破网络的安全防线,这种攻击涉及数据流的修改或者创建错误的数据流,因而会对用户的正常通信带来危害。主要的攻击形式有**假冒**、**重放**、**篡改**、**恶意程序**和**拒绝服务**等。主动攻击很难预防,但容易检测,因此,对付主动攻击的重点是检测,主要手段有数据加密、认证、防火墙和入侵检测等。

(1) 假冒:就是当一个实体假扮成另一个实体进行网络活动。

(2) 重放:截获并存储合法的通信数据,并多次重复使用,以便产生一个被授权的效果。

(3) 篡改:有意或无意地修改或破坏信息系统,或者在非授权和不能监测的方式下对数据进行修改。

(4) 恶意程序:包括计算机病毒、网络蠕虫、特洛伊木马、逻辑炸弹、后门以及流氓软件等有害程序。

7.1.3 网络安全的目标

1989年,国际标准化组织的ISO 7498-2中提出了**网络安全架构**(Security Architecture,SA),它认为一个安全的计算机网络系统应该具有以下几个要素。

(1) **真实性**:也称为**认证性**,简称**认证**或者**鉴别**。真实性是指确保一个信息的来源或源本身被正确地标识,同时确保该标识没有被伪造,可分为**实体认证**和**消息认证**。**消息认证**是指能向接收方保证该信息确实来自于它所宣称的源。**实体认证**是指参与信息处理的实体是可信的,即每个实体的确是它所宣称的那个实体,使得任何其他实体不能假冒这个实体。

(2) **可控性和可用性**:也就是**访问控制**,就是对访问网络的权限进行控制,规定每个用户对网络资源的访问权限,以使网络资源不被非授权用户访问和使用。在一个用户被授权访问一个网络资源之前,必须先通过身份认证。

(3) **机密性**:机密性是指保证数据不泄漏给非授权的用户或实体,确保存储的数据和传输的数据仅能被授权的各方得到,而非授权用户即使能得到数据也无法知晓数据内容,不能使用。

(4) **完整性**:完整性是指数据未经授权不能进行改变的特征,维护数据的一致性,即数据在生成、传输、存储和使用过程中不应发生人为或非人为的非授权篡改(插入、替换、删除、重排序等)。

(5) **不可抵赖性和可审查性**:不可抵赖性是防止发送方或接收方抵赖所传输的数据,要求无论发送方还是接收方都不能抵赖所进行的行为。因此,当发送一个数据时,接收方能验证该数据的确是由所宣称的发送方发来的;当接收方收到一个数据时,发送方能够验证该数据的确送到了指定的接收方。同时,对出现的网络安全争议能够提供调查的依据和手段。

网络安全的目标可以形象地描述为"进不来""看不懂""改不了""拿不走"和"跑不了",与上面的网络安全要素之间的关系如图7-1所示。

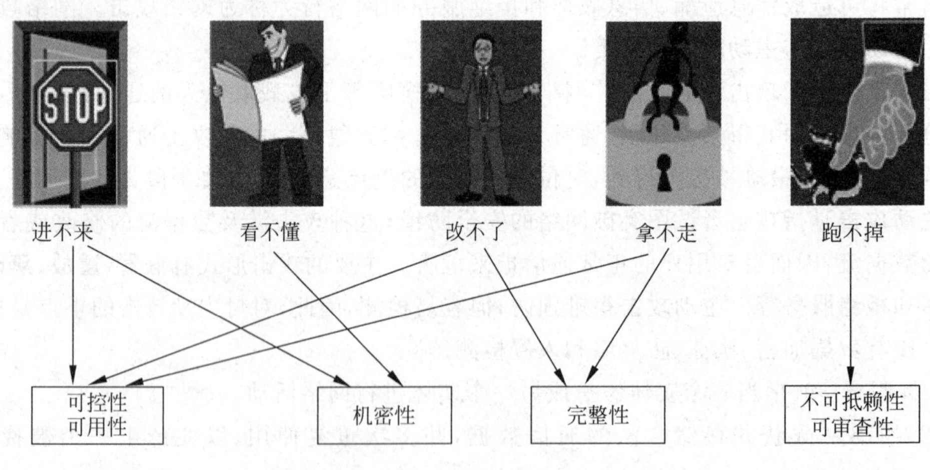

图7-1 网络安全目标

7.1.4 基本安全技术

任何形式的网络服务都会存在安全方面的风险,问题是如何将风险降低至最低程度,目

前的网络安全技术主要有数据加密、数字签名、身份认证、防火墙和入侵检测等。本章将针对这些基本的安全技术逐步展开。

(1) 数据加密：就是将数据进行重新组合，使得只有收发双方才能解码并还原数据的一种手段。

(2) 数字签名：用来证明消息确实是由发送者签发的，而且还可以用来验证数据完整性。

(3) 身份认证：用于验证一个用户的合法性的技术，常用的口令认证、指纹识别和智能IC卡认证等均为具体的身份认证实例。

(4) 防火墙：防火墙是用来隔离内部网络与外部网络的一种隔离设施，它能按照系统管理员预先定义好的规则控制数据包的进出。

(5) 内容与行为检查：就是对进出网络和计算机系统的数据、文件和程序的内容，以及访问网络与计算机系统的行为等进行检查。如反病毒和入侵检测系统。

7.2 数据加密技术

密码技术是信息安全的核心技术，是其他安全技术的基础。密码技术已经发展成为一门学科，即**密码学**，它可以分为**密码编码学与密码分析学**。密码编码学(Cryptography)是密码体制的设计学，而密码分析学(Cryptanalysis)则是在未知密钥的情况下，根据密文推出明文或密钥的技术。

7.2.1 数据加密模型

一般的数据加密模型如图7-2所示。用户A向B发送明文X，明文X通过加密算法E运算后，得出密文Y。密文Y在不安全的互联网中传输并最终到达接收方。在接收方，用户B通过解密算法对密文Y进行D运算后恢复出明文X。

(1) 明文(Plaintext)：需要秘密传送的消息，常用P表示。

(2) 密文(Cipher text)：明文经过密码变换后的消息，常用C表示。

(3) 加密(Encryption)：由明文到密文的变换，常用E表示。

(4) 解密(Decryption)：从密文恢复出明文的过程，常用D表示。

(5) 破译(Crack)：非法接收者试图从密文分析出明文的过程。

(6) 加密算法：对明文进行加密时采用的一组规则。

(7) 解密算法：对密文进行解密时采用的一组规则。

(8) 密钥(Key)：加密和解密时使用的一组秘密信息。密钥通常由密钥中心提供，加密密钥与解密密钥可以相同，也可以不相同，常用K表示。

明文P在密钥K的作用下加密变换成密文C的过程可以形式化地用公式(7-1)来表示。

$$C = E_K(P) \tag{7-1}$$

同样地，密文C在密钥K的作用下，解密还原成明文P的过程形式化地用公式(7-2)来表示。

$$D_K(C) = D_K(E_K(P)) = P \tag{7-2}$$

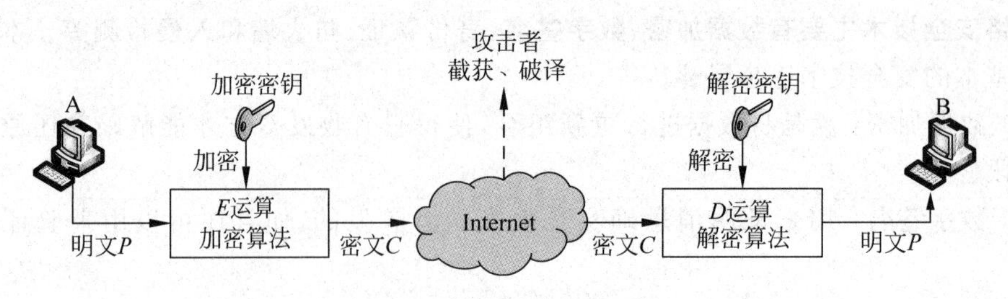

图 7-2　一般的数据加密模型

7.2.2　对称密钥密码体制

1. 对称密钥密码体制简介

对称密钥密码体制就是加密与解密所用的密钥是相同的密码体制，在这种体制下，加密算法可以公开，但密钥 K 必须保密。公式(7-2)中的加密密钥和解密密钥相同，属于对称密钥。

由于加密和解密使用相同的密钥，在收发数据之前，必须完成密钥的分发。因此，密钥的分发便成为该密码体制中最薄弱、风险最大的环节。

典型的对称密钥密码体制加密算法包括 DES(Data Encryption Standard，数据加密标准)、3DES、IDEA(International Data Encryption Algorithm，国际数据加密算法)、RC2(Rivest Cipher)和 AES(Advanced Encryption Standard，高级加密标准)等。

2. DES 算法简介

DES 是一种使用收发双方共享密钥加密的分组加密算法，1977 年被美国国家标准局确定为联邦资料处理标准，并授权在非密级政府通信中使用，随后该算法在国际上广泛流传开来。

DES 设计中使用了分组密码设计的两个原则：**混淆**(Confusion)和**扩散**(Diffusion)，其目的是抗击敌手对密码系统的统计分析。**混淆**是在加密变换过程中使明文、密钥及密文之间的关系复杂化，用于掩盖明文和密文间的关系。**扩散**就是将每一位明文信息的变化尽可能地散布到多个输出的密文信息中，即改变一位明文尽可能多地改变多位密文，以便隐蔽明文信息的统计特性。

DES 算法将明文划分成 64 位的块，然后将每个 64 位的明文输入块变换为 64 位的密文输出块，它所使用的密钥也是 64 位(实际上只用了 56 位，其中的第 8、16、24、32、40、48、56 和 64 位共 8 位用作奇校验位)。具体算法分为以下三个阶段实现。

(1) 给定明文 X，通过一个固定的初始置换 IP 来排列 X 中的位，得到 X_0。

$$X_0 = \mathrm{IP}(X) = L_0 R_0 \tag{7-3}$$

其中，L_0 由 X_0 前 32 位组成，R_0 由 X_0 的后 32 位组成。

(2) 计算函数 F 的 16 次迭代，根据下述规则来计算 $L_i R_i (1 \leqslant i \leqslant 16)$：

$$L_i = R_{i-1}, \quad R_i = L_{i-1} \oplus F(R_{i-1}, K_i) \tag{7-4}$$

其中，F 是一个输出为 32 位的函数，长为 48 位的子密钥 K_i 和 32 位长的 R_{i-1} 是 F 函数的两个输入。子密钥 $K_1, K_2, \cdots, K_{16}$ 是作为 56 位的密钥 K 的函数而计算出的。

(3) 对比特串 $R_{16} L_{16}$ 使用逆置换 IP^{-1} 得到密文 Y。

$$Y = \mathrm{IP}^{-1}(R_{16} L_{16}) \tag{7-5}$$

DES 算法的实现过程可以用图 7-3 来说明。

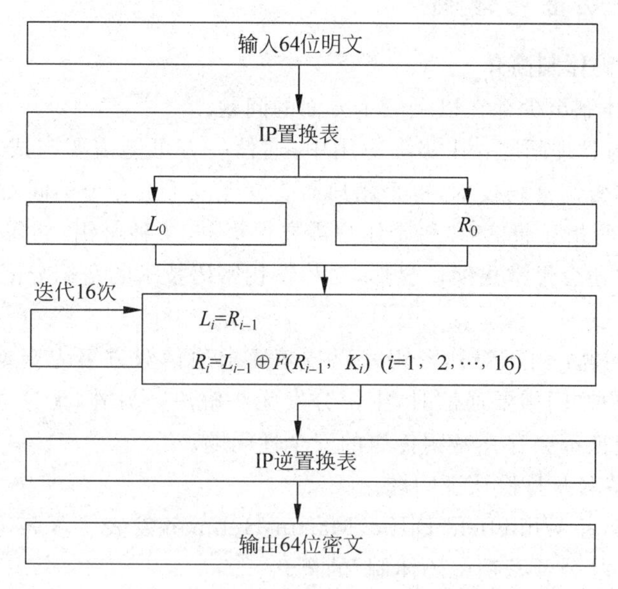

图 7-3　DES 算法原理

其中，初始置换 IP 规则如图 7-4 所示，具体过程就是将输入的第 58 位换到第 1 位，第 50 位换到第 2 位……以此类推，最后一位是原来的第 7 位。如果置换前的输入值为 $D_1D_2D_3\cdots D_{64}$，则经过初始置换后的结果为：$L_0=D_{58}D_{50}\cdots D_8$；$R_0=D_{57}D_{49}\cdots D_7$。

58,	50,	42,	34,	26,	18,	10,	2
60,	52,	44,	36,	28,	20,	12,	4
62,	54,	46,	38,	30,	22,	14,	6
64,	56,	48,	40,	32,	24,	16,	8
57,	49,	41,	33,	25,	17,	09,	1
59,	51,	43,	35,	27,	19,	11,	3
61,	53,	45,	37,	29,	21,	13,	5
63,	55,	47,	39,	31,	23,	15,	7

图 7-4　初始置换 IP 表

DES 算法是对称加密算法体系中的经典代表，曾在计算机网络系统中广泛使用。由于 DES 的实际密钥长度为 56 位，就目前计算机的计算能力而言，DES 不能抵抗对密钥的穷举搜索攻击。因此，自 1998 年 12 月以后，DES 不再作为美国联邦加密标准。

3DES 是 DES 向 AES 过渡的加密算法，它使用三个(或者两个)不同的 56 位的密钥对数据进行三次加密，是 DES 的一个更安全的变形。它是以 DES 为基本模块，通过组合分组方法设计出的分组加密算法。相对 DES 而言，3DES 更为安全。

3DES 加密的过程是加密→解密→加密，其过程形式化表示为公式(7-6)：

$$C=E_{K3}(D_{K2}(E_{K1}(P)))\tag{7-6}$$

3DES 解密的过程是解密→加密→解密，其过程形式化表示为公式(7-7)：

$$P=D_{K1}(E_{K2}(D_{K3}(C)))\tag{7-7}$$

3DES 是 DES 算法扩展其密钥长度的一种方法，可使加密密钥长度扩展到 128 位(112 位有效)或 192 位(168 位有效)。如果数据对安全性要求不是特别高，通常 $K1=K3$，在这种情况下，密钥的有效长度就是 112 位。

其他典型的对换加密算法还有 IDEA、RC5、CAST-128 和 AES 算法等，这里就不一一介绍了，感兴趣的读者可以参考其他文献。目前在计算机网络中应用非常广泛的是 AES。

7.2.3 公开密钥密码体制

1. 公开密钥密码体制简介

对称密钥密码体制至少存在以下三个方面的问题。

(1) 密钥分配与管理问题：在实际应用中，通信一方可能需要与成千上万的通信方进行交易，若采用对称密钥密码技术，每个用户需要管理成千上万个不同对象通信的密钥。例如，n 个用户之间两两相互通信时，每个用户需要保存 $n-1$ 种密钥，共需保存 $n(n-1)/2$ 种密钥，而且密钥通常还会经常更换。显然，对称密钥密码技术的密钥分配与管理的工作量非常巨大。

(2) 密钥交换问题：由于对称密钥密码技术要求通信双方事先交换密钥。因此，网络上原来不相识的用户之间需要通信时，密钥分发无法解决。另外，无论通过传统手段，还是通过因特网，密钥交换都会存在密钥传送的安全性问题。

(3) 无法解决签名及身份认证问题。

1976 年，美国学者 Whitefield Diffie，Martin Hellman 发表了著名论文《密码学的新方向》，其中提出了建立"公开密钥密码体制"的概念。

公开密钥密码体制就是指加密密钥与解密密钥不相同的密码技术。

公开密钥密码技术解决了上述对称密钥密码体制存在的问题。在公开密钥密码体制中，加密与解密算法也是公开的，通信的任何一方都可以公开其**公开密钥**(Public Key，简称**公钥**，常用 PK 表示)，而保留**私有密钥**(Secret Key，简称**私钥**，常用 SK 表示)。发送方 A 可以用人人皆知的接收方 B 的公开密钥对发送的信息进行加密，安全地传送给接收方，然后由接收方用自己的私有密钥进行解密。其他任何人由于没有接收方 B 的私有密钥，因而无法解密截获的密文。图 7-5 给出了公钥密码体制进行加密的过程示意图。

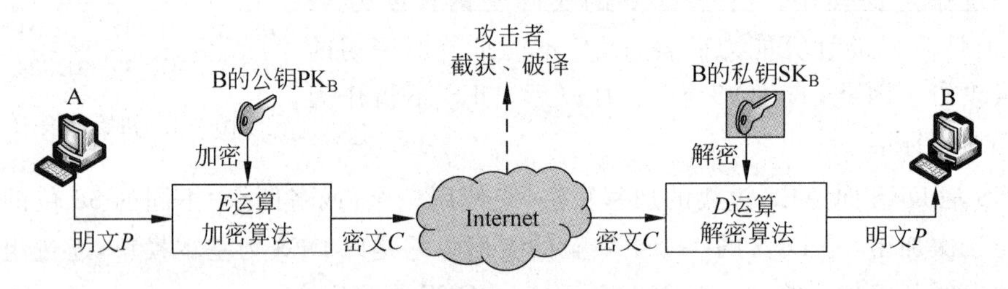

图 7-5 公钥密码体制加密示意图

公开密钥体制的加密和解密过程具有如下特点。

(1) 加密与解密由不同的密钥完成。

加密过程可以形式地表示成式(7-8)：

$$C = E_{PK}(P) \tag{7-8}$$

解密过程可以形式地表示成式(7-9)：

$$D_{SK}(C) = D_{SK}(E_{PK}(P)) = P \tag{7-9}$$

(2) 知道加密算法，从加密密钥推导出解密密钥在**计算上是不可行的**。

(3) 两个密钥中任何一个都可以用作加密，而另一个用作解密，可以形式地表示成式(7-10)：

$$P = D_{SK}(E_{PK}(P)) = E_{PK}(D_{SK}(P)) \tag{7-10}$$

(4) 公钥可以用来加密，但不能**同时**用来解密，即：

$$D_{PK}(E_{PK}(P)) \neq P \tag{7-11}$$

由于公钥加密算法相对于对称加密算法而言，计算量开销巨大，算法效率很低，不适用于长文件的加密。因此，公钥加密算法并没有使对称加密算法被弃用。相反，在实际应用中，这两类算法可有效地结合在一起使用，比如常使用公钥加密算法来保证对称密钥的安全分发，而使用对称加密算法来对长文件进行加密传输，如图 7-6 所示，对称密钥经过 B 的公钥加密后在不安全的 Internet 上传输到达接收方 B，B 通过自己的私钥解密后得到对称密钥 K，从而安全地完成了对称密钥的分发。

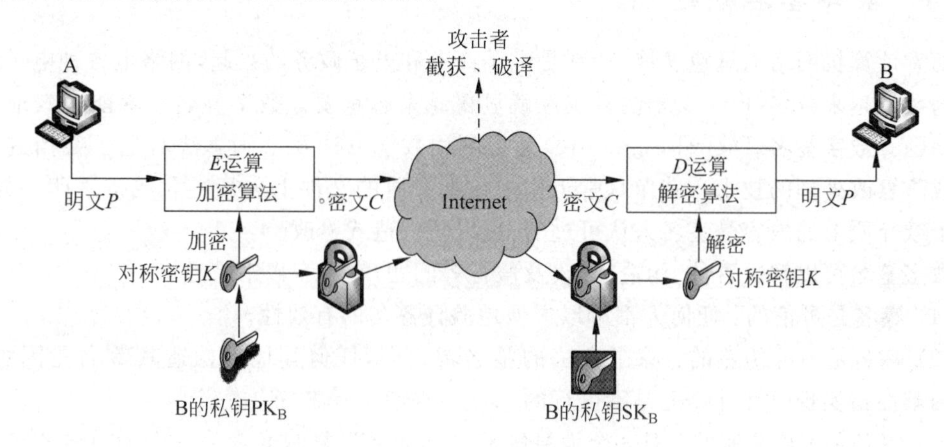

图 7-6　对称密钥密码体制与公开密钥密码体制的联合应用

2. RSA 算法简介

典型的公钥加密算法有 RSA、ElGamal 算法和 ECC(Elliptic Curves Cryptography，椭圆曲线密码编码学)。

RSA 算法是美国麻省理工学院的研究小组成员 Rivest、Shamir 和 Adleman 于 1978 年提出的一种基于公钥密码体制的优秀加密算法，该算法名称取自这三位学者姓氏的首字母。RSA 得到了世界上最广泛的应用，ISO 在 1992 年颁布的国际标准 X.509 中，将 RSA 算法正式纳入国际标准。

RSA 也是一种分组密码体制算法，它的保密强度是建立在具有大素数因子的合数，其因子分解是困难的基础上。

RSA 算法可以简要描述如下。

(1) 设 n 是两个不同的大素数(通常要求 1024 位以上)p 和 q 之积，即 $n=pq$，计算其欧拉函数值 $z=(p-1)(q-1)$。这里假定大素数 $p=3,q=11$，则 $n=33,z=(3-1)\times(11-1)=20$。

(2) 选择一个整数 d，使得 d 与 z 互质。比如这里选择 $d=7$。

(3) 随机选一整数 e，使得 $e\times d=1(\text{mod } z)$。比如这里选择 $e=3$，使得 $3\times7\equiv 1(\text{mod } 20)$。

(4) 由明文 P 计算密文 C 的加密算法：$C=P^e(\text{mod } n)$，公钥为(e,n)。

这里假定明文 P 为 2，则密文 $C=2^3(\text{mod } 33)=8$，公钥为(3,33)。

(5) 解密算法：$P=C^d(\text{mod } n)$，私钥为(d,n)。

对于上面的示例，$P=8^7(\text{mod } 33)=2\ 097\ 152(\text{mod } 33)=2$，私钥为(7,33)。

RSA 的安全性是基于加密函数 $C=P^e(\bmod n)$ 是一个单向函数，所以对人来说求逆计算是不可行的。密码分析者攻击 RSA 体制的关键点在于如何分解 n。若成功分解使 $n=pq$，则可以算出 $z=(p-1)(q-1)$，然后由公开的 e，解出秘密的 d。然而，分解 n 在计算上也是不可行的。

7.3 数字签名

7.3.1 数字签名概述

随着计算机网络的迅速发展，特别是电子商务和电子政务的兴起，网络上各种电子文档交换的数量越来越多，电子文档的真实性就显得越来越重要。数字签名技术能有效地解决这一问题。**数字签名**(Digital Signature)是指利用数学方法及密码算法对电子文档进行防伪造或防篡改处理的技术。就像日常工作中在纸介质的文件上进行签名或按手印一样，它证明了纸介质上的内容是签名人认可过的，可以防伪造或篡改。

数字签名可以解决否认、伪造、篡改及假冒等问题，它具有以下特性。

(1) 签名是可信的：任何人都可以方便地验证签名的有效性。

(2) 签名是不可伪造的：除了合法的签名者之外，任何其他人伪造其签名是困难的。这种困难性指实现时在计算上是不可行的。

(3) 签名是不可复制的：对一个消息的签名不能通过复制变为另一个消息的签名。如果一个消息的签名是从别处复制的，则任何人都可以发现消息与签名之间的不一致性，从而可以拒绝该消息。

(4) 签名的消息是不可改变的：经签名的消息不能被篡改。一旦签名的消息被篡改，则任何人都可以发现消息与签名之间的不一致性。

(5) 签名是不可抵赖的：签名者不能否认自己的签名，这是因为任何人都可以验证只有他才能具有这个签名。

数字签名以签名的方式来划分可以分为基于公钥的数字签名和基于仲裁的数字签名两类。

7.3.2 基于公钥的数字签名

1. 基于公钥的数字签名

基于公钥的数字签名也称为**直接数字签名**，其原理示意图如图 7-7 所示。从图中可以看出，基于公钥的数字签名利用私钥加密，公钥解密，这与前面介绍的数据加密刚好是相反的。如果用户 A 否认了这次通信，用户 B 只要拿出接收到的密文，并用众所周知的用户 A 的公钥成功解密出报文就能证明该报文就是 A 发送的。反过来，如果用户 B 篡改了报文，则用户 A 可以要求用户 B 出示密文，因用户 B 没有用户 A 的私钥，因此，用户 B 肯定无法出示。

2. 具备保密的公钥的数字签名

从图 7-7 可以看出，这种基于公钥的数字签名只是对报文进行了签名，对报文本身并没有加密，因为用户 A 的公钥可以众所周知，攻击者截获到经签名后的密文后就可以利用 A

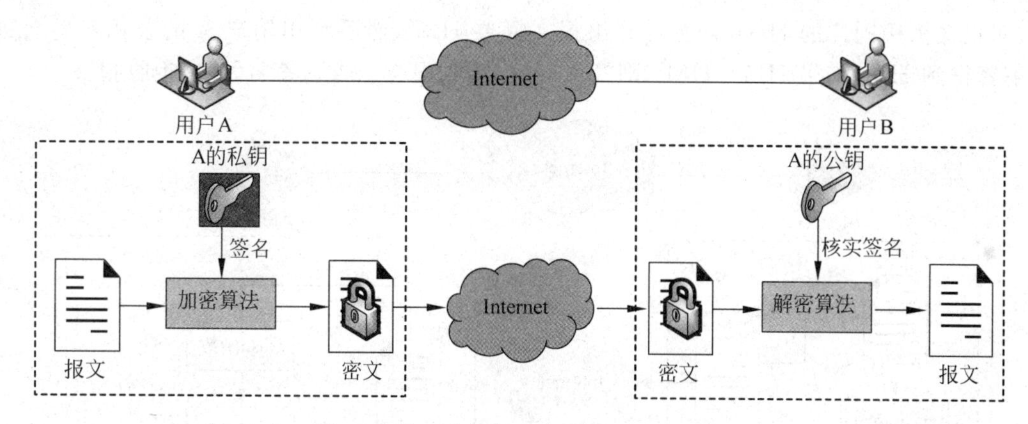

图 7-7 基于公钥的数字签名原理示意图

的公钥解密，从而获得报文内容。对此，人们提出了**具备保密的公钥的数字签名**方案，其原理如图 7-8 所示。

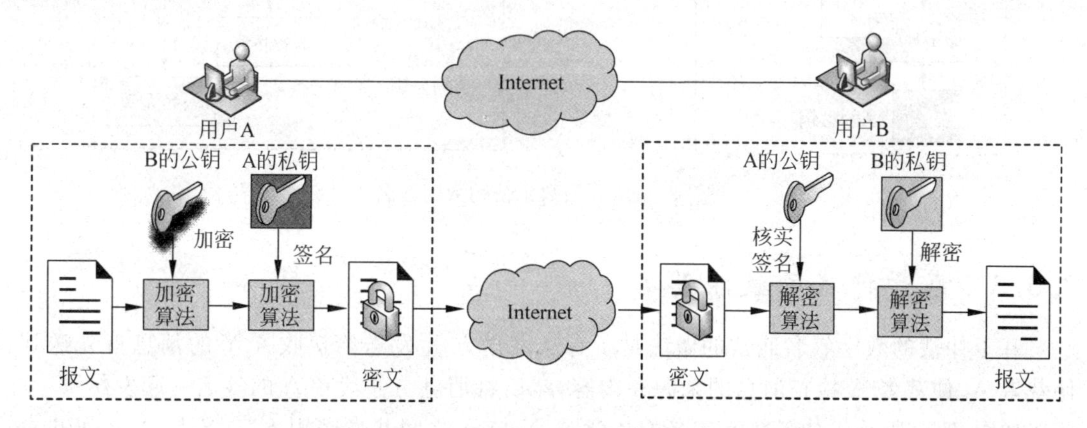

图 7-8 具有保密的公钥数字签名

从图 7-8 可以看到，报文首先使用用户 B 的公钥加密，再用 A 的私钥签名，最后形成密文在网络上传输。到达接收端后，用户 B 先核实签名，若证实是用户 A 的签名，则再用自己的私钥解密报文。在这个过程中，即使攻击者截获了密文，由于没有用户 B 的私钥，因此他无法看到报文的内容。

3. Hash 函数＋公钥数字签名

由于公开密钥密码体制的计算速度慢，导致算法效率低下，不利于长文件的加密；而且当出现争议需要引进第三方仲裁时还必须暴露明文信息；另外，还存在漏洞：$E_{PK}(x \times y) \equiv E_{PK}(x) \times E_{PK}(y) \bmod n$。

对此，人们又提出了采用 Hash 函数＋公钥算法进行数字签名的方案。

Hash 函数也称为**杂凑函数**、**哈希函数**，它可将任意长度的报文 m，经过 Hash 函数运算后被压缩成一个固定长度的**报文摘要**。Hash 函数的无碰撞性能保证签名的有效性。

Hash 函数＋公钥算法进行数字签名方案的基本思想是先提取出报文摘要 HM＝hash(m)，然后对报文摘要 HM 进行签名，得到数字签名 SA＝E_{SK}(HM)。其原理示意图如图 7-9 所示，发送方将签名附加在报文末尾，然后一并发送给用户。接收方收到后，分离出报文和签名,对报文采用同样的 Hash 函数计算出报文摘要 HM′,然后利用用户 A 的公钥对签名进行解密得到 HM,如果 HM=HM′,则签名有效,接收报文。否则签名无效,拒收报文。

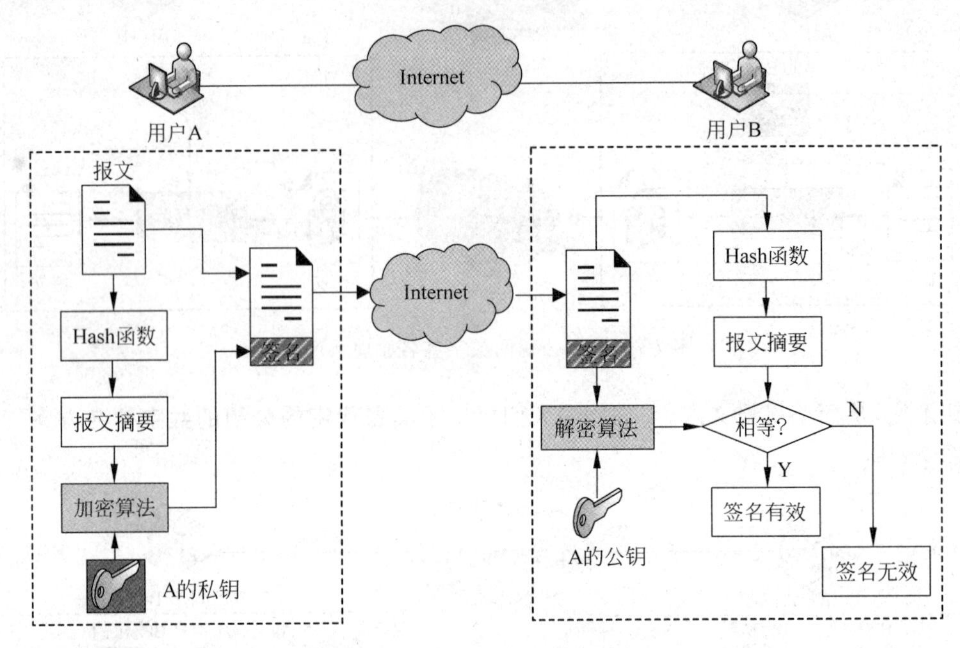

图 7-9　Hash 函数+公钥数字签名

7.3.3　基于仲裁的数字签名

基于仲裁的数字签名通常的做法是所有从发送方 X 发送给接收方 Y 的消息首先送到仲裁者 A,仲裁者 A 检查消息的来源和内容,然后将消息与仲裁者 A 的签名一起发给 Y。

如图 7-10 所示为仲裁数字签名的示意图,X 与 A 之间共享密钥 K_{XA},Y 与 A 之间共享密钥 K_{YA};仲裁者 A 独享密钥 K_A用于签名。

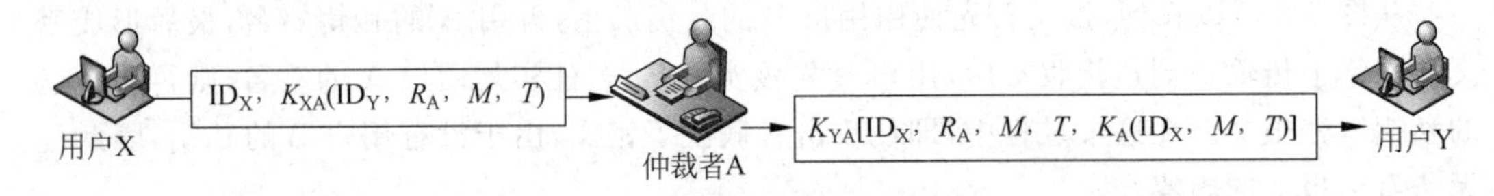

图 7-10　仲裁数字签名示意图

发送方 X 首先向仲裁者 A 发送消息:$ID_X||E_{K_{XA}}(ID_Y||R_A||M||T)$,其中的 ID_X 为 A 的身份标识符,用于向仲裁者表明自己的身份;ID_Y 为接收方 Y 的身份标识符,用于告诉仲裁者 A 现在用户 X 想与 Y 通信;R_A 为一个随机数,用于用户 X 与仲裁者之间的身份验证;M 为 X 想发送给 Y 的消息,T 为时间戳;符号"||"表示拼接,意为将前后两个内容连接在一起。

仲裁者 A 收到该消息后,首先验证 A 的身份后,用与 X 的共享密钥 K_{XA} 解密 $E_{K_{XA}}(ID_Y||R_A||M||T)$后获得接收方为 Y,并留下 A 通信的证据$(ID_X||T||M)$,并将该证据用自己的密钥 K_A 加密形成一个数字签名,最后将发送方 X 的标识符 ID_X、随机数 R_A、消息 M、时间戳 T 以及自己的数字签名经 K_{YA} 加密后一同发送给 Y,即向 Y 发送消息:

$E_{K_{YA}}[ID_X||R_A||M||T||K_A(ID_X||T||M)]$。

接收方 Y 用 K_{YA}解密后得知是 X 要与它通信，由于接收方 Y 完全信任仲裁者 A，因此 Y 不会怀疑 X 的身份。由于证据 $K_A(ID_X||T||M)$的存在，A 不能否认自己发送过消息 M，Y 也不能篡改得到的消息 M，因为仲裁者 A 可以当场解密 $K_A(ID_X||T||M)$得到发送人、发送时间和原来的消息 M。

可见，仲裁者在这一类签名模式中扮演着敏感和关键的角色，所有的参与者必须极大地相信这一仲裁机制工作正常。

7.4 认证技术

认证包括实体认证和消息认证两种。**实体认证**是识别通信对方的身份，防止假冒，可以使用数字签名的方法实现。**消息认证**也称为**报文鉴别**，是验证消息在传送或存储过程中有没有被篡改，通常使用报文摘要的方法实现。

7.4.1 消息认证技术

前面介绍的 Hash 函数+公钥数字签名方案其实就是一种消息认证技术，Hash 就是将任意长的输入串 M 映射成一个较短的、定长的输出串 H 的函数，Hash 函数通常是单向的。对不同报文，很难有同样的报文摘要，这与不同的人有不同的指纹很类似。Hash 函数除了可用于数字签名方案之外，还可用于其他方面，比如消息的完整性检测和消息的起源认证检测等。

Hash 值只是输入字串的函数，任何人都可以计算；函数 $y=H(x)$能将任意长度的 x 变换成固定长度的 y，并具有以下特点。

(1) 单向性，即已知 y，通过 $y=H(x)$来计算 x 在计算上是不可行的。

(2) 快速性，对于任意给定的任意长的 x，计算 $y=H(x)$是很容易的。

(3) 无碰撞，寻找 $x_1 \neq x_2$，使其满足 $H(x_1)=H(x_2)$是很困难的。

目前，常用的 Hash 函数有 MD5、SHA-1 和 RIPEMD-160 等。

1. MD5 简介

MD5(Message Digest Algorithm，报文摘要算法)是美国麻省理工学院的 Ron Rivest 设计出来的一种 Hash 算法，其前身有 MD2、MD3 和 MD4。MD5 主要应用于数字签名、文件完整性验证以及口令加密等领域。它将任意长的输入，计算得出 128 位固定长的报文摘要。

虽然 2004 年中国山东大学王小云教授成功证明了在一小时以内就能被破解 MD5，即能用系统的方法找出一对不同的报文具有相同的 MD5 报文摘要。这一结论宣告了世界通行密码标准 MD5 不再安全。之后又有人开发出了实际的 MD5 攻击工具。但对于公司以及普通用户来说，从算法上来破解 MD5 仍然非常困难，因此 MD5 目前仍然广泛地应用于计算机网络的很多领域。

MD5 的算法逻辑可以简要描述如下。

(1) 分组和填充：把明文消息按 512 位划分成 K 个数据块，最后一个数据块填充一定长度的 1000…，使得整个明文消息的长度满足 length≡448 mod 512。

(2) 附加消息：明文最后加上64位的消息摘要长度字段，这样使得整个明文恰好为512的整数倍。

(3) 初始化MD缓冲区。其中一个128位的MD缓冲区用以保存中间和最终Hash函数的结果。另外4个32位长的缓冲区A、B、C和D分别置值为：

A：01 23 45 67

B：89 AB CD EF

C：FE DC BA 98

D：76 54 32 10

(4) 处理消息块：每个512位的报文数据块再分成4个128位的小数据块，并与4个缓冲区A、B、C和D中的内容一起作为输入依次送到不同的4个逻辑函数进行4轮计算。每一轮又都按32位的小数据块进行复杂的运算，其中每一轮包含16步操作所组成的一个序列，包括对4个缓冲区的修改。

(5) 输出结果：所有K个512位的数据块处理完毕后，最后的结果就是128位的报文摘要。

2. SHA-1 简介

美国标准与技术研究院NIST和美国国家安全局NSA为配合数字签名标准(Digital Signature Standard，DSS)，设计了安全Hash标准(Secure Hash Standard，SHS)，其算法为SHA(Secure Hash Algorithm，安全HASH算法)，SHS作为美国联邦信息处理标准于1993年发表(FIPS PUB 180)，1995年修订，修改的版本被称为SHA-1[FIPS PUB 180-1]。SHA/SHA-1采用了与MD4相似的设计准则，其结构也类似于MD4，但其输出为160位。

SHA-1的算法逻辑与MD5类似，其主要特点如下。

(1) SHA-1允许明文消息最大长度为2^{64}位，而MD5是任意长度。

(2) SHA-1输入也以512位数据块作为处理单位，但32位的缓冲区增加到5个。

(3) SHA-1也进行4轮运算，但每轮运算增加到20步操作。

(4) SHA-1最终输出的报文摘要长度为160位。

和MD5一样，SHA-1同样也被王小云教授的研究团队攻破。虽然目前SHA-1和MD5一样仍然还有大量应用，但相信很快就会被另外两个版本——SHA-2和SHA-3所替代。

3. HMAC 简介

哈希报文认证码(Hashed Message Authentication Code，HMAC)是利用对称密钥生成报文认证码的Hash算法。HMAC可以提供数据完整性保护和数据源身份认证，它利用MD5、SHA-1或RIPEMD-160作为Hash函数，将任意长的文本作为输入，产生长度为n位的输出(对于MD5，$n=128$；对于SHA-1或者RIPEMD-160，$n=160$)。

对于报文M，假定HMAC采用的Hash函数用H表示，收发双方共享的对称密钥用K来表示，且当K的长度小于64B时，在其后面填充若干个0，构成长度等于64B的K^+。则报文M的HMAC值可用公式(7-12)来计算：

$$\mathrm{HMAC}(K,M) = H(K^+ \oplus \mathrm{opad}, H(K^+ \oplus \mathrm{ipad}, M)) \tag{7-12}$$

具体算法描述如下。

(1) 将报文M(包括Hash函数所需填充位)按每b位(通常$b=512$)分成L个数据块。

(2) 输入串 ipad=00110110 重复 $b/8$ 次。

(3) 输出串 opad=01011010 重复 $b/8$ 次。

HMAC 运算步骤如下。

(1) 将 K^+ 与 ipad 按位作异或运算。

(2) 将报文 M 附加到第(1)步结果的后面。

(3) 将第(2)步产生的结果作为函数 H 的输入进行运算。

(4) 将 K^+ 与 opad 按位作异或运算。

(5) 再将第(3)步的运算结果附加到第(4)步运算结果的后面。

(6) 将第(5)步的结果作为函数 H 的输入进行运算,最终输出结果。

目前,HMAC-MD5 已被 IETF 指定为 Internet 安全协议 IPSec 的验证机制,提供数据认证和数据完整性保护。

HMAC-MD5 的典型应用是用在"提问/响应"(Challenge/Response)身份认证中,认证流程如下。

(1) 客户端发出登录请求(假设是浏览器的 GET 请求)。

(2) 服务器返回一个随机值,并在会话中记录这个随机值。

(3) 客户端将该随机值作为密钥,将用户密码与该随机值进行 HMAC-MD5 运算,然后提交给服务器。

(4) 服务器读取用户数据库中的用户口令和步骤(2)中发送的随机值作与客户端一样的 HMAC-MD5 运算,然后与用户发送的结果比较,如果结果一致则验证用户合法。

在这个过程中,可能遭到安全攻击的是服务器发送的随机值和用户发送的 HMAC-MD5 运算结果,对于截获了这两个值的攻击者而言,这两个值是没有意义的,绝无获取用户口令的可能性,随机值的引入使 HMAC 只在当前会话中有效,大大增强了安全性和实用性。

7.4.2 实体认证技术

实体认证也称为**实体鉴别**。前面介绍的消息认证对每一个收到的报文都要认证报文的发送者,并检查报文的完整性,主要目的是防止报文被篡改。实体认证是在系统接入的全部持续时间内,对和自己通信的对方实体只需要验证一次,目的是识别对方的身份,防止假冒。实体认证可以分为**基于共享密钥的实体认证**和**基于公钥的实体认证**两大类。

1. 基于共享密钥的实体认证

最简单的一种实体认证过程如图 7-11 所示。发送方 A 与**密钥分发中心**(Key Distribution Center,KDC)共享密钥 K_A,接收方与 KDC 共享密钥 K_B,A 和 B 的身份标识分别为 ID_A 和 ID_B。认证过程如下:

A 向 KDC 发出消息:ID_A,$K_A(ID_B, K_S)$,这个消息包含两个信息,一是表明自己的身份为 ID_A,二是说明自己想要和 B 进行通信,并指明通信的会话密钥为 K_S,其中,会话密钥 K_S 和 B 的身份标识 ID_B 用密钥 K_A 加密。

KDC 收到这个消息后,使用与 A 的共享密钥 K_A 解密 $K_A(ID_B, K_S)$,如果解密成功则说明 A 的身份认证通过,KDC 于是将 A 的身份标识 ID_A 和 A 与 B 通信的会话密钥 K_S 组合起来,并用与 B 的共享密钥 K_B 加密后发送给 B,即向 B 发送消息 $K_B(ID_A, K_S)$。

接收方 B 收到这个消息后,使用 K_B 解密得知是 A 要与自己通信,且通信会话密钥为

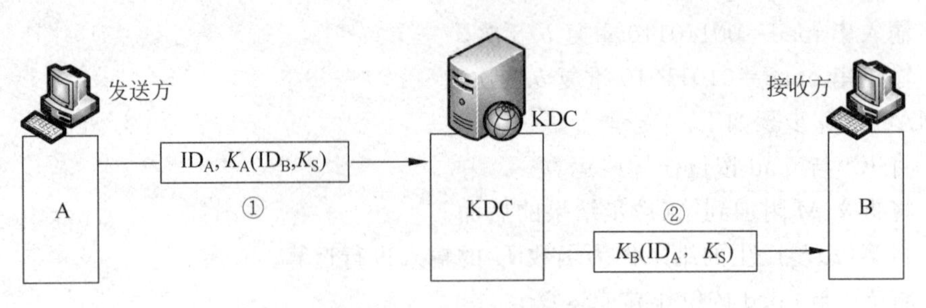

图 7-11　基于共享密钥的实体认证

K_S,此后,A 和 B 就可以利用会话密钥 K_S 进行保密数据通信了。

在这个过程中,由于 B 信任 KDC,因此,它也会信任由 KDC 认证通过的 A。当 A 收到一个由 B 发送过来的,且用密钥 K_S 加密的消息后,由于其他人不会有 K_S,因此也就间接地认证了 B 的身份。

这种基于共享密钥的实体认证存在重放攻击的威胁。比如 A 为雇主,B 为银行,现有员工 C 为 A 工作,A 通过银行转账向 C 支付报酬,C 通过监听截获到 A 和 B 之间的通信报文,并将转账的报文复制一份,然后重复地向 B 发送该报文,这样就可以获得更多的报酬。这是由于 A 和 B 双方通过身份验证后,后面的通信就不再需要进行身份验证了,而且攻击者 C 也不需要知道会话密钥 K_S,他只要猜测出报文中内容对自己有利或无利即可。

2. Needham-Schroeder 认证协议

为了解决上面的重放攻击,人们提出了一种多次提问/应答(Challenge/Response)的认证方案,典型算法是由 Roger Needham 和 Michael Schroeder 共同提出的 Needham-Schroeder 认证协议,该协议也是一种基于共享密钥的实体认证技术,其工作原理示意图如图 7-12 所示。图中的 K_A 和 K_B 分别是 A 和 KDC、B 和 KDC 之间共享的密钥,ID_A 和 ID_B 分别为 A 和 B 的身份标识,R_A 和 R_B 是由 A 和 B 各自产生的两个随机数; $f(R_B)$是对随机数 R_B 进行算术运算的函数,比如 $f(R_B)=R_B+1$。

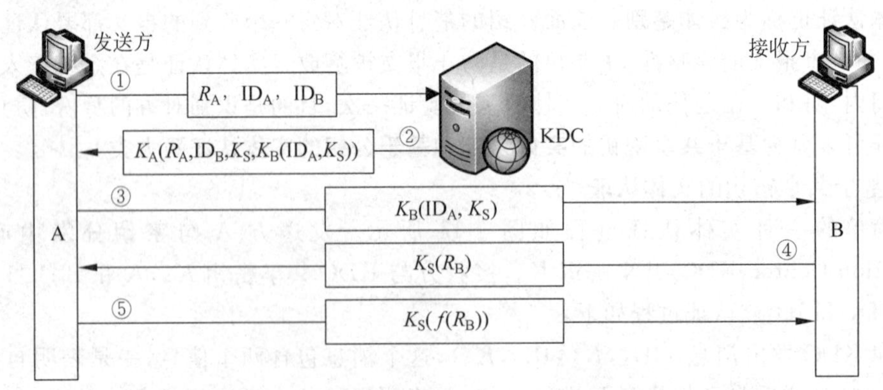

图 7-12　Needham-Schroeder 认证协议

Needham-Schroeder 协议的目的就是认证 A 和 B 的身份后,能安全地分发会话密钥 K_S 给 A 和 B,认证过程简要描述如下。

(1) A→KDC: 发送方 A 向 KDC 发送消息(R_A, ID_A, ID_B)。

(2) KDC→A: KDC 向 A 返回消息: $K_A(R_A, ID_B, K_S, K_B(ID_A, K_S))$,若 A 能解密由

K_A 加密的密文，则可以证实 A 的身份，若收到的 R_A 与第(1)步发送的 R_A 相同，则可以证实 KDC 的身份，同时获得一个与 B 进行通信的会话密钥 K_S，但 A 不能解密 $K_B(ID_A, K_S)$。这里的随机数 R_A 的作用还可以防止重放攻击，保证报文②是新鲜的，而不是重放的。

(3) A→B：A 向 B 发送：$K_B(ID_A, K_S)$，这个 $K_B(ID_A, K_S)$ 就像是 KDC 给 A 的一封介绍信，A 持有该介绍信去找 B。B 若能解密，则可以证实 B 的身份，同时获得会话密钥 K_S。

(4) B→A：$K_S(R_B)$，由于 B 目前还不能信任 A，于是产生一个随机数 R_B，并用 K_S 加密后发送给 A。

(5) A→B：$K_S(f(R_B))$，由于 R_B 可能被攻击者监听获取，为了防止伪造和重放攻击，于是 A 将获得的 R_B 进行一次简单的算术运算，然后用 K_S 加密后返回给 B 作为响应。B 收到该响应后对 $f(R_B)$ 进行逆运算，得到的 R_B 如果与自己产生的 R_B 相同，则可以证实 A 的身份。之后 A 和 B 就可以通过 K_S 进行保密通信了。

Needham-Schroeder 协议看似很完美，但也存在安全缺陷。比如 A 和 KDC 的共享的密钥 K_A 泄漏了，后果就非常严重。攻击者就能够用它获得同 B 通信的会话密钥(或他想要通信的其他任何人的会话密钥)。情况甚至更坏，即使 A 更换了他的密钥，攻击者还能够继续做这种事情。

3. Kerberos 认证协议

Kerberos 这一名词来源于希腊神话"三个头的狗——地狱之门守护者"，是美国麻省理工学院设计开发的一种基于共享密钥的认证协议，目前最新版本为 Kerberos V5。系统设计上采用客户/服务器结构，使用 DES 加密技术(V5 用 AES 加密)，能够实现客户端和服务器端的相互认证，可以用于防止窃听、防止重放攻击、保护数据完整性等场合，是一种应用对称密钥密码体制进行密钥管理和实体认证的系统。

Kerberos 的工作原理如图 7-13 所示，图中 AS 为认证服务器(Authentication Server)，它充当 KDC 的角色。TGS 为票据授予服务器(Ticket-Granting Server)。Kerberos 只用于客户机与服务器之间的认证，而不用于人与人的认证，图中的客户端 A 为请求服务的客户机，服务器 B 为被请求服务器，A 和 B 事先均有在 Kerberos 系统中注册登记过。A 通过 Kerberos 向 B 请求服务。Kerberos 需要通过以下 6 个步骤对客户端 A 进行认证，通过认证后，A 才能与 B 进行保密的数据通信。

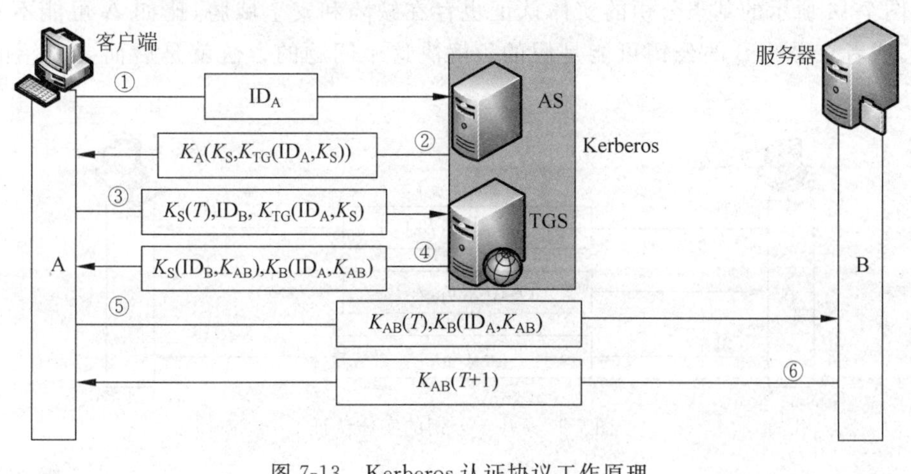

图 7-13　Kerberos 认证协议工作原理

具体过程简要描述如下。

(1) 客户端 A 向认证服务器 AS 发送身份标识 ID_A，声明自己的身份，请求登录与 TGS 进行联系。

(2) AS 返回一个用 A 的对称密钥 K_A 加密的报文，报文中包含 A 和 TGS 通信所需的会话密钥 K_S 以及 AS 要发送给 TGS 的票据，这个票据是用 TGS 的对称密钥 K_{TG} 加密的。这个报文到达 A 后，A 输入其正确的口令，该口令将和适当的算法一起生成密钥 K_A，然后用该密钥 K_A 解密报文获得会话密钥 K_S 以及下一步它与 TGS 进行互动的票据 $K_{TG}(ID_A, K_S)$。

(3) A 向 TGS 发送以下三项内容。

① 转发 AS 发来的票据，该票据能向 B 证明 A 的身份，而且票据是加密的，其他人无法伪造。

② 用 K_S 加密的用于防范重放攻击的时间戳 T，在该时间戳到期前，票据是有效的，否则票据将被作废。

③ 服务器 B 的标识符 ID_B，声明它想和服务器 B 进行通信。

(4) TGS 将两个加密过的票据发送给 A，其中给 A 的票据用它们的会话密钥 K_S 加密，内容包含和 B 通信的会话密钥 K_{AB}。要 A 转发给 B 的票据用 B 的对称密钥 K_B 加密，其中的内容也包含 B 和 A 进行通信的会话密钥 K_{AB}。

(5) A 向 B 转发票据 $K_B(ID_A, K_{AB})$，同时发送用 K_{AB} 加密的时间戳 T。

(6) B 把时间戳 T 加 1 来证实收到了票据。

此后，A 和 B 之间交换的数据就将用 K_{AB} 进行加密传输。

从这个过程中可以看到，Kerberos 不仅完成了 A 和 B 之间的身份认证，而且还完成了 A 和 B 之间会话密钥 K_{AB} 的安全分发。因此，Kerberos 既是身份认证的协议，也是密钥分发的协议。

4. 基于公钥的实体认证

基于公钥的实体认证过程如图 7-14 所示。图中的 PK_A 和 PK_B 分别为发送方 A 和接收方 B 的公钥；ID_A 和 ID_B 分别为 A 和 B 的身份标识，R_A 和 R_B 是 A 和 B 各自产生的两个随机数，其目的也是为了防范重放攻击；$PK_B(ID_A, R_A)$ 表示用 B 的公钥加密 ID_A 和 R_A 组合而成的消息。K_S 是 A 和 B 通过身份认证之后进行保密通信的会话密钥。

如图 7-14 所示的基于公钥的实体认证也存在缺陷和安全威胁，比如 A 可能不知道 B 的公钥，或者获得的 B 的公钥可能是假的。解决这个问题的方法就是后面要介绍的数字证书。

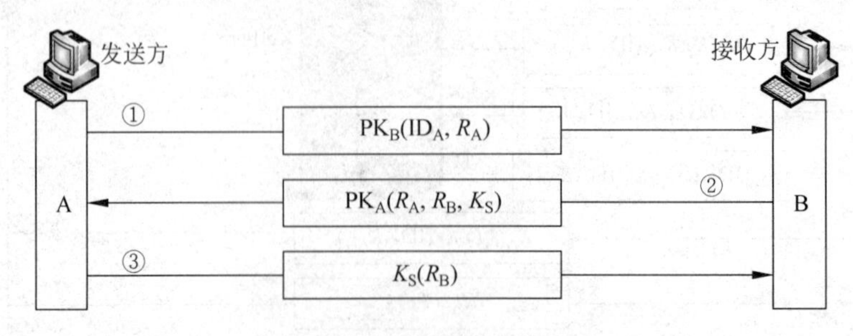

图 7-14　基于公钥的实体认证

7.5 数字证书

7.5.1 数字证书概述

数字证书就是一段包含用户身份信息、用户公钥信息以及身份验证机构数字签名的一串数据，提供了一种在 Internet 上验证通信实体身份的方式，数字证书不是数字身份证，而是身份认证机构盖在数字身份证上的一个章或印(或者说加在数字身份证上的一个签名)。

数字证书是由一个称为**证书授权**(Certificate Authority,**CA**)**中心**(也称为**认证中心**)的权威机构颁发和签署的，并由 CA 或用户将其放在**目录服务器**的公共目录中，以供其他用户访问。目录服务器本身并不负责为用户创建数字证书，其作用仅仅是为用户访问数字证书提供方便。

认证中心 CA 作为权威的、可信赖的、公正的第三方机构，专门负责为各种认证需求提供数字证书服务，包括颁发证书、废除证书、更新证书和管理密钥等。

数字证书采用公钥体制，即利用一对互相匹配的密钥进行加密、解密。每个用户自己设定一个特定的仅为本人所知的私有密钥(私钥)，用它进行解密和签名；同时设定一个公开密钥(公钥)并由本人公开，为一组用户所共享，用于加密和验证签名。当要发送一份保密文件时，发送方使用接收方的公钥对数据加密，而接收方则使用自己的私钥解密，这样信息就可以安全无误地到达目的地了。

数字证书可用于发送安全电子邮件、访问安全站点、网上证券交易、网上招标采购、网上办公、网上保险、网上税务、网上签约和网上银行等安全电子事务处理和安全电子交易活动。

7.5.2 数字证书的结构

数字证书的格式遵循 ITU-T X.509 国际标准，其格式一般包含以下内容。

(1) 证书的版本号：用于区分 X.509 不同版本，比如值为 2 表示 X.509 V3 证书标准，CPCA(China Post Certificate Authority，中国邮政安全认证中心)所签发的证书此项全为 2。

(2) 证书序列号：签发机构分配给证书的一个唯一标识号，同一机构签发的证书不会有相同的序列号。

(3) 签名算法：包含算法标识和算法参数，标明证书签发机构用来对证书内容进行签名的算法。

(4) 颁发者：指建立和签署证书的 CA 的 X.509 名称。

(5) 证书有效期：包含两个日期，一个是证书开始生效的日期，一个是证书有效的截止日期。当前日期在证书有效期之内时，证书的有效性验证才能通过。

(6) 主体名：指证书持有者的名称及有关信息。

(7) 证书用户公钥信息：包含用户公钥算法和公钥的值。

(8) 颁发者 ID：任选的名称唯一标识证书的颁发者。

(9) 使用者 ID：任选的名称唯一标识证书的持有者。

(10) 证书扩展域：证书的扩展部分，可根据具体需求进行扩展，并填写相应的扩展值。

(11) 认证机构的签名：用 CA 的私钥对证书的签名。

在 Windows 中，打开 IE 浏览器，依次单击菜单“工具”→“Internet 选项”→“内容”→“证书”，在打开的对话框中可以查看到计算机上安装的数字证书，如图 7-15 所示。

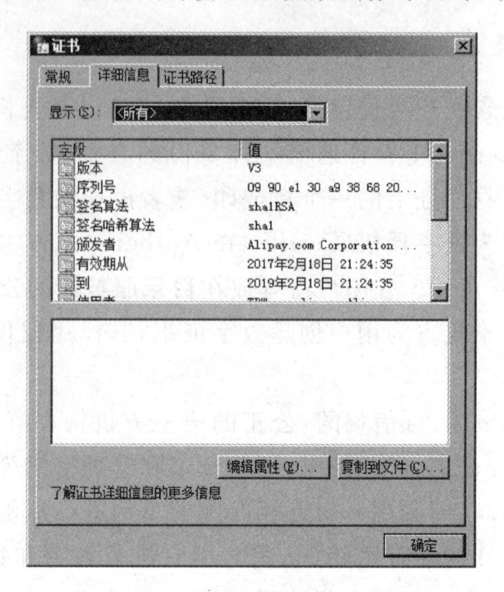

图 7-15　数字证书示例

7.5.3　证书申请与使用

通常会存在多个 CA，每个 CA 为一部分用户发行和签署证书。如国内有中国电信 CA 安全认证系统 CTCA 和中国金融认证中心 CFCA 等行业 CA，还有 BJCA、SHECA 和西部 CA 等区域 CA。这些 CA 还可以建立自上而下的层次结构，同时形成自上而下的信任链，下级 CA 信任上级 CA，下级 CA 由上级 CA 颁发证书并认证。

当用户需要申请数字证书时，通常需要携带有关证件到各地的**证书注册中心**(Registration Authority，RA)填写申请表并进行身份审核，审核通过后交纳一定费用就可以得到装有证书的相关介质(磁盘、IC 卡或者 USB 电子钥匙等)和一个写有口令的密码信封。

用户在进行需要使用证书的网上操作时(如网上银行转账)，必须准备好装有证书的存储介质。如果用户是在自己的计算机上进行操作，操作前必须先安装 CA 根证书。一般所访问的系统会自动弹出提示框要求安装根证书，用户直接选择确认即可。操作时，一般系统会自动提示用户出示数字证书或者插入证书介质(IC 卡或 USB 电子钥匙等)，用户插入证书介质后系统将要求用户输入口令，即申请证书时获得的密码信封中的口令，口令验证正确后系统将自动调用数字证书进行相关操作。

7.5.4　证书的验证

当用户 U1 与用户 U2 要进行安全通信时，需要验证双方数字证书的真实性以及证书是否为可信任的 CA 认证中心签发的，而证书真实性的验证是基于**证书链**验证机制的。

下面以一个例子来说明这个验证过程。

如图 7-16 所示为用户 U1 和用户 U2 的数字证书的来源以及这些 CA 之间的层次关系。用户 U1 已从证书发放机构 CA-C 处获得了证书，而 CA-C 的证书是由 CA-B 签发的，CA-B 的证书是由根 CA-A 签发的。用户 U2 的证书是由 CA-D 签发的，而 CA-D 的证书由 CA-B 签发。

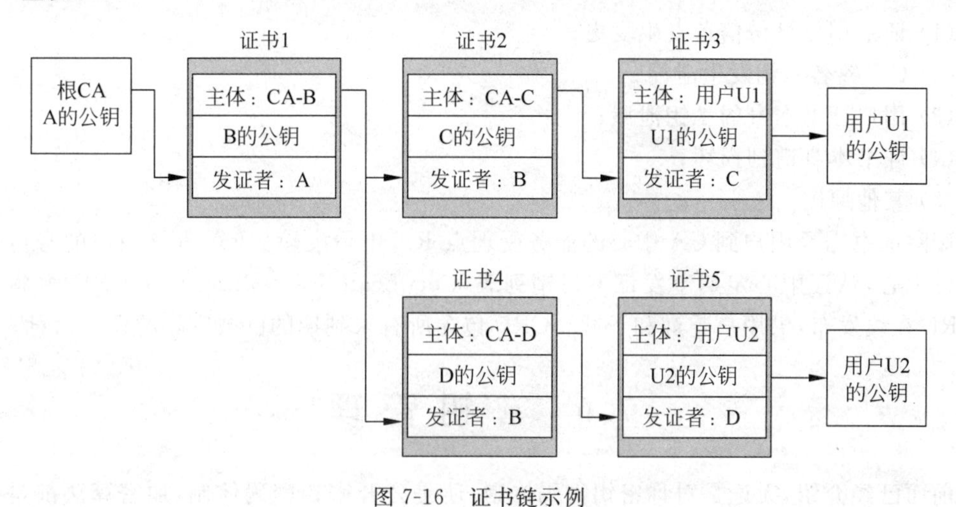

图 7-16　证书链示例

现在用户 U1 不知道 U2 的公钥，虽然 U1 能从目录服务器中读取到 U2 的证书，但无法验证 U2 证书中的 CA-D 的签名，也就是说无法证实证书 5 中 U2 的公钥的真伪，因此 U2 的证书对 U1 来说是没有用处的。

然而，由于 CA-C 和 CA-D 有一个共同的祖父 CA-A，因此可以逐层回溯验证，具体过程如下。

(1) 为了找到 CA-D 的公钥，U1 从目录服务器中找到 CA-D 的证书 4。

(2) U1 仍然无法验证证书 4 中 CA-B 的签名，于是又找到 CA-B 的证书 1。

(3) 同样，U1 还是无法验证证书 1 中的 A 的签名，于是需要从根 CA 中获取 A 的公钥。

(4) 根 CA 是可信任的，U1 获得根 CA 的公钥后就可以验证证书 1 中的 CA-A 的签名了，并获得 B 的公钥，从而就可以在证书 4 中证实 D 的公钥，最后在证书 5 中证实 U2 的公钥。

由上述分析可以得知，U1 为获得 U2 的公钥，整个证书链可以表示成：

CA-A《CA-B》　CA-B《CA-D》　CA-D《U2》

上面的证书可以理解为：要找 U2 的公钥，先找 CA-D；要找 CA-D，先找 CA-B；要找 CA-B，先找 CA-A。

同样的道理，U2 为获得 U1 的公钥，整个证书链可以表示成：

CA-A《CA-B》　CA-B《CA-C》　CA-C《U1》

验证证书的第二步是验证证书的有效性。即验证证书是否在证书的有效使用期之内。可以通过比较当前时间与证书截止时间来进行判定。

验证证书的第三个步骤就是验证证书的可用性，即验证证书是否已被废除。可以通过查询 CA 中心的证书吊销列表实现，位于证书吊销列表内的证书就是无效的证书。

7.5.5 证书的废除

证书的废除是指证书在到达它的使用有效期之前就被停止使用。废除证书的原因包括：

(1) 证书用户身份信息发生变更；

(2) CA 签名私钥发生泄漏；

(3) 用户证书本身的私钥泄漏；

(4) 证书本身遭到损坏；

(5) 其他原因。

废除证书需要用户到 CA 中心的业务受理点 RA 申请废除。RA 审核用户的身份后提交认证中心，认证中心定期签发**证书吊销列表**(Certificate Revocation List，CRL)并将更新的 CRL 在线发布，供用户查询和下载。CRL 包含所有未到期的已被废除的证书信息。

7.6 密钥管理

前面已经介绍，无论是对称密钥密码体制，还是公开密钥密码体制，加密算法都是可以公开的，保障数据安全的决定性因素就是保护密钥。密钥一旦丢失，不仅合法用户不能提取数据，而且可能导致非法用户窃取数据。因此，密钥的管理是关键问题。

密钥管理包括自密钥的产生到密钥的销毁的整个过程中的各个方面，主要表现于密钥管理体制、管理协议和密钥的产生、存储、分配、更换、注入、吊销和销毁等。

密钥分配是密钥管理中最重要的问题，密钥必须通过最安全的通道进行分发。对于对称密钥，常用的分配方式是设立密钥分配中心 KDC，KDC 的主要任务是给需要进行保密通信的用户临时分配一个会话密钥。在前面的实体认证技术中介绍的基于共享密钥的实体认证协议 Needham-Schroeder 和 Kerberos 都是密钥分配协议。

对于公钥，密钥分配则是通过认证中心 CA 颁发的数字证书来实现的。

7.6.1 密钥管理概述

密钥面临的威胁主要是密钥泄漏、密钥的真实性丧失以及密钥的未经授权使用。

根据密码体制的不同，可以将密钥分为对称密钥和非对称密钥。其中，非对称密钥又可以分为私有密钥、公开密钥、签名密钥和认证密钥。

对称密钥则可以细分为以下几种：

(1) **用户密钥**：是指由用户选定或由系统分配给用户的，可在较长时间内由一对用户所专用的密钥。如用户常使用的密码。

(2) **会话密钥**：两个终端用户在交换数据时，用来加密要传输的数据的密钥称为**数据加密密钥**；用于加密文件为文件提供保护措施的密钥称为**文件密钥**。数据加密密钥和文件密钥都是会话密钥，会话密钥可以由用户双方事先约定，也可以由系统动态生成。会话密钥只在需要通信时生成，因此，会话密钥的使用时间短，限制了密码分析者利用同一个会话密钥破译密文的数量，也降低了存储密钥的存储容量。如实体认证中介绍的会话密钥 K_S。

(3) **密钥加密密钥**：用于对传送的会话密钥进行加密的密钥，也称为辅助二级密钥或密钥传送密钥。如实体认证中介绍的用户与KDC之间的共享密钥 K_A 和 K_B。

(4) **主机密钥**：对密钥加密密钥进行加密的密钥，存于主机处理器中。如仲裁者独享的密钥。

7.6.2 密钥管理体制

密钥管理技术是信息安全的核心技术之一。在美国"信息保障技术框架"中定义了深层防御战略的两个支持构架：密钥管理构架/公钥构架(KMI/PKI)和入侵检测/响应技术。当前，密钥管理体制主要有三种：一是适用于封闭网的技术，以传统的密钥管理中心为代表的 **KMI**(Key Management Infrastructure，密钥管理设施)机制；二是适用于开放网的 **PKI** (Public Key Infrastructure，公钥基础设施)；还有一种是适用于规模化专用网的 SPK (Seeded Public Key，种子化公钥)。

1. KMI 技术

KMI 假定有一个密钥分发中心 KDC 来负责分发密钥。这种结构经历了从静态分发到动态分发的发展历程，目前仍然是密钥管理的主要手段。静态分发是预配置技术，而动态分发是"请求/分发"机制，即与物理分发相对应的电子分发，在秘密通道的基础上进行，一般用于建立实时通信中的会话密钥，在一定意义上缓解了密钥管理规模化的矛盾。无论是静态分发或是动态分发，都是基于秘密的物理通道进行的。

2. PKI 技术

在密钥管理中不依赖秘密信道的密钥分发技术一直是一个难题。20 世纪 70 年代末，Deffie 和 Hellman 第一次提出了不依赖秘密信道的密钥交换体制 D-H 密钥交换协议，大大促进了这一领域的进程。但是，在双钥体制中只要有了公、私钥对的概念，私钥的分发必定依赖秘密通道。于是 PGP 第一次提出密钥由个人生产的思路，避开了私钥的传递，进而避开了秘密通道，推动了 PKI 技术的发展。

PKI 是一种提供公钥加密和数字签名服务的系统或平台，能够实现数据机密性、身份真实性、数据完整性和不可抵赖性的作用。一个机构通过采用 PKI 框架管理密钥和证书建立一个安全的网络环境。PKI 包括 PKI 策略、软/硬件系统、认证中心 C、A. 注册机构 R、A. 证书签发系统和 PKI 应用等构成的安全体系，如图 7-17 所示。

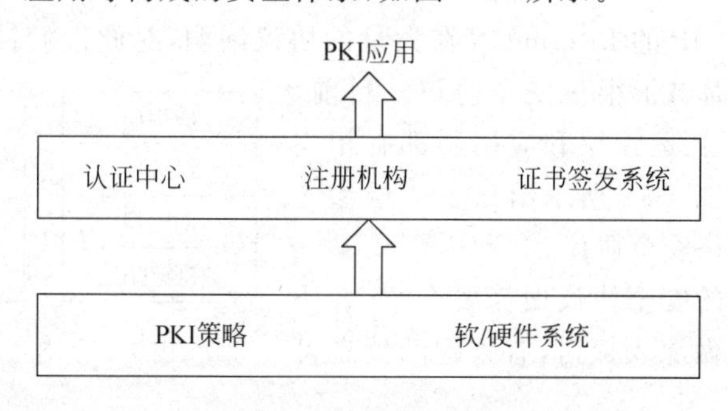

图 7-17 PKI 的组成

PKI 策略定义了信息安全的指导方针和密码系统的使用规则，具体内容包括 CA 之间的信任关系、遵循的技术标准、安全策略、服务对象、管理框架、认证规则、运作制度、所涉及的法律关系等。

软/硬件系统是 PKI 运行的平台，包括认证服务器、目录服务器等。

认证中心 CA 负责密钥的生成与分配。

注册机构 RA 是用户与 CA 之间的接口，负责对用户的认证。

证书签发系统负责公钥数字证书的分发，可以由用户自己或通过目录服务器进行发放。

PKI 的应用非常广泛，安全 Web 通信、安全电子邮件、安全电子数据交换、电子商务、网上信用卡交易以及虚拟专用网 VPN 等都是 PKI 的应用领域。

3. PKI 与 KMI 的比较

(1) 从作用特性角度看：KMI 具有很好的封闭性，而 PKI 则具有很好的扩展性。KMI 的密钥管理可随时造成各种封闭环境，可作为网络隔离的基本逻辑手段，而 PKI 适用于各种开放业务，却不适应于封闭的专用业务和保密性业务。

(2) 从服务功能角度看：KMI 提供加密和签名功能，PKI 只提供数字签名服务。PKI 提供加密服务时应提供秘密恢复功能，否则无法用于公证。PKI 提供数字签名服务时，只能提供个人章服务，不能提供专用章服务。

(3) 从信任逻辑角度看；KMI 是集中式的主管方的管理模式，而 PKI 是靠第三方的管理模式，基于主管方的 KMI，为身份鉴别提供直接信任和一级推理信任，但密钥更换不灵活；基于第三方的 PKI 只能提供一级以下推理信任，密钥更换非常灵活。

(4) 从负责性角度看：KMI 是单位负责制，而 PKI 是个人负责的技术体制；KMI 适用于保密网、专用网等，PKI 则适用于安全责任完全由个人或单方承担，其安全责任不涉及他方利益的场合。

(5) 从应用角度看：互联网中的专用网，主要处理内部事务，同时要求与外界联系。因此，KMI 主内，PKI 主外的密钥管理构思是比较合理的。如果一个专用网是与外部没有联系的封闭网，那 KMI 就足够了。如果一个专用网要与外部联系，那么要同时具备两种密钥管理体制，至少 KMI 要支持 PKI。如果是开放网业务，则可以用 PKI 处理，也可以人为设定边界的特大虚拟专用网的 SPK 技术处理，如一个国家范围内构成的专网。

7.7 互联网使用的安全协议

早期的基于 TCP/IP 的 Internet 存在大量的协议漏洞，对此人们针对 TCP/IP 原有的协议进行大量改进，提出了很多安全协议。目前，在数据链路层、网络层、运输层和应用层都有相应的网络安全协议。如图 7-18 所示给出了 4 层参考模型中各层主要的网络安全协议。

下面将只对各层的安全协议做简要介绍，各协议的具体工作原理不做深入探讨，有兴趣的读者可以参考其他文献。

应用层	PGP、HTTPS
运输层	SSL、TLS、SET
网络层	IPSec
数据链路层	PPTP、L2TP

图 7-18 各层主要的安全协议

7.7.1 数据链路层安全协议

1. PPTP

PPTP(Point to Point Tunneling Protocol，点对点隧道协议)是在 PPP 的基础上开发的

一种新的增强型安全协议，工作在第二层，支持多协议虚拟专用网 VPN，可以通过口令认证协议(Password Authentication Protocol，PAP)和可扩展认证协议(Extensible authentication protocol，EAP)等方法增强安全性。利用该协议，远程用户可以通过拨号连接到 ISP，然后通过 Internet 安全地连接到公司内部网络。

PPTP 最早由微软等厂商主导开发，但因为它的加密方式容易被破解，因此，微软已经不再建议使用这个协议了。

2. L2TP

L2TP(Layer 2 Tunneling Protocol，第二层隧道协议)的功能大致和 PPTP 类似，是一个基于 UDP 的数据链路层协议。L2TP 是由 IETF 起草，微软、Ascend、Cisco、3COM 等公司参与制定的二层隧道协议，它结合了 PPTP 和思科的 L2F(Level 2 Forwarding Protocol，第二层转发协议)两种二层隧道协议的优点，为众多公司所接受，已经成为 IETF 有关二层通道协议的工业标准。L2TP 数据包在 IP 网中的封装格式如图 7-19 所示。

IP	UDP	L2TP	PPP(数据)

图 7-19　L2TP 数据包在 IP 网络中的封装格式

PPTP 和 L2TP 都使用 PPP 对数据进行封装，然后添加附加包头用于数据在互联网络上的传输。尽管两个协议非常相似，但是仍存在以下几方面的不同。

(1) PPTP 要求互联网络为 IP 网络。L2TP 只要求隧道媒介提供面向数据包的点对点的连接。L2TP 可以在 IP(使用 UDP)、帧中继永久虚拟电路(PVCs)、X.25 虚拟电路(VCs)或 ATM 网络上使用。

(2) PPTP 只能在两端点间建立单一隧道。L2TP 支持在两端点间使用多个隧道。使用 L2TP，用户可以针对不同的服务质量创建不同的隧道。

(3) L2TP 可以提供包头压缩。当压缩包头时，系统开销占用 4B，而 PPTP 下要占用 6B。

(4) L2TP 可以提供隧道验证，而 PPTP 则不支持隧道验证。但是当 L2TP 或 PPTP 与 IPSec 共同使用时，可以由 IPSec 提供隧道验证，不需要在第二层协议上验证隧道。

7.7.2　网络层安全协议

网络层的安全协议主要是 **IPSec**(Internet Protocol Security，Internet 协议安全)，它并**不是一个单独的协议**，它给出了应用于 IP 层上网络数据安全的一整套体系结构。IPSec 是由 IETF 开发的，可为通信双方提供访问控制、无连接的完整性、数据来源认证、抗重放攻击、加密以及对数据流分类加密等服务。

IPSec 是网络层的安全机制，是安全联网的长期方向。它通过端对端的网络层数据包的安全保护来提供主动的保护以防止专用网络与 Internet 的攻击。上层应用程序即使没有实现安全性，也能够自动从网络层提供的安全性中获益。

IPSec 功能可以划分为下面三类。

(1) **认证头**(Authentication Header，AH)：用于数据完整性认证和数据源认证。

(2) **封装安全载荷**(Encapsulating Security Payload，ESP)：提供数据保密性和数据完

整性认证,ESP也包括防止重放攻击的顺序号。

(3) **因特网密钥交换**(Internet Key Exchange,IKE):用于生成和分发在ESP和AH中使用的密钥,IKE也对远程系统进行初始认证。

IPSec的工作模式分为以下两种。

(1) **传输模式**:该模式下,IP数据和IP头部被用来计算AH或ESP头,但IP头部中的可变字段(如TTL字段)在计算之前将被置为0,因此,可变字段实际上并没有被认证。AH或ESP头以及ESP加密的用户数据被放置在原IP头部后面。通常,传输模式应用在两台主机之间的通信,或一台主机和一个安全网关之间的通信。传输模式的数据封装格式如图7-20所示。

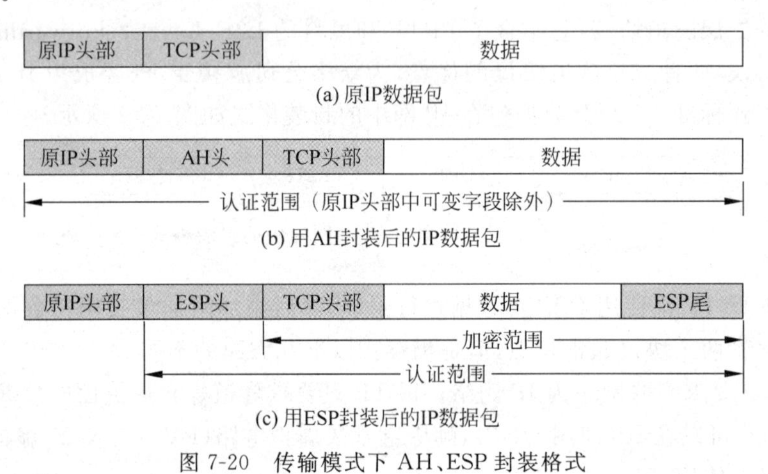

图7-20 传输模式下AH、ESP封装格式

(2) **隧道模式**:该模式下,用户的整个IP数据包被用来计算AH或ESP头,AH或ESP头以及ESP加密的用户数据被封装在一个新的IP数据包中,包括原来的IP头部。这样,原IP数据报中的所有字段都得到了认证。通常,隧道模式应用在两个安全网关之间的通信。隧道模式的数据封装格式如图7-21所示。

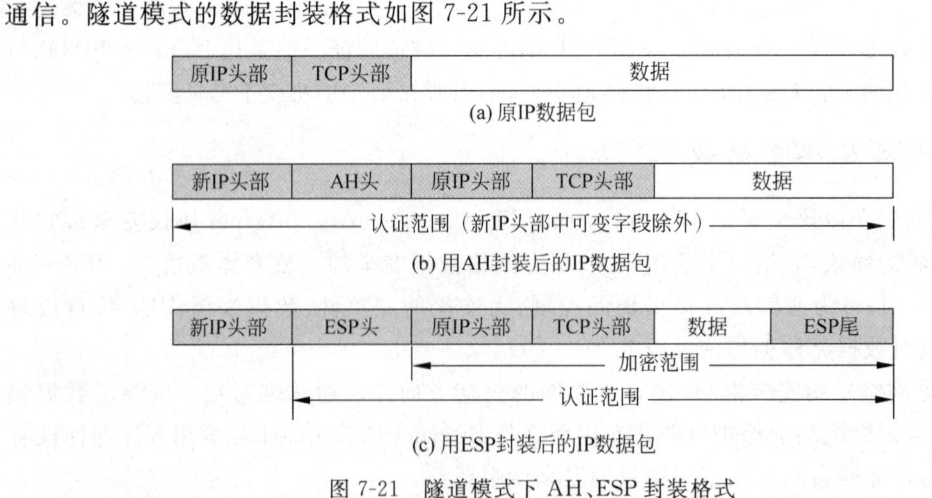

图7-21 隧道模式下AH、ESP封装格式

IPSec对数据流提供的安全服务通过安全联盟(Security Association,SA)来实现,SA包括协议、算法和密钥等内容,具体确定了如何对IP数据报进行处理。一个SA就是两个

IPSec 系统之间的一个**单向逻辑连接**,输入数据流和输出数据流由输入 SA 与输出 SA 分别处理。

SA 由一个三元组<安全参数索引(SPI),目的 IP 地址,安全协议号(AH 或 ESP)>来唯一标识。SA 可通过手工配置建立,也可以自动协商建立。手工建立 SA 的方式是指用户通过在两端手工设置一些参数,然后在接口上应用安全策略建立 SA。自动协商方式由 IKE 生成和维护,通信双方基于各自的安全策略库经过匹配和协商,最终建立 SA 而不需要用户的干预。

7.7.3 运输层安全协议

运输层的安全协议主要有**安全套接字层**(Secure Sockets Layer,SSL)、**运输层安全**(Transport Layer Security,TLS)和**安全电子交易**(Secure Electronic Transaction,SET)。

SSL 是 Netscape 公司在 1994 年研发的安全协议,当前版本为 3.0,它已经成为一个事实上的 Web 安全标准,并被广泛地用于 Web 浏览器与服务器之间的身份认证和加密数据传输。

1995 年,Netscape 公司将 SSL 转交给 IETF,希望能够将 SSL 标准化。于是 IETF 在 SSL 3.0 的基础上于 1999 年设计推出了 TLS 协议,为所有基于 TCP 的网络应用提供安全数据传输服务。正因为 SSL 和 TLS 的这种关系,人们常将它们写成 SSL/TLS。

SET 协议是指为了实现更加完善的即时电子支付应运而生的,是由 Master Card 和 Visa 联合 Netscape 与 Microsoft 等公司,于 1997 年 6 月推出的一种新的电子支付模型。SET 协议是 B2C(Business-to-Customer)上基于信用卡支付模式而设计的,它保证了开放网络上使用信用卡进行在线购物的安全。SET 主要是为了解决用户、商家和银行之间通过信用卡的交易而设计的,它具有保证交易数据的完整性、交易的不可抵赖性等优点。但由于在 SET 交换中客户端要使用专门的软件,同时商家要支付的费用比使用 SSL 更加昂贵,因此 SET 在市场竞争中失败了,在国内市场使用得非常少。

下面仅介绍 SSL 的相关内容。

SSL 协议位于 TCP 与各种应用层协议之间,为数据通信提供安全支持。SSL 的体系结构如图 7-22 所示,它包含以下两个协议子层。

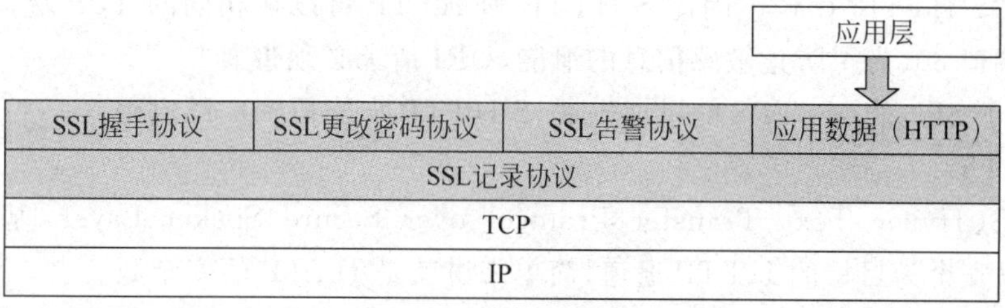

应用层

SSL握手协议	SSL更改密码协议	SSL告警协议	应用数据(HTTP)
SSL记录协议			
TCP			
IP			

图 7-22 SSL 协议栈

(1) **SSL 记录协议**(SSL Record Protocol):它建立在可靠的传输协议 TCP 之上,为高层协议提供数据封装、压缩、加密等基本功能的支持。

(2) **SSL 握手协议**(SSL Handshake Protocol):它建立在 SSL 记录协议之上,由服务器和客户端用来在实际的数据传输开始前,通信双方进行身份认证、协商加密算法、交换加密密钥等。

图 7-22 中的**SSL 更改密码协议**用于更改安全策略，更改密码报文由客户端或服务器发送，用于通知对方后续的记录将采用新的密码列表。**SSL 告警协议**则对当前传输中的错误进行告警，使得当前会话失效，避免再产生新的会话。

会话（Session）和连接（Connection）是 SSL 中两个重要的概念，在规范中定义如下。

（1）**SSL 连接**用于提供某种类型的服务数据的传输，是一种点对点的关系。一般来说，连接的维持时间比较短暂，并且每个连接一定与某一个会话相关联。一个 SSL 连接由服务器和客户器的随机数序列、客户/服务器加/解密密钥、客户/服务器端的认证密钥、用于 CBC 加密的初始化向量、发送和接收报文维持的一个序列号等参数定义。

（2）**SSL 会话**是指客户和服务器之间的一个关联关系。会话通过握手协议来创建。它定义了一组安全参数，包括会话标识符、对方的 X.509 证书、数据压缩算法、加密规约、计算 MAC 的主密钥，以及用于说明是否可以重新开始另外一个会话的标识。

一次会话过程通常会发起多个 SSL 连接来完成任务，例如，一次网站的访问可能需要多个 HTTP/SSL/TCP 连接来下载其中的多个页面，这些连接共享会话定义的安全参数。这种共享方式可以避免为每个 SSL 连接单独进行安全参数的协商，而只需在会话建立时进行一次协商，提高了效率。

7.7.4 应用层安全协议

在第 6 章中已经了解到应用层的协议有很多种，针对不同的应用，就有相应的应用层协议。但很多应用层协议存在严重的安全漏洞，比如我们熟悉的 HTTP、FTP 和 TELNET 等都是通过明文的方式传输用户数据。对此，人们提出了很多安全的应用层协议，比如 S-HTTP、HTTPS、SFTP、SSH、S/MIME 和 PGP 等，分别简要介绍如下。

1. S-HTTP

S-HTTP（Secure Hypertext Transfer Protocol，安全超文本传输协议）是一种面向安全 Web 通信的协议。在语法上，S-HTTP 报文与 HTTP 相同，由请求行和状态行组成，后面是报文头和报文体，但报文头有所区别，报文体经过了加密。

为了和 HTTP 报文区分开来，S-HTTP 做了特殊处理，请求行使用特殊的“安全”途径和指定协议“S-HTTP/1.4”。因此 S-HTTP 和 HTTP 可以在相同的 TCP 端口混合处理。例如，共享端口 80，为了防止敏感信息的泄漏，URI 请求必须带有“*”。

由于基于 SSL 的 HTTPS 的迅速发展，S-HTTP 未能得到广泛应用。

2. HTTPS

HTTPS（Hyper Text Transfer Protocol over Secure Socket Layer，基于 SSL 的 HTTP）是以安全为目标的 HTTP 通道，简单来讲就是 HTTP 的安全版。

HTTPS 是 Netscape 公司于 1994 年设计开发的，并应用于 Netscape 浏览器中。最初，HTTPS 是与 SSL 一起使用的，在 SSL 逐渐演变到 TLS 时，最新的 HTTPS 也于 2000 年 5 月公布的 RFC 2818 中正式确定下来。

HTTPS 内置于浏览器中，用于对数据进行压缩和解压操作，并返回网络上传送回的结果。HTTPS 实际上是将 SSL 作为 HTTP 应用层的子层，因此 HTTPS 的安全基础是 SSL。HTTPS 使用 TCP 端口号 443，而不像 HTTP 那样使用端口号 80 来和 TCP 进行通信。

HTTPS和HTTP的区别主要为以下4点。

(1) HTTPS协议需要到CA申请数字证书。

(2) HTTP是明文传输协议，HTTPS则是具有安全性的SSL加密传输协议。

(3) HTTP和HTTPS使用的是完全不同的连接方式，用的端口也不一样，前者是80，后者是443。

(4) HTTP的连接很简单，是无状态的；HTTPS协议是由SSL＋HTTP协议构建的可进行加密传输和身份认证的网络协议。

3. SFTP

SFTP(Secure File Transfer Protocol，安全文件传送协议)可以为传输文件提供一种安全的加密方法。SFTP与FTP有着几乎一样的语法和功能。SFTP是SSH的其中一部分，是一种传输文件至服务器的安全方式。其实在SSH软件包中，已经包含一个叫做SFTP的安全文件信息传输子系统，SFTP本身没有单独的守护进程，它必须使用sshd守护进程(端口号默认是22)来完成相应的连接和响应操作，所以从某种意义上来说，SFTP并不像一个服务器程序，而更像是一个客户端程序。SFTP同样是使用加密的方式传输认证信息和要传输的数据，所以，使用SFTP是非常安全的。但是，由于这种传输方式使用了加密/解密技术，所以传输效率比普通的FTP要低很多。

4. SSH

SSH(Secure Shell)是由IETF的网络小组所制定，是建立在应用层基础上的安全协议，是专为远程登录会话和其他网络服务提供安全性的协议。利用SSH协议可以有效防止远程管理过程中的信息泄漏问题。

SSH最初是UNIX系统上的一个程序，后来又迅速扩展到其他操作平台。

5. S/MIME

S/MIME(Secure Multipurpose Internet Mail Extensions，安全多用途网际邮件扩展协议)是RSA数据安全公司开发的软件，是对MIME在安全方面的功能又进行了扩展，它可以把MIME实体(比如数字签名和加密信息等)封装成安全对象。

S/MIME增加了新的MIME数据类型，用于提供数据保密、完整性保护、认证和鉴定服务等功能，这些数据类型包括“application/pkcs7-MIME”“multipart/signed”和“application/pkcs7-signature”等。

S/MIME只保护邮件的邮件主体，对头部信息则不进行加密，以便让邮件能成功地在发送者和接收者的网关之间传递。

6. PGP

PGP(Pretty Good Privacy，完美隐私)是Zimmermann于1995年开发的，是一个完整的电子邮件安全软件包，包含加密、认证、数字签名和压缩等技术，常用的版本是PGP Desktop Professional，可以从Internet上免费下载使用，因而得到了广泛应用。

PGP并不是一个新的协议，它只是把现有的一些加密算法，如RSA、MD5报文摘要算法以及IDEA综合在一起而已。

PGP可以用于对邮件进行保密以防止非授权者阅读，它还能对邮件加上数字签名从而使收信人可以确认邮件的发送者，并能确信邮件没有被篡改。它可以提供一种安全的通信方式，事先并不需要任何保密的渠道来传递密钥。

PGP 加密系统是采用公开密钥加密与传统对称密钥加密相结合的一种加密技术。其中使用 128 位基于对称密钥加密算法 IDEA 的一次性会话密钥来加密报文。采用基于 RSA 的公开密钥加密算法来加密会话密钥，并对邮件进行数字签名。

PGP 在发送方 A 对邮件的处理过程如图 7-23 所示。

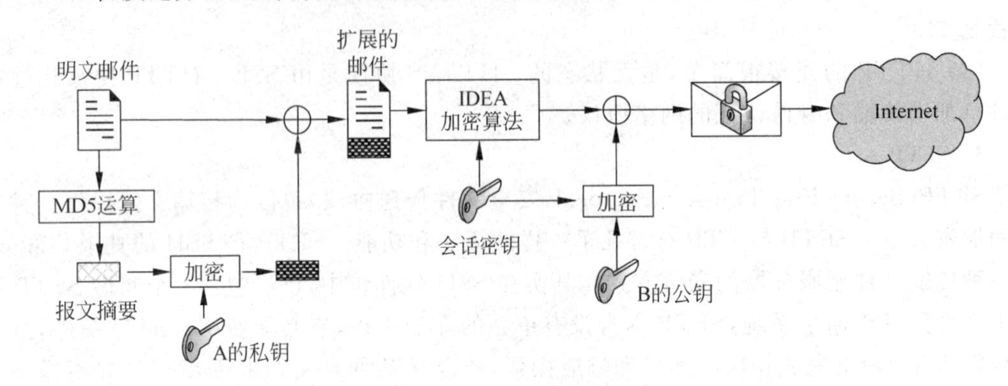

图 7-23　PGP 在发送方的处理过程

PGP 在接收方 B 对邮件的处理过程如图 7-24 所示。

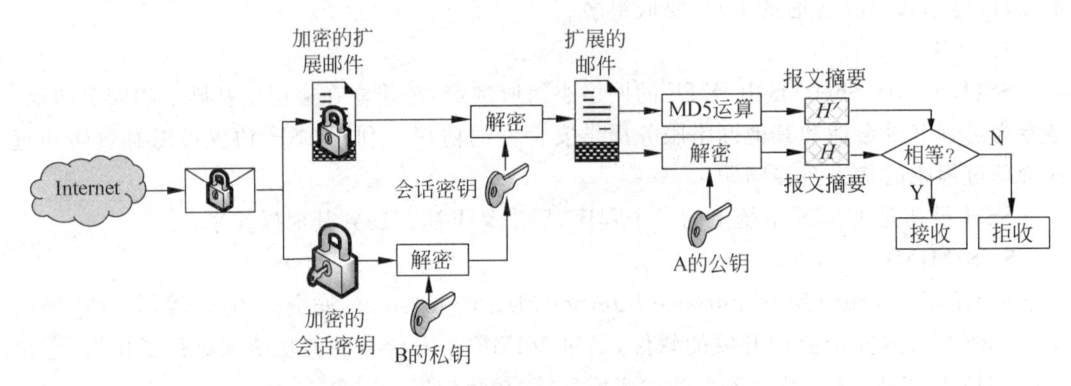

图 7-24　PGP 在接收方的处理过程

PGP 很难被攻破，目前认为是足够安全的，还没有出现关于 PGP 被攻破的消息。

7.8　防　火　墙

7.8.1　防火墙概述

防火墙(Firewall)是目前最为成熟的网络防御技术之一，在网络边界安全防护方面得到了非常广泛的应用。其主要作用就是将安全的内网与不安全的外网隔离开来，并对进出这两个网络的数据进行过滤，就像大楼门卫对进出大楼的人员进行检查一样。

防火墙具有以下基本功能。

(1) 检查和控制进出网络的网络流量。

(2) 防止脆弱或不安全的协议和服务。

(3) 防止内部网络信息的外泄。

(4) 对网络存取和访问进行监控审计。

(5) 防火墙可以强化网络安全策略并集成其他安全防御机制。

防火墙并不是万能的,它不能防御以下攻击。

(1) 来自网络内部的安全威胁。

(2) 通过非法外联的网络攻击。

(3) 计算机病毒传播。

(4) 针对开放服务安全漏洞的渗透攻击。

(5) 针对网络客户端程序的渗透攻击。

(6) 基于隐蔽通道进行通信的特洛伊木马或僵尸网络攻击。

7.8.2 防火墙的分类

从实现技术来看,防火墙一般分为以下三类。

1. 包过滤防火墙

包过滤防火墙是在网络层对数据包进行检查和过滤的技术,其依据是系统内设置的过滤规则,被称为**访问控制表**(Access Control Table)。通过检查数据流中每个数据包的源地址、目的地址、所用的端口号、协议状态等因素,或它们的组合来确定是否允许该数据包通过。

包过滤防火墙逻辑简单,价格便宜,易于安装和使用,网络性能和透明性好,通常由路由器来承担该角色。由于路由器是内部网络与 Internet 连接必不可少的设备,因此在原有网络上增加这样的防火墙功能几乎不需要任何额外的费用。

包过滤防火墙是一种通用、廉价、有效的安全手段。之所以通用,是因为它不针对各个具体的网络服务采取特殊的处理方式;之所以廉价,是因为大多数路由器都提供分组过滤功能;之所以有效,因为它能很大程度地满足企业的安全要求。

包过滤防火墙的缺点主要表现在以下两个方面。

(1) 非法访问一旦突破防火墙,就可对主机上的软件和配置漏洞进行攻击。

(2) 二是数据包的源地址、目的地址以及端口号都在数据包的头部,很容易被窃取或假冒。

2. 应用代理

应用代理(Application Proxy)也称为**代理服务器**(Proxy Server),或者**应用层网关**(Application Layer Gateway,ALG)。

由于包过滤技术无法提供完善的数据保护措施,而且一些特殊的报文攻击仅使用过滤的方法并不能消除危害(如 SYN 攻击、ICMP 洪泛攻击等),因此人们需要一种更全面的防火墙保护技术,在这样的需求背景下,人们提出了应用代理防火墙技术。应用代理防火墙技术工作在 OSI 模型的最高层,即应用层,在这一层里它能接触到的所有数据都是最终形式,也就是说,防火墙“看到”的数据和我们看到的是一样的,而不是一个个带着地址、端口和协议等原始内容的数据包,因而它可以实现更高级的数据检测过程。

整个代理防火墙把自身映射为一条透明线路,在用户方面和外界线路看来,它们之间的连接并没有任何阻碍。但是这个连接的数据收发实际上是经过了代理防火墙转发的,当外界数据进入代理防火墙的客户端时，防火墙中的“应用协议分析”模块便根据应用层协议处理这个数据，通过预置的处理规则查询这个数据是否带有危害。

由于工作在应用层，防火墙还可以实现双向限制，在过滤外部网络有害数据的同时也能监控着内部网络的信息，管理员可以配置防火墙实现一个身份验证和连接时限的功能，进一步防止内部网络信息泄漏的隐患。最后，由于代理防火墙采取的是代理机制进行工作，内外部网络之间的通信都需先经过代理服务器审核，通过后再由代理服务器转发，根本没有给分隔在内外部网络两边的计算机直接会话的机会，因此可以避免入侵者使用“数据驱动”攻击方式渗透内部网络，可以说，“应用代理”是比包过滤技术更完善的防火墙技术。

代理型防火墙的最大缺点就是其结构特征，由于数据在通过代理防火墙时不可避免地要发生数据迟滞现象，代理防火墙这种以牺牲速度为代价换取比包过滤防火墙更高的安全性能的做法，在网络吞吐量不是很大的情况下，用户也许不会有什么感觉，然而到了数据交换频繁的时候，代理防火墙就成了整个网络的瓶颈，而且一旦防火墙的硬件配置支撑不住高强度的数据流量时，整个网络可能就会因此而瘫痪。所以，代理防火墙的普及范围还远远不及包过滤型防火墙。

3. 状态检测技术

状态检测技术是继“包过滤”技术和“应用代理”技术后发展的第三代防火墙技术，它是Check Point公司在基于“包过滤”原理的“动态包过滤”技术发展而来的。这种防火墙技术通过一种被称为“状态监视”的模块，在不影响网络安全正常工作的前提下采用抽取相关数据的方法对网络通信的各个层次实行监测，并根据各种过滤规则做出安全决策。

状态监视技术在保留了对每个数据包的头部、协议、地址、端口、类型等信息进行分析的基础上，进一步发展了“会话过滤”(Session Filtering)功能，在每个连接建立时，防火墙会为这个连接构造一个会话状态，里面包含这个连接数据包的所有信息，以后这个连接都基于这个状态信息进行，这种检测的高明之处是能对每个数据包的内容进行监视，一旦建立了一个会话状态，则此后的数据传输都要以此会话状态作为依据，例如一个连接的数据包源端口是8000，那么在以后的数据传输过程里防火墙都会审核这个包的源端口还是不是8000，否则这个数据包就会被拦截，而且会话状态的保留是有时间限制的，在超时的范围内如果没有再进行数据传输，这个会话状态就会被丢弃。状态监视可以对数据包的内容进行分析，从而摆脱了传统防火墙仅局限于几个包头部信息的检测弱点，而且这种防火墙不必开放过多端口，进一步杜绝了可能因为开放端口过多而带来的安全隐患。

由于状态监视技术相当于结合了包过滤技术和应用代理技术，因此是最先进的，但是由于实现技术复杂，在实际应用中还不能做到真正的完全有效的数据安全检测，而且对计算机的硬件性能要求较高。

另外，从防火墙的形态来看，防火墙还可以分为软件防火墙和硬件防火墙。从部署的位置来看，防火墙可以分为主机防火墙(也称个人防火墙)和网络防火墙。常见的Windows防火墙、天网防火墙、360安全卫士、瑞星等个人计算机统一安全解决方案均属于主机防火墙，其保护对象仅限一台主机。

7.8.3 防火墙的体系结构

这里先介绍几个常用术语。

1. 堡垒主机

堡垒主机是指可能直接面对外部用户攻击的主机系统，在防火墙体系结构中，特指那些处于内部网络的边缘，并且暴露于外部网络用户面前的主机系统。一般来说，堡垒主机上提供的服务越少越好。

2. 双重宿主主机

双重宿主主机是指通过不同网络接口连入多个网络的主机系统，又称**多穴主机系统**。一般来说，双重宿主主机是实现多个网络互连的关键设备，如路由器和应用层网关等。

3. 周边网络

周边网络指在内部网络、外部网络之间增加的一个网络，一般来说，对外提供服务的各种服务器都可以放在这个网络里。周边网络也称为 **DMZ**(Demilitarized Zone，**非军事区**)。

防火墙的经典体系结构包括以下 4 种。

1. 包过滤路由器体系结构

包过滤路由器体系结构适合于小型网络，结构如图 7-25 所示。

带有包过滤防火墙功能的路由器是内外网络之间的唯一连接点，实现对内外数据的过滤。缺陷是一旦路由器被渗透攻陷，则内部网络将完全暴露在攻击者的面前。

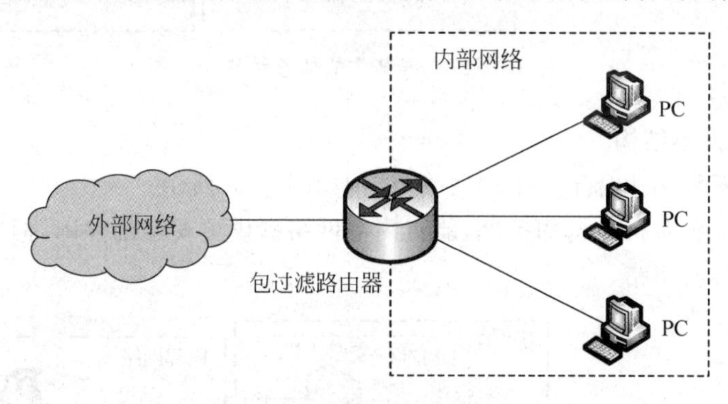

图 7-25　包过滤防火墙结构

2. 双重宿主堡垒主机体系结构

双重宿主堡垒主机体系结构适用于小型网络，结构如图 7-26 所示。结构与包过滤相似，不同的是使用代理网关作为双重宿主堡垒主机代替了包过滤路由器。这种结构的缺陷与包过滤性防火墙类似，内网的安全全部依赖于堡垒主机。

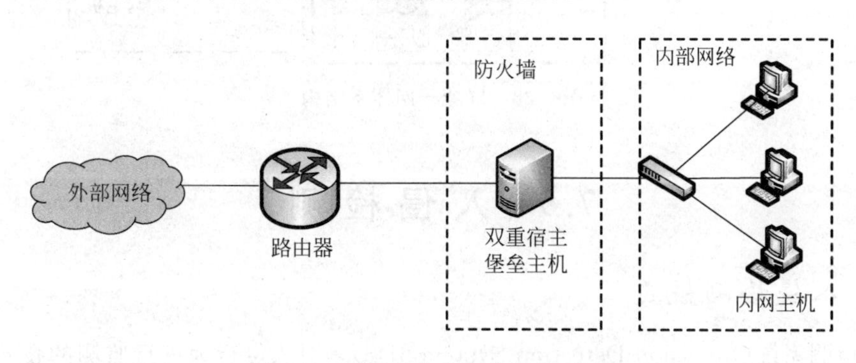

图 7-26　双重宿主堡垒主机体系结构

3. 屏蔽主机体系结构

屏蔽主机体系结构适合于中小型网络，其结构如图 7-27 所示。

这种结构是包过滤与双重宿主应用代理技术的集成部署，采用了屏蔽路由和堡垒主机双重安全措施，所有进出内部网络的数据都要经过包过滤路由器和堡垒主机，由包过滤路由器进行网络层的访问控制，由堡垒主机进行应用安全控制，保证了网络层和应用层的双重安全。

这种体系结构的缺陷是外部网络可以经堡垒主机访问内部网络，因此存在安全隐患，如果堡垒主机被攻陷，那么内部网络将处于危险境地。

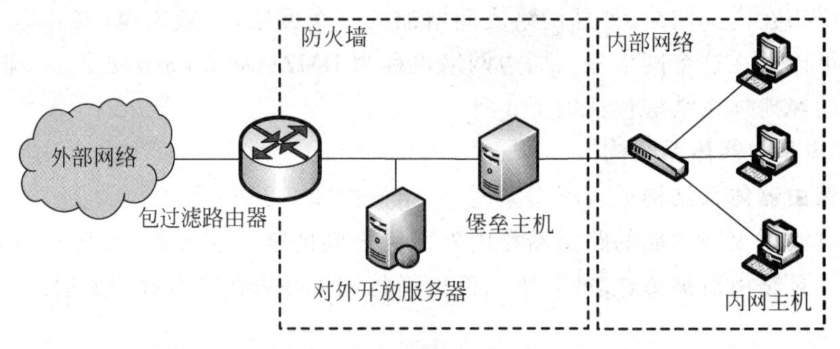

图 7-27　屏蔽主机体系结构

4. 屏蔽子网体系结构

屏蔽子网体系结构适合于大中型网络，结构如图 7-28 所示。

这种结构是屏蔽主机结构的扩展，能对内部网络提供更安全的保障，但主要问题是成本较高，配置复杂，容易出错。

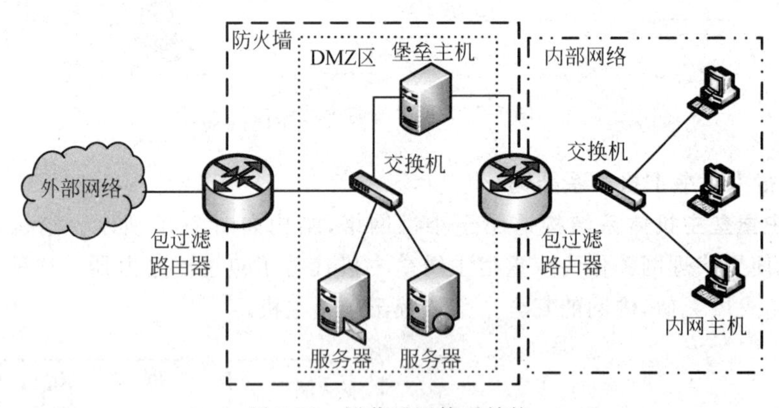

图 7-28　屏蔽子网体系结构

7.9 入侵检测

7.9.1 入侵检测概述

入侵检测系统(Intrusion Detection System，IDS)是对入侵行为进行监测的技术。它通过收集和分析网络行为、安全日志、审计数据、其他网络上可以获得的信息以及计算机系统中若干关键点的信息，检查网络或系统中是否存在违反安全策略的行为和被攻击的迹象。入侵检测作为一种积极主动的安全防护技术，提供了对内部攻击、外部攻击和误操作的实时保护，在网络系统受到危害之前拦截和响应入侵。因此被认为是防火墙之后的第二道安全闸门，在不影响网络性能的情况下能对网络进行监测。

IDS的主要功能包括监视、分析用户及系统活动；系统安全漏洞的检查和扫描；识别反映已知进攻的活动模式并向相关人士报警；异常行为模式的统计分析；评估重要系统和数据文件的完整性；操作系统的审计跟踪管理，并识别用户违反安全策略的行为等。

入侵检测是防火墙的合理补充，能帮助系统对付网络攻击，扩展了系统管理员的安全管理能力(包括安全审计、监视、入侵识别和响应)，提高了信息安全基础结构的完整性。

对一个成功的IDS来说，它不但可使系统管理员时刻了解网络系统(包括程序、文件和硬件设备等)的任何变更，还能给网络安全策略的制订提供指南。更为重要的一点是，它应该管理、配置简单，从而使非专业人员非常容易地获得网络安全。而且，入侵检测的规模还应根据网络威胁、系统构造和安全需求的改变而改变。入侵检测系统在发现入侵后，会及时做出响应，包括切断网络连接、记录事件和报警等。

7.9.2 IDS的分类

根据入侵检测系统所采用的技术可分为特征检测与异常检测两种。

1. 特征检测

特征检测(Signature-based Detection)又称**误用检测**(Misuse Detection)或者**模式匹配**(Pattern Matching)，这一检测是假设入侵者的活动可以用一种模式来表示，IDS的目标是检测主体活动是否符合这些模式。它可以将已有的入侵方法检查出来，但对新的入侵方法无能为力。其难点在于如何设计模式既能够表达"入侵"现象又不会将正常的活动包含进来。

2. 异常检测

异常检测(Anomaly Detection)的假设是入侵者活动异常于正常主体的活动。根据这一理念建立主体正常活动的"特征文件"，将当前主体的活动状况与"特征文件"相比较，当违反其统计规律时，就认为该活动可能是"入侵"行为。异常检测的难题在于如何建立"特征文件"以及如何设计统计算法，从而不把正常的操作作为"入侵"或忽略真正的"入侵"行为。

IDS按实现的方式还可以分为基于主机的IDS、基于网络的IDS以及分布式的IDS。

1. 基于主机的IDS

基于主机的IDS(Host-based IDS，HIDS)安装在被重点检测的主机之上。对该主机的网络实时连接以及系统审计日志进行智能分析和判断。

这种类型的检测系统不需要额外的硬件，对网络流量不敏感，效率高，能准确定位入侵并及时进行反应，但是HIDS会占用主机资源，依赖于主机的可靠性，所能检测的攻击类型受限，不能检测针对网络的攻击。

2. 基于网络的IDS

基于网络的IDS(Network-based IDS，NIDS)放置在比较重要的网段内，持续地监视网段中的各种数据包。对每一个数据包通过与已知攻击特征相匹配或与正常网络行为原型相比较来识别攻击事件。

这种类型的检测系统不依赖操作系统作为检测资源，可应用于不同的操作系统平台；配置简单，不需要任何特殊的审计和登录机制；可检测协议攻击、特定环境的攻击等多种攻击。它只能监视经过本网段的活动，无法得到主机系统的实时状态，精确度较差。大部分入侵检测工具都是基于网络的入侵检测系统。

3. 分布式的 IDS

这种入侵检测系统一般为分布式结构，由多个部件组成，在关键主机上采用主机入侵检测，在网络关键结点上采用网络入侵检测，同时分析来自主机系统的审计日志和来自网络的数据流，判断被保护系统是否受到攻击。

7.9.3 IDS 的系统结构

美国国防部高级研究计划局(DARPA)提出的公共入侵检测(Common Intrusion Detection Frame,CIDF)给出了 IDS 的通用模型，将入侵检测系统分为事件产生器、事件分析器、响应单元和事件数据库 4 个基本组件，它们之间的关系如图 7-29 所示。

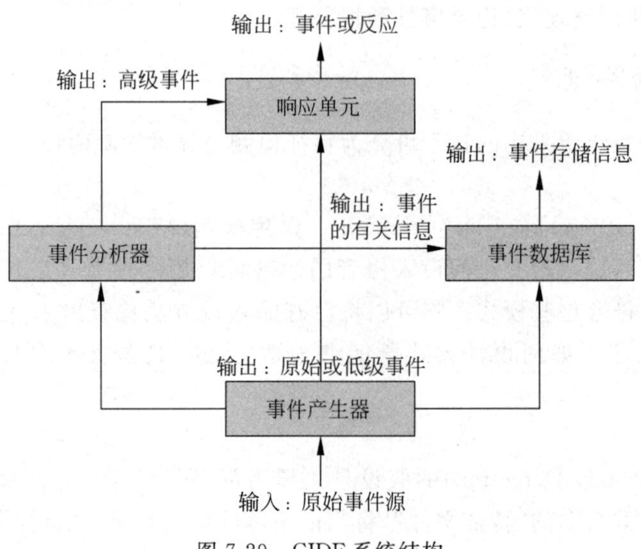

图 7-29　CIDF 系统结构

(1) 事件产生器(Event Generators)：事件产生器是入侵检测系统中负责原始数据采集的部分，它对数据流、日志文件等进行追踪，然后将收集到的原始数据转换为事件，并向系统的其他部分提供此事件。

(2) 事件分析器(Event Analyzers)：事件分析器接收事件信息，然后对它们进行分析，判断是否是入侵行为或异常现象，最后把判断的结果转换为警告信息。分析方法有以下三种。

① 模式匹配：就是将收集到的信息与已知的网络入侵数据库进行比较，从而发现违背安全策略的行为。

② 统计分析：IDS 首先给系统对象(包括用户、文件、目录和设备等)建立正常使用时的特征文件(Profile)，这些特征值将被用来与网络中发生的行为进行比较。当观察值超出正常范围时，就认为有可能发生了入侵。

③ 数据完整性分析：主要关注文件或系统对象的属性是否有被修改，这种方法往往用于事后的审计分析。

(3) 事件数据库(Event Databases)：事件数据库是存放各种中间数据和最终数据的地方。

(4) 响应单元(Response Units)：响应单元根据警告信息做出反应，如切断连接、改变文本属性等强烈的反应，也可能是简单地报警。它是入侵检测系统中的主动武器。

7.9.4 IDS的部署位置

IDS是一个监听设备，无须跨接在任何链路上，不产生任何网络流量便可以工作。因此，对IDS部署的唯一要求是应当挂接在所需关注流量必须流经的链路上。而目前的网络都是交换式的拓扑结构，因此一般选择部署在尽可能靠近攻击源或者尽可能接近受保护资源的地方，这些位置通常是：

(1) 服务器区域的交换机上。

(2) Internet接入路由器之后的第一台交换机上。

(3) 重点保护网段的局域网交换机上。

习　题

一、简答题

1. 计算机网络面临哪些安全威胁？对于计算机网络有哪些基本的安全措施？

2. 主动攻击与被动攻击有何区别？各自包含哪些攻击形式？

3. 对称密钥密码体制与公开密钥密码体制的特点各是什么？各有何优缺点？

4. 简要说明公钥密码体制下的加密与解密过程。为什么说公钥可以公开？公开后为何不会影响数据的安全性？

5. 数字签名要解决的问题是什么？它有什么特性？

6. 简要说明数字签名的原理与过程。

7. 认证包括哪两个方面？各自要解决的问题是什么？

8. 用于消息认证的MD5和SHA-1报文摘要算法输入的数据长度各是多少？处理数据块大小是多大？输出的长度是多少？

9. 简要说明HMAC的工作原理。

10. 参照图7-12简要描述Needham-Schroeder认证协议的工作过程。

11. 参照图7-13简要描述Kerberos认证协议的工作过程。

12. 什么是数字证书？它包含哪些内容？

13. 数字证书是要解决什么问题？

14. 参照图7-16说明数字证书真实性的验证过程。

15. 在对称密钥管理中，有哪几种密钥？各自负责对什么的加密？

16. 常用的密钥管理体制有哪些？PKI由哪几个部分组成？各部分的主要职责是什么？

17. 试举例说明5层模型中，各层使用的安全协议分别有哪些？

18. 什么是防火墙？它可以解决什么问题？不能实现什么功能？

19. 防火墙从实现技术方面来看，可以分为哪几类？各有什么优缺点？

20. 防火墙有哪4种典型的体系结构？各有什么缺点？

21. 什么是IDS？它可以解决什么问题？从技术角度可以分为哪几类？从实现方式又可以分为哪几类？

22. IDS通常部署在什么位置？

二、选择题

1. 以下关于钓鱼网站的说法中，错误的是________。

A. 钓鱼网站仿冒真实网站的URL地址　B. 钓鱼网站是一种网络游戏
C. 钓鱼网站用于窃取访问者的机密信息　D. 钓鱼网站可以通过E-mail传播网址

2. 支持安全Web服务的协议是________。

A. HTTPS　B. WINS　C. SOAP　D. HTTP

3. 甲和乙要进行通信，甲对发送的消息附加了数字签名，乙收到该消息后利用________验证该消息的真实性。

A. 甲的公钥　B. 甲的私钥　C. 乙的公钥　D. 乙的私钥

4. 下列算法中，________属于摘要算法。

A. DES　B. MD5　C. Diffie-Hellman　D. AES

5. 下列安全协议中，与TLS功能相似的协议是________。

A. PGP　B. SSL　C. HTTPS　D. IPSec

6. 用户B收到用户A带数字签名的消息 M，为了验证 M 的真实性，首先需要从CA获取用户A的数字证书，并利用________验证该证书的真伪。

A. CA的公钥　B. B的私钥　C. A的公钥　D. B的公钥

7. 续上一题，然后利用________验证 M 的真实性。

A. CA的公钥　B. B的私钥　C. A的公钥　D. B的公钥

8. 3DES是一种________算法。

A. 共享密钥　B. 公开密钥　C. 报文摘要　D. 访问控制

9. IPSec中安全关联(Security Associations)三元组是________。

A. <安全参数索引SPI，目标IP地址，安全协议>
B. <安全参数索引SPI，源IP地址，数字证书>
C. <安全参数索引SPI，目标IP地址，数字证书>
D. <安全参数索引SPI，源IP地址，安全协议>

10. 利用三重DES进行加密，以下说法正确的是________。

A. 三重DES的密钥长度是56位
B. 三重DES使用三个不同的密钥进行三次加密
C. 三重DES的安全性高于DES
D. 三重DES的加密速度比DES加密速度快

11. 利用报文摘要算法生成报文摘要的目的是________。

A. 验证通信对方的身份，防止假冒
B. 对传输数据进行加密，防止数据被窃听

C. 防止发送方否认发送过的数据

D. 防止发送的报文被篡改

12. ________是支持电子邮件加密服务的协议。

A. PGP　　B. PKI　　C. SET　　D. Kerberos

13. 图 7-30 中能正确表示 L2TP 数据包封装格式的是________。

A.	IP	TCP	L2TP	PPP
B.	IP	UDP	L2TP	PPP
C.	IP	L2TP	TCP	PPP
D.	IP	L2TP	UDP	PPP

图 7-30　13 题图

14. 图 7-31 为 DARPA 提出的公共入侵检测框架示意图,该系统由 4 个模块组成,其中模块①～④对应的正确名称为________。

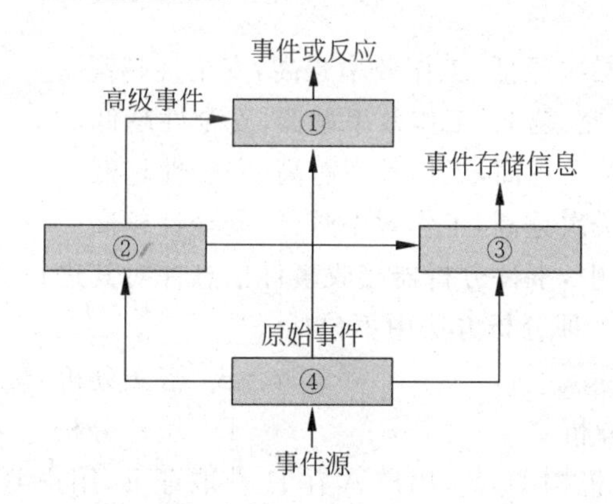

图 7-31　14 题图

A. 事件产生器、事件数据库、事件分析器、响应单元

B. 事件分析器、事件产生器、响应单元、事件数据库

C. 事件数据库、响应单元、事件产生器、事件分析器

D. 响应单元、事件分析器、事件数据库、事件产生器

15. 下列网络攻击行为中,属于 DoS 攻击的是________。

A. 特洛伊木马攻击　　B. SYN Flooding 攻击

C. 端口欺骗攻击　　D. IP 欺骗攻击

16. PKI 体制中,保证数字证书不被篡改的方法是________。

A. 用 CA 的私钥对数字证书签名

B. 用 CA 的公钥对数字证书签名

C. 用证书主人的私钥对数字证书签名

D. 用证书主人的公钥对数字证书签名

17. 报文摘要算法 SHA-1 输出的位数是________。

A. 100 位　　B. 128 位　　C. 160 位　　D. 180 位

18. 下列算法中，不属于公开密钥加密算法的是________。

A. ECC　　B. DSA　　C. RSA　　D. DES

19. 高级加密标准 AES 支持的三种密钥长度中不包括________。

A. 56　　B. 128　　C. 192　　D. 256

20. 在报文摘要算法 MD5 中，首先要进行明文分组与填充，其中，分组时明文报文摘要按照________位分组

A. 128　　B. 256　　C. 512　　D. 1024

21. 以下关于 IPSec 协议的描述中，正确的是________。

A. IPSec 认证头(AH)不提供数据加密服务

B. IPSec 封装安全负荷(ESP)用于数据完整性认证和数据源认证

C. IPSec 的传输模式对原来的 IP 数据报进行了封装和加密，再加上新的 IP 头

D. IPSec 通过应用层的 Web 服务器建立安全连接

22. 防火墙的工作层次是决定防火墙效率及安全的主要因素，下面叙述中正确的是________。

A. 防火墙工作层次越低，工作效率越高，安全性越高

B. 防火墙工作层次越低，工作效率越低，安全性越低

C. 防火墙工作层次越高，工作效率越高，安全性越低

D. 防火墙工作层次越高，工作效率越低，安全性越高

23. 在入侵检测系统中，事件分析器接收事件信息并对其进行分析，判断是否为入侵行为或异常现象，其常用的三种分析方法中不包括________。

A. 匹配模式　　B. 密文分析

C. 数据完整性分析　　D. 统计分析

24. 假设有证书发放机构 I1，I2，用户 A 在 I1 获取证书，用户 B 在 I2 获取证书，I1 和 I2 已安全交换了各自的公钥，假如用 I2《A》表示由 I1 颁发给 A 的证书，A 可以通过________证书链获取 B 的公开密钥。

A. I1《I2》I2《B》　　B. I2《B》I1《I2》

C. I1《B》I2《I2》　　D. I2《I1》I2《B》

25. PGP(Pretty Good Privacy)是一种电子邮件加密软件包，它提供数据加密和数字签名两种服务，采用________进行身份认证。

A. RAS 公钥证书　　B. RAS 私钥证书

C. Kerberos 证书　　D. DES 私钥证书

26. 续上一题，使用________(128 位密钥)进行数据加密。

A. IDEA　　B. RAS　　C. DES　　D. Diffie-Hellman

27. 续上一题，使用________进行数据完整性验证。

A. HASH　　B. MD5　　C. 三重 DES　　D. SHA-1

28. 以下关于 S-HTTP 的描述中，正确的是________。

A. S-HTTP 是一种面向报文的安全通信协议，使用 TCP 443 端口

B. S-HTTP 所使用的语法和报文格式与 HTTP 相同

C. S-HTTP 也可以写为 HTTPS

D. S-HTTP 的安全基础并非 SSL

29. 在分布式环境中实现身份认证可以有多种方案，以下选项中最不安全的身份认证方案是________。

A. 用户发送口令，由通信对方指定共享密钥

B. 用户发送口令，由智能卡产生解密密钥

C. 用户从 KDC 获取会话密钥

D. 用户从 CA 获取数字证书

30. 数字证书采用公钥体制进行加密和解密。每个用户有一个私钥，用它进行________。

A. 解密和验证　　B. 解密和签名　　C. 加密和签名　　D. 加密和验证

31. 续上一题，同时每个用户还有一个公钥，用于________。

A. 解密和验证　　B. 解密和签名　　C. 加密和签名　　D. 加密和验证

32. X.509 标准规定，数字证书由________发放，将其放入公共目录中，以供用户访问。

A. 密钥分发中心　　B. 证书授权中心

C. 国际电信联盟　　D. 当地政府

33. X.509 数字证书中的签名字段是指________。

A. 用户对自己证书的签名　　B. 用户对发送报文的签名

C. 发证机构对用户证书的签名　　D. 发证机构对发送报文的签名

34. 如果用户 UA 从 A 地的发证机构取得了证书，用户 UB 从 B 地的发证机构取得了证书，那么________。

A. UA 可使用自己的证书直接与 UB 进行安全通信

B. UA 通过一个证书链可以与 UB 进行安全通信

C. UA 和 UB 还须向对方的发证机构申请证书，才能进行安全通信

D. UA 和 UB 都要向国家发证机构申请证书，才能进行安全通信

35. HTTPS 是一种安全的 HTTP，它使用________来保证信息安全。

A. IPSec　　B. SSL　　C. SET　　D. SSH

36. 续上一题，使用________来发送和接收报文。

A. TCP 的 443 端口　　B. UDP 的 443 端口

C. TCP 的 80 端口　　D. UDP 的 80 端口

37. 窃取是对________的攻击。

A. 可用性　　B. 保密性　　C. 完整性　　D. 真实性

38. DDoS 攻击破坏了________。

A. 可用性　　B. 保密性　　C. 完整性　　D. 真实性

39. 数据加密标准(DES)是一种分组密码，将明文分成大小________位的块进行加密。

A. 16　　B. 32　　C. 56　　D. 64

40. 续上一题，密钥长度为________位。

A. 16　　B. 32　　C. 56　　D. 64

41. 下面关于数字签名的说法错误的是________。

A. 能够保证信息传输过程中的保密性

B. 能够对发送者的身份进行认证

C. 如果接收者对报文进行了篡改,会被发现

D. 网络中的某一用户不能冒充另一用户作为发送者或接收者

42. 以下用于在网络应用层和传输层之间提供加密方案的协议是________。

A. PGP　　B. SSL　　C. IPSec　　D. DES

43. ________不属于将入侵检测系统部署在 DMZ 中的优点。

A. 可以查到受保护区域主机被攻击的状态

B. 可以检测防火墙系统的策略配置是否合理

C. 可以检测 DMZ 被黑客攻击的重点

D. 可以审计来自 Internet 上对受到保护网络的攻击类型

44. ________不属于 PKI CA(认证中心)的功能。

A. 接受并验证最终用户数字证书的申请

B. 向申请者颁发或拒绝颁发数字证书

C. 产生和发布证书废止列表(CRL),验证证书状态

D. 业务受理点 RA 的全面管理

45. 驻留在多个网络设备上的程序在短时间内同时产生大量的请求信息冲击某个 Web 服务器,导致该服务器不堪重负,无法正常响应其他合法用户的请求,这属于________。

A. 网上冲浪　　B. 中间人攻击　　C. DDoS 攻击　　D. MAC 攻击

46. 许多黑客利用软件实现中的缓冲区溢出漏洞进行攻击,对于这一威胁,最可靠的解决方案是________。

A. 安装防火墙　　B. 安装用户认证系统

C. 安装相关的系统补丁软件　　D. 安装防病毒软件

47. ________无法有效防御 DDoS 攻击。

A. 根据 IP 地址对数据包进行过滤

B. 为系统访问提供更高级别的身份认证

C. 安装防病毒软件

D. 使用工具软件检测不正常的高流量

48. IPSec VPN 安全技术没有用到________。

A. 隧道技术　　B. 加密技术

C. 入侵检测技术　　D. 身份认证技术

49. DES 是一种________算法。

A. 共享密钥　　B. 公开密钥　　C. 报文摘要　　D. 访问控制

50. 采用 Kerberos 系统进行认证时,可以在报文中加入________来防止重放攻击。

A. 会话密钥　　B. 时间戳　　C. 用户 ID　　D. 私有密钥

51. Needham-Schroeder 协议是基于________的认证协议。

A. 共享密钥　　B. 公钥　　C. 报文摘要　　D. 数字证书

52. 某 Web 网站向 CA 申请了数字证书。用户登录该网站时,通过验证________,可确

认该数字证书的有效性，从而验证该网站的真伪。

A. CA 的签名　　B. 网站的签名　　C. 会话密钥　　D. DES 密码

53. 实现 VPN 的关键技术主要有隧道技术、加解密技术、________和身份认证技术。

A. 入侵检测技术　　B. 病毒防治技术

C. 安全审计技术　　D. 密钥管理技术

54. 如果需要在传输层实现 VPN，可选的协议是________。

A. L2TP　　B. PPTP　　C. TLS　　D. IPSec

55. 某银行为用户提供网上服务，允许用户通过浏览器管理自己的银行账户信息。为保障通信的安全，该 Web 服务器可选的协议是________。

A. POP　　B. SNMP　　C. HTTP　　D. HTTPS

56. 常用对称加密算法不包括________。

A. DES　　B. RC-5　　C. IDEA　　D. RSA

57. 数字签名功能不包括________。

A. 防止发送方的抵赖行为　　B. 发送方身份确认

C. 接收方身份确认　　D. 保证数据的完整性

58. TCP SYN Flooding 建立大量处于半连接状态的 TCP 连接，其攻击目标是网络的________。

A. 保密性　　B. 完整性　　C. 真实性　　D. 可用性

59. 下列安全协议中，________能保证交易双方无法抵赖。

A. SET　　B. HTTPS　　C. PGP　　D. MOSS

60. Alice 向 Bob 发送数字签名的消息 M，则不正确的说法是________。

A. Alice 可以保证 Bob 收到消息 M

B. Alice 不能否认发送消息 M

C. Bob 不能编造或改变消息 M

D. Bob 可以验证消息 M 确实来源于 Alice

61. 在 X.509 标准中，不包含在数字证书中的数据域是________。

A. 序列号　　B. 签名算法

C. 认证机构的签名　　D. 私钥

62. 包过滤防火墙对通过防火墙的数据包进行检查，只有满足条件的数据包才能通过，对数据包的检查内容一般不包括________。

A. 源地址　　B. 目的地址　　C. 协议　　D. 有效载荷

63. IPSec 的加密和认证过程中所使用的密钥由________机制来生成和分发。

A. ESP　　B. IKE　　C. TGS　　D. AH

64. HTTPS 采用________协议实现安全网站访问。

A. SSL　　B. IPSec　　C. PGP　　D. SET

65. 下列选项中，同属于报文摘要算法的是________。

A. DES 和 MD5　　B. MD5 和 SHA-1　　C. RSA 和 SHA-1　　D. DES 和 RSA

66. 如图 7-32 所示为一种数字签名方案，网上传送的报文是________。

A. P　　B. $D_A(P)$　　C. $E_B(D_A(P))$　　D. D_A

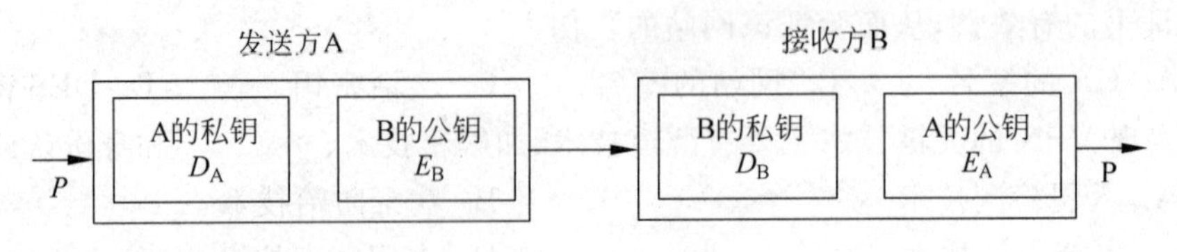

图 7-32　66 题图

67. 续上一题,防止 A 抵赖的证据是________。

A. P　　B. $D_A(P)$　　C. $E_B(D_A(P))$　　D. D_A

68. 在 Kerberor 认证系统中,用户首先向________申请初始票据。

A. 域名服务器 DNS　　B. 认证服务器 AS

C. 票据授予服务器 TGS　　D. 认证中心 CA

69. 续上一题,然后从________获得会话密钥。

A. 域名服务器 DNS　　B. 认证服务器 AS

C. 票据授予服务器 TGS　　D. 认证中心 CA

70. 某报文的长度是 1000B,利用 MD5 计算出来的报文摘要长度是________位。

A. 64　　B. 128　　C. 256　　D. 160

71. 续上一题,利用 SHA 计算出来的报文长度是________位。

A. 64　　B. 128　　C. 256　　D. 160

72. Kerberos 由认证服务器(AS)和票证授予服务器(TGS)两部分组成,当用户 A 通过 Ketberos 向服务器 V 请求服务时,认证过程如图 7-33 所示,图中①处为________。

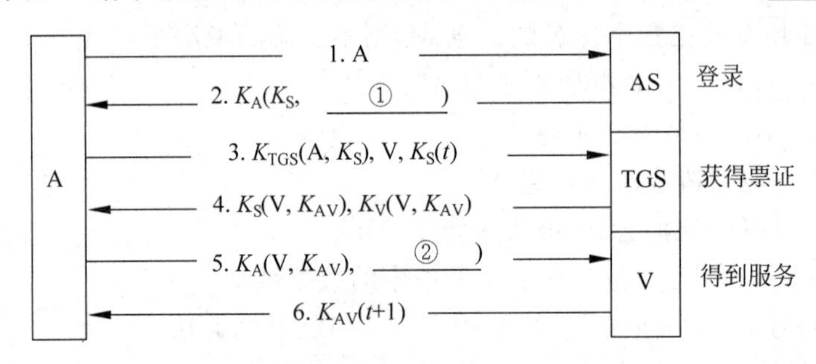

图 7-33　72 题图

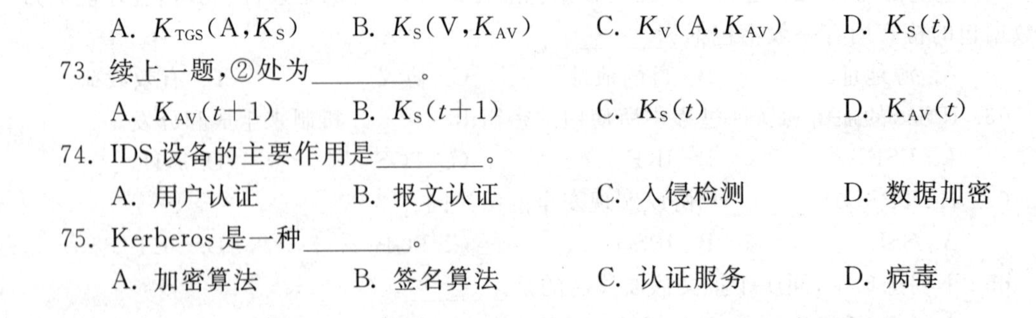

A. $K_{TGS}(A,K_S)$　　B. $K_S(V,K_{AV})$　　C. $K_V(A,K_{AV})$　　D. $K_S(t)$

73. 续上一题,②处为________。

A. $K_{AV}(t+1)$　　B. $K_S(t+1)$　　C. $K_S(t)$　　D. $K_{AV}(t)$

74. IDS 设备的主要作用是________。

A. 用户认证　　B. 报文认证　　C. 入侵检测　　D. 数据加密

75. Kerberos 是一种________。

A. 加密算法　　B. 签名算法　　C. 认证服务　　D. 病毒

第二部分
计算机网络与通信的实验与实践

第8章 实验基础知识

8.1 组建与设置局域网

1. 实验目的

(1) 掌握将计算机连接到局域网的方法。

(2) 掌握局域网 TCP/IP 相关网络参数的配置方法。

(3) 掌握局域网内共享与使用文件夹的方法。

(4) 掌握局域网内共享与使用打印机的方法。

2. 实验设备

(1) 两台以上安装有 Windows 的 PC。

(2) 一台以上打印机。

(3) 一台以太网交换机以及若干直通双绞线。

3. 实验学时

本实验建议学时为 1 学时。

4. 实验背景

当需要将几台计算机组成一个对等网络,或者需要将一台计算机连到某个内部网络时,以及将一台打印机共享给网络中的其他计算机用户联网使用时,就需要用到本实验中的相关知识。

5. 实验内容

1) 连接局域网

将一台计算机接入到某个内部局域网,或者将几台计算机组建成一个局域网是非常简单的事。下面简要介绍用双绞线连接局域网的方法,关于以无线的方式连接到局域网将在第 13 章中介绍。

将直通双绞线(市面上出售的普通网线多为直通双绞线)的一头插到计算机上的网络接口,另一头直接插到交换机任意一个旁边标有阿拉伯数字,或者标记有 LAN *X*(*X* 表示 1、2、3 等数字)的端口上,当听到"咔"的一声响即表示已插入到位。

2) 配置 TCP/IP

当网线连接好后,接下来就要配置计算机的 TCP/IP 的相关网络参数信息,具体过程如下。

在 Windows 7 下(其他系统类似),依次单击"开始"→"控制面板"→"网络与共享中心"→"更改适配器设置",在打开的窗口中,右击"本地连接",并选择"属性",打开如图 8-1 所示的对话框,依次单击"Internet 协议版本 4(TCP/IPv4)"→"属性",打开如图 8-2 所示的对话框,在该对话框中可以查看和修改 TCP/IP 的相关网络参数。

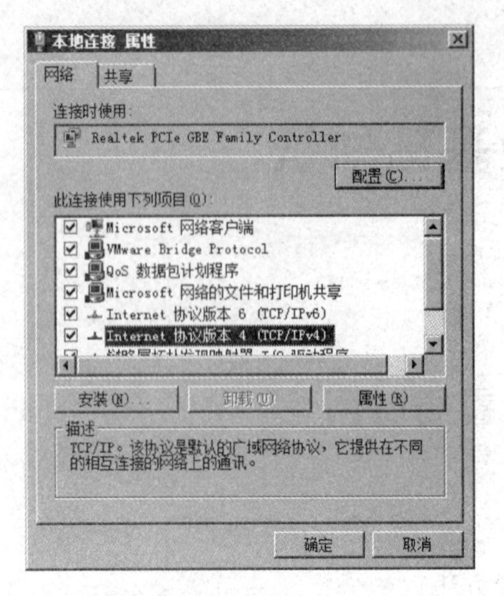

图 8-1 “本地连接 属性”对话框

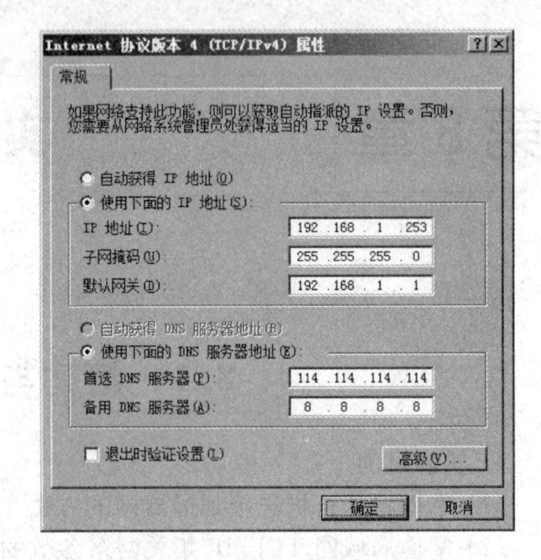

图 8-2 TCP/IP 属性对话框

从图 8-2 可以看出，TCP/IP 的相关网络参数可以自动获得，也可以手工指定。自动获得需要 DHCP 服务器的支持，关于 DHCP 服务器的相关内容在第 6 章和第 14 章中均有介绍。手工指定需要咨询网络管理员了解如图 8-2 所示对话框中需要填写的所有信息。

下面以组建家用或者小型局域网，并使用私有网络地址 192.168.1.0/24 为例，按下面的方法手工设置相关参数。

(1) IP 地址：填 192.168.1.X，其中，X 为 2～254 中的任意一个数，同一局域网内的不同计算机的 IP 地址不能相同，192.168.1.1 通常用来作默认网关。

(2) 子网掩码：默认为 255.255.255.0。

(3) 默认网关：局域网若要求连到 Internet，则默认网关为路由器的内网口地址，家用局域网通常为 192.168.1.1。

(4) 首选和备用 DNS 服务器：若计算机要求能连接到 Internet，则需要指定 DNS 服务器地址，该地址通常由 ISP 提供，如电信 ISP 可以统一填 114.114.114.114。

3) 设置共享文件夹

设置完 TCP/IP 的相关网络参数后就可以通过局域网相互访问局域网内的计算机上的共享资源，包括文件和打印机等资源。

文件的共享需要通过共享文件夹来实现，也就是需要将共享的文件放入某个文件夹中，然后将该文件夹设置为共享文件夹，具体操作如下。

在 Window 7 下，右击需要共享的文件夹，选择“属性”，打开如图 8-3 所示的对话框，单击“高级共享”按钮，打开如图 8-4 所示的对话框，勾选“共享此

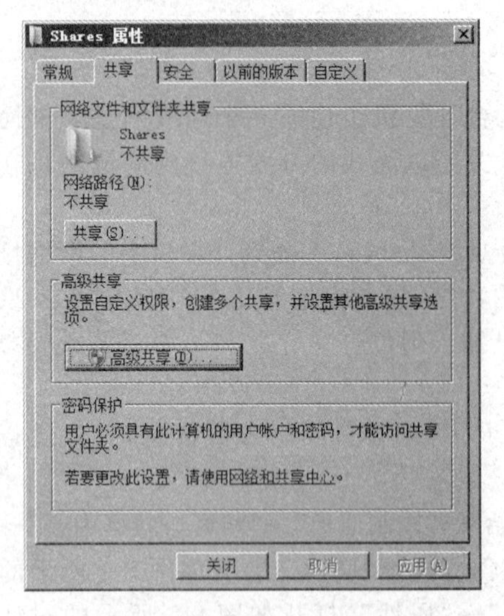

图 8-3 文件夹属性对话框

文件夹”,单击“权限”按钮,打开如图 8-5 所示的对话框,在其中可以设置访问该共享文件夹的计算机用户的权限,通常按默认设置即可。

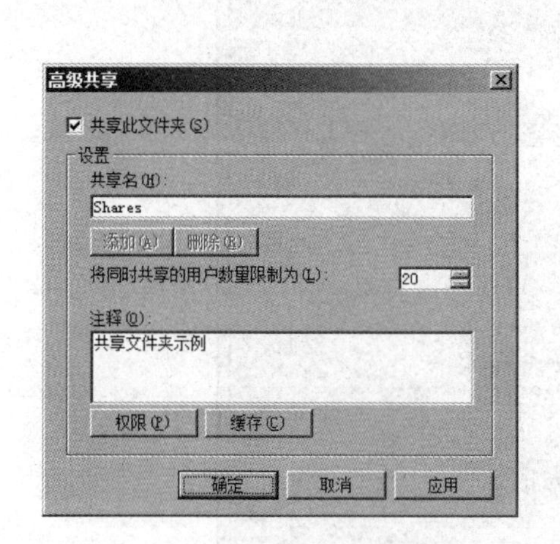

图 8-4 “高级共享”对话框

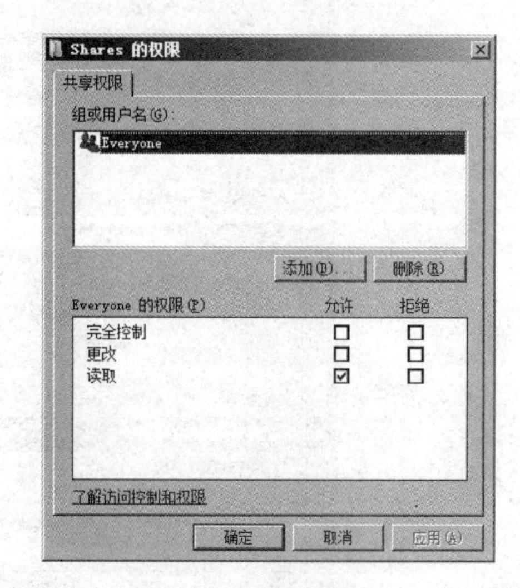

图 8-5 设置共享权限

最后,一直单击“确定”按钮直到关闭所有对话框。

4) 通过网络访问共享文件夹

设置完共享文件夹后,在该局域网内的任意一台计算机上均可访问该共享文件夹,具体方法如下。

打开任意一个文件夹,在地址栏中输入“\\ IP 地址”,并按 Enter 键便可看到共享的文件夹,如图 8-6 所示,这里的 IP 地址就是指有设置共享文件夹的计算机的 IP 地址。

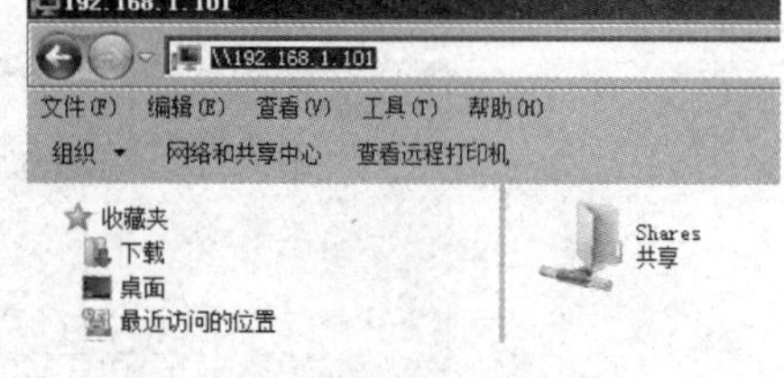

图 8-6 通过网络访问共享文件夹

5) 共享打印机

局域网内,若有一台计算机安装了打印机,则可以将这台打印机在该局域网内共享,这样就可以大大节约打印机的投资成本,并能充分利用打印机资源。

共享打印机的具体操作方法如下。

依次单击“开始”→“控制面板”→“设备和打印机”,在打开的窗口中,右击需要共享的打印机,选择“打印机属性”,打开如图 8-7 所示的对话框,勾选“共享这台打印机”,并可以在下面的文本框中输入共享的名称,最后单击“确定”按钮即可。

6) 安装并使用网络打印机

与共享文件夹不一样,局域网内的其他计算机需要先安装网络打印机才可以使用网络打印机。安装网络打印机的具体步骤如下。

(1) 依次单击“开始”→“控制面板”→“设备和打印机”→“添加打印机”,打开如图 8-8 所示对话框,单击“添加网络、无线或 Bluetooth 打印机”,系统将自动搜索局域网内共享的打印机。

(2) 单击需要安装的网络打印机,单击“下一步”按钮,按向导提示并按默认设置完成打

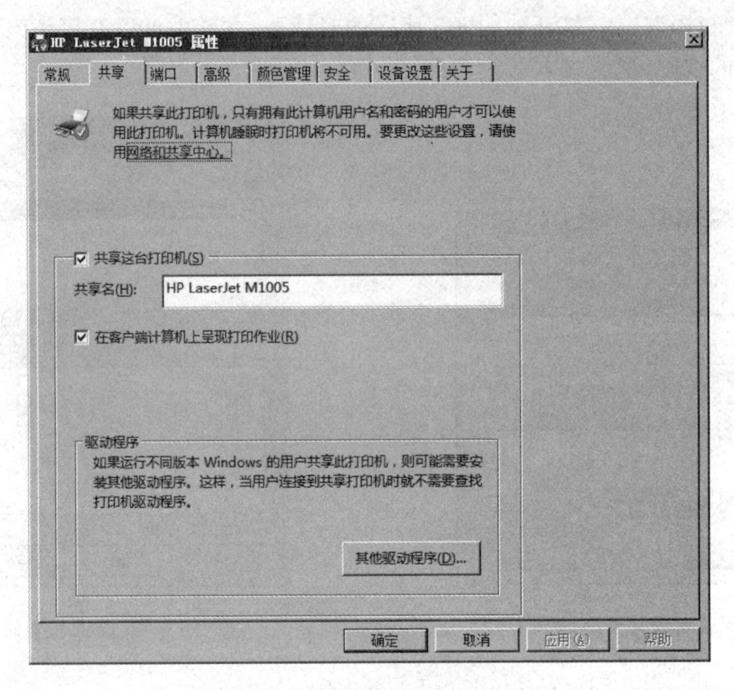

图 8-7　打印机属性对话框

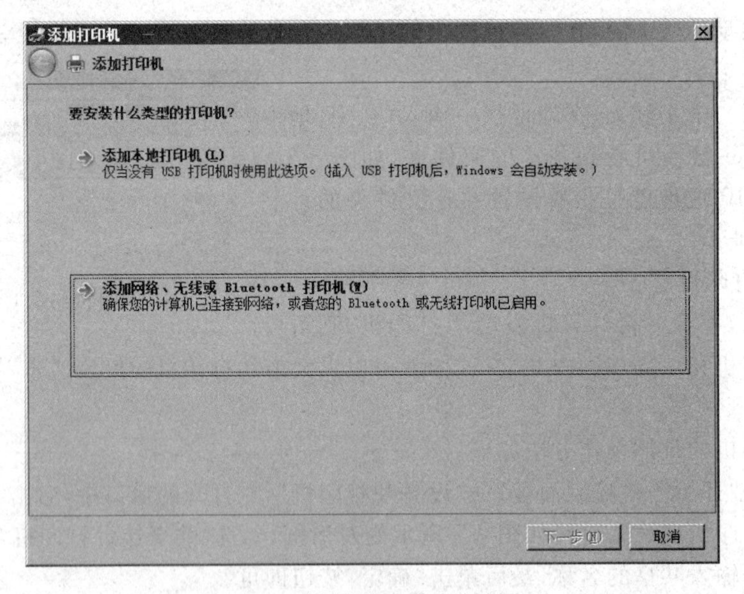

图 8-8　“添加打印机”对话框

印机的安装。

也可以像访问共享文件夹一样，直接在文件夹的地址栏中输入“\\共享打印机的 IP 地址”，按 Enter 键就可以看到共享的打印机，然后双击就可以添加安装该共享打印机。

安装完网络打印机后，就可以像使用本地打印机一样直接打印文档了。如果安装了多个网络打印机，则需要指定默认打印机，或者在打印文档时指定使用某一台网络打印机。

8.2 常用网络命令解析及应用

1. 实验目的

(1) 掌握常用网络实用命令的用途与用法；

(2) 掌握通过常用网络实用命令分析、排查和解决常见网络问题与故障。

2. 实验设备

连入 Internet 或局域网，运行 Windows 操作系统的 PC 一台。

3. 实验学时

本实验学时为 2 学时。

4. 实验背景

在使用计算机网络的过程中，总会遇到一些网络问题和故障，而排查这些故障时经常会用到一些网络命令行实用程序，利用这些实用命令可以有效地排查、分析和最终解决常见的网络故障。

这里仅介绍 Windows 系统自带的一些常用网络命令，并约定所有命令均在 Windows 命令行窗口中运行，打开 Windows 命令行窗口的方法是依次单击“开始”→“运行”，在弹出的对话框中输入“cmd”并回车。Windows 7 及之后的系统可以直接按 Windows＋R 组合键打开“运行”对话框。

8.2.1 ipconfig

ipconfig 命令行实用程序是 Windows 2000 及其后续 Windows 版本自带的一个命令行实用程序，是最常用的网络命令之一。

使用该命令行实用程序可以查看或获取网络适配器的 IP 地址、子网掩码及默认网关等信息，为排查网络故障提供必要的网络配置信息。使用命令“ipconfig/?”可查看该命令的详细帮助信息。

ipconfig 的用法形式如下：

```
ipconfig [参数]
```

其中，[参数]是可选的，既可以有，也可以没有。

1. 不带参数的 ipconfig

不带参数的 ipconfig 命令可以查看网络适配器的 IP 地址、子网掩码和默认网关，如图 8-9 所示。

2. ipconfig /all

带参数/all 的 ipconfig 可以查看所有网络适配器的详细网络配置报告，包括主机名、物理地址、IP 地址、子网掩码、默认网关和 DNS 服务器地址等，如图 8-10 所示，对比这些信息可进一步检查 TCP/IP 配置是否有误。

3. ipconfig /renew 和 ipconfig /release

对于设置为自动获取 TCP/IP 相关网络参数的计算机，可以使用 ipconfig /release 命令先释放主机当前 TCP/IP 的配置信息；再使用 ipconfig /renew 命令重新获取 TCP/IP 配置信息，如图 8-11 所示。

```
C:\WINDOWS\system32\cmd.exe

C:\Documents and Settings\Administrator>ipconfig

Windows IP Configuration


Ethernet adapter 本地连接:

        Connection-specific DNS Suffix  . : 192.168.11.248
        IP Address. . . . . . . . . . . . : 192.168.22.2
        Subnet Mask . . . . . . . . . . . : 255.255.255.0
        Default Gateway . . . . . . . . . : 192.168.22.1

C:\Documents and Settings\Administrator>
```

图 8-9　不带参数的 ipconfig 命令示例

```
C:\WINDOWS\system32\cmd.exe

C:\Documents and Settings\Administrator>ipconfig /all

Windows IP Configuration

        Host Name . . . . . . . . . . . . : 20141203-182A
        Primary Dns Suffix  . . . . . . . : mynet.com
        Node Type . . . . . . . . . . . . : Unknown
        IP Routing Enabled. . . . . . . . : Yes
        WINS Proxy Enabled. . . . . . . . : No
        DNS Suffix Search List. . . . . . : mynet.com
                                            192.168.11.248

Ethernet adapter 本地连接:

        Connection-specific DNS Suffix  . : 192.168.11.248
        Description . . . . . . . . . . . : VMware Accelerated AMD PCNet Adapter

        Physical Address. . . . . . . . . : 00-0C-29-98-0B-1E
        Dhcp Enabled. . . . . . . . . . . : Yes
        Autoconfiguration Enabled . . . . : Yes
        IP Address. . . . . . . . . . . . : 192.168.22.2
        Subnet Mask . . . . . . . . . . . : 255.255.255.0
        Default Gateway . . . . . . . . . : 192.168.22.1
        DHCP Server . . . . . . . . . . . : 192.168.11.248
        DNS Servers . . . . . . . . . . . : 192.168.11.248
        Lease Obtained. . . . . . . . . . : 2015年6月13日星期六 07:37:15
        Lease Expires . . . . . . . . . . : 2015年6月21日星期日 07:37:15

C:\Documents and Settings\Administrator>_
```

图 8-10　ipconfig /all 命令示例

```
C:\WINDOWS\system32\cmd.exe

C:\Documents and Settings\Administrator>ipconfig /release

Windows IP Configuration


Ethernet adapter 本地连接:

        Connection-specific DNS Suffix  . :
        IP Address. . . . . . . . . . . . : 0.0.0.0
        Subnet Mask . . . . . . . . . . . : 0.0.0.0
        Default Gateway . . . . . . . . . :

C:\Documents and Settings\Administrator>ipconfig /renew

Windows IP Configuration


Ethernet adapter 本地连接:

        Connection-specific DNS Suffix  . : 192.168.11.248
        IP Address. . . . . . . . . . . . : 192.168.22.2
        Subnet Mask . . . . . . . . . . . : 255.255.255.0
        Default Gateway . . . . . . . . . : 192.168.22.1

C:\Documents and Settings\Administrator>
```

图 8-11　ipconfig /release 和 ipconfig /renew 命令示例

如果计算机中安装有多个网络适配器，且只想对其中一个网络适配器进行操作时，则在命令后指定该网络适配器的名称即可，如命令“ipconfig /release 本地连接 1”表示释放名为“本地连接 1”的网络适配器的 TCP/IP 配置信息。

这两个参数需要 DHCP 服务器的支持，所以可以用来测试 DHCP 服务器的工作情况。

4. ipconfig /displaydns 和 ipconfig /flushdns

使用 ipconfig /displaydns 命令可显示 DNS 缓存中的内容，如图 8-12 所示。DNS 缓存中保存有曾经访问过的域名解析记录信息，对在 DNS 缓存中已存在的域名解析结果，下次访问该域名时将不再需要 DNS 服务器重新解析，从而减少域名解析的时间消耗。

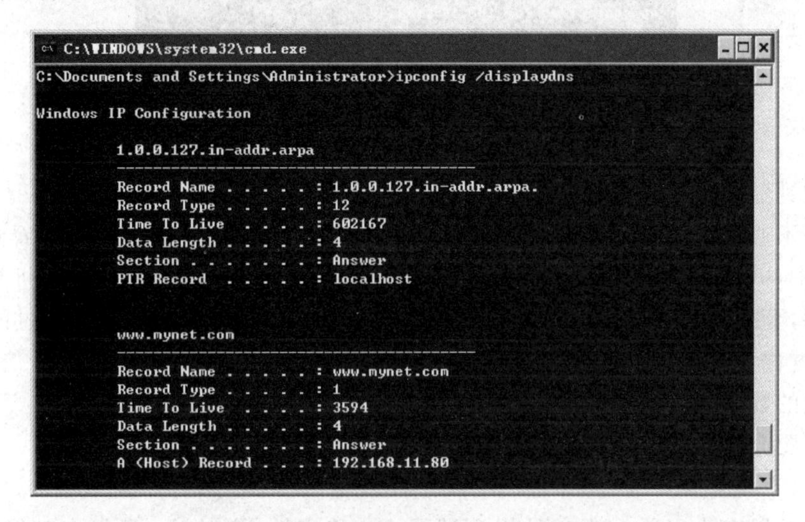

图 8-12　ipconfig /displaydns 命令示例

但当某主机的域名没变，IP 地址已改变时，就需要及时对该主机的域名重新进行解析，否则将无法访问，这时可以使用 ipconfig /flushdns 清除 DNS 缓存，如图 8-13 所示。

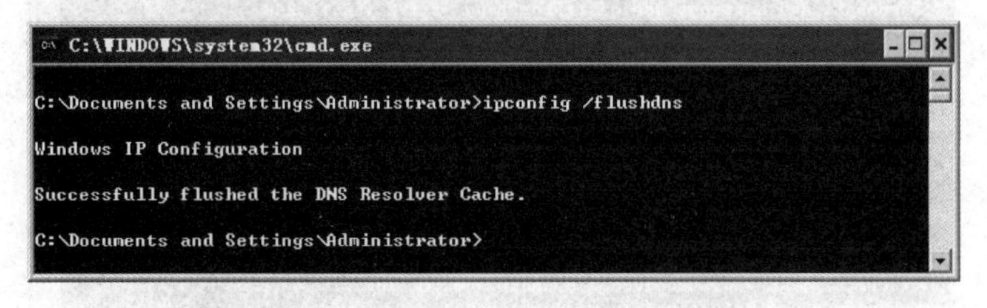

图 8-13　ipconfig /flushdns 命令示例

ipconfig 还有诸如带参数/registerdns、/showclassid 和/setclassid 等命令，这些比较少用，这里就不再一一介绍，感兴趣的读者可以参考其他资料。

8.2.2　ping

ping 是最常用的网络故障诊断命令，主要用于检测网络的连通性。在命令行窗口下输入“ping /?”可查看 ping 命令的用法及参数说明等。

ping 的基本用法形式如下：

ping [参数] 目标

其中,[参数]是可选的,目标可以是 IP 地址,也可以是主机名,包括域名。图 8-14 示例了不带参数的 ping 的用法,目标地址为域名 baidu.com。

```
C:\Documents and Settings\Administrator>ping baidu.com

Pinging baidu.com [180.149.132.47] with 32 bytes of data:

Reply from 180.149.132.47: bytes=32 time=51ms TTL=128
Reply from 180.149.132.47: bytes=32 time=41ms TTL=128
Reply from 180.149.132.47: bytes=32 time=41ms TTL=128
Reply from 180.149.132.47: bytes=32 time=45ms TTL=128

Ping statistics for 180.149.132.47:
    Packets: Sent = 4, Received = 4, Lost = 0 (0% loss),
Approximate round trip times in milli-seconds:
    Minimum = 41ms, Maximum = 51ms, Average = 44ms
```

图 8-14　不带参数的 ping 示例

如果收到形如图 8-14 所示的目标主机的回复,则表示到目标主机的网络是相通的,否则表示网络不通。默认情况下,ping 程序会发送 4 个 ICMP 回声请求,所以会看到 4 行相似的回复,其中,bytes=32 表示 ICMP 数据包的大小,times=X ms 表示从源主机到目标主机的往返时间,TTL=127 表示该 ICMP 包的最大生存时间,也就是最多允许经过的路由器数量,有的地方称为跳数(Hops)或者跃点。最后几行则是对这一次 ping 的统计信息,包括发送和接收包的数据、最大/最小和平均往返时间。

下面简要介绍其常用参数的基本用法及其作用。

1. -t

该参数可以连续 ping 目标地址以测试网络的稳定性,按 Ctrl+C 组合键停止 ping,并显示统计信息,如图 8-15 所示。

```
C:\WINDOWS\system32\cmd.exe

C:\Documents and Settings\Administrator>ping -t 192.168.11.248

Pinging 192.168.11.248 with 32 bytes of data:

Reply from 192.168.11.248: bytes=32 time<1ms TTL=127
Reply from 192.168.11.248: bytes=32 time<1ms TTL=127
Reply from 192.168.11.248: bytes=32 time=1ms TTL=127
Reply from 192.168.11.248: bytes=32 time=1ms TTL=127
Reply from 192.168.11.248: bytes=32 time<1ms TTL=127
Reply from 192.168.11.248: bytes=32 time=1ms TTL=127

Ping statistics for 192.168.11.248:
    Packets: Sent = 6, Received = 6, Lost = 0 (0% loss),
Approximate round trip times in milli-seconds:
    Minimum = 0ms, Maximum = 1ms, Average = 0ms
Control-C
^C
C:\Documents and Settings\Administrator>_
```

图 8-15　参数-t 的用法示例

2. -a

该参数可用于解析目标 IP 地址所对应的主机名称。如果解析成功,则显示对应主机名称,如图 8-16 所示,www.mynet.com 是 IP 地址为 192.168.11.80 的主机对应的域名。

3. -n count

该参数用于指定发送回声请求的次数,次数 count 默认值是 4。使用这个参数对衡量网

```
C:\WINDOWS\system32\cmd.exe

C:\Documents and Settings\Administrator>ping -a 192.168.11.80

Pinging www.mynet.com [192.168.11.80] with 32 bytes of data:

Reply from 192.168.11.80: bytes=32 time<1ms TTL=127
Reply from 192.168.11.80: bytes=32 time=1ms TTL=127
Reply from 192.168.11.80: bytes=32 time<1ms TTL=127
Reply from 192.168.11.80: bytes=32 time=1ms TTL=127

Ping statistics for 192.168.11.80:
    Packets: Sent = 4, Received = 4, Lost = 0 (0% loss),
Approximate round trip times in milli-seconds:
    Minimum = 0ms, Maximum = 1ms, Average = 0ms

C:\Documents and Settings\Administrator>_
```

图 8-16　参数-a 使用示例

络时延很有帮助，比如要测试发送 100 个数据包的平均往返时间、最长时间和最短时间，就可以通过该命令获知。图 8-17 给出了该参数的使用示例。

```
C:\WINDOWS\system32\cmd.exe
C:\Documents and Settings\Administrator>ping -n 6 192.168.11.248

Pinging 192.168.11.248 with 32 bytes of data:

Reply from 192.168.11.248: bytes=32 time<1ms TTL=127
Reply from 192.168.11.248: bytes=32 time<1ms TTL=127
Reply from 192.168.11.248: bytes=32 time=3ms TTL=127
Reply from 192.168.11.248: bytes=32 time=2ms TTL=127
Reply from 192.168.11.248: bytes=32 time<1ms TTL=127
Reply from 192.168.11.248: bytes=32 time=1ms TTL=127

Ping statistics for 192.168.11.248:
    Packets: Sent = 6, Received = 6, Lost = 0 (0% loss),
Approximate round trip times in milli-seconds:
    Minimum = 0ms, Maximum = 3ms, Average = 1ms

C:\Documents and Settings\Administrator>_
```

图 8-17　参数-n 使用示例

4. -l size

参数-l(字母 L 的小写)用于指定发送的回声请求消息中“数据”字段的长度，Windows 系统的默认的 size 值为 32。利用参数-f 和-l 曾经是一种最简单的黑客 DDoS 攻击方法。其原因是当 size 大于 65 535 时，而且再加参数-f，不允许分段，Windows 95/98 系统及其他早期的操作系统将会因无法处理这样大的数据包而宕机或重新启动，后来的操作系统限制了 size 的最大数值。目前，Windows 限制最大值为 65 500，对比图 8-17，从图 8-18 可以看出，当 size 较大时，往返时间明显变长。

5. -f

该参数的作用是设置不分段标志，常与参数-l 一起使用。默认情况下，当一个数据字段长度大于 1472B(因为 ping 使用的是 ICMP，并用 IP 封装，而 LAN 的 MTU 为 1500B，扣除 IP 头 20B 和 ICMP 头 8B，剩下 1472B)的数据包要进入网络时必须要将该数据包分成更小的分段，以便于更有效的传输。因此-f 参数可以测试目标网络可以接收的最大数据包的大小，如果指定的数据太大，目的方不能接收，将返回需要分段的消息，如图 8-19 所示。

```
C:\WINDOWS\system32\cmd.exe

C:\Documents and Settings\Administrator>ping -l 65500 192.168.11.248

Pinging 192.168.11.248 with 65500 bytes of data:

Reply from 192.168.11.248: bytes=65500 time=4ms TTL=127
Reply from 192.168.11.248: bytes=65500 time=17ms TTL=127
Reply from 192.168.11.248: bytes=65500 time=4ms TTL=127
Reply from 192.168.11.248: bytes=65500 time=6ms TTL=127

Ping statistics for 192.168.11.248:
    Packets: Sent = 4, Received = 4, Lost = 0 (0% loss),
Approximate round trip times in milli-seconds:
    Minimum = 4ms, Maximum = 17ms, Average = 7ms

C:\Documents and Settings\Administrator>
```

图 8-18　参数-l 的使用示例

```
C:\WINDOWS\system32\cmd.exe

C:\Documents and Settings\Administrator>ping -l 1600 -f 192.168.11.248

Pinging 192.168.11.248 with 1600 bytes of data:

Packet needs to be fragmented but DF set.
Packet needs to be fragmented but DF set.
Packet needs to be fragmented but DF set.
Packet needs to be fragmented but DF set.

Ping statistics for 192.168.11.248:
    Packets: Sent = 4, Received = 0, Lost = 4 (100% loss),

C:\Documents and Settings\Administrator>
```

图 8-19　参数-f 的使用示例

6. -r count

该参数用于在“记录路由”字段中记录传出和返回数据包的路由，也就是记录数据从源、目的两地往返所经过的路由器。利用该参数可以探测局域网网络拓扑结构，也可以用于黑客的网络信息收集阶段。因此为了安全起见，很多防火墙都过滤了此类数据包。

count 的取值范围为 1～9，表示允许经过路由器的个数。图 8-20 返回的消息表示从该计算机达到 172.22.28.254 需要经路由器 IP 地址为 172.16.112.178 的接口出去，到达目标后，目标主机返回一个回声应答消息，该消息从路由器 IP 地址为 192.168.22.1 的接口返回。

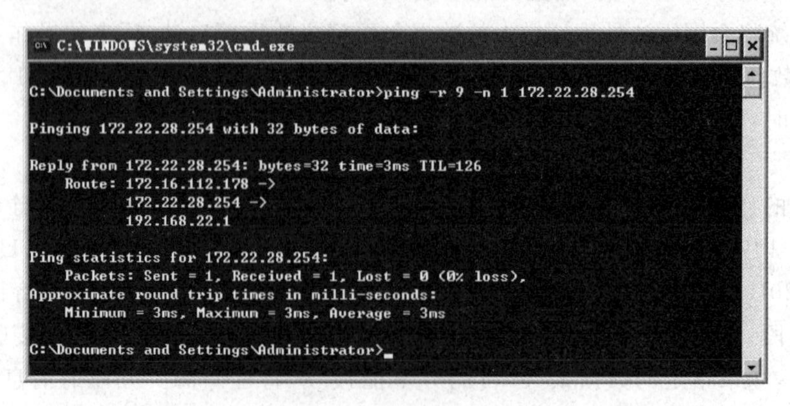

```
C:\WINDOWS\system32\cmd.exe

C:\Documents and Settings\Administrator>ping -r 9 -n 1 172.22.28.254

Pinging 172.22.28.254 with 32 bytes of data:

Reply from 172.22.28.254: bytes=32 time=3ms TTL=126
    Route: 172.16.112.178 ->
           172.22.28.254 ->
           192.168.22.1

Ping statistics for 172.22.28.254:
    Packets: Sent = 1, Received = 1, Lost = 0 (0% loss),
Approximate round trip times in milli-seconds:
    Minimum = 3ms, Maximum = 3ms, Average = 3ms

C:\Documents and Settings\Administrator>_
```

图 8-20　参数-r 的使用示例

以上参数可以两两联合甚至多个参数联合使用,实现更精致的网络检测。如图 8-19 和图 8-20 所示均是两个参数联合使用的情形。

关于 ping 的其他参数,由于用得比较少,这里就不再一一介绍,感兴趣的读者可以参阅其他文献。

7. ping 的应用示例

当网络不可用时,常用 ping 检测网络连通性,利用它可以有效定位故障位置,从而给解决故障提供指南。这里简要介绍一下在局域网内当计算机网络不通时,可以使用以下流程检测网络故障产生的大概位置及原因。

1) ping 127.0.0.1

这个命令被送到本地计算机的 IP 软件,如果没有收到 Reply 回声响应消息,则很可能是 TCP/IP 的安装或运行存在某些最基本的问题,这时可考虑重新安装 TCP/IP。

2) ping 本机 IP

这个命令被送到本计算机配置为该 IP 地址的网络适配器,本地计算机始终都要对该 ping 命令做出 Reply 回声响应,如果没有正确地返回,则表示本地网络适配器很可能存在故障,比如硬件故障,或者没有正确地安装驱动程序导致它不能正常工作。

3) ping 局域网内其他计算机的 IP 地址

如果前面两个步骤没有问题,则 ping 本局域网内其他计算机的 IP 地址以测试计算机在局域网中的连通性,如果这个命令收到了目标主机的回声应答,则该计算机与本局域网的连接没有问题。否则很可能是本地计算机的 TCP/IP 配置信息,特别是 IP 地址和子网掩码配置错误,这时可以用 ipconfig 仔细比对检查。

4) ping 默认网关地址

ping 默认网关地址可以测试网关路由器是否在正常工作,如果前面三个步骤都没有问题,而网关 ping 不通,则很可能是网关路由器故障。

5) ping 远程 IP 地址或域名

如果多个外部网络目标均无法 ping 通,则可能是边界路由器故障或者网关以外的线路存在问题。

如果外部网络 IP 地址能 ping 通,但域名不能 ping 通,其表现形式有诸如 QQ 能上但网页打不开,这很可能是 DNS 服务器故障,这时可以更换首选 DNS 服务器或者增加备用 DNS 服务器地址。

8.2.3 netstat

使用 netstat 命令可以查看当前的 TCP/IP 网络连接情况和显示协议统计信息。使用命令“netstat /?”可以查看 netstat 的用法和参数说明。

netstat 的用法形式如下:

```
netstat [参数]
```

其中,[参数]是可选的,不带参数的 netstat 显示的是活动的 TCP 连接,如图 8-21 所示。

下面就 netstat 的常用参数进行简要介绍。

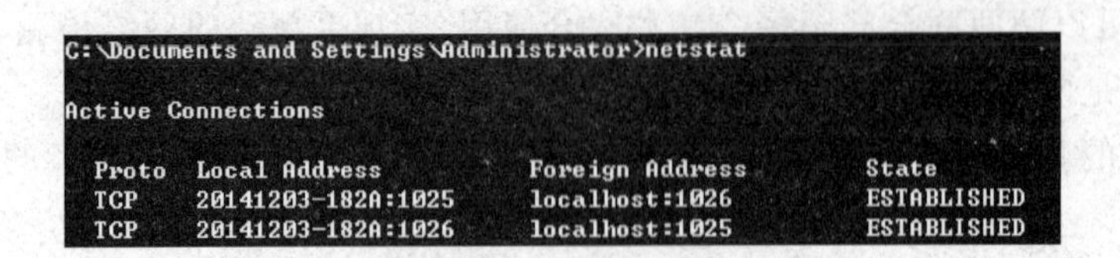

图 8-21 不带参数的 netstat 使用示例

1. -a

该参数用于显示所有活动的网络连接和监听端口，如图 8-22 所示。图中的字段名简要说明如下。

Proto 列：连接协议，主要有 TCP 和 UDP。

Local Address 列：本地地址，可以是计算机名称，也可以是 IP 地址，冒号后面的数字表示连接的源端口号，字符表示使用的应用层协议。

Foreign Address 列：远端地址，其形式可以是计算机名称，也可以是 IP 地址，冒号后面的数字表示连接的目标端口号，字符表示使用的应用层协议。

State 列：连接的状态，一般有 SYN SENT、SYN RECEIVED、LISTENING、ESTABLISHED、FIN_WAIT、CLOSEWAIT、FIN WAIT2、CLOSING、LAST ACK、TIME WAIT 和 CLOSED 等状态。各状态之间的转换可以参考 5.3.4 节中的介绍。

```
C:\WINDOWS\system32\cmd.exe

C:\Documents and Settings\Administrator>netstat -a

Active Connections

  Proto  Local Address          Foreign Address        State
  TCP    20141203-182A:epmap    20141203-182A.mynet.com:0  LISTENING
  TCP    20141203-182A:microsoft-ds  20141203-182A.mynet.com:0  LISTENING
  TCP    20141203-182A:1028     20141203-182A.mynet.com:0  LISTENING
  TCP    20141203-182A:1040     localhost:1041         ESTABLISHED
  TCP    20141203-182A:1041     localhost:1040         ESTABLISHED
  TCP    20141203-182A:netbios-ssn  20141203-182A.mynet.com:0  LISTENING
  UDP    20141203-182A:microsoft-ds  *:*
  UDP    20141203-182A:ntp      *:*
  UDP    20141203-182A:1030     *:*
  UDP    20141203-182A:1033     *:*
  UDP    20141203-182A:1241     *:*
```

图 8-22 参数-a 的使用示例

2. -o

该参数用于查看每个连接对应的进程号(Process ID，PID)，在任务管理器中可以根据 PID 查看对应的应用程序，这样就很容易知道每个连接是由哪个应用程序建立的。这个信息可以帮助用户发现一个连接是否是正常的连接，对发现木马连接非常有帮助，如图 8-23 所示为参数-o 的使用示例。

3. -r

该参数用于显示本地路由表信息，如图 8-24 所示。路由表中的第一行(即 0.0.0.0 开头的行)表示一条默认路由，其含义是从接口 192.168.22.2 出发，前往本路由表中未列出的任意网络或主机，其下一跳地址均为 192.168.22.1，路由度量值为 10。

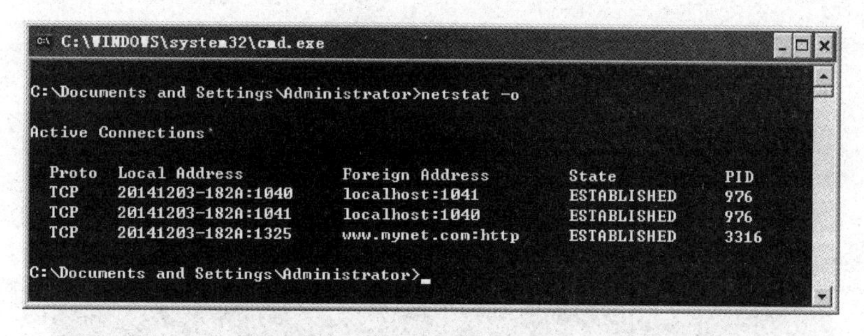

图 8-23　参数-o 的使用示例

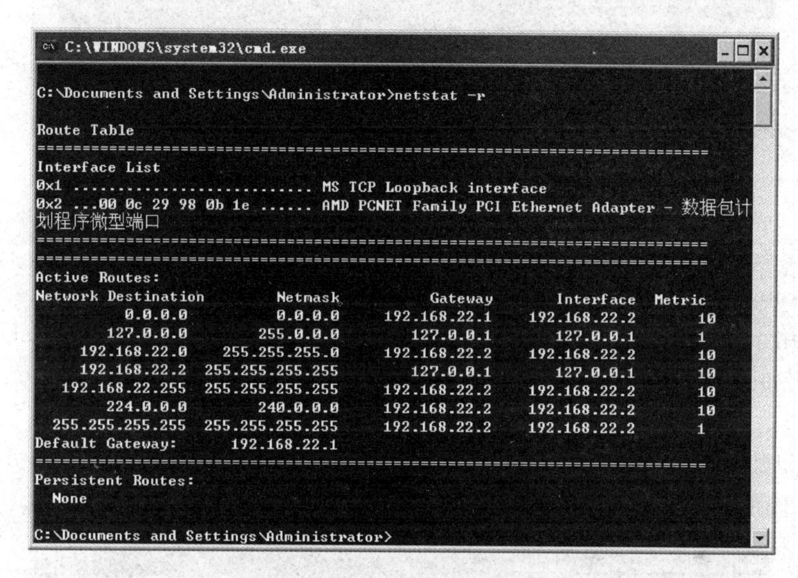

图 8-24　参数-r 的使用示例

4. -e

该参数用于显示以太网统计信息，如发送和接收的字节数以及出错的次数，但因没有区分出具体的协议，因而常与参数-s 组合使用，对不同协议进行统计，如图 8-25 所示，图中的命令也可以直接写成 netstat -es。

5. -s

该参数用于显示每个协议的统计信息，包括 TCP/TCPv6、UDP/UDPv6、IP/IPv6、ICMP/ICMPv6 协议。例如，图 8-25 对 IPv4 进行统计的信息表明共收到数据包 4309 个，其中：

（1）接收的头部错误 0 个；

（2）接收的地址错误 27 个；

（3）转发的数据包 0 个；

（4）接收的未知协议 0 个；

（5）丢弃的接收数据 203 个；

（6）传送的接收数据包 3867 个；

（7）输出请求 4125 个；

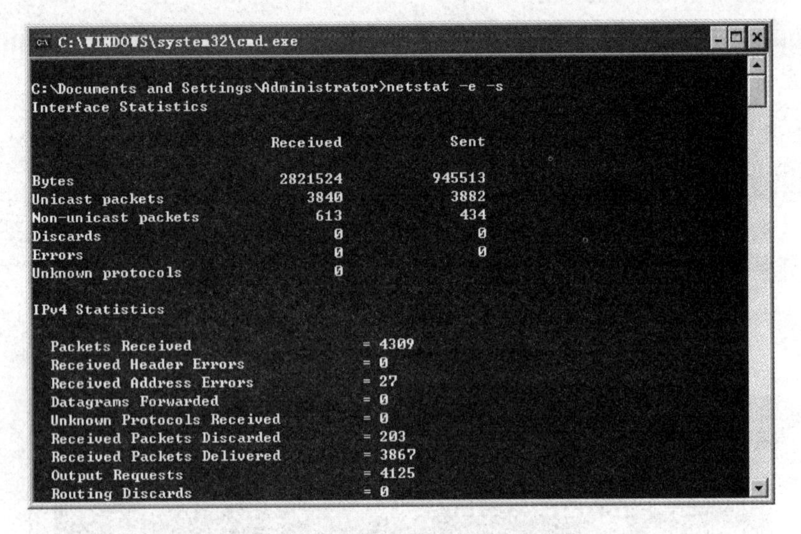

图 8-25 参数-e 和-s 的使用示例

(8) 路由丢弃 0 个。

6. -p protocol

该参数用于显示指定协议的网络连接,protocol 包括 TCP/TCPv6、UDP/UDPv6 等协议,使用示例如图 8-26 所示。

7. -n

该参数以数字形式显示所有有效连接,源、目的地址和端口号均以数字形式显示,使用示例如图 8-26 所示。

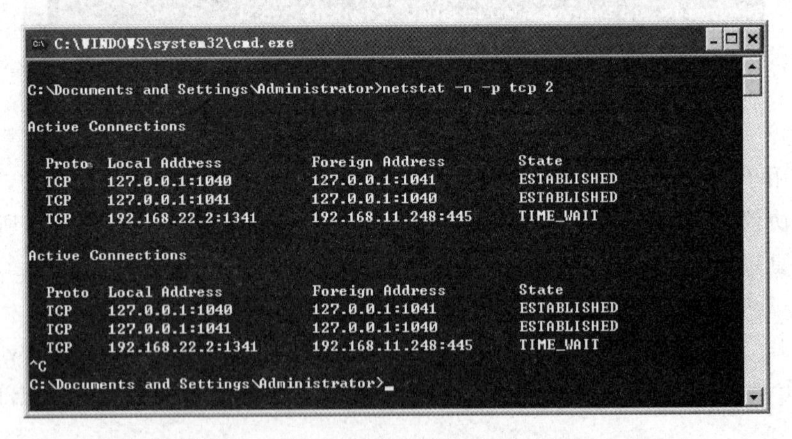

图 8-26 参数-n、-s 和-p 以及 interval 的使用示例

8. interval

该选项是一个数值,要与其他参数组合使用,其作用是每隔指定时间间隔就重新显示返回的信息,直到按 Ctrl+C 组合键停止。如图 8-26 所示,图中命令中的数字 2 表示每隔 2s 显示一次命令 netstat -n -p tcp 所要返回的消息。

图中的命令也可以直接写成 netstat -np tcp 2。

8.2.4 tracert

tracert 是一个路由跟踪实用程序，用于确定 IP 数据包到达目标所经过的路由器地址，显示的地址是路由器靠近源结点这一边的接口地址。通常，网络管理员利用该程序来发现网络故障的位置，黑客则利用此程序来探查目标所在网络的拓扑结构，寻找攻击的最佳位置和路径等信息。因此，有些路由器可能会被设置为不响应该类请求。

tracert 通过多次向目标发送 ICMP 回声请求报文，每次将 IP 头中的 TTL 字段值增 1，直到目标响应或者 TTL 达到最大值。

因此，可以将 tracert 理解为多次使用 ping，初次 ping 的时候 TTL 值置为 1，在该 TTL 值内，如果未发现目标主机，则路由器回复该 ping；然后 TTL 值增 1，并再次 ping 目标，如此循环，直至发现目标主机或者 TTL 达到最大为止。

tracert 的用法形式如下：

```
tracert [参数]目标
```

其中，[参数]是可选的，目标可以是 IP 地址，也可以是主机名，包括域名。不带参数的 tracert 使用示例如图 8-27 所示。

```
C:\Documents and Settings\Administrator>tracert baidu.com

Tracing route to baidu.com [180.149.132.47]
over a maximum of 30 hops:

  1     6 ms     1 ms     2 ms  192.168.44.2
  2     2 ms     2 ms     2 ms  192.168.1.1
  3    11 ms     3 ms     6 ms  1.224.78.125.broad.pt.fj.dynamic.163data.com.cn
[125.78.224.1]
  4     4 ms     8 ms     6 ms  218.86.43.189
  5   182 ms     6 ms     7 ms  218.86.41.17
  6     *        *       86 ms  202.97.43.93
  7    67 ms   325 ms     *     180.149.128.110
  8    58 ms    48 ms    48 ms  180.149.128.46
  9   252 ms   172 ms    50 ms  180.149.129.174
 10     *        *        *     Request timed out.
 11     *        *        *     Request timed out.
 12    49 ms    43 ms    43 ms  180.149.132.47

Trace complete.
```

图 8-27　不带参数的 tracert 使用示例

图中返回的信息简要介绍如下。

第 1 列数值为 TTL 值，可以看出，每返回一次数据，TTL 值就增加 1。

第 2～4 列，表示每次发送 ICMP 包的往返时延。图中的 * 表示响应超时，或者路由器被设置为不响应该类型的 ICMP 请求。

第 5 列，表示靠近源主机这边的路由器接口的地址。

下面简要介绍 tracert 的常用参数。

1. -d

不带参数的 tracert 命令会尝试将中间路由器的 IP 地址解析为其对应的主机名，如图 8-27 所示返回的第三行，而参数-d 则禁止这一解析过程，从而可加速显示 tracert 的结果，使用示例如图 8-28 所示。

2. -h MaximumHops

默认情况下，tracert 最多可以搜索 30 个跃点，也就是说 TTL 值最大为 30，这就意味着当从源主机到目标主机需要经过超过 30 个路由器时，tracert 将只显示最靠近源主机这边的前 30 个路由器地址。参数 MaximumHops 用于指定跟踪的最大跃点数。

```
C:\WINDOWS\system32\cmd.exe

C:\Documents and Settings\Administrator>tracert -d -h 15 www.baidu.com

Tracing route to www.a.shifen.com [115.239.211.112]
over a maximum of 15 hops:

  1    <1 ms    <1 ms    <1 ms  192.168.22.1
  2     7 ms    14 ms     9 ms  172.16.112.1
  3     5 ms     4 ms     9 ms  192.168.201.1
  4     6 ms     9 ms    10 ms  192.168.102.1
  5    22 ms    10 ms    20 ms  202.101.111.207
  6     *        *        *     Request timed out.
  7     *        *        *     Request timed out.
  8    15 ms     7 ms    10 ms  218.86.44.185
  9    25 ms    18 ms    19 ms  202.97.71.101
 10     *        *        *     Request timed out.
 11    30 ms    23 ms    22 ms  115.233.23.238
 12    20 ms    19 ms    19 ms  115.239.209.10
 13     *        *        *     Request timed out.
 14     *        *        *     Request timed out.
 15    24 ms    22 ms    11 ms  115.239.211.112

Trace complete.

C:\Documents and Settings\Administrator>
```

图 8-28　tracert -d 和-h 的使用示例

3. -j Hostlist

该参数指定发送回声请求报文时要使用 IP 头中的松散源路由选项，ICMP 回声请求数据包必须经过由标识符 Hostlist 列出的中间结点，最多可以列出 9 个中间结点，各个中间结点之间用空格隔开。图 8-29 给出了该参数的使用示例。

与松散源路由选项相对应的是严格源路由选项，它是指 ICMP 回声请求只能经过由 Hostlist 指出的中间结点。

4. -w Timeout

该参数用于指定等待 ICMP 回声响应报文的时间(ms)，如果超时没有接收到响应，则以 * 号显示，默认超时时间为 4000ms。

图 8-29 为-j 和-w 的使用示例，注意松散源路由的书写顺序，书写命令时，离源最近的路由地址应最后输入，离源最远的应最先输入，如 172.16.112.1 离源最近。

8.2.5　route

route 命令主要用来管理本机路由表，可以查看、添加、修改或删除路由表条目。“route/?”命令可以查看有关该命令的帮助信息。route 的用法如下：

```
ROUTE [ - f] [ - p] command [destination] [MASK netmask] [gateway] [METRIC metric] [IF interface]
```

其中，用[]括起来的选项是可选的。destination、netmask、gateway、metric 和 interface 参数分别定义路由表条目中的目标 IP 地址，子网掩码、网关、度量值和接口。

command 命令及其他各参数含义简要介绍如下。

```
管理员: C:\windows\system32\cmd.exe
C:\>tracert -w 5000 -j 192.168.102.1 192.168.201.1 172.16.112.1 www.baidu.com

通过最多 30 个跃点跟踪
到 www.a.shifen.com [180.97.33.107] 的路由:

  1     7 ms     6 ms    11 ms  172.16.112.1
  2     4 ms    16 ms     6 ms  192.168.201.1
  3     4 ms     2 ms    11 ms  192.168.102.1

跟踪完成。

C:\>
```

图 8-29　参数-j 和-w 的使用示例

1. command

command 包含 print(查看当前路由表)、delete(删除指定的路由表项)、add(添加新路由表项)和 change(修改已有的路由表项)4 个命令。图 8-30 为 route print 的使用示例,从图中内容可以看到 route print 与 netstat -r 的功能是一样的,都是显示本地路由表。

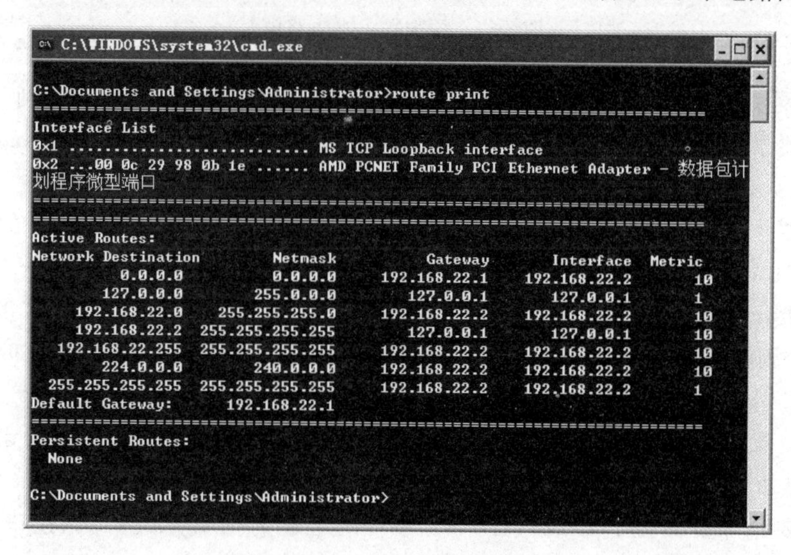

```
C:\WINDOWS\system32\cmd.exe

C:\Documents and Settings\Administrator>route print
===========================================================================
Interface List
0x1 ........................... MS TCP Loopback interface
0x2 ...00 0c 29 98 0b 1e ...... AMD PCNET Family PCI Ethernet Adapter - 数据包计划程序微型端口
===========================================================================
===========================================================================
Active Routes:
Network Destination        Netmask          Gateway       Interface  Metric
          0.0.0.0          0.0.0.0     192.168.22.1    192.168.22.2     10
        127.0.0.0        255.0.0.0        127.0.0.1       127.0.0.1      1
     192.168.22.0    255.255.255.0     192.168.22.2    192.168.22.2     10
     192.168.22.2  255.255.255.255        127.0.0.1       127.0.0.1     10
   192.168.22.255  255.255.255.255     192.168.22.2    192.168.22.2     10
        224.0.0.0        240.0.0.0     192.168.22.2    192.168.22.2     10
  255.255.255.255  255.255.255.255     192.168.22.2    192.168.22.2      1
Default Gateway:      192.168.22.1
===========================================================================
Persistent Routes:
  None

C:\Documents and Settings\Administrator>
```

图 8-30　route print 示例

2. -f

该参数的作用是清除路由表中的所有网关路由项,即删除所有和网关地址有关的路由项。如果与某个 command 一起使用,会在执行该命令前先清空网关路由项。

3. -p

该参数与 add 命令一起使用时将添加永久的静态路由表项,也就是说使用该参数添加的路由项将被添加到注册表中,不会因重启计算机而丢失。

图 8-31 给出了-f、-p 和命令 add 的使用示例,命令的作用是添加一条到达网络 172.22.28.0/24、下一跳地址为 192.168.22.1、度量值为 10 的永久路由。在添加该路由之前,参数-f 清除了原来路由表中的网关路由项,认真对比图 8-30 可以看到,原来含有网关地址 192.168.22.1 的路由项在图 8-31 中均被删除了。

为了更好地理解 route 各参数的含义及使用方法,下面再给几个示例,其中,网关地址

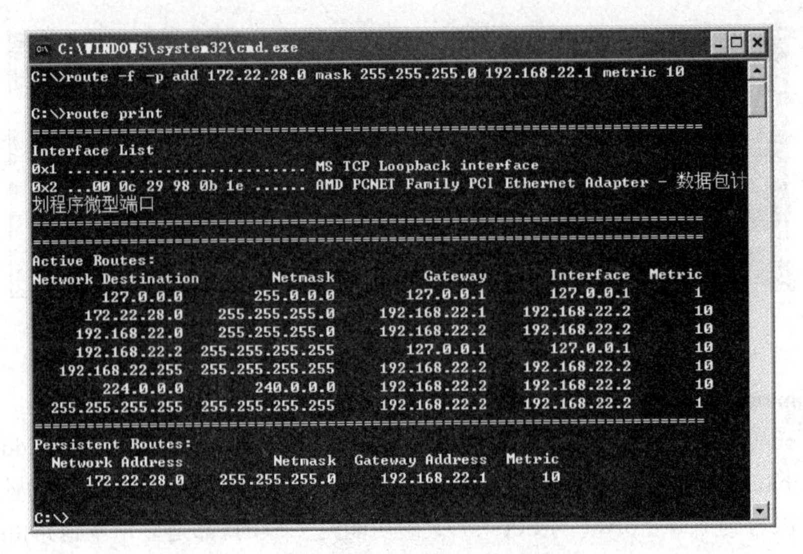

图 8-31　添加一条永久路由

均为本机的网关地址 192.168.22.1，实验时可以将该网关地址更改为自己的网关地址。

(1) 若要添加网关地址为 192.168.22.1 的默认路由，则输入命令"route add 0.0.0.0 mask 0.0.0.0 192.168.22.1"。

(2) 若要添加目标网络为 172.22.19.0/24、下一跳地址为 192.168.22.1 的静态路由，则输入命令"route add 172.22.19.0 mask 255.255.255.0 192.168.22.1"。

(3) 若要添加目标主机为 172.22.19.254、下一跳地址为 192.168.22.1、度量值为 10 的静态路由，则输入命令"route add 172.22.19.254 mask 255.255.255.255 192.168.22.1 metric 10"。

注意：这里的目标是一台特定的主机，所以掩码需要全部匹配，也就是掩码必须是 255.255.255.255。

(4) 若要添加目标为 172.22.17.0/25、下一跳地址为 192.168.22.1、接口索引为 0x3 的永久路由，则输入命令"route -p add 172.22.17.0 mask 255.255.255.128 192.168.22.1 if 0x3"。

(5) 若要删除目标网络前缀为 172.22.0.0/16 的路由，则输入命令"route delete 172.22.0.0 mask 255.255.0.0"。

(6) 若要查看目标网络 IP 地址以 172.22 开头的路由，则输入命令"route print 172.22.*"。

(7) 若要将目标为 172.22.17.0/25 的路由更改为目标网络为 172.22.17.0/26，其他不变，则输入以下命令"route change 172.22.17.0 mask 255.255.255.192 192.168.22.1"。

8.2.6　arp

ARP(Address Resolution Protocol，地址解析协议)用于将 IP 地址解析到物理地址。每台主机的网络适配器中都设有一个 ARP 缓存表用于存储通信对方的 IP 地址及其对应的物理地址。arp 命令可以查看和修改 ARP 缓存表中的内容。

使用“arp /?”命令可以显示 ARP 命令的用途及参数说明等信息。

arp 命令的语法格式只有以下三种。

- arp -s inet_addr eth_addr [if_addr]
- arp -d inet_addr [if_addr]
- arp -a [inet_addr] [-N if_addr]

其中,[]中的参数为可选项,下面分别介绍如下。

1. arp -a [inet_addr] [-N if_addr]

参数-a 用于显示所有网络适配器接口的 ARP 缓存表。若只想查看某个 IP 地址相对应的项,则用参数 inet_addr 来指定该 IP 地址。如果某主机有多个网络适配器,且要显示某网络适配器的 ARP 缓存表,则应使用参数“-N if_addr”,此处的 if_addr 代表该网络适配器的 IP 地址,参数-N 区分大小写。图 8-32 分别示例了这三种使用方法。

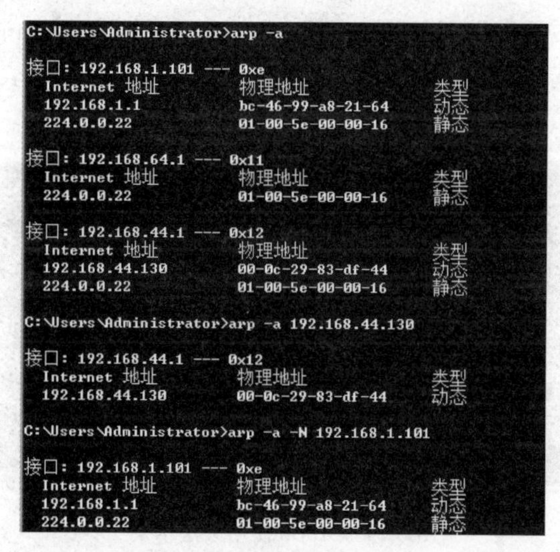

图 8-32 查看 ARP 缓存表

从图中可以看出,该主机拥有三个网络适配器,且接口索引为 0x12 的接口的 ARP 缓存表中有两项内容,现如果只需要查看 IP 地址为 192.168.44.130 的表项,则应使用命令 arp -a 192.168.44.130;如果需要查看接口索引为 0xe 的接口的缓存表,则应使用命令 arp -a -N 192.168.1.101。

2. arp -d inet_addr [if_addr]

参数-d 用于从 ARP 缓存中删除指定的 ARP 表项。若要删除所有项,则可使用星号(*)通配符。若要删除指定网络适配器的缓存表,则用 if_addr 指定网络适配器。图 8-33 示例了 arp -d 的使用方法,其中第一个删除命令用于删除 IP 地址为 192.168.22.3 的接口中的 ARP 表项,第二个删除命令用于在 IP 地址为 192.168.22.2 的网络适配器上,删除 IP 地址为 192.168.22.1 的对应的 ARP 表项。最后一个删除命令为清除 ARP 缓存表。

3. arp -s inet_addr eth_addr [if_addr]

该参数用于向 ARP 缓存表添加静态的 ARP 表项,这里的 eth_addr 表示以太网地址,即 MAC 地址。图 8-34 示例了 arp -s 的使用方法,其中第二个命令的含义是在 IP 地址为 192.168.22.2 的网络适配器上添加一条静态 ARP 表项,该表项的 IP 地址为 192.168.22.3,

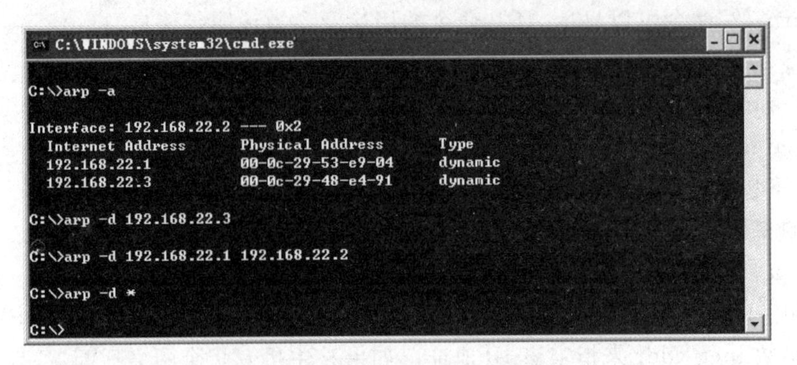

图 8-33 参数-d 使用方法示例

对应的 MAC 地址为 00-0c-29-48-e4-91，这一过程称为绑定 MAC。

对比图 8-33 中的 ARP 表项的 Type 类型，图 8-33 中的“dynamic”表示动态表项，而图 8-34 中的“static”表示静态表项。动态表项会定期更新，而静态表项只要计算机不重启就不会更新。

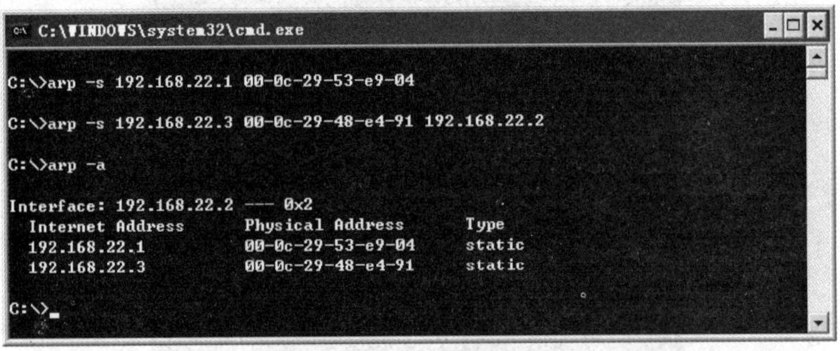

```
C:\WINDOWS\system32\cmd.exe

C:\>arp -s 192.168.22.1 00-0c-29-53-e9-04

C:\>arp -s 192.168.22.3 00-0c-29-48-e4-91 192.168.22.2

C:\>arp -a

Interface: 192.168.22.2 --- 0x2
  Internet Address      Physical Address      Type
  192.168.22.1          00-0c-29-53-e9-04     static
  192.168.22.3          00-0c-29-48-e4-91     static

C:\>_
```

图 8-34 arp -s 使用方法示例

arp 命令还可以用来检查计算机是否感染了 ARP 病毒或遭受 ARP 攻击。用命令 arp -a 查看 ARP 缓存表时，如果有多行 ARP 动态项，且有多行的 IP 地址不相同，但 MAC 地址相同，则该计算机正受到 ARP 病毒侵扰或受到 ARP 攻击，如图 8-35 所示是遭受 ARP 攻击后的某主机的 ARP 缓存表，可以看出，有两项的 IP 地址不同，但 MAC 地址完全相同。

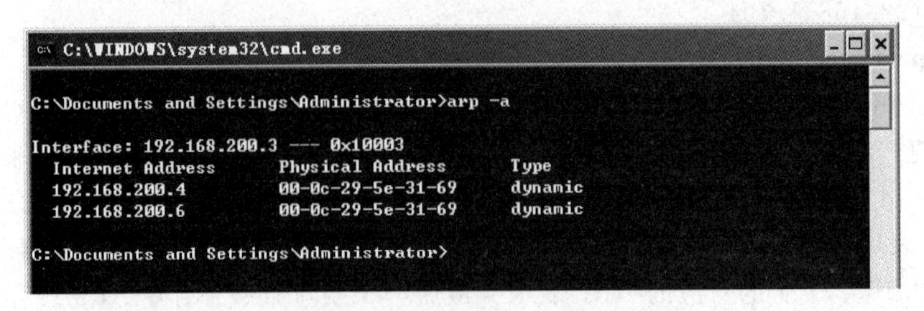

图 8-35 遭受 ARP 攻击后的 ARP 缓存表

局域网中，清除和防范 ARP 攻击的最简单办法就是使用命令“arp -d * ”清除 ARP 缓存，然后用命令“arp -s”添加网关地址的 ARP 表项即可。但这种方法并不能保证不再受

ARP 攻击，因为每次重启计算机后，原来添加的静态项不再保留，而需要重新绑定，因而最有效的方式还是安装 ARP 防火墙。

有关网络的命令行程序有很多，仅 Windows 下常用的网络命令就还有诸如 nbtstat、pathping、netsh、nslookup 以及 net 系列命令等，Linux 下也有大量的常用命令，因篇幅有限，这里就不再一一介绍，感兴趣的读者可以查阅相关文献。

8.3 VMWare Workstation 虚拟机软件的安装与配置

8.3.1 VMWare Workstation 简介

VMware Workstation 是 VMware 公司(http://www.vmware.com)推出的优秀虚拟机产品，可以在宿主主机上通过模拟硬件构建多台虚拟主机，这些虚拟主机和真实的计算机一样拥有自己独立的 CPU、硬盘、内存等硬件，可以在这些虚拟主机上安装各种 PC 操作系统，在这些虚拟主机上的任意操作均不会对宿主主机产生影响。这些虚拟机还可以通过 VMware Workstation 虚拟交换机连接到不同的局域网。

8.3.2 软硬件需求

VMware Workstation 对硬件配置要求建议如下。

(1) 建议 P4 CPU 2.0GHz，至少双核以上。

(2) 建议内存 4GB 以上，最好 8GB 以上。

(3) 建议硬盘 500GB 以上。

软件配置如下。

1. 宿主主机

(1) 操作系统：Windows XP/Windows 2003 Server/Windows 7/Windows 8 等系统，本教材基于 Windows 7 SP1 x64 旗舰版。

(2) VMware Workstation：本教材使用 VMware-workstation-10.0 版本。

2. 虚拟机

(1) 服务器一律采用 32 位的 Windows 2003 Server SP2 企业版，建议采用纯净安装方式。

(2) 本教材中提到的客户机一律采用 Windows XP SP3，也可以采用 Windows 2003/Windows 7/Windows 8 等系统。

8.3.3 新建虚拟机并安装操作系统

可以到官方网站(http://www.vmware.com)下载最新版本的 VMware Workstation 安装包，按向导提示以默认设置安装 VMware Workstation 即可。

VMware Workstation 的工作窗口如图 8-36 所示。

在 VMware Workstation 的工作窗口中，依次单击菜单“文件”→“新建虚拟机”，打开如图 8-37 所示的对话框，选择“典型(推荐)”，并单击“下一步”按钮。

在如图 8-38 所示的对话框中选择“稍后安装操作系统”并单击“下一步”按钮。

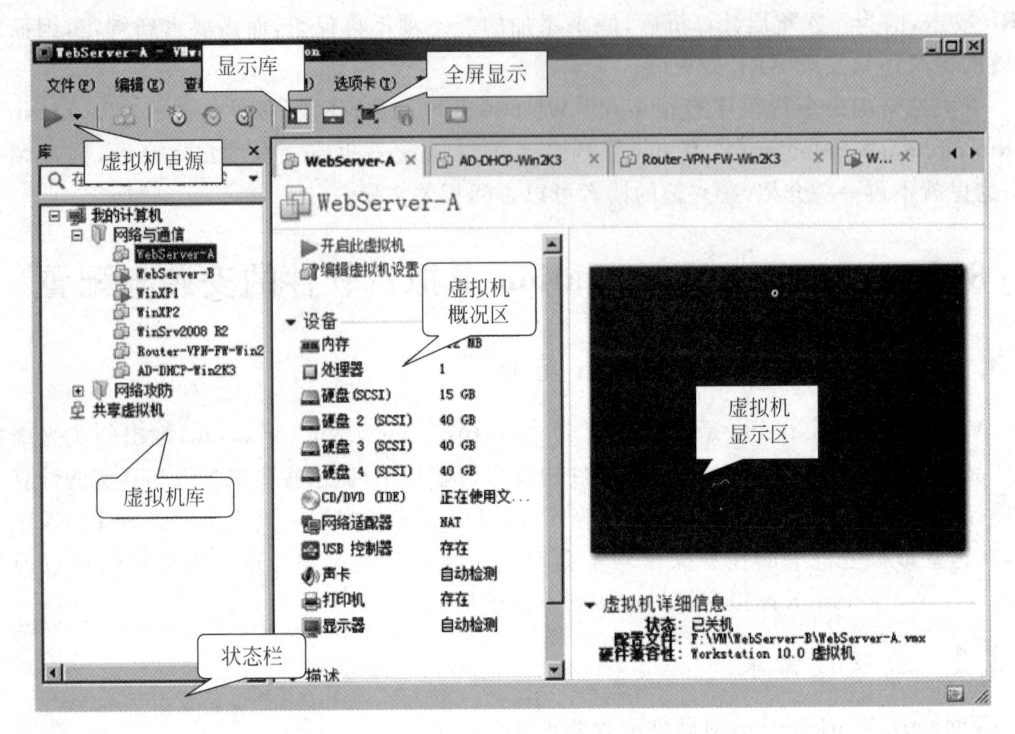

图 8-36　VMware Workstation 工作窗口

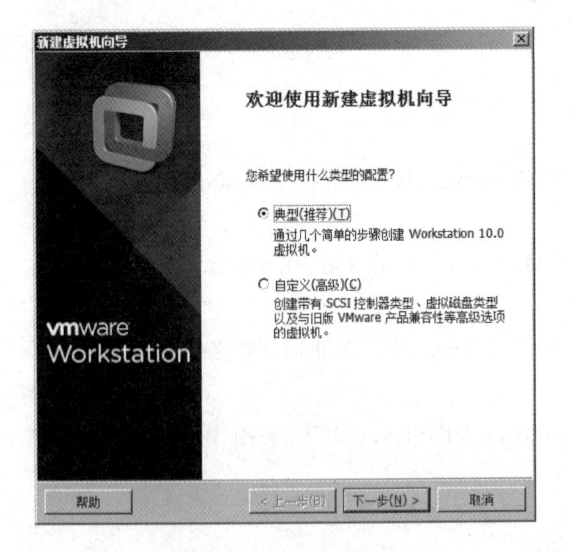

图 8-37　选择配置类型

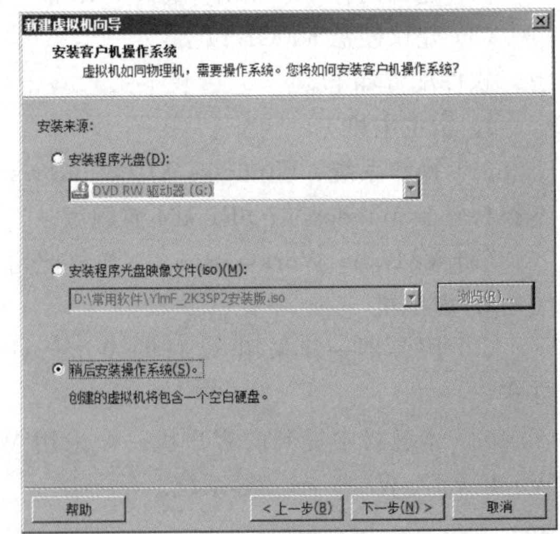

图 8-38　选择安装操作系统的方式

在如图 8-39 所示的对话框中选择操作系统类型及其版本，单击"下一步"按钮。

在如图 8-40 所示的对话框中，为该虚拟机命名，并指定保存该虚拟机的位置，建议新建一个文件夹专门用于存放该虚拟机的文件。

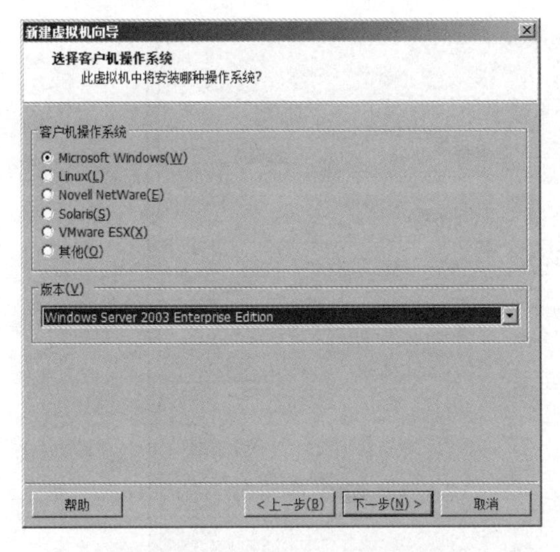

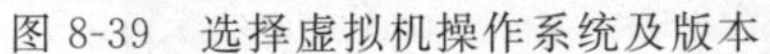
图 8-39　选择虚拟机操作系统及版本

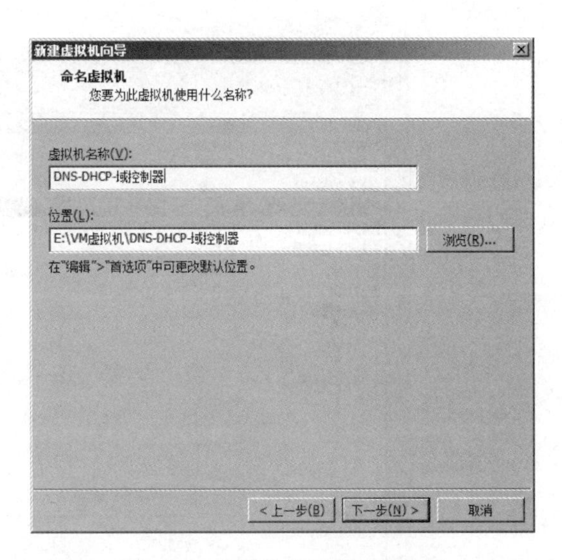

图 8-40　命名和设置虚拟机位置

在如图 8-41 所示的对话框中，设置虚拟机硬盘大小，建议不小于 20GB，并选择“将虚拟磁盘存储为单个文件”。

在如图 8-42 所示的对话框中，可以查看目前虚拟机拥有的硬件信息，若需要添加或删除硬件，则可单击“自定义硬件”按钮添加或删除硬件，单击“完成”按钮完成新建虚拟机过程。

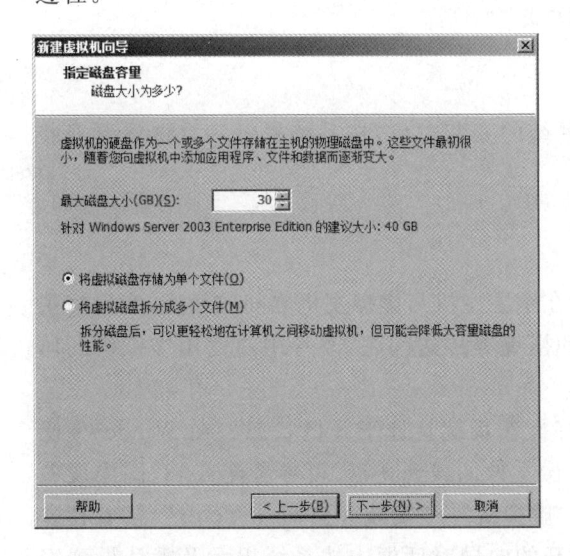

图 8-41　指定虚拟磁盘大小和磁盘文件形式

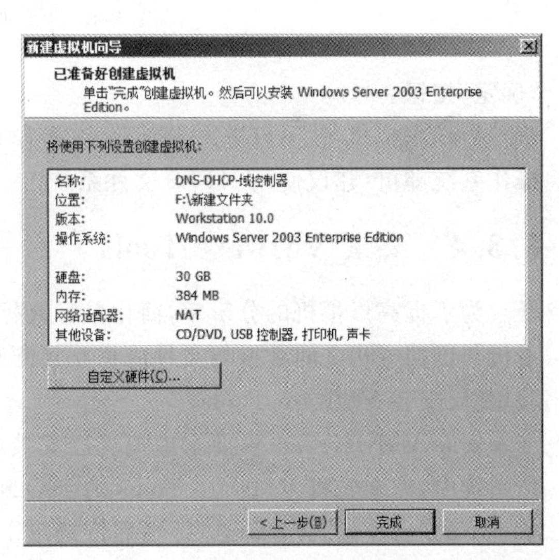

图 8-42　新建虚拟机信息确认

在 VMware Workstation 工作区的左侧虚拟机库窗格中，右击新建的虚拟机，选择“设置”命令，在如图 8-43 所示的对话框中可以添加、删除和修改虚拟机硬件，例如，可以增减内存容量、硬盘数量、处理器数量等，还可以修改网络适配器的连接模式等。

单击左侧的 CD/DVD(IDE)光盘驱动器，按图设置“使用 ISO 映像文件”，并单击“浏览”按钮，在打开的对话框中指定 Windows 2003 Server 的 ISO 映像文件的位置，最后单击

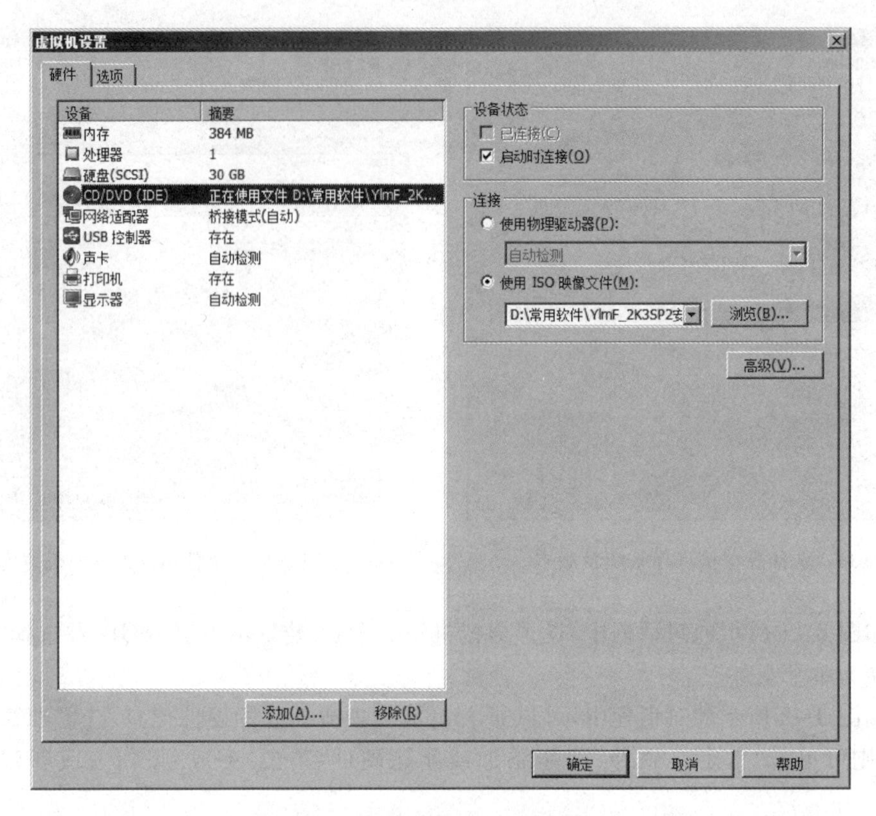

图 8-43 “虚拟机设置”对话框

“确定”按钮。

启动虚拟机，就可以进入 Windows 操作系统的安装过程，按系统提示和默认设置安装操作系统即可(建议使用 NTFS 文件系统)。

8.3.4 安装 VMware Tools

为了提高虚拟机的分辨率，简化鼠标光标在宿主主机与虚拟主机之间的切换，实现宿主主机与虚拟主机之间数据与文件的相互复制和拖曳等传送问题，改善用户使用虚拟机的体验，建议安装 VMware Tools。

安装 VMware Tools 要求虚拟机已安装好操作系统且处于开机状态。在 Windows 操作系统中，需要先将 VMware Tools 的 ISO 映像文件加载到光盘(可参考图 8-43，图中设备状态下的“已连接”必须勾选)。然后依次单击“虚拟机”→“安装 VMware Tools”，接着在虚拟机中的“我的电脑”中双击光盘驱动器，在打开的向导对话框中按系统提示及默认设置安装即可。

8.3.5 VMware Workstation 常用功能

1. VMware Workstation 中的网络

在 VMware Workstation 中，内部默认设置了三个小的局域网，每个小的局域网都自动连接到了一个交换机，连接到同一个交换机上的虚拟机同属一个局域网，它们之间可以相互访问。

VMwareWorkstation 中的局域网的结构如图 8-44 所示。VMnet0 连接的局域网与宿主主机所在的局域网进行了桥接,也就是连接到 VMnet0 上的虚拟机与宿主主机属于同一个局域网。VMnet1 连接的局域网相当于一个内部局域网,它与宿主主机所在的局域网进行了逻辑隔离,因此该网络中的虚拟机无法访问外部网络。VMnet8 所连接的局域网也是一个内部局域网,但该局域网采用了 NAT 技术,通过共享宿主主机的 IP 地址来访问外部网络。

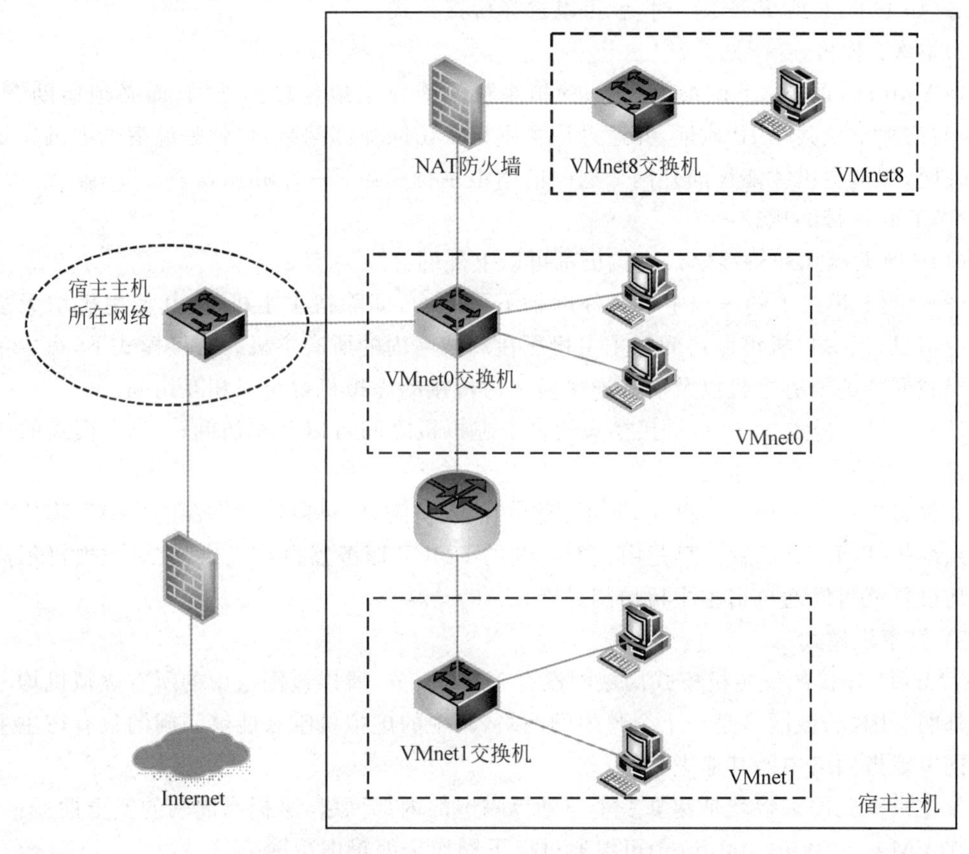

图 8-44 VMware Workstation 中的网络结构

在安装了 VMware Workstation 的宿主主机的网络连接里,可以看到多了如图 8-45 所示的两个网络连接,VMware Network Adapter VMnet1 就是为 VMnet1 中的虚拟机访问宿主主机的接口。VMware Network Adapter VMnet8 则是为 VMnet8 中的虚拟机通过 NAT 访问宿主主机和外部网络的接口。

图 8-45 VMnet1 和 VMnet8 网络连接

相应地,VMware 虚拟机的网络适配器就有三种网络连接模式,分别为桥接(Bridge)、网络地址转换(NAT)和仅主机(Host-only)。

1）桥接模式

桥接网络是指宿主主机的真实网络适配器通过与 VMnet0 虚拟交换机连接，这样真实网络适配器和虚拟网络适配器在拓扑图上处于同等地位，真实网络适配器和虚拟网络适配器处于同一个网段，因此，两个网络适配器的 TCP/IP 设置要做相同的设置（除了 IP 地址不同外，子网掩码、默认网关和 DNS 等均相同）。此时，若宿主主机能访问外网，那么虚拟主机也可以访问外网。

若宿主主机所在的局域网中的其他主机需要访问该虚拟机，或者该虚拟机需要对外提供服务（如 HTTP 或 FTP 等）时，就可以选择桥接模式。

2）NAT 模式

在 VMnet8 的 NAT 网络模式中，虚拟主机不能自主地连接到外网，而必须借助 NAT 技术，与宿主主机共享 IP 地址，并通过宿主主机来访问外部网络，也就是说宿主主机先要连接到外网，虚拟主机才能访问外网。这时的宿主主机相当于一个路由器。

NAT 和桥接的比较：

（1）NAT 模式和桥接模式虚拟机都可以上外网。

（2）NAT 模式下的虚拟主机对外网是不可见的，即除宿主主机外，其他主机均无法访问该虚拟机，但虚拟机可以访问宿主主机所在局域网内的所有主机。桥接模式下，宿主主机所在局域网中的所有主机以及所有连接模式为桥接的虚拟机都可以相互访问。

（3）在同一宿主主机中，桥接模式的多个虚拟机之间可以互相访问；NAT 模式的多个虚拟机之间也可以相互访问。

如果虚拟机只希望给自己用，而不希望其他人访问，则可以选择 NAT。NAT 模式下的虚拟系统的 TCP/IP 配置信息是由 VMnet8 的 DHCP 服务器自动提供，故对虚拟机不需要做任何设置就可以通过宿主主机访问外网。

3）仅主机模式

VMnet1 连接的仅主机模式局域网没有 NAT 服务，所以该网络中的所有虚拟机均不能访问外网。因此，该网络是一个全封闭的网络，其中的虚拟机唯一能够访问的只有宿主主机以及同一虚拟网络中的其他虚拟机。

仅主机模式的宗旨就是建立一个与外界隔绝的内部网络，来提高内网的安全性。

在 VMware Workstation 中可以通过以下操作来编辑虚拟网络。

依次单击菜单“编辑”→“虚拟网络编辑器”，打开如图 8-46 所示的对话框。在该对话框中可以添加或删除局域网，还可以修改选定局域网的子网地址、子网掩码以及 DHCP 的相关参数等。

对于每一台虚拟机，可以在虚拟机设置对话框中设置该虚拟机的网络连接模式，或者连接到某个局域网区段，如图 8-47 所示。

2. 克隆系统

在网络实验中很可能需要创建多个虚拟机，且虚拟机中的操作系统很多是一样的，为了减少安装操作系统的工作量，可以利用 VMware Workstation 中提供的克隆功能。

由于已经安装运行的 Windows 操作系统都会生成一个唯一的 SID（Security Identifier，安全标识符），直接克隆系统，或者直接复制虚拟机文件夹都会导致 SID 相同，而 SID 相同的系统是无法加入域的，这将导致关于域的实验无法进行。因此，在克隆之前需要将 SID

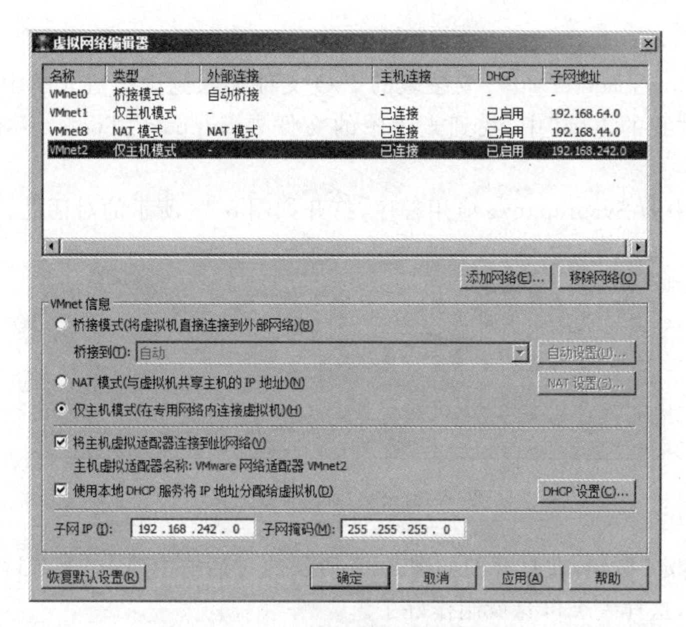

图 8-46 “虚拟网络编辑器”对话框

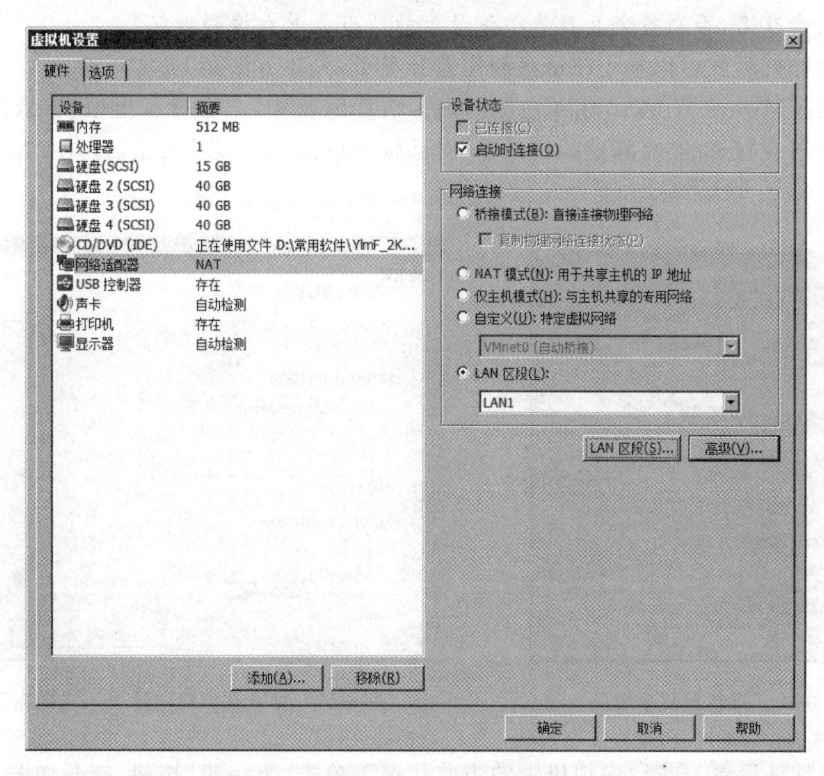

图 8-47 “虚拟机设置”对话框

清除掉，我们将清除了 SID 的系统称为**母盘**，通过该母盘克隆得到的系统称为**差异盘**。

常见的清除和重建 SID 的工具软件有 NewSID 和 Windows Server 2003 安装光盘中自带的 Sysprep.exe。这里仅介绍通过 Windows Server 2003 自带的工具来清除 SID。具体方法如下。

(1) 将 Windows Server 2003 安装版的 ISO 文件导入到虚拟机光驱中(参见图 8-43),然后在虚拟机的"我的电脑"中,找到光盘中的文件夹 Support\Tools,复制并解压其中的 Deploy.CAB。

(2) 双击其中的 Sysprep.exe 应用程序,打开如图 8-48 所示的对话框。

图 8-48　Sysprep 准备工具

(3) 单击"确定"按钮,在打开的如图 8-49 所示的对话框中单击"重新封装"按钮,SID 将自动清除并关机,这样一个母盘就制作好了。

注意:*母盘制作好后建议永远都不要开机,也不要将保存母盘虚拟机的文件夹移动到其他位置或者改名,否则将会导致基于该母盘的所有差异盘遭到破坏。*

母盘制作好后就可以基于该母盘制作差异盘了,具体方法如下。

(1) 在 VMware Workstation 左侧的虚拟机库窗格中,右击母盘虚拟机,依次选择"管理"→"克隆",在打开的"克隆虚拟机向导"对话框中单击"下一步"按钮,打开如图 8-50 所示的对话框。

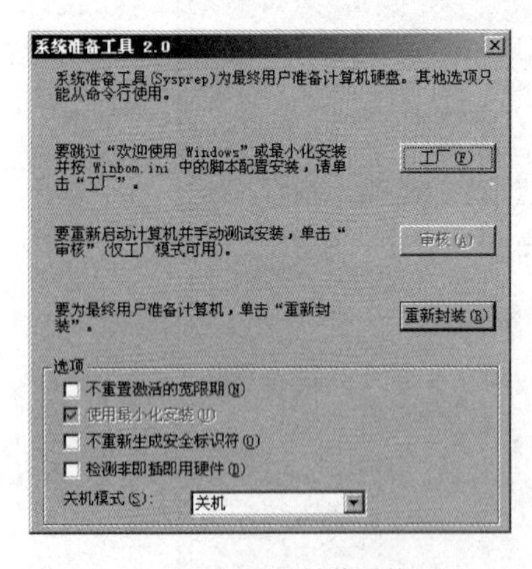

图 8-49　重新封装系统

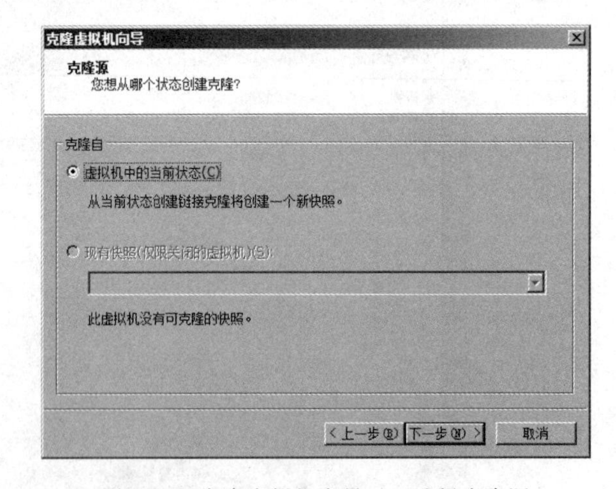

图 8-50　克隆虚拟机向导——选择克隆源

(2) 按默认设置,选择"虚拟机中的当前状态",单击"下一步"按钮,打开如图 8-51 所示的对话框。

(3) 按默认设置,选择"创建链接克隆",单击"下一步"按钮,打开如图 8-52 所示的对话框。在该对话框中设置好该虚拟机的名称和文件存储位置。建议一个虚拟机单独建立一个文件夹进行管理。

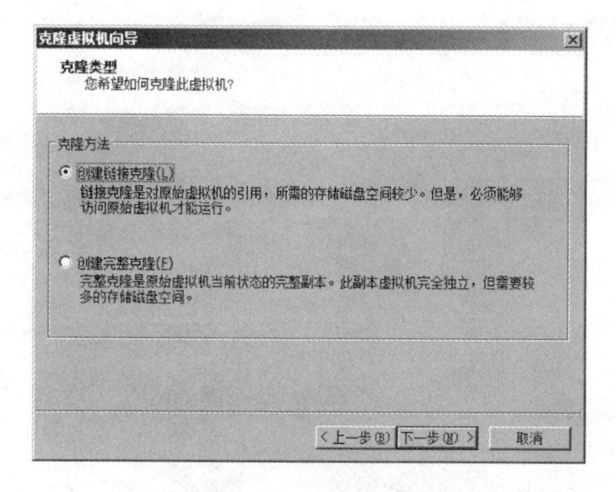

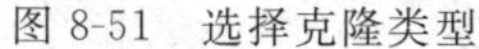
图 8-51　选择克隆类型

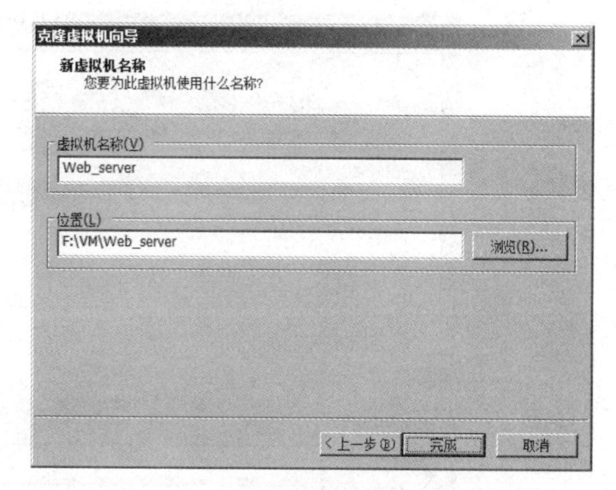

图 8-52　设置虚拟机名称与存储位置

最后，单击“完成”按钮，完成系统克隆工作。

启动刚才制作的差异盘虚拟机，在启动的过程中会出现类似安装操作系统的过程，在弹出的向导对话框中，直接按照向导提示和默认设置，一直单击“下一步”按钮，直到完成。在此过程中，系统会自动生成一个新的 SID，从而保证不同的系统拥有不同的 SID。

3. 使用快照

快照是 VMware Workstation 自带的一个非常实用的功能。在做实验的过程中，经常因为操作不当或者其他未知原因导致虚拟机系统被损坏。此时如果需要还原到实验前的系统状态就可以使用 VMware Workstation 中的快照功能。

实验前，可以将当前的系统状态拍摄一个快照，具体操作过程如下。

依次单击“虚拟机”→“快照”→“拍摄快照”，在打开的如图 8-53 所示的对话框中填写快照名称和对该快照的简要描述，以便将来还原快照时进行识别选择。

单击“拍摄快照”按钮，将虚拟机的当前状态保存下来，在 VMware Workstation 的左下角状态栏中会看到保存的进度情况。

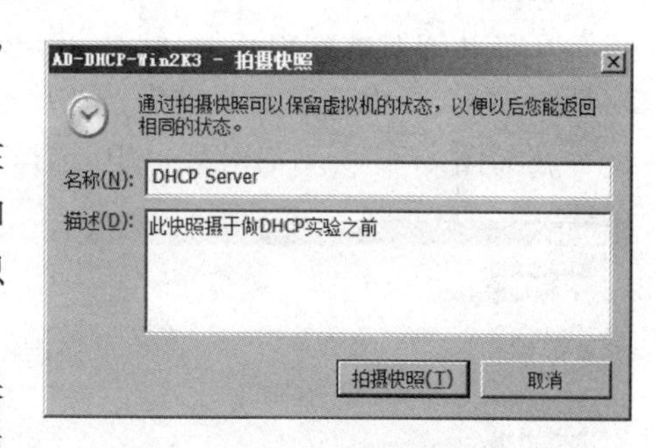

图 8-53　拍摄快照

将来如果需要将虚拟机还原到之前的某个状态时，就可以通过还原快照来实现，具体过程如下。

依次单击“虚拟机”→“快照”→“快照管理器”，打开如图 8-54 所示的对话框，从中可以看到快照拍摄的先后顺序，将光标移动到某个快照附近时还会出现关于该快照的描述，单击某个快照并单击“转到”按钮，在弹出的对话框中单击“是”按钮，就可以将当前虚拟机的状态还原到快照时的状态。

4. 共享磁盘

在企业网络环境中，经常为了保障网络服务器的服务性能和安全性，通常需要使用 NLB(Network Load Balancing，负载平衡)和 RAID(Redundant Arrays of Independent Disks，磁盘阵列)技术，而这些技术的基础就是共享磁盘技术，共享磁盘的作用就是为多台

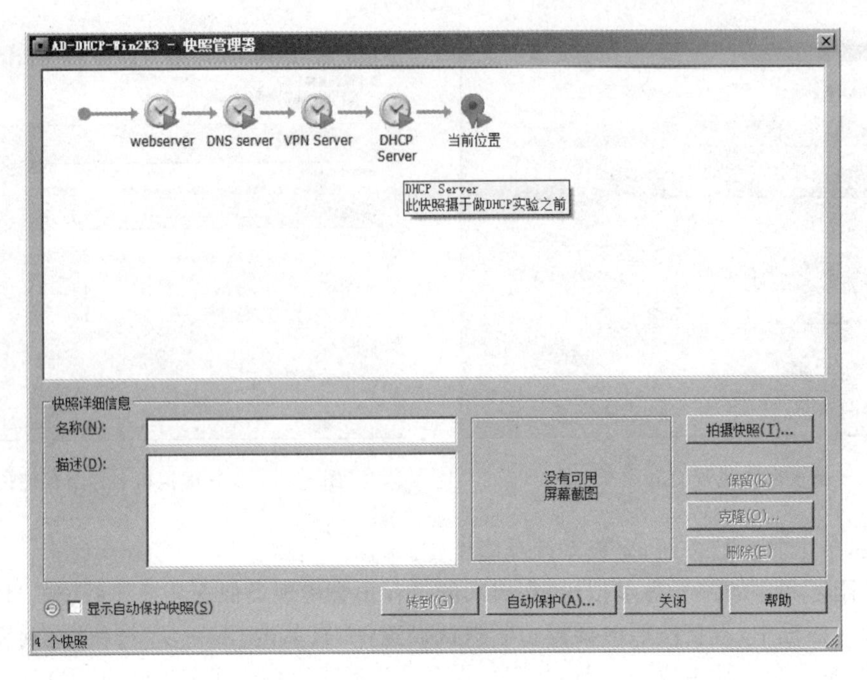

图 8-54　快照管理器

服务器提供共同的存储区域。

先准备好两个虚拟机，比如 Web Server-A 和 Web Server-B，并均处于关机状态。

在左侧虚拟机库中选择任意一台虚拟机（如 Web Server-A），然后单击“虚拟机”→“设置”，在打开的对话框中选择“硬盘”并单击“添加”按钮添加一个硬盘。在如图 8-55 所示的对话框中，选择虚拟磁盘类型为 SCSI。

在如图 8-56 所示的对话框中，选择“创建新虚拟磁盘”，单击“下一步”按钮。

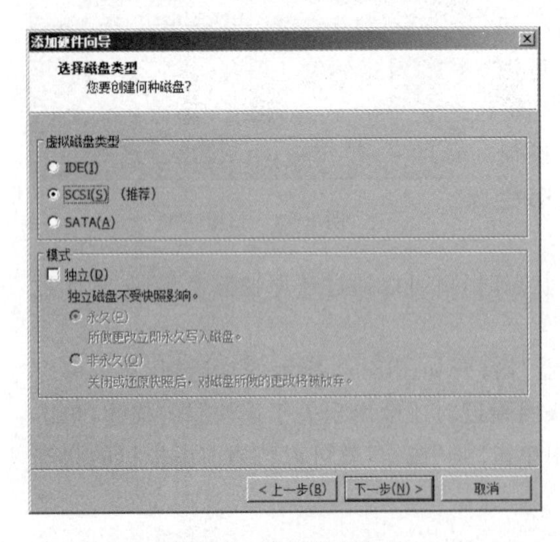

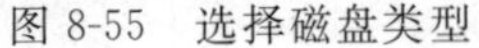
图 8-55　选择磁盘类型

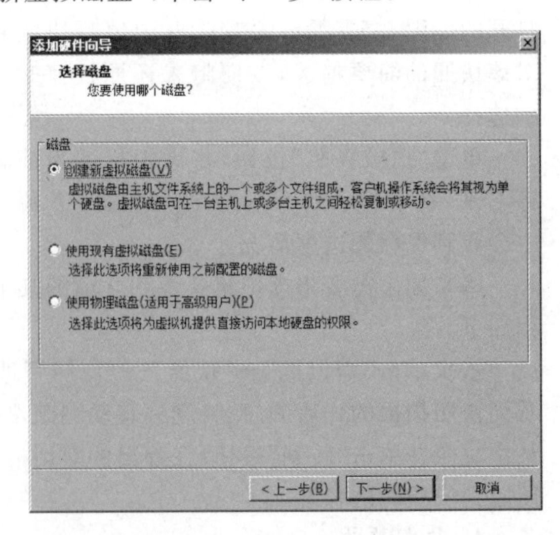

图 8-56　选择使用哪个磁盘

在如图 8-57 所示的对话框中，指定磁盘大小和磁盘文件的存在形式，单击“下一步”按钮。

在如图 8-58 所示的对话框中，指定磁盘文件存放的位置和文件名称。然后单击“完成”按钮。

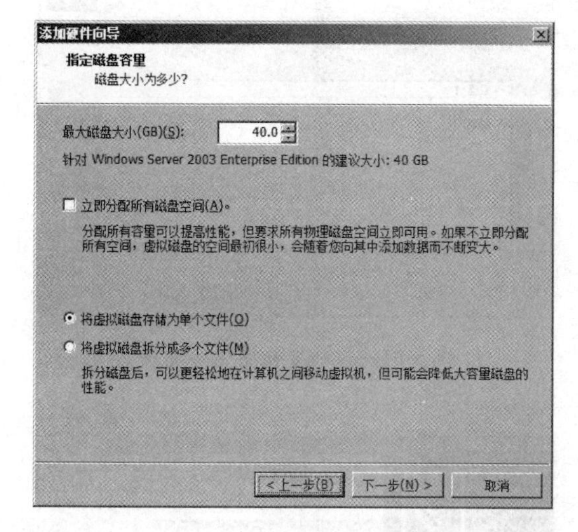

图 8-57　设置磁盘容量和磁盘文件的存储形式

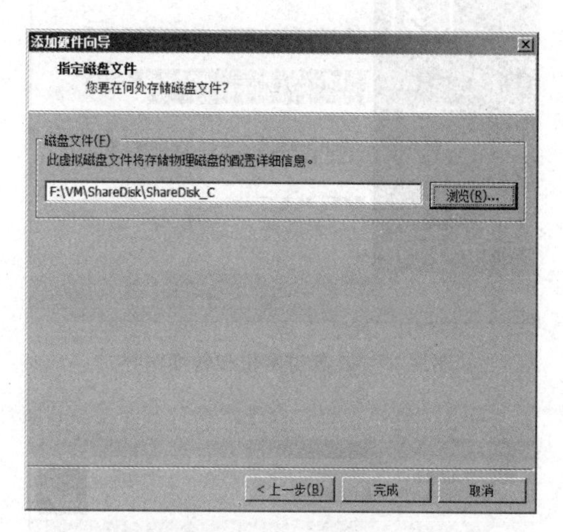

图 8-58　设置磁盘文件的存储位置与名称

重复上述过程，添加三个这样的虚拟磁盘。这时，在 Web Server-A 的虚拟机概况区中可以看到新添加的三个 SCSI 虚拟磁盘，即如图 8-59 所示的硬盘 2、硬盘 3 和硬盘 4。

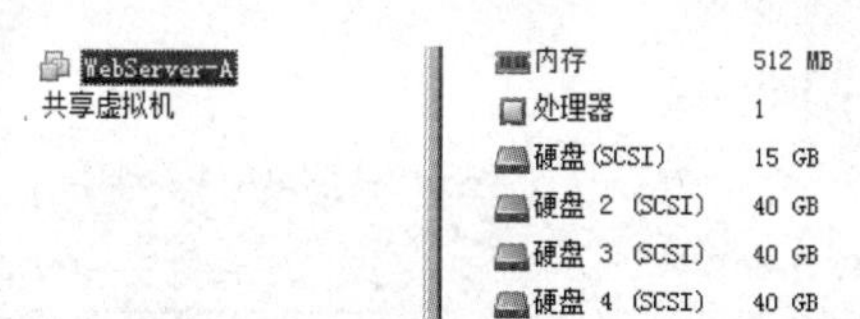

图 8-59　成功添加三个磁盘

接下来将这三个虚拟磁盘添加到 Web Server-B 中，前面的操作过程与在 Web Server-A 中添加虚拟磁盘的操作过程类似，但在出现如图 8-56 所示的对话框时需要选择“使用现有虚拟磁盘”，并在接下来的对话框中指定虚拟磁盘文件的位置和名称。

在两台虚拟机的存储文件夹中，用写字板打开虚拟机的. VMX 文件，并在其后添加以下一行内容：

```
Disk.Locking = "FALSE"
```

保存并关闭文件。

开启 Web Server-A 虚拟机，对刚添加的三个虚拟磁盘进行配置，具体操作过程如下。

右击“我的电脑”，选择“管理”，在打开的窗口中，单击存储下的“磁盘管理”，打开如图 8-60 所示的“磁盘初始化和转换向导”对话框。

单击“下一步”按钮，打开如图 8-61 所示的对话框。

勾选列出的三个虚拟磁盘，并单击“下一步”按钮，打开如图 8-62 所示的对话框。

这里需要选择转换成动态硬盘的磁盘，勾选所有磁盘，并单击“下一步”按钮。最后在如图 8-63 所示的对话框中单击“完成”按钮。

此时，就可以看到如图 8-64 所示的三个未指派的动态磁盘。右击某个动态磁盘，选择“新建卷”，打开新建卷的向导，直接单击“下一步”按钮。

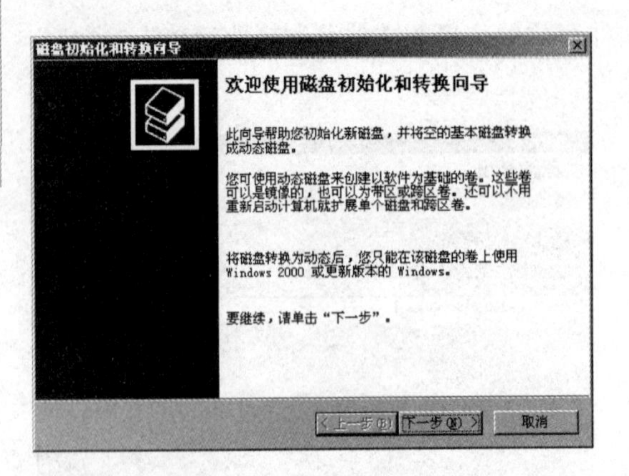

图 8-60　磁盘初始化和转换向导

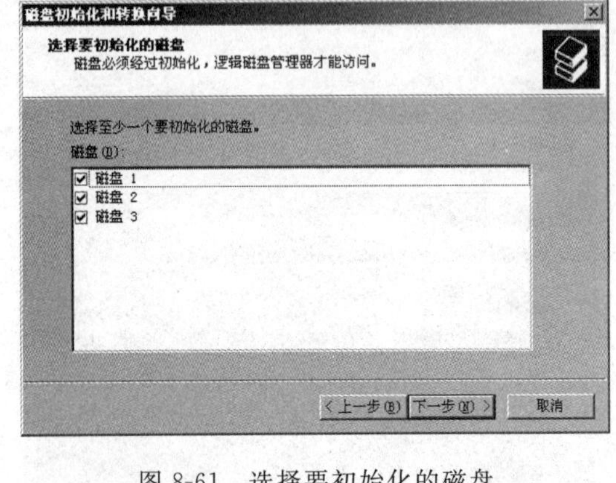

图 8-61　选择要初始化的磁盘

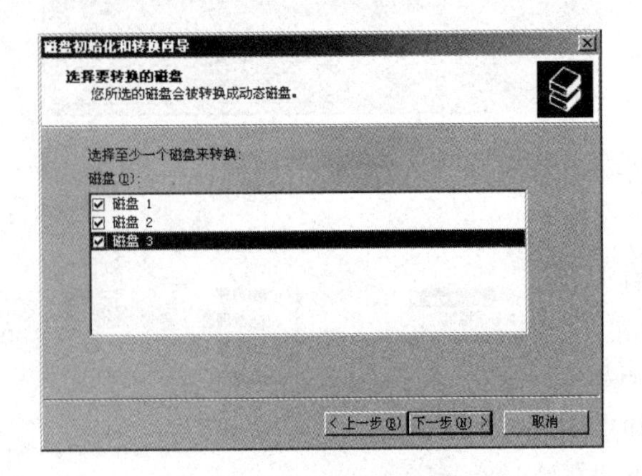

图 8-62　选择要转换的磁盘

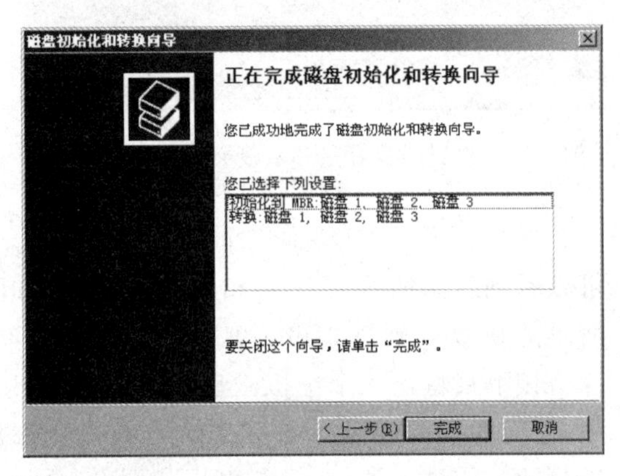

图 8-63　确认磁盘初始化与转换信息

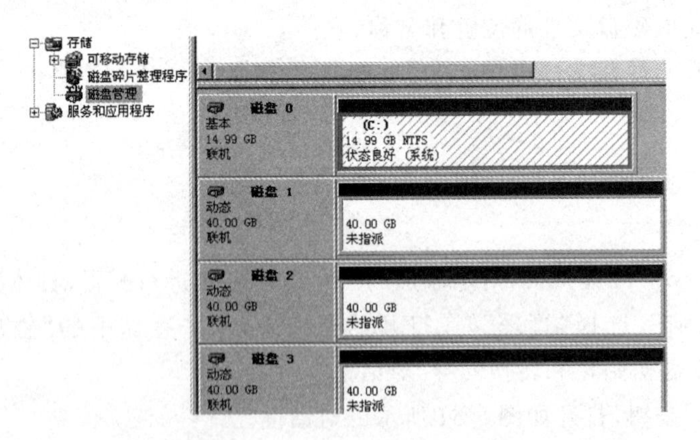

图 8-64　完成磁盘初始化与转换

在如图 8-65 所示的对话框中，选择 RAID-5，单击“下一步”按钮。

在如图 8-66 所示的对话框中，单击“添加”按钮，将左侧的可用列表框中的磁盘全部添加到右侧已选的磁盘列表框中，然后单击“下一步”按钮。

在如图 8-67 所示的对话框中，为新建的卷指派驱动器号，然后单击“下一步”按钮。

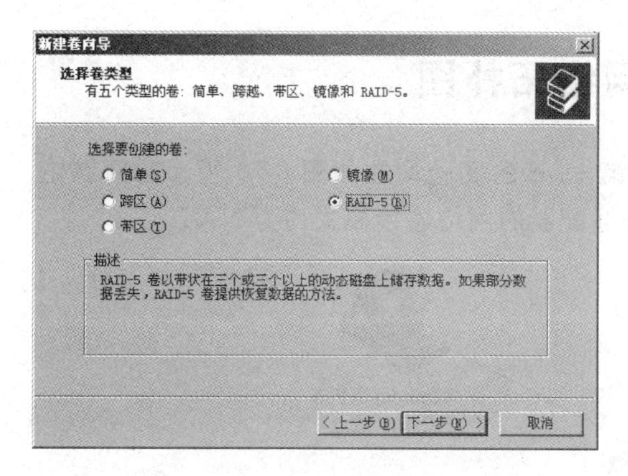

图 8-65　选择卷类型

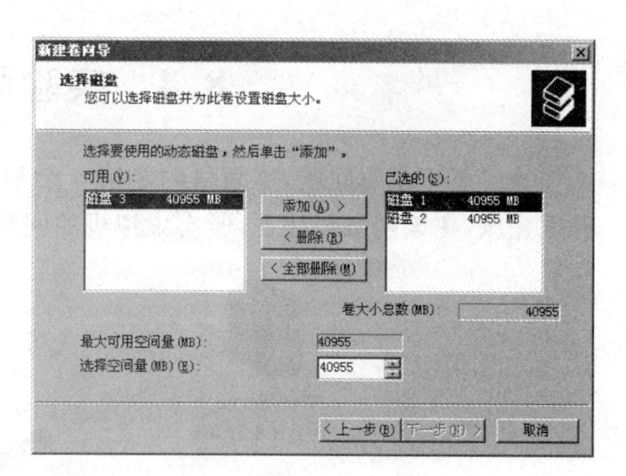

图 8-66　选择磁盘

在如图 8-68 所示的对话框中，选择文件系统为 NTFS，勾选"执行快速格式化"，单击"下一步"按钮，在最后打开的确认信息对话框中，单击"完成"按钮，开始格式化卷和重新同步。

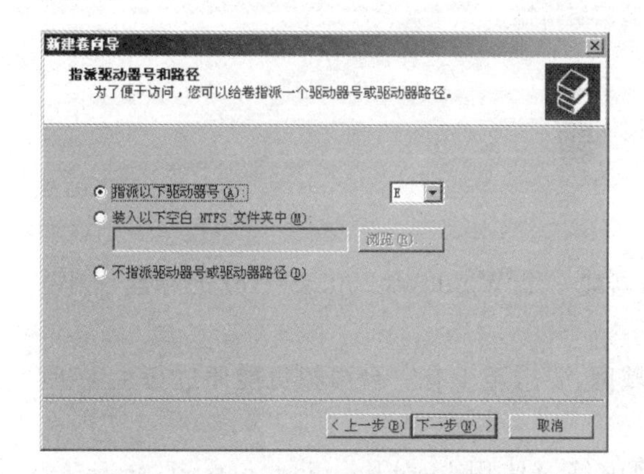

图 8-67　为新卷指派驱动器号

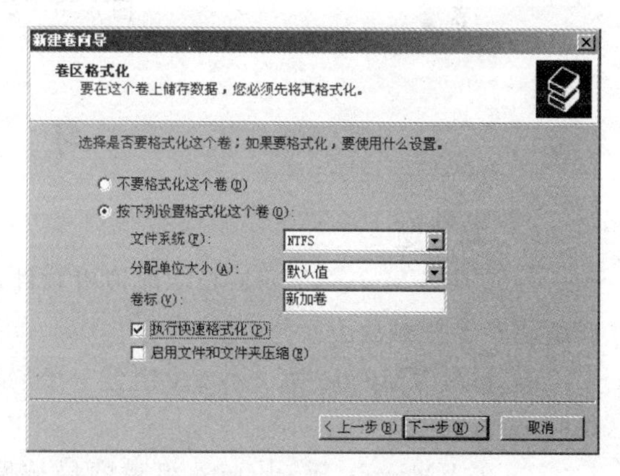

图 8-68　格式化卷

等格式化和重新同步完成后，打开"我的电脑"，将会发现多出一个 E 盘，在其中可以新建一些文件或文件夹。

将 Web Server-A 虚拟机关机，然后开启 Web Server-B 虚拟机。进入系统后，右击"我的电脑"，选择"管理"，单击"磁盘管理"将会看到三个状态良好的新加卷，但都没有驱动器号，于是右击某个新加卷，选择"更改驱动器号和路径"，打开如图 8-69 所示的对话框，单击"添加"按钮，为该新加卷指派一个驱动器号，然后一直单击"确定"按钮即可。

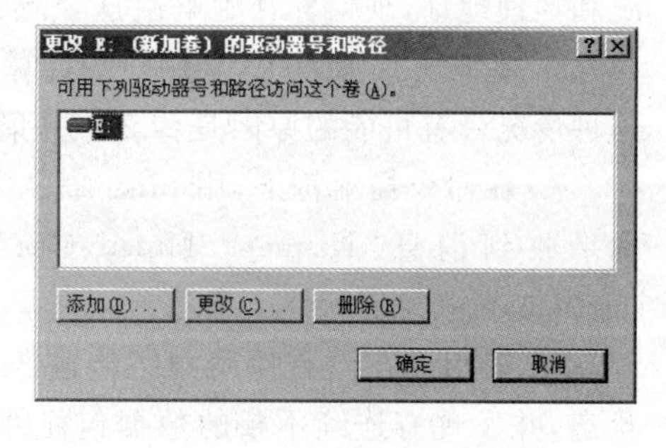

图 8-69　为卷指派驱动器号

打开"我的电脑"，将会发现多出一个 E 盘，而且其中的内容就是前面在 Web Server-A 中新建的文件夹和文件。

到此，Web Server-A 和 Web Server-B 两台虚拟机就实现了一个共享磁盘。

8.4 实验网络拓扑图

为了便于说明问题，本教材约定第 9 章和第 10 章的实验均在如图 8-70 所示的网络拓扑下完成，在该网络拓扑下，所有虚拟机的网络适配器的网络连接模式均为 NAT 模式。

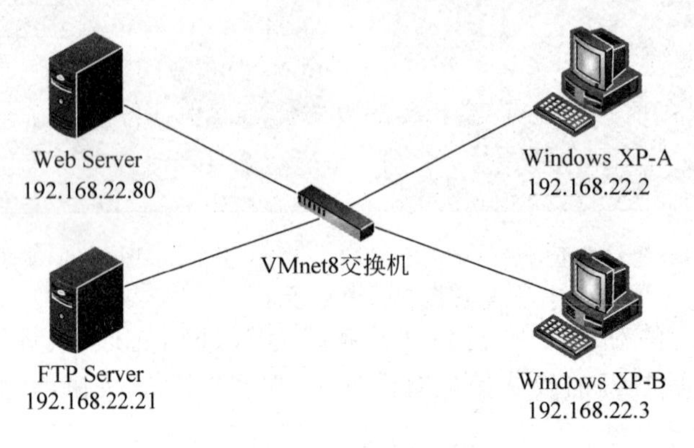

图 8-70 实验网络拓扑

习 题

一、简答题

1. 安装 VMware Workstate 虚拟机软件，新建一个 Windows 2003 Server 的母盘，并以此新建多个差异盘。

2. 利用 VMware Workstate 组建一个局域网，要求至少有一台虚拟机能通过宿主主机访问 Internet。

3. 在 VMware Workstate 组建的局域网中练习使用 ipconfig、ping、netstat、tracert、route 和 arp 等网络实用命令。

4. 现假设一局域网用户的计算机的 IP 地址为 172.16.1.2，其默认网关设置为 172.16.1.1，首选 DNS 设置为 202.101.111.55，现在她无法打开网页。现请你帮她诊断她的网络问题出现在何处，请写出你应该用什么命令，以及诊断的步骤。

5. 现有一宽带用户使用 Windows XP 操作系统，她想查看她的网卡的 TCP/IP 配置情况和物理地址，现请你帮她解决这个问题，请你写出应该用什么命令。

6. 在某一局域网中，某用户的计算机网络一会儿连接正常，一会儿连接中断，请问出现这种情况最有可能的原因是什么？并请你给出解决的方法。

7. 在命令提示符下，用 ping 命令可检测通信双方的网络连通状态，但在检测连通性时如果收到消息“Request Timed Out”则表示什么意思？如果收到消息“Destination unreachable”又表示什么意思？

8. 某用户在没有使用网络传输任何数据的情况下，网络状态指示灯却一直处于异常状态，并发现有连续不断的数据包往外传送，怀疑是中了木马病毒，请你帮他找出该木马程序。

二、选择题

1. 在 Windows 中,ping 命令的-n 选项表示________。

A. ping 的次数　　B. ping 的网络号

C. 用数字形式显示结果　　D. 不要重复,只 ping 一次

2. 在 Windows 中,ping 命令的-t 选项表示________。

A. ping 的时间　　B. ping 的次数

C. 连续不断地 ping　　D. ping 的跳数

3. 如果在 ping 的时候需要指定 ping 的数据包的大小,则需要使用以下________选项。

A. -n　　B. -l　　C. -s　　D. -t

4. 以下命令________可以查看到网络适配器的物理地址。

A. ipconfig　　B. ipconfig /all　　C. ping -a　　D. ping -n

5. 以下________可以释放动态获取的 IP 地址。

A. ipconfig /renew　　B. ipconfig /release

C. ipconfig /flushdns　　D. ipconfog

6. 以下________可以查看局域网内与自己通信过的主机的 IP 及其对应的 MAC 地址。

A. arp -a　　B. ipconfig /all

C. ping -a　　D. netstat -a

7. 某校园用户无法访问外部站点 210.102.58.74,管理人员在 Windows 操作系统下可以使用________判断故障发生在校园网内还是校园网外。

A. ping 210.102.58.74　　B. tracert 210.102.58.74

C. netstat 210.102.58.74　　D. arp 210.102.58.74

8. 在 Windows 的命令窗口中输入命令 arp -s 192.168.11.80 00-AA-00-4F-2A-9C,这个命令的作用是________。

A. 在 ARP 表中添加一个动态表项　　B. 在 ARP 表中添加一个静态表项

C. 在 ARP 表中删除一个表项　　D. 在 ARP 表中修改一个表项

9. 在 Windows 中,tracert 命令的-h 选项表示________。

A. 指定主机名　　B. 指定最大跳步数

C. 指定到达目标主机的时间　　D. 指定源路由

10. 在 Windows 操作系统中,如果要查找从本地出发,经过三个跳步,到达名字为 Enric 的目标主机的路径,则输入的命令是________。

A. tracert Enric -h 3　　B. tracert -j 3 Enric

C. tracert -h 3 Enric　　D. tracert Enric -j 3

11. 在 Windows 环境下,DHCP 客户端可以使用________命令重新获得 IP 地址。

A. ipconfig /release　　B. ipconfig /reload

C. ipconfig /renew　　D. ipconfig /all

12. 在 Windows 系统中,所谓"持久路由"就是保存在注册表中的路由。要添加一条到达目标 10.40.0.0/16 的持久路由,下一跃点地址为 10.27.0.1,则在 CMD 命令行窗口中输入命令________。

A. route -s add 10.40.0.0 mask 255.255.0.0 10.27.0.1

B. route -p add 10.27.0.1 10.40.0.0 mask 255.255.0.0

C. route -p add 10.40.0.0 mask 255.255.0.0 10.27.0.1

D. route -s add 10.27.0.1 10.40.0.0 mask 255.255.0.0

13. 能显示 IP、ICMP、TCP、UDP 统计信息的 Windows 命令是________。

A. netstat -s　　B. netstat -e　　C. netstat -r　　D. netstat -a

14. 与 route print 具有相同功能的命令是________。

A. ping　　B. arp -a　　C. netstat -r　　D. tracert -d

15. 下面的 Linux 命令中，能关闭系统的命令是________。

A. kill　　B. shutdown　　C. exit　　D. lgout

16. 在 Linux 中，可以利用________命令来终止某个进程。

A. kill　　B. dead　　C. quit　　D. exit

17. 某主机本地连接属性如图 8-71 所示，下列说法中错误的是________。

```
C:\WINDOWS\system32\cmd.exe
Ethernet adapter 本地连接:

        Connection-specific DNS Suffix  . : localdomain
        Description . . . . . . . . . . . : VMware Accelerated AMD PCNet Adapter

        Physical Address. . . . . . . . . : 00-0C-29-59-8A-BF
        Dhcp Enabled. . . . . . . . . . . : Yes
        Autoconfiguration Enabled . . . . : Yes
        IP Address. . . . . . . . . . . . : 192.168.44.128
        Subnet Mask . . . . . . . . . . . : 255.255.255.0
        Default Gateway . . . . . . . . . : 192.168.44.2
        DHCP Server . . . . . . . . . . . : 192.168.44.254
        DNS Servers . . . . . . . . . . . : 114.114.114.114
                                            218.85.157.99
        Primary WINS Server . . . . . . . : 192.168.44.2
        Lease Obtained. . . . . . . . . . : 2017年8月23日 0:37:35
        Lease Expires . . . . . . . . . . : 2017年8月23日 1:07:35
```

图 8-71　17 题图

A. IP 地址是采用 DHCP 服务自动分配的

B. DHCP 服务器的网卡物理地址为 00-0C-29-59-8A-BF

C. DNS 服务器地址可手动设置

D. 主机使用该地址的最大租约时长为 30min

18. DNS 正向搜索区的功能是将域名解析为 IP 地址，Windows XP 系统中用于测试该功能的命令是________。

A. nslookup　　B. arp　　C. netstat　　D. query

19. 下列不属于电子邮件协议的是________。

A. POP3　　B. SMTP　　C. SNMP　　D. IMAP4

20. 在 Windows 命令行下执行________命令出现如图 8-72 所示的效果。

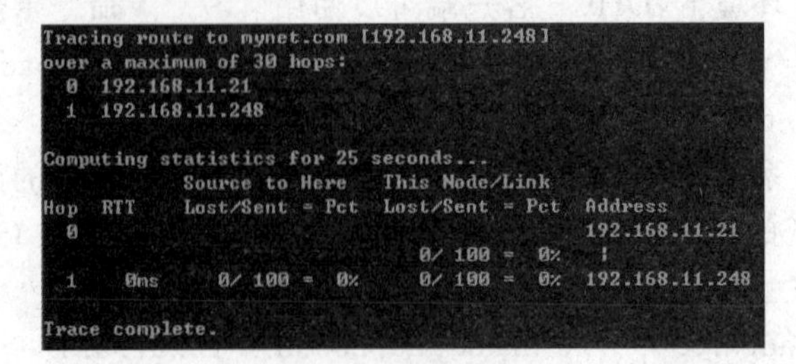

Tracing route to mynet.com [192.168.11.248]
over a maximum of 30 hops:
0 192.168.11.21
1 192.168.11.248
Computing statistics for 25 seconds...
Source to Here This Node/Link
Hop RTT Lost/Sent = Pct Lost/Sent = Pct Address
0 192.168.11.21
0/ 100 = 0%
1 0ms 0/ 100 = 0% 0/ 100 = 0% 192.168.11.248
Trace complete.

图 8-72　20 题图

A. pathping -n mynet. com　　　　　　B. tracert -d mynet. com

C. nslookup mynet. com　　　　　　D. arp -a

21. 在某台主机上无法访问域名为 www. bbb. cn 的网站，而局域网中的其他主机可以访问，在该主机上执行 ping 命令时有如图 8-73 所示的信息。

```
C:\Documents and Settings\Administrator>ping www.bbb.cn

Pinging www.bbb.cn [202.112.0.36] with 32 bytes of data:

Reply from 202.112.0.36: Destination net unreachable
Reply from 202.112.0.36: Destination net unreachable
Reply from 202.112.0.36: Destination net unreachable
Reply from 202.112.0.36: Destination net unreachable

Ping statistics for 202.112.0.36:
    Packets: Sent = 4, Received = 4, Lost = 0 (0% loss),
Approximate round trip times in milli-seconds:
    Minimum = 0ms, Maximum = 0ms, Average = 0ms
```

图 8-73　21 题图

分析以上信息，可能造成该现象的原因是________。

A. 该计算机设置的 DNS 服务器工作不正常

B. 该计算机设置的 TCP/IP 工作不正常

C. 该计算机连接的网络中的相关网络设备配置了拦截的 ACL 规则

D. 该计算机网关地址设置错误

22. 在 Windows 的 cmd 命令窗口中输入________命令可以用来诊断域名系统基础结构的信息和查看 DNS 服务器的 IP 地址。

A. DNSserver　　B. DNSconfig　　C. Nslookup　　D. DNSnamed

23. 在某公司局域网中的一台 Windows 主机中，先运行________命令，再运行“arp -a”命令，系统显示的信息如图 8-74 所示。

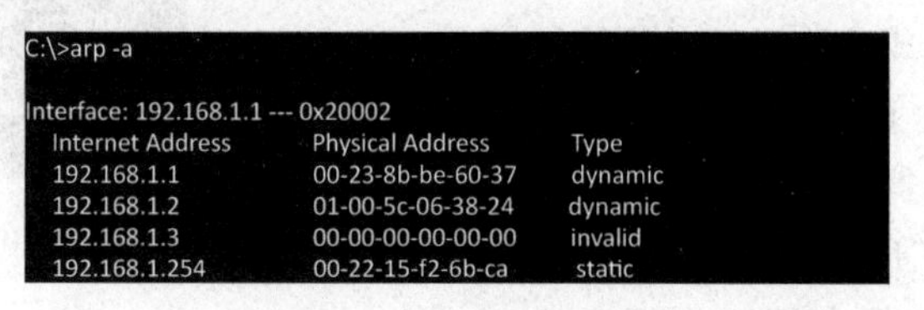

C:\>arp -a
Interface: 192.168.1.1 --- 0x20002
Internet Address　Physical Address　Type
192.168.1.1　00-23-8b-be-60-37　dynamic
192.168.1.2　01-00-5c-06-38-24　dynamic
192.168.1.3　00-00-00-00-00-00　invalid
192.168.1.254　00-22-15-f2-6b-ca　static

图 8-74　23 题图

A. arp -s 192. 168. 1. 1 00-23-8b-be-60-37

B. arp -s 192. 168. 1. 2 192. 168. 1. 201-00-5c-06-38-24

C. arp -s 192. 168. 1. 3 00-00-00-00-00-00

D. arp -s 192. 168. 1. 254 00-22-15-f2-6b-ca

24. 查看 DNS 缓存记录的命令是________。

A. ipconfig /flushdns　　　　　　B. nslookup

C. ipconfig /renew　　　　　　D. ipconfig /displaydns

25. 在 Windows 命令行窗口中进入 nslookup 交互工作方式，然后输入 set type=mx，这样的设置可以________。

A. 切换到指定的域名服务器　　　　　　　　B. 查询邮件服务器的地址

C. 由地址查找对应的域名　　　　　　　　　D. 查询域名对应的各种资源

26. FTP 提供了丰富的命令，用来更改本地计算机工作目录的命令是________。

A. get　　　　　　B. list　　　　　　C. lcd　　　　　　D. !list

27. 在 Windows 命令行窗口中输入 tracert 命令，得到如图 8-75 所示窗口，则该 PC 的 IP 地址可能为________。

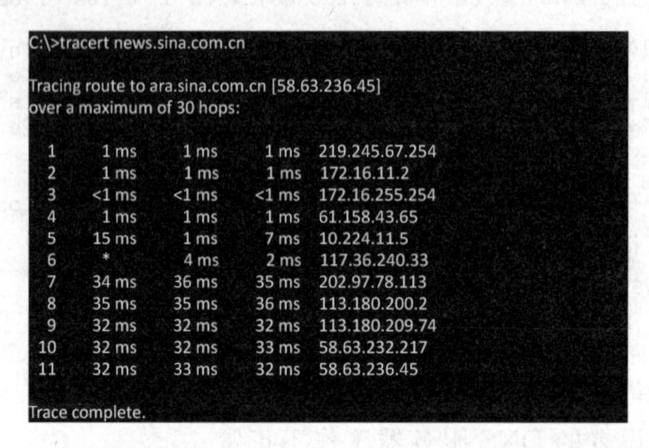

C:\>tracert news.sina.com.cn
Tracing route to ara.sina.com.cn [58.63.236.45]
over a maximum of 30 hops:
1 1 ms 1 ms 1 ms 219.245.67.254
2 1 ms 1 ms 1 ms 172.16.11.2
3 <1 ms <1 ms <1 ms 172.16.255.254
4 1 ms 1 ms 1 ms 61.158.43.65
5 15 ms 1 ms 7 ms 10.224.11.5
6 * 4 ms 2 ms 117.36.240.33
7 34 ms 36 ms 35 ms 202.97.78.113
8 35 ms 35 ms 36 ms 113.180.200.2
9 32 ms 32 ms 32 ms 113.180.209.74
10 32 ms 32 ms 33 ms 58.63.232.217
11 32 ms 33 ms 32 ms 58.63.236.45
Trace complete.

图 8-75　27 题图

A. 172.16.11.13　　　　　　　　B. 113.108.208.1

C. 219.245.67.5　　　　　　　　D. 58.63.236.45

28. nerstat -r 命令的功能是________。

A. 显示路由记录　　　　　　　　B. 查看连通性

C. 追踪 DNS 服务器　　　　　　D. 捕获网络配置信息

29. 一台主机的浏览器无法访问域名为 www.sohu.com 的网站，并且在这台计算机上运行 tracert 命令时有如图 8-76 所示的信息。

```
Tracing route to www.sohu.com [202.113.96.10]
over a maximum of 30 hops:

  1    <1 ms    <1 ms    <1 ms   59.67.148.1
  2    59.67.148.1 reports:Destination net unreachable

Trace complete.
```

图 8-76　29 题图

根据以上信息，造成这种现象的原因可能是________。

A. 该计算机 IP 地址设置有误

B. 相关路由器上进行了访问控制

C. 本地网关不可达

D. 本地 DNS 服务器工作不正常

30. 使用 netstat -o 命令可显示网络________。

A. IP、ICMP、TCP、UDP 的统计信息

B. 以太网统计信息

C. 以数字格式显示所有连接、地址及端口

D. 每个连接的进程 ID

31. 如果要检查本机的 IP 协议是否工作正常，则应该 ping 的地址是________。

A. 192.168.0.1　　　　　　　　B. 10.1.1.1

C. 127.0.0.1　　　　　　　　　D. 128.0.1.1

32. 在某台 PC 上运行 ipconfig /all 命令后得到如图 8-77 所示的结果，下列说法中错误的是________。

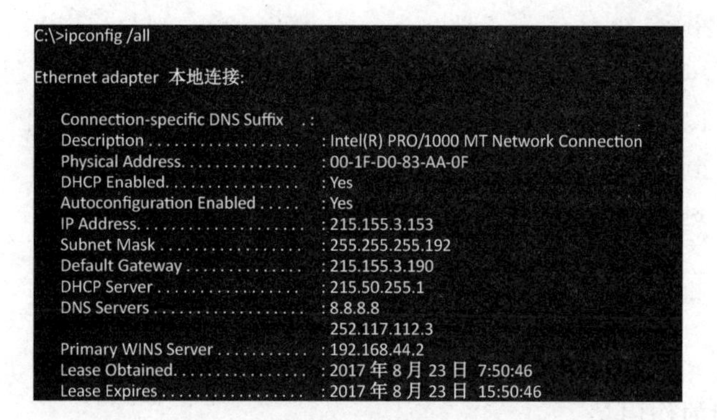

图 8-77　32 题图

A. 该 PC 的 IP 地址的租约期为 8 小时

B. 该 PC 访问 Web 网站时最先查询的 DNS 服务器为 8.8.8.8

C. 接口 215.155.3.190 和 152.50.255.1 之间使用了 DHCP 中继代理

D. DHCP 服务器 152.50.255.1 可供分配的 IP 地址数只能为 61

33. 在互联网中可以采用不同的路由选择算法，所谓松散源路由是指 IP 分组________。

A. 必须经过源站指定的路由器　　　　B. 只能经过源站指定的路由器

C. 必须经过目标站指定的路由器　　　D. 只能经过目标站指定的路由器

34. 某网络拓扑结构如图 8-78 所示。

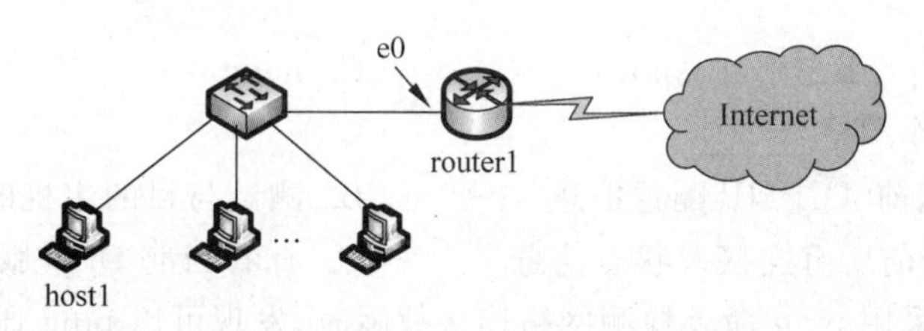

图 8-78　34 题图 1

在主机 host1 的命令行窗口中输入 tracert www. abc. com 命令后，得到如图 8-79 所示的结果。

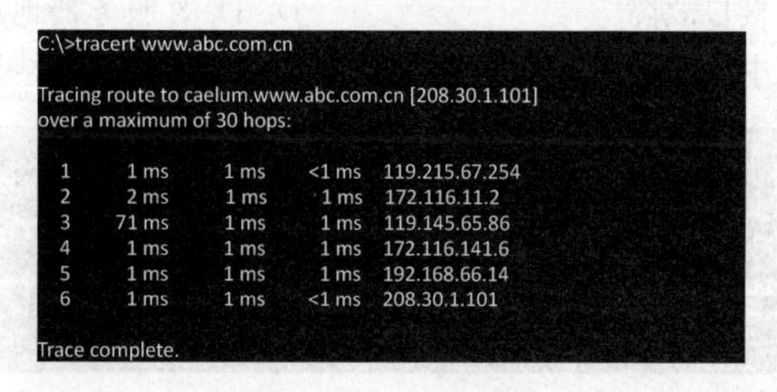

图 8-79　34 题图 2

则路由器 router1 e0 接口的 IP 地址为________。

A. 172. 116. 11. 2　　　　B. 119. 215. 67. 254

C. 210.120.1.30　　　　D. 208.30.1.101

35. 续上一题，www.abc.com.cn 的 IP 地址为________。

A. 172.116.11.2　　　　B. 119.215.67.254

C. 210.120.1.30　　　　D. 208.30.1.101

36. 在 Windows 的 DOS 窗口中输入命令：

```
C:\> nslookup
> set type = ptr
> 21.151.91.165
```

这个命令序列的作用是________。

A. 查询 211.151.91.165 的邮件服务器信息

B. 查询 211.151.91.165 到域名的映射

C. 查询 211.151.91.165 的资源记录类型

D. 显示查询 211.151.91.165 中各种可用的信息资源记录

37. 在 Windows 中运行________命令后得到如图 8-80 所示的结果。

```
Active Connections

  Proto  Local Address          Foreign Address        State
  TCP    PTXY-52E3CAACD1:1080   212.101.122.34:http    ESTABLISHED
  TCP    PTXY-52E3CAACD1:1081   212.101.122.140:http   ESTABLISHED
  TCP    PTXY-52E3CAACD1:1086   173.252.88.164:https   SYN_SENT
  TCP    PTXY-52E3CAACD1:1087   212.101.122.140:http   ESTABLISHED
```

图 8-80　37 题图

A. ipconfig/all　　B. ping　　C. netstat　　D. nslookup

38. 该命令的作用是________。

A. 查看当前 TCP/IP 配置信息　　　　B. 测试与目的主机的连通性

C. 显示当前所有连接及状态信息　　　　D. 查看当前 DNS 服务器

39. 某客户端采用 ping 命令检测网络连接故障时，发现可以 ping 通 127.0.0.1 及本机的 IP 地址，但无法 ping 通同一网段内其他工作正常的计算机的 IP 地址。该客户端的故障可能是________。

A. TCP/IP 不能正常工作　　　　B. 本机网卡不能正常工作

C. 本机网络接口故障　　　　D. DNS 服务器地址设置错误

40. 在 Windows 中运行________命令后得到如图 8-81 所示的结果。

```
Active Routes:
Network Destination  Netmask          Gateway          Interface        Metric
0.0.0.0              0.0.0.0          102.217.115.254  102.217.115.132  20
127.0.0.0            255.0.0.0        127.0.0.1        127.0.0.1        1
102.217.115.128      255.255.255.128  102.217.115.132  102.217.115.132  20
102.217.115.132      255.255.255.255  127.0.0.1        127.0.0.1        20
102.217.115.255      255.255.255.255  102.217.115.132  102.217.115.132  20
224.0.0.0            240.0.0.0        102.217.115.132  102.217.115.132  20
255.255.255.255      255.255.255.255  102.217.115.132  102.217.115.132  1
Default Gateway:       102.217.115.254
```

图 8-81　40 题图

A. ipconfig /renew　　　　B. ping

C. netstat -r　　　　D. nslookup

41. 续上一题，该信息表明主机的以太网网卡________。

A. IP 地址为 127.0.0.1，子网掩码为 255.255.255.0，默认网关为 127.0.0.1

B. IP 地址为 102.217.115.132，子网掩码为 255.255.255.128

C. IP 地址为 102.217.115.132，子网掩码为 255.255.255.255

D. IP 地址为 255.255.255.255，子网掩码为 255.255.255.255

42. 续上一题，图 8-81 中的 224.0.0.0 是________。

A. 本地回路　　B. 默认路由　　C. 组播地址　　D. 私网地址

43. tracert 命令通过多次向目标发送________来确定到达目标的路径。

A. ICMP 地址请求报文　　B. ARP 请求报文

C. ICMP 回声请求报文　　D. ARP 响应报文

44. 续上一题，在连续发送的多个 IP 数据包中，________字段都是不同的。

A. 源地址　　B. 目标地址　　C. TTL　　D. ToS

45. 在 Windows 系统中，所谓“持久路由”就是________。

A. 保存在注册表中的路由　　B. 在默认情况下系统自动添加的路由

C. 一条默认的静态路由　　D. 不能被删除的路由

46. 续上一题，要添加一条到达目标 10.40.0.0/16 的持久路由，下一跃点地址为 10.27.0.1，则在 DOS 窗口中输入命令________。

A. route -s add 10.40.0.0 mask 255.255.0.0 10.27.0.1

B. route -p add 10.27.0.1 10.40.0.0 mask 255.255.0.0

C. route -p add 10.40.0.0 mask 255.255.0.0 10.27.0.1

D. route -s add 10.27.0.1 10.40.0.0 mask 255.255.0.0

47. 如果要测试目标 10.0.99.221 的连通性并进行反向名字解析，则在 DOS 窗口中输入命令________。

A. ping -a 10.0.99.221　　B. ping -n 10.0.99.221

C. ping -r 10.0.99.221　　D. ping -j 10.0.99.221

48. 某网络结构如图 8-82 所示。除了 PC1 外其他 PC 都能访问服务器 Server1，造成 PC1 不能正常访问 Server1 的原因可能是________。

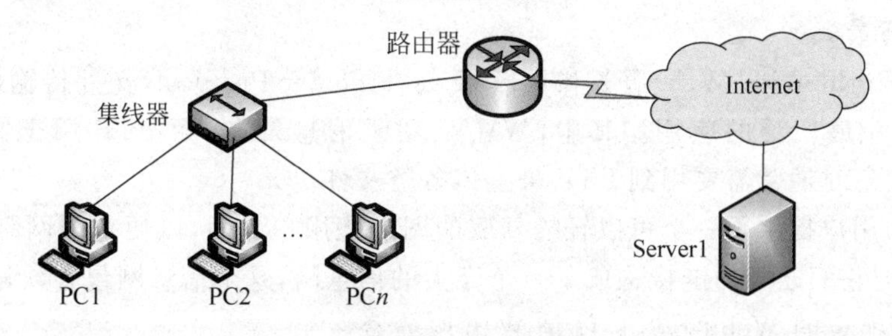

图 8-82　48 题图

A. PC1 设有多个 IP 地址　　B. PC1 的 IP 地址设置错误

C. PC1 的子网掩码设置错误　　D. PC1 的默认网关设置错误

第 9 章　网络服务器的配置与管理

Internet 之所以如此丰富多彩，是因为存在着大量提供各种不同服务和资源的服务器，比如 Web 服务器为我们提供网页浏览服务，FTP 服务器为我们提供文件上传与下载服务，邮件服务器则为我们提供收发邮件服务，……还有一些相当于基础设施的服务器，默默地支撑着网络的正常运转，比例 DHCP 服务器自动为网络上的主机提供 TCP/IP 网络配置信息；DNS 服务器为我们提供域名解析；防火墙则为保障网络安全提供服务。

由于各服务之间可能存在众多关联应用，因此本章实验先简要介绍 Web 服务器和 FTP 服务器的配置与管理，了解网络服务器的基本工作情况以及与其他服务器之间的关联性。关于这两个服务器的更多配置与应用，以及其他更多的服务器的配置与管理留到第 14 章中介绍。

1. 实验目的

(1) 了解常见的网络应用服务器的工作原理；

(2) 掌握 FTP 和 Web 应用服务器的构建方法与过程；

(3) 掌握 FTP 和 Web 应用服务器的基本管理和维护方法。

2. 实验设备

连入 Internet 或局域网，运行 Windows XP/Windows 2003/Windows 7/Windows 8 等 Windows 操作系统的 PC 一台，在该 PC 上安装 VMware Workstation 7.0 以上版本的软件及其他应用软件。

3. 实验学时

本实验建议学时为 4 学时。

4. 实验背景

WWW(World Wide Web)服务和 FTP(File Transfer Protocol，文件传输协议)服务是当前 Internet 中最广泛的应用。其中，WWW 用于信息发布，而 FTP 用于文件传输，在 WWW 发布信息时通常需要用到 FTP 来上传各类文件。

WWW 为用户提供了一个可以轻松驾驭的图形化用户界面，以便查阅网络上的各种文档，这些文档与它们之间的链接构成了一个庞大的信息网，这个信息网包含数量众多的提供网上信息浏览服务的 Web 网站，也就是 Web 服务器。

Web 服务采用客户/服务器(Client/Server，C/S)工作模式，客户机与服务器均采用 HTTP(Hypertext Transfer Protocol，超文本传输协议)作为应用层通信协议，HTTP 的默认 TCP 端口号为 80。

FTP 起源于 UNIX 系统下传输文件的协议。FTP 服务也采用客户/服务器工作模式。FTP 服务器向客户机提供文件上传和下载服务，默认端口为 21 和 20，其中，端口 21 为监听端口,用于监听 FTP 客户机的连接请求,在整个会话期间,该端口必须一直打开,端口 20 为数据端口,用于传输文件,只在传输文件的过程中打开,传输完毕后由服务器主动关闭。FTP 客户机使用 1024～65 535 的动态端口,由客户机的 FTP 软件自动分配。

FTP 的访问方式分为匿名方式和用户账号方式。匿名方式就是以“anonymous”作为用户名,以任意的电子邮件地址作为口令访问 FTP 服务器。用户账号方式则需要使用指定的用户账号登录到 FTP 服务器后才能获得文件传输服务。

构建 WWW 和 FTP 服务器的方法有很多种,常用的 WWW 服务器的配置方案有 IIS 组件、Apache 和 Tomcat。FTP 服务器的配置方案有 IIS 组件、Serv-U 和 FileZilla Server。其中利用 Windows 自带的 IIS 组件是最为简单的一种方法。考虑到实验环境对机器性能的要求,以及 Windows 2003 Server 和 IIS 6.0 在中小型企业站点中广泛应用的现状,本章实验将采用 Windows Server 2003 和 IIS 6.0 来构建 WWW 和 FTP 服务器。

9.1 安装 IIS 组件

在 Windows Server 2003 中,IIS 组件默认是没有安装的,因此需要首先安装 IIS 组件中的 WWW 和 FTP 服务子组件。

依次单击“开始”菜单→“控制面板”→“添加/删除程序”→“添加/删除 Windows 组件”,在弹出的对话框中单击“应用程序服务器”选项,然后单击“详细信息”按钮,在弹出的对话框中单击“Internet 信息服务(IIS)”选项,再单击“详细信息”按钮,在弹出的对话框中勾选“万维网服务”和“文件传输协议(FTP)服务”,其他相关子组件系统会自动勾选,如图 9-1 所示。

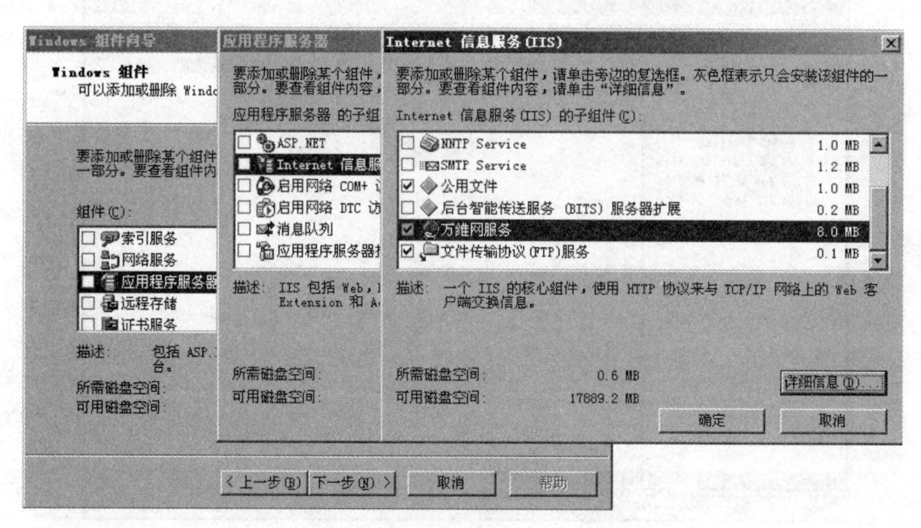

图 9-1 安装 IIS 中的 WWW 和 FTP 服务组件

为了便于对 IIS 服务器进行远程管理,在如图 9-1 所示对话框中还要单击“万维网服务”,然后单击“详细信息”按钮,在打开的对话框中勾选“远程管理(HTML)”子组件。另外,勾选“远程桌面 Web 连接”子组件将允许对 IIS 服务器进行远程桌面连接管理,如图 9-2 所示。

最后单击“确定”按钮,并在向导的提示下操作直到完成安装。

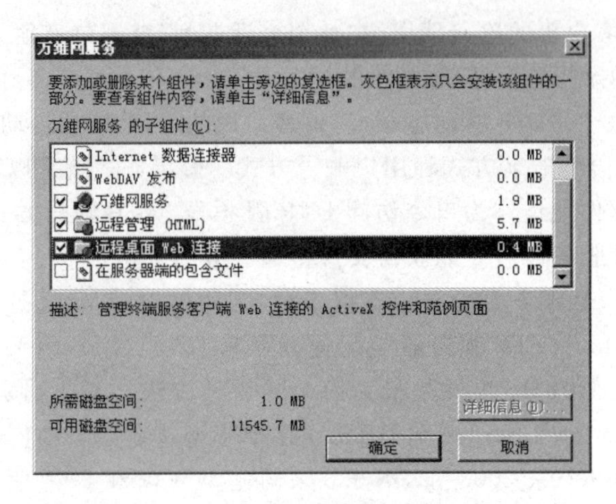

图 9-2　勾选"远程管理"等子组件

9.2　配置和管理 Web 网站

安装完 IIS 和 Web 服务之后，依次单击"开始"→"管理工具"→"Internet 信息服务(IIS)管理器"，打开如图 9-3 所示的 IIS 管理控制台窗口，"网站"下的"默认网站"就是一个 Web 网站，而 Administration 则是一个用于远程管理的 Web 网站。

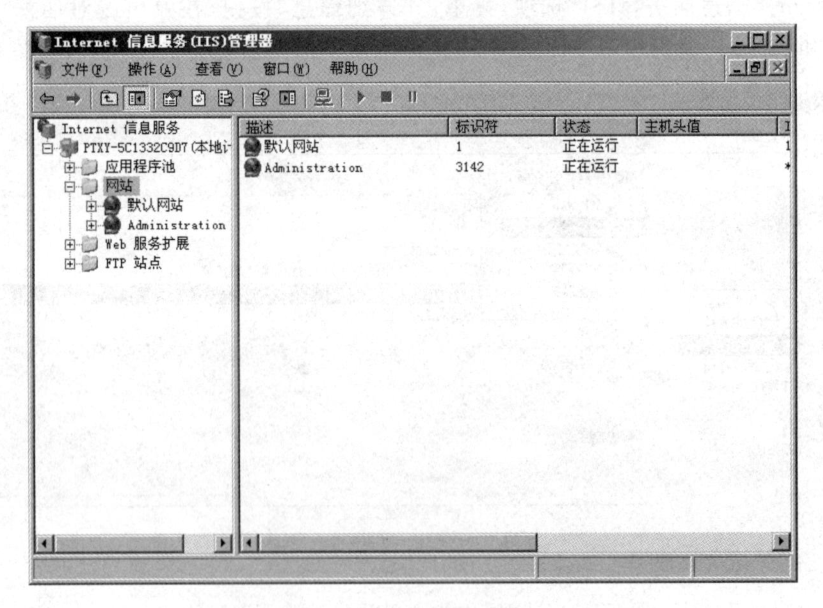

图 9-3　IIS 管理器控制台

9.2.1　IIS Web 网站概述

当需要在一台计算机上构建多个 Web 网站时，但由于 Web 服务默认 TCP 端口为 80，因此必须使用一种方法来区分这些不同的 Web 网站，使得用户在访问这些网站时就像是访问物理上不同的服务器,这就是虚拟主机技术。IIS 支持以下三种虚拟主机技术。

1. 单个 IP 地址+多端口

在这种技术下,多个 Web 网站共享一个 IP 地址,但需要使用不同的 TCP 端口号,这些 Web 网站的逻辑结构如图 9-4 所示,图中表示在 IP 地址为 192.168.22.80 的主机上构建三个 Web 站点,各站点的 TCP 端口号分别为 80,8080 和 8866。访问这类网站时,必须标识网站的 TCP 端口号,比如访问第三个站点的 URL 地址形式为 http://192.168.22.80:8866。

这种方式由于必须指明 IP 地址和 TCP 端口号,不便于记忆和使用。

2. 多个 IP 地址

在这种技术下,各 Web 网站均可采用默认的 TCP 端口号 80,但必须为每个 Web 网站指定不同的 IP 地址,这些 Web 网站的逻辑结构如图 9-5 所示。

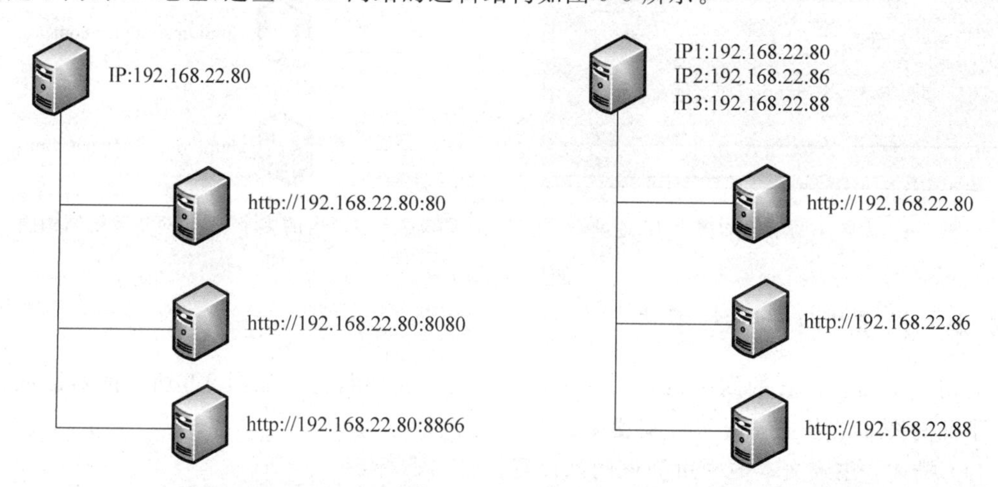

图 9-4 使用不同端口号的网站逻辑结构　　图 9-5 使用不同 IP 地址 Web 网站逻辑结构

在"Internet 协议(TCP/IP)属性"对话框中,单击"高级"按钮,在打开的"高级 TCP/IP 设置"对话框中,单击"IP 地址"列表框下的"添加"按钮可为同一网络适配器设置多个 IP 地址,如图 9-6 所示。

这种方式的主要缺点是要求 IP 地址比较充裕。

3. 单 IP 地址多域名

为每个网站指定不同的域名(IIS 中称为主机头值)不仅能区分不同的网站,更便于记忆和使用,对 IP 地址也没有更多的要求,因而得到了广泛应用。这种方案的网站逻辑结构如图 9-7 所示。

这种方案的缺点就是这些域名需要 DNS 服务器的支持,对内部网站来说就必须构建 DNS 服务器,否则就需要购买域名,这显然增加了开销和管理成本。

在下面的介绍中将会分别介绍前面两种技术方案的实现,最后一种方案由于涉及较多其他内容,留到第 14 章中介绍。

在 IIS 管理器控制台中,右击"网站",并依次选择"新建"→"网站",打开"网站创建向导"对话框,在该向导的提示下按默认设置操作,便可以创建一个新的网站,重复该过程可新建多个网站。

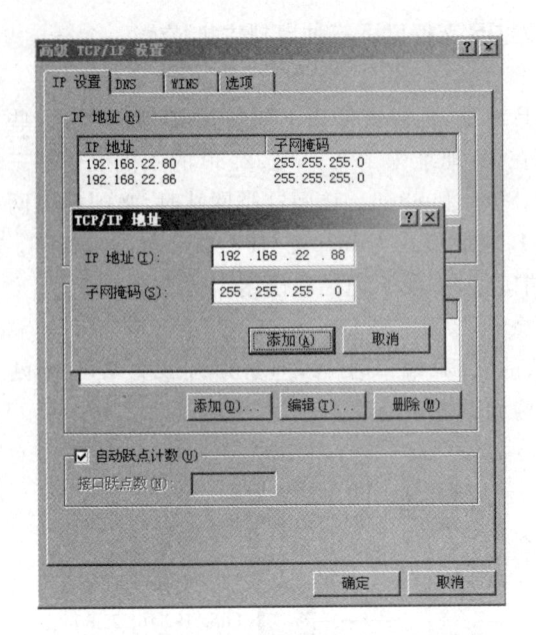

图 9-6　为同一网卡添加多个 IP 地址

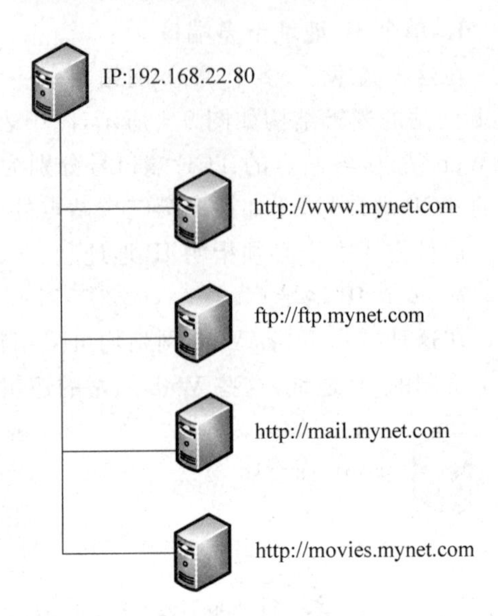

图 9-7　多域名的多个 Web 网站逻辑结构图

9.2.2　设置"网站"选项卡

右击一个需要设置的网站(如"默认网站"),选择"属性",打开如图 9-8 所示的对话框。下面对图中的各主要设置简要说明。

(1) 描述:在该文本框中可为该网站设置一个名称标识。

(2) IP 地址:单击该下拉列表,为该网站选择一个固定的 IP 地址。一般情况下,IP 地址是必需的。通过在这里为每个网站指定不同的 IP 地址就可以实现图 9-5 所描述的虚拟主机技术。

(3) TCP 端口:TCP 端口默认值是 80,可以将其修改为 1024～65 535 的任意唯一值,通过修改该值可以实现图 9-4 所描述的多端口虚拟主机技术。TCP 端口是必需的,不能置为空。

(4) SSL 端口:只有要使用 SSL(Secure Socket Layer,安全套接字层)加密来构建安全 Web 网站时才需要设置 SSL 端口号,默认的 SSL 端口是 443。图 9-3 中的 Administration 网站就是一个安全 Web 网站。访问安全 Web 网站的 URL 地址必须以 https 开头。

(5) 高级:单击该按钮可进一步配置该网站的 IP 地址、TCP 端口号、主机头值和 SSL 端口号,如图 9-9 所示。通过在此指定主机头值可以实现图 9-6 所描述的虚拟主机技术。但由于此时还没有 DNS 服务器的支持,故此处还不能指定主机头值,该内容留到第 14 章中介绍。

(6) 连接超时:默认值为 120 秒,表示如果客户端 120 秒内都没有传输任何数据,则自动断开与该客户端的 TCP 连接。

(7) 保持 HTTP 连接:勾选此选项可使客户端与服务器保持已建立的 HTTP 连接,这样后续有新的数据传输请求时就不需要重新建立 HTTP 连接,提高了通信效率。

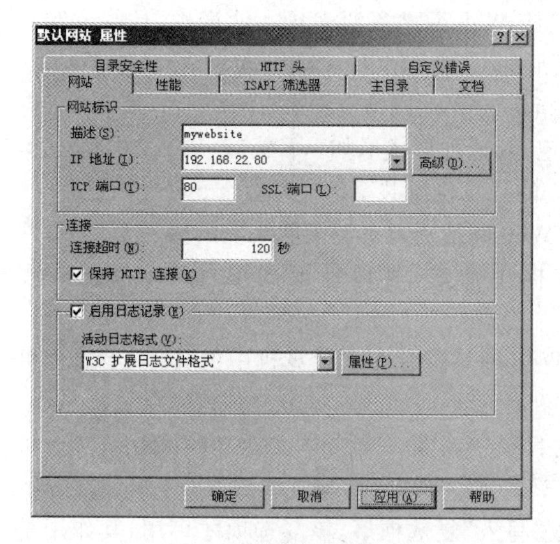

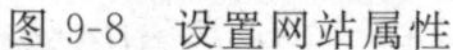
图 9-8 设置网站属性

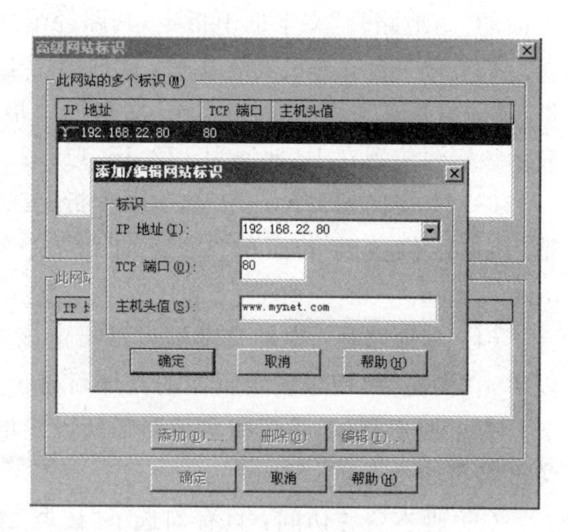

图 9-9 “高级网站标识”对话框

(8) 启用日志记录：勾选此选项可以启用网站的日志记录功能，它可以记录关于用户活动的细节并按所选格式创建日志。日志信息包括有哪些用户访问了该站点、查看了什么内容，以及最后一次访问的时间等。管理员可以利用该日志来评估内容受欢迎程度、识别信息瓶颈以及网站维护等工作。

(9) 活动日志格式：在“活动日志格式”下拉列表中为日志文件选择一种格式，默认情况下所选格式为 W3C 扩展日志文件格式，它是一种可自定义的 ASCII 格式。

(10) 属性：单击此按钮可以配置创建日志文件的计划和日志文件的存储目录等。

9.2.3 设置“主目录”选项卡

在如图 9-10 所示的“主目录”选项卡下，可以设置 Web 网站资源的来源、具体位置以及访问的方式等。

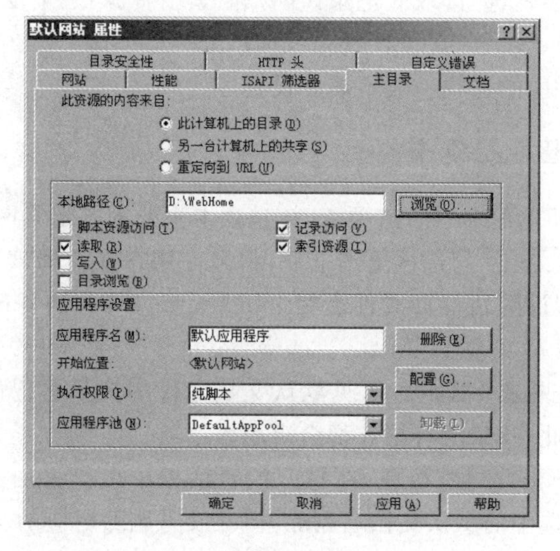

图 9-10 设置网站主目录

（1）此计算机上的目录：该选项用于指定该 Web 网站资源来自本计算机，具体位置在下面的“本地路径”文本框中指定，其路径形式形如 C:\inetpub\wwwroot。

（2）另一台计算机上的共享：该选项用于指定该 Web 网站资源来自网络上的某一台计算机，具体位置在下面的“网络目录”文本框中指定，其地址形式形如\\172.16.112.220\movies，表示该资源位置在 IP 地址为 172.16.112.220 的计算机所共享的文件夹 movies 中。

（3）重定向到 URL：该选项用于指定该 Web 网站资源来源于网络上的另一个 Web 网站，其具体位置在下面的“重定向到”文本框中指定，其地址形式形如 http://www.mynet.com。

（4）本地路径：在此文本框可以指定该 Web 网站资源在本计算机中的具体位置，也可以单击“浏览”按钮来设定资源的具体目录位置。

为了便于测试，建议在本地路径所设定的目录中新建一个文本文件，内容不限，然后将文件名更改为 index.html。

（5）脚本资源访问：只有勾选了“读取”或“写入”复选框后，该复选项才可用，其作用是允许用户读取或写入源代码，包括 ASP 应用程序中的脚本，也决定用户能否通过使用 WebDAV 写入或读取脚本。

（6）读取：勾选该复选框将允许用户通过 Web 浏览器或 Web 文件夹读取网站资源。

（7）写入：勾选该复选框将允许用户上传文件到该主目录，或者更改/删除该目录内的文件。

（8）目录浏览：通常，当访问一个 Web 网站时，首先看到的是网站的默认文档，也就是我们常说的首页。当默认文档没有定义或不存在时，就会返回一个错误消息。此时，如果勾选了该复选框，用户将可以看到 Web 网站主目录中的所有文件和文件夹。

（9）记录访问：勾选该复选框将记录用户对该主目录的访问。只有启用了图 9-8 中的“启用日志记录”复选框后，该功能才有效。

（10）索引资源：勾选该选项将允许 Microsoft 索引服务将主目录包含到网站的全文索引中。

通用情况下，只需要勾选“读取”“记录访问”和“索引资源”三个复选框即可，其他复选框需要根据实际需求选择。

“应用程序设置”栏中的选项一般不需要设置。

9.2.4 设置“文档”选项卡

切换到如图 9-11 所示的“文档”选项卡，该选项卡主要用于定义网站的默认文档。

（1）启用默认内容文档：勾选该复选框后，将允许用户在访问该 Web 网站时不需要指明网站首页文件名。假设网站首页文件名为 index.html，勾选该复选框后，在访问该 Web 站点时，在浏览器地址栏中输入 http://www.mynet.com/index.html，与输入 http://www.mynet.com 的效果是一样的。可见默认文档允许用户不必记住网站首页的文件名，这更方便用户浏览，因此，几乎所有站点都会启用该选项。

（2）添加/删除：单击“添加”按钮，在打开的对话框中可以添加网站默认文档文件名。单击“删除”按钮，可将选中的默认文档名删除，但并没有删除对应的文件。

（3）上移/下移：单击这两个按钮可调整默认文档的显示顺序，当用户访问该 Web 网站

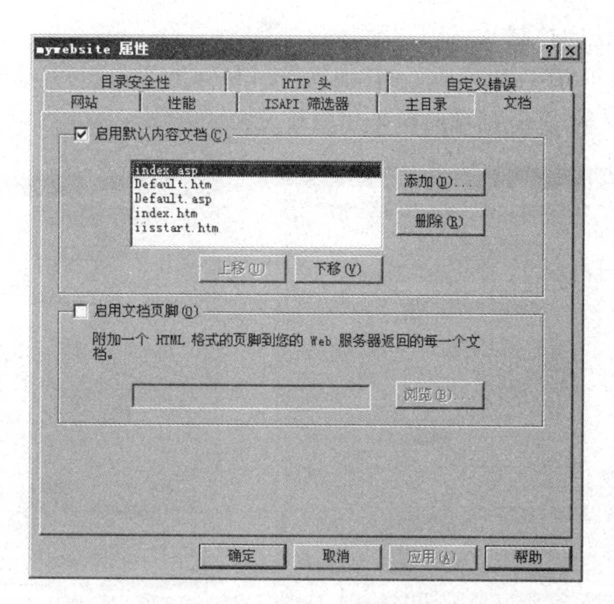

图 9-11　设置网站文档

时,如果没有指定默认文档名,系统则将从上往下依次匹配,一旦匹配成功就结束匹配动作,返回首页给用户。因此,需要将网站首页文件名上移到最上面,从而提高网站响应速度。

(4) 启用文档页脚:勾选该选项并在下方的文本框中输入或单击"浏览"按钮指定文档页脚的路径,Web 网站将自动在每个被浏览的 HTML 格式网页底部插入指定的 HTML 页脚文档中的内容作为页脚。

到此,一个基本的 Web 网站就已经配置完成。在客户端 WinXP-A 或者 WinXP-B 虚拟机上测试访问该网站,如图 9-12 所示。

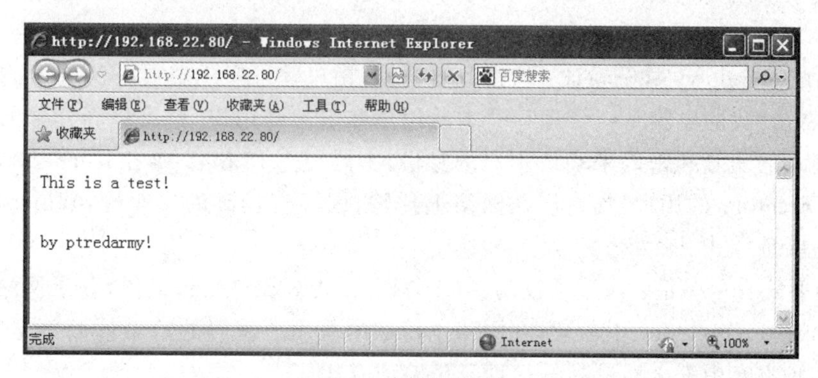

图 9-12　测试访问

对于其他选项卡中的配置,下面仅就常用的一些配置予以简要介绍,在实际应用时,可根据自身需要进行配置。

9.2.5　设置"目录安全性"选项卡

在如图 9-13 所示"目录安全性"选项卡中可设置网站的身份验证和访问控制方法、IP 地址和域名限制以及安全通信所要求的数字证书等。

1. 身份验证和访问控制

单击“身份验证和访问控制”栏下的“编辑”按钮，弹出如图 9-14 所示的对话框，在该对话框中可配置用户访问 Web 网站时所采用的身份验证方法。

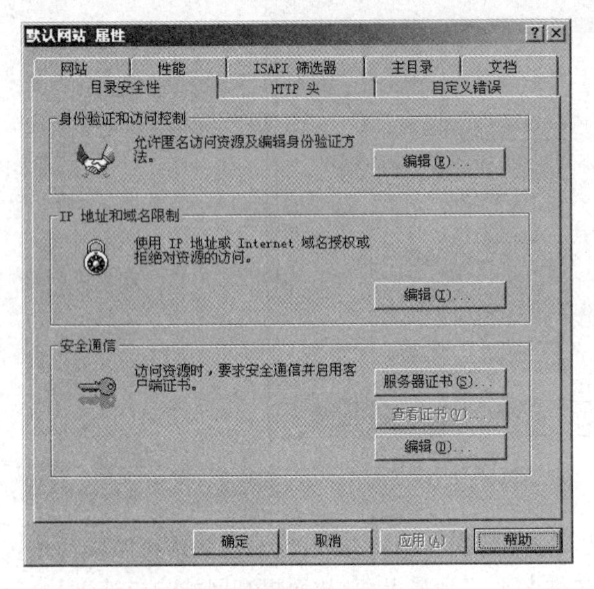

图 9-13 设置网站目录安全性

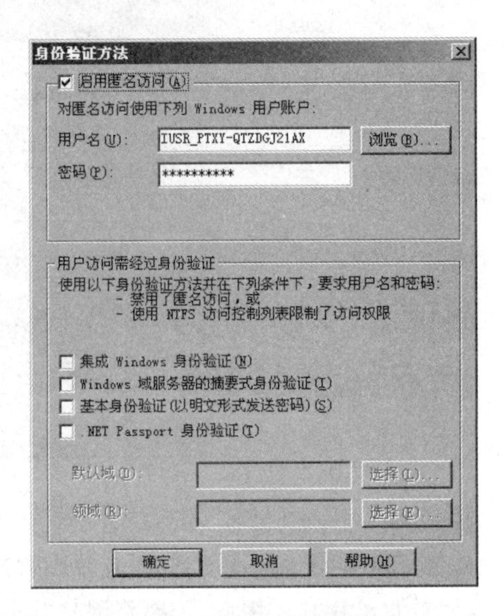

图 9-14 编辑身份验证方法

(1) 启用匿名访问：勾选该复选框将允许用户匿名访问。默认情况下，服务器创建和使用账户 IUSR_ComputerName 作为匿名访问的用户名，这里的 ComputerName 是指 IIS 服务器所在计算机的名称，该用户名在安装 IIS 时系统将自动创建。

如果要求采用其他账户登录访问，则需要新建用户账户，并选择下面的某种身份验证方法。

(2) 集成 Windows 身份验证：勾选此复选框，用户登录账户必须在 Web 网站所在计算机中创建(右击“我的电脑”→“管理”→“本地用户和组”→“用户”里可以新建账号)，网站将根据用户输入的账号和密码来确认用户的身份，密码经 NTLMv2 或者 Kerberos(如果用户是 Active Directory 的用户)加密后在网络上传输，因而有较高的安全性，Windows 默认采用这种身份验证方式。

(3) 摘要式身份验证：该选项仅与 Active Directory 账户一起工作，登录网站的用户账号必须在 Active Directory 中创建，在网络上传送的是用户密码的哈希值而不是明文密码，因此是这几种方案中安全性最高的一种身份验证方式。

(4) 基本身份验证：用户密码以明文形式在网络上传输，因而安全性很低。

(5) .NET Passport 身份验证：是微软公司的一种基于 Web 的用户身份验证服务。

2. IP 地址和域名限制

在如图 9-13 所示对话框中，单击“IP 地址和域名限制”栏中的“编辑”按钮，在如图 9-15 所示的对话框中可以设置 Web 网站的默认访问规则及例外。

(1) 授权访问：选择该选项表示任何计算机都可以访问该 Web 网站，但下面列表框中列出的计算机除外。单击“添加”按钮可以添加不允许访问该 Web 网站的计算机或网络。

（2）拒绝访问：选择该选项表示任何计算机都不能访问该 Web 网站，但下面列表框中列出的计算机除外。单击“添加”按钮可以添加允许访问该 Web 网站的计算机或网络。

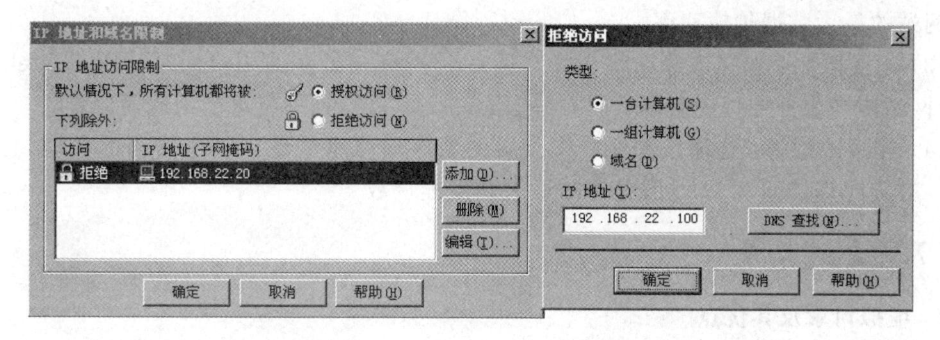

图 9-15　设置访问网站的规则

3. 安全通信

在图 9-13 所示对话框中：

（1）单击“服务器证书”按钮，可以为该 Web 网站创建和管理数字证书，该数字证书由 CA 证书服务器颁发，数字证书用于向用户证明该网站的合法性和真实性。

（2）单击“查看证书”按钮可以查看该网站服务器已安装好的数字证书。

（3）单击“编辑”按钮可以设置 Web 网站与用户之间是否需要采用安全通信，如何通过数字证书实现双方的身份验证，以及关于数字证书的其他设置等。

9.2.6　设置“性能”选项卡

在服务器性能和网络带宽有限的情况下，适当限制网站的最大带宽和并发连接数有利于服务器持续稳定地工作。在如图 9-16 所示的“性能”选项卡下可以设置 Web 网站服务器的性能。

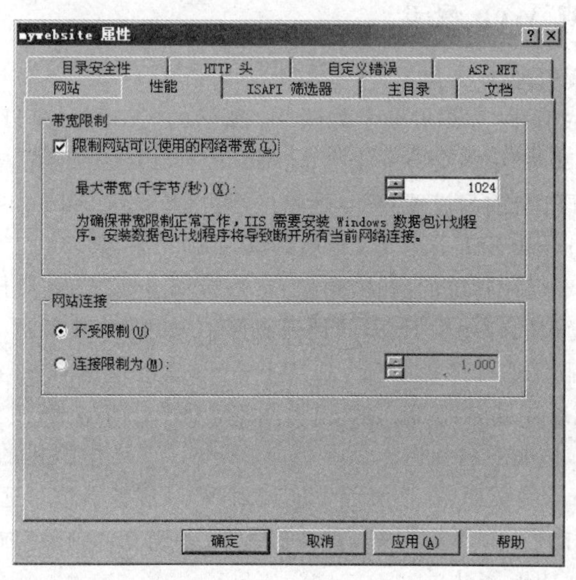

图 9-16　“性能”选项卡

(1) 限制网站可以使用的网络带宽：勾选该选项将启用网站的网络带宽限制。

(2) 最大带宽：单击增减按钮设置或输入希望该网站可用的最大带宽(KB/s)，也就是限制网站的最大数据传输速率。

(3) 不受限制：选择该选项将允许在同一时刻有任意多的用户同时访问该 Web 服务器，当网站所在服务器性能有限，而访问的用户特别多时，网站将可能因此而瘫痪。

(4) 连接限制为：选择该选项并在其后的数字增减框中输入一个适当的数值，可设置在同一时刻允许访问该 Web 服务器的最大并发连接数。

9.2.7 虚拟目录

1. 虚拟目录及其优点

Web 网站中的资源需要分门别类，这就需要创建许多目录，这些目录可以都放在主目录下，但考虑到安全性和可管理性以及存储容量等问题，经常需要将一些目录放在主目录之外，这些放在主目录之外的目录就是**虚拟目录**。

使用虚拟目录有以下几个优点。

(1) Web 网站的资源文件分散存储在其他目录或计算机上，非常方便扩展 Web 网站的内容，只要硬盘空间允许，Web 网站的内容就可以随意扩展。

(2) Web 网站的内容可以非常容易进行迁移，客户机不会感觉到任何变化。

(3) Web 网站的安全性更好，黑客很难从 URL 地址猜测到 Web 网站的目录组织结构。

2. 创建和访问虚拟目录

在 IIS 管理控制台窗口中，右击需要创建虚拟目录的网站，依次选择“新建”→“虚拟目录”，打开“欢迎使用虚拟目录创建向导”对话框，按照向导提示操作即可，比如在默认网站中创建一个别名为 movies、路径位于本地计算机的 F:\yule\dianyin 下，访问权限为“读取”和“浏览”的虚拟目录，则访问该虚拟目录的 URL 地址为 http://192.168.22.80/movies。

9.2.8 远程管理 Web 网站

1. IE 浏览器远程管理 Web 网站

当在安装 IIS 的过程中，如果安装了如图 9-2 所示的“远程管理(HTML)”子组件，则在 IIS 管理控制台下的“网站”中将会有一个名为 Administration 的网站，右击该网站，选择“属性”，在“网站”选项卡下，与前面设置 Web 网站过程类似，设置 Administration 网站的 IP 地址并查看其 TCP 端口号和 SSL 端口号(分别默认为 8099 和 8098)。

由于该网站是用于远程管理的网站，建议在“目录安全性”选项卡下设置 IP 地址访问限制，将允许进行远程管理的管理机 IP 添加到列表框中，如图 9-17 所示。

在授权可以远程管理的计算机上，如 Windows XP-A 虚拟机上，在浏览器中输入 https://服务器 IP 地址或域名:8098，在“输入网络密码”对话框中，按要求输入服务器管理员的账户名称及密码，该账户名和密码就是登录 Web Server 虚拟机的 Windows 账号和密码。打开如图 9-18 所示的页面，在该页面下便可对 Web 服务器进行远程管理。

注意：可能会提示安全证书有问题，直接单击“继续浏览此网站”即可。

2. FTP 远程管理 Web 网站

上面基于 Web 的管理方式只能对服务器的参数进行设置和更改，而不能对 Web 网站

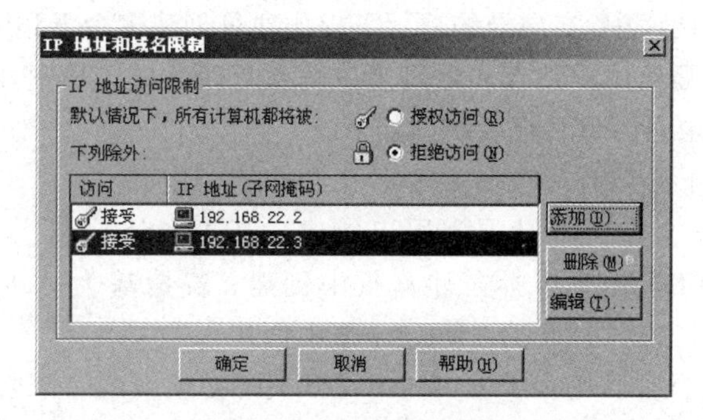

图 9-17 “IP 地址和域名限制”对话框

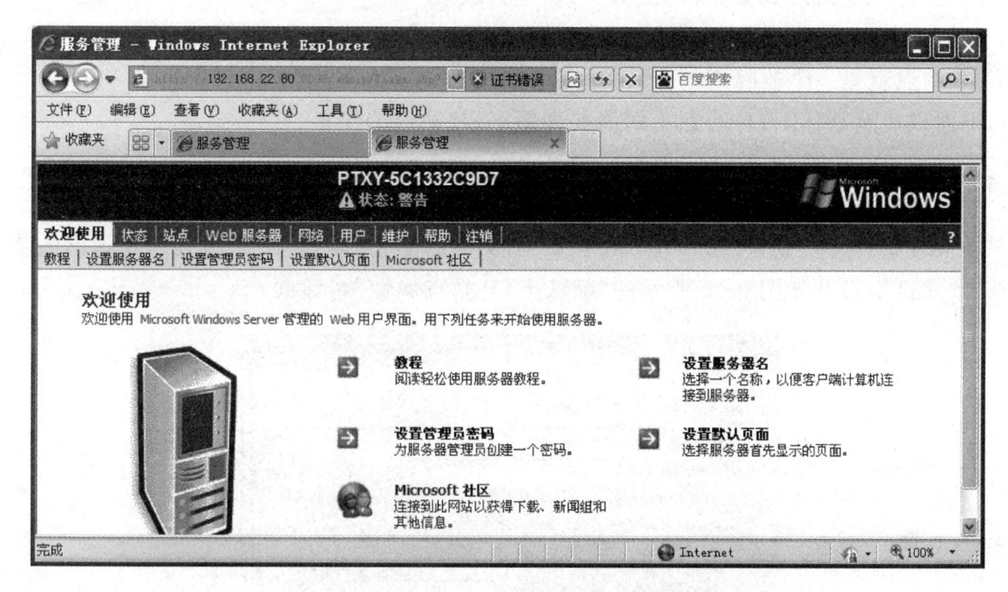

图 9-18 通过 IE 浏览器远程管理 Web 网站

中的资源进行管理，比如上传或删除文件，为了达到这个目标，通常通过 FTP 方法来远程维护 Web 网站，下面将介绍 FTP 服务器的构建与管理。

利用 IIS 组件构建的网站默认只支持运行 HTML 和 ASP 脚本语言编写的 Web 程序，如果要在其上运行 ASP.NET 和 PHP 等程序，则还应做一些其他的配置，这里就不一一介绍了，感兴趣的读者可以参考其他文献。

9.3 配置和管理 FTP 站点

FTP 站点大量应用于提供文件上传与下载的场合，比如资源下载站、学校教学资源共享站以及 Web 站点的维护都会用到 FTP 服务器。

9.3.1 IIS FTP 服务器概述

FTP 站点也可以采用 2.2 节中介绍的三种虚拟主机技术来实现。

在 IIS 管理器控制台下，右击“FTP 站点”，依次选择“新建”→“FTP 站点”，在打开的

FTP 站点创建向导对话框中,在向导的提示下操作便可创建多个 FTP 站点。

FTP 站点分为**非隔离用户站点**和**隔离用户站点**两种类型。其中,隔离用户站点是指用户只能访问自己的目录,且 FTP 目录结构如下。

(1) FTP 主目录下必须有一个名为 LocalUser 的文件夹。

(2) 在 LocalUser 文件夹下必须为用户新建与其 Windows 账号名相同的文件夹(该 Windows 账号要在 FTP 服务器所在计算机中创建;若是基于 Active Directory 的隔离 FTP 站点,则用户账号必须在 Active Directory 中创建)。

(3) 如果允许匿名访问,则在 LocalUser 文件夹下必须新建一个名为 Public 的文件夹。

这样,匿名用户只能访问 Public 文件夹中的内容,其他用户只能访问与其账号相同的文件夹,且都不能访问其父文件夹(如 FTP 主目录)。

非隔离 FTP 站点没有上面的限制,它允许用户访问其他用户的目录,包括主目录等,默认 FTP 站点就是一个非隔离的 FTP 站点。

下面以设置默认 FTP 站点为例简要介绍 FTP 站点的配置。

9.3.2 配置"FTP 站点"选项卡

在"IIS 管理器控制台"窗口中,展开"FTP 站点",右击"默认 FTP 站点",在弹出的菜单中选择"属性",打开如图 9-19 所示的"默认 FTP 站点属性"对话框。

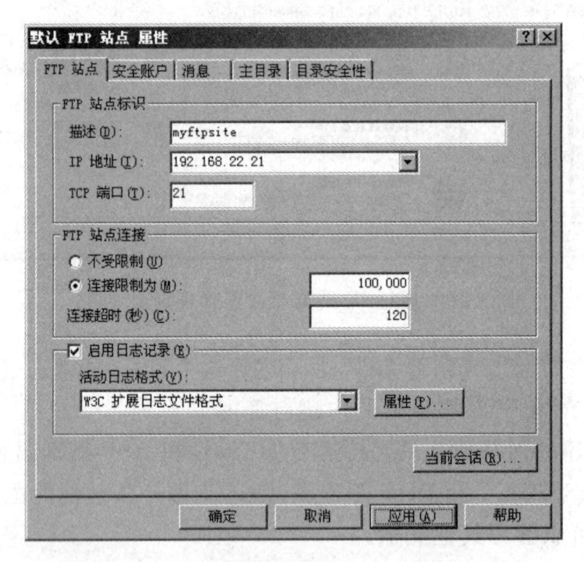

图 9-19 "默认 FTP 站点属性"对话框

(1) 描述:在该文本框中为 FTP 站点设置一个好记的有意义的名称。

(2) IP 地址:在该下拉列表中,为所建 FTP 站点选择一个固定的 IP 地址。IP 地址通常是必需的。

(3) TCP 端口:TCP 端口是必需的,不能置为空,TCP 端口默认值是 21。也可以将其修改为 1024～65 535 的任意值,比如 2121,此时访问该 FTP 站点时必须指明该 TCP 端口号。其 URL 地址形式为 ftp://192.168.22.21:2121。

(4) 不受限制:选择该选项将允许任意多的用户同时访问该 FTP 站点。

(5) 连接限制为：选择该选项并在其后的文本框中设置一个合适数字，如 10 000，将允许 10 000 个用户同时访问该 FTP 站点。当有更多用户要访问该 FTP 站点时，服务器将会提示这些用户系统忙。

(6) 连接超时：在其后的文本框中输入一个数字，如 120，则表示在 120 秒内，如果一个用户连接没有传输任何数据，则系统自动断开这个 TCP 连接。

(7) 启用日志记录：勾选该复选框启用日志记录功能，它可以记录关于用户活动的细节并按所选格式创建日志。日志包括的信息如哪些用户访问了该站点、访问者查看了什么内容，以及最后一次查看该信息的时间。也可以使用日志来评估内容受欢迎程度、识别信息瓶颈和站点维护等工作。活动日志格式与 Web 网站的相同。

(8) 当前会话：单击该按钮，在弹出的对话框中可以查看当前连接到 FTP 站点的用户列表，如图 9-20 所示，可以对某个用户进行连接管理，比如可以断开某个用户的连接。

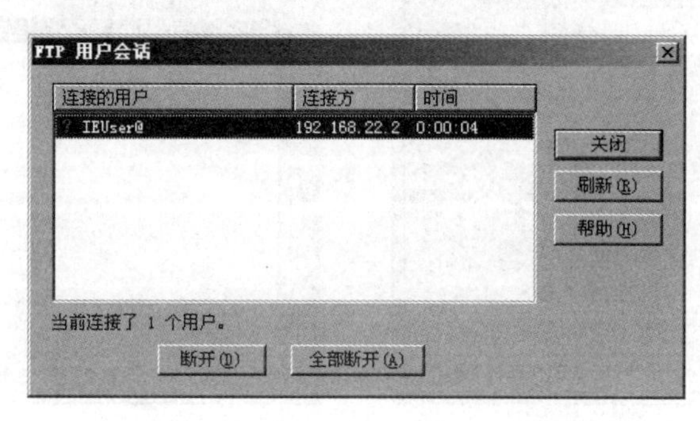

图 9-20 “FTP 用户会话”对话框

9.3.3 配置“主目录”选项卡

在如图 9-21 所示的“主目录”选项卡中可以设置 FTP 站点资源的来源和具体位置、用户对这些资源的访问权限等。这一部分的内容与 Web 网站的“主目录”选项卡设置相似，故不做过多描述。

(1) 此计算机上的目录：选择该选项表示 FTP 站点的资源来自本计算机，且其具体位置在下面的“本地路径”文本框中指定，也可以单击“浏览”按钮指定。

(2) 另一台计算机上的目录：选择该选项表示 FTP 站点的资源来自于网络上的某台计算机，且其具体位置在下面的“网络共享”文本框中指定。

(3) 本地路径：在该文本框中可指定 FTP 站点资源在本计算机上的具体位置，如图 9-21 所示。

(4) 读取：勾选该选项将允许用户读取和下载 FTP 站点中的资源文件。

(5) 写入：勾选该选项将允许用户上传文件到 FTP 站点，也允许用户修改和删除 FTP 站点中原有的文件，故建议慎用该选项。

(6) 记录访问：勾选该选项后，用户对该 FTP 站点的访问行为将被记录到日志文件中。只有在如图 9-19 所示对话框中勾选了“启用日志记录”选项后该选项功能才有效。

(7) UNIX/MS-DOS：这两项用于设置浏览 FTP 站点时，文件和目录的时间显示格式，默认选择 MS-DOS 即可。

9.3.4 配置"目录安全性"选项卡

在如图 9-22 所示的"目录安全性"选项卡中可设置 FTP 站点的默认访问规则和例外。

(1) 授权访问：选择该选项将允许所有计算机访问该 FTP 站点，但拒绝下面列表框中列出的计算机或网络。单击"添加"按钮可以添加例外的计算机或网络。

(2) 拒绝访问：选择该选项将拒绝所有计算机访问该 FTP 站点，但允许下面列表框中列出的计算机或网络。单击"添加"按钮可以添加例外的计算机或网络。

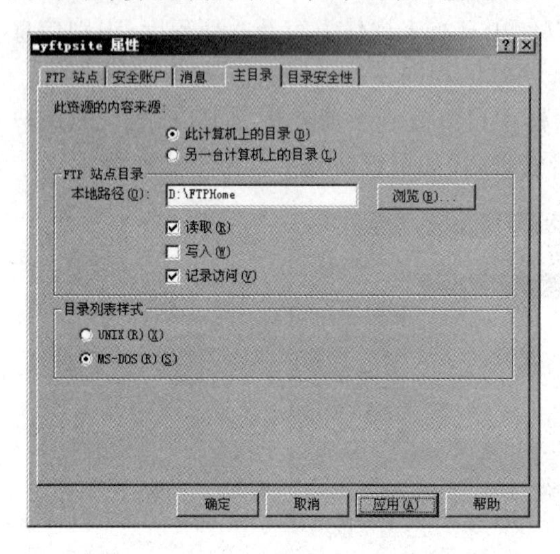

图 9-21 本地计算机上的主目录设置

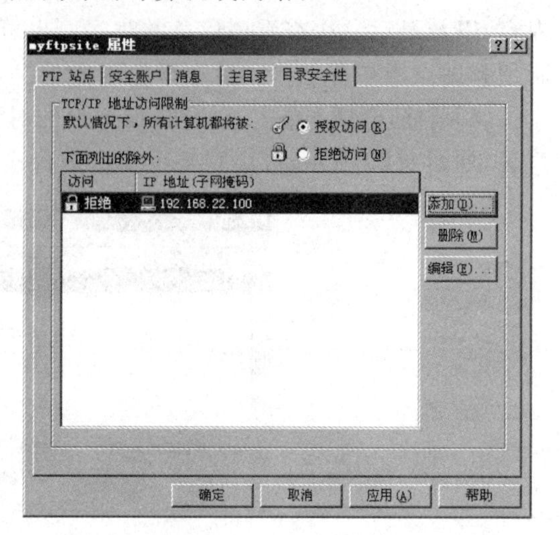

图 9-22 设置默认安全策略

9.3.5 配置"安全账户"选项卡

在如图 9-23 所示的"安全账户"选项卡中可以设置 FTP 站点的连接方式。

(1) 允许匿名连接：勾选该选项将允许用户匿名连接到该 FTP 站点，系统默认的匿名 Windows 来宾账号为 IUSR_Computername，该账号在安装 IIS 时系统自动创建。

(2) 用户名/密码：只有勾选了"允许匿名连接"复选框，该文本框才有效，对于匿名连接，该文本框中的默认值无须更改。

(3) 只允许匿名连接：只有勾选了"允许匿名连接"复选框，该复选框才有效，勾选该选项将只允许用户匿名连接到该 FTP 站点，而不允许用户使用自己的账号和密码登录。该选项有利于将 FTP 站点配置成只读站点，从而提高站点的安全性。

如果不允许用户匿名连接到该 FTP 站点，则先取消勾选"允许匿名连接"复选框，然后在 FTP 站点所在的计算机中为用户创建相应的 Windows 账号。用户连接该 FTP 站点时就可以使用该 Windows 账号登录。

9.3.6 配置"消息"选项卡

在如图 9-24 所示的"消息"选项卡中可以设置用户连接 FTP 站点时显示的标题、欢迎和退出等提示消息，这些消息在 CMD 命令行窗口中显示得最为明显。

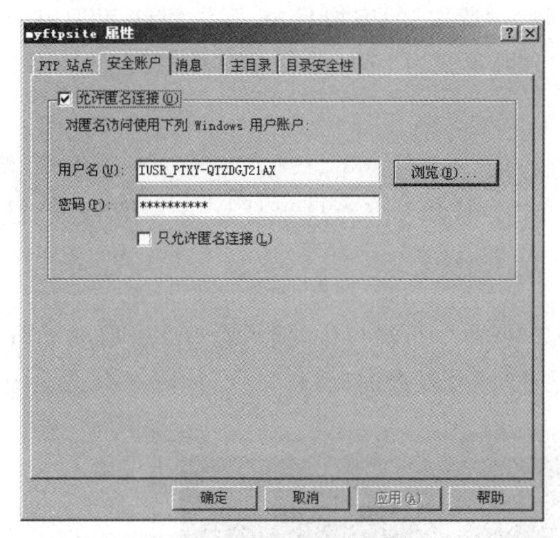

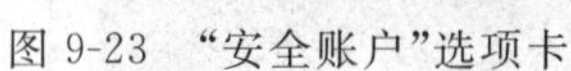

图 9-23 "安全账户"选项卡

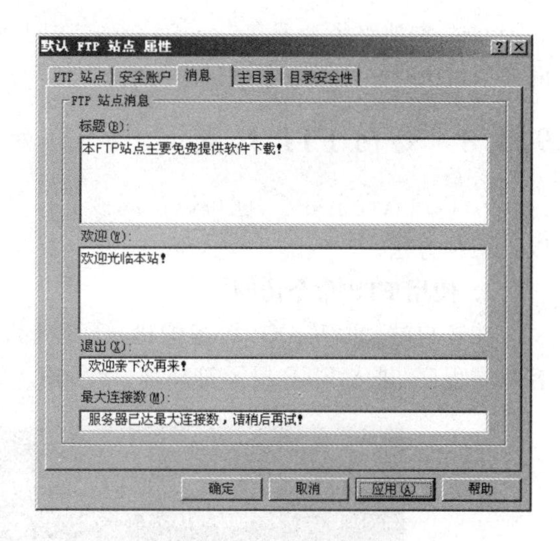

图 9-24 "消息"选项卡

(1) 标题:当客户登录 FTP 站点之前,显示此标题消息。

(2) 欢迎:当客户登录到 FTP 站点后,显示此欢迎消息。

(3) 退出:当客户退出 FTP 站点时,显示此退出消息。

(4) 最大连接数:当客户端试图连接到该 FTP 站点,但由于并发用户数已达到允许的最大并发连接数时,服务器将返回此消息。

图 9-25 演示了上述消息的显示过程。图中的账号和密码是登录该 FTP Server 虚拟机的 Windows 账号和密码,在 Password 处输入密码时不会有任何显示,但不表示没有输入或者输入无效。

图 9-25 访问 FTP 站点时的显示消息

9.3.7 创建虚拟目录

FTP 站点也可以使用虚拟目录对 FTP 站点资源进行管理。

在 IIS 管理器控制台中,右击一个需要创建虚拟目录的 FTP 站点,依次选择"新建"→"虚拟目录",打开虚拟目录创建向导,然后按向导提示操作即可。比如创建一个别名为

software，本地路径为 E:\mysoft\apps，访问权限为“读取”的虚拟目录，则访问该 FTP 站点的虚拟目录时必须指明虚拟目录的别名，其 URL 地址形式为 ftp://192.168.22.21/software。

9.3.8 访问 FTP 站点

FTP 站点设置好后，就可以访问该 FTP 站点，下载或上传文件，访问 FTP 站点主要有以下三种方法。

1. 使用 FTP 命令访问

在客户端(如 WinXP-A 虚拟机)计算机的 CMD 命令行窗口中，输入命令 ftp 启动 FTP 客户端程序，进入 FTP 提示符环境，然后输入问号“?”可以查询 FTP 命令，如图 9-26 所示。

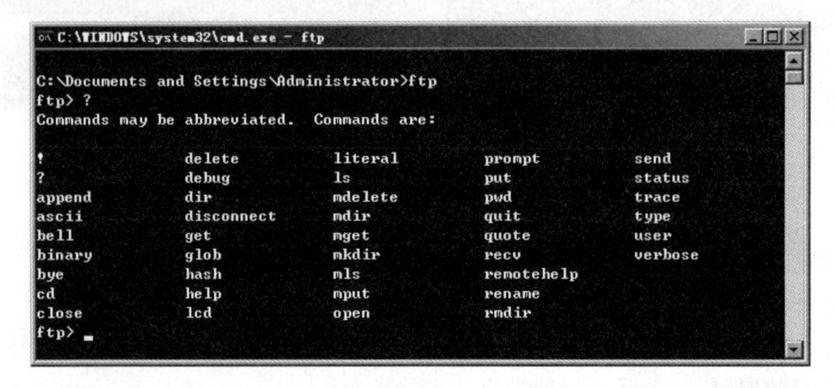

图 9-26　FTP 命令

表 9-1 列出了常用的 FTP 命令及其功能说明，使用方法可参见图 9-26。

表 9-1　常用的 FTP 命令

命　令	功 能 说 明
open	连接到 FTP 站点，与此相对应的 close 和 disconnect 命令均为关闭 FTP 连接
!	暂时退出 FTP 提示符，处于客户端当前目录命令提示符下，输入 exit 又回到 FTP 提示符下
dir	显示 FTP 站点的文件及目录名称，并以详细方式列出
ls	只显示服务器端的文件名称
pwd	显示在 FTP 站点上的当前工作目录
lcd	显示客户端当前的工作目录
cd	进入 FTP 站点中的某个指定的目录
get	后跟一个文件名，表示下载该文件到客户端当前的工作目录
put	后跟一个文件名，表示从客户端当前的工作目录上传一个文件到 FTP 站点的当前工作目录
delete	后跟一个文件名，表示删除 FTP 站点当前工作目录中的这个文件
mget	下载多个文件到客户端的当前工作目录，多个文件之间用空格隔开
mput	上传多个文件到 FTP 站点，多个文件之间用空格隔开
mdelete	删除 FTP 站点中的多个文件
prompt	使用 mget 和 mput 时，每复制或上传一个文件，系统都会询问。使用 prompt 可关闭询问
binary	以二进制方式传输文件，在传送可执行文件时必须先执行此命令，否则文件会出错
ascii	以 ASCII 方式传输文件，只在传输 ASCII 文件时用，特别是在 DOS 和 Solaris 之间传输时用
bye	结束 FTP 会话并退出，命令 quit 与 bye 相同
?	显示帮助信息，如? dir 可显示命令 dir 的帮助信息

特别提示：*如果 FTP 站点使用了自定义的 TCP 端口号，则在 FTP 提示符下，IP 地址与 TCP 端口号之间用空格隔开***而不是***冒号，这一点与用浏览器访问是不一样的。*

2. 使用 IE 浏览器访问

由于 IE 浏览器内嵌了 FTP 客户端软件，因此 IE 浏览器也可以作为 FTP 客户端软件来使用。在 Windows XP-A 虚拟机的 IE 地址栏中输入 FTP 站点地址并回车，如图 9-27 所示。如果 FTP 站点允许匿名访问则会显示 FTP 站点主目录下的文件和文件夹，否则将弹出一个对话框提示用户输入用户名和密码。

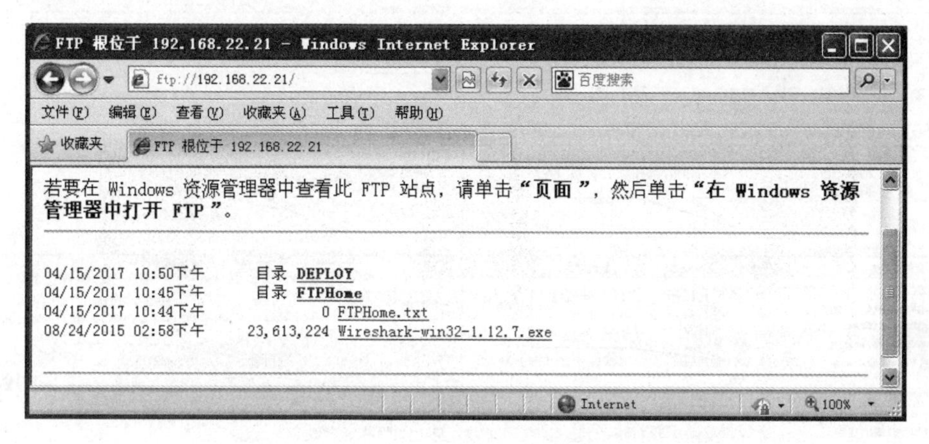

图 9-27 浏览器访问 FTP

如果 FTP 服务器支持匿名和用户登录两种访问方式，则匿名登录到 FTP 站点后，单击浏览器"文件"菜单中的"登录"选项，打开用户身份验证的对话框。

建议在任意文件夹窗口(如"我的电脑")的地址栏中输入 FTP 站点地址来访问 FTP 站点，这种方法比用 IE 浏览器更方便和简捷，特别是需要使用用户账号登录并进行文件传输时。需要登录时，依次单击菜单"文件"→"登录"，在打开的对话框输入账号和密码就可以登录到 FTP 服务器。

注意：*在访问 FTP 服务器时，可能会出现命令行和 FTP 客户端软件均可以访问，但浏览器访问时会提示无法访问 FTP 服务器之类的错误。该故障的解决方法如下。*

在 IE 浏览器中，依次单击"工具"菜单→"Internet 选项"→"高级"，在如图 9-28 所示的对话框中，找到并取消勾选"启用 FTP 文件夹视图"和"使用被动 FTP"选项，最后单击"确定"按钮即可。

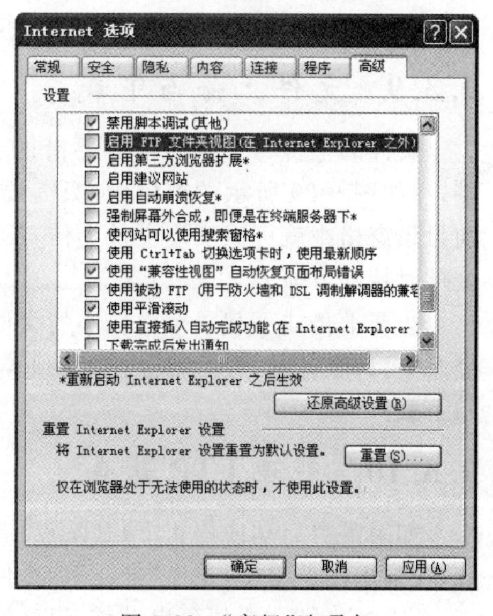

图 9-28 "高级"选项卡

3. 使用 FTP 客户端软件访问

FTP 客户端软件有很多，常用的客户端软件有 CuteFTP、FlashFXP 和 FileZilla Client 等，下面以 FileZilla Client 为例简要介绍一下。

在 Windows XP-A 虚拟机中安装并打开 FileZilla 客户端软件，在如图 9-29 所示的 FileZilla

客户端软件中，在“主机”后的文本框中输入 FTP 服务器的 IP 地址，若需要账号密码，则在其后的文本框中输入，若有自定义 TCP 端口号，则需要在端口后的文本框中指定，然后单击“快速连接”按钮即可。

FileZilla 客户端界面非常简洁，其窗格布局如图 9-29 所示。

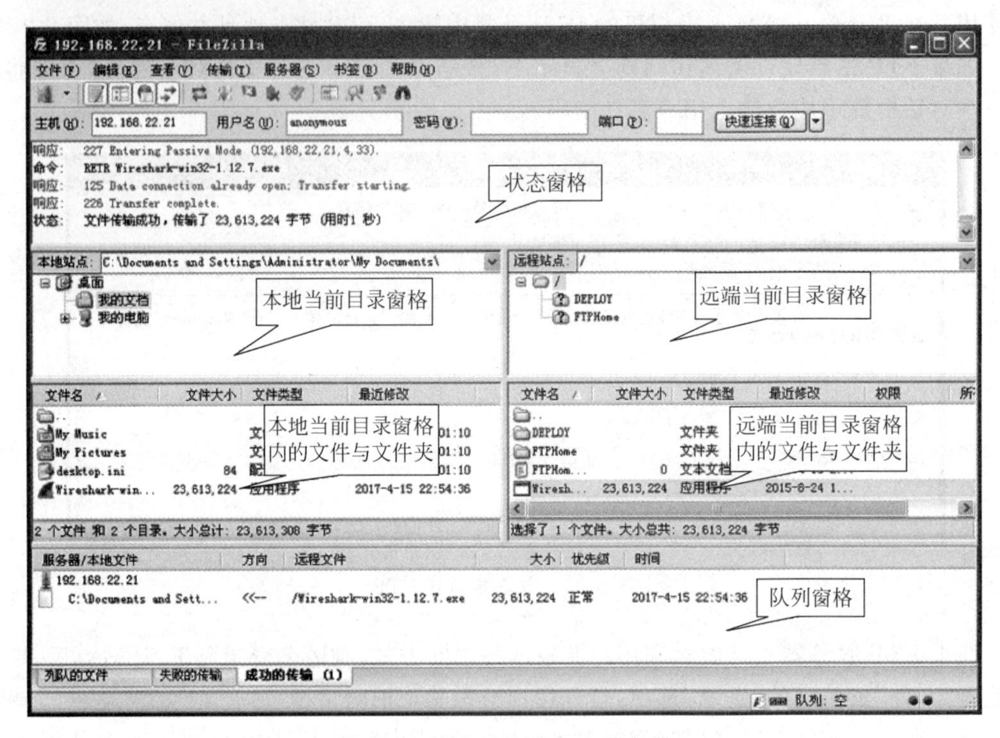

图 9-29　快速登录到 FTP 服务器

如果 FTP 站点较多，可以依次单击“文件”→“站点管理器”，在打开的窗口中将这些站点添加进来，下次需要使用时，就可以直接在站点管理器中双击需要访问的站点即可。更多具体操作方法可参考其他文献。

9.3.9　文件上传与下载

文件的上传与下载通常需要借助于 FTP 客户端软件，比如前面介绍的 FileZilla 客户端，在如图 9-29 所示的窗口中，只需要将文件或文件夹从本地当前目录窗格拖放到远端当前目录窗格中就可以实现文件上传，反之就是文件下载。这种方式在上传大文件或者多个文件时特别方便。

当要上传或下载一个比较小的文件时，可以直接在 Windows 文件夹窗口中直接访问并登录 FTP 服务器，然后就像在 Windows 文件夹中复制和粘贴文件一样简单便可实现上传与下载。

9.3.10　管理 FTP 站点

如果需要启动或停止 FTP 站点，在 IIS 管理器控制台中右击要启动或停止的 FTP 站点，在弹出的菜单中，单击“停止”命令便可停止该 FTP 站点。如果某 FTP 站点处于停止状态，单击“启动”命令便可启动该 FTP 站点。

习　题

一、练习题

1. 利用 IIS 在同一主机上构建两个 Web 网站，要求如下。

（1）用附加端口号的同一 IP 地址标识这两个网站。

（2）为各网站创建若干个虚拟目录。

（3）为 Web 网站依次指定身份验证方法为匿名访问、集成 Windows 身份验证和基本身份验证，并浏览该网站，比较在各身份验证方法下访问该网站的区别，并解释其原因。

（4）在一个网页中设置一个超链接，使其链接到一个扩展名为 dll 的动态链接库文件。

（5）依次设置网站的执行权限为纯脚本、脚本和可执行程序，然后浏览该网站，注意在不同的执行权限下，请说明单击(4)中设置的超链接后的反应有何不同，并解释其原因。

2. 利用 IIS 构建一个 FTP 服务器，具体要求如下。

（1）指定该 FTP 的 TCP 端口号为 2121。

（2）限定该 FTP 服务器只允许匿名访问。

（3）设置该 FTP 的消息，包括标题、欢迎、退出和最大连接数消息。

（4）为该 FTP 服务器创建若干虚拟目录。

（5）限制某些 IP 地址访问该 FTP 服务器。

（6）分别利用 FTP 命令、IE 浏览器和 CuteFTP 验证该 FTP 服务器，包括使用受限的 IP 地址访问该 FTP 服务器。

3. 利用 IIS 构建一个隔离用户站点，设置三个以上用户目录。并分别用不同账号登录访问，对比非隔离用户站点，看看它们有何异同。

二、选择题

1. 在 Windows 操作系统中可以通过安装________组件创建 Web 站点和 FTP 站点。

A. IIS　　B. IE　　C. WWW　　D. DNS

2. 在配置 Web 站点时，默认的服务器 TCP 端口是________。

A. 20　　B. 21　　C. 80　　D. 110

3. 在配置 FTP 站点时，默认的服务器 TCP 端口是________。

A. 20　　B. 21　　C. 80　　D. 110

4. 在配置 Web 站点时，若服务器的 IP 地址为 192.168.11.80，指定 TCP 端口为 8866，则在客户机上访问该服务器的方法，以下正确的是________。

A. http://192.168.11.80　　B. http://192.168.11.80:8866

C. http://192.168.11.80/8866　　D. http://192.168.11.80/8866.htm

5. 在配置 Web 站点时，如果允许用户查看主目录下的所有文件和文件夹，则应勾选以下________选项。

A. 读取　　B. 写入　　C. 目录浏览　　D. 索引资源

6. 在配置 FTP 站点时，如果允许用户修改主目录下的文件或文件夹，则应勾选以下________选项。

A. 读取　　B. 写入　　C. 目录浏览　　D. 索引资源

7. 在设置 FTP 站点目录安全性时，若只允许少数几个 IP 地址访问该站点，则在如

图 9-30 所示的对话框中，________操作是正确的。

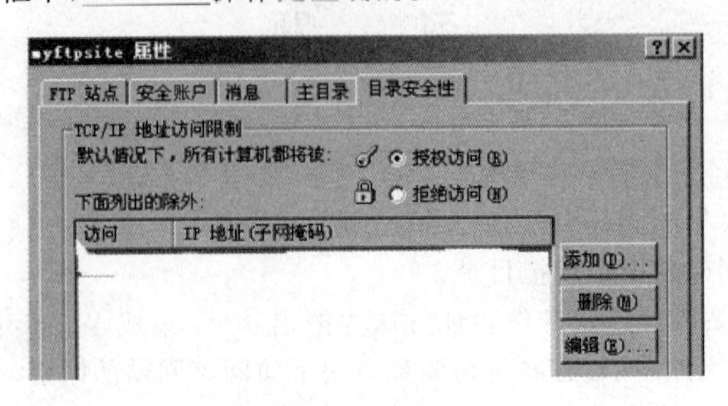

图 9-30　7 题图

A. 选择“授权访问”，并将这几个 IP 添加到下面的列表框中

B. 只要选择“授权访问”即可

C. 选择“拒绝访问”，并将这几个 IP 添加到下面的列表框中

D. 只要选择“拒绝访问”即可

8. 匿名 FTP 访问通常使用________作为用户名。

A. guest　　B. E-mail 地址　　C. anonymous　　D. 主机 id

9. Windows 操作系统下可以通过安装________组件来提供 FTP 服务。

A. IIS　　B. IE　　C. Outlook　　D. Apache

10. 下列选项中，不能标识一个 Web 网站的是________。

A. 主机头　　B. IP 地址

C. IP 地址＋端口号　　D. MAC 地址

11. 下列选项中，不能用于 Web 网站身份验证的是________。

A. 基本身份验证　　B. 集成 Windows 身份验证

C. 摘要式身份验证　　D. 指纹识别验证

12. 下列 Web 站点的身份验证方式中，用户口令以明文形式传输的是________。

A. 基本身份验证　　B. 集成 Windows 身份验证

C. 摘要式身份验证　　D. .NET Passport 身份验证

13. 下列端口号中，用于 FTP 数据传输的是________。

A. 20　　B. 21　　C. 22　　D. 23

14. 下列 FTP 命令中，用于退出 FTP 会话过程的命令是________。

A. quit　　B. goodbye　　C. getout　　D. closed

15. 在下列选项中，属于 IIS 6.0 提供的服务组件是________。

A. Samba　　B. FTP　　C. DHCP　　D. DNS

16. 在 Windows 系统中，默认权限最低的用户组是________。

A. everyone　　B. administrators　　C. power users　　D. users

17. IIS 6.0 支持的身份验证安全机制有 4 种验证方法，其中，安全级别最高的验证方法是________。

A. 匿名身份验证　　B. 集成 Windows 身份验证

C. 基本身份验证　　D. 摘要式身份验证

18. DNS 服务器中提供了多种资源记录，其中________定义了区域的授权服务器。

A. SOA　　　　B. NS　　　　C. PTR　　　　D. MX

19. IIS 服务身份验证方式中，安全级别最低的是________。

A. .NET Passport 身份验证　　　　B. 集成 Windows 身份验证

C. 基本身份验证　　　　D. 摘要式身份验证

20. 采用 Windows Server 2003 创建一个 Web 站点，主目录中添加主页文件 index.asp，在客户机的浏览器地址栏内输入该网站的域名后不能正常访问，则不可能的原因是________。

A. Web 站点配置完成后没有重新启动

B. DNS 服务器不能进行正确的域名解析

C. 没有将 index.asp 添加到该 Web 站点的默认启动文档中

D. 没有指定该 Web 站点的服务端口

21. 图 9-31 为 Web 站点的默认网站属性窗口，如果要设置用户对主页文件的读取权限，需要在________选项卡中进行配置。

A. 网站　　　　B. 主目录　　　　C. 文档　　　　D. HTTP 头

22. 配置 FTP 服务器的属性窗口如图 9-32 所示，默认情况下"本地路径"文本框中的值为________。

A. C:\inetpub\wwwroot　　　　B. C:\inetpub\ftproot

C. C:\wmpubli\wwwroot　　　　D. C:\wmpubli\ftproot

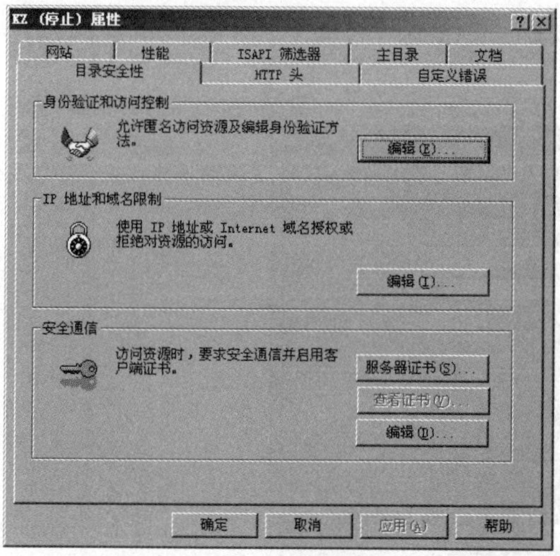

图 9-31　21 题图

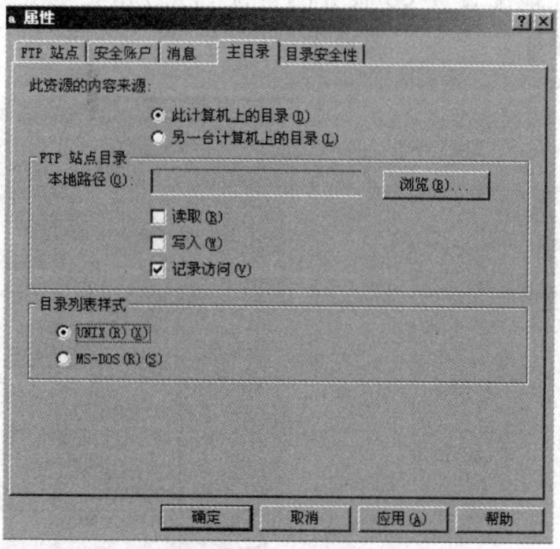

图 9-32　22 题图

23. 若 Web 站点的默认文档中依次有 index.htm，default.htm，default.asp，ih.htm 4 个文档，则主页显示的是________的内容。

A. index.htm　　　　B. ih.htm　　　　C. default.htm　　　　D. default.asp

24. HTTPS 是一种安全的 HTTP，它使用________来保证信息安全。

A. IPSec　　　　B. SSL　　　　C. SET　　　　D. SSH

25. 续上一题，HTTPS 使用________来发送和接收报文。

A. TCP 的 443 端口　　　　B. UDP 的 443 端口

C. TCP 的 80 端口　　　　D. UDP 的 80 端口

26. 为保障Web服务器的安全运行,对用户要进行身份验证。关于Windows Server 2003中的"集成Windows身份验证",下列说法错误的是________。

A. 在这种身份验证方式中,用户名和密码在发送前要经过加密处理,所以是一种安全的身份验证方案

B. 这种身份验证方案结合了Windows NT质询/响应身份验证和Kerberos v5身份验证两种方式

C. 如果用户系统在域控制器中安装了活动目录服务,而且浏览器支持Kerberos v5身份认证协议,则使用Kerberos v5身份验证

D. 客户机通过代理服务器建立连接时,可采用集成Windows身份验证方案进行验证

27. 在Windows操作系统下,FTP客户端可以使用________命令显示客户端当前目录中的文件。

A. dir　　B. list　　C. !dir　　D. !list

28. 某银行为用户提供网上服务,允许用户通过浏览器管理自己的银行账户信息。为保障通信的安全,该Web服务器可选的协议是________。

A. POP　　B. SNMP　　C. HTTP　　D. HTTPS

29. Windows Server 2003中的IIS为Web服务提供了许多选项,利用这些选项可以更好地配置Web服务的性能、行为和安全等。如图9-33所示对话框中,"限制网络带宽"选项属于________选项卡。

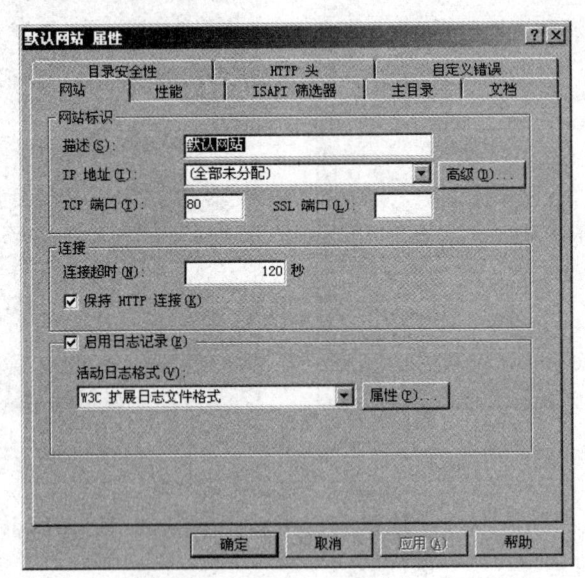

图9-33　29题图

A. HTTP头　　B. 性能　　C. 主目录　　D. 文档

30. 通过"Internet信息服务(IIS)管理器"管理单元可以配置FTP服务器,若将控制端口设置为2222,则数据端口自动设置为________。

A. 20　　B. 80　　C. 543　　D. 2221

第10章 网络嗅探与协议分析

所有的网络问题都源于数据包层次，为了更好地了解网络问题，我们有必要深入到数据包层次。对数据包的分析通常称为数据包嗅探或者协议分析，指的是捕获和解析网络上在线传输数据的过程，通常目的是为了更好地了解网络上正在发生的事情。数据包分析过程通常由数据包嗅探器来执行，数据包嗅探器则是一种用来在网络媒介上捕获原始传输数据的工具。

网络管理员利用嗅探器可以随时掌握网络的实际情况，查找网络漏洞和检测网络性能，当网络性能急剧下降的时候，可以通过嗅探器分析网络流量，找出网络阻塞的来源。网络安全工程师利用嗅探器来取证分析和信息安全相关的问题。软件开发工程师和测试人员也可以利用嗅探器来测试新的通信协议。黑客或骇客则可以利用嗅探器通过分析网络数据包来获取敏感信息，包括用户账号和密码。

常用的网络嗅探器软件有 Sniff Pro、TcpDump、OmniPeek 和 Wireshark 等，其中，TcpDump 是一个命令行程序，而 Sniff Pro、OmniPeek 和 Wireshark 都拥有图形用户界面，本章将只介绍 Wireshark 的基本用法，并利用 Wireshark 对常用网络协议进行分析。

10.1 Wireshark 软件简介

Wireshark(2006 年以前称为 Ethereal)是一个开源的、免费的网络数据分析软件，Wireshark 使用 WinPcap 作为接口，直接与网络适配器进行数据报文交换。Wireshark 有友好的图形化工作界面，支持包括 IP、TCP、DHCP 等数百种协议，能运行于 Windows 和 Linux 等主流操作系统。

可以从 Wireshark 的官方网站(http://www.wireshark.org)下载最新版本的安装程序。Wireshark 的安装过程很简单，只需双击安装程序，在打开的安装向导的提示下，按默认设置安装即可。安装过程中要确保勾选和安装 WinPcap。

10.1.1 捕获网络数据包

Wireshark 安装完成后就可以开始捕获网络数据包，捕获网络数据包是网络协议分析的第一步。利用 Wireshark 捕获网络数据包的步骤如下。

(1) 在 Wireshark 窗口中，依次单击菜单 Capture→Interfaces，打开如图 10-1 所示的窗口，其中列出了该计算机中所有网络适配器及其对应的 IP 地址，以及该网络适配器当前接收到的数据包数量和包率。

(2) 勾选一个网络适配器，表示将捕获进出该网络适配器的所有网络数据包。

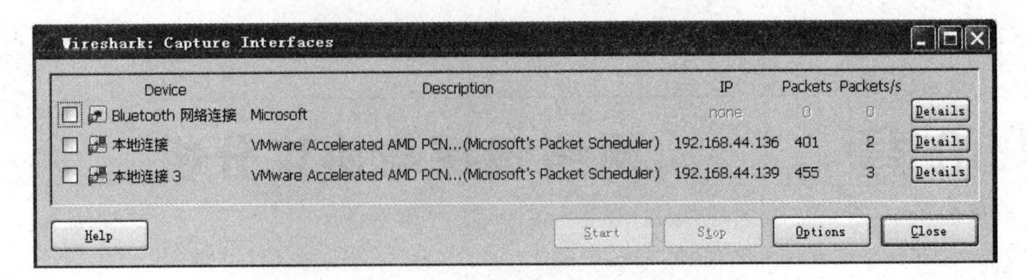

图 10-1　勾选要捕获的网络适配器

（3）单击 Start 按钮，开始捕获网络数据包。

（4）一段时间后，如果需要停止捕获网络数据包，则单击菜单 Capture 下的 Stop。

10.1.2　Wireshark 主窗口

Wireshark 的工作主界面如图 10-2 所示。可见 Wireshark 的主界面主要分成三个窗格，这三个窗格中的内容是相关联的，若需查看某一个数据包的具体内容，必须先在数据包列表窗格单击一个数据包，然后在数据包详情窗格中单击某个字段，则在数据包字节窗格中就可以看到该数据包在该字段的字节信息。图中显示的就是第 79 号数据包关于 Address Resolution Protocol(Request)的字节信息。

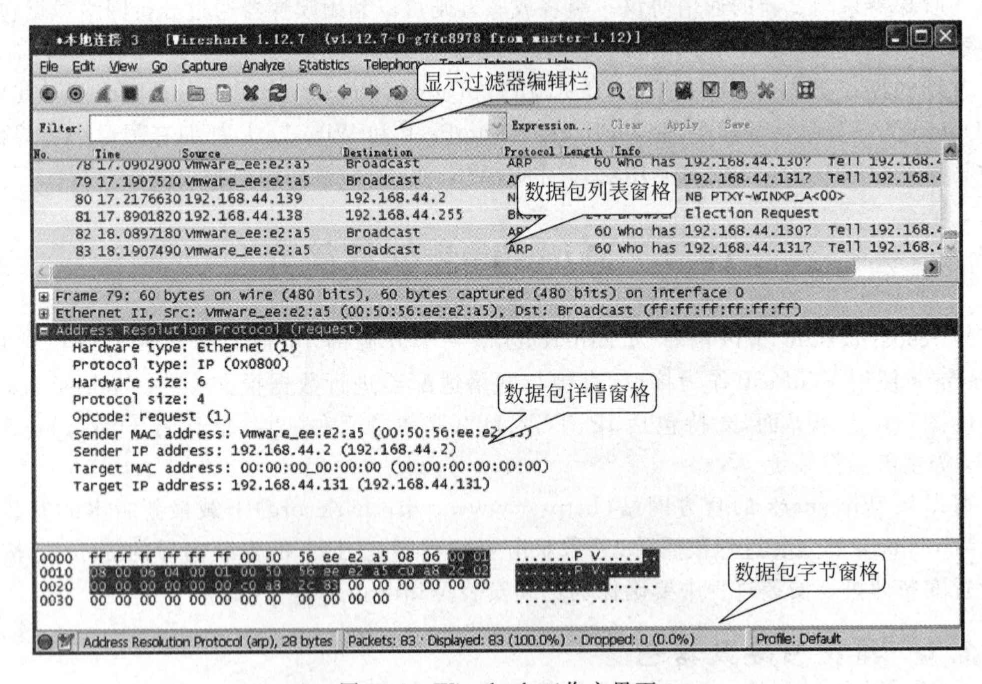

图 10-2　Wireshark 工作主界面

下面对各窗格进行简要介绍。

（1）数据包列表窗格：该窗格显示了当前捕获的所有数据包，每个数据包都包括数据包序号(No)、捕获该数据包的相对时间(Time)、数据包的源地址(Source)和目的地址(Destination)、数据包的封装协议(Protocol)、数据包的大小(Length)以及在数据包中找到的概况信息(Info)等。

(2) 数据包详情窗格：该窗格显示了该数据包属于的层次及各层次所包含的内容，展开某层次可以查看该数据包在该层中所捕获的全部内容。图 10-2 中所选定的这个数据包包含物理层帧、以太网帧和 ARP 帧，展开 ARP 帧可以看到该帧中的详细内容。

(3) 数据包字节窗格：该窗格显示了数据包未处理的原始状况，也就是该数据包在链路上传播时的样子。左侧部分是十六进制形式，右侧部分则是其对应的 ASCII 码形式。

如图 10-2 所示窗口的最下面是状态栏，其中的内容是所选内容的概要介绍，或者 Wireshark 目前的工作状态。

10.1.3 Wireshark 过滤器

Wireshark 过滤器可以帮助我们找到期望分析的数据包。一个 Wireshark 过滤器就是定义了一定条件，用来包含或者排除数据包的表达式。

Wireshark 主要提供以下两种过滤器。

(1) **捕获过滤器**：当要捕获网络数据包时，可以先设定捕获过滤器，这将使得只有满足过滤器指定条件的数据包才会被捕获。

(2) **显示过滤器**：捕获完数据包后，当需要从已有的数据包中找出满足条件的数据包时，就需要使用该过滤器。

下面简要介绍这两种过滤器的使用方法。

1. 捕获过滤器

比如，现在需要捕获来自于 192.168.11.80、端口号为 80 的 TCP 数据包，则按如下方法操作。

在 Wireshark 工作主界面中，依次单击菜单 Capture→Interfaces，在打开的如图 10-1 所示的窗口中，单击 Options 按钮，打开如图 10-3 所示的窗口。

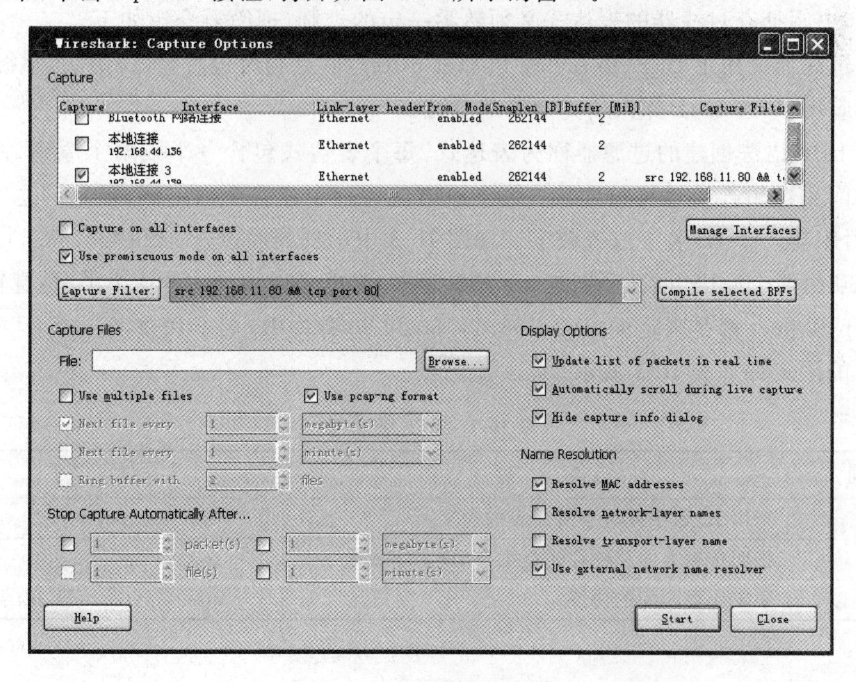

图 10-3 设置捕获过滤器

在Capture Filter后面的文本框中输入过滤条件表达式，如src 192.168.11.80 && tcp port 80。也可以单击Capture Filter按钮，打开如图10-4所示的窗口，在Capture Filter列表框中单击New按钮新建一个过滤器，也可以在已有过滤器基础上进行修改生成一个新的过滤器。

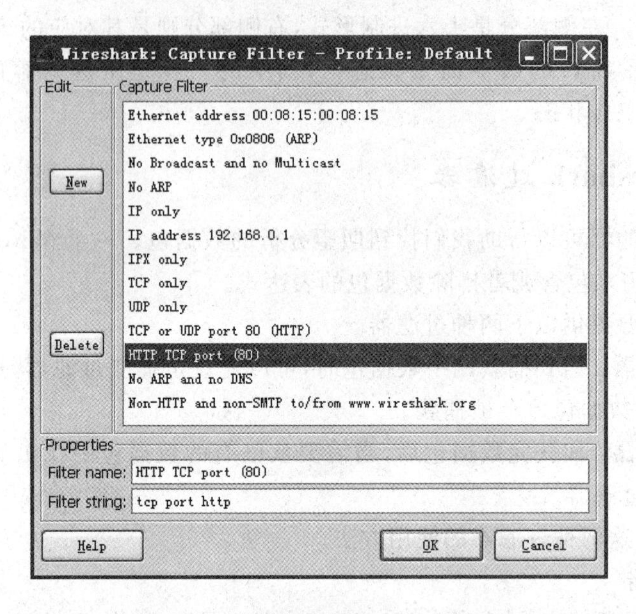

图10-4 新建或编辑捕获过滤器

设置好捕获过滤器后，在如图10-3所示窗口中，单击Start按钮就可以开始捕获指定条件的数据包了。

显然，书写捕获过滤器的表达式必须熟悉一定的规则，现简要介绍如下。

捕获过滤器使用了BPF(Berkeley Packet Filter，伯克利封包过滤器)语法，掌握BPF语法是熟练应用Wireshark深入研究网络的基础。

使用BPF语法创建的过滤器称为表达式，每个表达式包含一个或多个原语，两个或多个原语之间用逻辑连接运算符连接；每个原语包含一个或多个限定词，限定词之间用空格隔开，然后跟着一个ID名字或者数字。如图10-3中示例的表达式src 192.168.11.80 && tcp port 80由两个原语组成(分别是src 192.168.11.80和tcp port 80)，&&是逻辑与连接符，src、tcp和port都是限定词，192.168.11.80和80称为ID名字和数字。

BPF的限定词如表10-1所示。

表10-1 BPF限定词

限定词	说　明	例　子
Type	指出ID名字或数字所代表的含义	host、net、port
Dir	指明传输方向是前往还是来自ID名字或数字	src、dst
Proto	限定所要匹配的协议	ether、ip、tcp、udp、http、ftp

常用的 BPF 逻辑连接运算符如表 10-2 所示。

表 10-2　BPF 逻辑运算符

逻辑连接运算符	含义	例　子
&& 或者 and	与	A && B
||或者 or	或	A || B
!或者 not	非	! A

为了便于加强理解，再列举以下若干实例，如表 10-3 所示。

表 10-3　捕获过滤器表达式实例

捕获过滤器表达式	说　明
broadcast	只捕获广播数据
icmp	只捕获 ICMP 数据包
ip	只捕获 IPv4 数据包
!ether host XX:XX:XX:XX:XX:XX	不捕获进出本 MAC 地址的数据包，XX:XX:XX:XX:XX:XX 为 MAC 地址
ether host XX:XX:XX:XX:XX:XX	捕获进出本 MAC 地址的数据包，XX:XX:XX:XX:XX:XX 为 MAC 地址
tcp[13]&2==2	捕获设置了 SYN 标志位的 TCP 包
tcp[13]&4==4	捕获设置了 RST 标志位的 TCP 包
tcp[13]&16==16	捕获设置了 ACK 标志位的 TCP 包

注：tcp[13]&2=2 表示 TCP 报文头部的第 13 个字节的第 2 位，即 SYN 标志位为 1，其对应的十进制为 2。

2. 显示过滤器

比如目前已经捕获了一些数据包，期望从中过滤出所有 IP 地址为 192.168.11.80，端口号为 80 的 TCP 数据包，则按如下方法操作。

在如图 10-5 所示的显示过滤器编辑栏中输入表达式：ip.addr==192.168.11.80 and tcp.port==80，然后直接回车或者单击 Apply 按钮，在数据包列表窗格中将只会显示满足条件的数据包。

图 10-5　设置显示过滤器

也可以单击显示过滤器编辑栏后面的 Expression 按钮，打开如图 10-6 所示的窗口。在左侧的 Field name 列表框中展开需要分析的协议，并选择相关的域；然后在中间的 Relation 列表框中选择一个关系操作符，接着在右侧的 Value 文本框中输入具体的值；最后单击 OK 按钮即可在显示过滤器编辑栏中看到过滤器表达式。如果还需要在此基础上继续追加条件，则可在显示过滤器编辑栏的表达式后面输入空格和逻辑操作符（如 and），然后单击 Expression 按钮，并重复上面的过程。

显然，直接在显示过滤器编辑栏中输入表达式更方便，但对使用者来说要求更高一些。

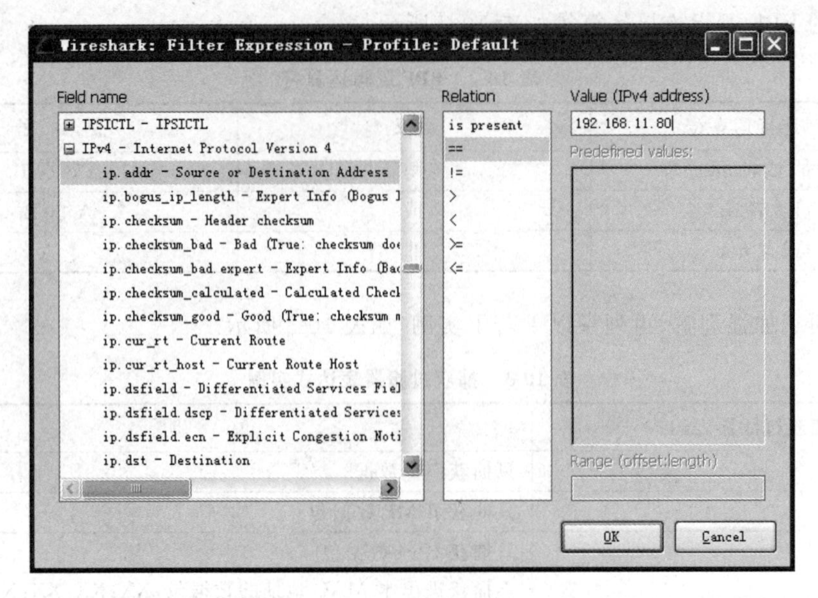

图 10-6　显示过滤器表达式

为了便于用户输入表达式，Wireshark 也做了人性化处理，如图 10-7 所示，在编辑栏中输入“ip.”的时候会自动列出关于 IP 协议的所有域，用户只需要双击某个域就可以完成域的指定，这样大大减少了用户的记忆量和工作量。

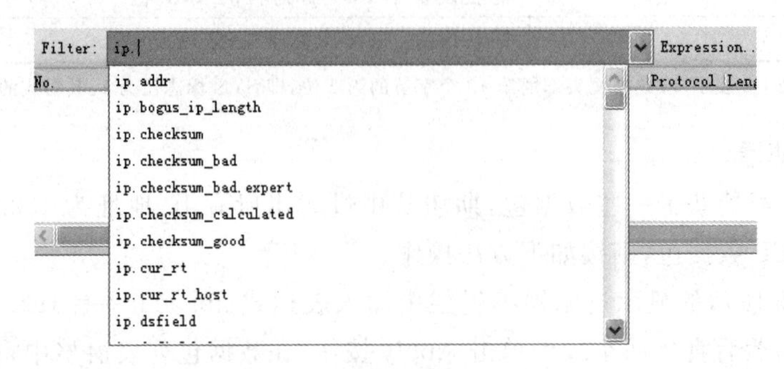

图 10-7　自动展示协议相关域

显示过滤器表达式使用的逻辑连接运算符与捕获过滤器的逻辑连接运算符相同。显示过滤器表达式的比较运算符如表 10-4 所示。

表 10-4　比较运算符

比较运算符	含义	例子
==	等于	A==B
!=	不等于	A!=B
>	大于	A>B
<	小于	A<B
>=	大于或等于	A>=B
<=	小于或等于	A<=B

同样，为了加深理解，再列举以下若干实例，如表 10-5 所示。

表 10-5 显示过滤器表达式实例

显示过滤器表达式	说　明
tcp. port==3389	显示 TCP 端口为 3389 的远程桌面连接数据包
tcp. flags. syn==1	显示 SYN 标志位置 1 的 TCP 数据包
! arp	不显示 ARP 数据包
http	只显示 HTTP 数据包
tcp. port==23 || tcp. port==21	显示 TCP 端口号为 23 或 21 的数据包

在 Wireshark 的深入使用过程中，可能会有很多经常使用的过滤器表达式，这时可以将这些过滤器表达式保存下来。具体操作方法如下。

(1) 在 Wireshark 中，依次单击菜单 Capture→Capture Filters，打开如图 10-4 所示的窗口。

(2) 单击 New 按钮，然后在 Filter name 后的文本框中输入该过滤器表达式的名称。

(3) 在 Filter string 后的文本框中输入过滤器表达式。

(4) 最后单击 OK 按钮即可。

将来需要使用的时候，直接到该对话框中调用即可。

有了上面介绍的 Wireshark 的基本使用方法之后，就可以开始下面的具体协议分析实验了。

10.2 以太网帧分析

1. 实验目的

(1) 掌握利用 Wireshark 分析网络数据包的方法。

(2) 掌握以太网帧的结构。

(3) 掌握以太网帧的封装机制。

2. 实验设备

连入 Internet 或局域网的 PC 一台，其中安装有 VMware Workstation 和若干虚拟机，虚拟机中安装有 Wireshark 软件。

3. 实验学时

本实验建议学时为 1 学时。

4. 实验原理

当前，最常使用的局域网标准是 1982 年制定的 DIX Ethernet V2，简称为 Ethernet Ⅱ，与 TCP/IP 一样，Ethernet Ⅱ 是局域网的事实标准。IEEE 802.3 定义的局域网帧结构与 Ethernet Ⅱ 兼容，默认情况下，主机发送的以太网帧采用的是 Ethernet Ⅱ 结构。因此，下面仅介绍 Ethernet Ⅱ 的帧结构，IEEE 802.3 以太网结构可参考其他文献。

Ethernet Ⅱ 的帧结构如图 10-8 所示。

各字段说明如下。

(1) 前导字段：该字段并不属于以太网帧，故用虚线加灰色底纹表示，它由下层的硬件产生，主要作用是实现收发双方同步和帧开始定界。每个帧以 8B 的前导字段开头，其中，

8B	6B	6B	2B	0~1500B	0~46B	4B
前导字段	目的MAC地址	源MAC地址	类型	数据	填充	FCS

图 10-8　Ethernet Ⅱ的帧结构

前 7B 的值均为 10101010，用于与接收端实现同步。最后一个字节为帧开始定界符，其值为 10101011。

（2）目的 MAC 地址和源 MAC 地址：帧内的源、目的 MAC 地址均为 6B，IEEE 为每个网络适配器制造商指定网络适配器地址的前 3B 作为全局地址，称为公司标识符，后 3B 由制造商自己编码作为局部地址，称为扩展标识符。

（3）类型：该字段占 2B，用于说明封装数据的高层协议类型，它将告诉接收设备应该提交给哪个协议进程来处理后面的数据。

（4）数据：该字段用于承载上层数据，其最大长度为 1500B。

（5）填充：为了保证帧在发送期间能检测到冲突，规定以太网最小帧长为 64B，这个帧长是指从目的 MAC 地址到 FCS 的长度。所以如果帧长不足 64B，则必须填充最多 46B 的填充位（固定的源、目的 MAC 地址、类型和 FCS 共占 18B）。

（6）FCS：FCS（Frame Check Sequence，帧检验序列）占 4B，以太网采用 CRC-32 标准生成多项式校验，产生 32 位的 FCS。

5. 实验内容

实验之前，建议记录下面涉及的两台虚拟机的 IP 地址和 MAC 地址，以便于对比。

开启 WinXP-A（IP 地址 192.168.22.2）和 WinXP-B（IP 地址 192.168.22.3）两台虚拟机，在 WinXP-A 上打开 Wireshark 并开始捕获网络数据包，然后在 WinXP-B 上通过命令 ping -l 16 -t 192.168.22.2 与 WinXP-A 虚拟机进行数据通信。如果网络畅通，这时在 WinXP-A 上可以看到 Wireshark 捕获到大量的网络数据包，停止捕获并在 Wireshark 的显示过滤器编辑栏内输入“icmp and ip.src==192.168.22.3”，回车就可以看到源 IP 地址为 192.168.22.3 的 ICMP 数据包，如图 10-9 所示。

在数据包列表窗格中单击某个 ICMP 数据包，并在数据包详情窗格展开 Ethernet Ⅱ层次，便可清晰看到 Ethernet Ⅱ帧的详细内容。

（1）目的 MAC 地址（Destination）：Vmware_59:8a:bf (00:0c:29:59:8a:bf)，其中的 Vmware 为公司标识符，表示该网络适配器是 VMware 公司生产的，扩展标识符为 59:8a:bf，MAC 地址为 00:0c:29:59:8a:bf。

同时，还可以看到 LG bit：Globally unique address (factory default)为 0，表示该 MAC 地址是全球管理地址，前 3B 是向 IEEE 购买分配的；IG bit：Individual address (unicast)为 0，表示该 MAC 地址是单播地址。

（2）源 MAC 地址（Source）：Vmware_9b:40:ef (00:0c:29:9b:40:ef)，具体含义与目的 MAC 地址类似。

（3）类型（Type）：IP (0x0800)，表示该 ICMP 数据包是通过 IP 协议封装的，这也意味着告诉接收端，该帧应交给 IP 协议进程处理。其中，0x0800 是 IP 协议的编号。

（4）填充（Padding）：0000，表示填充了 2B，内容为全 0，图中的状态栏也显示了这个意思。前面介绍了以太网帧的最小帧长是 64B，由于命令 ping -l 16 -t 192.168.22.2 指定发送的数据为 16B，IP 头部长度 20B，ICMP 头部长度 8B，Ethernet Ⅱ帧的头部与尾部共 18B，合计 16+20+8+18=62B，故此时还需要填充 2 字节。

对比如图 10-8 所示 Ethernet Ⅱ帧结构，可以发现少了前导同步码、帧开始定界符、数据字段和 FCS 字段。从 5 层网络体系结构可以看出，以太网帧的数据部分是 IP 分组，即图中的 Internet Protocol Version 4 层次的内容就是 Ethernet Ⅱ的数据部分。

没有前导同步码、帧开始定界符和 FCS 字段是因为在物理层上的网络适配器每收到一个帧就要先去掉前导同步码和帧开始定界符，然后对帧进行 CRC 检验，如果校验错则丢弃此帧，否则就判断帧的目的 MAC 地址是否符合自己的接收条件，如果符合，就将帧交给“设备驱动程序”做进一步处理。这时 Wireshark 才能捕获到该帧。因此，Wireshark 捕获到的是去除了前导同步码、帧开始定界符、FCS 之外的数据。这也是为何数据包列表窗格中显示的包长(Length)为 60 的原因。

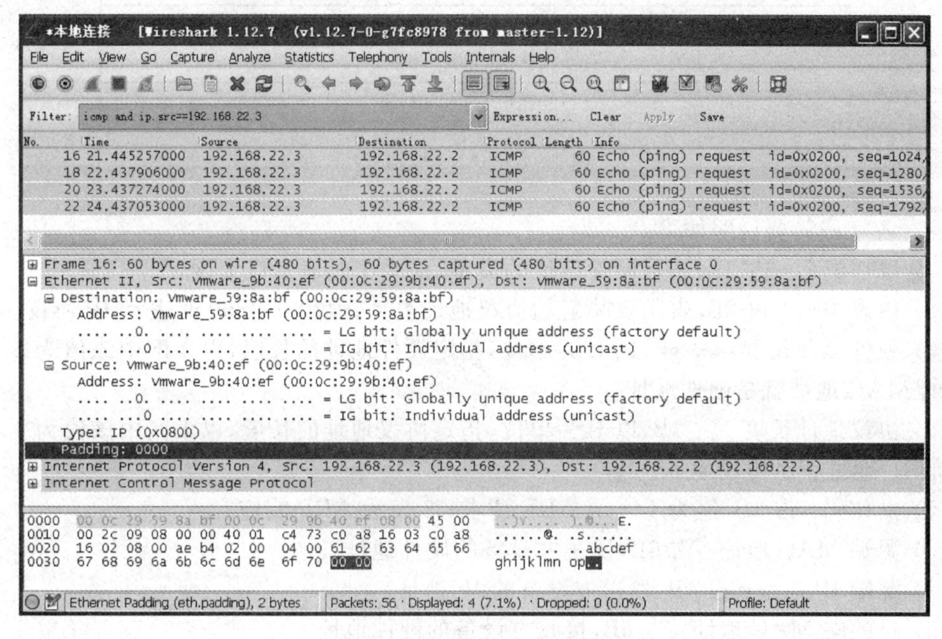

图 10-9 Ethernet Ⅱ帧

10.3 ARP 分析

1. 实验目的

(1) 掌握利用 Wireshark 分析 ARP 数据包的方法。

(2) 掌握 ARP 数据包的结构。

(3) 掌握 ARP 的工作原理。

2. 实验设备

连入 Internet 或局域网的 PC 一台，其中安装有 VMware Workstation 和若干虚拟机，虚拟机中安装有 Wireshark 软件。

3. 实验学时

本实验建议学时为 0.5～1 学时。

4. 实验原理

在 TCP/IP 协议栈中,IP 层及以上层次均用 IP 地址来标识每一个网络接口,而在数据链路层及以下则用硬件地址来实现寻址与通信,以太网则采用 48 位的 MAC 地址作为硬件地址。因此,必须建立 IP 地址与 MAC 地址之间的对应(映射)关系,ARP 就是为完成这个工作而设计的。

1) ARP 帧结构

以太网的 ARP 帧的结构如图 10-10 所示。

<table>
<tr><td colspan="2">硬件类型（2B）</td><td colspan="2">协议类型（2B）</td></tr>
<tr><td>硬件地址长度（1B）</td><td colspan="2">协议地址长度（1B）</td><td>操作码（2B）</td></tr>
<tr><td colspan="4">源端MAC地址（6B）</td></tr>
<tr><td colspan="4">源端IP地址（4B）</td></tr>
<tr><td colspan="4">目的端MAC地址（6B）</td></tr>
<tr><td colspan="4">目的端IP地址（4B）</td></tr>
</table>

图 10-10　ARP 帧格式

现对各字段简要说明如下。

(1) 硬件类型：占 2B,表示硬件地址的类型,值为 1 时表示以太网。

(2) 协议类型：占 2B,表示要映射的协议地址类型,值为 0x0800 时表示 IP 协议。

(3) 硬件地址长度：占 1B,以 B 为单位,指定硬件地址的长度,以太网中该值为 6,表示 48 位的 MAC 地址就是硬件地址。

(4) 协议地址长度：占 1B,以 B 为单位,指定协议地址的长度,以太网中该值为 4,表示 32 位的 IP 地址就是协议地址。

(5) 操作码：占 2B,值为 1 表示 ARP 请求；2 表示 ARP 响应。

(6) 源端 MAC 地址：占 6B,发送方设备的硬件地址。

(7) 源端 IP 地址：占 4B,发送方设备的 IP 地址。

(8) 目的端 MAC 地址：占 6B,接收方设备的硬件地址。

(9) 目标端 IP 地址：占 4B,接收方设备的 IP 地址。

2) ARP 工作原理

每台主机都维护着一个 ARP 缓存表用于存放本局域网内所有其他主机网络接口的 IP 地址及其对应的 MAC 地址,ARP 缓存表每隔一定时间会自动更新,Windows 中的默认更新时间为 2min。

现假设主机 A 和 B 属于同一局域网,主机 A 要向主机 B 发送信息,ARP 的具体工作过程如下。

(1) 主机 A 首先查看自己的 ARP 缓存表是否存在主机 B 对应的 ARP 表项。如果有,则主机 A 直接利用 ARP 表项中主机 B 的 MAC 地址对 IP 数据包进行帧封装,然后将数据包发送给主机 B。

(2) 如果主机 A 的 ARP 缓存表中没有关于主机 B 的 ARP 表项,则缓存该 IP 数据包,然后以广播方式发送一个 ARP 请求报文。ARP 请求报文中的目的 IP 地址和目的 MAC

地址分别为主机 B 的 IP 地址和全 0 的 MAC 地址。局域网内的所有主机都将接收到该广播包，但只有主机 B 会对该请求做出响应。

(3) 主机 B 首先将主机 A 的 IP 地址和 MAC 地址更新到自己的 ARP 缓存表中，然后以单播方式发送 ARP 响应报文给主机 A，其中包含自己的 MAC 地址。

(4) 主机 A 收到该 ARP 响应报文后，将主机 B 的 IP 地址和 MAC 地址更新到自己的 ARP 缓存表中以备后续报文的转发，同时将前面缓存的 IP 数据包进行帧封装，然后发送出去。

如果主机 A 和主机 B 不在同一局域网，则需要用到 ARP 代理，也就是本局域网内的路由器会代理主机 B 来回应主机 A，并负责将主机 A 封装的 IP 数据包转发出去。

5. 实验内容

实验之前，建议记录下面涉及的两台虚拟机的 IP 地址和 MAC 地址，以便于对比。本实验中的 WinXP-A 和 WinXP-B 两台虚拟机的信息如表 10-6 所示。

表 10-6　两台虚拟机的地址信息

主机名	MAC 地址	IP 地址
WinXP-A	00:0C:29:59:8A:BF	192.168.22.2
WinXP-B	00:0C:29:9B:40:EF	192.168.22.3

(1) 为了减少干扰，并保证实验成功的概率，分别在 WinXP-A 和 WinXP-B 的 CMD 命令提示符下运行 arp -d 命令，清空主机的 ARP 缓存表，并通过 arp -a 命令，确认主机 A 和主机 B 的 ARP 缓存表为空。

(2) 在 WinXP-A 上打开 Wireshark 并开始捕获网络数据包。

(3) 在 WinXP-B 的 CMD 命令行窗口中执行命令 ping -t 192.168.22.2。

(4) 如果网络畅通，此时 WinXP-A 上的 Wireshark 将会捕获到大量 ICMP 数据，停止捕获，并在显示过滤器编辑栏中输入表达式 arp，回车便可看到捕获到的 ARP 数据包，如图 10-11 所示。

(5) 从图中可以看到捕获到两个 ARP 包，第一个是广播包，第二个是单播包，在数据包列表窗格中单击第一个包，然后在数据包详情窗格中展开 Address Resolution Protocol (request)就可以看到 ARP 请求数据包的详细内容。

① 硬件类型(Hardware type)：Ethernet (1)表示硬件类型为以太网，数字 1 是 Ethernet 的代码。

② 协议类型(Protocol type)：IP (0x0800)表示协议类型为 IP，0x0800 是 IP 协议的代码。

③ 硬件地址长度(Hardware size)：数字 6 表示硬件地址长度为 6B。

④ 协议地址长度(Protocol size)：数字 4 表示协议地址长度为 4B。

⑤ 操作码(Opcode)：request (1)表示这是一个 ARP 请求包，数字 1 是 request 操作的代码。

⑥ 源端 MAC 地址(Sender MAC address)：Vmware_9b:40:ef (00:0c:29:9b:40:ef)，Vmware_9b:40:ef 表示网络适配器的标识符，其 MAC 地址为 00:0c:29:9b:40:ef，即 WinXP-B 的 MAC 地址。

⑦ 源端 IP 地址(Sender IP address)：192.168.22.3 (192.168.22.3)，即 WinXP-B 的

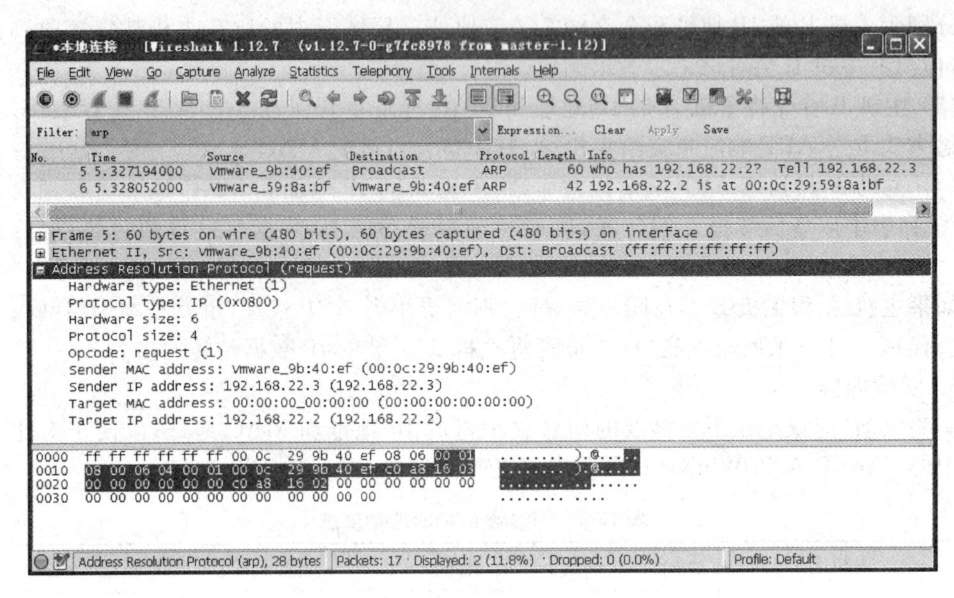

图 10-11 WinXP-A 上捕获的 ARP 数据包

IP 地址。

⑧ 目的端 MAC 地址(Target MAC address)：00:00:00_00:00:00 (00:00:00:00:00:00)，由于此时 WinXP-B 的缓存表中没有 WinXP-A 的 MAC 地址，需要通过广播来查找，故用全 0 的 MAC 地址来表示“不清楚”的目的 MAC 地址。

⑨ 目的端 IP 地址(Target IP address)：192.168.22.2 (192.168.22.2)，即 WinXP-A 的 IP 地址。

(6) 在数据包列表窗格中单击第二个包，然后在数据包详情窗格中展开 Address Resolution Protocol(reply)就可以看到 ARP 响应包的详细内容，如图 10-12 所示。

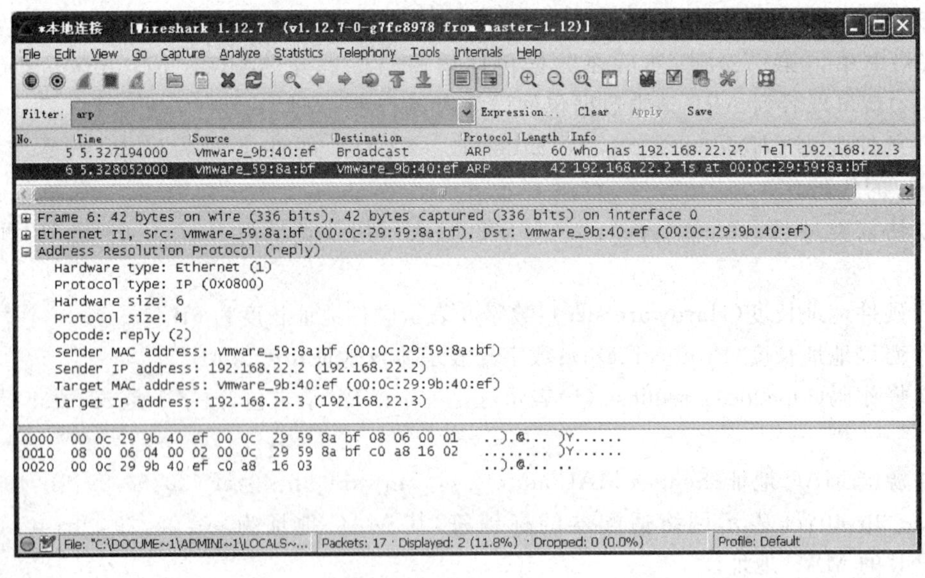

图 10-12 ARP 响应数据包

该响应 ARP 包是 WinXP-A 发送给 WinXP-B 的，与请求包相比，ARP 响应的操作码为 2，源、目地址与图 10-11 中的地址刚好调转了一下，同时此时的目的 MAC 地址为 WinXP-B 的 MAC 地址，这是因为 WinXP-A 从 ARP 请求包中得知了 WinXP-B 的 MAC 地址，因此，ARP 响应包就采用单播的方式直接与 WinXP-B 进行通信，而不再采用广播了。

另外，从图 10-11 和图 10-12 的数据包列表窗格中的 Info 字段可以看出，“who has 192.168.22.2? tell 192.168.22.3”表示 WinXP-B 在寻找 WinXP-A。而“192.168.22.2 is at 00:0c:29:59:8a:bf”则表示主机 WinXP-A 将自己的 MAC 地址告知了 WinXP-B。这个过程也正是 ARP 工作原理中介绍的过程。

10.4 IP 分析

1. 实验目的

(1) 掌握利用 Wireshark 分析 IP 数据包的方法。

(2) 掌握 IP 数据包的结构。

(3) 掌握 IP 协议的封装机制。

2. 实验设备

连入 Internet 或局域网的 PC 一台，其中安装有 VMware Workstation 和若干虚拟机，虚拟机中安装有 Wireshark 软件。

3. 实验学时

本实验建议学时为 1 学时。

4. 实验原理

IP 协议的主要作用是将不同格式的上层协议数据采用统一格式封装成 IP 数据包，并在网络层实现不同网络体系结构的网络互连互通。

IP 协议数据包也称为 IP 分组、IP 包、数据报等名称，学术名为 IP PDU(Protocol Data Unit，协议数据单元)，其结构如图 10-13 所示。

<table>
<tr><td>0</td><td>4</td><td>8</td><td>16</td><td></td><td></td><td>19</td><td>24</td><td>31</td></tr>
<tr><td>版本号</td><td>头部长度</td><td>区分服务</td><td colspan="6">总长度</td></tr>
<tr><td colspan="3">标识</td><td></td><td>D</td><td>M</td><td colspan="3">片偏移</td></tr>
<tr><td colspan="2">生存时间</td><td>协议</td><td colspan="6">头部校验和</td></tr>
<tr><td colspan="9">源IP地址</td></tr>
<tr><td colspan="9">目的IP地址</td></tr>
<tr><td colspan="7">可选字段（长度可变）</td><td colspan="2">填充</td></tr>
<tr><td colspan="9">数据部分</td></tr>
</table>

图 10-13　IP 协议 PDU 结构

(1) 版本号：占 4b，表示 IP 协议的版本号，值为 0100 时表示 IPv4。

(2) 头部长度：占 4b，表示 IP 头部的长度，以 32b(4B)计数，其最小值为 5(即图中目的

IP 地址及以上部分的长度)，即代表 IP 头部最小长度为 20B，这也是 IP 数据包的固定头部长度。最大值为 15，表示头部长度最大为 60B，也就是说可选字段最多可以有 40B。

(3) 区分服务：占 8b，该字段主要用于区分不同的可靠性、优先级、延迟和吞吐率的参数以便获得不同的服务质量。只有在使用区分服务时，该字段才有用，一般情况都不使用这个字段。

(4) 总长度：占 16b，指包含 IP 头部和数据部分在内的整个数据单元的总长度(字节数)，可表示的总长度最大值为 65 535B。

(5) 标识：占 16b，每产生一个 IP 包都会生成一个整数来标识这个数据包，即便该 IP 包被分片后，各分片的标识也是相同的，接收端将根据该标识来识别不同的分片是否来自于同一个 IP 包。

(6) 标志：占 3b，其中最高位保留未用，M 位标志表示 More fragment，意为"还有分片"，其值为 1 表示该分片后面还有分片。M=0 表示这是最后一个分片。D 位标志表示 Don't fragment，意为"不能分片"，其值为 0 才表示允许分片。

(7) 片偏移：占 13b，当一个较大的 IP 包分片后，某个分片在原 IP 包的相对位置，也就是该分片的第一个字节在原 IP 包中的位置的相对字节编号。

(8) 生存时间：占 8b，IP 包在生成时将会赋予一个 TTL(Time To Live，生存时间)值，表示允许该 IP 包经过路由器的最大个数，该 IP 包每经过一个路由器，TTL 值就会自动减 1，当其值为 0 时，路由器将丢弃该 IP 包。这样就可以保证网络中不会存在一个 IP 包不停地在传输。

(9) 协议：占 8b，该字段用于指明此 IP 包携带的数据来自何种协议，接收端通过该字段来决定将该 IP 包提交给上面的哪一个协议。常见的协议有 ICMP、IGMP、TCP、UDP、OSPF 等。

(10) 头部校验和：占 16b，该字段只校验 IP 包的头部，不包括数据部分，而且不采用 CRC 校验，而是采用一种更为简单的校验方法。

(11) 源 IP 地址和目的 IP 地址：各占 32b。

(12) 可选字段：该字段长度可变，主要作用是支持排错、测量以及安全措施等。一般不使用该字段。

(13) 填充：该字段用于补齐 32 位的边界，使 IP 分组的长度总为 32 位的整倍数。因此该字段的长度可变，且若该字段存在，则一定是 8 的倍数。

(14) 数据部分：上层协议传下来的报文，以字节为单位。

5. 实验内容

由于 ICMP 数据包由 IP 协议来封装，因此，这里仍然用大家都很熟悉的 ping 来体验这个实验。

(1) 开启 WinXP-A 和 WinXP-B 两台虚拟机，在 WinXP-A 上打开 Wireshark 并开始捕获网络数据包，然后在 WinXP-B 上执行命令 ping -l 3800 -n 1 192.168.22.2 与 WinXP-A 虚拟机进行数据通信。为了减少干扰，故这里只 ping 了一次，发送的数据为 3800B。

(2) 如果两台虚拟机网络畅通，则在 WinXP-A 上可以看到 Wireshark 捕获到的数据包，停止捕获，并在显示过滤器编辑栏中输入表达式"ip and ! nbss and ! nbns and ! tcp"，只显示 IP 和 ICMP 包，回车就可以看到指定条件的协议数据包，如图 10-14 所示。

(3) 在数据包列表窗格中任意单击一个 IPv4 协议数据包,并在数据包详情窗格中展开 Internet Protocol Version 4,便可以看到 IP 协议包的详细内容。

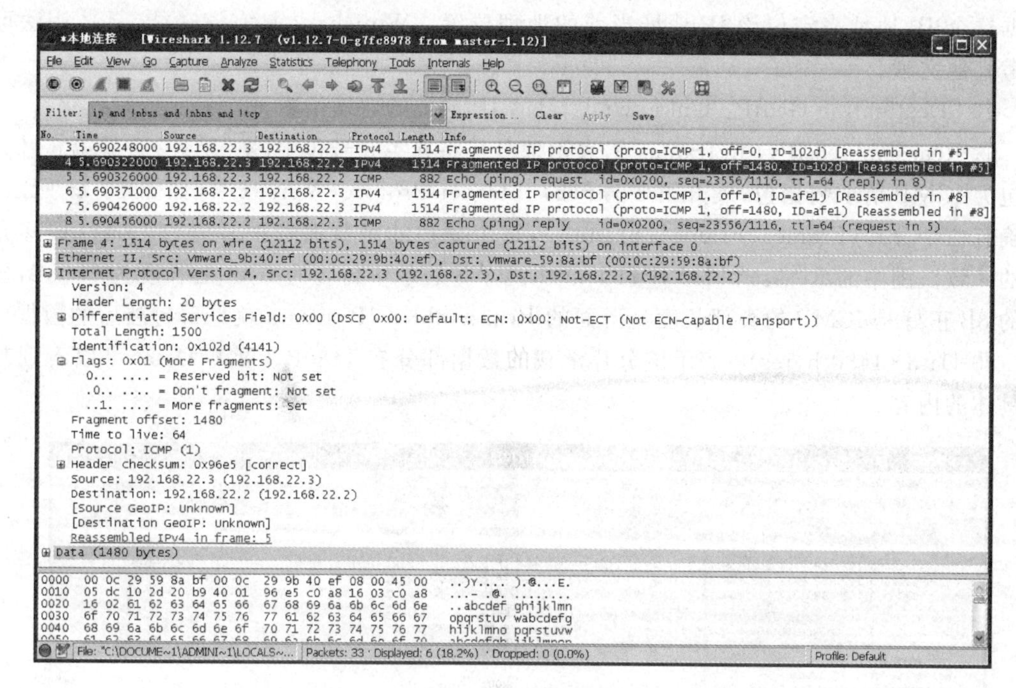

图 10-14　捕捉到的 IP 数据包

对照如图 10-13 所示的 IP 数据包的格式来分析如图 10-14 所示 IP 包。

① Version：4,表示 IPv4。

② Header Length：20bytes,表示头部长度为 20B。

③ Differentiated Services Field：0x00 表示未使用区分服务。

④ Total Length：1500,表示总长度 1500B,刚好是以太网的 MTU(Maximum Transmission Unit,最大传输单元)的值。但实验发送的数据长度是 3800B,显然这需要分片,后面的标志位也证明了这一点。

⑤ Identification：0x102d (4141),表示该 IP 包的标识为 0x102d,其对应的十进制值为 4141。

⑥ Flags：0x01 (More Fragments),表示该分片不是最后一个分片,其后还有分片。展开该标志,可以看到标志位 M 置为 1 了。

⑦ Fragment offset：1480,表示该分片的第一个字节在原始 IP 包的位置为第 1480 个字节。由于 IP 头部长度为 20B,而总长度为 1500B,故一个分片实际传输的数据最多为 1480B。因此,3800B 的数据需要分成三个分片,其中,第一个分片中的字节编号就是 0～1479,第二个分片中的字节编号就是 1480～2959,第三个分片中的字节编号为 2960～3799。

⑧ Time to live：64,表示该分片的 TTL 值为 64,该值在 ping 的时候也可以看到。

⑨ Protocol：ICMP (1),表示该 IP 包来自于 ICMP,确实也是如此。

⑩ Header checksum：0x96e5 [correct],头部校验正确。

⑪ Source：192.168.22.3 (192.168.22.3),源 IP 地址。

⑫ Destination：192.168.22.2 (192.168.22.2)，目的 IP 地址。

⑬ [Source GeoIP：Unknown]：该内容表示基于 IP 地址的地理信息，简单地说，就是根据这个 IP 地址来定位该 IP 地址当前的地理位置。Wireshark 具有该功能，具体用法可参考其他文献。

⑭ [Destination GeoIP：Unknown]：目的 IP 地址的地理位置。

⑮ Reassembled IPv4 in frame：5，表示该分片将在第 5 号包中进行重装，查看第 5 号数据包为 ICMP 请求数据包，展开第 5 号包的 Internet Protocol Version 4，如图 10-15 所示，的确有三个分片(Frame3、Frame4、Frame5)，每个分片的字节编号正好也与上面片偏移介绍的一致。图中的 Reassembled IPv4 length：3808 表示重封装的 IPv4 的长度为 3808B，多出的 8B 正好是 ICMP 的头部长度。下面的 Reassembled IPv4 data 就是重封装后的数据。

⑯ Data (1480 bytes)：表示该分片承载的数据部分有 1480B。展开 Data，可以看到其中具体的内容。

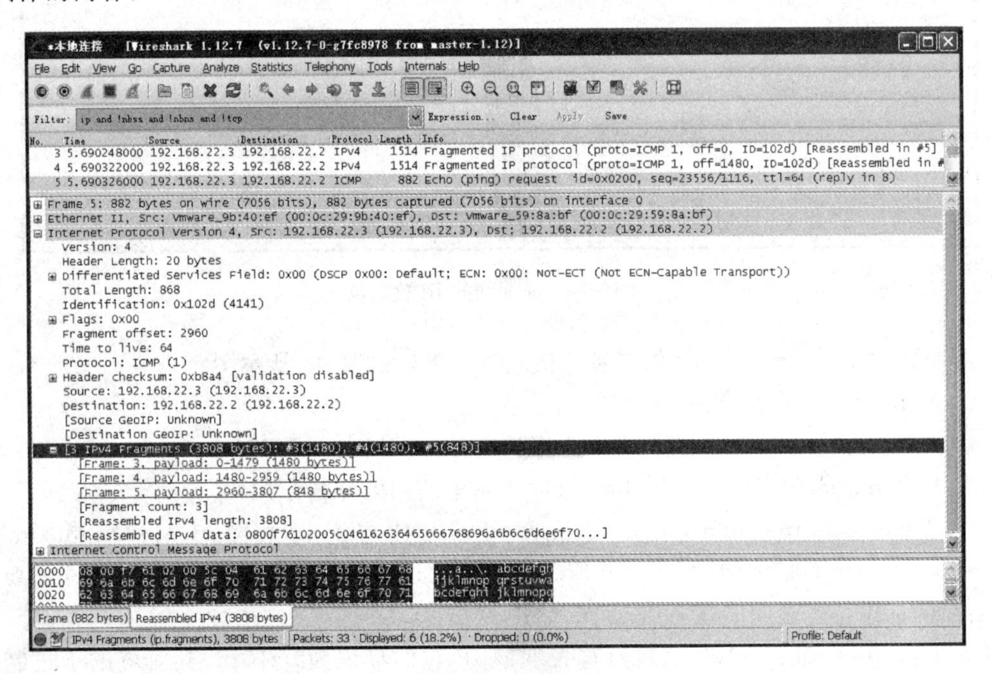

图 10-15　IP 包的重封装

关于图 10-14 和图 10-15 所呈现出来的信息，再说明以下几点。

(1) 查看第 3、4、5 号分片的 IP 层，可以看到这三个分片的标识都是相同的，证明它们同属一个 IP 包，该包是由 WinXP-B 发送的 ICMP 请求包产生的。同理，6、7、8 号分片也同属另一个 IP 包，在第 8 号包进行重封装，该 IP 包是由 WinXP-A 对 ICMP 请求包进行响应产生的 ICMP 应答包。

(2) 图 10-15 中的"Header checksum：0xb8a4 [validation disabled]"表示 Wireshark 没有启用头部校验，在 Wireshark 的工作界面中，依次单击 Edit→Preferences，在打开的对话框中，展开 Protocol，并在其中找到并单击 IPv4，勾选右侧的 Validate the IPv4 checksum if possible 选项即可启用该功能，如图 10-16 所示。以后再捕获 IPv4 数据包时就会校验 IP 包的头部。

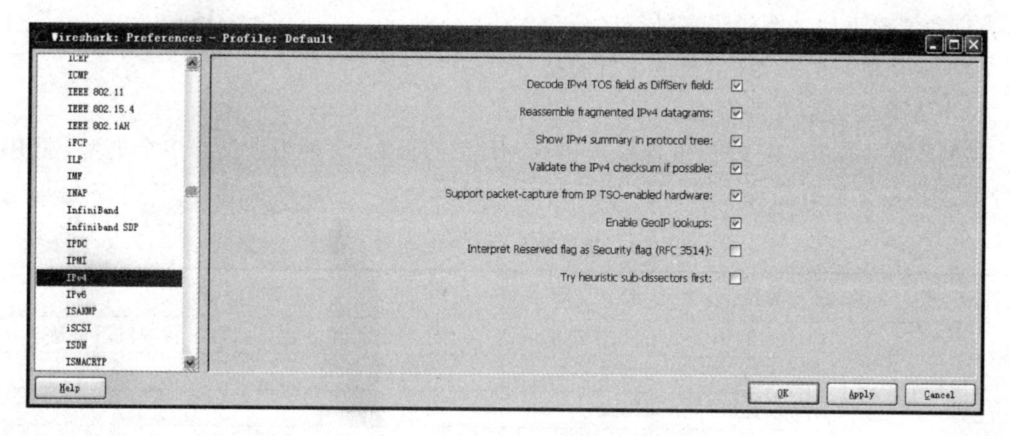

图 10-16　启用 IPv4 头部校验功能

10.5　ICMP 分析

1. 实验目的

(1) 掌握利用 Wireshark 分析 ICMP 数据包的方法。

(2) 掌握 ICMP 数据包的结构。

(3) 掌握 ICMP 的主要作用。

2. 实验设备

连入 Internet 或局域网的 PC 一台，其中安装有 VMware Workstation 和若干虚拟机，虚拟机中安装有 Wireshark 软件。

3. 实验学时

本实验建议学时为 0.5～1 学时。

4. 实验原理

1) ICMP 及其 PDU 格式

ICMP 是一种无连接的协议，属于网络层协议，主要用于在主机与路由器之间传递控制信息，包括报告错误、交换受限控制和状态信息等。例如，当遇到 IP 数据包无法达到目标、IP 路由器无法按当前的传输速率转发数据包等情况时，就会自动发送 ICMP 消息。

ICMP 数据单元的结构如图 10-17 所示。

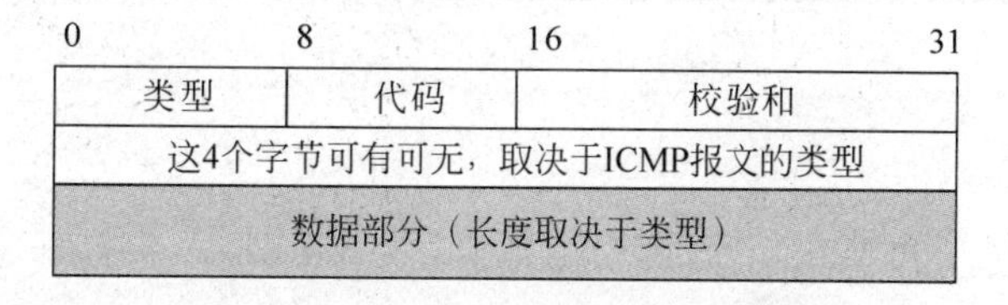

图 10-17　ICMP 数据单元结构

所有 ICMP 报文的前 4 个字节都是一样的，但是剩下的其他字段则互不相同。

(1) 类型：占 1B，用于标识 ICMP 数据包的类型，ICMP 有十多种类型。

(2) 代码：占 1B，ICMP 的每种类型都可能有多种不同情况，为了区别这些不同的情况,为每种情况再加一个代码来进行区分。

(3) 校验和：占 2B,该字段用于校验整个 ICMP 报文。

2) ICMP 的类型及其用途

ICMP 报文有 ICMP 差错报告报文和 ICMP 询问报文,每种报文又有多个类型,常用的几种 ICMP 报文类型及其代码如表 10-7 所示。

表 10-7　常见的几种 ICMP 报文类型

ICMP 报文类型	类型值	代　码	含　义
差错报告报文	3	0、1、2 或 3	分别表示网络、主机、协议和端口不可达
	11	0 或 1	时间超时
	12	0 或 1	参数问题
	5	0、1、2 或 3	路由重定向
询问报文	0	0	回声应答
	8	0	回声请求
	13	0	时间戳(Timestamp)请求
	14	0	时间戳应答

ICMP 最典型的 Windows 应用就是 ping 和 tracert。ping 目标主机时,发送方发送的数据包就是回声请求询问报文；如果网络畅通,则目的主机会发送回声应答(Reply from 目标主机 IP)询问报文；如果网络故障或者网络拥塞,发送方就会收到请求超时(Request timed out)的差错报告报文；如果发送方主机网络故障,比如网线没有插好或者网卡故障,则会得到目的主机不可达(Destination host unreachable)的差错报告报文,如图 10-18 所示。

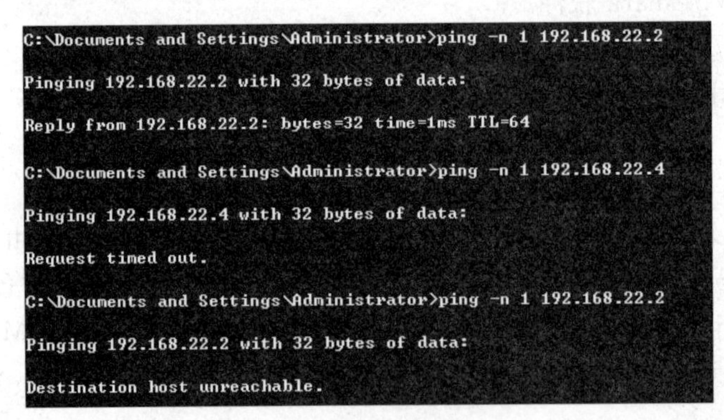

图 10-18　ICMP 的应用

5. 实验内容

(1) 开启 WinXP-A 和 WinXP-B 两台虚拟机,在 WinXP-A 中打开 Wireshark 并开启捕获网络数据包。

(2) 在 WinXP-B 虚拟机的 CMD 命令行执行命令“ping -l 10 -n 1 192.168.22.2”。

(3) 如果网络畅通,WinXP-A 中的 Wireshark 将会捕获到该 ICMP 数据包,在显示过滤器编辑栏中输入 icmp,回车查看 ICMP 数据包,如图 10-19 所示。

(4) 展开 Internet Control Message Protocol 便可查看到 ICMP 数据包的详细内容。

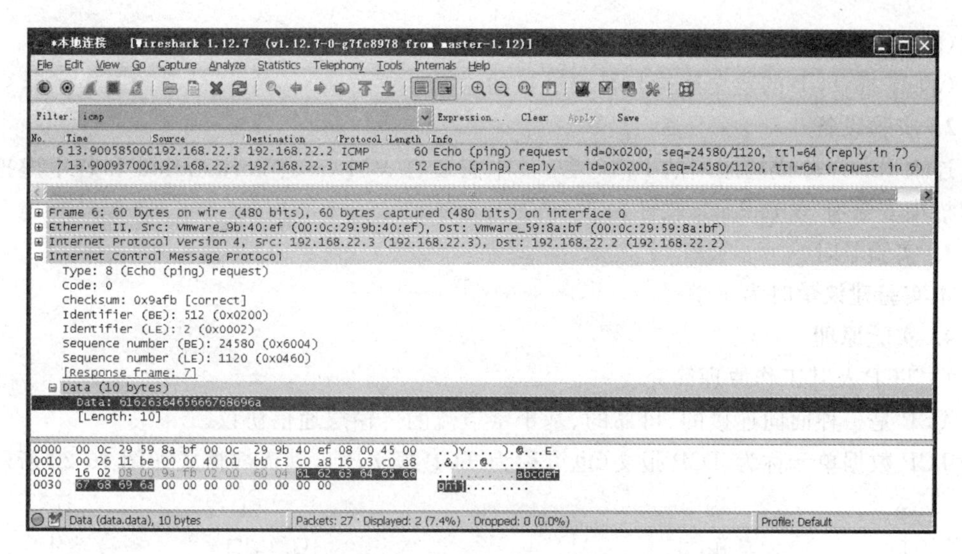

图 10-19 分析 ICMP 数据包

① Type：8 (Echo (ping) request)，表明该 ICMP 的类型值为 8，表示为查询报文。

② Code：0，代码为 0，表示回声请求。

③ Checksum：0x9afb [correct]，校验和正确。

④ Response frame：7，表示该回声请求的回声响应是第 7 号数据包。

⑤ Data (10 bytes)：该 ICMP 数据包携带的数据是 10B，与参数-l 10 指定的大小一致。展开 Data，并单击其下的 Data，在数据的字节窗格中可以看到该 ICMP 数据携带的数据的真实面目，即 abcdefghij，共 10 个英文字母。这也说明应用程序 ping 发送的数据在到达 ICMP 之前没有经过传输层协议封装。

特别说明：图中的 Identifier (BE)、Identifier (LE)、Sequence number(BE)和 Sequence number (LE)以及 Response frame 都不是 ICMP 包结构中的字段。这里显示出来只是便于增强可读性，而且 Identifier (BE)与 Identifier (LE)表示的是一个相同的数，只是表示格式不一样而已(单击该字段，在数据包的字节窗格中将以高亮显示该字段的值，可以看出其十六进制数是一样的)，同样，Sequence number (BE)和 Sequence number (LE)也是同一个数，也只是表示方法不一样而已。这是因为 Windows 系统与 Linux 系统发出的 ping 报文的字节顺序不一样，其中 Windows 系统采用小端法(Little Endian，即高字节在右边)，Linux 采用大端表示法(Big Endian，即高字节在左边)，Linux 和 Windows 分别采用 Identifier 和 Sequence number 来标识 ping 程序的不同进程。Wireshark 在此处干脆就全部显示了。

其他类型的 ICMP 包的捕获与分析就不再一一介绍了，感兴趣的读者可自行完成。

10.6 TCP 分析

1. 实验目的

(1) 掌握利用 Wireshark 分析 TCP 数据包的方法。

(2) 掌握 TCP 数据包的结构。

(3) 掌握 TCP 的封装机制。

(3) 掌握 TCP 的建立连接与释放连接的过程。

2. 实验设备

连入 Internet 或局域网的 PC 一台,其中安装有 VMware Workstation 和若干虚拟机,虚拟机中安装有 Wireshark 软件。

3. 实验学时

本实验建议学时为 1 学时。

4. 实验原理

1) TCP 及其工作原理简介

TCP 是一种面向连接的、可靠的、基于字节流的传输层通信协议。

TCP 数据单元称为 TCP 报文(也可称为 TCP 报文段),其头部格式如图 10-20 所示。

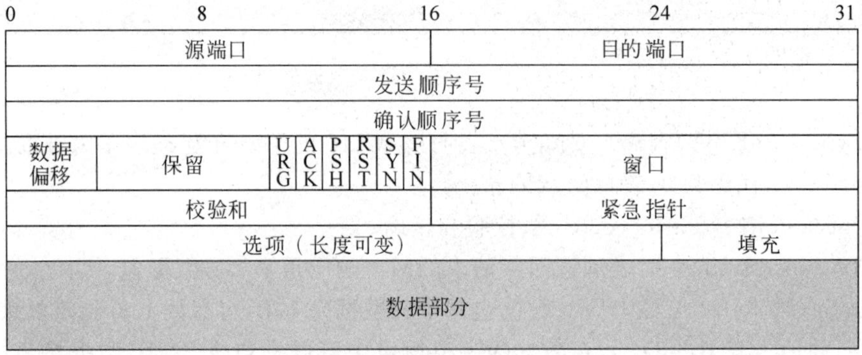

<table>
<tr><td>0</td><td colspan="7">8</td><td>16</td><td>24</td><td>31</td></tr>
<tr><td colspan="8">源端口</td><td colspan="3">目的端口</td></tr>
<tr><td colspan="11">发送顺序号</td></tr>
<tr><td colspan="11">确认顺序号</td></tr>
<tr><td>数据偏移</td><td>保留</td><td>URG</td><td>ACK</td><td>PSH</td><td>RST</td><td>SYN</td><td>FIN</td><td colspan="3">窗口</td></tr>
<tr><td colspan="8">校验和</td><td colspan="3">紧急指针</td></tr>
<tr><td colspan="9">选项(长度可变)</td><td colspan="2">填充</td></tr>
<tr><td colspan="11">数据部分</td></tr>
</table>

图 10-20 TCP 报文结构

各字段含义说明如下。

(1) 源端口和目的端口:各占 16b,分别表示源服务访问点和目标访问点。

(2) 发送顺序号:占 32b,表示本报文中第一个数据字节的序号。

(3) 确认顺序号:32b,也叫捎带应答顺序号或确认号,表示确认号之前的字节数据均已正确接收。

(4) 数据偏移:占 4b,表示数据部分的第一个字节离该报文头部第一个字节有多远,其实就是 TCP 报文的头部长度,故有的地方称此为 TCP 头部长度。和 IP 头部长度字段一样,该字段也是以 32b 字为单位,其最小值为 5,表示 TCP 头部最小长度为 5×32b=160b=20B;最大值为 15,表示 TCP 头部最长为 60B。

(5) 保留字段:6b,保留将来使用,全部为 0。

(6) 标志字段:共占 6b,表示各种控制信息,各标志位各占 1b,其含义说明如下。

① URG,该位置位(就是将该位的值设置为 1)表示后面的紧急指针字段有效,表明此报文中有紧急数据,应尽快发送。

② ACK,该位置位表示确认顺序号有效。

③ PSH,该位置位表示推进功能有效,适用于实时场合,设置有该位的 TCP 报文将被立即发送,且接收端也会立即将该报文交付给应用进程。但该位很少使用。

④ RST,该位置位表示 TCP 连接中出现严重差错,必须释放连接,然后再重新建立连

接，也用于表示拒绝一个非法连接。

⑤ SYN，该位置位表示与发送顺序号同步，用于建立 TCP 连接。

⑥ FIN，该位置位表示数据发送完毕，请求释放连接。

(7) 窗口：占 16b，表示自己的接收窗口的大小，也就是告诉对方自己最多还可以接收多少字节的数据。

(8) 校验和：占 16b，其校验范围包括整个 TCP 头部和伪头部，伪段头是 IP 头的一部分，包括源、目的 IP 地址，校验和、协议代码和该协议报文的长度等。

(9) 紧急指针：占 16b，只有 URG 位置位才起作用，表示该报文中紧急数据的字节数，从发送顺序号开始到紧急指针处之间的数据为紧急数据，其他则是普通数据。

(10) 选项：该字段长度可变，最大可达 40B。目前常用的选项有以下几个。

① MSS(Max Segment Size，最大段长)：用于指明本网络能接收的 TCP 报文中的最大数据长度，**该长度不包括 TCP 头部**。

② SACK(Selective ACK，选择确认)：该字段使得接收方能告诉发送方哪些报文段丢失等信息，发送方将根据这些信息只重传那些真正丢失的报文段。

③ WScale(Window Scale Option)：由于窗口字段占 16b，最多可以表示 64KB，在现代网络中已不够用了，于是增设该选项来增加窗口的大小。该选项占 3B，其中，第一字节表示移位值 S，新的窗口所占的位数就扩到了 $16+S$ 位。当前窗口大小乘以 2^S 就是新的窗口大小了。

(11) 填充：补齐 32b 字边界，使得 TCP 头部长度为 32b 的整数倍。该字段若不等于 0，则一定是 8 的整数倍。

2) TCP 连接的建立

TCP 是面向连接的协议，建立 TCP 连接的过程形象地被称为三次握手过程，其过程及连接状态变化如图 10-21 所示，其中的 Seq 为发送顺序号，Ack 为确认号，[SYN]表示 SYN 标志置位，[SYN，ACK]表示 SYN 和 ACK 标志置位。

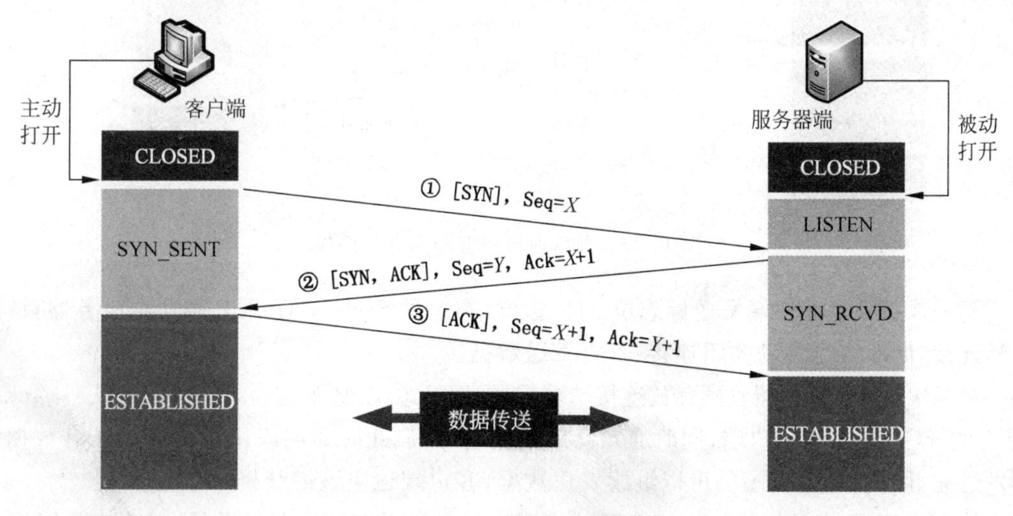

图 10-21　TCP 三次握手过程

第一次握手：客户端发送标志位 SYN 置位，Seq＝X 的 TCP 报文给服务器端以请求建立 TCP 连接。

第二次握手：服务器端接收到连接请求报文后，如同意建立连接，则返回确认报文，其中，标志位 SYN 和 ACK 置位，设置自己的发送顺序号 Seq=Y，同时确认号 Ack=$X+1$，告知客户端前面的 X 字节数据均已正确收到。

第三次握手：客户端收到确认报文后就表明本端的 TCP 连接已经建立，其上层应用进程就可以利用此连接向服务器发送数据，发送顺序号 Seq=$X+1$。同时，客户端还必须给服务器发送一个确认号 Ack=Y+1 的确认报文以表明 TCP 连接已建立。

服务器端收到客户端的确认报文后，也将通知其上层应用进程，自此，双方的 TCP 连接建立成功。

3）TCP 连接的释放

数据传输结束后，通信的双方都可释放连接 TCP 连接的释放过程被形象地称为“四次挥手”。假设客户端应用进程先发出连接释放请求报文，主动请求关闭 TCP 连接，并停止发送数据。具体过程及连接状态变化如图 10-22 所示。

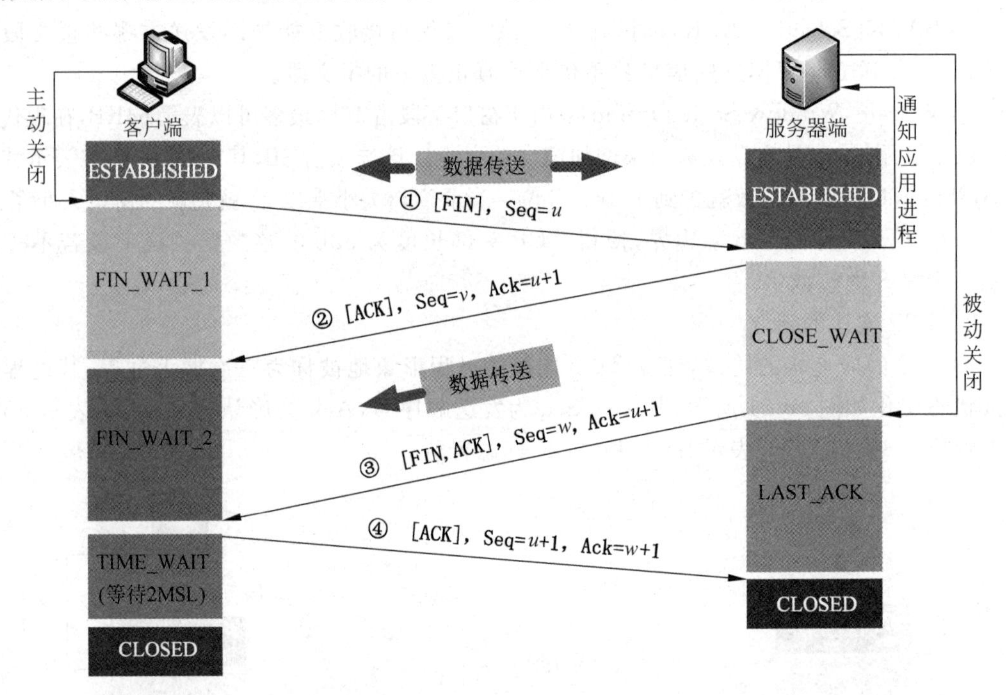

图 10-22　释放连接时的四次挥手过程

第一次挥手：客户端发送标志位 FIN 置位，顺序号 Seq=u 的 TCP 报文给服务器，请求中断连接，同时自己主动关闭连接，不再发送数据。

第二次挥手：服务器收到释放连接请求后，发送标志位 ACK 置位，Seq=v，确认号 Ack=$u+1$ 的 TCP 报文给客户端，同时通知高层应用进程，但此时高层应用进程可能还有数据没有发送完，因此，服务器端仍可以继续发送数据，客户端也应该继续接收。

第三次挥手：一段时间后，服务器的应用进程已经没有数据要发送了，因此就通知 TCP 进程释放连接，此时服务器发送标志位 FIN 和 ACK 置位，顺序号 Seq=w，确认号 Ack=$u+1$ 的 TCP 报文给客户端。

第四次挥手：最后客户端发送标志位 ACK 置位，顺序号 Seq=$u+1$，确认号 Ack=$w+1$

的 TCP 报文给服务器，然后等待 2MSL(MSL 为最大报文段寿命，默认为 2min)的时间后最终关闭连接。服务器收到该 ACK 报文后则直接关闭连接。

5. 实验内容

下面以 WinXP-A 虚拟机访问 9.3 节中实现的 FTP 服务器为例来分析 TCP 报文及三次握手过程和四次挥手的过程。

为了避免干扰和实验数据的纯净性，建议采用命令行的方式访问 FTP 服务器，若采用浏览器访问，则建议先清理浏览器中的临时文件和 Cookies 等内容。

(1) 开启 FTP 服务器，测试 FTP 服务器为可用状态。

(2) 开启 WinXP-A 虚拟机，测试与 FTP 服务器网络相通，然后打开 Wireshark 并启动捕获数据包。

(3) 在主机 A 上通过命令行方式访问 FTP 服务器，用 Windows 账号登录到 FTP 服务器，最后通过命令 bye 退出 FTP 连接，如图 10-23 所示。

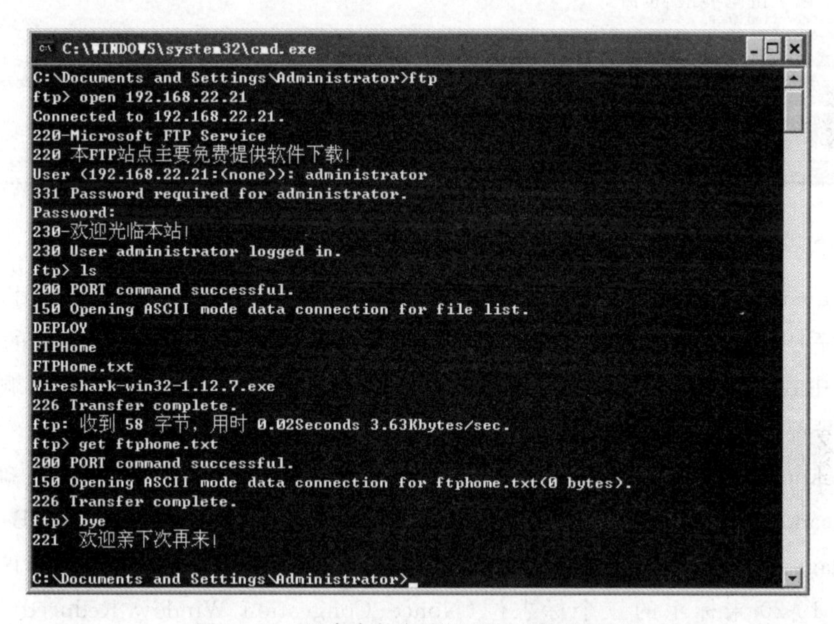

图 10-23 用命令的方式登录到 FTP 服务器

(4) 在 WinXP-A 虚拟机中可以看到 Wireshark 捕获了很多数据包，在显示过滤器编辑栏中输入表达式“tcp and ! ftp”，回车就可以看到过滤出来的 TCP 报文，如图 10-24 所示。

(5) 任意选择一个 TCP 报文，展开 Transmission Control Protocol 层，可以看到 TCP 报文内部的详细情况。

① Source Port：1199 (1199)，源端口为 1199。

② Destination Port：21 (21)，目的端口为 21。

③ [Stream index：0]，流索引，该字段并不属于 TCP 报头，而是 Wireshark 给该 TCP 连接的一个编号，凡是在该连接上传输的数据的 Stream index 均相同。

④ [TCP Segment Len：0]，TCP 段长为 0，表示数据部分未携带数据。该内容也不属于 TCP 报头的内容。

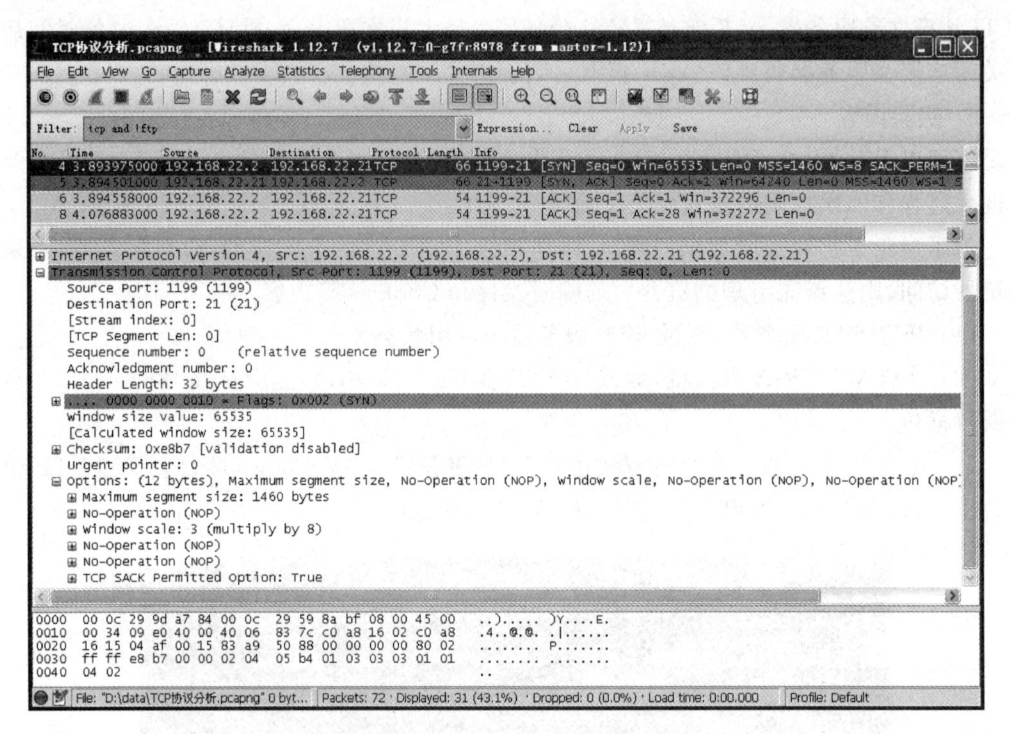

图 10-24　TCP 报文分析

⑤ Sequence number：21 (relative sequence number)，这是一个相对顺序号，若需要查看绝对顺序号，则在 Wireshark 窗口中，依次单击 Edit→Preferences，在打开的窗口中的 Protocols 中找到并单击 TCP，然后取消勾选 Relative sequence numbers，此时顺序号和下面的确认号都将以绝对值展示。

⑥ Acknowledgment number：107 (relative ack number)，这是一个相对的确认号。

⑦ Header Length：32 bytes，TCP 头部长度为 32B，显然选项字段占了 12B。

⑧ Flags：0x002 (SYN)，括号中的 SYN 表示 SYN 标志位置被置位，展开该标志还可以看到图 10-20 未标示的三个标志位(Nonce、Congestion Window Reduced (CWR) 和 ECN-Echo)，这三个标志位是合在一起使用的，主要作用是实现拥塞避免，但包含这三个标志的 RED(Random Early Detection，随机早期检测)算法效果不佳，于 2015 年公布的 RFC 7567 将包含该技术的 RFC 2309 列为陈旧的标准。

⑨ Window size value：65535，接收窗口大小，表示还可以最多接收数据 65 535B。

⑩ [Calculated window size：65535]，计算后的窗口大小为 65 535B，意思是说使用了 WScale 可选项后的新窗口大小。

⑪ Checksum：0xe8b7 [validation disabled]，Wireshark 为了性能考虑，默认未启动校验和，若要启用，可参考图 10-16，协议改为 TCP 即可。

⑫ Urgent pointer：0，紧急指针为 0，表示该报文中没有紧急数据。

⑬ Options：(12 bytes)，选项占了 12B，具体内容如下。

- Maximum segment size：1460 bytes，最大段长为 1460B，因为 TCP 和 IP 的最小头

长均为 20B,因此,在以太网内传输的最大段长就是 1500－20－20＝1460B。

- No-Operation (NOP),表示未操作。
- Window scale：3 (multiply by 8),表示窗口测量,3 表示移位值 S,左移位 3 位,实质就是扩大 8 倍,multiply by 8 表示当前窗口值乘以 8 就是新的窗口值,即 Calculated window size 的值。但此图中新旧窗口大小是一样的,这是由于图中示例的报文是一个 SYN 请求包,表明这是一个 TCP 建立连接的请求包,而 WScale 字段的值是 TCP 建立连接时双方协商产生的,此处的值正是发送方发起的协商值,因此,在 TCP 连接未建立之前,窗口大小不变。选择一个没有 SYN 标志位的 TCP 报文,如图 10-25 所示就可以看到计算窗口大小正好是原窗口大小的 8 倍(46 537×8＝372 296)。图中的[Window size scaling factor：8]意思就是窗口扩展因子为 8。
- TCP SACK Permitted Option：True,表示允许使用选择确认选项。

```
⊟ .... 0000 0001 0000 = Flags: 0x010 (ACK)
    000. .... .... = Reserved: Not set
    ...0 .... .... = Nonce: Not set
    .... 0... .... = Congestion Window Reduced (CWR): Not set
    .... .0.. .... = ECN-Echo: Not set
    .... ..0. .... = Urgent: Not set
    .... ...1 .... = Acknowledgment: Set
    .... .... 0... = Push: Not set
    .... .... .0.. = Reset: Not set
    .... .... ..0. = Syn: Not set
    .... .... ...0 = Fin: Not set
  Window size value: 46537
  [Calculated window size: 372296]
  [Window size scaling factor: 8]
⊞ Checksum: 0x7070 [validation disabled]
  Urgent pointer: 0
⊟ [SEQ/ACK analysis]
    [This is an ACK to the segment in frame: 5]
    [The RTT to ACK the segment was: 0.000057000 seconds]
    [iRTT: 0.000583000 seconds]
```

图 10-25　非 SYN TCP 报文的窗口大小

理解了 TCP 报头的基本含义后,接下来看一下 TCP 连接的三次握手过程,如图 10-26 所示截取了前面的三个 TCP 报文,它们就是三次握手时所发送的报文,下面主要对数据包列表窗格中显示的数据予以分析。在 Wireshark 中约定[SYN]表示 SYN 标志置位,[SYN,ACK]表示 SYN 和 ACK 标志置位,Seq 为发送顺序号,Ack 为确认号,注意区分大小写。

```
Filter: tcp and !ftp                         Expression...  Clear  Apply  Save
No. Time         Source          Destination     Protocol Length Info
  4 3.893975000 192.168.22.2    192.168.22.21   TCP      66 1199-21 [SYN] Seq=0 Win=65535 Len=0 MSS=1460 WS=8 SACK_PERM=1
  5 3.894501000 192.168.22.21   192.168.22.2    TCP      66 21-1199 [SYN, ACK] Seq=0 Ack=1 Win=64240 Len=0 MSS=1460 WS=1 SACK_P
  6 3.894558000 192.168.22.2    192.168.22.21   TCP      54 1199-21 [ACK] Seq=1 Ack=1 Win=372296 Len=0
```

图 10-26　TCP 三次握手的三个报文

① 第 4 号报文：本报文是第一次握手报文,典型特征是[SYN]位置位。其他信息包括有源 IP 地址为 192.168.22.2,目的 IP 地址为 192.168.22.21,协议为 TCP,物理帧长为 66B。在 Info 列可以看到源端口为 1199,目的端口为 21,发送顺序号为 0,窗口大小为 65 535,报文数据长度为 0,本站允许的最大段长为 1460,窗口扩展因子 WS 为 8,允许选择确认。

② 第 5 号报文,本报文是第二次握手报文,典型特征是[SYN,ACK]位置位。其他信息

的含义可参考第 4 号报文。不同的是,此时的 Seq=0 是 FTP 服务器自己的发送序列号,与 WinXP-A 的发送序列号没有关系。但 Ack=1 则是 WinXP-A 的发送序列号加 1 的结果。此外,还可以看到该报文的 WS=1,这也表明源、目的双方在协商时给出的窗口扩展因子可以不相同。

③ 第 6 号报文,本报文是第三次握手报文,典型特征是[ACK]置位。这里的 Seq=1 是在第 4 号报文的发送顺序号上加 1 所得。Ack=1 则是在第 5 号报文的 Seq 的基础上加 1 所得。由于此时 WinXP-A 已经建立好了 TCP 连接,因此,窗口大小扩大了 8 倍,变成了 372 296。图 10-25 就是第 6 号报文的内容,从图 10-25 中的 SEQ/ACK analysis 中还可以看出,第 6 号报文是第 5 号报文的响应,确认第 5 号报文的 RTT(Round Trip Time,往返时间)为 0.000057000 seconds=第 6 号报文与第 5 号报文时间差;iRTT(initial Round Trip Time,初始化往返时间)=0.000583000 seconds=第 6 号报文与第 4 号报文时间差。在第 5 号报文的内容中也可以看到这样的信息。

最后,我们再看一下 TCP 释放连接的四次挥手过程,如图 10-27 所示的 4 个报文就是 TCP 释放连接过程中发送的 4 个报文,在这里,同样请关注一下 Seq 和 Ack 值的变化。

第 63 号报文:这是第一次挥手报文,从图中可以看出是 FTP 服务器发起断开连接请求的,典型特征是[FIN,ACK]置位,这与前面介绍的理论是有偏差的。这是由于没有 ACK 标志置位而仅有 FIN 标志置位的报文通常被认为是恶意的。因此,在实现时就将提出断开 TCP 连接报文标志设置为[FIN,ACK]置位。

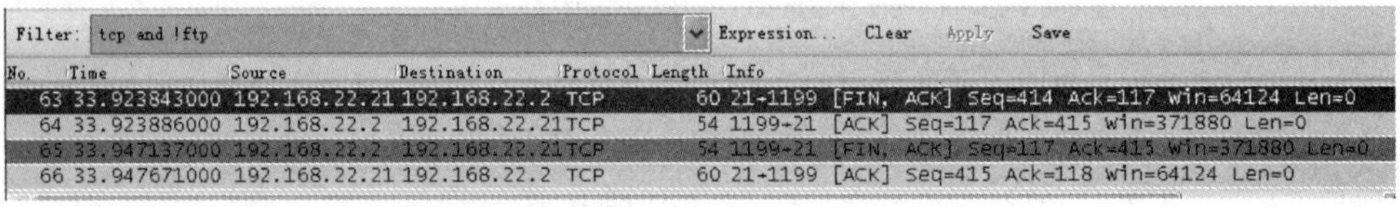

Filter: tcp and !ftp   Expression... Clear Apply Save

No.	Time	Source	Destination	Protocol	Length	Info
63	33.923843000	192.168.22.21	192.168.22.2	TCP	60	21→1199 [FIN, ACK] Seq=414 Ack=117 Win=64124 Len=0
64	33.923886000	192.168.22.2	192.168.22.21	TCP	54	1199→21 [ACK] Seq=117 Ack=415 Win=371880 Len=0
65	33.947137000	192.168.22.2	192.168.22.21	TCP	54	1199→21 [FIN, ACK] Seq=117 Ack=415 Win=371880 Len=0
66	33.947671000	192.168.22.21	192.168.22.2	TCP	60	21→1199 [ACK] Seq=415 Ack=118 Win=64124 Len=0

图 10-27 TCP 释放连接过程分析

第 64 号报文:这是第二次挥手报文,典型特征是[ACK]置位,表示知道要断开连接了,但要通知上层 FTP 应用进程。

第 65 号报文:这是第三次挥手报文,典型特征是[FIN,ACK]置位,表示上层 FTP 应用进程没有数据要传送了,同意断开连接。

第 66 号报文:这是第四次挥手报文,典型特征是[ACK]置位。表示已经收到第 65 号报文了,然后等待 2MSL 的时间后自动连接。FTP 服务器收到该报文后也将自动关闭 TCP 连接。

最后再介绍一下 Wireshark 的一个非常有价值的功能——跟踪 TCP 流。

在如图 10-24 所示的 TCP 报文窗口的数据包列表窗格中,任意选择一个 TCP 报文,然后依次单击 Wireshark 菜单 Analyze→Follow TCP Stream,打开如图 10-28 所示的窗口,从中可以清晰地看到 WinXP-A 与 FTP Server 之间的数据流,其中,红色文字的是发起 TCP 连接的 WinXP-A 的数据流,蓝色文字的为服务器端 FTP Server 的数据流。从中还可以看到登录 FTP 服务器的账号和密码,以及下载的文件名 ftphome.txt。感兴趣的读者还可以进一步深入分析,并可以获得更多有价值的信息。

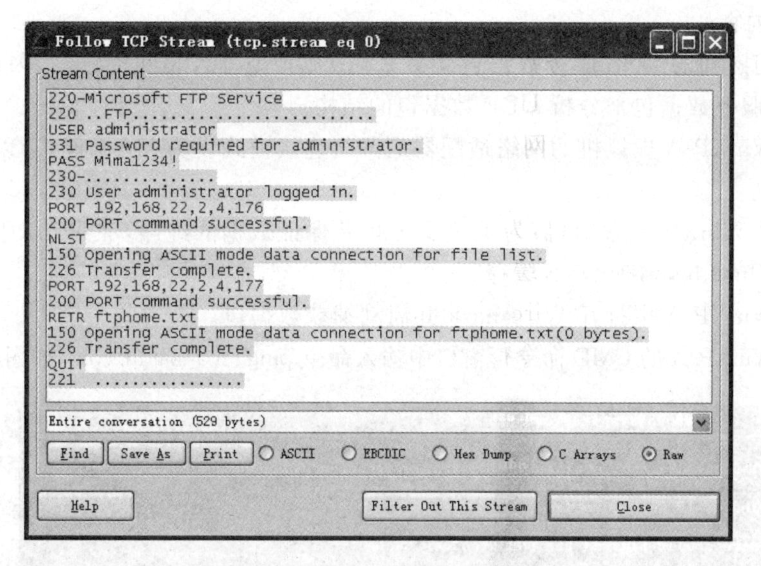

图 10-28 Follow TCP Stream 窗口

10.7 UDP 分析

1. 实验目的

（1）掌握利用 Wireshark 分析 UDP 数据包的方法。

（2）掌握 UDP 数据包的结构。

（3）掌握 UDP 的封装机制。

2. 实验设备

连入 Internet PC 一台，其中安装有 VMware Workstation 和若干虚拟机，至少有一台虚拟机可以访问 Internet，虚拟机中安装有 Wireshark 软件。

3. 实验学时

本实验建议学时为 0.5 学时。

4. 实验原理

UDP(User Datagram Protocol，用户数据报协议)是 OSI 参考模型中一种无连接的传输层协议，是现代网络最常用的网络协议之一。UDP 是一种尽力而为的无连接协议，即通信前不需要建立连接，也不对要传送的数据包进行可靠性保证，UDP 传输的可靠性由应用层负责。适合于一次性传输少量数据，诸如 DNS、TFTP 和 SNMP 等应用就采用 UDP 进行通信。UDP 的协议数据单元结构如图 10-29 所示。

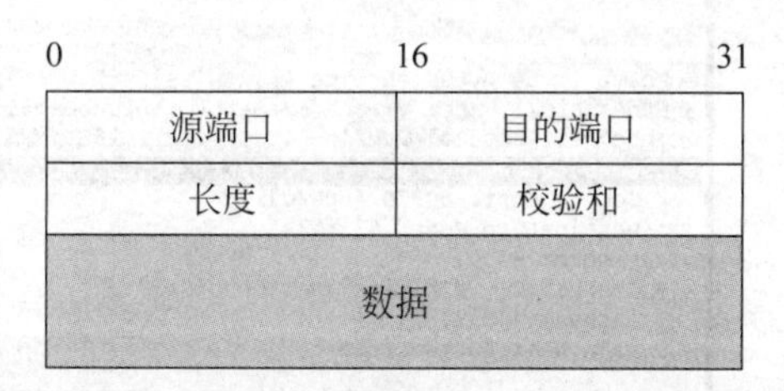

图 10-29 UDP 协议数据单元结构

源端口和目的端口与 TCP 报文头部的一样，这里不再重复。

长度是指整个 UDP 报文的长度，包括头部和数据部分，最小值为 8B，即不携带数据时。

校验和字段和 TCP 类似，用来确保 UDP 头和数据到达时的完整性。

5. 实验内容

由于我们熟知的 DNS 服务数据包就是采用 UDP 进行封装和传输的，因此，本实验就以捕获 DNS 服务数据包来分析 UDP 数据包的结构。

(1) 将 WinXP-A 虚拟机的网络适配器的网络连接模式设为 NAT 模式，以确保它能访问 Internet。

(2) 开启 WinXP-A 虚拟机，为了减少干扰并保证数据的纯净，在 WinXP-A 上执行命令 ipconfig /flushdns 清理 DNS 缓存。

(3) 在 WinXP-A 中打开 Wireshark 并启动捕获数据包。

(4) 在 WinXP-A 的 CMD 命令行窗口中输入命令 ping -n 1 baidu. com，如图 10-30 所示。

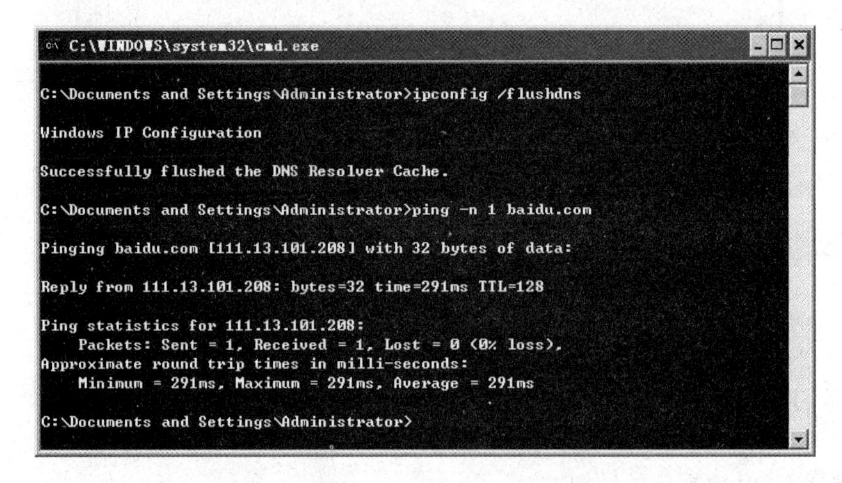

图 10-30　用命令行的方式请求解析域名

(5) 如果网络是畅通的，则 WinXP-A 上的 Wireshark 就可以看到捕获到的 DNS 数据包，在显示过滤器编辑栏中输入 UDP，回车就可以看到过滤出来的 UDP 报文，如图 10-31 所示。

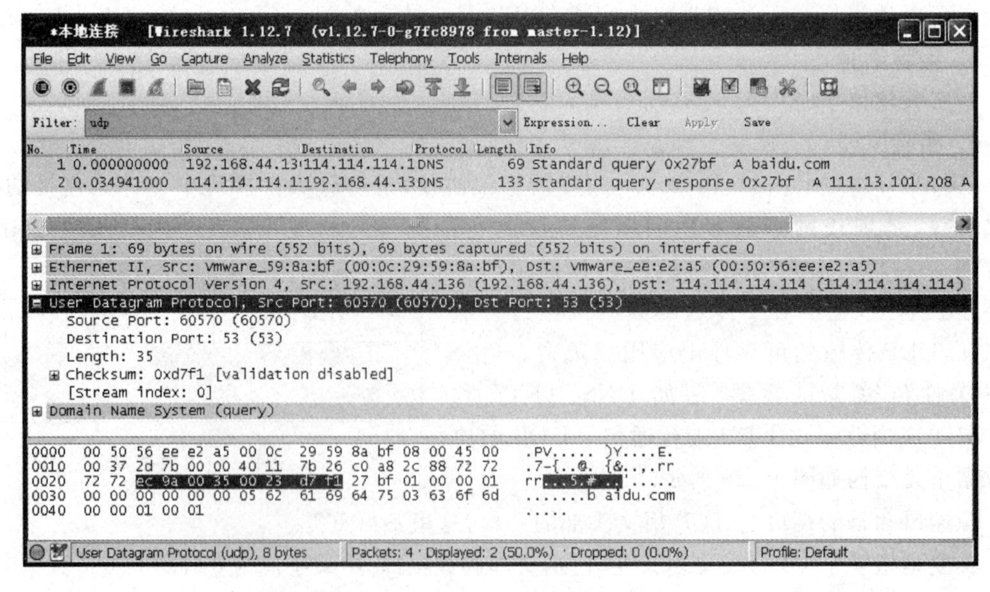

图 10-31　UDP 分析

(6) 在数据包列表窗格中任意选择一个数据包，然后在数据包详情窗格中展开 User Datagram Protocol 便可以清晰地看到 UDP 报文的结构。

① Source Port：60570 (60570)，源端口号为 60570。

② Destination Port：53 (53)，目的端口号为 53B，这是 DNS 服务器默认的端口号。

③ Length：35，UDP 报文长度为 35B，表明它有携带数据，携带的数据长度是 35－8＝27B，也就是 DNS 数据包的大小。

④ Checksum：0xd7f1 [validation disabled]，未启用校验和功能，原因同上面的 IP 和 TCP。

⑤ Stream index：0，流索引号为 0。

展开 Domain Name System(query)层次，可以分析 DNS 数据包的结构与内容，这里就不一一展开了，有兴趣读者的可以自行完成。

经过以上实验的训练，相信读者已经对 Wireshark 的基本功能和各协议的基本工作原理、协议数据单元的结构都有一定的了解，也相信读者能利用 Wireshark 分析诸如应用层的 DNS、DHCP、FTP 和 HTTP 等协议。期望以此激发读者利用 Wireshark 来探索网络数字世界的激情。

习　　题

一、简答题

1. 利用 Wireshark 捕获 ARP 协议帧，并分析 ARP 协议帧的结构，试解释 Wireshark 中显示的 ARP 协议帧各字段值的含义，并填写如表 10-38 所示的空表。

表 10-8　1 题表

类型	硬件类型值及含义	协议类型值及含义	硬件地址长度	协议地址长度	操作码及含义	源端 MAC 地址和 IP 地址	目的端 MAC 地址和 IP 地址
请求报文							
响应报文							

2. 利用 Wireshark 捕获 TCP 报文，并分析 TCP 报文结构，试解释 Wireshark 中显示的 TCP 报文各字段值的含义，以及建立 TCP 连接的三次握手过程和四次挥手过程，并填写如表 10-9 和表 10-10 所示的空表。然后回答下面的问题。

表 10-9　2 题表 1

字段名称	第一次握手	第二次握手	第三次握手
源端口号			
目的端口号			
相对发送顺序号 Seq			
相对接收顺序号 Ack			
TCP 段长			

续表

字段名称	第一次握手	第二次握手	第三次握手
TCP 头部长度/B			
哪些标志置位			
实际可用滑窗大小/B			

注：若没有该值，则放空或者填连接符“－”。

表 10-10　2 题表 2

字段名称	第一次挥手	第二次挥手	第三次挥手	第四次挥手
源端口号				
目的端口号				
相对发送顺序号 Seq				
相对确认号 Ack				
TCP 段长				
TCP 头部长度/B				
哪些标志置位				
滑动窗口大小/B				

注：若没有具体的值，则放空或者填连接符“－”。

(1) TCP SYN 请求连接报文中的 Options 字段有何作用？MSS 是何意？其长度为多少？

(2) 在 TCP 连接的三次握手过程中，若 SYN 连接请求报文的 Seq＝0，则 ACK 确认报文中的 Ack 应为多少？其含义是什么？

(3) 设 FTP 服务器向主机 A 发送一个顺序号 Seq 为 1，携带有 10B 长数据的 TCP 报文，主机 A 收到这些数据后向 FTP 服务器发送确认报文，则该确认报文的确认号 Ack 应是多少？其向服务器表明的含义是什么？

3. 利用 Wireshark 捕获未分片与有分片的 IP 数据包，并分析 IP 数据包的结构，试解释 Wireshark 中显示的 IP 数据包各字段值的含义，然后填写如表 10-11 所示的空表，并对比未分片与有分片有何异同，特别是片偏移值如何计算。

表 10-11　3 题表

字段名	字段内容	含　　义
版本		
头部长度		
区分服务		
总长度		
标识		
标志		
片偏移		
TTL		
协议		
校验和		
源地址		
目的地址		

4. 尝试利用 Wireshark 捕获并分析 HTTP、FTP、DNS 和 DHCP 等常用应用层协议的数据包结构、协议的工作过程和协议数据。

二、选择题

1. 某用户正在 Internet 浏览网页，若采用抓包器抓获某一报文的以太帧如图 10-32 所示，该报文是________。

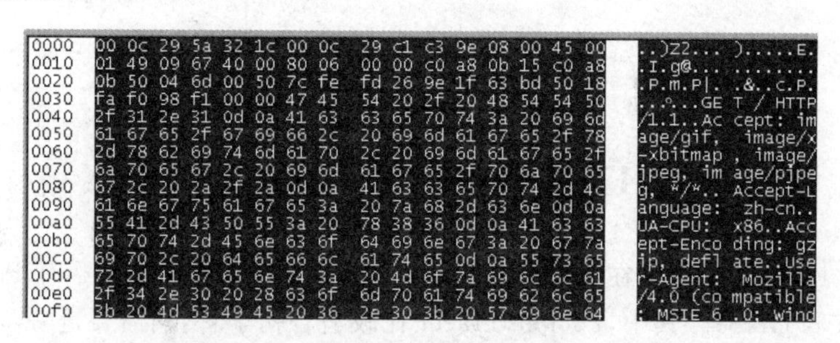

图 10-32　1 题图

A. 由本机发出的 Web 页面请求报文

B. 由 Internet 返回的 Web 响应报文

C. 由本机发出的查找网关 MAC 地址的 ARP 报文

D. 由 Internet 返回的 ARP 响应报文

2. 嗅探器改变了网络接口的工作模式，使得网络接口________。

A. 只能够响应发送给本地的分组

B. 只能够响应本网段的广播分组

C. 能够响应流经网络接口的所有分组

D. 能够响应所有组播信息

3. 某 PC 不能接入 Internet，此时采用抓包工具捕获的以太网接口发出的信息如图 10-33 所示。

Source	Destination	Protocol	Info
QuantaCo_33:9b:be	Broadcast	ARP	Who has 213.127.115.254? Tell 213.127.115.31
213.127.115.31	213.127.115.255	NBNS	Name query NB TRACKER9.BOL.BG<00>
213.127.115.31	213.127.115.255	NBNS	Name query NB BT.ROMMAN.NET<00>
213.127.115.31	224.1.1.1	UDP	Source port:ircu Destination port:ircu
QuantaCo_33:9b:be	Broadcast	ARP	Who has 213.127.115.254? Tell 213.127.115.31
QuantaCo_33:9b:be	Broadcast	ARP	Who has 213.127.115.254? Tell 213.127.115.31

图 10-33　3 题图

则该 PC 的 IP 地址为________。

A. 213.127.115.31　　B. 213.127.115.255

C. 213.127.115.254　　D. 224.1.1.1

4. 续上一题，默认网关的 IP 地址为________。

A. 213.127.115.31　　B. 213.127.115.255

C. 213.127.115.254　　D. 224.1.1.1

5. 续上一题，该 PC 不能接入 Internet 的原因可能是________。

A. DNS 解析错误　　B. TCP/IP 安装错误

C. 不能正常连接到网关　　D. DHCP 服务器工作不正常

第 11 章　交换机的配置与管理

11.1　实验基础知识

本章与第 12 章的实验将在网络模拟器中实现，常见的网络模拟器有 Packet Tracer、Boson NetSim 和 GNS3。其中，Packet Tracer 比较适合初学者，当需要进一步深入学习时，可以使用更专业和全面的 GNS3。本教材将采用 Packet Tracer 予以介绍。

11.1.1　Packet Tracer 简介

Packet Tracer 是 Cisco 公司为思科网络学院的学生、教师和注册用户免费发布的一款辅助学习工具，为学习思科网络课程的初学者在设计、配置、排除网络故障等方面提供了网络模拟环境。该软件具有非常友好的图形界面，在软件工作区内直接拖曳设备和线路就可以建立网络拓扑，并可以模拟数据包在网络中流动的详细过程。

可从官方网站（https://www.netacad.com）注册下载或者其他站点下载 Packet Tracer 的最新安装包，并按向导提示，以默认设置安装即可。若需要汉化，则将安装包内的汉化文件 Chinese.ptl 复制到 Packet Tracer 的安装目录中（如：C:\Program Files\Cisco Packet Tracer 7.0\languages）。然后在 Packet Tracer 工作窗口中依次单击菜单 Options→Preferences，在打开窗口的 Language 列表框中选择 Chinese.ptl，并单击 Change Language 按钮，最后重新打开 Packet Tracer 即可。

Packet Tracer 的工作主界面如图 11-1 所示。

11.1.2　Packet Tracer 设备与拓扑绘制

Packet Tracer 中提供了很多典型的网络设备，包括路由器、交换机、中继器、无线设备、终端设备和连接线等。

在设备类型库中单击某个类型的设备，在网络设备库中会关联显示该类设备具体型号的设备。

网络设备之间通过线缆相连，因此选择正确的线缆非常重要，Packet Tracer 中的线缆如图 11-2 所示，其主要用途按从左至右依次分别简要介绍如下。

（1）自动选择线：该线缆会自动匹配两端的设备，但一般不建议使用。

（2）Console 配置线：一般用于交换机、路由器等设备的 Console 口与 PC 的 RS232 串行口相连，通过 PC 的终端仿真软件实现对交换机、路由器等设备的初始配置。

（3）直通线：又叫正线或标准线，两端线序采用 568B 标准。一般用于不同类型设备之间的互连，比如 PC 连交换机、交换机连路由器等场景。

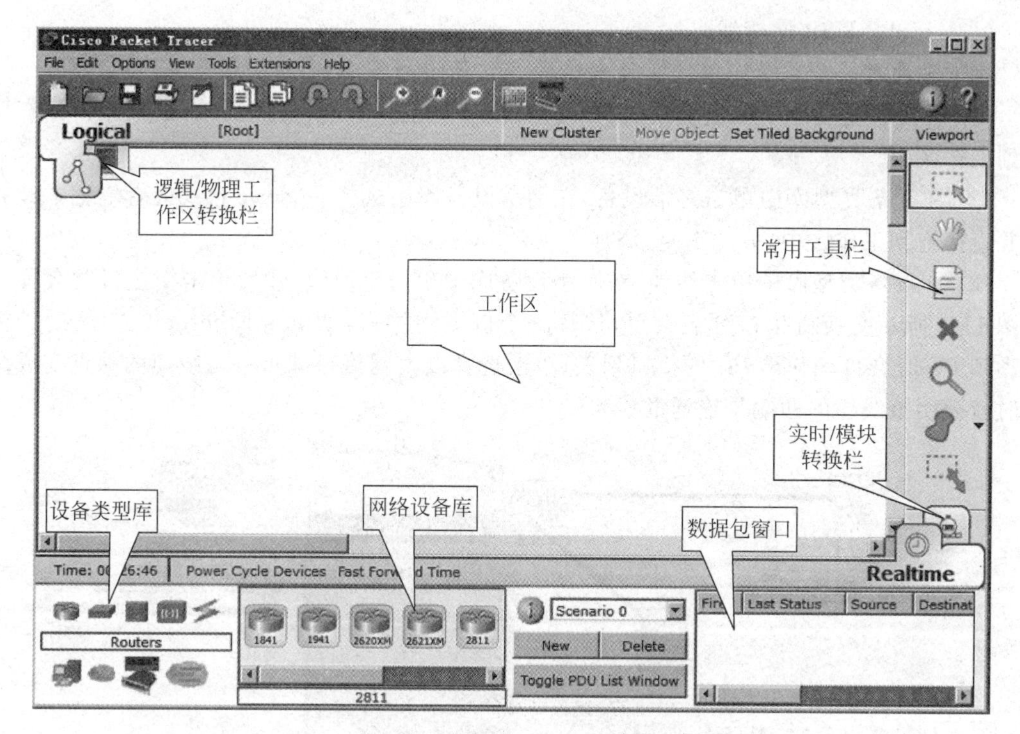

图 11-1　Packet Tracer 工作界面

图 11-2　Packet Tracer 的线缆

(4) 交叉线：又叫反线，一端线序按照 568A 标准，另一端线序采用 568B 标准。交叉线一般用于同类设备之间的互连，比如 PC 与 PC、交换机与交换机、路由器与路由器等场景。

(5) 光纤：光纤一般用于远距离通信，多用于交换机与路由器、路由器与路由器之间的互连，且在这些设备上必须配置专用光口，如 FC 口等。

(6) 电话线：一般连接电话或 Modem。

(7) 同轴电缆：目前计算机网络中已很少使用同轴电缆了。

(8) DCE 串口线：典型的 DCE(Data Communications Equipment，数据通信设备)为 Modem，DCE 串口线用于连接 DTE(Data Terminal Equipment，数据终端设备)和 DCE 设备，并提供通信同步时钟。DCE 串口线也可以用于路由器与路由器的串口互连，并指定一个路由器为 DCE(通过配置时钟实现)。

(9) DTE 串口线：常见的 DTE 设备包括 PC 和路由器等，DTE 串口线常用于路由器与路由器的串口连接。

(10) Octal 线：也称"八爪线"。常用场景是：通过配置终端服务器来实现一台 PC 同时连接和访问多个网络设备(交换机或路由器)，PC 与终端服务器用配置线相连，而终端服务器采用 Octal 线同时连接多个路由器或交换机。

(11) IoE 定制电缆：物联网定制电缆。

(12) USB：USB 连接线。

接下来通过一个非常简单的实验来熟悉一下 Packet Tracer 的使用方法。

(1) 在设备类型库中单击交换机，在网络设备库中选择一款交换机（如 2950-24）并直接拖到工作区中。

(2) 在设备类型库中单击终端设备，在网络设备库中选择 Generic 台式或者笔记本计算机并直接拖到工作区中，如此重复，添加若干台 PC。

(3) 在设备类型库中单击线缆，在网络设备库中单击直通线，然后单击交换机时会弹出如图 11-3 所示交换机接口列表菜单，选择一个以太网接口，如 FastEthernet0/2，然后光标移动到 PC 时会自动弹出 PC 的接口列表，单击选择以太网接口即可。当线缆两端点变成绿色时就表明该线缆的两端是连通的。

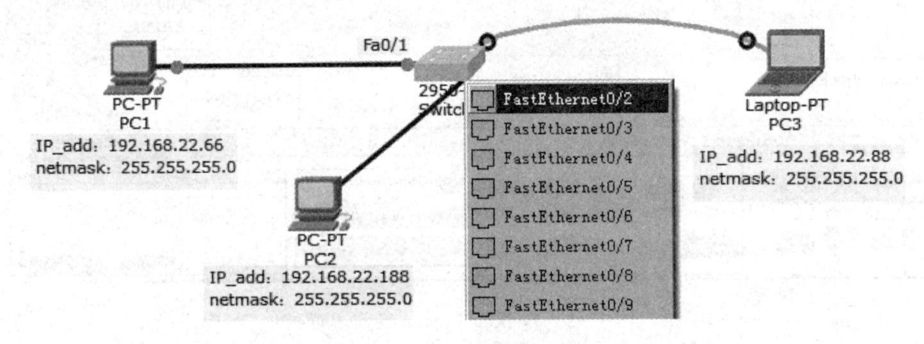

图 11-3　选择连接接口

(4) 单击各设备下方的文字，可以修改或者批注该设备的信息。也可以单击右侧工具栏上的标签按钮，并在设备周边添加标签，如图 11-3 所示的 IP 地址和交换机的接口标识 Fa0/1。

(5) 在连线的过程中，若需要更改连接，则直接单击线缆一端的端点，然后将线缆连接到其他接口或者设备。若需取消连线或者设备，则直接单击右侧工具栏上的“删除”按钮删除指定线缆和设备。若需要取消对设备的选择，则直接单击右侧工具栏上的“选择”按钮。

重复上述过程，可以绘制出比较复杂的网络拓扑。图 11-3 中的交换机与 PC3 采用 Console 线缆相连，其中一端连交换机的 Console 接口，另一端连 PC3 的 RS232 接口。

11.1.3 Packet Tracer 设备管理

1. 主机配置与管理

单击工作区中的 PC 图标就可以打开 PC 主机的配置窗口，如图 11-4 所示。在该窗口的“物理”选项卡中，单击主机电源开关，可以开关主机，在关机的状态下，可以通过将选中的模块拖入主机插槽或从插槽拖入模块列表来实现为该主机添加/移除模块。单击“放大”(Zoom In)或“缩小”(Zoom Out)按钮，可以更清晰或全面地看到物理设备的外观。

在如图 11-5 所示的 Config 选项卡下，可以查看或配置该主机的配置信息，包括设备显示名、IP 地址、DNS 地址和网关信息等。

在如图 11-6 所示的 Desktop 选项卡下，可以单击打开不同的应用来实现不同的配置或应用测试，如打开 IP Configuration，可以在打开的窗口中查看或配置该主机的 IP 地址信

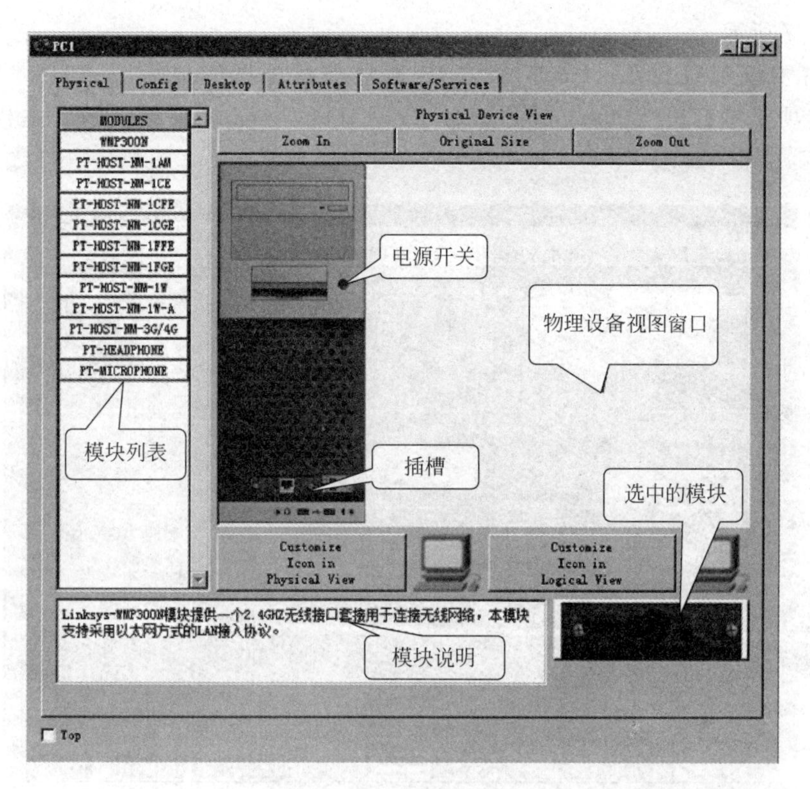

图 11-4 主机的“物理”选项卡

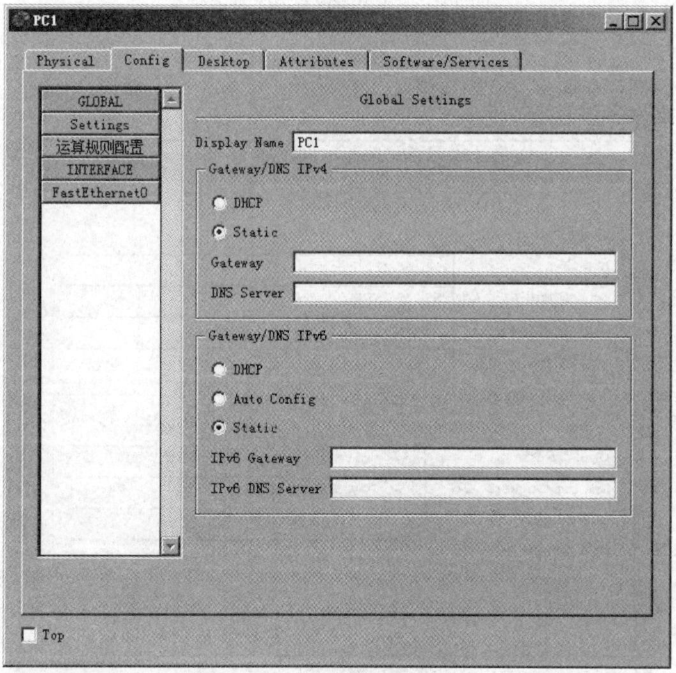

PC1

Physical | Config | Desktop | Attributes | Software/Services

GLOBAL
Settings
运算规则配置
INTERFACE
FastEthernet0

Global Settings

Display Name PC1

Gateway/DNS IPv4

DHCP
Static
Gateway
DNS Server

Gateway/DNS IPv6

DHCP
Auto Config
Static
IPv6 Gateway
IPv6 DNS Server

Top

图 11-5 主机的“配置”选项卡

息,如图 11-7 所示。

当所有主机都按如图 11-3 所示的 IP 地址信息配置完成后,在如图 11-6 所示的 Desktop 选项卡中打开 Command Prompt 命令窗口,用 ping 来测试两台主机之间的连通性。

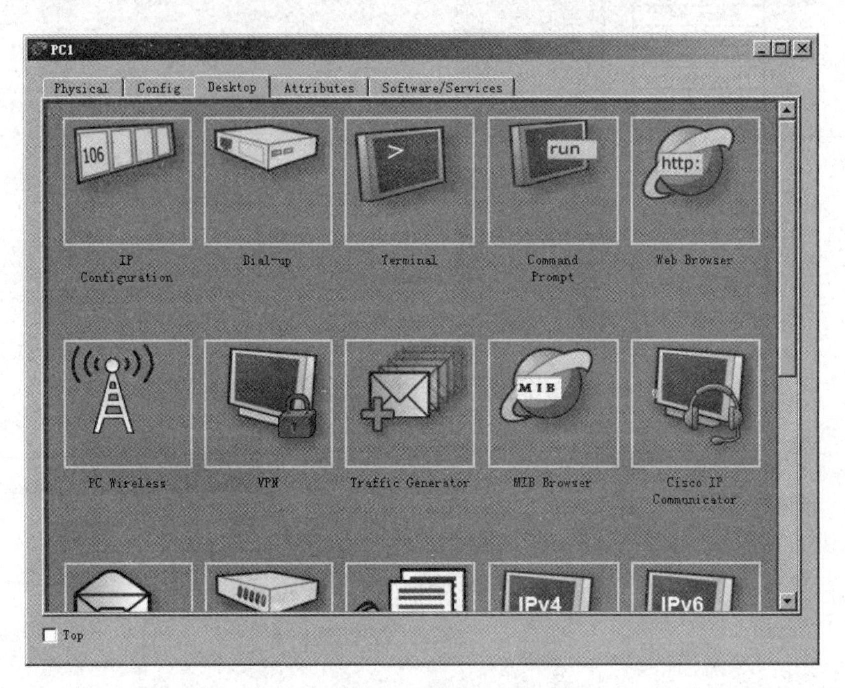

图 11-6　主机的"桌面"选项卡

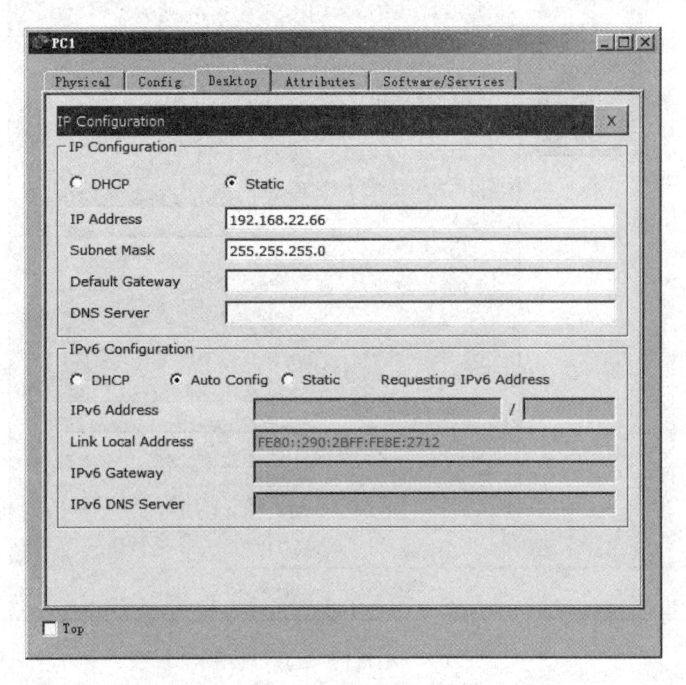

图 11-7　配置主机 IP 信息

2. 交换机/路由器的配置与管理

交换机/路由器的 Physical 和 Config 窗口与主机的类似，不同的是还提供了“命令行”选项卡，如图 11-8 所示，在该窗口下可对交换机和路由器采用命令行的方式进行配置，直接按回车键就可以进入配置模式。

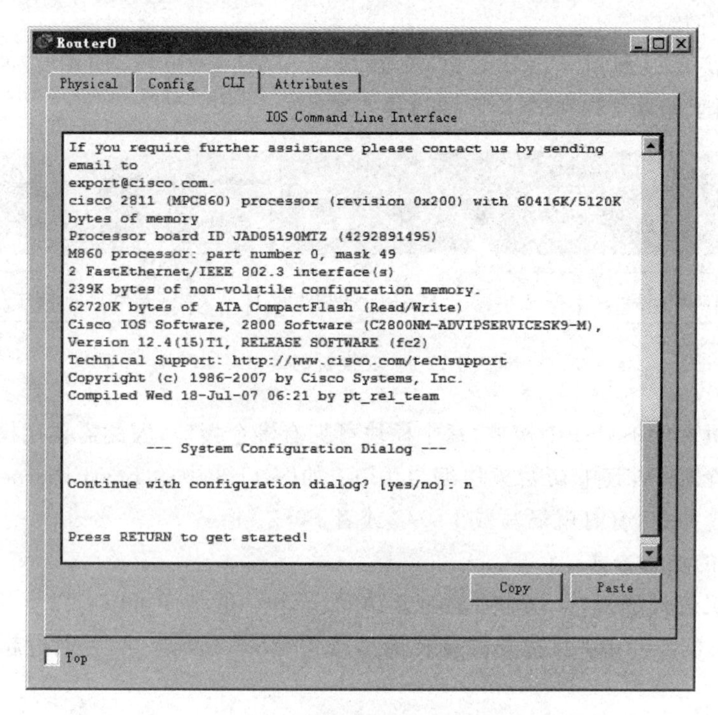

图 11-8　路由器/交换机的“命令行”选项卡

11.2　交换机的基本配置

1. 实验目的

(1) 熟悉利用 Packet Tracer 模拟配置交换机的基本方法。

(2) 掌握交换机命令行配置的几种模式。

(3) 熟悉基本的配置命令。

2. 实验设备

一台安装有 Cisco Packet Tracer 的计算机。

3. 实验学时

本实验建议学时为 1 学时。

4. 实验原理

1) 交换机的分类

交换机按不同的分类方式可以划分为很多种，按管理性质可以将交换机分成以下三种。

(1) 网管型交换机：该类交换机可以指定 IP 地址，能实现远程配置、监视和管理。本章要介绍的交换机就属于此类型。

(2) 非网管型交换机：该类交换机只能根据 MAC 地址进行交换，无法进行功能配置和管理，大多数家用交换机就属于此类。

(3) 智能型交换机：该类交换机也属于网管型交换机，但它支持基于 Web 的图形化管理，因此，比普通的网管型交换机更容易配置和维护，同时还拥有更多和更复杂的功能。

2) 交换机的接口

交换机的接口一般有 Console 口、光纤接口和 RJ-45 接口，如图 11-9 所示。其中，Console 接口用于配置交换机，RJ-45 接口接双绞线。

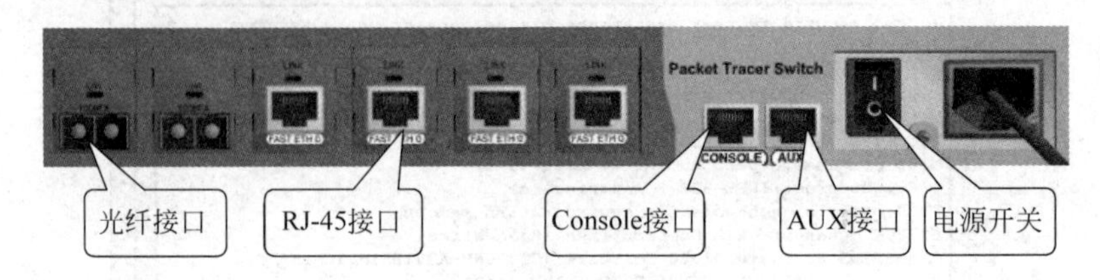

图 11-9　交换机的接口

由于交换机可能不只一个模块，每个模块可拥有多个接口，因此需要用模块编号和接口号来标识每一个接口，其中初始模块编号为 0。如图 11-3 中的 FastEthernet0/2 就表示模块 0 上的第 2 个接口，有时就简写成 Fa0/2 或者 F0/2。

3) 交换机的访问方式

要对交换机进行配置，首先需要能有效访问它们，一般来说可以有以下几种访问方法。

(1) 交换机的 Console 接口与计算机的串行口 RS232 相连，然后通过超级终端软件来访问。

(2) 交换机的 AUX 接口接 Modem，通过电话线与远方运行超级终端软件的计算机相连来访问。

(3) 通过 TELNET 程序访问。

(4) 通过 Web 浏览器访问。

(5) 通过网管软件访问。

对交换机的第一次配置必须通过第一种方法来实现。

4) 交换机的命令模式

在使用第一种方法访问交换机时需要在命令行窗口用不同的命令，不同的命令需要在不同的命令模式下使用才能完成各个命令的配置功能。

模式是针对不同的配置要求实现的，有以下几种命令模式。

(1) 用户模式：一旦与交换机建立连接，就进入了用户模式。在这种模式下，只能查看网络设备的运行状态和简单的统计信息。其特征是提示符为“>”。

(2) 特权模式：在用户模式下，使用命令“enable”可转入特权模式，在该模式下可为该交换机设置账号和密码。特权模式的典型特征是提示符为“#”。

(3) 全局配置模式：在特权模式下，使用命令“configure terminal”命令进入全局配置模式，在该模式下可对交换机的全局参数进行配置。全局配置模式的典型特征是提示符为“(config)#”。

(4) 接口配置模式：在全局配置模式下，使用命令“interface 接口名”进入接口配置模式，在该模式下仅可对该接口的参数进行配置。该模式的典型特征是提示符为“(config-if)#”。

(5) VLAN配置模式：在全局配置模式下，使用命令“vlan vlan_id”进入该模式，在该模式下可以配置VLAN的参数。该模式的典型特征是提示符为“(config-vlan)#”。

5) 常用辅助配置命令

(1) 帮助命令

在每种模式下，可以直接使用问号“?”来查看该模式下支持的命令。某个命令后跟“?”则可查看该命令的用法和功能等，如“show ?”。

(2) 返回或退出

使用命令exit可返回到上一层模式，如从特权模式退到全局模式。

使用命令end直接退到特权模式，而且会保存当前配置。

使用快捷键Ctrl+Z也是直接退到特权模式，但不保存当前的配置信息。

(3) 命令简写

Cisco的IOS支持命令简写，只要简写的程度不引起命令混淆即可。如以下几条命令的效果是一样的。

```
configure terminal
config terminal
config t
conf t
```

但不能写成con t，这是因为configure和connect等有相同的con，这时就会引起混淆。

(4) 撤销配置

若要撤销当前的配置，可以在配置命令前加no。如以下命令为撤销IP地址配置。

```
no ip address
```

(5) 查看配置文件内容

```
show configure                  !查看保存在闪存中的配置信息
show running - config           !查看保存在 RAM 中当前生效的配置信息
```

(6) 保存配置信息

在全局配置模式下，运行以下命令可以将当前运行的配置保存到NVRAM中。

```
copy running - config startup - config
write memory
write
```

(7) 使用历史命令

直接按上下方向键来选择执行曾经使用过的命令，这对提高配置效率很有好处。

5. 实验内容

1) 连接到交换机

本实验的网络拓扑仍然采用如图11-3所示的结构。PC3与交换机之间用Console配置线相连，在PC3的配置窗口的Desktop选项卡下，选择Terminal，打开如图11-10所示的对话框(在真实的PC中，该程序对应的位置是“开始”菜单→“附件”→“通讯”→“超级终端”)。通常按图中默认参数配置即可。单击“确定”按钮，在打开的窗口中就可以看到已经连接到交换机上了，提示 Press RETURN to get started。

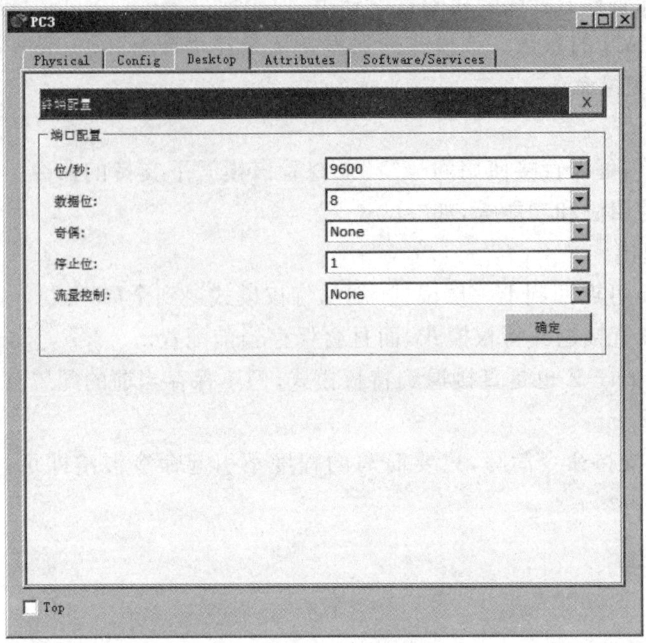

图 11-10　终端配置

直接按 Enter 键开始下面的交换机配置。

2）修改交换机的名称

具体命令如下所示，#后面的文字为注释，系统自动回显的提示信息在本书中将默认略掉。

```
Switch>                                  #交换机的用户模式提示符
Switch>enable                            #进入特权模式
Switch#                                  #特权模式提示符
Switch#config terminal                   #进入全局配置模式
Switch(config)#                          #全局配置模式提示符
Switch(config)#hostname SW               #设置交换机名称为 SW
```

3）设置口令

可以对交换机的配置设置口令进行保护，在全局配置模式下，具体命令如下。

```
SW(config)#enable password cisco         #设置使能口令为 cisco
SW(config)#enable secret cisco1          #设置使能密码为 cisco1
SW(config)#line vty 0 4                  #开启 5 个 vty 会话线路，线路编号为 0～4
SW(config-line)#password ptxy            #设置远程登录密码
SW(config-line)#login                    #设置在远程登录时用密码验证
SW(config-line)#end                      #保存并退出
SW#
```

说明：上例中第 1、2 行有设置两个口令，实际应用中只需要设置一个，其中的使能口令(enable password)在交换机的配置文件中以明文形式存储；而使能密码(enable secret)则使用密文存储。如果同时设置两个口令,则只有使能密码有效,为了安全起见,通常只配置使能密码。

当需要远程登录(如 TELNET)管理交换机时,必须有第 3~5 行的命令,第 3 行命令表示开启 0~4 共 5 条远程终端会话线路,第 4 行为设置远程登录密码,第 5 行若写成 no login,则远程登录时不需要密码就可以登录。

4) 配置交换机的管理 IP 地址和默认网关

交换机完成首次配置后,后期可能需要通过 TELNET 等方式对其进行远程管理,这时就需要设置交换机的 IP 地址和默认网关等管理信息,具体命令如下。

```
SW>
SW>enable
Password:                                            #此处需输入前面设置的使能密码
SW#config terminal
SW(config)#interface vlan 1                          #进入 VLAN1 虚拟接口配置模式
SW(config-if)#ip address 192.168.22.1 255.255.255.0  #设置交换机 IP 地址与子网掩码
SW(config-if)#no shutdown                            #激活该接口
SW(config-if)#exit                                   #退回到上一层模式
SW(config)#ip default-gateway 192.168.22.1           #设置交换机默认网关
SW(config)#end
SW#
```

此时,在 PC1 或者 PC2 的配置窗口中的 Desktop 选项卡下,打开 Command Prompt 窗口,输入命令 telnet 192.168.22.1,当提示要输入密码时,输入前面设置的远程登录密码就成功连接到了交换机,并处于用户模式,如图 11-11 所示。在此模式下也可以对交换机进行配置。

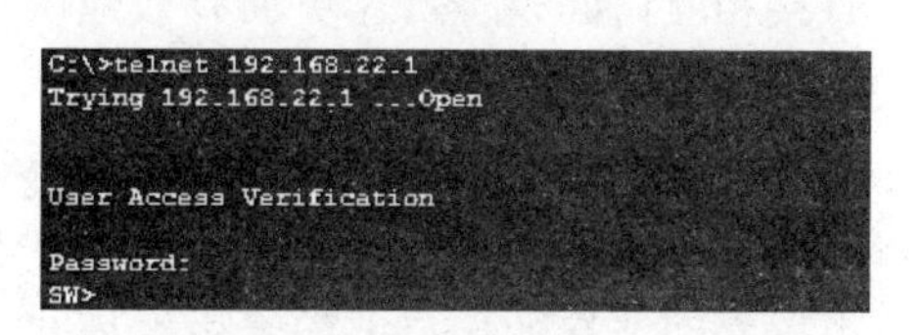

图 11-11　远程连接到交换机

5) 配置交换机的接口属性

交换机的接口属性包括速率、双工模式和接口描述等,通常,默认属性可以满足一般网络环境,如有特别需要可以配置这些信息,具体命令如下。

```
SW>enable
Password:
SW#config terminal
SW(config)#interface fastethernet 0/1          #进入接口 f0/1 的配置模式
SW(config-if)#speed 100                        #设置该接口速率为 100Mb/s
SW(config-if)#duplex auto                      #设置该接口工作模式为自适应
SW(config-if)#description Link-to-PC1          #设置该接口的描述为 Link-to-PC1
SW(config-if)#end
SW#
SW#show interface fa0/1                        #查看接口 fa0/1 的配置信息
SW#write                                       #保存当前配置信息
```

以上交换机的配置信息并不是必需的,在实际应用时,根据实际情况按需配置即可。更多有关交换机的配置命令将在后面的实验中介绍。

11.3 交换机的 VLAN 配置

1. 实验目的

(1) 熟悉利用 Packet Tracer 模拟配置 VLAN 的基本方法。

(2) 掌握 VLAN 的基本工作原理。

(3) 熟悉 VLAN 配置的基本命令。

2. 验设备

一台安装有 Cisco Packet Tracer 的计算机。

3. 实验学时

本实验建议学时为 1 学时。

4. 实验原理

1) VLAN 概述

VLAN(Virtual Local Area Network,虚拟局域网)是交换技术的重要组成部分,它用于把物理上直接相连的网络从逻辑上划分成多个子网。每一个 VLAN 对应着一个广播域,处于不同 VLAN 上的主机不能直接进行通信,而必须借助第三层交换技术。这就使得两台分属不同业务部门(假设一个部门一个 VLAN)的计算机,即使连在同一个交换机上也不能直接相互访问,显然,这更加有效地实现了网段隔离,减少了网络风暴发生的可能性,并增强了网络业务数据的安全性。

VLAN 的配置和管理主要涉及 VLAN 中继和 VTP。

VLAN 中继(VLAN Trunking)又称为 VLAN 主干,在交换机与交换机或交换机与路由器之间连接的接口上配置中继模式,使得属于不同 VLAN 的数据帧都可以通过这条中继链路进行传输。

VTP(VLAN Trunking Protocol,VLAN 中继协议)可以维护 VLAN 信息在全网的一致性。管理员可以使用 VTP 为交换机设置 VLAN。VTP 有三种工作模式,分别如下。

(1) 服务器(Server)模式:该模式下,管理员可以对交换机上的 VLAN 信息进行添加、删除和修改等操作,而该交换机则将这些更新信息在全网中自动广播到与其相连的其他交换机,从而实现 VLAN 信息的统一配置。

(2) 客户(Client)模式:在该模式下,管理员不能对交换机上的 VLAN 信息进行任何操作,交换机只能被动地接受服务器模式的交换机所广播的 VLAN 配置信息,并将其应用到本地。

(3) 透明(Transparent)模式:该模式下,管理员可以对交换机上的 VLAN 信息进行添加、删除和修改等操作,但交换机不会将这些更新信息广播出去,也不会将服务器模式下的交换机所广播的配置信息应用到本地,但会将这些信息转发出去。

交换机默认的工作模式为服务器模式,且自带一个 VLAN(vlan 1),所有接口也都属于这个 VLAN。

2) 划分 VLAN 的方法

VLAN 的实现形式通常有以下三种。

(1) 静态接口分配:这种方式通常是网络管理员通过网管软件或直接设置交换机的接

口，使其从属于某个 VLAN。这种方法看似比较麻烦，但相对比较安全，也容易配置和维护。因此是最常用的一种划分 VLAN 的方法，后面的实验也将采用这种方法。

(2) 动态 VLAN：这种方式是借助智能管理软件自动确定接口从属于哪个 VLAN，也就是根据数据帧的 MAC 地址、IP 地址或者协议类型来自动确定该接口的从属。当用户改变计算机所连接的交换机接口时，由于其 MAC 地址未变，因此，其 VLAN 的从属属性就不会改变。

(3) 多 VLAN 接口配置：该方法支持一个用户或一个接口同时访问多个 VLAN，这样就允许将一台服务器配置成多个 VLAN 可访问，也可以同时访问多个 VLAN 的资源。显然，这样会带来安全上的隐患。

5. 实验内容

在 Packet Tracer 中构建一个如图 11-12 所示的网络拓扑，其中，两个 2950-24 交换机用交叉线相连，图中所有主机的子网掩码均为 255.255.255.0，f0/1 表示主机 PC1 连接到交换机 Switch0 的 FastEthernet0/1 接口上。

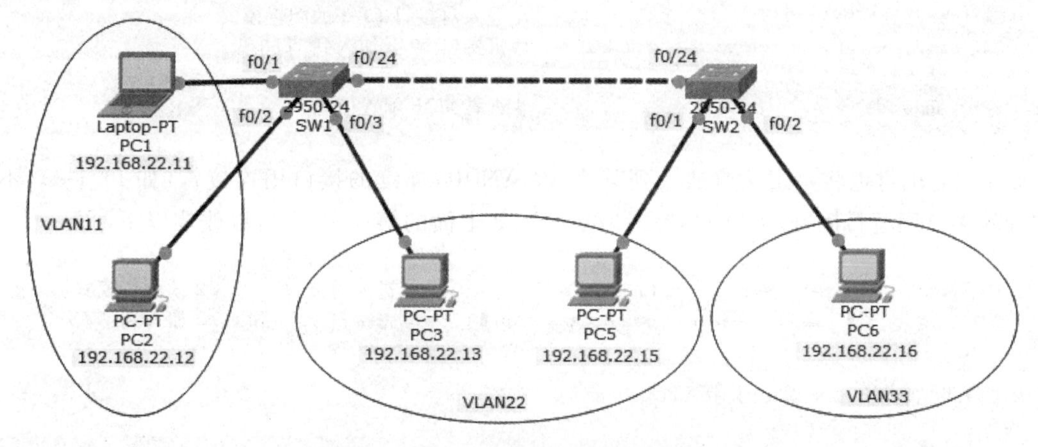

图 11-12　VLAN 配置网络结构图

现在期望配置如下三个 VLAN。

VLAN11：命名为 TeachPC，包含主机 PC1 和 PC2，用于教师 VLAN。

VLAN22：命名为 StuPC，包含主机 PC3 和 PC5，用于学生 VLAN。

VLAN33：命名为 Others，包含主机 PC6，用于其他用户。

为便于对比实验结果，在配置 VLAN 之前，测试可以发现，图中的 5 台 PC 均可以相互 ping 通。

1) 配置第一台交换机

(1) 创建 VLAN

```
Switch> enable
Switch# configure terminal
Switch(config) # hostname SW1                #将交换机的名称改为 SW1
SW1 (config) # vlan 11                       #创建编号为 11 的 VLAN
SW1 (config-vlan) # name TeachPC             #将 VLAN11 命名为 TeachPC
SW1 (config-vlan) # exit                     #退出当前模式
```

```
SW1 (config)# vlan 22                                  #创建编号为 22 的 VLAN
SW1 (config-vlan)# name StuPC                          #将 VLAN 22 取名为 StuPC
SW1 (config-vlan)# exit                                #退出当前模式
SW1 (config)# vlan 33                                  #创建编号为 33 的 VLAN
SW1 (config-vlan)# name Others                         #将 VLAN 33 取名为 Others
SW1 (config-vlan)# end                                 #退出
```

(2) 将接口加入到各自的 VLAN

```
SW1#
SW1# conf t                                            #进入全局配置模式,以下命令有些简写,注意对比
SW1(config)# interface fastethernet 0/1                #进入对接口 f0/1 的配置模式
SW1(config-if)# switchport access vlan 11              #将接口 f0/1 加入到 VLAN11
SW1(config-if)# exit
SW1(config)# interface fa0/2                           #进入对接口 f0/2 的配置模式
SW1(config-if)# switchport access vlan 11              #将接口 f0/2 加入到 VLAN11
SW1(config-if)# exit
SW1(config)# int fa0/3                                 #进入对接口 f0/3 的配置模式
SW1(config-if)# switch access vlan 22                  #将接口 f0/3 加入到 VLAN22
SW1(config-if)# end
SW1# show vlan                                         #查看 VLAN 配置信息
```

说明：也可以将一组接口加入到某个 VLAN 中，连续的接口用连接符(如 f0/1-3)，不连续的接口用逗号隔开(如 f0/1,0/5,0/20)，比如上面的第 3～7 行可以改成以下两行。

```
SW1(config)# interface range fa 0/1-2                  #进入对接口 f0/1-2 的配置模式
SW1(config-if-range)# switchport access vlan 11        #将接口 f0/1 和 f0/2 加入到 VLAN11
```

(3) 配置 VLAN Trunk 接口

```
SW1#
SW1# conf t
SW1(config)# interface fa0/24                          #进入接口配置模式
SW1(config-if)# switchport mode trunk                  #将此接口配置为中继模式
SW1(config-if)# end
```

(4) 配置 VTP 服务器

```
SW1#
SW1# conf t
SW1(config)# vtp mode server                           #设置本交换机为 Server 模式
SW1(config)# vtp domain vtpserver                      #设置 VTP 域名
SW1(config)# vtp password cisco                        #设置 VTP 域口令
SW1(config)# vtp pruning                               #启动自动修剪功能
SW1(config)# end
SW1# show vtp status                                   #查看 VTP 配置信息
SW1# show vlan                                         #查看 VLAN 配置信息
SW2# copy run start                                    #保存当前交换机的配置信息
```

说明：Cisco Packet Tracer 不支持 vtp pruning，该命令可以不用执行，在本实验中不影

响实验的结果。

通过查看 VTP 配置信息和 VLAN 配置信息，可以看到该交换机现在处于 VTP 服务器模式，以及各 VLAN 下属的接口与状态。

2）配置第二台交换机

（1）配置 VLAN Trunk 接口

```
Switch>enable
Switch#configure terminal
Switch(config)#hostname SW2                   #将交换机的名称改为 SW2
SW2(config)#interface fa0/24                  #进入接口配置模式
SW2(config-if)#switchport mode trunk          #将此接口配置为中继模式
SW2(config-if)#end
```

（2）配置 VTP 客户端

```
SW2#conf t
SW2(config)#vtp mode client                   #设置本交换机为 Client 模式
SW2(config)#vtp password cisco                #设置 VTP 域口令
SW2(config)#end
SW2#show vtp status                           #查看 VTP 配置信息
SW2#show vlan
```

通过查看 VTP 状态信息和 VLAN 信息可以看出，在 VTP 服务器 SW1 上的 VLAN 配置信息、VTP 域名以及 VLAN 的配置内容均已通过中继接口 fa0/24 传播到 VTP 客户机模式的交换机 SW2 上了。

（3）将接口添加到 VLAN

```
SW2#conf t                                    #进入全局配置模式
SW2(config)#interface fastethernet 0/1        #进入对接口 f0/1 的配置模式
SW2(config-if)#switchport access vlan 22      #将接口 f0/1 加入到 VLAN 22
SW2(config-if)#exit
SW2(config)#interface fa 0/2                  #进入对接口 f0/2 的配置模式
SW2(config-if)#switchport access vlan 33      #将接口 f0/2 加入到 VLAN 33
SW2(config-if)#end
SW2#show vlan
SW2#copy run start
```

3）测试 VLAN

再次用 ping 命令测试各计算机之间的连通性，同一 VLAN 内的计算机可以 ping 通，不同 VLAN 间的计算机不能 ping 通。比如：

PC1ping PC2 相通
PC1ping PC3 不通
PC3 ping PC5 相通
PC3 ping PC6 不通
PC6 ping 任何其他 PC 都不通

说明配置成功。

从本实验可以看出，即便连在同一个交换机上的两台计算机，只要不属于同一个VLAN，它们将无法直接进行通信。两台不连在同一台交换机上的计算机也可以属于同一个 VLAN。由此可以看出 VLAN 的灵活性。

11.4 利用三层交换机实现 VLAN 间路由

1. 实验目的

(1) 熟悉利用 Packet Tracer 模拟配置 VLAN 间路由的基本方法。

(2) 熟悉三层交换机实现 VLAN 间路由的基本工作原理。

(3) 熟悉 VLAN 间路由配置的基本命令。

2. 实验设备

一台安装有 Cisco Packet Tracer 的计算机。

3. 实验学时

本实验建议学时为 1 学时。

4. 实验原理

交换机按工作的协议层次可以分为以下三类。

(1) 二层次换机：该类交换机根据 MAC 地址进行交换，前面的实验用到的就是二层交换机。

(2) 三层交换机：该类交换机根据 IP 地址进行交换，具备路由器的部分功能。

(3) 多层交换机：该类交换机根据传输层端口号或者应用层协议进行交换。

本实验要用的交换机就属于三层或多层交换机，显然，这样的交换机已经具有路由器的部分功能了。在上面的第二个实验中可以看到，不同 VLAN 中的计算机无法直接在局域网内进行通信。但若需要实现它们之间的相互通信，则必须要借助三层交换机或者路由器，下面将以三层交换机为例进行介绍。

5. 实验内容

1) 构建网络拓扑

对如图 11-12 所示网络结构，由于为教师、学生和其他群体分别划分了不同的 VLAN，的确提高了安全性，也便于管理与维护，但教师、学生和其他群体之间无法沟通和资源共享，这显然有悖于互连互通的网络精神。

于是将如图 11-12 所示的网络拓扑改造成如图 11-13 所示的结构，在这种网络结构中，期望不同 VLAN 之间在局域网内仍然无法相互访问，但可以在网络层实现资源共享与通信，这不影响 VLAN 的安全性和维管的便利性。

图中的 3560-24PS 为多层交换机，其他交换机则为二层交换机。各主机的 IP 地址按图中标识配置，子网掩码均为 255.255.255.0，VLAN 11 的默认网关地址为 192.168.11.1；VLAN22 的默认网关地址为 192.168.22.1；VLAN 33 的默认网关地址为 192.168.33.1。

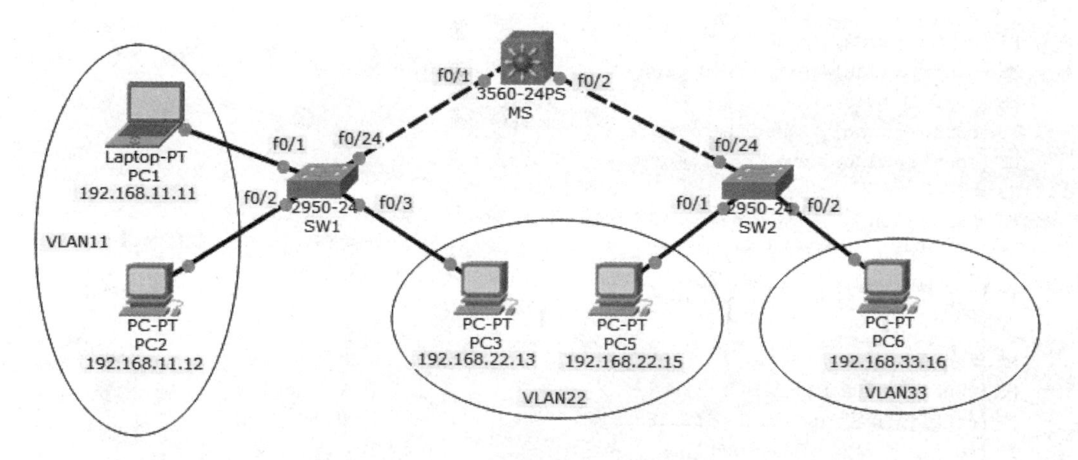

图 11-13　VLAN 间路由配置网络结构

2）配置三层交换机

（1）配置封装协议与 trunk 接口

```
Switch>enable
Switch#conf t
Switch(config)#hostname MS
MS (config)#int fa0/1
MS (config-if)#switchport trunk encapsulation dot1q   #配置 trunk 封装协议为 IEEE802.1Q
MS (config-if)#switchport mode trunk                  #配置 f0/1 接口为 trunk 模式
MS (config-if)#exit
MS (config)#int fa0/2
MS (config-if)#switchport trunk encapsulation dot1q
MS (config-if)#switchport mode trunk
MS (config-if)#end
MS #
```

（2）配置 VTP 服务器

```
MS #conf t
MS (config)#vtp mode server              #配置该交换机为 VTP Server
MS (config)#vtp domain vtpserver         #设置 VTP 域名为 vtpserver
MS (config)#vtp password cisco           #配置 VTP 口令为 cisco
MS (config)#vtp pruning                  #启动修剪功能
MS (config)#end
MS #
MS #show vtp status
```

（3）创建 VLAN

```
MS #conf t
MS (config)#vlan 11
MS (config-vlan)#name TeachPC
MS (config-vlan)#exit
MS (config)#vlan 22
```

```
MS (config-vlan) # name StuPC
MS (config-vlan) # exit
MS (config) # vlan 33
MS (config-vlan) # name Others
MS (config-vlan) # end
MS #
MS # show vlan
```

(4) 配置 SVI 接口并启动路由

```
MS # conf t
MS (config) # int vlan 11                                 # 进入 VLAN 接口
MS (config-if) # ip address 192.168.11.1 255.255.255.0  # 为 VLAN 接口指定 IP 地址
MS (config-if) # no showdown                              # 激活该 SVI 接口
MS (config-if) # exit
MS (config) # int vlan 22
MS (config-if) # ip address 192.168.22.1 255.255.255.0
MS (config-if) # no shutdown
MS (config-if) # exit
MS (config) # int vlan 33
MS (config-if) # ip address 192.168.33.1 255.255.255.0
MS (config-if) # no shutdown
MS (config-if) # exit
MS (config) # ip routing                                  # 启动路由功能
MS (config) # end
MS # show running-config                                  # 查看交换机当前配置信息
MS # copy run start                                       # 保存当前配置信息
```

说明：SVI(Switch Virtual Interface,交换机虚拟接口)用于三层交换机跨 VLAN 间路由。一个 SVI 代表一个由交换接口构成的 VLAN(其实就是通常所说的 VLAN 接口)，以便于实现系统中路由和桥接的功能。同一交换机上不同的 SVI 的 IP 地址不能相同，一个 SVI 的 IP 地址就是该 SVI 接口对应的 VLAN 的网关地址。

3) 配置二层交换机 SW1

(1) 配置 trunk 接口

```
Switch> enable
Switch# conf t
Switch(config) # hostname SW1
SW1(config) # interface fa0/24
SW1(config-if) # switchport mode trunk
SW1(config-if) # end
SW1 #
```

(2) 配置 VTP 客户端

```
SW1 # conf t
SW1(config) # vtp mode client
SW1(config) # vtp password cisco
SW1(config) # end
```

```
SW1 #
SW1 # show vtp status
```

(3) 将接口分配到 VLAN

```
SW1 # conf t
SW1(config) # interface rang f0/1 - 2
SW1(config - if - range) # switchport access vlan 11
SW1(config - if - range) # exit
SW1(config) # int f0/3
SW1(config - if) # switchport access vlan 22
SW1(config - if) # end
SW1 # show vlan
SW1 #  (config) # copy run start
```

4) 配置二层交换机 SW2

(1) 配置 trunk 接口

```
Switch  # conf t
Switch (config) # hostname SW2
SW2 (config) # interface fa0/24
SW2 (config - if) # switchport mode trunk
SW2 (config - if) # end
SW2  #
```

(2) 配置 VTP 客户端

```
SW2  # conf t
SW2 (config) # vtp mode client
SW2 (config) # vtp password cisco
SW2 (config) # end
SW2  #
SW2  # show vtp status
```

(3) 将接口分配到 VLAN

```
SW2  # conf t
SW2 (config) # int f0/1
SW2 (config - if) # switchport access vlan 22
SW2 (config - if) # exit
SW2 (config) # int f0/2
SW2 (config - if) # switchport access vlan 33
SW2 (config - if) # end
SW2  # show vlan
SW2  # copy run start
```

5) VLAN 间路由测试

利用 ping 命令测试各 VLAN 主机之间的连通性，如果都能 ping 通，则说明配置成功。

11.5 快速生成树配置

1. 实验目的

(1) 理解生成树的基本原理。

(2) 熟悉利用 Packet Tracer 配置生成树的方法。

(3) 熟悉配置生成树的基本指令。

2. 实验设备

一台安装有 Cisco Packet Tracer 的计算机。

3. 实验学时

本实验建议学时为 1 学时。

4. 实验原理

STP(Spanning Tree Protocol,**生成树协议**)是交换式以太网中的重要概念和技术,其主要目的是在实现交换机之间冗余连接的同时避免出现网络环路,并实现网络的高可靠性。

如图 11-14 所示 SW1 和 SW2 之间有两条线路相连,它们之间任何一条链路出现故障,另外一条链路可以马上顶替出现故障的那条链路,这样就可以很好地解决了单链路故障引起的网络中断,但这样存在环路的网络至少会带来以下两个问题。

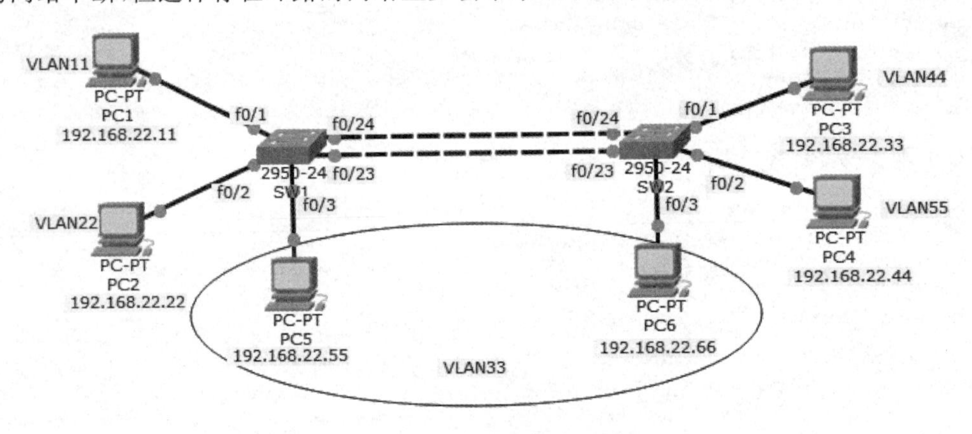

图 11-14 交换机冗余连接

1) 广播风暴

由于以太网帧没有 TTL,因此它们将在交换机之间永无止境地转圈传递下去,特别是 ARP 广播包,很容易形成广播风暴,最终造成网络的拥塞甚至瘫痪。

2) ARP 缓存表不稳定

由于交换机具备自学习能力,在以太网帧广播过程中,由于不停地在各接口循环进出,这将导致交换机的 MAC 地址缓存表不断地刷新,从而影响交换机的性能。

STP 就是用来解决这些问题的。STP 的基本思想是通过阻塞冗余路径上的一些接口,确保到达任何目的地址只能有一条逻辑路径。但当正在使用的链路出现故障时,STP 会重新计算,原来部分被禁用的接口将会被重新打开并提供冗余。

STP 使用 **STA**(Spanning Tree Algorithm,**生成树算法**)在存在交换环路的网络中生成

一个没有环路的树状网络。这就要求 STA 必须选择一台交换机作为根交换机,称作**根桥**(Root Bridge),然后以该交换机作为参考点来计算所有路径。

在同一个广播域中的所有交换机都参与选举根交换机。根交换机的选举是基于 **BID**(Bridge ID,**桥 ID**)的,BID 由优先级域和交换机的 MAC 地址组成,**拥有最小 BID 的交换机被选举成为根交换机**。

根交换机被选举出来后,还要计算其他交换机到根交换机的花费,STA 考虑两种花费,分别是**接口花费**和**路径花费**,路径花费是从根交换机出发到最终交换机前进方向进入的接口花费总和,如果一台交换机有多条路径到达根交换机,则选择路径花费最小的。IEEE 标准的接口花费如表 11-1 所示,该值可以手动修改。

表 11-1　默认的接口花费

链路速度	开销	链路速度	开销
10Gb/s	2	100Mb/s	19
1Gb/s	4	10Mb/s	100

在 STP 中,交换机接口分为以下 4 类。

(1) **根接口**(Root Port,RP):每个非根交换机上有且仅有一个根接口。

(2) **指派接口**(Designated Port,DP):除根接口外,所有允许转发数据的接口都是指派接口,每个网段都有一个指派接口,根交换机上的接口都是指派接口。

(3) **非指派接口**:是激活接口,但既不是根接口也不是指派接口的接口。

(4) **禁用接口**:使用 shutdown 命令关闭的接口称为禁用接口,禁用接口不参与生成树算法。

接口可能为以下状态。

(1) **Down**(禁用)状态。被使用 shutdown 命令关闭的接口为禁用状态。

(2) **Blocking**(阻塞)状态。非指派接口的状态为阻塞状态。

(3) **Listening**(侦听)状态。开始启动的接口状态,该状态大约持续 15s。

(4) **Learning**(学习)状态。该状态大约持续 15s,用于学习 MAC 地址并构建 MAC 转换表。

(5) **Forwarding**(转发)状态。该状态的接口可以转发数据帧。

生成树的创建过程可以总结成以下 4 个步骤。

第一步,选举根交换机。每个广播域只能有一个根交换机,交换机之间通过发送 BPDU(Bridge Protocol Data Unit,桥接协议数据单元)来选举根交换机,拥有最小 BID 的交换机将成为根交换机。

第二步,选举根接口。每个非根交换机有且只有一个根接口,最低花费的接口将成为根接口。若花费相同,则选择 BID 小的作为根接口。

第三步,选举指派接口。每个网段有且只有一个指派接口。

第四步,阻塞接口。既不是根接口也不是指派接口的接口将被阻塞。

生成树协议由于收敛时间长,且没有负载均衡的功能,因此,又发展出了 RSTP(Rapid Spanning Tree Protocol,快速生成树协议)和 MSTP(Multiple Spanning Tree Protocol,多生成树协议)。

5. 实验内容

在 Packet Tracer 中构建如图 11-14 所示的网络结构，两台交换机之间用交叉线连接，并按图示为每台计算机设置 IP 地址，子网掩码全为 255.255.255.0。

默认情况下 STP 是启用的，通过两台交换机之间传送 BPDU 协议数据单元，选出根交换机、根接口等，以便确定接口的转发状态。图 11-14 中标记为橙色的接口就处于 blocking 阻塞状态。

在 SW1 和 SW2 下分别使用命令 show spanning-tree 可以看到该交换机的生成树信息，分别如图 11-15 和图 11-16 所示。从图中可以看到以下信息。

```
Switch>enable
Switch#show spanning-tree
VLAN0001
  Spanning tree enabled protocol ieee
  Root ID    Priority    32769
             Address     00D0.BAB2.27B0
             This bridge is the root
             Hello Time  2 sec  Max Age 20 sec  Forward Delay 15 sec

  Bridge ID  Priority    32769  (priority 32768 sys-id-ext 1)
             Address     00D0.BAB2.27B0
             Hello Time  2 sec  Max Age 20 sec  Forward Delay 15 sec
             Aging Time  20

Interface        Role Sts Cost      Prio.Nbr Type
---------------- ---- --- --------- -------- --------------------------------
Fa0/1            Desg FWD 19        128.1    P2p
Fa0/2            Desg FWD 19        128.2    P2p
Fa0/3            Desg FWD 19        128.3    P2p
Fa0/23           Desg FWD 19        128.23   P2p
Fa0/24           Desg FWD 19        128.24   P2p
```

图 11-15　SW1 中的生成树信息

```
Switch>enable
Switch#show span
VLAN0001
  Spanning tree enabled protocol ieee
  Root ID    Priority    32769
             Address     00D0.BAB2.27B0
             Cost        19
             Port        23(FastEthernet0/23)
             Hello Time  2 sec  Max Age 20 sec  Forward Delay 15 sec

  Bridge ID  Priority    32769  (priority 32768 sys-id-ext 1)
             Address     00E0.B0E3.4C52
             Hello Time  2 sec  Max Age 20 sec  Forward Delay 15 sec
             Aging Time  20

Interface        Role Sts Cost      Prio.Nbr Type
---------------- ---- --- --------- -------- --------------------------------
Fa0/1            Desg FWD 19        128.1    P2p
Fa0/2            Desg FWD 19        128.2    P2p
Fa0/3            Desg FWD 19        128.3    P2p
Fa0/23           Root FWD 19        128.23   P2p
Fa0/24           Altn BLK 19        128.24   P2p
```

图 11-16　SW2 中的生成树信息

(1) 默认都开启了 STP 生成树协议。

(2) SW1 和 SW2 中桥 ID 中的优先级相同(32769)，但 SW1 的 MAC 地址(00D0.BAB2.27B0)比 SW2 的(00E0.B0E3.4C52)小，故 SW1 被选举为根交换机。

(3) SW1 的所有接口角色均为 Desg，表示指派(Designated)接口，且均为转发状态(FWD)。

(4) SW2 的 f0/23 为根接口，f0/24 接口的角色为 Altn，表示替代(Alternate)接口，且被阻塞(BLK，Block)。其他激活接口均为指派接口，且均为转发状态。

(5) 还可以看到两台交换机生成树信息的根 ID 和桥 ID 中的优先级、MAC 地址、发送

Hello 的周期、BPDU 最大存活时间以及转发延迟时间等。以及各接口的接口花费、优先级、接口编号以及链路状态类型均为 P2P。

这时在 PC1 上连续 ping 主机 PC6(命令为 ping -t 192.168.22.66)。看到正常返回应答响应后,删除主链路,或者在 SW2 交换机上通过以下命令禁用主链路。

```
Switch>enable
Switch#conf t
Switch(config)#interface f0/23
Switch(config-if)#shutdown
```

这时 PC1 会提示 Request timed out,如图 11-17 所示,但经过一段时间的修复后,网络再次连通,原来被阻塞的接口(SW2 的 f0/24 接口)被打开,链路变成正常的链路。

```
Reply from 192.168.22.66: bytes=32 time=1ms TTL=128
Reply from 192.168.22.66: bytes=32 time<1ms TTL=128
Request timed out.
Request timed out.
Request timed out.
Request timed out.
Request timed out.
Reply from 192.168.22.66: bytes=32 time<1ms TTL=128
Reply from 192.168.22.66: bytes=32 time<1ms TTL=128
```

图 11-17 RSTP 协议单点失效测试效果

从图 11-17 可以看到,STP 确实存在故障恢复时间较长的问题。接下来配置交换机,使其改为启用 RSTP。

1) 配置交换机 SW1

```
Switch>enable
Switch#conf t
Switch(config)#hostname SW1
SW1(config)#interface fa0/3
SW1(config-if)#switchport access vlan 33
SW1(config-if)#exit
SW1(config)#interface range fa0/23-24
SW1(config-if-range)#switchport mode trunk
SW1(config-if-range)#exit
SW1(config)#spanning-tree mode rapid-pvst
SW1(config)#end
SW1#show spanning-tree
```

2) 配置交换机 SW2

```
Switch>enable
Switch#conf t
Switch(config)#hostname SW2
SW2(config)#interface fa0/3
SW2(config-if)#switchport access vlan 33
SW2(config-if)#exit
SW2(config)#interface range fa0/23-24
SW2(config-if-range)#switchport mode trunk
```

```
SW2(config-if-range)#exit
SW2(config)#spanning-tree mode rapid-pvst
SW2(config)#end
SW2#show spanning-tree
```

3）单点失效测试

在 PC5 上连续 ping PC6，当看到有正确返回信息后，断开主链路，或者关闭 SW2 的根接口 f0/23。

这时可以发现替代接口 SW2 的 f0/23 立即被打开，备用链路立即正常工作。认真观察 ping 返回的信息发现，网络没有中断，只有一两个应答响应的时间多了几毫秒而已，如图 11-18 所示。

```
Reply from 192.168.22.66: bytes=32 time<1ms TTL=128
Reply from 192.168.22.66: bytes=32 time<1ms TTL=128
Reply from 192.168.22.66: bytes=32 time<1ms TTL=128
Reply from 192.168.22.66: bytes=32 time=2ms TTL=128
Reply from 192.168.22.66: bytes=32 time=1ms TTL=128
Reply from 192.168.22.66: bytes=32 time<1ms TTL=128
Reply from 192.168.22.66: bytes=32 time<1ms TTL=128
Reply from 192.168.22.66: bytes=32 time<1ms TTL=128
```

图 11-18　RSTP 单点失效测试效果

对比 STP 的单点失效测试效果可以发现，RSTP 的故障恢复时间要比 RTP 快得多。

4）测试根交换机的更换

在非根交换机 SW2 上，执行以下命令修改优先级。

```
SW2>enable
SW2#conf t
SW2(config)#spanning-tree vlan 1 priority 4096
SW2(config)#end
SW2#show spanning-tree
```

修改 SW2 的优先级后将会看到原来被阻塞的接口被打开，一小段时间后，SW1 的某个接口将被阻塞，这时查看 SW2 的生成树信息，SW2 变成了根交换机。

5）配置基于接口优先级的负载均衡

生成树除了提供冗余连接之外，还可以提供负载均衡，比如要求如图 11-14 所示的 5 个 VLAN 的流量分配如下。

VLAN 11、VLAN 22、VLAN 44 的流量走下面的链路(SW1 和 SW2 通过 f0/23 接口连接的链路)；

VLAN 33、VLAN 55 的流量走上面的链路(SW1 和 SW2 通过 f0/24 接口连接的链路)；

则具体配置过程如下。

(1) 配置 SW1 交换机

将 SW1 配置成 VTP 服务器：

```
Switch>enable
Switch#conf t
Switch(config)#hostname SW1
```

```
SW1 (config)#vtp mode server
SW1 (config)#vtp domain vtpserver
SW1 (config)#exit
SW1#
SW1#show vtp status
```

创建 VLAN：

```
SW1#conf t
SW1(config)#vlan 11
SW1(config-vlan)#exit
SW1(config)#vlan 22
SW1(config-vlan)#exit
SW1(config)#vlan 33
SW1(config-vlan)#exit
SW1(config)#vlan 44
SW1(config-vlan)#exit
SW1(config)#vlan 55
SW1(config-vlan)#end
SW1#show vlan
```

配置 trunck 链路：

```
SW1#conf t
SW1(config)#interface f0/23
SW1(config-if)#switchport mode trunk
SW1(config-if)#exit
SW1(config)#interface fa0/24
SW1(config-if)#switchport mode trunk
SW1(config-if)#exit
```

将接口添加到 VLAN：

```
SW1#conf t
SW1(config)#interface f0/1
SW1(config-if)#switchport access vlan 11
SW1(config-if)#exit
SW1(config)#interface f0/2
SW1(config-if)#switchport access vlan 22
SW1(config-if)#exit
SW1(config)#interface f0/3
SW1(config-if)#switchport access vlan 33
SW1(config-if)#exit
```

指定 VLAN 接口优先级：

```
SW1#conf t
SW1 (config)#spanning-tree mode rapid-pvst
SW1(config)#interface f0/23
SW1(config-if)#spanning-tree vlan 11 port-priority 16
```

```
SW1(config-if)#spanning-tree vlan 22 port-priority 16
SW1(config-if)#spanning-tree vlan 33 port-priority 128
SW1(config-if)#spanning-tree vlan 44 port-priority 16
SW1(config-if)#spanning-tree vlan 55 port-priority 128
SW1(config-if)#exit
SW1(config)#interface f0/24
SW1(config-if)#spanning-tree vlan 11 port-priority 128
SW1(config-if)#spanning-tree vlan 22 port-priority 128
SW1(config-if)#spanning-tree vlan 33 port-priority 16
SW1(config-if)#spanning-tree vlan 44 port-priority 128
SW1(config-if)#spanning-tree vlan 55 port-priority 16
SW1(config-if)#end
SW1#copy run start
```

(2) 配置交换机 SW2

配置 trunk 链路及 VTP 模式：

```
Switch>enable
Switch#conf t
Switch(config)#hostname SW2
SW2(config)#interface fa0/24
SW2(config-if)#switchport mode trunk
SW2(config-if)#exit
SW2(config)#interface fa0/23
SW2(config-if)#switchport mode trunk
SW2(config-if)#exit
SW2(config)#vtp mode client
SW2(config)#end
SW2#show vtp status
SW2#show vlan
```

启动 RSTP 及将接口添加到 VLAN：

```
SW2#conf t
SW2(config)#spanning-tree mode rapid-pvst
SW2(config)#interface f0/1
SW2(config-if)#switchport access vlan 44
SW2(config-if)#exit
SW2(config)#interface f0/2
SW2(config-if)#switchport access vlan 55
SW2(config-if)#exit
SW2(config)#interface f0/3
SW2(config-if)#switchport access vlan 33
SW2(config-if)#end
SW2#show span vlan 11
SW2#show span vlan 22
SW2#show span vlan 33
SW2#show span vlan 44
SW2#show span vlan 55
```

对 SW1 和 SW2 进行上述配置后，在 Packet Tracer 的拓扑图上将会发现所有接口都被打开。但在 SW2 下查看各 VLAN 的生成树信息时，可以发现 VLAN 11、VLAN 22 和 VLAN 44 下的 f0/24 接口被阻塞，这就使得这三个 VLAN 的所有流量必须经过下面的链路进行传输。而 VLAN 33 和 VLAN 55 下的 f0/23 接口被阻塞，因此，这两个 VLAN 的所有流量必须经过上面的链路进行传输。这样，两条链路就实现了负载均衡。图 11-19～图 11-21 分别是 VLAN 11、VLAN 33 和 VLAN 44 在 SW2 中的接口信息。

```
Interface        Role Sts Cost      Prio.Nbr Type
---------------- ---- --- --------- -------- ---------
Fa0/23           Root FWD 19        128.23   P2p
Fa0/24           Altn BLK 19        128.24   P2p
```

图 11-19　SW2 下的 VLAN 11 中的接口信息

```
Interface        Role Sts Cost      Prio.Nbr Type
---------------- ---- --- --------- -------- --------------
Fa0/3            Desg FWD 19        128.3    P2p
Fa0/23           Altn BLK 19        128.23   P2p
Fa0/24           Root FWD 19        128.24   P2p
```

图 11-20　SW2 下的 VLAN 33 中的接口信息

```
Interface        Role Sts Cost      Prio.Nbr Type
---------------- ---- --- --------- -------- ------------
Fa0/1            Desg FWD 19        128.1    P2p
Fa0/23           Root FWD 19        128.23   P2p
Fa0/24           Altn BLK 19        128.24   P2p
```

图 11-21　SW2 下的 VLAN 44 中的接口信息

还可以通过修改 VLAN 的路径花费来实现负载均衡，但 Packet Tracer 不支持修改路径花费，因此，感兴趣的读者可以在 GNS3 下实现。

习　题

一、简答题

1. 假设某企业的网络中，计算机 PC1 和 PC3 属于营销部门，PC2 和 PC4 属于技术部门，PC1 和 PC2 连接在交换机 Switch-A 上，PC3 和 PC4 连接在交换机 Switch-B 上，而两个部门要求在数据链路层互相隔离。

要求：

(1) 画出拓扑图，并标明 VLAN 以及相关接口。

(2) 在实验设备上完成跨交换机实现 VLAN，并测试网络连通性，要求不同 VLAN 中的 PC 无法 ping 通，同一 VLAN 中的 PC 可以相互 ping 通。

2. 假设某企业有两个主要部门：技术部和销售部，分别处于不同的办公室，为了安全和便于管理，对这两个部门的计算机进行 VLAN 划分，技术部和销售部处于不同的 VLAN，现由于业务的需要，要求销售部和技术部的主机在网络层能够相互访问，获得相应的资源，两个部门的交换机通过一台三层交换机 MS1 进行连接，其结构如图 11-22 所示。

要求配置交换机 SW1、SW2 和 MS1，使得该网络满足企业业务需求。

3. 如图 11-23 所示，三个交换机相互连接，现要求使用快速生成树协议配置这三个交换机，并指出谁为根交换机，对于非根交换机，指定端口是什么。

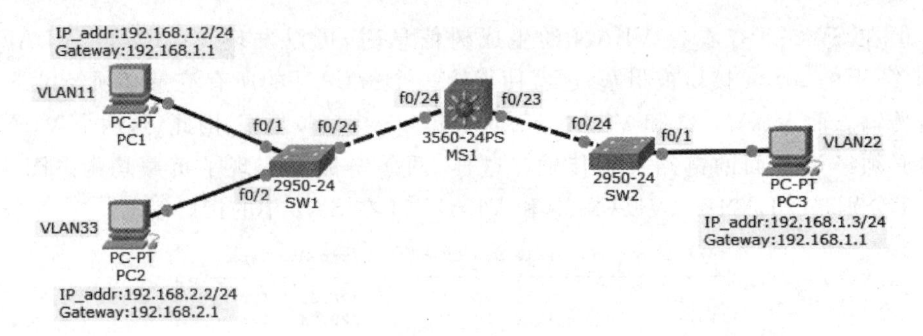

图 11-22　某企业网络拓扑图

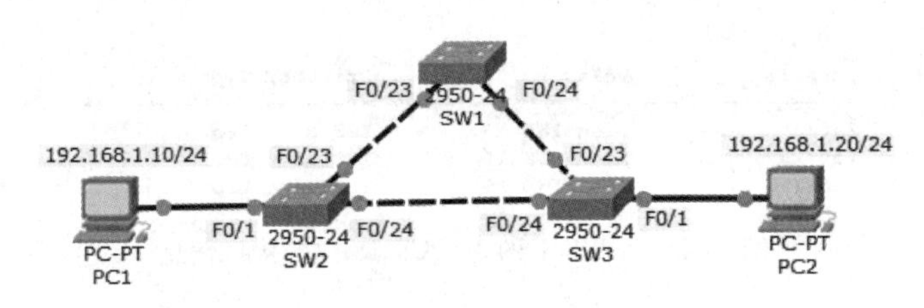

图 11-23　三个交换机相连的快速生成树配置

二、选择题

1. 生成树协议 STP 使用了________来选举根网桥。

   A. 网桥优先级和 IP 地址　　B. 链路速率和 IP 地址

   C. 链路速率和 MAC 地址　　D. 网桥优先级和 MAC 地址

2. 把交换机由特权模式转换到全局配置模式使用的命令是________。

   A. interface IO/1　　B. config terminal

   C. enable　　D. no shutdown

3. 当登录交换机时，符号________是特权模式提示符。

   A. @　　B. #　　C. >　　D. &

4. 下面的选项中显示系统硬件和软件版本信息的命令是________。

   A. show configurations　　B. show environment

   C. show versions　　D. show platform

5. 当局域网中更换交换机时，________可保证新交换机成为网络中的根交换机。

   A. 降低网桥优先级

   B. 改变交换机的 MAC 地址

   C. 降低交换机的端口的根通路费用

   D. 为交换机指定特定的 IP 地址

6. 根据 STP，网桥 ID 最小的交换机被选举为根网桥，网桥 ID 由________字节的优先级和 6 个字节的 MAC 地址组成。

   A. 2　　B. 4　　C. 6　　D. 8

7. 在交换机上同时配置了使能口令(Enable Password)和使能密码(Enable Secret)，起作用的是________。

   A. 使能口令　　B. 使能密码　　C. 两者都不能　　D. 两者都可以

8. 以下的命令中,可以为交换机配置默认网关地址的是________。

A. 2950(config)# default-gateway 192.168.1.254

B. 2950(config-if)# default-gateway 192.168.1.254

C. 2950(config)#ip default-gateway 192.168.1.254

D. 2950(config-if)#ip default-gateway 192.168.1.254

9. 要实现 VTP 动态修剪,在 VTP 域中的所有交换机都必须配置成________。

A. 服务器　B. 服务器或客户机　C. 透明模式　D. 客户机

10. 能进入 VLAN 配置状态的交换机命令是________。

A. 2950(config)# vtp pruning　B. 2950# vlan database

C. 2950(config)# vtp server　D. 2950(config)# vtp mode

11. 如果要设置交换机的 IP 地址,则命令提示符应该是________。

A. Switch>　B. Switch#

C. Switch(config)　D. Switch(config-if)#

12. 按照 IEEE 802.1d 生成树协议(STP),在交换机互连的局域网中,________交换机被选为根交换机。

A. MAC 地址最小的　B. MAC 地址最大的

C. ID 最小的　D. ID 最大的

13. 一个以太网交换机,读取整个数据帧,对数据帧进行差错校验后再转发出去,这种交换方式称为________。

A. 存储转发交换　B. 直通交换　C. 无碎片交换　D. 无差错交换

14. 交换机命令 SwitchA(VLAN)#vtp pruning 的作用是________。

A. 退出 VLAN 配置模式　B. 删除一个 VLAN

C. 进入配置模式　D. 启动路由修剪功能

15. 在默认配置的情况下,交换机的所有端口________。

A. 处于直通状态　B. 属于同一 VLAN

C. 属于不同 VLAN　D. 地址都相同

16. 连接在不同交换机上的,属于同一 VLAN 的数据帧必须通过________传输。

A. 服务器　B. 路由器　C. Backbone 链路　D. Trunk 链路

17. 虚拟局域网中继协议(VTP)有三种工作模式,即服务器模式、客户机模式和透明模式,以下关于这三种工作模式的叙述中,不正确的是________。

A. 在服务器模式下可以设置 VLAN 信息

B. 在服务器模式下可以广播 VLAN 配置信息

C. 在客户机模式下不可以设置 VLAN 信息

D. 在透明模式下不可以设置 VLAN 信息

18. 在生成树协议 STP 中,根交换机是根据________来选择的。

A. 最小的 MAC 地址　B. 最大的 MAC 地址

C. 最小的交换机 ID　D. 最大的交换机 ID

19. 下面的交换机命令中________为端口指定 VLAN。

A. S1(config-if)# vlan-membership static

B. S1(config-if)# vlan database

C. S1(config-if)# switchport mode access

D. S1(config-if)# switchport access vlan 1

20. 可以使用________协议远程配置交换机。

A. TELNET　　B. FTP　　C. HTTP　　D. PPP

21. 新交换机出厂时的默认配置是________。

A. 预配置为 VLAN 1,VTP 模式为服务器

B. 预配置为 VLAN 1,VTP 模式为客户机

C. 预配置为 VLAN 0,VTP 模式为服务器

D. 预配置为 VLAN 0,VTP 模式为客户机

22. 交换机命令 Switch>enable 的作用是________。

A. 配置访问口令　　B. 进入配置模式

C. 进入特权模式　　D. 显示当前模式

23. IEEE 802.1q 协议的作用是________。

A. 生成树协议　　B. 以太网流量控制

C. 生成 VLAN 标记　　D. 基于端口的认证

24. 交换机命令 show interfaces type0/port_# switchport|trunk 用于显示中继连接的配置情况,下面是显示例子:

```
2950#show interface fastEthernet0/1 switchport
Name: fa0/1
Switchport: Enabled
Administrative mode: trunk
Operational Mode: trunk
Administrative Trunking Encapsulation: dot1q
Operational Trunking Encapsulation: dot1q
egotiation of Trunking: disabled
Access Mode VLAN: 0((inactive))
Trunking Native Mode VLAN: 1(default)
Trunking VLANs Enabled: all
Trunking VLANs active: 1,2
Pruning VLANs Enabled: 2-1001
Priority for untagged frames: 0
Override vlan tag priority: FALSE
Voice VLAN: none
```

在这个例子中,端口 fa0/1 的链路模式被设置为________状态。

A. Desirable　　B. No-Negotiate

C. Auto negotiate　　D. trunk

25. 续上一题,默认的 VLAN 是________。

A. VLAN 0　　B. VLAN 1　　C. VLAN 2　　D. VLAN 3

26. 按照 Cisco 公司的 VLAN 中继协议(VTP),当交换机处于________模式时可以改变 VLAN 配置,并把配置信息分发到管理域中的所有交换机。

A. 客户机(Client)　　B. 传输(Transmission)

C. 服务器(Server)　　D. 透明(Transparent)

第 12 章　路由器的配置管理

路由器是一种典型的网络层设备，用于在网络层实现各类网络的互连互通，并为经过的每个数据包寻找一条最佳的传输路径。选择最佳路径的策略（路由算法）是路由器的关键，路由器中设有一个路由表，表中保存着各网络的地址、下一跳地址和转发接口等信息。路由表可以由管理员手工设置，这样的路由表称为静态路由表。也可以由路由器根据网络当时的结构和状态自动调整，这种路由表称为动态路由表。

12.1　实验拓扑与策略

在熟悉交换机的配置之后，本章将以一个有一定难度和综合性的实验逐步展开，如图 12-1 所示的网络结构将作为本章实验网络的拓扑。

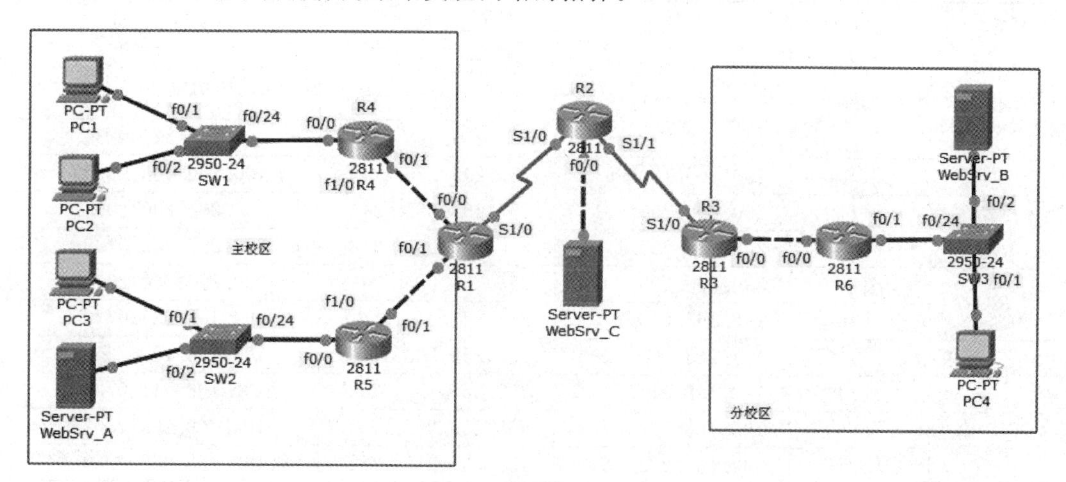

图 12-1　实验网络拓扑图

在该网络中，三个 Cisco 2811 路由器 R1、R2 和 R3 需要添加 NM-4A/S 模块以支持远程同步串口连接和多协议支持，它们之间用 DCE 串口电缆连接，与其他路由器之间采用交叉线相连，路由器与交换机之间采用直通线相连，WebSrv_C 与 R2 之间用交叉线相连，PC 与各交换机用直通线相连，各连接接口均在图中标示。

该网络结构是假设有一高校的两个校区要求实现网络互联，为了实验的可操作性以及简化实验难度，将网络规划要求提炼和简化描述如下。

（1）路由器 R2 充当 Internet，其两端分别连接到这个学校的两个校区，左侧为主校区，右侧为分校区。

(2) 交换机 SW1 和 SW2 分别位于主校区教学楼 A 和教学楼 B,各自连接本幢教学楼中的计算机,SW1 交换机所连接的计算机组成的局域网的网段地址为 192.168.10.0/25;SW2 交换机所连接的计算机组成的局域网的网段地址为 192.168.10.128/25。

(3) 交换机 SW3 位于分校区的教工活动中心,楼内的计算机组成的局域网网段地址为 192.168.30.0/25。

(4) 主校区分配到的网络地址块为 100.100.100.96/29,其中,R1 的 S1/0 接口的 IP 地址为 100.100.100.97/29。

(5) 分校区分配到的网络地址块为 200.200.200.200/29,其中,R3 的 S1/0 接口的 IP 地址为 200.200.200.201/29。

(6) 主校区的网络采用 OSPF 路由协议,分校区的网络采用 RIP 路由协议。

(7) 主校区内的计算机通过 NAPT 技术访问 Internet,而分校区内的计算机采用动态 NAT 技术访问 Internet。

(8) 主校区中的 WebSrv_A 只对主校区的用户服务,分校区中的 WebSrv_B 要求对外提供信息服务。

根据上述说明,指定各路由器接口的 IP 地址,并根据划分子网和变长掩码的相关知识,计算各接口的子网掩码和网络地址,具体信息如表 12-1 所示。

表 12-1　各路由器的接口及对应的 IP 配置信息

设备名	接口名	IP 地址	子网掩码	网络地址
R1	S1/0	100.100.100.97	255.255.255.248	100.100.100.96/29
	F0/0	192.168.111.1	255.255.255.252	192.168.111.0/30
	F0/1	192.168.222.1	255.255.255.252	192.168.222.0/30
R2	S1/0	100.100.100.98	255.255.255.248	100.100.100.96/29
	S1/1	200.200.200.201	255.255.255.248	200.200.200.200/29
	F0/0	222.222.222.1	255.255.255.248	222.222.222.0/29
R3	S1/0	200.200.200.202	255.255.255.248	200.200.200.200/29
	F0/0	192.168.233.1	255.255.255.252	192.168.233.0/30
R4	F0/0	192.168.10.1	255.255.255.128	192.168.10.0/25
	F0/1	192.168.111.2	255.255.255.252	192.168.111.0/30
R5	F0/0	192.168.10.129	255.255.255.128	192.168.10.128/25
	F0/1	192.168.222.2	255.255.255.252	192.168.222.0/30
R6	F0/0	192.168.233.2	255.255.255.252	192.168.233.0/30
	F0/1	192.168.30.1	255.255.255.128	192.168.30.128/25

各主机 IP 配置信息如表 12-2 所示,并按该表为各主机配置好 IP 地址信息。

表 12-2　各 VLAN 及其包含的主机

主机名	所连交换机及对应接口名称	主机 IP 地址	子网掩码	默认网关
PC1	SW1 Fa0/1	192.168.10.10	255.255.255.128	192.168.10.1
PC2	SW1 Fa0/2	192.168.10.20	255.255.255.128	192.168.10.1
PC3	SW2 Fa0/1	192.168.10.130	255.255.255.128	192.168.10.129

续表

主机名	所连交换机及对应接口名称	主机 IP 地址	子 网 掩 码	默 认 网 关
PC4	SW3 Fa0/1	192.168.30.40	255.255.255.128	192.168.30.1
WebSrv-A	SW2 Fa0/2	192.168.10.254	255.255.255.128	192.168.10.129
WebSrv-B	SW3 Fa0/2	192.168.30.80	255.255.255.128	192.168.30.1
WebSrv-C	R2 F0/0	222.222.222.2	255.255.255.248	222.222.222.1

为了便于对比，这时各主机相互 ping，可以发现连在同一交换机上的两台 PC，如 PC1 和 PC2、PC3 和 WebSrv-A、PC4 和 WebSrv-B 可以相互 ping 通，除此之外，任何其他两台 PC 均无法 ping 通。

12.2 路由器的基本配置

1. 实验目的

(1) 熟悉利用 Packet Tracer 模拟配置路由器的基本方法。

(2) 掌握路由器命令行配置的几种模式。

(3) 熟悉基本的配置命令。

2. 实验设备

一台安装有 Cisco Packet Tracer 的计算机。

3. 实验学时

本实验建议学时为 0.5 学时。

4. 实验原理

对路由器进行配置时，和交换机的连接访问方式一样，也可以通过 Console 接口、AUX 接口、TELNET、Web 浏览器以及网管软件等方式连接到路由器。在初始配置时，也必须使用 Console 配置线，将 Console 接口与计算机的 RS232 串行接口相连，然后通过计算机上的终端仿真软件对路由器进行初始化配置。

路由器的配置操作有三种模式，分别为用户模式、特权模式和配置模式。其中，配置模式又分为全局配置模式和接口配置模式、路由协议配置模式、线路配置模式等子模式。在不同的工作模式下，路由器将呈现出不同的命令提示符状态，这一点与交换机类似，这里不再一一展开，具体将在下面的实验内容中体现。

5. 实验内容

下面以 R1 和 R2 路由器的常规初始化配置为例说明路由器的基本配置。

将一台 PC 的 RS232 接口与路由器的 Console 接口通过配置线连接起来后，打开 PC 中的终端窗口，直接应用默认的终端配置参数，当终端提示"Continue with configuration dialog? [yes/no]:"时，输入 no 并按 Enter 键进入用户模式，然后就可以开始对路由器进行配置了，对 R2 路由器的配置如下。

```
Router>                          #用户模式
Router>enable                    #进入特权模式
Router#conf t                    #进入配置模式
```

```
Router(config)#hostname R2                          #设置路由器名称为 R2
R2 (config)#enable secret cisco                     #设置使能密码为 cisco
R2 (config)#no logging console                      #禁止显示日志信息
R2 (config)#interface s1/0                          #进入 s1/0 接口配置模式
R2 (config-if)#ip address 100.100.100.98 255.255.255.248    #设置接口 IP 地址和子网掩码
R2 (config-if)#clock rate 2000000                   #设置串口同步时钟
R2 (config-if)#no shutdown                          #激活该接口
R2(config-if)#exit
R2(config)#int s1/1                                 #进入 s1/1 接口配置模式
R2(config-if)#ip address 200.200.200.201 255.255.255.252    #设置接口 IP 地址和子网掩码
R2 (config-if)#clock rate 2000000                   #设置串口同步时钟
R2(config-if)#no shutdown                           #激活该接口
R2(config-if)#exit
R2(config)#int f0/0                                 #进入 f0/0 接口配置模式
R2(config-if)#ip address 222.222.222.1 255.255.255.248      #设置接口 IP 地址和子网掩码
R2(config-if)#no shutdown                           #激活该接口
R2(config-if)#end                                   #直接退回到特权模式
R2 #show ip interface brief                         #查看接口状态及 IP 配置信息
R2 #copy run start                                  #保存配置信息
```

当需要对路由器进行远程管理时,在完成上面的初始化配置后,还要开启路由器的远程登录,配置命令如下。

```
R2 #conf t                                  #进入配置模式
R2 (config)#line vty 0 4                    #进入路由器线路配置模式
R2 (config-line)#password cisco             #设置远程登录的口令
R2 (config-line)#login                      #配置通过口令验证远程登录
R2 (config-line)#end                        #直接退回到特权模式
R2 #
```

特别说明:路由器只有通过 DCE 线缆连接串口时才需要配置同步时钟,又由于路由器 R2 提供了同步时钟,故其他路由器不再需要设置同步时钟。

路由器 R1 的配置如下。

```
Router#conf t
Router(config)#hostname R1
R1(config)#no logging console                                #禁止显示日志信息
R1(config)#int s1/0
R1(config-if)#ip address 100.100.100.97 255.255.255.248      #设置接口 IP 地址和子网掩码
R1(config-if)#no shutdown
R1(config-if)#exit
R1(config)#int f0/0
R1(config-if)#ip address 192.168.111.1 255.255.255.252       #设置接口 IP 地址和子网掩码
R1(config-if)#no shutdown
R1(config-if)#exit
R1(config)#int f0/1
R1(config-if)#ip address 192.168.222.1 255.255.255.252       #设置接口 IP 地址和子网掩码
R1(config-if)#no shutdown
R1(config-if)#end
R1#
```

按照同样的方法和表12-1所给的IP地址信息为路由器R3、R4、R5和R6进行初始化配置。

12.3 静态路由与默认路由的配置

1. 实验目的

(1) 掌握路由器静态路由及静态路由的配置方法。

(2) 掌握路由器默认路由及默认路由的配置方法。

(2) 熟悉基本的配置命令。

2. 实验设备

一台安装有Cisco Packet Tracer的计算机。

3. 实验学时

本实验建议学时为0.5学时。

4. 实验原理

通过配置静态路由,管理员可以人为地指定对某一网络访问时所经过的路径,在网络结构比较简单,且一般到达某一网络所经过的路径唯一的情况下可以采用静态路由。

在配置模式下,配置静态路由的命令格式如下。

```
ip route 目的网络地址 掩码 下一跳地址
```

在配置模式下,删除静态路由的命令格式如下。

```
no ip route 目的网络地址 掩码 下一跳地址
```

当路由器没有明确路由可用时,可以采用默认路由,默认路由也是由管理员手工设置,是一条特殊的静态路由,目的网络地址和掩码全部为0,表示"不确定"的目的地址。当路由表中没有明确的路由可用时,才会采用默认路由。

在配置模式下,配置默认路由的命令格式如下。

```
ip route 0.0.0.0 0.0.0.0 下一跳地址
```

5. 实验内容

为了便于对比实验前后的效果,在路由器R1上ping路由器R2的s1/0接口地址(100.100.100.98),发现可以ping通,如图12-2所示。

```
R1#ping 100.100.100.98

Type escape sequence to abort.
Sending 5, 100-byte ICMP Echos to 100.100.100.98, timeout is 2 seconds:
!!!!!
Success rate is 100 percent (5/5), round-trip min/avg/max = 1/3/14 ms
```

图12-2 路由器R1 ping通R2的s1/0接口

同样的方法,可以发现R1无法ping通R2的s1/1接口(200.200.200.201)和f0/0接口(222.222.222.1),也无法ping通R3的s1/0接口(200.200.200.202)。反过来,R3也无法ping通R1和R2的s1/0接口。

现在为路由器添加静态路由和默认路由。

1）在 R1 上添加静态路由和默认路由

```
R1#conf t
R1(config)#ip route 200.200.200.200 255.255.255.248 100.100.100.98   #添加静态路由
R1(config)#ip route 0.0.0.0 0.0.0.0 100.100.100.98                   #添加默认路由
R1(config)#end
R1#show ip route                                                       #查看路由表信息
```

说明：由于 R2 的 s1/1 接口地址为 200.200.200.201/29，根据 CIDR 的基本知识可知，其所在网络的网络地址为 200.200.200.200，掩码地址为 255.255.255.248。

通过 show ip route 命令可以查看到路由表的路由信息，如图 12-3 所示。图中的 C(Directly Connected)表示直接连接，S(Static)表示静态路由，S＊表示静态默认路由。

```
     100.0.0.0/29 is subnetted, 1 subnets
C       100.100.100.96 is directly connected, Serial1/0
     192.168.111.0/30 is subnetted, 1 subnets
C       192.168.111.0 is directly connected, FastEthernet0/0
     192.168.222.0/30 is subnetted, 1 subnets
C       192.168.222.0 is directly connected, FastEthernet0/1
     200.200.200.0/29 is subnetted, 1 subnets
S       200.200.200.200 [1/0] via 100.100.100.98
S*   0.0.0.0/0 [1/0] via 100.100.100.98
```

图 12-3　R1 路由器路由表的部分信息

路由信息“200.200.200.200 [1/0] via 100.100.100.98”表示到达网络 200.200.200.200/29 的下一跳地址为 100.100.100.98，[1/0]表示协议管理距离为 1，度量值为 0。

“100.0.0.0/29 is subnetted，1 subnets”表示网络 100.0.0.0/29 有划分子网，有一个子网。

这时在 R1 上 ping 200.200.200.201，发现可以 ping 通了。但无法 ping 通 200.200.200.202，R3 也 ping 不通 R1 和 R2 的 s1/0 接口。这是因为这条静态路由只指明了从 R1 到 R3 的传输路径，但反过来的路径还没有指定。同时，R1 能 ping 通 222.222.222.1 和 WebSrv_C(222.222.222.2)，这是由于默认路由的作用，默认路由的作用是凡是没有到目的网络的具体路由信息时就使用默认路由。显然，R1 的路由表里没有到 222.222.222.0/29 的具体路由。

2）在 R3 上添加静态路由和默认路由

```
R3#conf t
R3(config)#ip route 100.100.100.96 255.255.255.248 200.200.200.201   #添加静态路由
R3(config)#ip route 0.0.0.0 0.0.0.0 200.200.200.201                  #添加默认路由
R3(config)#end
R3#show ip route                                                       #显示路由表信息
```

说明：由于 R2 的 s1/0 接口地址 100.100.100.98/29，根据 CIDR 的基本知识可知，其所在网络的网络地址为 100.100.100.96，掩码地址为 255.255.255.248。

这时在 R3 上 ping 100.100.100.97、100.100.100.98、222.222.222.1 和 222.222.222.2，可以发现均能 ping 通了。

12.4 RIP的配置

1. 实验目的

(1) 掌握RIP路由协议的基本原理。

(2) 熟悉RIP路由协议的基本配置方法。

(3) 熟悉基本的配置命令。

2. 实验设备

一台安装有Cisco Packet Tracer的计算机。

3. 实验学时

本实验建议学时为0.5学时。

4. 实验原理

路由选择协议可以分为内部网关协议和外部网关协议两大类,从实现算法来看,内部网关路由协议又可以分为距离矢量、链路状态和平衡混合三种类型。

距离矢量路由协议计算计算机网络中所有链路的矢量和距离,并以此为依据确认最佳路径。使用距离矢量路由协议的路由器定期向其邻居路由器发送自己的全部或部分路由表,邻居路由器则将自己的路由表与收到的路由表信息进行比照并更新路由表。典型的距离矢量路由协议有RIP(Routing Information Protocol,路由信息协议)和IGRP(Interior Gateway Routing Protocol,内部网关路由协议)。

链路状态路由协议使用网络拓扑数据库来创建路由表,每个路由器通过此数据库建立一个整个网络的拓扑图。在该拓扑图的基础上通过相应的路由算法计算出通往各目标网络的最佳路径,并最终形成路由表。典型的链路状态路由协议是OSPF(Open Shortest Path First,开放式最短路径优先)。

平衡混合路由协议结合了链路状态和距离矢量两种协议的优点,此类协议的代表是EIGRP(Enhanced Interior Gateway Routing Protocol,增强内部网关路由协议)。

RIP因为简单、可靠和便于配置等优点而得到广泛应用,目前的版本是RIP v2,它支持CIDR、可变长掩码以及不连续的子网,但它只适用于小型的同构网络,即允许最大跳数为15,任何超过15个路由器的目的地均被标记为不可达。

RIP的相关命令如表12-3所示。

表12-3 RIP的相关命令

命　令	功　能
router rip	指定使用RIP
version {1|2}	选择RIP版本
network *network*	指定与该路由器相连的网络
show ip route	查看路由表信息
show ip route rip	查看RIP的路由信息
show ip protocol	查看路由协议的配置信息

5. 实验内容

按照规划要求,右侧的分校区采用RIP,下面分别对路由器R3和R6进行配置。

1）配置 R3 路由器

```
R3#conf t
R3(config)#router rip                          #进入 RIP 配置子模式
R3(config-router)#version 2                    #设置 RIP 版本
R3(config-router)#network 192.168.233.0        #声明与路由器直接相连的网络 192.168.233.0/30
R3(config-router)#network 200.200.200.200      #声明与路由器直连的网络 200.200.200.200/29
R3(config-router)#end
```

2）配置 R6 路由器

```
R6#conf t
R6(config)#router rip
R6(config-router)#version 2
R6(config-router)#network 192.168.233.0                     #声明网络 192.168.233.0/30
R6(config-router)#network 192.168.30.0                      #声明网络 192.168.30.0/25
R6(config-router)#exit
R6(config)#ip route 0.0.0.0 0.0.0.0 192.168.233.1           #添加默认路由
R6(config)#end
R6#show ip route rip                                        #查看 RIP 的路由信息
```

说明：添加默认路由并不属于 RIP 配置的内容，在 R6 路由器中添加了一条默认路由是为了方便后面的实验，用于指明到达所有“不明确”的目的网络的数据包均交给路由器 R3 处理。

通过命令 show ip route rip 可以看到路由器已自动交换并更新路由信息，如图 12-4 所示。

```
R6#show ip route rip
     192.168.233.0/30 is subnetted, 1 subnets
R    200.200.200.0/24 [120/1] via 192.168.233.1, 00:00:14, FastEthernet0/0

R6#
```

图 12-4　查看 RIP 的路由信息

路由信息“R 200.200.200.0/24 [120/1] via 192.168.233.1，00:00:14，FastEthernet0/0”中的 R 表示该路由是 RIP 路由信息，到达网络 200.200.200.0/24 需要通过接口 FastEthernet0/0 转发，其中，协议管理距离为 120，度量值为 1，FastEthernet0/0 接口的 IP 地址是 192.168.233.1，00:00:14 表示该路由已持续了 14s。

这时 PC4 或者 WebSrv_B 均可以 ping 通 192.168.233.1 和 200.200.200.202，但仍然无法 ping 通互联网中的 R2 路由器和 WebSrv_C。

12.5　OSPF 的配置

1. 实验目的

（1）掌握路由器 OSPF 路由协议的基本原理。

（2）熟悉 OSPF 路由协议的基本配置方法。

（3）熟悉基本的配置命令。

2. 实验设备

一台安装有 Cisco Packet Tracer 的计算机。

3. 实验学时

本实验建议学时为 0.5 学时。

4. 实验原理

OSPF 路由协议是一种链路状态路由协议，也属于内部网关协议，用于在单一自治系统内决策路由。

所有路由器通过路由通告报文交换各自相邻路由器的链路状态来建立链路状态数据库，并生成最短路径树，每个 OSPF 路由器使用这些最短路径来构造路由表。

OSPF 使用区域对自治系统进行分段，其中，区域 0 是必须存的区域，称为主干区域，其他所有区域要求与主干区域互连在一起。

OSPF 的主要命令及功能说明如表 12-4 所示。

表 12-4 OSPF 的相关命令及功能

命　　令	功能描述
router ospf *process-id*	指定使用 OSPF 协议
network *address wildcard-mask* area *area-id*	声明与该路由器相连接的网络
showip route ospf	查看 OSPF 协议的路由信息
show ip route	查看路由表信息

表中的 process-id 表示协议进程号，是一个 1～65 535 的整数，同一路由器上使用相同协议进程号表示使用相同的 OSPF 数据库。

wildcard-mask 是通配符掩码，其值就是子网掩码的反码。

area-id 为区域 ID，主干区域的 ID 值为 0，其他区域的 ID 值为 1～4 294 967 295 的整数，有时也可以用 IP 地址的格式 a. b. c. d 表示。

5. 实验内容

实验之前，PC1、PC2、PC3 和 WebSrv_A 均无法 ping 通 R1 路由器的各个接口。

根据规划要求，拓扑结构图左侧的主校区采用 OSPF 路由协议。主校区 OSPF 的区域分布如图 12-5 所示。

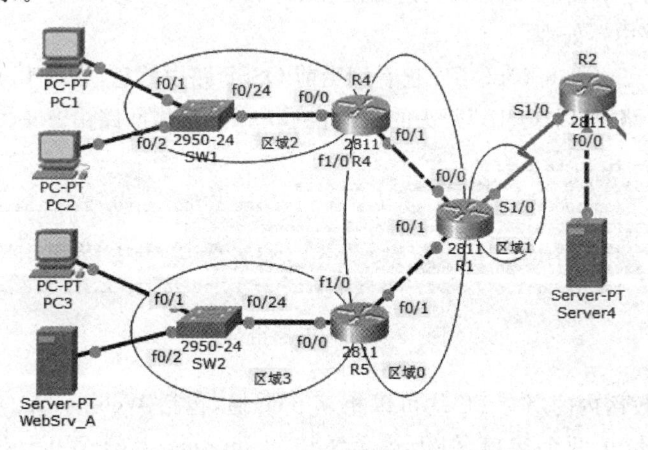

图 12-5　OSPF 区域分布

对各路由器的配置如下。

1）配置 R1 路由器

```
R1#conf t
R1(config)#router ospf 100                                  #启用 OSPF 协议
R1(config-router)#network 192.168.111.0 0.0.0.3 area 0      #声明与 R1 相连的网络及所属的区域
R1(config-router)#network 192.168.222.0 0.0.0.3 area 0      #声明与 R1 相连的网络及所属的区域
R1(config-router)#network 100.100.100.96 0.0.0.7 area 1     #声明与 R1 相连的网络及所属的区域
R1(config-router)                                           #end
```

2）配置 R4 路由器

```
R4#conf t
R4(config)#router ospf 200
R4(config-router)#network 192.168.111.0 0.0.0.3 area 0     #声明与 R4 相连的网络及所属的区域
R4(config-router)#network 192.168.10.0 0.0.0.127 area 2    #声明与 R4 相连的网络及所属的区域
R4(config)#ip route 0.0.0.0 0.0.0.0 192.168.111.1          #添加默认路由
R4(config)#end
R4#show ip route ospf                                       #查看 OSPF 路由信息
R4#copy run start                                           #保存配置信息
```

3）配置 R5 路由器

```
R5#conf t
R5(config)#router ospf 300
R5(config-router)#network 192.168.222.0 0.0.0.3 area 0       #声明相连的网络及所属的区域
R5(config-router)#network 192.168.10.128 0.0.0.127 area 3    #声明相连的网络及所属的区域
R5(config-router)#exit
R5(config)#ip route 0.0.0.0 0.0.0.0 192.168.222.1            #添加默认路由
R5(config)#end
R5#show ip route ospf
R5#write                                                      #保存配置信息
```

说明：在 R4 和 R5 上分别添加了一条默认路由，添加默认路由不属于 OSPF 的配置内容，在这里添加只是便于后面的实验，并告之路由器 R4 和 R5，所有到“不明确”的目的网络的数据包，均转发给 R1 路由器处理。

通过命令 show ip route ospf 可以查看到当前 OSPF 路由信息，如图 12-6 所示，以“O”开头的路由表示 OSPF 路由，以“O IA”开头的路由表示 OSPF 区域间路由。

```
R5#show ip route ospf
     100.0.0.0/29 is subnetted, 1 subnets
O IA    100.100.100.96 [110/65] via 192.168.222.1, 00:20:58, FastEthernet0/1
     192.168.10.0/25 is subnetted, 2 subnets
O IA    192.168.10.0 [110/3] via 192.168.222.1, 00:20:58, FastEthernet0/1
     192.168.111.0/30 is subnetted, 1 subnets
O       192.168.111.0 [110/2] via 192.168.222.1, 00:20:58, FastEthernet0/1
```

图 12-6　OSPF 路由信息

此时，左侧主校区内的所有 PC 均可以相互 ping 通，包括 WebSrv_A。也可以 ping 通 R1 路由器的 f0/0 和 f0/1 两个接口，但仍然无法访问 Internet 上的 WebSrv_C 和分校区中的 WebSrv_B。

12.6 NAT 的配置

1. 实验目的

(1) 理解 NAT 的基本原理

(2) 熟悉配置 NAT 路由器的基本方法。

(2) 熟悉基本的配置命令。

2. 实验设备

一台安装有 Cisco Packet Tracer 的计算机。

3. 实验学时

本实验建议学时为 0.5 学时。

4. 实验原理

由于全球 IP 地址紧缺,大多数企业、学校和机构内部的 PC 均使用私有地址,而边界路由器(如 R1 和 R3)不会转发源 IP 地址为私有地址的 IP 数据报到 Internet,因此,使用私有地址的 PC 将无法与外界通信。

NAT(Network Address Translation,**网络地址转换**)技术正是为解决上述问题而诞生的。它的基本原理是将边界路由器配置为 NAT 路由器,当内部的 PC 要向外界通信时,NAT 路由器将通往外界的 IP 数据报头部中的源 IP 地址替换成自己的全球 IP 地址,然后将该 IP 数据报转发出去。当有外界 IP 数据报返回时,NAT 路由器就将 IP 数据报头部中的全球 IP 地址换回成私有地址,并转发给内部 PC。

NAT 的实现技术主要有以下两种。

第一种 NAT 技术称为**动态地址转换**(Dynamic Address Translation,DAT),它的基本思路是先给边界路由器配置一小部分全球公有地址共享给内部 PC 访问外界时使用。只要边界 NAT 路由器还有共享的全球 IP 地址,内部的任何 PC 均可以通过共享的全球 IP 地址与外界通信。NAT 路由器将为私有地址和全球 IP 地址建立一个动态 NAT 映射表,只有在 NAT 映射表中存在到某内部主机的 IP 地址映射时,外部主机才可以访问该内部主机,否则将无法访问。

与动态地址转换相对应的是**静态地址转换**,内部网络中的某台主机(通常为服务器)的私有 IP 地址被永久映射成一个全球 IP 地址。

第二种 NAT 技术称为**伪装**(Masquerading),也称为 **NAPT**(Network Address Port Translation,**网络地址端口转换**),它的基本思路是边界 NAT 路由器用一个全球 IP 地址将内部所有私有地址都隐藏起来,当有内部主机需要与外界通信时,NAT 路由器将构造一个伪装 NAT 表,其结构形如表 12-5 所示。

表 12-5 伪装 NAT 表

内部 IP/端口号	本地 NAT 端口
192.168.10.10:1688	8866
192.168.10.20:1888	8888

当 192.168.10.10:1688 的 IP 数据报需要转发出去时，NAT 路由器将对该 IP 数据报的头部进行改造，将源 IP 地址换成自己的全球 IP 地址，端口号换成 8866，然后再转发出去。

当有外部应答 IP 数据报需要进来时，NAT 路由器就通过该 IP 数据报的目的端口号(如 8866)查找伪装 NAT 表，若该目的端口在该伪装 NAT 表中，则将该 IP 数据报的目的 IP 地址和端口号替换成 192.168.10.10:1688，然后转发给该内部主机。

可见，通过伪装技术，可以实现一个全球 IP 地址对应多个私有地址的一对多转换。在这种工作方式下，内部网络的所有主机均可共享一个合法的全球 IP 地址实现对 Internet 的访问，来自不同内部主机的流量用不同的随机端口进行标识，从而可以最大限度地节约 IP 地址资源。同时，又可隐藏网络内部的所有主机，有效避免来自 Internet 的攻击。因此，在目前网络中得到了广泛应用。

5. 实验内容

根据规划要求，左侧主校区采用 NAPT，右侧分校区采用动态 NAT。

1) 配置 R1 路由器实现 NAPT

```
R1#conf t
R1(config)#int f0/0
R1(config-if)#ip nat inside                                  #指定 f0/0 为内部接口
R1(config-if)#exit
R1(config)#int f0/1
R1(config-if)#ip nat inside                                  #指定 f0/1 为内部接口
R1(config-if)#exit
R1(config)#int s1/0
R1(config-if)#ip nat outside                                 #指定 s1/0 为外部接口
R1(config-if)#exit
R1(config)#access-list 1 permit 192.168.10.0 0.0.0.255#配置允许访问外网的内部 IP 列表
R1(config)#ip nat pool to-internet 100.100.100.99 100.100.100.99 netmask 255.255.255.248
#定义 NAT 地址池及其中的全球 IP 地址的范围和掩码
R1(config)#ip nat inside source list 1 pool to-internet overload  #声明将 list 1 中的源 IP
地址采用重载技术转换成 NAT 地址池 to-internet 中的全球 IP 地址
R1(config)#end
R1#show ip nat translations                                  #查看 IP 转换详情
R1#copy run start                                            #保存配置信息
```

此时，主校区的任意一台计算机均可以 ping 通 WebSrv_C，也可以访问 WebSrv_C 上的资源。但仍不能访问 WebSrv_B。

通过命令 show ip nat translations 查看 IP 地址转换的细节，如图 12-7 所示。

```
R1#show ip nat translations
Pro  Inside global       Inside local        Outside local      Outside global
tcp 100.100.100.99:1024192.168.10.130:1025222.222.222.2:80     222.222.222.2:80
tcp 100.100.100.99:1025192.168.10.20:1025 222.222.222.2:80     222.222.222.2:80
tcp 100.100.100.99:1026192.168.10.10:1026 222.222.222.2:80     222.222.222.2:80
```

图 12-7　NAPT 转换详情

从图中可以出，内部本地地址(Inside local)访问外部地址(Outside global)时，在边界路由器 R1 上被转换成了 NAT 地址池 to-internet 中指定的全球 IP 地址。不同的 PC 共享同一个全球 IP 地址，但采用端口号来区分不同的内部 PC。

2）配置 R3 路由器实现动态 NAT

```
R3#conf t
R3(config)#int f0/0
R3(config-if)#ip nat inside
R3(config-if)#exit
R3(config)#int s1/0
R3(config-if)#ip nat outside
R3(config-if)#exit
R3(config)#access-list 2 permit 192.168.30.0 0.0.0.255
R3(config)# ip nat pool to-internet 200.200.200.203 200.200.200.205 netmask 255.255.
255.248
R3(config)#ip nat inside source list 2 pool to-internet
R3(config)#end
R3#show ip nat translations
```

此时，分校区中计算机可以访问 Internet 上的 WebSrv_C，但最多只允许有三台计算机同时访问 Internet，这是由于 NAT 地址池 to-internet 只有三个全球 IP 地址可以使用。NAT 地址池中的地址用完后，其他计算机只有当别的计算机释放了它所使用的全球地址后才可以访问 Internet。

此时，可以在命令 ip nat inside source list 2 pool to-internet 后面加上 overload，这就是 NAT 重载技术，利用该技术就可以实现使用少量全球 IP 地址共享给大量内部 PC 在访问外网时使用，从而有效节约 IP 地址。

3）利用 NAT 实现外网访问内网

可以发现，此时 Internet 上的 WebSrv_C 和分校区的所有计算机均无法访问主校区中的 PC 和 WebSrv_A 服务器，主校区的所有 PC 和 WebSrv_C 也无法访问分校区中的 WebSrv_B。这是 NAT 路由器屏蔽了内部网络的结果，所以 NAT 路由器也叫 **NAT 防火墙**，它实现了内外网的逻辑隔离。

但现实确实有需求允许外部计算机访问内部某些计算机，比如本实验的规划要求，要求分校区中的 WebSrv_B 对外提供信息服务，这就要求外部的计算机能够访问内部主机 WebSrv_B。于是需要对 NAT 路由器再做一些配置，具体内容如下。

```
R3#conf t
R3(config)#int f0/0
R3(config-if)#ip nat inside                          #指定 f0/0 为内部接口
R3(config-if)#exit
R3(config)#int s1/0
R3(config-if)#ip nat outside                         #指定 s1/0 为外部接口
R3(config-if)#exit
R3(config)#ip nat inside source static 192.168.30.80 200.200.200.206   #采用静态 NAT,指定
内部 IP 地址永久转换成一个全球 IP 地址
R3(config)#end
R3#show ip nat translations                          #查看 NAT 转换表
R3#copy run start
```

此时，主校区的所有主机和 Internet 上的 WebSrv_C 均可以通过访问 200.200.200.

206 来访问 WebSrv_B 服务器。

通过命令 show ip nat translations 可以查看到 NAT 转换表中存在一条静态转换。

最后需要说明一下，Internet 骨干网络绝不是像实验这样简单地使用静态路由和默认路由，也不会使用 RIP 和 OSPF 这样的内部网关协议，更多的应该是使用 BGP 这样的外部网关协议，而且其实际情况也远比实验要复杂得多，感兴趣的读者可以参考其他文献进一步深入研究。

习 题

一、简答题

1. 如图 12-8 所示，路由器 R1、R2 和 R3 之间通过 DCE 串口电缆连接，主机 PC1 和 PC2 分别用交叉线与路由器 R1 和 R3 的 f0/0 接口相连。要求：开启各个路由器接口，做基本参数配置，通过配置 RIP 实现两台主机的通信。

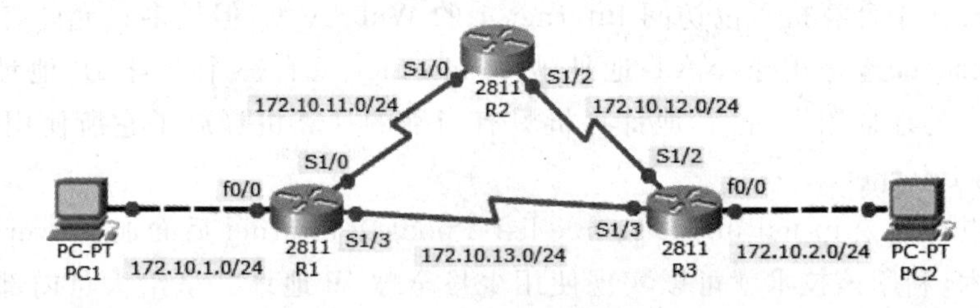

图 12-8 配置 RIP 网络拓扑图

2. 将图 12-8 改造成如图 12-9 所示的结构，要求通过配置 OSPF 协议实现两台主机之间的通信。

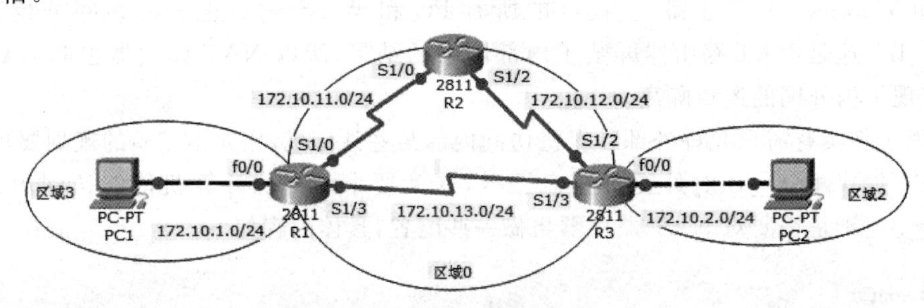

图 12-9 配置 OSPF 网络拓扑图

3. 如图 12-10 所示，两个路由器 R1 和 R2 通过 DCE 串口线相连，时钟频率为 64 000b/s，服务器 Web_Server 模拟企业内部的 WWW 服务，PC1 模拟 Internet 上的用户。现要求通过 NAT 配置将内网 Web 服务器 IP 地址映射为全球 IP 地址，实现外部网络可以访问企业内部 Web 服务器，路由协议可以自定，也可以采用静态路由。

4. 如图 12-11 所示，公司边界路由器 R1 和 ISP 路由器 R2 通过 DCE 串口线相连，同步时钟频率为 64 000b/s，Web_Server 模拟 Internet 上的 WWW 服务，PC1 和 PC2 模拟企业内部主机。现要求通过配置 NAPT 实现内部主机 PC1 和 PC2 可以访问 Internet 上的 WWW 服务。可以采用任意路由协议，也可以使用静态路由。

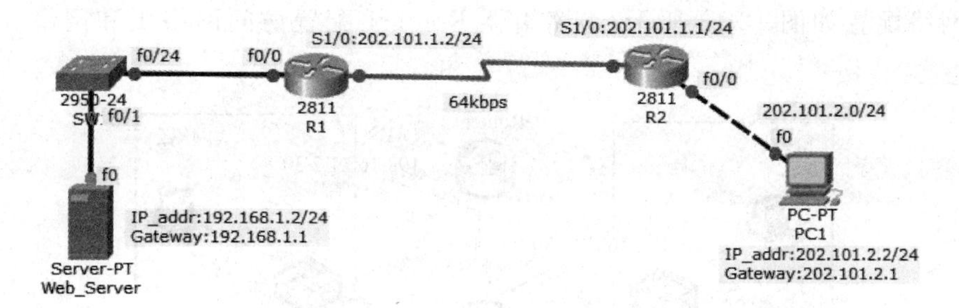

图 12-10　配置 NAT 的网络拓扑图

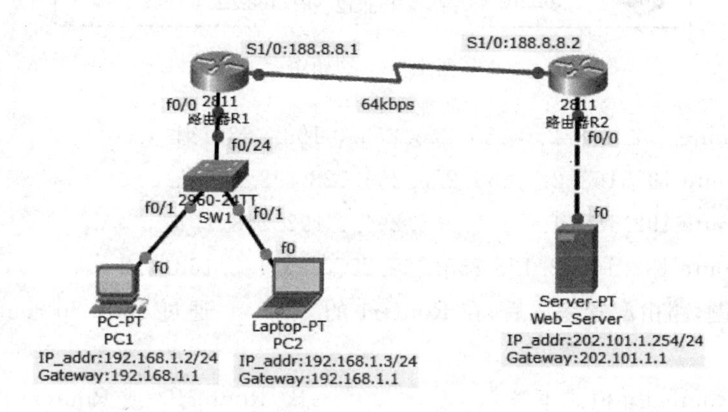

图 12-11　配置 NAPT 的网络拓扑图

5. 根据如图 12-12 所示的拓扑，请在两个三层交换机 MS1 和 MS2 上划分 VLAN，并为其分配好 IP 地址，之后分别在三层交换机和路由器上配置 OSFP 实现 4 台 PC 之间的相互通信。

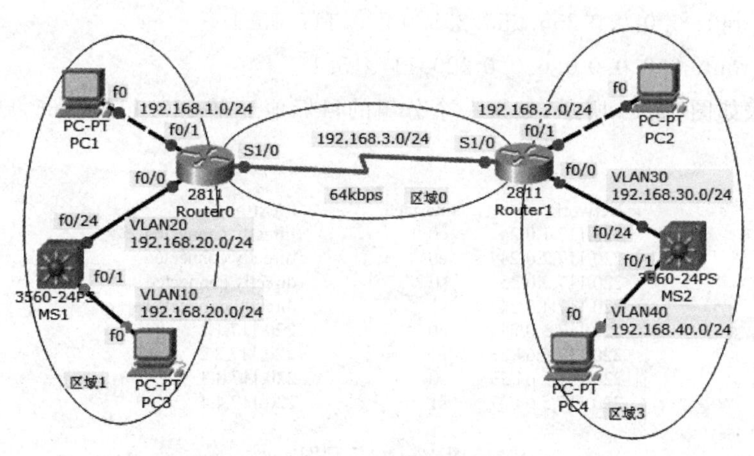

图 12-12　第 5 题网络拓扑图

二、选择题

1. 路由器出厂时，默认的串口封装协议是________。

A. HDLC　　B. WAP　　C. MPLS　　D. L2TP

2. 网络配置如图 12-13 所示，为路由器 Router1 配置访问网络 1 和网络 2 的命令是________。

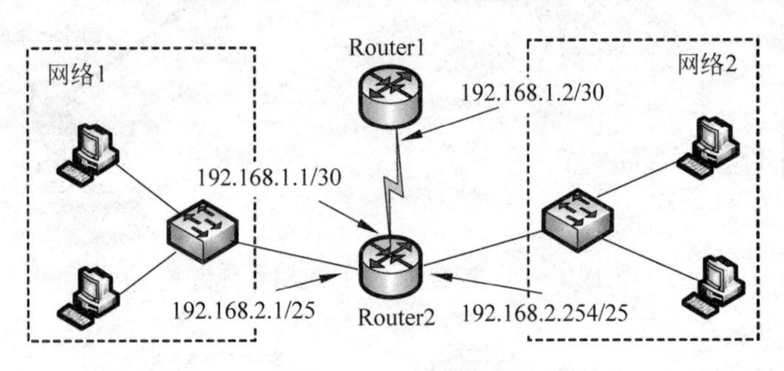

图 12-13　2 题图

A. ip route 192.168.2.0 255.255.255.0 192.168.1.1

B. ip route 192.168.2.0 255.255.255.128 192.168.1.2

C. ip route 192.168.1.0 255.255.255.0 192.168.1.1

D. ip route 192.168.2.128 255.255.255.128 192.168.1.2

3. 续上一题，路由配置完成后，在 Router1 的________通过 show ip route 命令可以查看路由。

A. 仅 Router1＃模式下　　B. Router1＞或 Router1＃模式下

C. Router1(config)＃模式下　　D. Router1(config-if)＃模式下

4. 配置路由器默认路由的命令是________。

A. ip route 220.117.15.0 255.255.255.0 0.0.0.0

B. ip route 220.117.15.0 255.255.255.0 220.117.15.1

C. ip route 0.0.0.0 255.255.255.0 220.117.15.1

D. ip route 0.0.0.0 0.0.0.0 220.117.15.1

5. 路由表如图 12-14 所示，如果一个分组的目标地址是 220.117.5.65，则会发送给端口________。

Network	Interface	Next-hop
220.117.1.0/24	e0	directly connected
220.117.2.0/24	e0	directly connected
220.117.3.0/25	s0	directly connected
220.117.4.0/24	s1	directly connected
220.117.5.0/24	e0	220.117.1.2
220.117.5.64/28	e1	220.117.2.2
220.117.5.64/29	s0	220.117.3.3
220.117.5.64/27	s1	220.117.4.4

图 12-14　5 题图

A. 220.117.1.2　　B. 220.117.2.2　　C. 220.117.3.3　　D. 220.117.4.4

6. 某网络拓扑图如图 12-15 所示，若采用 RIP，在路由器 Router2 上需要进行 RIP 声明的网络是________。

A. 仅网络 1

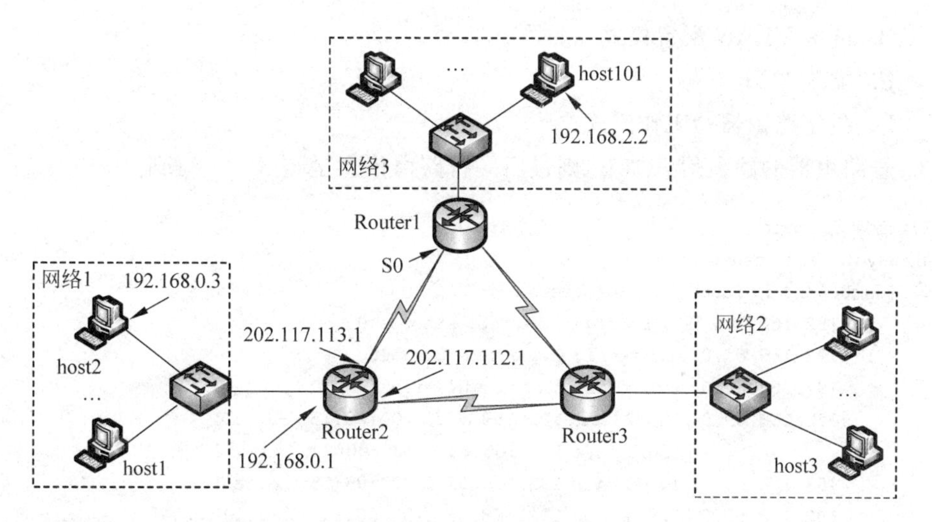

图 12-15　6 题图

B. 网络 1、202.117.112.0/30 和 202.117.113.0/30

C. 网络 1、网络 2 和网络 3

D. 仅 202.117.112.0/30 和 202.117.113.0/30

7. 从下面一个 RIP 路由信息中可以得到的结论是________。

```
R 10.10.10.7[120/2] via 10.10.10.8,00:00:24 Serial 0/1
```

A. 下一个路由更新在 36s 之后到达

B. 到达目标 10.10.10.7 的距离是两跳

C. 串口 S0/1 的 IP 地址是 10.10.10.8

D. 串口 S0/1 的 IP 地址是 10.10.10.7

8. 配置路由器接口的提示是________。

A. router(config)#　　　　B. router(config-in)#

C. router(config=intf)#　　　　D. router(config-if)#

9. 如果想知道配置了哪种路由协议,应使用的命令是________。

A. router>show router protocol

B. Router(config)>show ip protocol

C. router(config)>#show router protocol

D. router>show ip protocol

10. 路由器通过光纤连接广域网的是________。

A. SFP 端口　　B. 同步串行口　　C. Console 端口　　D. AUX 端口

11. Cisco 路由器操作系统 IOS 有三种命令模式,其中不包括________。

A. 用户模式　　B. 特权模式　　C. 远程连接模式　　D. 配置模式

12. 路由器命令"Router(config-subif)#encapsulation dot1q 1"的作用是________。

A. 设置封装类型和子接口连接的 VLAN 号

B. 进入 VLAN 配置模式

C. 配置 VTP 口号

D. 指定路由器的工作模式

13. 若路由器的路由信息如下,则最后一行路由信息是________得到。

```
R3# show ip route
Gateway of last resort is not set
192.168.0.0/24 is subnetted, 6 subnets
C        192.168.1.0 is directly connected, Ethernet0
C        192.168.65.0 is directly connected, Serial0
C        192.168.67.0 is directly connected, Serial1
R        192.168.69.0 [120/1] via 192.168.67.2, 00:00:15, Serial1
                      [120/1] via 192.168.65.2, 00:00:24, Serial0
R        192.168.69.0 [120/1] via 192.168.67.2, 00:00:15, Serial1
R        192.168.69.0 [120/1] via 192.168.652, 00:00:24, Serial0
```

A. 串行口直接连接　　B. 由路由协议发现

C. 操作员手工配置　　D. 以太网端口直连

14. 网络连接如图 12-16 所示,要使计算机能访问到服务器,在路由器 R1 中配置路由表的命令是________。

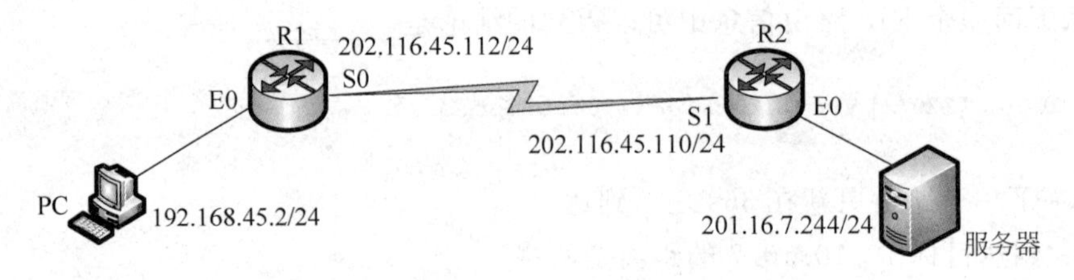

图 12-16　14 题图

A. R1(config)# ip host R2 202.116.45.110

B. R1(config)# ip network 202.16.7.0 255.255.255.0

C. R1(config)# ip host R2 202.116.45.0 255.255.255.0

D. R1(config)# ip route 201.16.7.0 255.255.255.0 202.116.45.110

15. 如果要彻底退出路由器或者交换机的配置模式,输入的命令是________。

A. exit　　B. no config-mode　　C. Ctrl+C　　D. Ctrl+Z

16. 把路由器配置脚本从 RAM 写入 NVRAM 的命令是________。

A. save ram nvram　　B. save ram

C. copy running-config startup-config　　D. copy all

17. 三台路由器的连接与 IP 地址分配如图 12-17 所示,在 R2 中配置到达子网 192.168.1.0/24 的静态路由的命令是________。

A. R2(config)# ip route 192.168.1.0 255.255.255.0 10.1.1.1

B. R2(config)# ip route 192.168.1.0 255.255.255.0 10.1.1.2

C. R2(config)# ip route 192.168.1.2 255.255.255.0 10.1.1.1

D. R2(config)# ip route 192.168.1.2 255.255.255.0 10.1.1.2

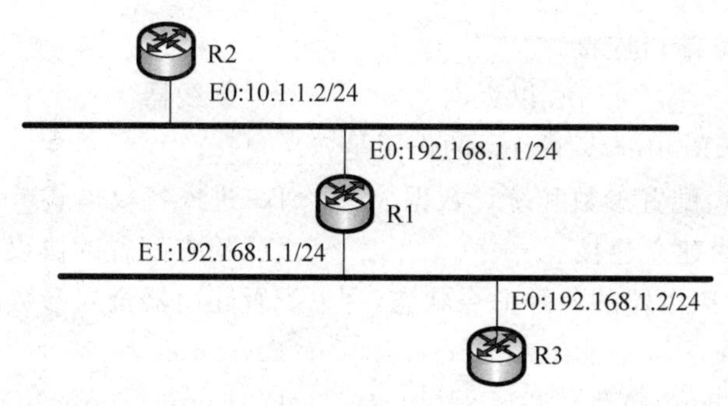

图 12-17　17 题图

18. 网络连接和 IP 地址分配如图 12-18 所示，并且配置了 RIPv2 路由协议。如果路由器 R1 上运行命令：R1＃ show ip route，下面 4 条显示信息中正确的是________。

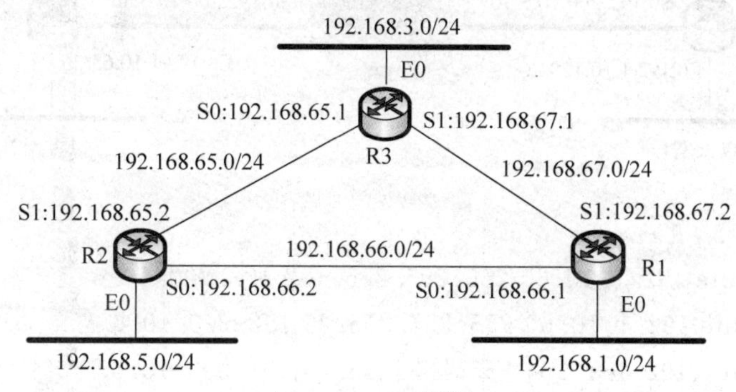

图 12-18　18 题图

A. R 192.168.1.0［120/1］via 192.168.66.1　00:00:15　Ethernet0

B. R 192.168.5.0［120/1］via 192.168.66.2　00:00:18　Serial0

C. R 192.168.5.0［120/1］via 192.168.66.1　00:00:24　Serial0

D. R 192.168.65.0［120/1］via 192.168.67.1　00:00:15　Ethernet0

19. 路由器 R1 的连接和地址分配如图 12-19 所示，如果在 R1 上安装 OSPF 协议，运行下列命令：router ospf 100，则配置 S0 和 E0 端口的命令是________。

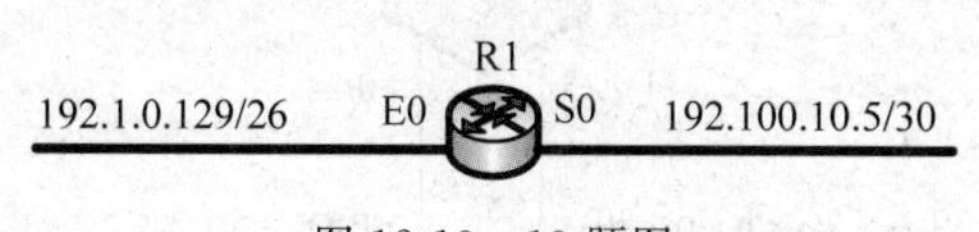

图 12-19　19 题图

A. network 192.100.10.5 0.0.0.3 area 0
   network 192.1.0.129 0.0.0.63 area 1

B. network 192.100.10.4 0.0.0.3 area 0
   network 192.1.0.128 0.0.0.63 area 1

C. network 192.100.10.5 255.255.255.252 area 0
   network 192.1.0.129 255.255.255.192 area 1

D. network 192.100.10.4 255.255.255.252 area 0
   network 192.1.0.128 255.255.255.192 area 1

20. 路由器的 S0 端口连接________。

A. 广域网　　B. 以太网　　C. 集线器　　D. 交换机

21. 路由器命令 Router > sh int 的作用是________。

A. 检查端口配置参数和统计数据　　B. 进入特权模式

C. 检查是否建立连接　　D. 检查配置的协议

22. 下面列出了路由器的各种命令状态，可以配置路由器全局参数的是________。

A. router>　　B. router#

C. router (config)#　　D. router(config-if)#

23. 网络配置如图 12-20 所示，为路由器 Router1 配置访问以太网 2 的命令是________。

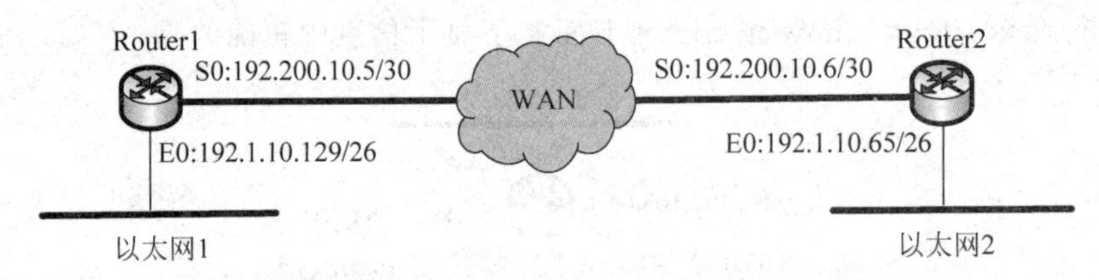

图 12-20　23 题图

A. ip route 192.1.10.60 255.255.255.192 192.200.10.6

B. ip route 192.1.10.65 255.255.255.26 192.200.10.6

C. ip route 192.1.10.64 255.255.255.26 192.200.10.65

D. ip route 192.1.10.64 255.255.255.192 192.200.10.6

24. 如果两个交换机之间设置多条 Trunk，则需要用不同的端口权值或路径费用来进行负载均衡。默认情况下，端口的权值是________。

A. 64　　B. 128　　C. 256　　D. 1024

25. 续上一题，在如图 12-21 所示的配置下，________。

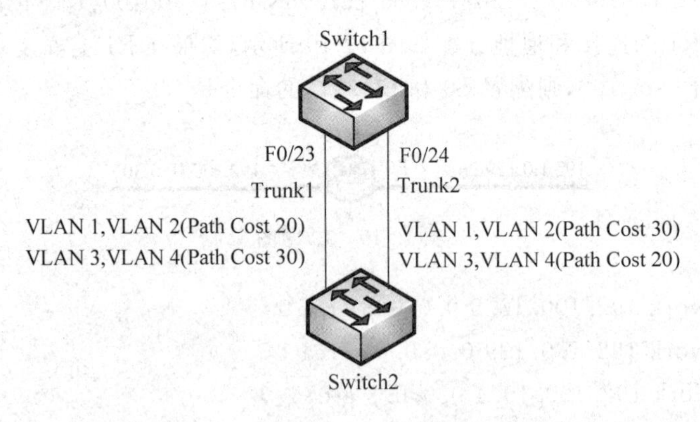

图 12-21　25 题图

A. VLAN 1 的数据通过 Trunk1，VLAN 2 的数据通过 Trunk2

B. VLAN 1 的数据通过 Trunk1，VLAN 3 的数据通过 Trunk2

C. VLAN 2 的数据通过 Trunk2，VLAN 4 的数据通过 Trunk1

D. VLAN 2 的数据通过 Trunk2,VLAN 3 的数据通过 Trunk1

26. 关于路由器,下列说法中正确的是________。

A. 路由器处理的信息量比交换机少,因而转发速度比交换机快

B. 对于同一目标,路由器只提供延迟最小的最佳路由

C. 通常的路由器可以支持多种网络层协议,并提供不同协议之间的分组转换

D. 路由器不但能够根据逻辑地址进行转发,而且可以根据物理地址进行转发

27. 在路由器的特权模式下输入命令 setup,则路由器进入________模式。

A. 用户命令状态　　　　B. 局部配置状态

C. 特权命令状态　　　　D. 设置对话状态

28. 要进入以太网端口配置模式,下面的路由器命令中________是正确的。

A. R1(config)# interface e0　　　　B. R1> interface e0

C. R1> line e0　　　　D. R1(config)# line s0

29. 要显示路由器的运行配置,下面的路由器命令中________是正确的。

A. R1# show running-config　　　　B. R1# show startup-config

C. R1> show startup-config　　　　D. R1> show running-config

30. 路由器命令 R1(config)#ip routing 的作用是________。

A. 显示路由信息　　　　B. 配置默认路由

C. 激活路由器端口　　　　D. 启动路由配置

31. 网络配置如图 12-22 所示。

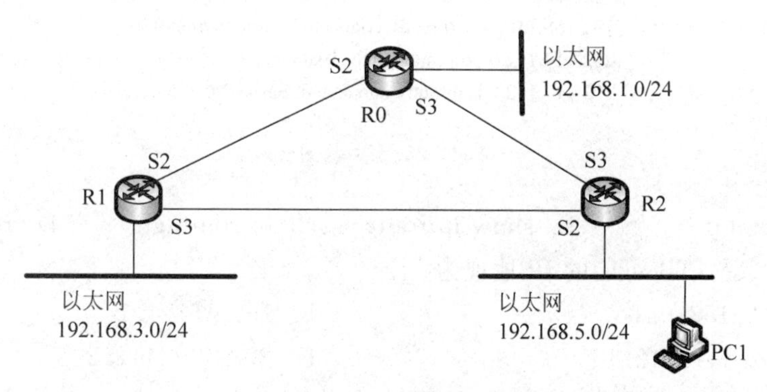

图 12-22　31 题图 1

其中,某设备路由表信息如图 12-23 所示。

```
C  192.168.1.0/24 is directly connected, FastEthernet0/0
R  192.168.3.0/24 [120/1] via 192.168.65.2, 00:00:04, Serial2/0
R  192.168.5.0/24 [120/2] via 192.168.65.2, 00:00:04, Serial2/0
C  192.168.65.0/24 is directly connected, Serial2/0
C  192.168.67.0/24 is directly connected, Serial3/0
R  192.168.69.0/24 [120/1] via 192.168.65.2, 00:00:04, Serial2/0
```

图 12-23　31 题图 2

则该设备为________。

A. 路由器 R0　　B. 路由器 R1　　C. 路由器 R2　　D. 计算机 PC1

32. 续上一题，从该设备到 PC1 经历的路径为________。

A. R0→R2→PC1　　B. R0→R1→R2→PC1

C. R1→R0→PC1　　D. R2→PC1

33. 续上一题，路由器 R2 接口 S2 可能的 IP 地址为________。

A. 192.168.69.2　　B. 192.168.65.2

C. 192.168.67.2　　D. 192.168.5.2

34. 某网络拓扑结构如图 12-24 所示。

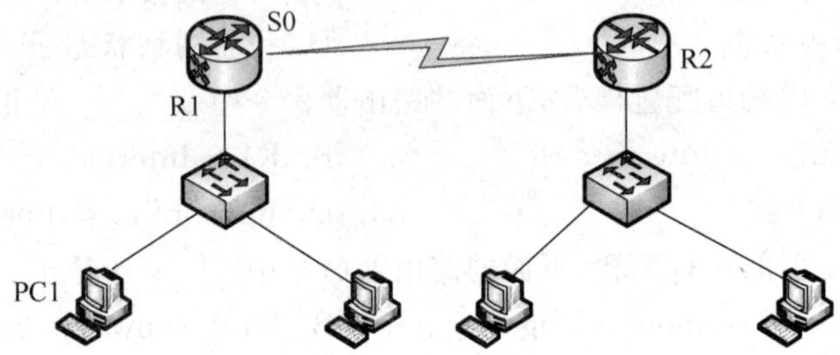

图 12-24　34 题图 1

在路由器 R2 上采用命令________得到如图 12-25 所示结果。

```
R2>
R    192.168.0.0/24[120/1] via 202.117.112.1, 00:00:11, Serial 2/0
C    192.168.1.0/24 is directly connected, FastEthernet 0/0
     202.117.112.0/30 is subnetted, 1 subnets
C    202.117.112.0 is directly connected, Serial 2/0
```

图 12-25　34 题图 2

A. netstat -r　　B. show ip route　　C. ip routing　　D. route print

35. 续上一题，PC1 可能的 IP 地址为________。

A. 192.168.0.1　　B. 192.168.1.1

C. 202.117.112.1　　D. 202.117.112.2

36. 续上一题，路由器 R1 的 S0 口的 IP 地址为________。

A. 192.168.0.1　　B. 192.168.1.1

C. 202.117.112.1　　D. 202.117.112.2

37. 续上一题，路由器 R1 和 R2 之间采用的路由协议为________。

A. OSPF　　B. RIP　　C. BGP　　D. IGRP

38. 网络配置如图 12-26 所示，在路由器 Router 中配置网络 1 访问 DNS 服务器的命令是________。

A. ip route 202.168.1.2 255.255.255.0 202.168.1.2

B. ip route 202.168.1.2 255.255.255.255 202.168.1.2

C. ip route 0.0.0.0 0.0.0.0 202.168.1.253

D. ip route 255.255.255.255 0.0.0.0 202.168.1.254

39. 续上一题,网络 1 访问 Internet 的默认路由命令是________。

A. ip route 202.168.1.2 255.255.255.0 202.168.1.2

B. ip route 202.168.1.2 255.255.255.255 202.168.1.2

C. ip route 0.0.0.0 0.0.0.0 202.168.1.253

D. ip route 255.255.255.255 0.0.0.0 202.168.1.254

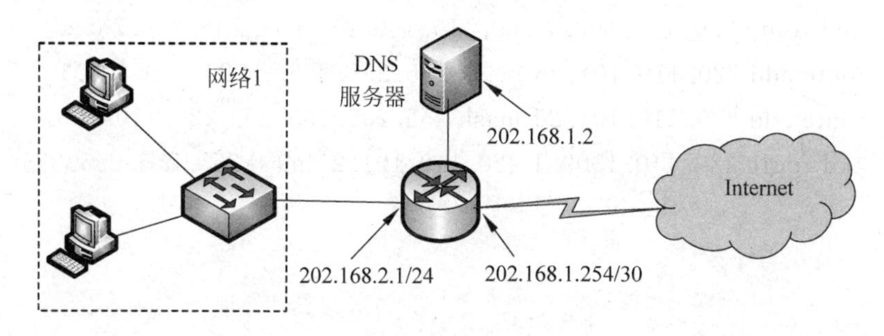

图 12-26　38 题图

40. 如果要将目标网络为 202.117.112.0/24 的分组经 102.217.115.1 接口发出,需增加一条静态路由,正确的命令为________。

A. route add 202.117.112.0 255.255.255.0 102.217.115.1

B. route add 202.117.112.0 0.0.0.255 102.217.115.1

C. add route 202.117.112.0 255.255.255.0 102.217.115.1

D. add route 202.117.112.0 0.0.0.255 102.217.115.1

41. 在路由器配置过程中,要查看用户输入的最后几条命令,应该输入________。

A. show version　　B. show commands

C. show previous　　D. show history

42. 配置路由器时,PC 的串行口与路由器的________相连。

A. 以太接口　　B. 串行接口　　C. RJ-45 端口　　D. Console 接口

43. 续上一题,路由器与 PC 串行口的通信的默认数据速率为________。

A. 2400b/s　　B. 4800b/s　　C. 9600b/s　　D. 10Mb/s

44. 某网络拓扑如图 12-27 所示,在主机 host1 上设置默认路由的命令为________。

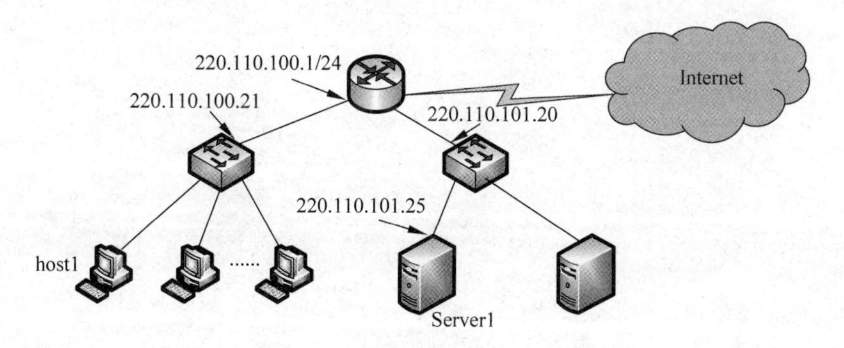

图 12-27　44 题图

A. route add 0. 0. 0. 0 mask 0. 0. 0. 0 220. 110. 100. 1

B. route add 220. 110. 100. 1 0. 0. 0. 0 mask 0. 0. 0. 0

C. add route 0. 0. 0. 0 mask 0. 0. 0. 0 220. 110. 100. 1

D. add route 220. 110. 100. 1 0. 0. 0. 0 mask 0. 0. 0. 0

45. 续上一题，在主机 host1 上增加一条到服务器 server1 主机路由的命令为________。

A. add route 220. 110. 100. 1 220. 110. 100. 25 mask 255. 255. 255. 0

B. route add 220. 110. 101. 25 mask 255. 255. 255. 0 220. 110. 100. 1

C. route add 220. 110. 101. 25 mask 255. 255. 255. 255 220. 110. 100. 1

D. add route 220. 110. 1009. 1 220. 110. 101. 25 mask255. 255. 255. 255

第13章 宽带接入到 Internet

用户要连接到 Internet,必须先连接到某个 ISP(Internet Service Provider,互联网服务提供商),以便获得上网所需的 IP 地址及其他服务。

接入到 ISP 的方法有很多种,随着网络技术的快速发展与普及,以及用户对多媒体网络应用需求的提高,早期的 **PSTN**(Public Switched Telephone Network,**公共交换电话网络**)、**ISDN**(Integrated Services Digital Network,**综合业务数字网**)和 **ADSL**(Asymmetric Digital Subscriber Line,**非对称数字用户线路**)等接入方式由于有限的带宽和落后的技术已逐渐被淘汰,逐步被以光纤为传输介质的宽带接入方式所替代。目前典型的应用是 FTTH(Fiber To The Home,光纤到户)或者 FTTB(Fiber to The Building,光纤到楼)。

13.1 光纤宽带接入 Internet

1. 实验目的

(1) 了解 ISP 及其提供服务的接入方法。

(2) 熟悉光纤带宽技术原理及家庭光纤宽带的连接方法。

(3) 掌握宽带接入 Internet 的具体操作方法。

2. 实验设备

(1) 运行 Windows 的计算机一台。

(2) 光猫一台。

(3) 直通双绞线若干。

3. 实验学时

本实验建议作为校外实验,建议学时为 0.5 学时。

4. 实验原理

FTTH 就是把光纤一直铺设到用户家里并连接到一个称为光猫的设备上,然后用直通双绞线的一端连接到光猫的以太网口,另一端则直接连接到计算机(也可以与预埋在墙壁内的双绞线相连,并通过墙壁上的以太网接口与用户计算机相连),计算机则利用 ISP 分配的账号和密码拨号连接到 ISP 网络,并通过 ISP 网络连接到 Internet。

实际上,一个家庭用户远远用不了一根主干光纤的通信容量,为了节约成本并有效利用光纤资源,ISP 通常在光纤干线和广大用户之间,还要铺设一段 ODN(Optical Distribution Network,光配线网络),使得数十个家庭共享一根光线干线。图 13-1 为现在广泛使用的无源 ODN 的示意图。

图中的 OLT(Optical Line Terminal,光线路终端)是连接到光纤干线的终端设备,OLT

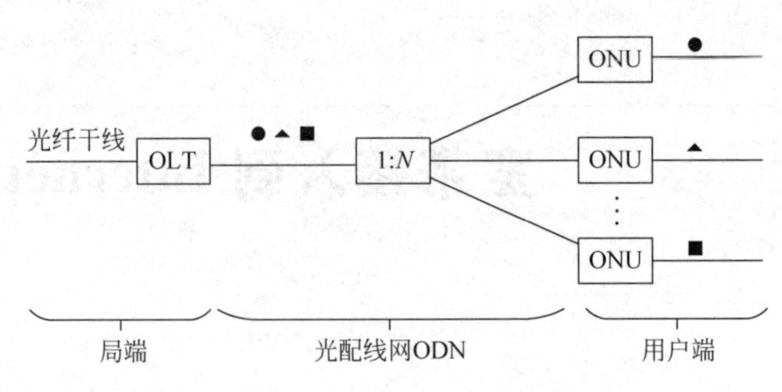

图 13-1　无源光配线网的组成

将收到的下行数据发往无源的 1∶N 光分路器，然后用广播方式发向所有用户端的 ONU(Optical Network Unit，光网络单元)。每个 ONU 根据特有标识只接收发给自己的数据，然后转换成电信号发往用户设备。现在家庭里用的光猫可以认为是一种 ONU。

光纤猫分区域和版本，两个版本分别为 EPON 和 GPON。

EPON(Ethernet Passive Optical Network，以太网无源光网络)是基于以太网的 PON 技术。它将以太网和 PON 技术结合，在物理层采用 PON 技术，在数据链路层使用以太网协议，利用 PON 的拓扑结构实现以太网接入。它采用点到多点结构、无源光纤传输，在以太网之上提供多种业务，具有低成本、高带宽、扩展性强、与现有以太网兼容和方便管理等优点。

GPON(Gigabit-Capable PON，吉比特无源光接入系统)技术是基于 ITU-TG. 984. x 标准的最新一代宽带无源光综合接入标准，具有高带宽、高效率、大覆盖范围、用户接口丰富等众多优点，被大多数运营商视为实现接入网业务宽带化，综合化改造的理想技术。基于 GPON 技术的设备基本结构与已有的 PON 类似。

光猫必须经运营商技术员在 OLT 上注册认证后才可以使用，光猫的接口如图 13-2 所示。

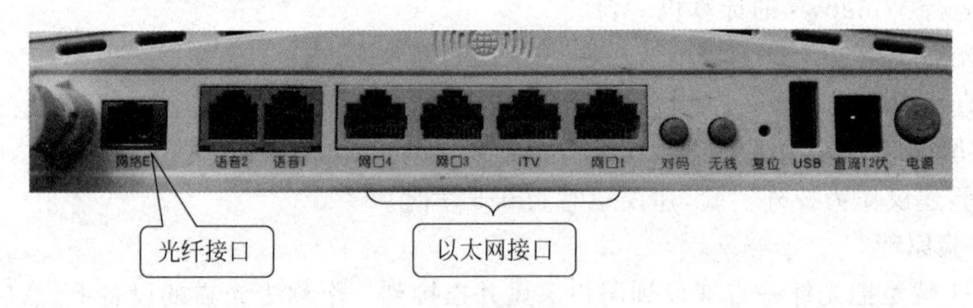

图 13-2　光猫接口

5. 实验内容

1) 设备连接

将计算机网络适配器接口用直通双绞线与墙壁上的以太网接口相连，或者用直通双绞线与光猫的以太网接口直接相连。

2) 创建宽带连接

在 Windows 7(其他 Windows 操作系统类似)中创建宽带连接的具体步骤如下。

(1) 依次单击“开始”→“控制面板”→“网络与共享中心”→“设置新的连接或网络”→“连接到 Internet”，打开如图 13-3 所示窗口。

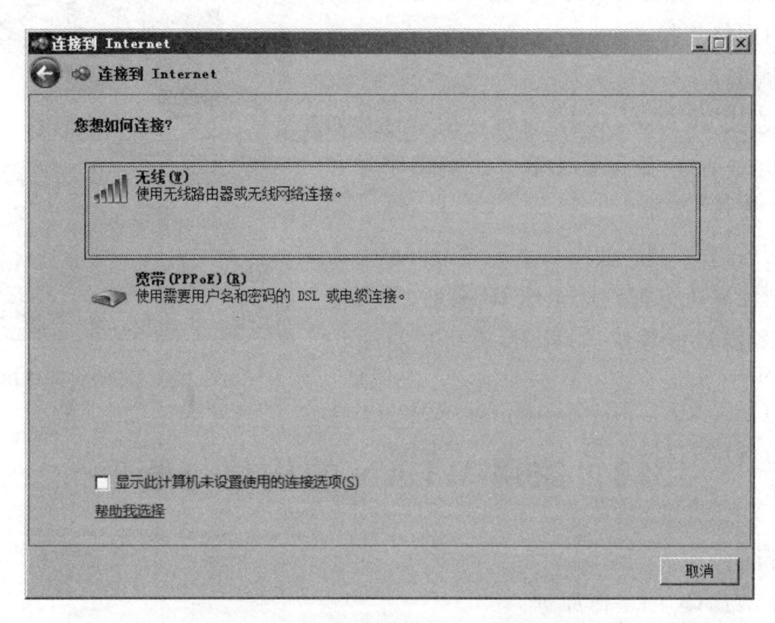

图 13-3　选择连接到 Internet 的方式

(2) 单击“宽带(PPPoE)”，打开如图 13-4 所示窗口。

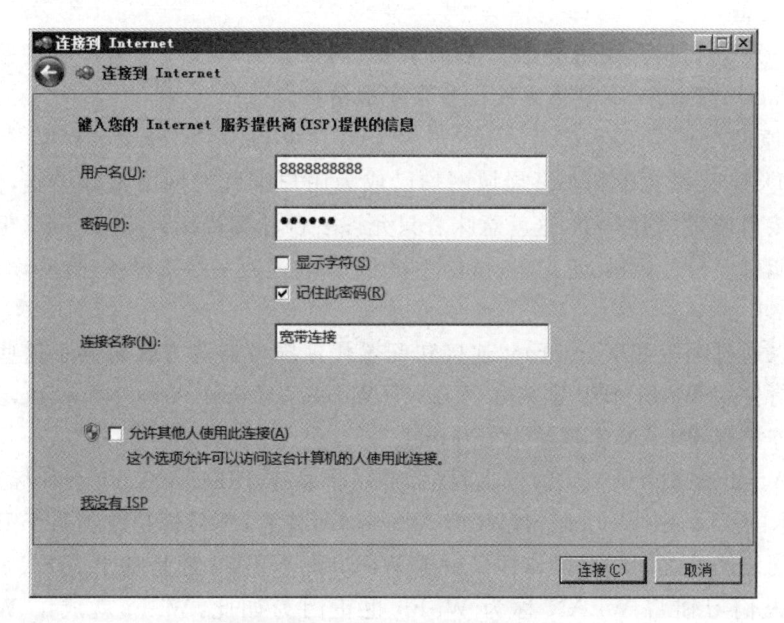

图 13-4　填写宽带账号和密码

(3) 在如图 13-4 所示窗口中填入 ISP 分配的宽带账号和密码，然后单击“连接”按钮，如果连接成功，则会自动创建一个名为“宽带连接”的连接，若连接不成功，则可以单击“仍然设置连接”。

(4) 在“网络和共享中心”中,单击“更改适配器设置”,在打开的“网络连接”窗口中便可以看到名为“宽带连接”的网络连接。

3) 连接测试

在“网络连接”窗口中,双击“宽带连接”,打开如图 13-5 所示的对话框,确保正确输入了宽带账号和密码后,单击“连接”按钮。

连接成功后,在 CMD 命令行下通过 ipconfig 命令可以查看到计算机分配到的全球 IP 地址、子网掩码和 DNS 服务器地址等信息,此时,就可以自由访问 Internet 了。

图 13-5　宽带连接

13.2　家用 WLAN 的构建与管理

1. 实验目的

(1) 了解 WLAN 的工作原理。

(2) 掌握 WLAN 的基本配置方法。

(3) 掌握管理 WLAN 的基本方法。

2. 实验设备

一台 TL-WR842N 无线路由器,一台计算机,两根直通双绞线。若没有实验条件,也可以在 Cisco Packet Tracer 下利用无线设备来模拟仿真。

3. 实验原理

当前,ADSL、光纤宽带和小区局域网均已成为用户家庭的网络基础设施,但这些基础设施的入户接口通常只有一个,这就意味着只允许一台计算机接入 Internet。但事实上,用户家庭中可能有多台计算机、笔记本、智能手机和 iPad 等数字终端设备,这些设备均有接入 Internet 的需求。

之前可以通过配置共享 Internet 连接和配置代理服务器等方式来共享这些基础设施,但现在更流行使用 Wi-Fi 来组建家庭 WLAN(Wireless Local Area Network,无线局域网络),并通过连接到 WLAN 实现接入 Internet。

Wi-Fi(Wireless Fidelity,无线保真)技术是一个基于 IEEE 802.11 系列标准的无线局域网通信技术的品牌,由 Wi-Fi 联盟(Wi-Fi Alliance)所持有,其目标是改善基于 IEEE 802.11 标准的无线网络产品之间的互操作性。由于 Wi-Fi 和 WLAN 都是基于 IEEE 802.11 标准系列,因此,人们习惯将 WLAN 称为 Wi-Fi,也正因为如此,Wi-Fi 就成了 WLAN 的代名词。

Wi-Fi 的覆盖半径通常可达 100m 左右,根据所使用的标准,传输速率支持 2～100Mb/s 不等。

下面将以 TP-Link 的 TL-WR842N 无线路由器为例,简要介绍组建和管理 WLAN 的基本过程,其他品牌路由器大同小异。

4. 实验学时

本实验建议作为校外自主实验，建议学时为1学时。

5. 实验内容与步骤

1）连接无线路由器

这一步对任何无线路由器和任何上网方式都是相同的。但如果采用手机连接，这一步可以省略。无线路由器的接口如图13-6所示。

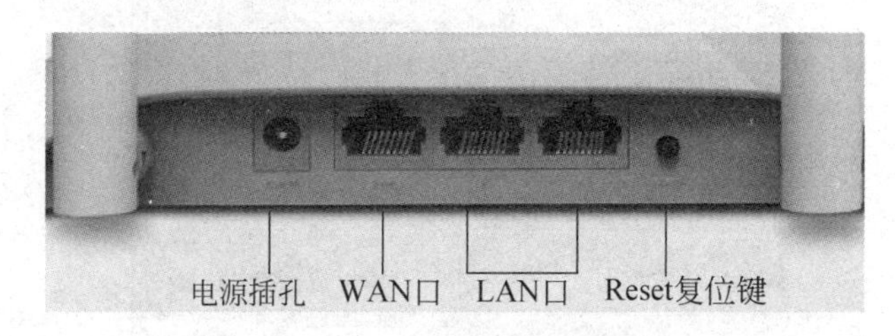

图13-6 无线路由器接口

无论是ADSL、光纤宽带还是小区LAN，都必须先将一根直通双绞网线的一端插入到无线路由器的WAN口，另一端与入户的基础设施连接起来。对于ADSL，这端连接到ADSL Modem的LAN接口；对于光纤宽带，则连接到光猫的LAN接口；对于小区LAN而言，则直接连接到小区LAN的入户插座接口(如果入户的是一根网线，则该网线直接插入到路由器的WAN口)。

用另一根网线的一端连接到计算机的网络适配器的RJ-45接口，另一端与无线路由器的任意一个LAN接口相连，整个网络连接示意图如图13-7所示。

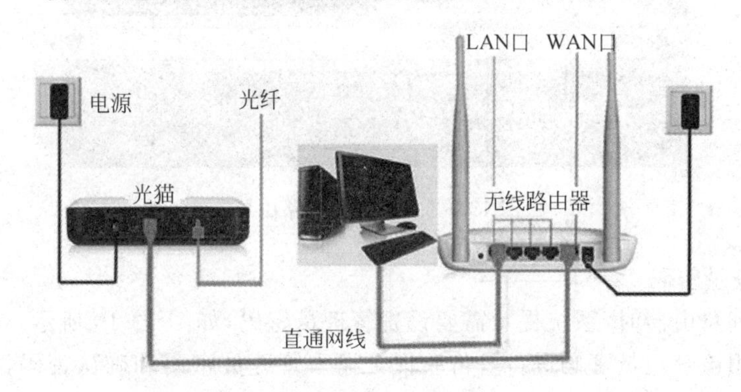

图13-7 光纤宽带下的无线路由器连接方式

2）设置计算机IP地址

这一步对几乎所有的无线路由器也是相同的。将计算机的IP地址设置为如图13-8所示的自动获得IP地址。

3）设置路由器

(1) 登录到路由器

TP-LINK品牌的无线路由器，目前大多采用tplogin.cn作为登录路由器的网址，打开浏览器，在浏览器的地址栏中输入tplogin.cn，如图13-9所示。

其他品牌路由器的登录网址一般为http://192.168.1.1或者http://192.168.0.1，登

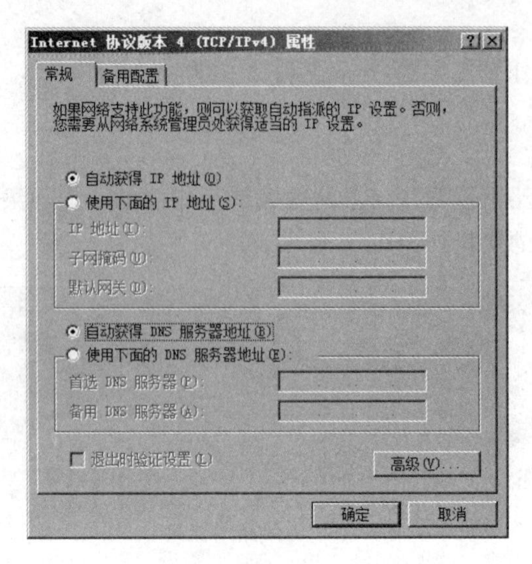

图 13-8　设置计算机 IP 地址

录账号和密码均为 admin，具体可查看路由器背后的说明。

TP-LINK 无线路由器中集成的 Web 服务默认支持最新版本的火狐、谷歌 Chrome 和 IE 浏览器，其他浏览器在后面的页面中可能不能很好地显示，因此建议使用以上三种最新版本的浏览器中的某一种。

图 13-9　登录到无线路由器

(2) 设置登录密码

首次登录到路由器时，系统提示需要设置管理员密码，如图 13-10 所示。下次登录到该路由器时将使用该管理员密码进行身份验证。输入管理员密码和确认密码，并单击"确定"按钮。

(3) 选择上网方式

对于 ADSL 和光纤宽带，其上网方式均为宽带拨号上网，所以在如图 13-11 所示的页面中，单击"上网方式"下拉列表，选择"宽带拨号上网"，也有的路由器称为"PPPoE 拨号线路"，在其后的页面中根据提示输入 ISP 分配的宽带账号和口令。

对于大多数小区 LAN 接入方式，其上网方式一般为自动获得 IP 地址，因而其上网方式应设置为"自动获得 IP 地址"。

也有少数 LAN 接入方式需要指定固定的 IP 地址，也就是计算机通过有线上网时需要在如图 13-8 所示的对话框中指定 IP 地址和子网掩码等参数。若为这种上网方式，则在下拉列表中选择"固定 IP 地址"，并在其后的页面中根据提示输入指定的 IP 地址、子网掩码和

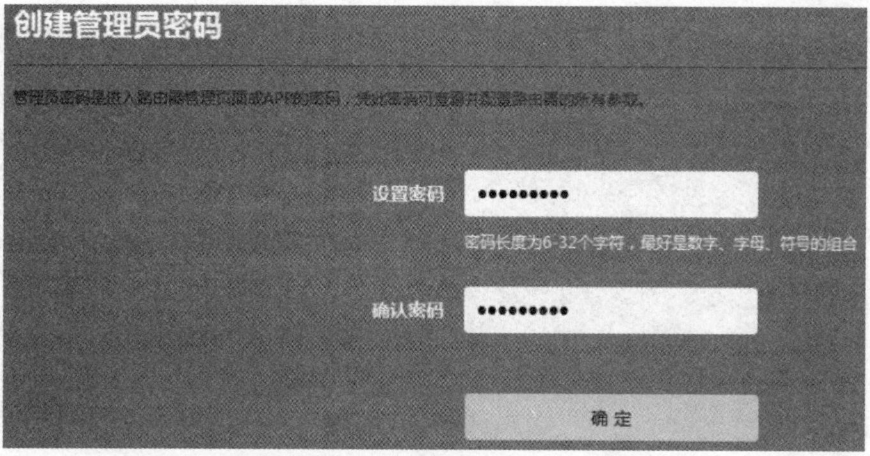

图 13-10　设置管理员密码

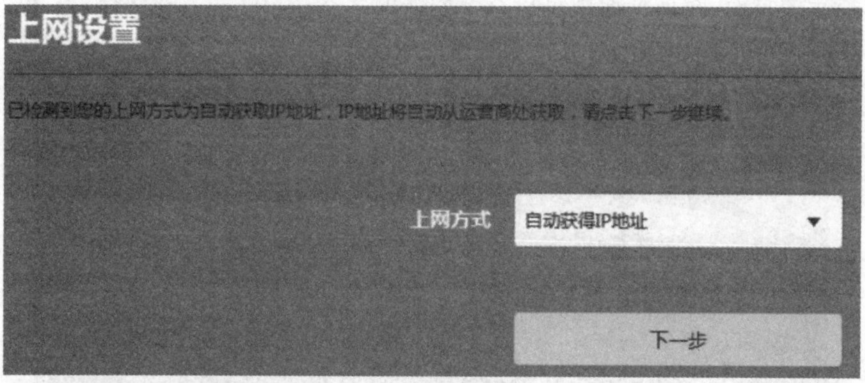

图 13-11　设置上网方式

默认网关等信息。

选择好上网方式后，单击“下一步”按钮。

(4) 无线设置

SSID(Service Set Identifier，**服务区标识符**)用于标识和区分不同的无线网络，无线路由器出厂时都会配置好一个默认的 SSID，通常该 SSID 由该无线路由器的品牌和部分 MAC 地址组成，如 TP-LINK_CDDF，其中，TP-LINK 为品牌，CDDF 为该无线路由器 MAC 地址的后 16 位的十六进制数。

黑客可以通过识别这些信息并对某类品牌路由器固有的系统漏洞进行攻击，这就意味着采用默认的 SSID 存在一定的安全隐患。因此，建议在如图 13-12 所示页面中为无线网络设置一个具有个性的 SSID(图中的无线名称就是指 SSID，SSID 尽可能不要包含自己的身份、兴趣或爱好等个人信息)，并设置较高安全强度的 PSK(Pre-Shared Key，预共享密码)密码(一般应包含大小写字母、数字和特殊符号，且长度不低于 8 位)，最后单击“确定”按钮。

接下来会显示如图 13-13 所示页面，TP-LINK ID 只是用于后期的软件升级和服务，在配置 WLAN 的过程中并不是必需的，可以根据自己的需要操作，此处选择跳过，来到如

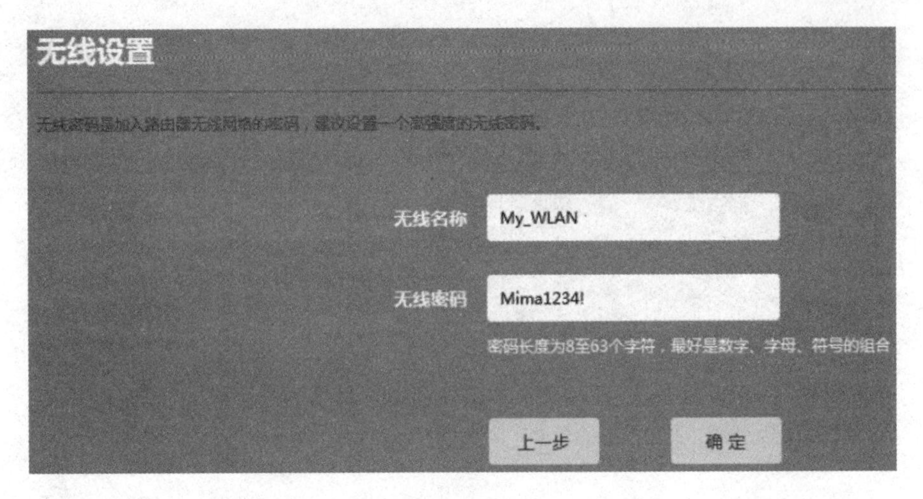

图 13-12　设置 SSID 和无线密码

图 13-14 所示的页面，在该页面中可以查看网络的状态、SSID 和 PSK 密码等，以及在页面底端可以看到对无线路由器进行配置和管理的模块。

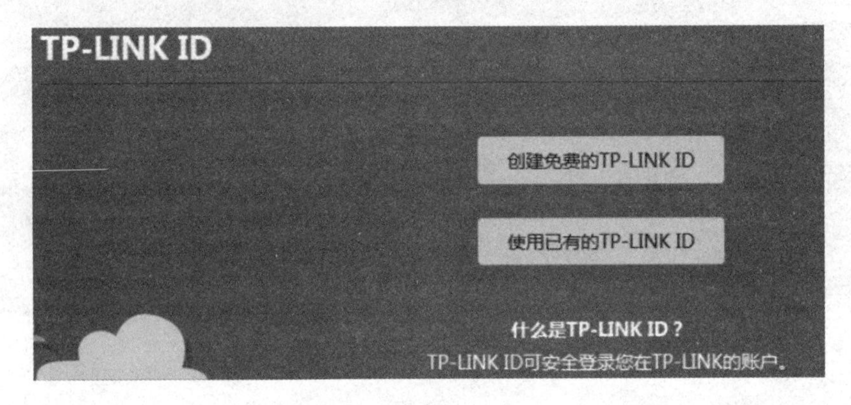

图 13-13　TP-LINK ID 页

从如图 13-14 所示页面可以看到，TL_WR842N 无线路由器提供了两个独立的无线接入点：一个是安全的主接入点供自己使用，称为**主人网络**，连接到主人网络中的设备可以相互访问。显然，如果一个可能已感染病毒或者不怀好意的用户设备接入到主人网络，就会存在很大的安全隐患。这时可以启用另一个隔离的接入点供访客使用，称为**访客网络**。加入访客网络的用户被限制在一个完全独立的网络中，它可以接入和访问互联网，但无法访问主人网络中的任何设备及其中的内容。

默认情况下，访客网络是未开启的。当家中访客较多，而且又允许他们使用家中的 WLAN 接入 Internet 时，就可以开启访客网络，并在如图 13-14 所示页面设置好该访客网络的 SSID 和连接密码。

4）连接到 WLAN

完成上面的操作，无线路由器的基本配置就完成了，这时就可以将手机、iPad 和笔记本等无线设备连接到 WLAN，而需要使用有线网络的设备则可以直接连接到路由器上任意一个 LAN 口即可。

图 13-14　网络状态页

下面以 Android 手机为例予以简要说明。

首先开启手机的 WLAN，在 WLAN 接入点列表中找到并单击自己的 SSID 名称进行连接，首次连接时要求输入 PSK 密码，如图 13-15 所示，连接成功后就可以自由上网冲浪了。笔记本首次连接到 WLAN 时会提示输入安全密钥，该密钥也是指 PSK 密码。

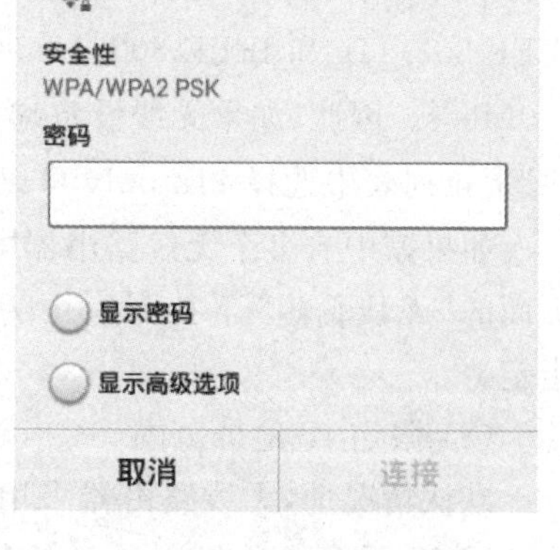

图 13-15　连接到 WLAN

有些路由器在首次连接时还要求输入 PIN 码，该 PIN 码在路由器的背面可以看到。

5）无线路由器的安全配置

在如图 13-14 所示页面的底端列出了对路由器的配置和管理的模块，这里就不一一介绍了，下面仅就部分涉及安全性的设置予以简要介绍。

（1）隐藏 SSID

在某些安全性要求较高的场所，或者如果不想让别人看到自己的 SSID，则可以隐藏 SSID，而自己或内部人员则通过手工添加连接到该 WLAN。该方法可以有效隐藏自己的 Wi-Fi，从而减少被攻击和蹭网的几率。

在如图 13-14 所示的页面底端，单击“路由设置”，在如图 13-16 所示“无线设置”页面中，取消勾选“开启无线广播”并单击“保存”按钮即可。

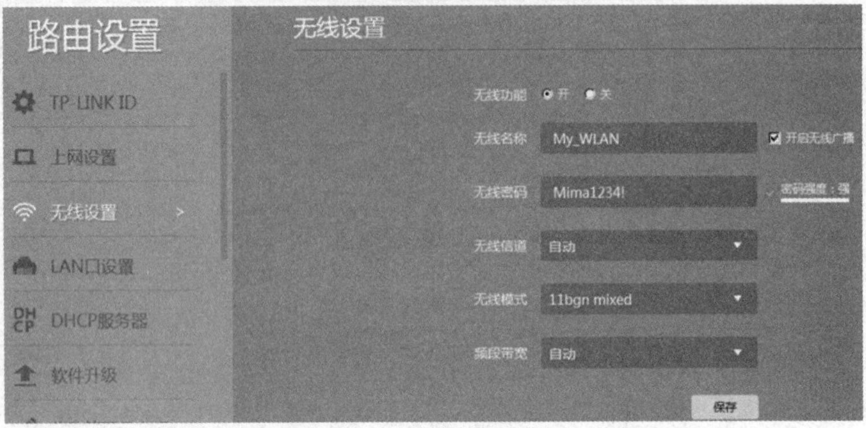

图 13-16 “无线设置”页面

有些路由器在这个地方或其他相似位置需要开启安全认证并选择安全认证算法，可选的安全认证算法有 WEP(Wired Equivalent Privacy，无线对等协议)和 WPA(Wi-Fi Protected Access，Wi-Fi 保护接入)，其中，WEP 不够安全，早已有破解 WEP 密码的方法，因而目前已较少使用。当前，广泛使用的是 WAP/WAP2 PSK 认证模式，其中，WAP2 PSK 是专门为负担不起 IEEE 802.1x 验证服务器的成本和复杂度的家庭和小型公司网络设计的，这种方案要求用户连接到 WLAN 时必须输入 PSK 密码，经验证通过后才能连接到网络。前面如图 13-12 所示页面设置的无线密码就是 PSK 密钥。

WLAN 支持的数据加密算法有 TKIP(Temporal Key Integrity Protocol，暂时密钥集成协议)和 AES(Advanced Encryption Standard，高级加密标准)，其中，AES 的安全性比 TKIP 更高，而且 TKIP 对路由器的吞吐量等性能有较大的负面影响，因此，建议选用 AES。

目前的 TP-LINK 无线路由器默认的 11bgn mixed 无线模式采用了 WAP/WAP2 PSK 身份认证算法和 AES 数据加密算法，11bgn mixed 表示三种 WLAN 标准 IEEE 802.11b、IEEE 802.11g 和 IEEE 802.11n 的兼容，它们提供的最高速率分别为 11Mb/s，54Mb/s 和 300Mb/s。因此，如果无线设备均支持 IEEE 802.11n，则在如图 13-16 所示页面的“无线模式”下拉列表中选择 11n only 可以获得更高的网络速率。

如果家中有多个无线路由器同时工作，为了避免信号相互干扰，可以在如图 13-16 所示页面的“无线信道”下拉列表中为每个路由器指定不同的信道，一般按照 1、6、11 等顺序指定。

(2) 限定 IP 地址范围

默认情况下，无线路由器采用 DHCP 自动分配 IP 给无线设备，如果连接到 WLAN 的人数固定，那么可以将 IP 地址的范围缩小到一个固定的数字内，以防止恶意人员非法连接到 WLAN。

在如图 13-17 所示的页面中可以设置 DHCP 服务器分配 IP 地址的范围和 DNS 服务器地址等参数。

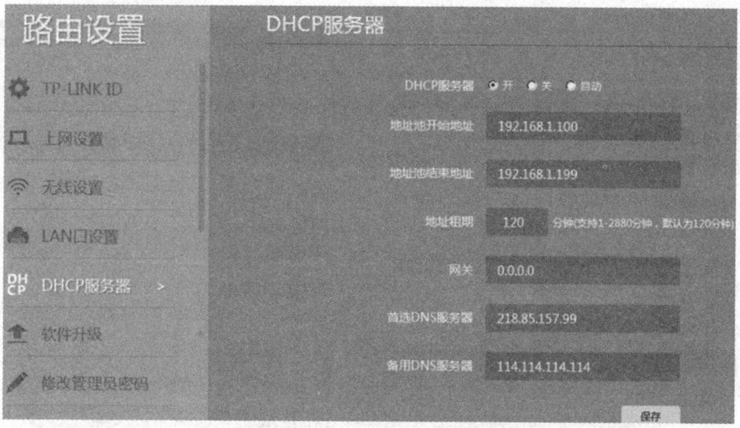

图 13-17　设置 DHCP 服务器

（3）设置 MAC 地址过滤

可以在无线路由器中设定一个 MAC 地址池，凡是不在这个地址池中的无线设备均不允许连接到该 WLAN，从而防止非法连接，提高 WLAN 的安全性。

首先获取信任设备的 MAC 地址。对于计算机，可以在 CMD 命令提示符下运行“ipconfig /all”来查看 MAC 地址，如图 13-18 所示，图中的 Physical Address 就是 MAC 地址。

图 13-18　查看 PC 的 MAC 地址

对于手机、平板等便携式移动智能设备，则在 WLAN 的设置页面中，选择“高级”，在高级 WLAN 设置界面中就可以看到手机等智能终端的 MAC 地址，如图 13-19 所示。

接下来，在如图 13-14 所示的页面底端，单击“应用管理”，并在出现的页面中单击“IP 与 MAC 绑定”，打开如图 13-20 所示的页面，单击“添加”按钮，将获得的 MAC 地址添加到地址池中。也可以直接单击右侧的“＋”按钮，将已连接到 WLAN 中的无线设备添加到绑定设置列表中。这样的操作可以将该 MAC 地址与某个 IP 地址进行绑定，一方面可以实现 IP 地址与 MAC 地址的一一映射，也就是一台主机永远分配一个固定的 IP 地址，另一方面还可以防止 ARP 欺骗攻击。

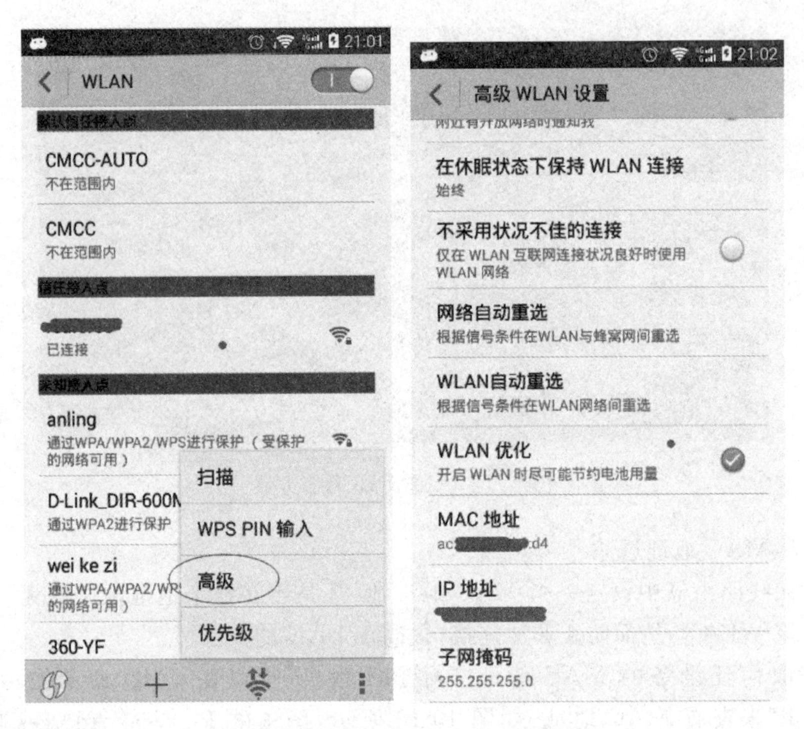

图 13-19　查看手机的 MAC 地址

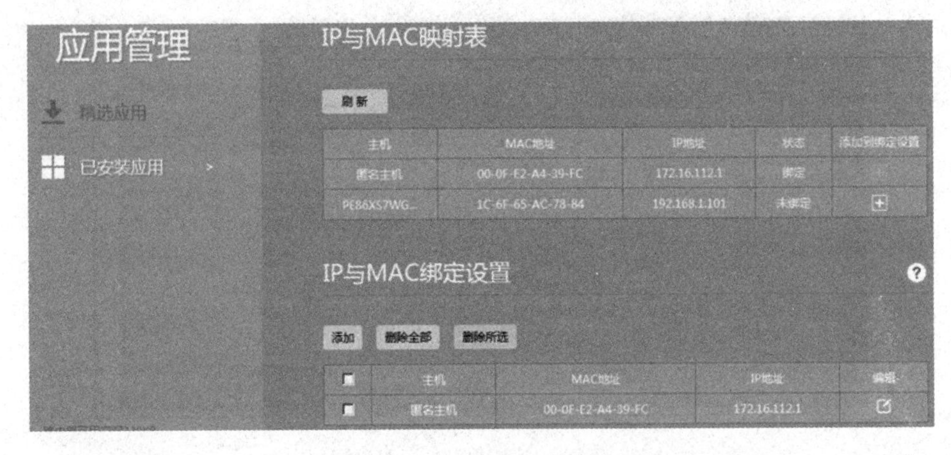

图 13-20　IP 与 MAC 绑定设置

6）其他设置

（1）恢复出厂设置

如果因为配置错误导致路由器无法正常工作，希望重新配置路由器时，或者管理员密码遗忘而无法对路由器进行管理时，可以考虑将路由器恢复到出厂设置。

如果遗忘管理员密码，则可以长按路由器上的 Reset 按钮，直到看到路由器上的所有端口指示灯亮起。有些路由器上并没有 Reset 按钮，而是将 Reset 设计成一个凹槽，这时可以用牙签之类的物体插入长按直到所有端口指示灯亮起。

如果能登录到路由器，则可以在如图 13-21 所示页面单击“恢复出厂设置”按钮将路由器重置。

恢复到出厂设置后，之前的所有配置均将失效，需要重新配置。

路由器全部设置完成后，可以单击“重启路由器”按钮重启路由器，以保证路由器是按最新配置参数工作。

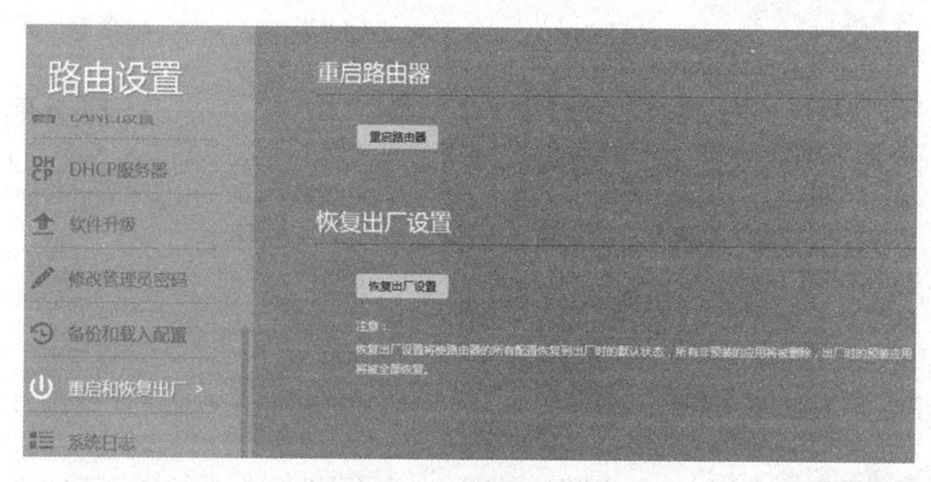

图 13-21 重启和恢复出厂页面

(2) 系统日志

在“路由设置”模块中，单击“系统日志”，打开如图 13-22 所示的页面，在该页面下可以查看最近路由器的工作状况，比如什么时间什么主机连接到了该 WLAN，分配了什么 IP 地址等信息。分析该日志记录有利于发现非法连接等行为。

图 13-22 查看系统日志

习　题

一、实践题

1. 利用现有的接入 Internet 的方式，组建和配置一个 WLAN。
2. 当家中面积较大时，离无线路由器较远的地方可能信号较差，这时可以使用无线桥接功能增大无线信号的覆盖范围，并共享同一个宽带连接，请查阅 WDS(Wireless Distribution System，无线分布式系统)相关知识，并尝试配置这一功能。

二、选择题

1. IEEE 802.11 在 MAC 层采用了________协议。

   A. CSMA/CD　　B. CSMA/CA　　C. DQDB　　D. 令牌传递

2. 在无线局域网中，AP 的作用是________。

   A. 无线接入　　B. 用户认证　　C. 路由选择　　D. 业务管理

3. 新标准 IEEE 802.11n 提供的最高数据速率可达到________。

   A. 54Mb/s　　B. 100Mb/s　　C. 200Mb/s　　D. 300Mb/s

4. IEEE 802.16 工作组提出的无线接入系统空中接口标准是________。

   A. GPRS　　B. UMB　　C. LTE　　D. WiMAX

5. 在无线局域网中，AP(无线接入点)工作在 OSI 模型的________。

   A. 物理层　　B. 数据链路层　　C. 网络层　　D. 应用层

6. Wi-Fi 联盟制定的安全认证方案 WPA(Wi-Fi Protected Access)是________标准的子集。

   A. IEEE 802.11　　B. IEEE 802.11a　　C. IEEE 802.11b　　D. IEEE 802.11i

7. 建立一个家庭无线局域网，使得计算机不但能够连接因特网，而且 WLAN 内部还可以直接通信，正确的组网方案是________。

   A. AP＋无线网卡　　B. 无线天线＋无线 MODEM

   C. 无线路由器＋无线网卡　　D. AP＋无线路由器

8. IEEE 802.11 采用了类似于 802.3CSMA/CD 协议，之所以不采用 CSMA/CD 协议的原因是________。

   A. CSMA/CD 协议的效率更高　　B. 为了解决隐蔽终端问题

   C. CSMA/CD 协议的开销更大　　D. 为了引进其他业务

9. 无线局域网(WLAN)标准 IEEE 802.11g 规定的最大数据速率是________。

   A. 1Mb/s　　B. 11Mb/s　　C. 5Mb/s　　D. 54Mb/s

第14章 计算机网络综合实验

14.1 实验网络结构设计

本实验的实验网络结构如图 14-1 所示,该网络结构在 VMWare Workstation 环境下实现。具体要求与安全策略如下。

(1) 整个网络由 Inside 区、外部网络和 DMZ 服务器区三个部分构成,其中,DMZ 区和 Inside 区为两个不同的 LAN 子网。

(2) DMZ 区和 Inside 区的主机 TCP/IP 属性均由 DMZ 区的 DHCP 服务器自动分配,分配的 IP 地址均为私有 IP 地址。

(3) DMZ 区的 FTP 和 Web 服务器向内和向外提供网络服务。

(4) DMZ 区和 Inside 区的主机均能访问 Internet。

(5) Inside 区的主机均能访问 DMZ 区的服务器提供的服务。

(6) 外部网络主机只能访问 DMZ 区域中的 FTP 和 Web 服务器。

(7) 外部网络主机不能访问 Inside 区的主机。

(8) Inside 区的主机可以与 VPN 服务器建立 VPN 连接进行安全通信。

(9) DMZ 区的 E-mail 服务器仅为内部主机提供服务。

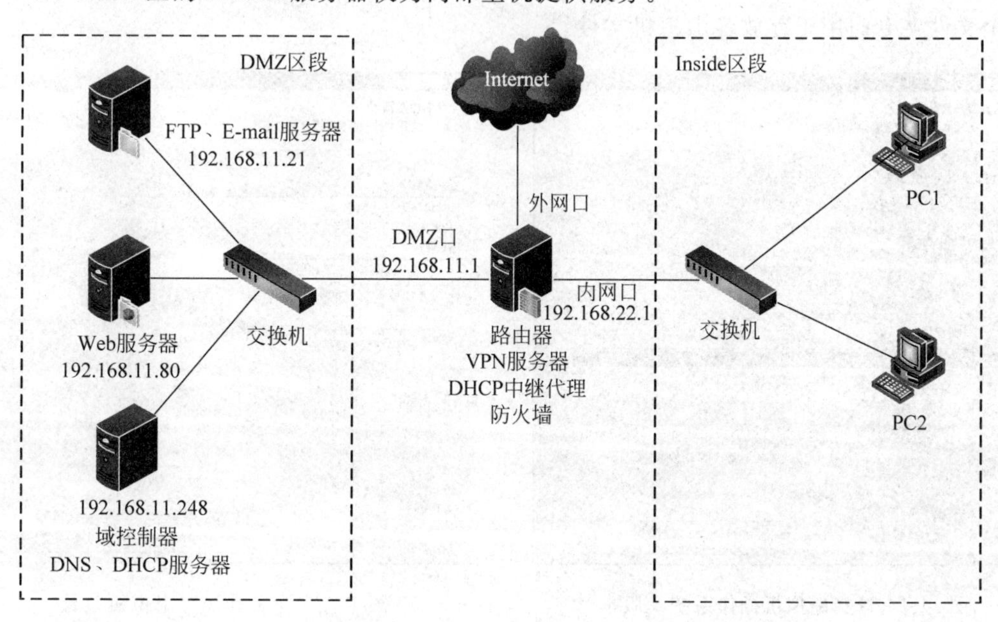

图 14-1 实验网络结构图

14.1.1 新建虚拟机与安装操作系统

以默认设置安装完成 VMware Workstation 软件全过程，然后按图 14-1 新建 6 个虚拟机，下面以新建域控制器服务器虚拟机为例予以说明（计算机性能较差的可以只建 5 个或者 4 个虚拟机，将 FTP、Web 和 E-mail 服务器共用一个虚拟机即可）。

依次单击“文件”→“新建虚拟机”，在打开的对话框中选择“典型”配置，如图 14-2 所示。

在如图 14-3 所示的对话框中选择“稍候安装操作系统”。

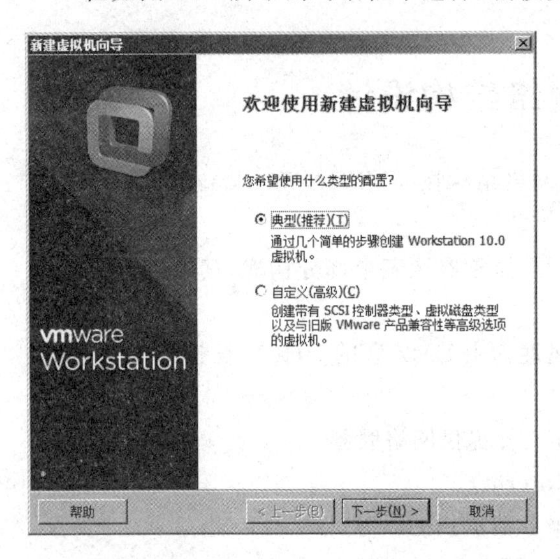

图 14-2 选择配置类型

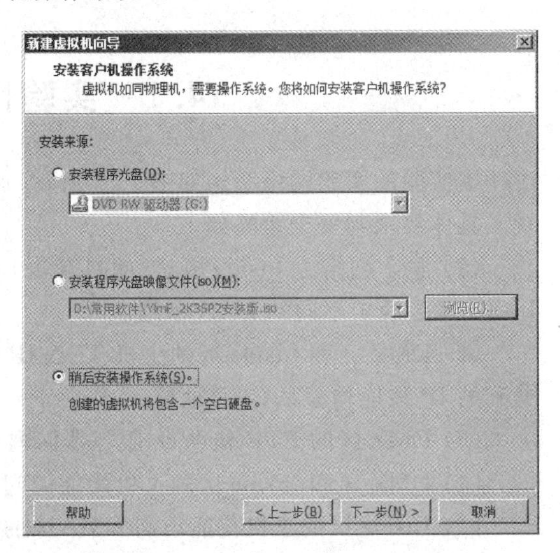

图 14-3 选择安装操作系统的方式

在如图 14-4 所示的对话框中按图选择操作系统类型及其版本。

在如图 14-5 所示的对话框中，为该虚拟机命名，并指定保存该虚拟机的位置，建议新建一个文件夹专门用于存放各虚拟机文件。

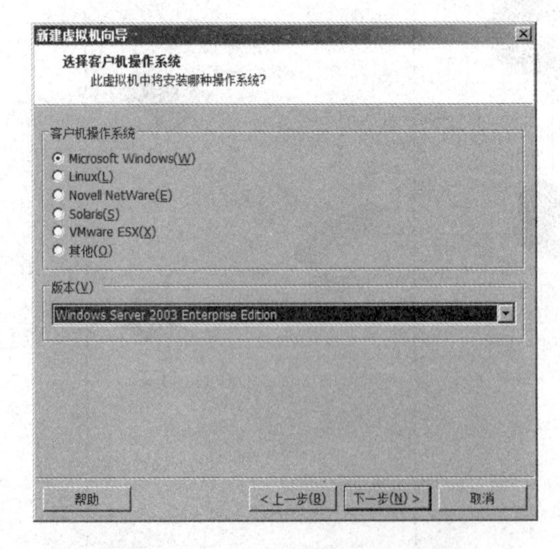

图 14-4 选择虚拟机操作系统及版本

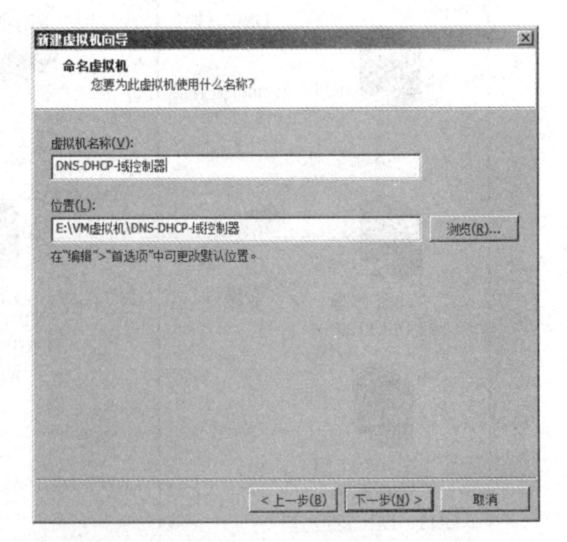

图 14-5 命名和设置虚拟机位置

在如图 14-6 所示的对话框中,设置虚拟机硬盘大小,建议不小于 10GB,并选择“将虚拟磁盘存储为单个文件”(单个文件容易管理,多个文件容易转移)。

在如图 14-7 所示的对话框中,可以单击“自定义硬件”按钮添加或删除硬件,单击“完成”按钮完成新建虚拟机过程。

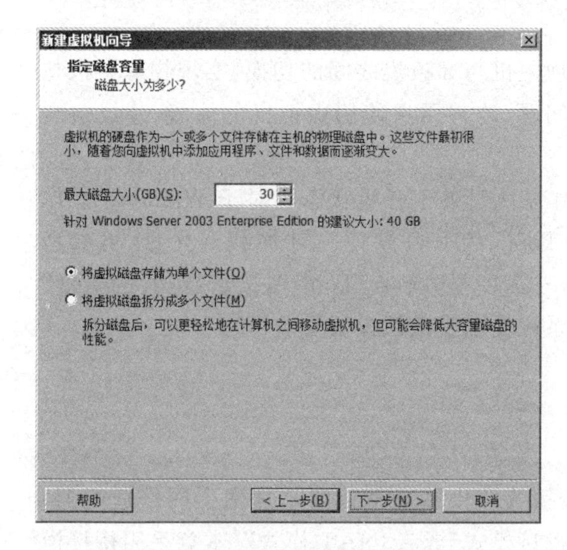

图 14-6　指定虚拟磁盘大小和文件形式

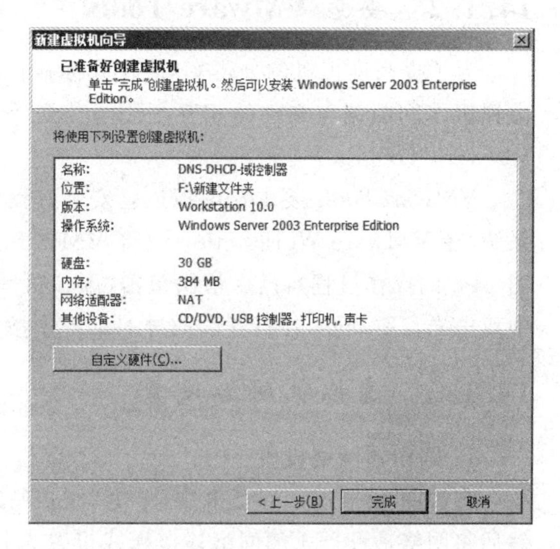

图 14-7　新建虚拟机信息确认

在 VMware Workstation 的左侧窗口中,右击刚新建的虚拟机,选择“设置”命令,在如图 14-8 所示的对话框中也可以添加或删除虚拟机硬件,单击 CD/DVD 光盘驱动器,按图设置“使用 ISO 映像文件”安装操作系统,并单击“浏览”按钮指定 Windows 2003 Server 的 ISO 映像文件的位置。

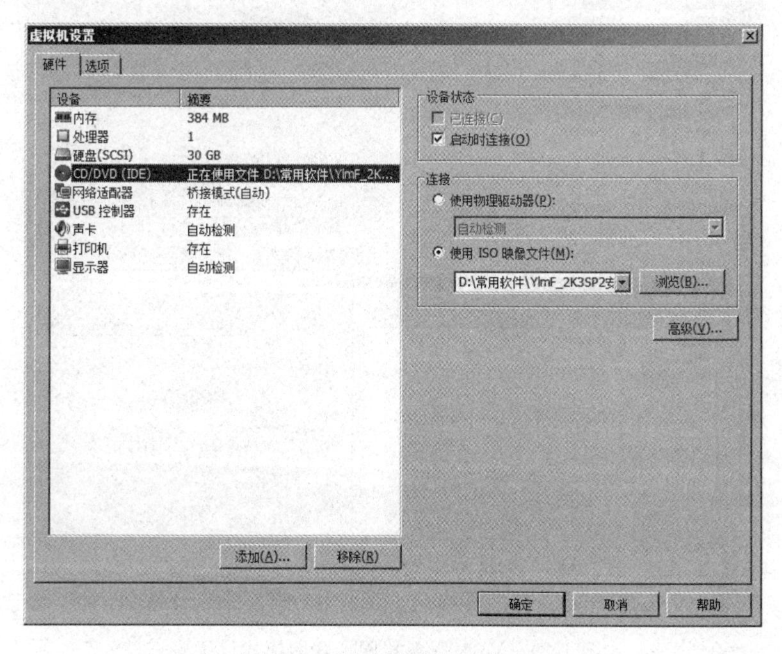

图 14-8　“虚拟机设置”对话框

启动虚拟机,并按系统提示和默认设置安装操作系统(强烈建议使用 NTFS 文件系统,其中,域控制器要求必须使用 NTFS 文件系统)。

其他虚拟机的创建与操作系统的安装与类似,不再重复。

14.1.2 安装 VMware Tools

为了提高虚拟机的分辨率,简化光标在物理主机与虚拟机之间的切换,实现物理主机与虚拟机之间数据与文件的相互复制与传送等问题,改善用户使用虚拟机的体验,建议安装 VMware Tools。

VMwareTools 要求在虚拟机已安装好操作系统且处于开机状态。对于 Windows 操作系统,在 VMware Workstation 中将 VMware Tools 的 ISO 映像文件加载到光盘(可参考图 14-8 的操作过程),然后依次单击"虚拟机"→"安装 VMware Tools",接着在"我的电脑"中双击光盘驱动器,在打开的向导对话框中按系统提示及默认设置安装即可。

14.1.3 虚拟机网络设置

1. 路由器网络设置

在如图 14-8 所示对话框中,单击"添加"按钮为路由器虚拟机再添加两个网络适配器,然后将网络适配器 1 的网络连接模式设置为"桥接模式"或者"NAT 模式"(本章采用桥接模式),网络适配器 2 的网络连接模式设置为"LAN 区段",单击"LAN 区段"按钮,在弹出的对话框中添加两个 LAN 区段,并分别命名为 DMZ 和 Inside,分别表示服务器区域和内网区域,如图 14-9 所示。最后将网络适配器 2 连接到 DMZ 区段,网络适配器 3 连接到 Inside 区段。

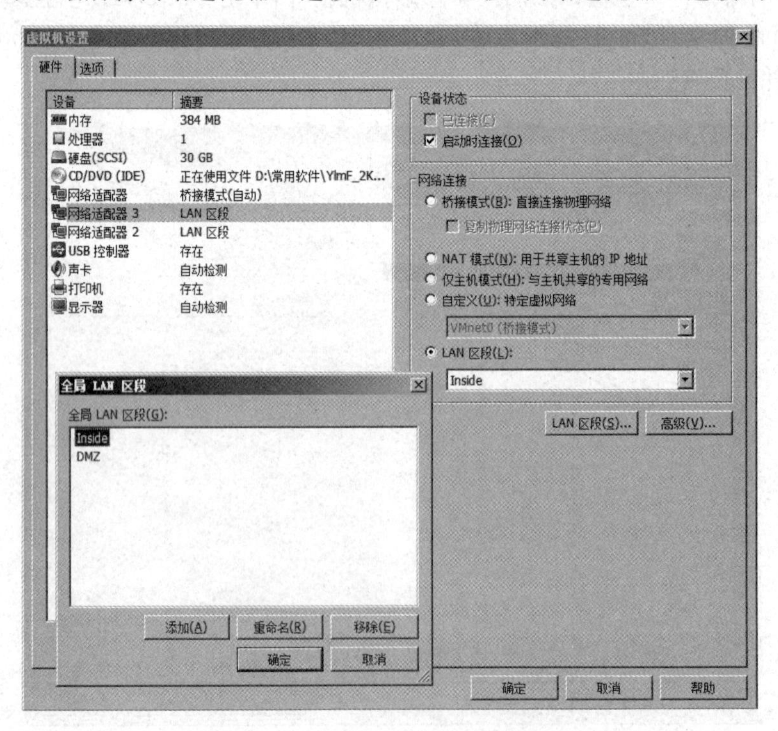

图 14-9 VPN 服务器网卡联网模式设置

在路由器虚拟机的“网上邻居”属性窗口中，分别将本地连接、本地连接 1 和本地连接 2 分别重命名为“外网口”“DMZ 口”和“内网口”，以便于识别，如图 14-10 所示(注意：必须与网络适配器的网络连接模式相匹配，即 Inside 连接的网卡是内网口，DMZ 连接的网卡是 DMZ 口，NAT 或桥接模式连接的网卡是外网口。默认情况下，网络适配器的网络连接名称为“本地连接”，网络适配器 2 的网络连接名称为“本地连接 2”，网络适配器 3 的网络连接名称为“本地连接 3”，将光标移到网络连接图标处，系统将会提示编号)。

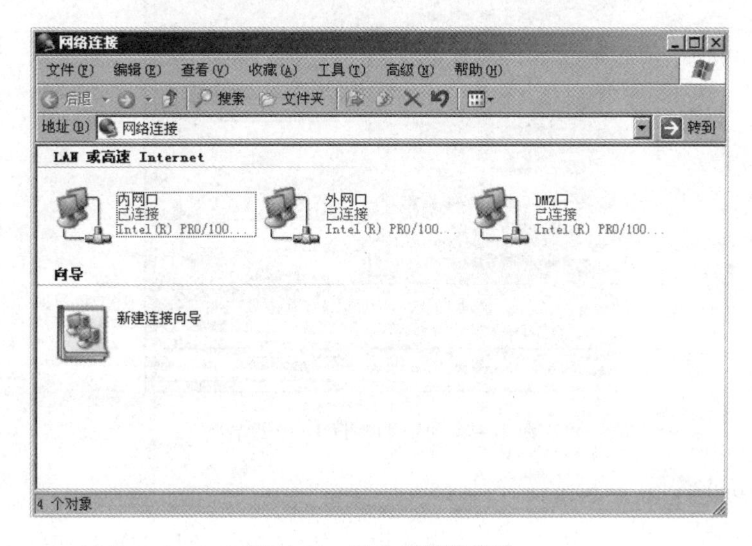

图 14-10　重命名网络连接

将外网口的 TCP/IP 设置为自动获得，首选 DNS 服务器设置为 192.168.11.248，如图 14-11 所示。

DMZ 口作为 DMZ 区的网关，其 TCP/IP 设置成如图 14-12 所示，默认网关与首选 DNS 均不用设置。

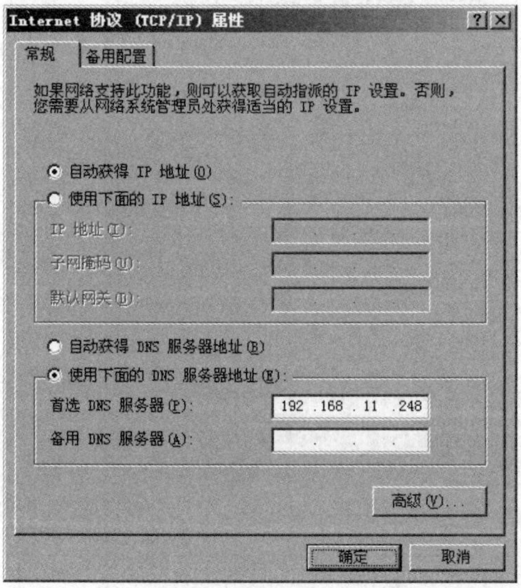

图 14-11　外网口 TCP/IP 设置

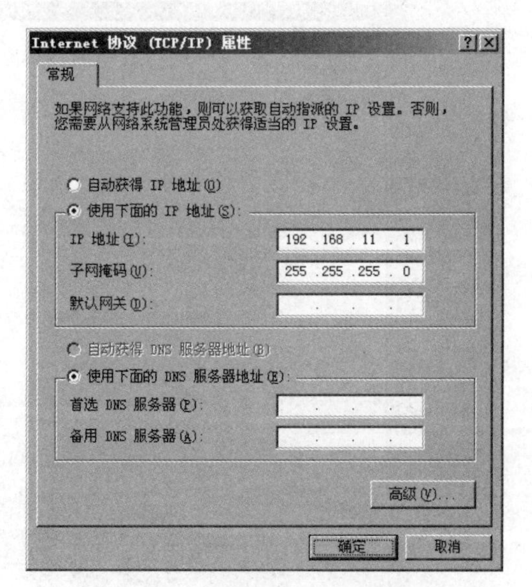

图 14-12　DMZ 口 TCP/IP 设置

内网口作为 Inside 区的网关，其 TCP/IP 设置成如图 14-13 所示，默认网关与首选 DNS 均不用设置。

图 14-13　内网口 TCP/IP 设置

2. 域控制器虚拟机网络设置

域控制器的网络适配器的网络连接模式设置为 LAN 区段的 DMZ，如图 14-14 所示。

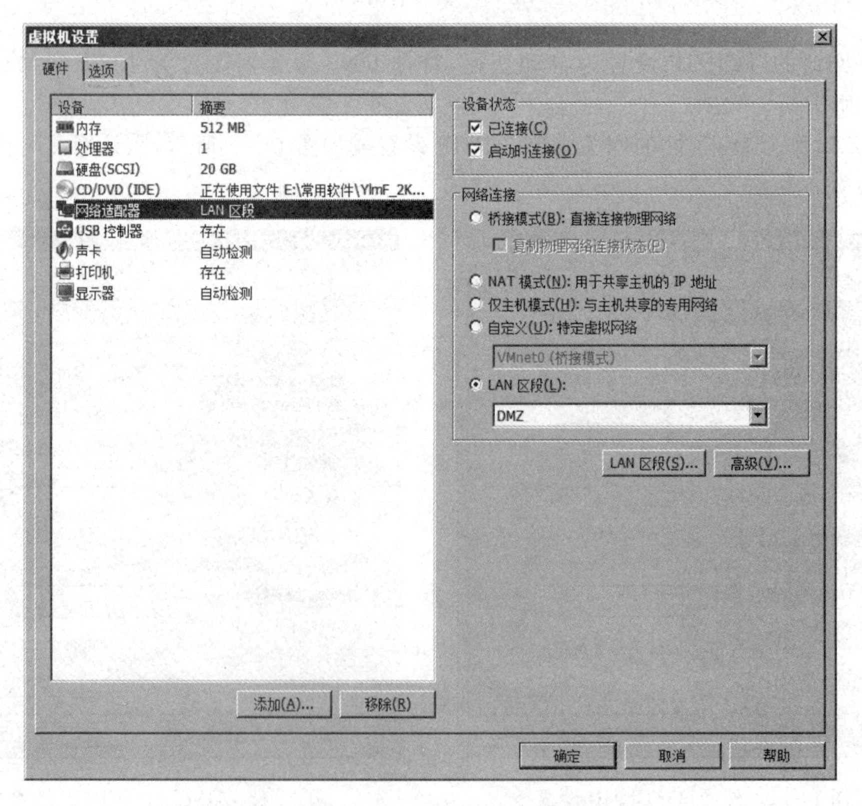

图 14-14　域控制器的网络连接模式

由于域控制器要求使用静态的 IP 地址，故将其 TCP/IP 属性设置为如图 14-15 所示。

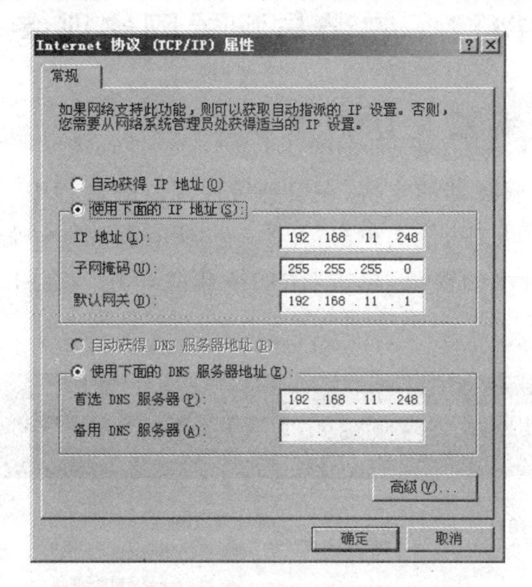

图 14-15　域控制器的 TCP/IP 属性

3. Web/FTP 服务器网络设置

Web 服务器和 FTP 服务器网卡的网络连接模式均为 LAN 区段的 DMZ，设置与图 14-14 相同，其 TCP/IP 属性均设置为自动获得。

4. 内网 PC1 和 PC2 网络设置

PC1 和 PC2 网络适配器的网络连接模式均为 LAN 区段的 Inside，如图 14-16 所示，其 TCP/IP 属性均设置为自动获得。

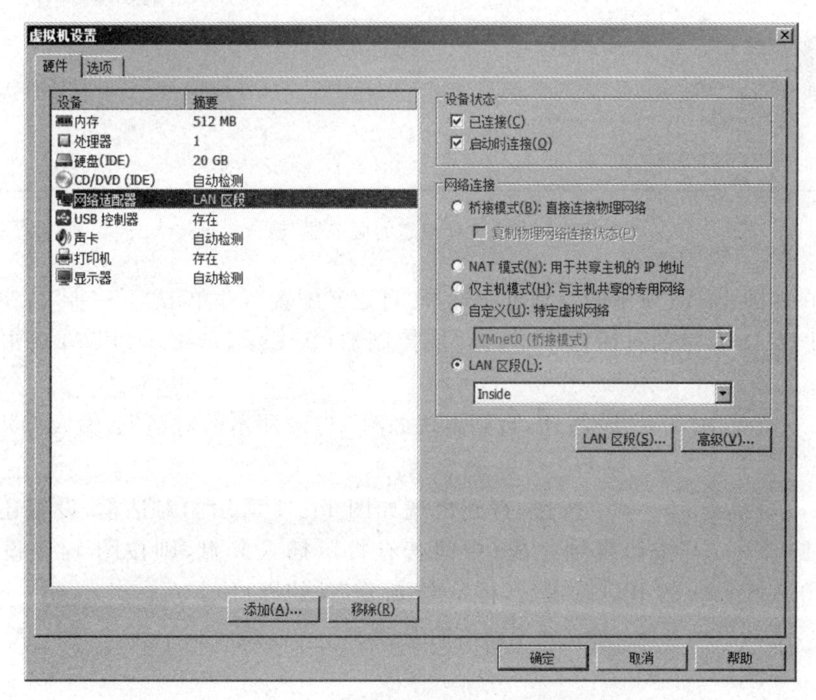

图 14-16　内网 PC1 和 PC2 的网络连接模式

14.2 安装与配置网络服务

14.2.1 安装域控制器与 DNS 服务器

域控制器需要 DNS 服务器的支持，在安装域控制器的过程中，DNS 服务器也会随之一并安装。在域控制器虚拟机中，依次单击“开始”→“所有程序”→“管理工具”→“管理您的服务器”，打开如图 14-17 所示的窗口，单击“添加或删除角色”，在打开的向导对话框中单击“下一步”按钮。

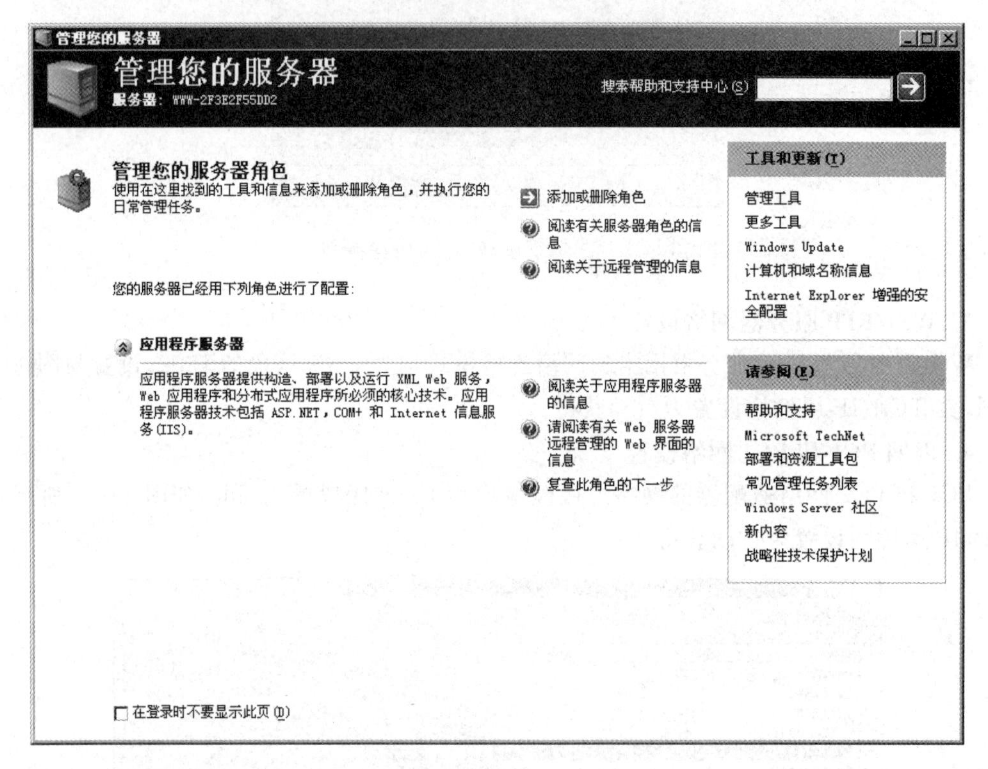

图 14-17 “管理您的服务器”窗口

稍后，在如图 14-18 所示的对话框中选择“自定义配置”，并单击“下一步”按钮。

在如图 14-19 所示的对话框中，选择“域控制器(Active Directory)”，并单击“下一步”按钮。

接下来一直单击“下一步”按钮，直到出现如图 14-20 所示的对话框，输入 DNS 域名，如 mynet.com。

接着又一直单击“下一步”按钮，直到出现如图 14-21 所示的对话框，设置还原模式密码，然后单击“下一步”按钮直到完成(中间若有提示插入光盘，则按图 14-8 设置并指定 Windows 2003 Server 的 ISO 映像后，再单击“确定”按钮即可)。

按提示，重新启动系统，完成域控制器的安装。

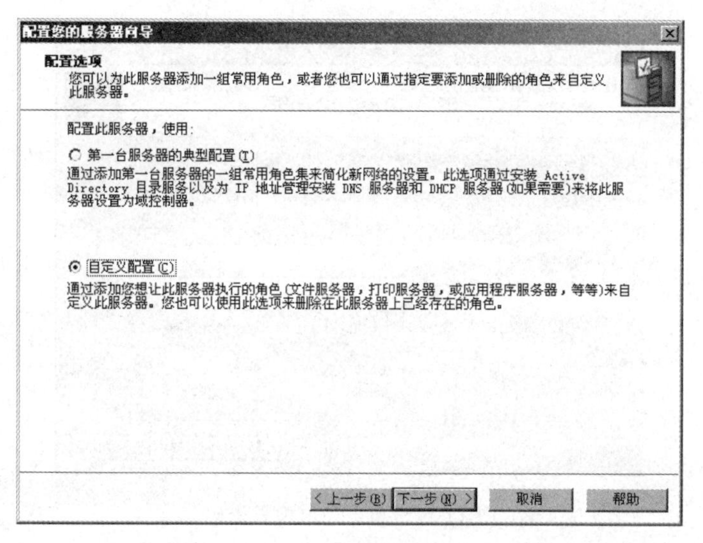

图 14-18　配置选项

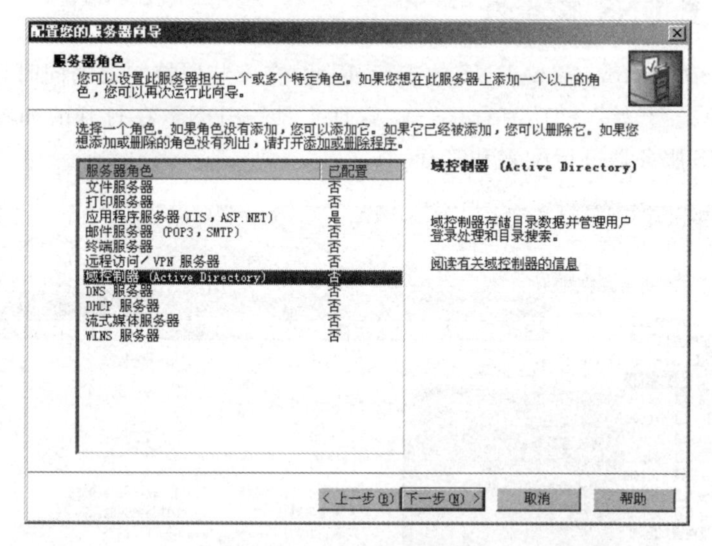

图 14-19　选择服务器角色

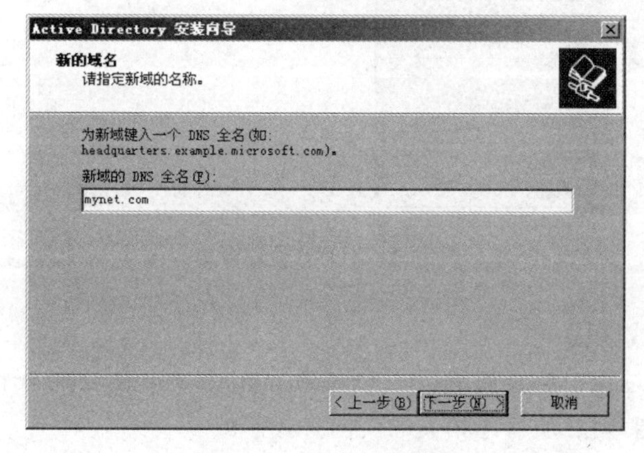

图 14-20　指定新的域名

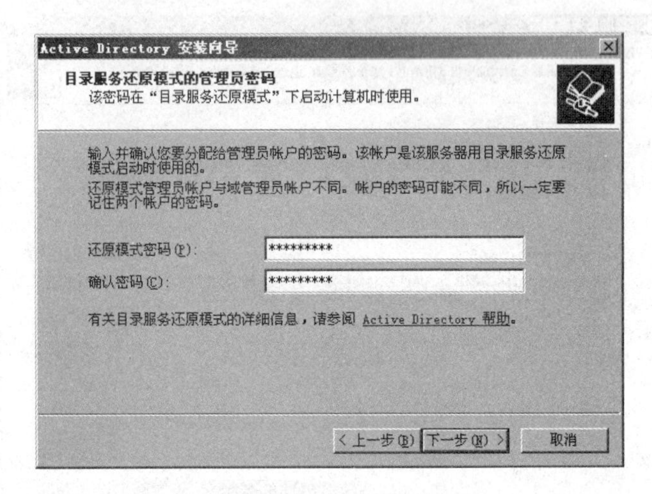

图 14-21　指定还原模式密码

14.2.2　配置 DNS 服务器

由于 Active Directory 需要 DNS 的支持，因此，在安装域控制器的同时，DNS 服务也随之安装。依次单击“开始”→“所有程序”→“管理工具”→DNS，在打开的如图 14-22 所示窗口中可以对 DNS 服务器进行配置和管理。

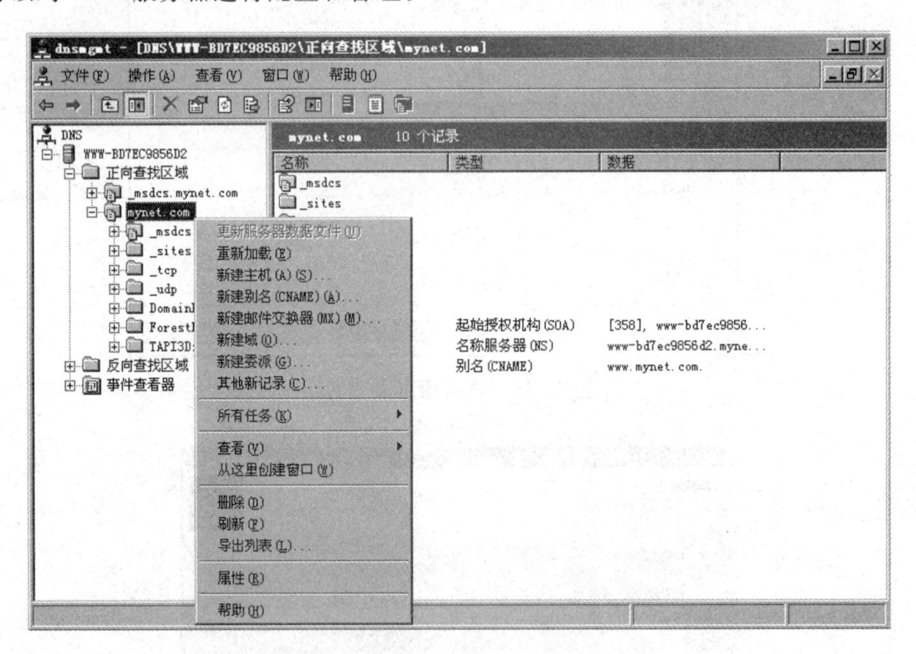

图 14-22　DNS 管理窗口

1. 创建反向查找区域

在安装 DNS 的过程中已经创建了一个名为 mynet.com 的正向查找区域，如果需要使用反向名称解析功能，则必须新建相关的反向查找区域。

在 DNS 管理窗口中，右击“反向查找区域”，选择“新建区域”并单击“下一步”按钮直到出现如图 14-23 所示的对话框，填写需要反向查找的网络 ID 前缀，如 192.168.11，表示该区域负责将 192.168.11 开头的 IP 地址转换成对应的域名。然后单击“下一步”按钮直到完成。

展开“反向查找区域”，右击“192.168.11.x subnet”区域，选择“新建指针‘PTR’”，打开如图 14-24 所示的对话框，为 DNS 服务器本身建立 PTR 资源记录，分别填入 DNS 服务器的主机 IP 号 248 和主机名(该名称可以双击图 14-22 中的“名称服务器(NS)”查看)。

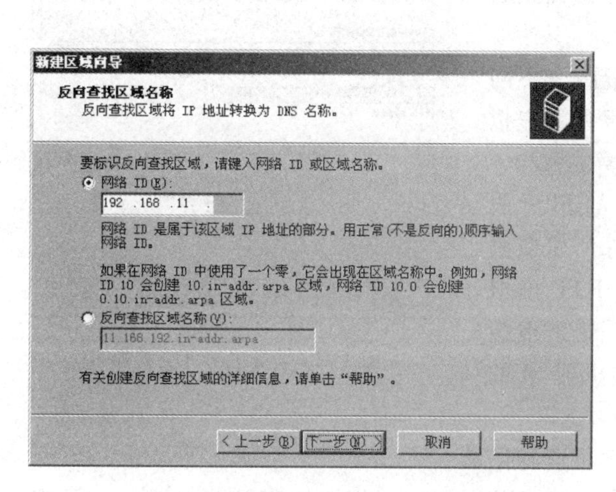

图 14-23　指定反向查找区域 ID

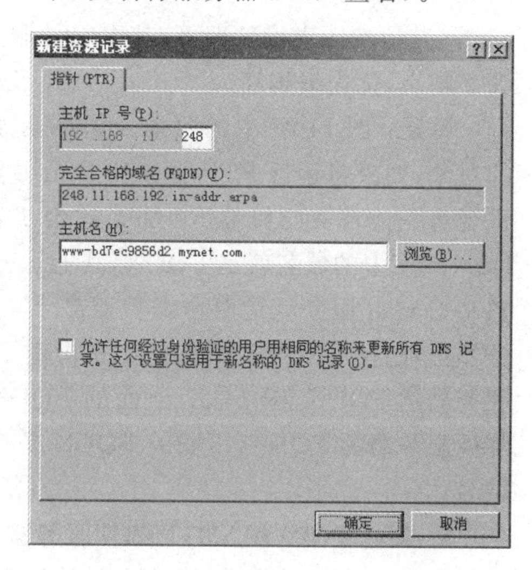

图 14-24　新建 PTR 资源记录

2. 新建 Web 服务器主机资源记录

在“正向查找区域”中右击域名 mynet.com，选择新建主机或者新建别名，在弹出的对话框中，填写 Web 服务器主机名称，如 www，则 Web 服务器的完全合格域名为 www.mynet.com.(注意，后面有一个句点)，并指定 Web 服务器的 IP 地址，如图 14-25 所示。如果需要建立与之相关的反向名称解析记录，则勾选“创建相关的指针(PTR)记录”。

3. 新建 FTP 服务器主机资源记录

与新建 Web 服务器主机资源记录相同，FTP 服务器的域名如图 14-26 所示，FTP 服务器的完全合格域名为 ftp.mynet.com.。

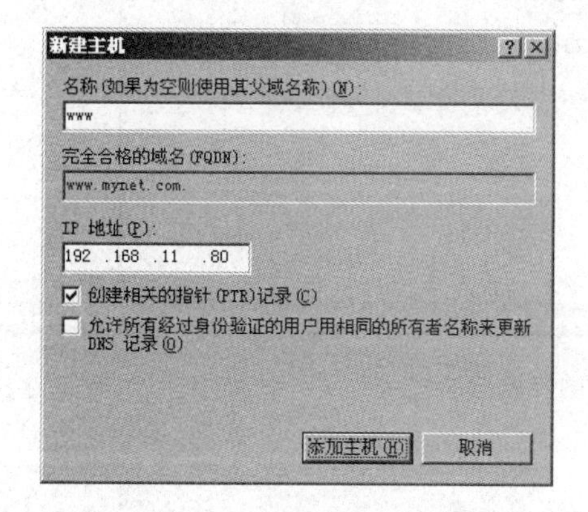

图 14-25　新建 WWW 主机

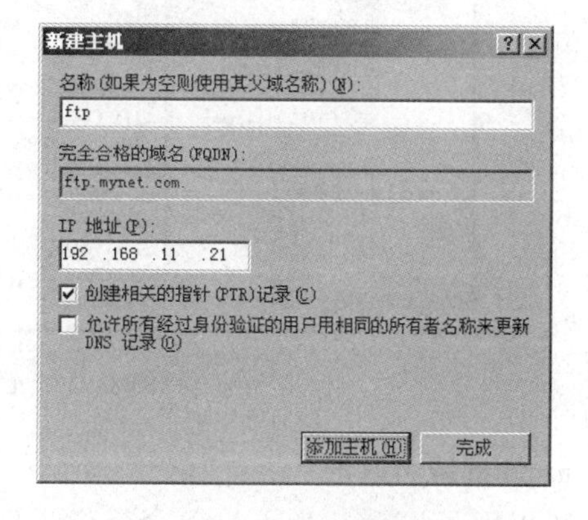

图 14-26　新建 FTP 服务器域名

4. 新建邮件交换器

在"正向查找区域"中右击域名 mynet. com，选择"新建邮件交换器"，打开如图 14-27 所示的对话框。由于邮件服务器与 FTP 服务器共用一台服务器，且该服务器的完全合格域名已被指定为 ftp. mynet. com.（该服务器的 FQDN 还可以是其主机域名，在后面加入到域后可以看到），因此邮件服务器的完全合格域名为 ftp. mynet. com.，其他按图中设置即可，其中邮件服务器优先级数字越小，优先级越高。

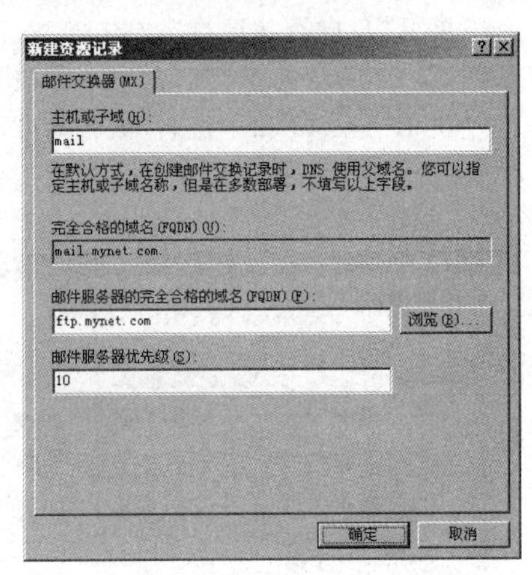

图 14-27　新建邮件交换器

释疑：图 14-27 中的两个 FQDN 是指两个不同的对象，如果将运行 FTP 服务和 E-mail 服务的虚拟机视为一台真实的机器 M，那么这台机器在 Active Directory 中的域名就是 FQDN，其上运行的 FTP 服务和 E-mail 服务就是两台虚拟服务器，每个虚拟服务器都有自己的 FQDN，图 14-26 指定了 FTP 虚拟服务器的 FQDN，图 14-27 上面的 FQDN 就是虚拟邮件服务器的 FQDN，下面的 FQDN 是指机器 M 的域名。

5. 新建 POP3 和 SMTP 邮件服务器主机资源记录

仿照新建 Web 服务器主机或别名资源记录的操作方法，分别新建 POP3 和 SMTP 邮件服务器主机资源记录，其 IP 地址均为 192. 168. 11. 21。

创建好的资源记录如图 14-28 所示，在反向查找区域下可以查看与这些资源相对应的 PTR 资源记录。

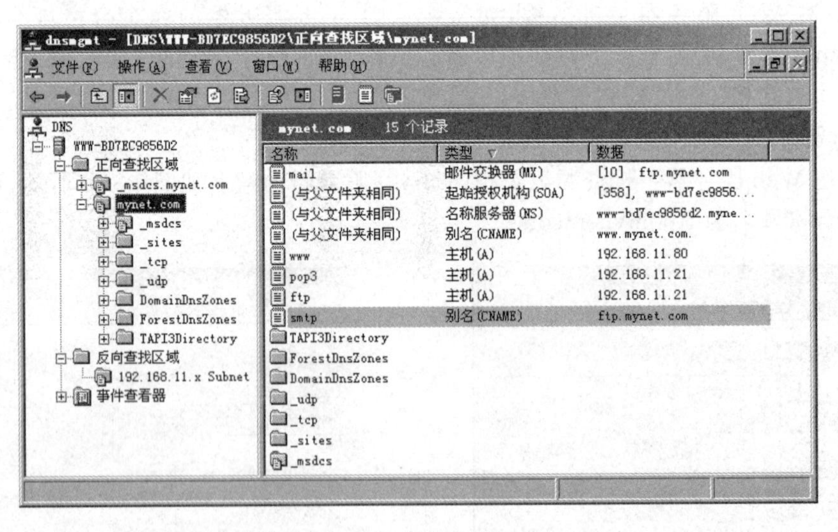

图 14-28　已创建的资源记录

6. 测试域名解析

可以用 ping 和 nslookup 等命令测试 DNS 域名解析功能。这里以 nslookup 为例，在域控制器上的 CMD 命令行窗口中，运行 nslookup，并分别输入域名和 IP 地址测试正向解析和反向解析，如图 14-29 所示，从图中可以看到，IP 地址为 192.168.11.248 的主机为默认 DNS 服务器，能正确地将 www.mynet.com 正向解析为 192.168.11.80，也可以将 IP 地址 192.168.11.21 反向解析为 ftp.mynet.com。

图 14-29　域名解析测试

7. 配置转发器

当本地 DNS 服务器无法解析某个域名时，可以通过配置转发器，将无法解析的域名请求转发给该转发器，由它帮忙解析，直到解析成功或者返回错误。

在 DNS 管理窗口中，右击 DNS 服务器名称，选择“属性”，在打开的对话框中选择“转发器”选项卡，如图 14-30 所示，填入转发器的 IP 地址并依次单击“添加”和“确定”按钮。

14.2.3　安装 DHCP 服务

在域控制器虚拟机上，按照安装域控制器的方法安装 DHCP 服务器，在如图 14-19 所示的添加角色向导对话框中，选择“DHCP 服务器”，然后单击“下一步”按钮。

在如图 14-31 所示对话框中，为作用域指定名称和相关描述，并单击“下一步”按钮。

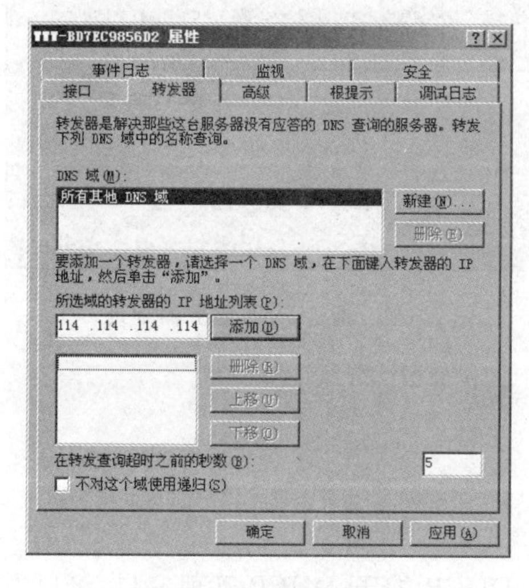

图 14-30　配置转发器

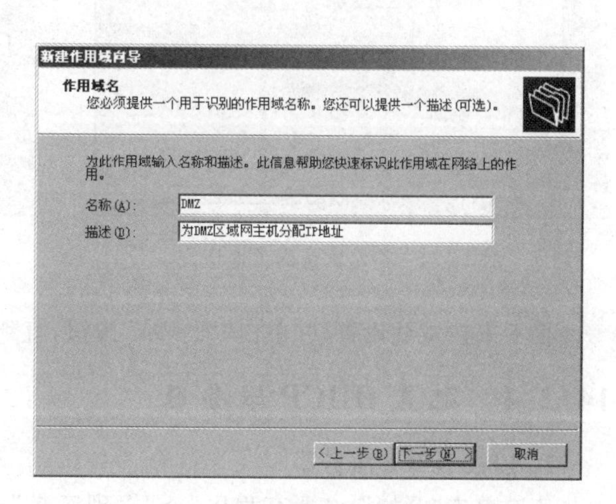

图 14-31　设置作用域名称

在如图 14-32 所示的对话框中，填入 DMZ 区段网络的起始 IP 地址和结束地址，指定区段网络前缀长度和对应的子网掩码。

由于 DMZ 口、Web 服务器、FTP 服务器以及域控制器均指派了固定的 IP 地址，因此，这些 IP 地址不能再分配给其他主机使用，而且需要排除在如图 14-32 所示的地址范围之外。

在如图 14-33 所示的对话框中，将上述服务器的 IP 地址添加到“排除的地址范围”列表框中。

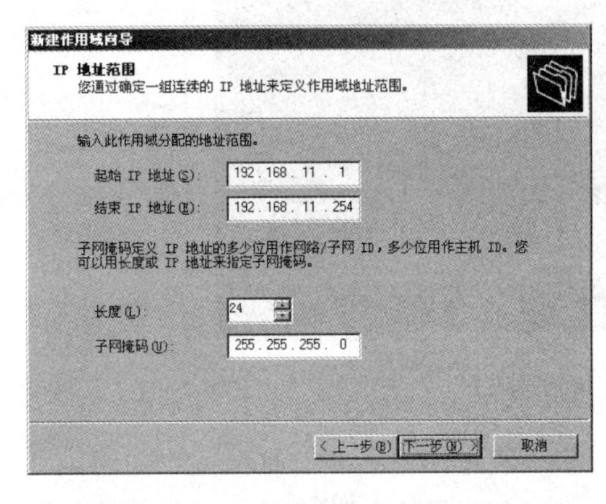

图 14-32　设置作用域的 IP 地址范围

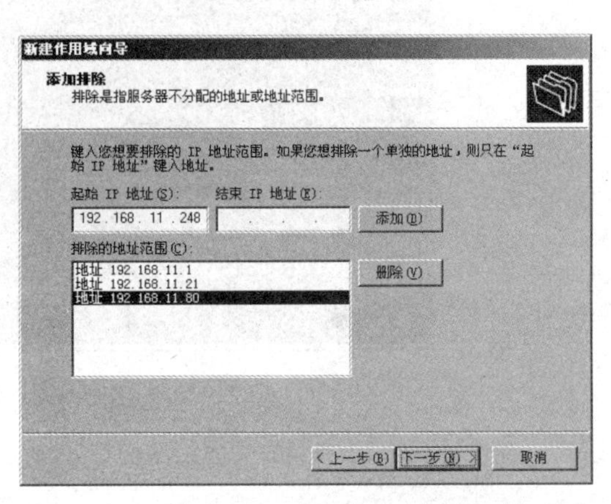

图 14-33　添加排除地址范围

接下来按默认设置，并单击“下一步”按钮，直到出现如图 14-34 所示的对话框，并指定该作用域的默认网关地址。

在如图 14-35 所示的对话框中，指定该作用域的首选 DNS 服务器地址。

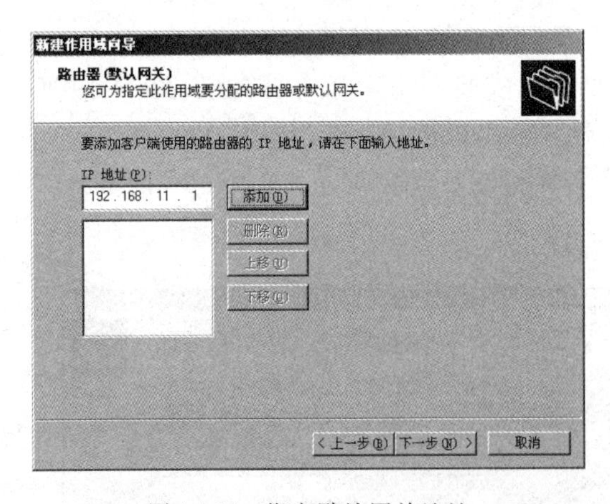

图 14-34　指定默认网关地址

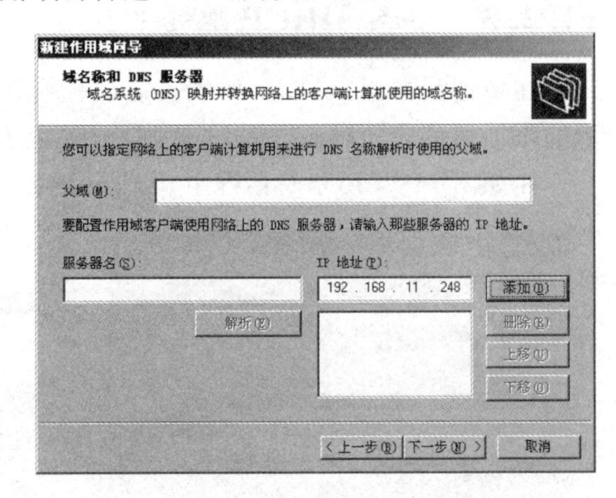

图 14-35　指定 DNS 服务器地址

接下来按默认设置，并单击“下一步”按钮，直到完成。

14.2.4　配置 DHCP 服务器

1. 授权 DHCP 服务器

依次单击“开始”→“所有程序”→“管理工具”→DHCP，打开 DHCP 管理窗口，可以看到，此时的DHCP服务器还需要Active Directory授权才能开始工作。

在DHCP管理窗口中，依次单击“操作”→“授权”，然后按F5键刷新就可以看到DHCP服务器呈绿色运行状态。

2. 新建作用域

在DHCP管理窗口中，右击服务器名称，选择“新建作用域”，在打开的向导对话框中，仿照DMZ作用域的新建和设置，新建和设置Inside作用域，该作用域的默认网关地址192.168.22.1，因此需要将其排除在作用域之外，DNS服务器地址为192.168.11.248。建好的作用域如图14-36所示。

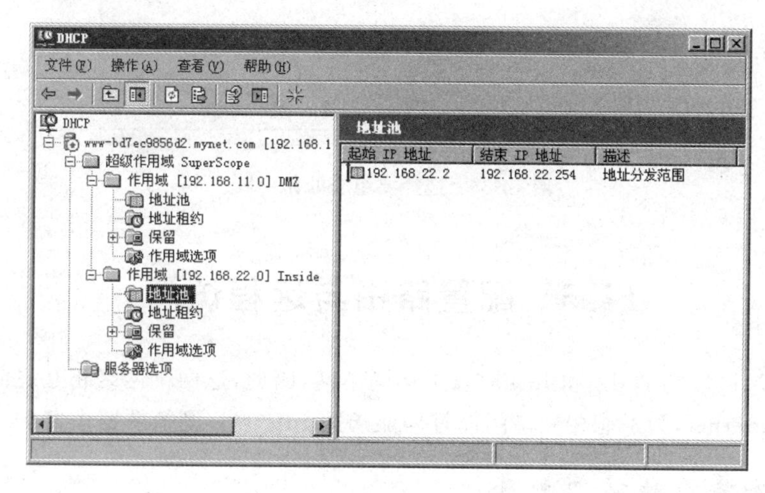

图14-36　DHCP管理窗口

3. 添加保留地址

因为Web服务器、FTP服务器均为固定不变的地址，而且为了防止其他主机假冒使用该地址，可以将相应的IP地址与MAC地址绑定。

在如图14-36所示的DHCP管理窗口下的DMZ作用域内，右击“保留”，并选择“新建保留”，在打开的对话框中填写如图14-37所示的内容，其中，MAC地址可以在Web服务器内通过ipconfig /all命令查看，也可以在Web服务器虚拟机的设置对话框中，在网络适配器的“高级”对话框中看到(注意，MAC地址中间的冒号要删除)。

同样的方法为FTP服务器添加保留地址。

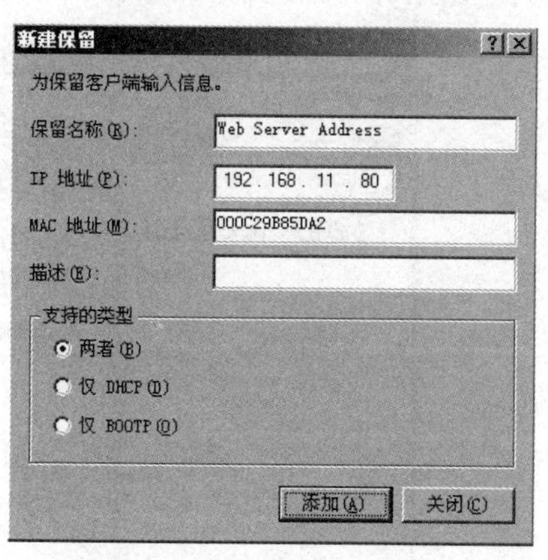

图14-37　添加保留地址

4. 创建超级作用域

为了便于管理，可以将前面新建的两个作用域合并成一个超级作用域，采用统一的名称对外提供服务。

在DHCP管理窗口中，右击服务器名称，选择“新建超级作用域”，在打开的向导对话框中，按提示为超级作用域指定名称，选择要组合的作用域，如图14-38所示，然后单击“下一步”按钮直到完成。

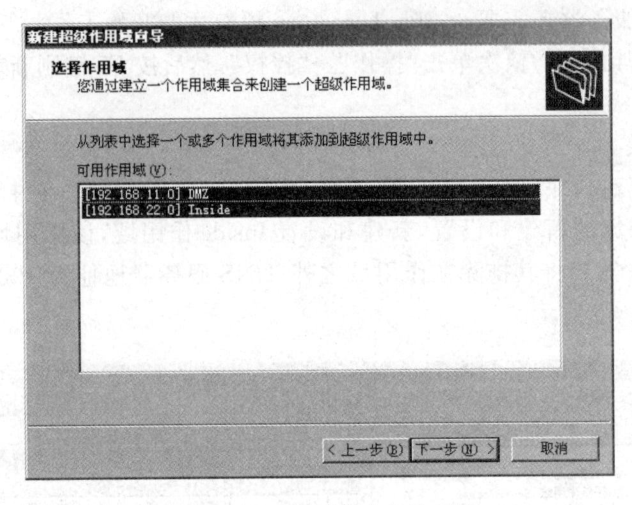

图 14-38　选择要组合的作用域

14.3　配置路由与远程访问

由于 LAN 区段的 DMZ 和 Inside 属于不同子网，因此，这两个网络相互之间不能访问，也不能访问 Internet，为了能相互访问而且均能访问 Internet，则需要路由器的支持。

14.3.1　安装远程访问服务

在充当路由器的虚拟机系统中，依次单击“开始”→“所有程序”→“管理工具”→“路由和远程访问”，进入“路由和远程访问”配置窗口，“服务器状态”下默认显示的是服务器的名称，当其左侧图标为红色箭头时，表示未启动该服务，如图 14-39 所示。

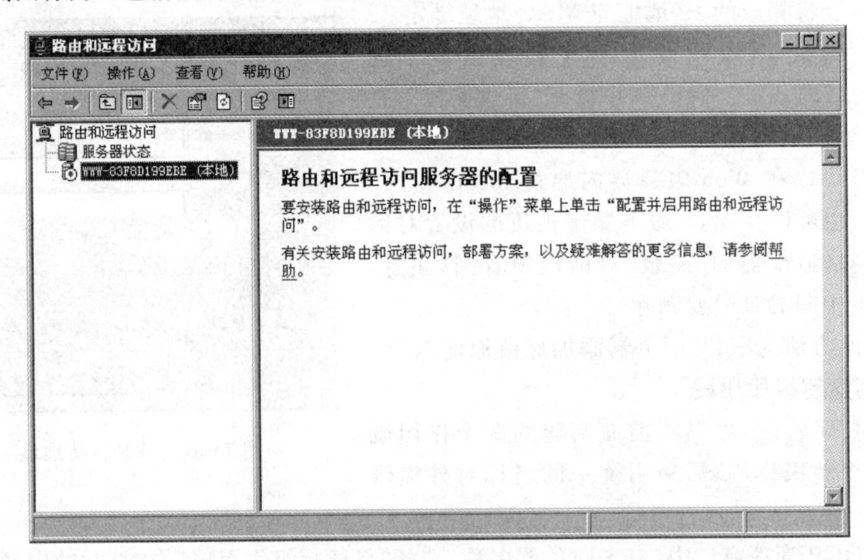

图 14-39　路由和远程访问

右击服务器名称，在弹出的快捷菜单中选择“配置并启用路由和远程访问”，首次配置时会弹出如图 14-40 所示的对话框，提示必须关闭 Windows 防火墙/Internet 连接共享服务。

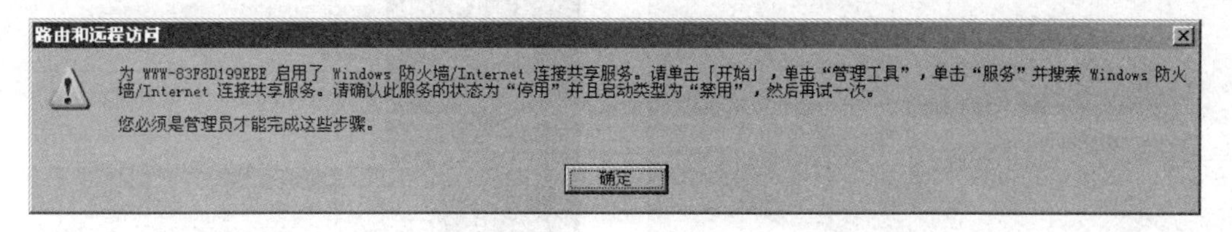

图 14-40　提示关闭防火墙服务

依次单击“开始”→“所有程序”→“管理工具”→“服务”，找到并双击 Windows Firewall/Internet Connection Sharing (ICS)，停止该服务，并将启动类型设置为“禁用”，如图 14-41 所示，最后单击“确定”按钮关闭该对话框。

接着重新选择“配置并启用路由和远程访问”，将弹出“路由和远程访问服务器安装向导”对话框，单击“下一步”按钮，打开如图 14-42 所示的对话框，选中“自定义配置”单选按钮，并单击“下一步”按钮。

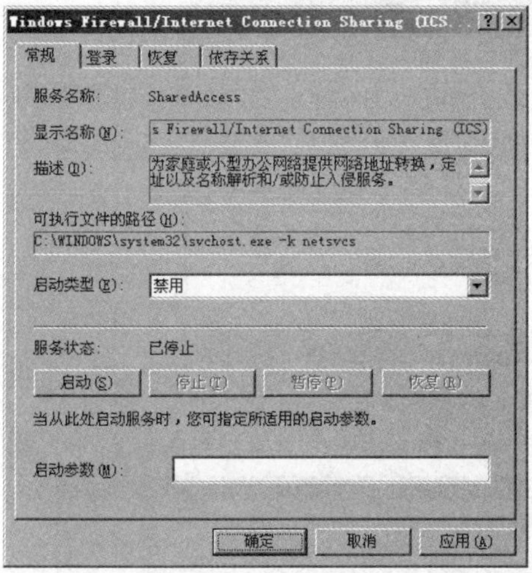

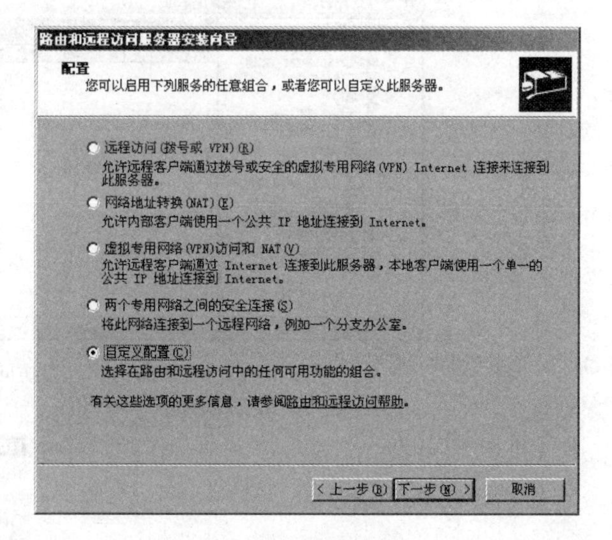

图 14-41　禁用 Windows 防火墙服务

图 14-42　安装向导

由于该虚拟机充当路由器、防火墙以及 VPN 服务器等功能，因此，在如图 14-43 所示的自定义配置中，勾选“VPN 访问”“NAT 和基本防火墙”和“LAN 路由”选项，单击“下一步”按钮，打开如图 14-44 所示的配置信息确认对话框，依次单击“完成”和“是”按钮完成远程访问服务的安装过程。

14.3.2　配置路由与 VPN 服务

启动路由和远程访问服务的服务器状态如图 14-45 所示。右击“NAT/基本防火墙”，选择“新增接口”，选择“外网口”，如图 14-46 所示，单击“确定”按钮，弹出如图 14-47 所示的对话框，选中“公用接口连接到 Internet”单选按钮、“在此接口上启用 NAT”和“在此接口上启用基本防火墙”复选框，最后单击“确定”按钮。

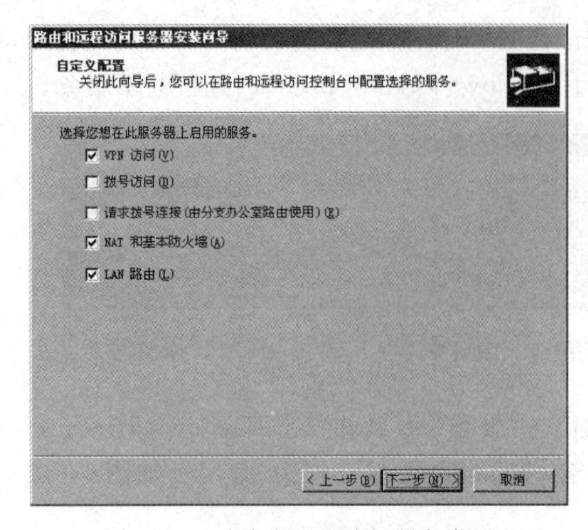

图 14-43　自定义远程访问服务类型

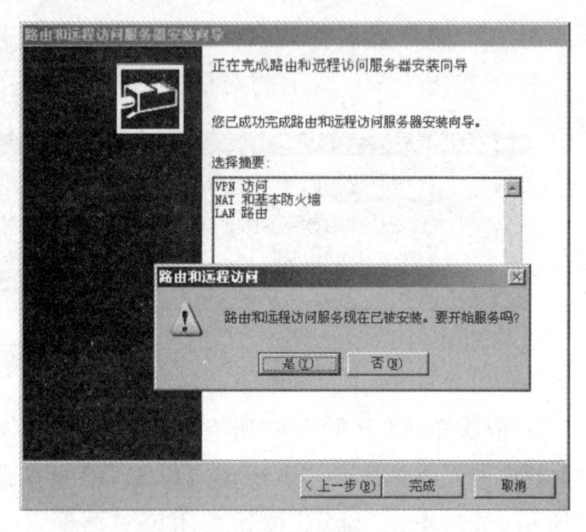

图 14-44　远程访问服务安装确认

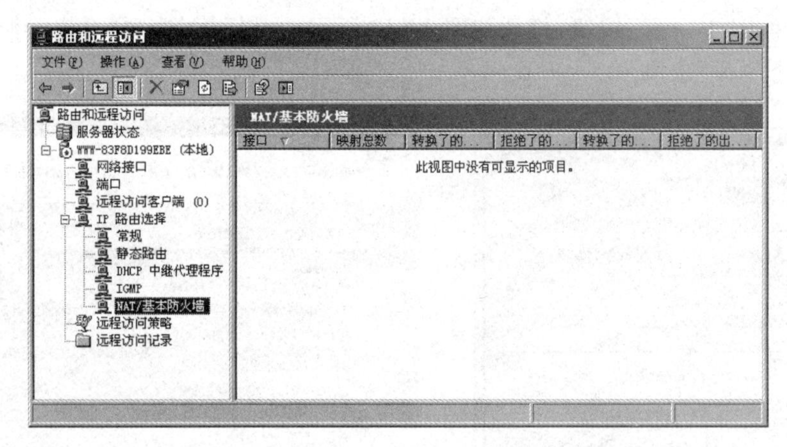

图 14-45　启动路由和远程访问服务的服务器状态

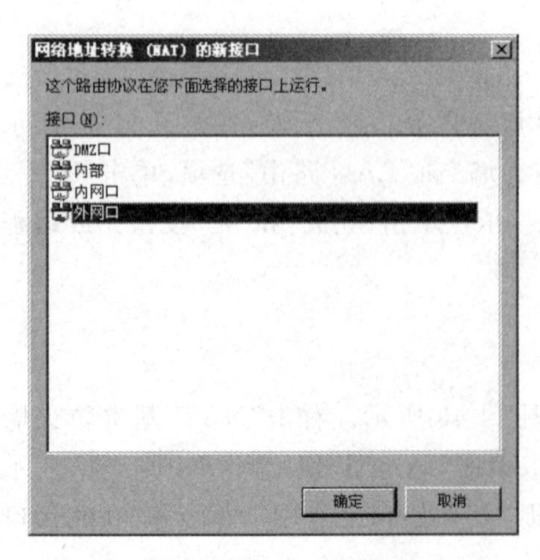

图 14-46　添加 NAT 的新接口

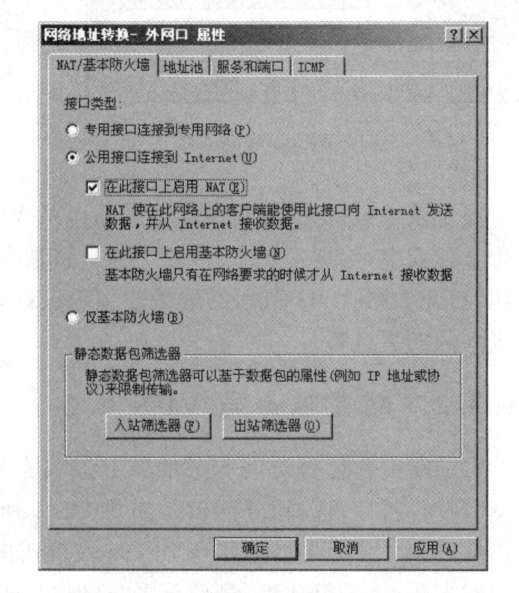

图 14-47　配置 NAT/基本防火墙

14.3.3 配置 NAT 地址池和管道

NAT 的基本功能是将内部私有地址转换为外部公用地址，实现内外网络的相互访问，在如图 14-47 所示的对话框中，切换到“地址池”选项卡，如图 14-48 所示，单击“添加”按钮，可以添加将内部私有地址转换成哪些外部公用地址的范围，这些地址一般是 ISP 分配的地址池。

由于防火墙规定低安全级区域不能访问高安全级区域，因此物理主机（相当于 Internet，是最低安全级区域）无法访问 DMZ 区和 Inside 区的主机。但 DMZ 区的 FTP 和 Web 等服务器对外提供服务，为了允许外部主机访问这些服务器，防火墙提供了管道功能，通过将外部某公用地址与内部特定私有地址建立静态映射，外部主机通过访问这个特定的公用地址就可以实现对特定私有地址的访问。

在如图 14-48 所示的对话框中，单击“保留”按钮，在打开的对话框中可以将 NAT 地址池中的某一特定地址与内部某特定私有地址建立静态映射管道，如图 14-49 所示就是允许外部主机通过访问 172.16.112.180 实现对内部 FTP 服务器(192.168.11.21)的访问。

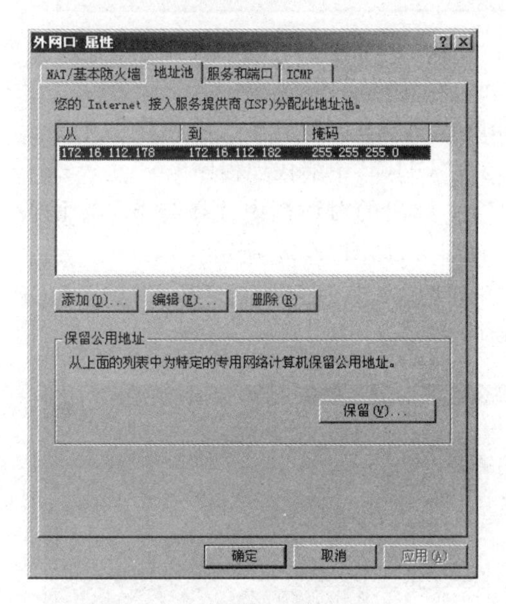

图 14-48　添加外部地址池

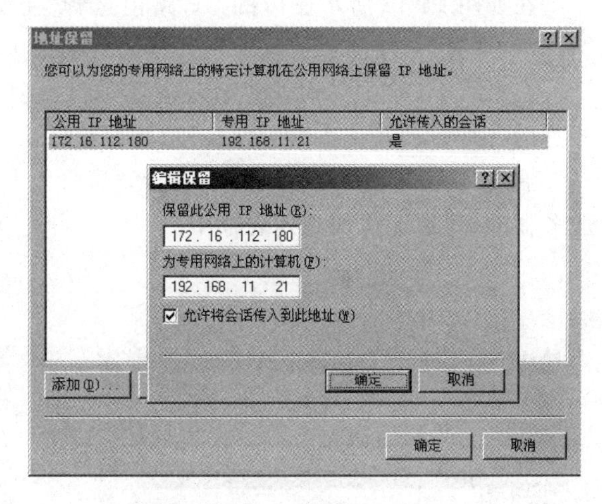

图 14-49　添加保留地址

在如图 14-50 所示的对话框中，还必须勾选“FTP 服务器”，并在弹出的对话框中填写该 FTP 服务器的私有 IP 地址，如图 14-51 所示。

同样的方法，为 Web 服务器添加保留 IP 地址(172.16.112.181)和服务(Web 服务器(HTTP))。

14.3.4 DHCP 中继代理程序

1. 添加和配置 DHCP 中继代理程序

默认情况下，DHCP 服务器只能为其所在 DMZ 网段内的主机自动分配 IP 地址，如果要跨网段为 Inside 网段内的主机分配 IP 地址，则必须在路由器上启用 DHCP 中继代理服务。

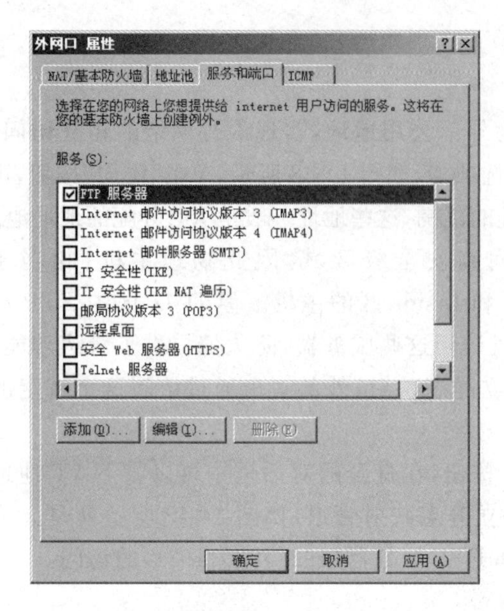

图 14-50　允许外部访问的服务及端口

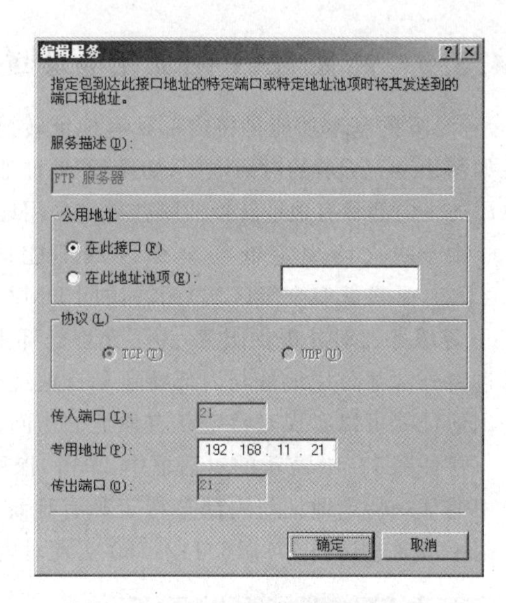

图 14-51　指定 FTP 服务器的专用地址

在如图 14-45 所示窗口的“IP 路由选择”下如果没有“DHCP 中继代理程序”，则右击“常规”，选择“新增路由协议”，在弹出的对话框中选择“DHCP 中继代理程序”。

右击“DHCP 中继代理程序”，选择“新增接口”，在弹出的对话框中选择与 Inside 网段相连的“内网口”并单击“确定”按钮，然后按默认设置即可，如图 14-52 所示。

右击“DHCP 中继代理程序”，选择“属性”，打开如图 14-53 所示的对话框，并将 DHCP 服务器的 IP 地址添加到列表框中。

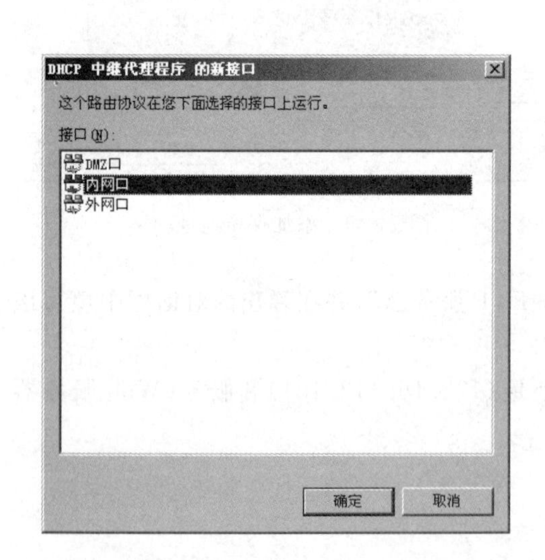

图 14-52　DHCP 中继代理程序新增接口

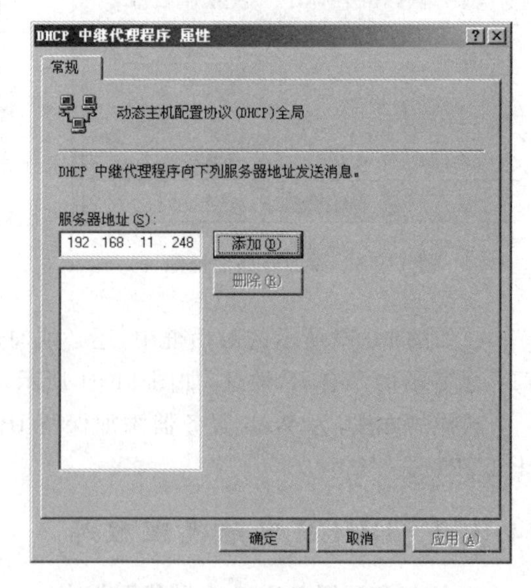

图 14-53　DHCP 中继代理程序属性

2. 测试

在内网的 PC1 的 CMD 命令行窗口中，运行 ipconfig /release 命令释放当前 TCP/IP 配置信息，运行 ipconfig /renew 重新获取 TCP/IP 配置信息，如图 14-54 所示，从图中可以看到 PC1 可以从 DHCP 服务器正确地获得 TCP/IP 配置信息。

同样的方法，在 PC2、Web 服务器、FTP 服务器上分别执行上述的命令获取 TCP/IP 配置信息。

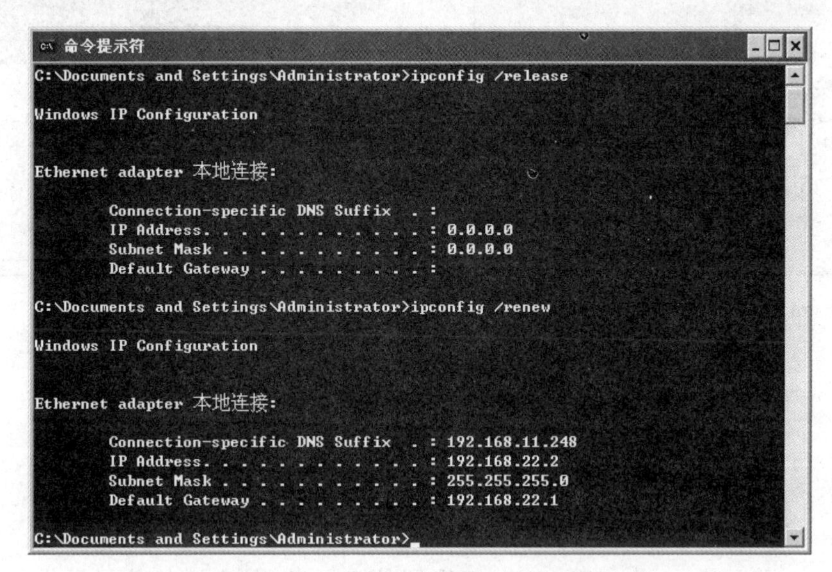

图 14-54　自动获取 TCP/IP 配置信息

14.3.5　测试网络连通性

用 ping 命令测试 PC1、PC2、内网口、外网口、DMZ 口、各服务器以及物理主机两两之间的网络连通性，正常情况下，它们之间都相互可以 ping 通，该过程不再详述。

特别说明：由于防火墙规定低安全级区域不能访问高安全级区域，因此物理主机(相当于 Internet，是最低安全级区域)无法 ping 通 PC1 和 PC2 以及 DMZ 区的服务器，但内网的 PC1 和 PC2 以及 DMZ 区的服务器均可以 ping 通物理主机。

14.3.6　加入到域

默认情况下，各主机隶属于某个工作组，但为了安全通信，通常单位组织内的主机要加入到某个指定的域，以实现统一的安全策略、资源管理和应用管理等。

以 FTP 服务器为例，右击“我的电脑”，选择“属性”，在打开的对话框中切换到“计算机名”选项卡下，并单击“更改”按钮，打开如图 14-55 所示的对话框，选择“域”，并填入前面新建的域名“mynet. com”。单击“确定”按钮，弹出如图 14-56 所示的身份验证对话框，输入 Active Directory 的用户账号(默认为 Administrator)和密码，然后按系统提示单击“确定”按钮直到自动重启计算机。

重启后，再次查看计算机名，其完整的计算机名称为“ftp-mail-server. mynet. com. ”，该名称就是该计算机的完全合格域名，回到 DNS 管理控制台窗口，在正向查找区域中可以看到这一点。

以同样的方法，将除域控制器之外的所有虚拟机均加入到 mynet. com 域。

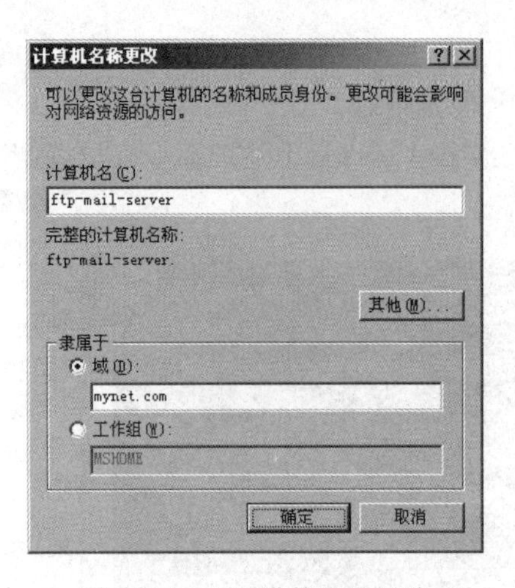

图 14-55　更改计算机所属域

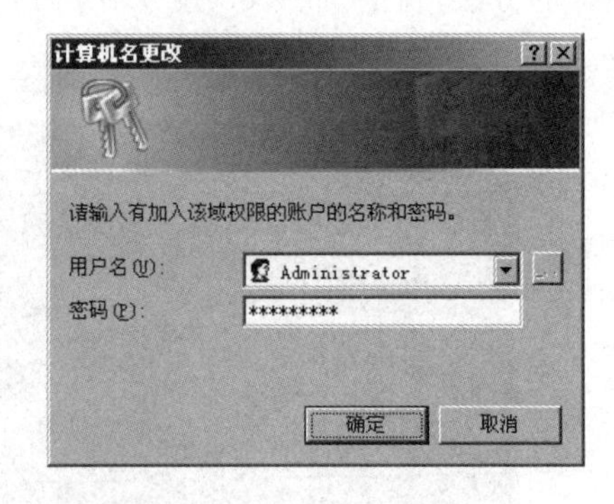

图 14-56　加入域的身份验证

14.4　配置应用服务器

14.4.1　安装 IIS 服务组件

IIS(Internet Information Services,互联网信息服务)是由微软公司提供的基于运行 Microsoft Windows 的互联网基本服务组件。用它可以构建 Web 服务器、FTP 服务器和 SMTP 服务器等常见应用服务器。

默认情况下,Windows 2003 Server 没有安装 IIS 服务组件。下面以安装 Web 服务为例,简要介绍 IIS 的安装过程。

在 Web 服务器中,依次单击"开始"→"设置"→"控制面板",双击"添加/删除程序",在打开的窗口中单击"添加/删除 Windows 组件",打开如图 14-57 所示的"Windows 组件向导"对话框,选择(不是勾选)"应用程序服务器"并单击"详细信息"按钮,打开如图 14-58 所示的对话框。

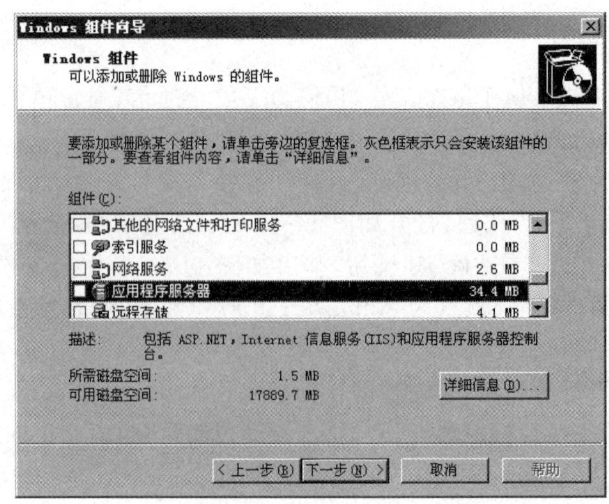

图 14-57　Windows 组件向导

选择(不是勾选)"Internet 信息服务(IIS)"并单击"详细信息"按钮,打开如图 14-59 所示的对话框,勾选"万维网服务",此时系统会自动勾选与之相关的子组件(对于 FTP 服务器,需要勾选"文件传输协议(FTP)服务"; 对于 SMTP 服务器,需要勾选 SMTP Service)。

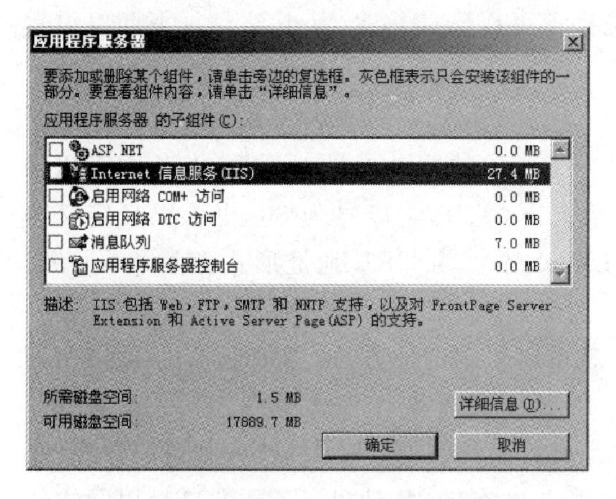

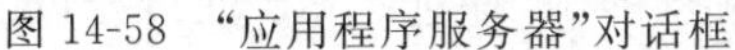
图 14-58 "应用程序服务器"对话框

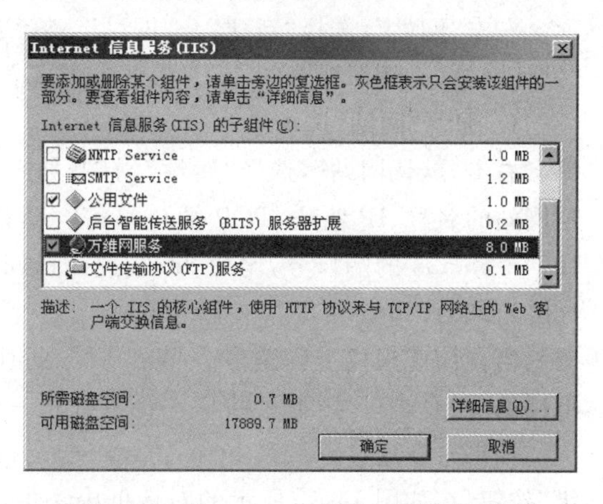

图 14-59 "Internet 信息服务(IIS)"对话框

接下来依次单击"确定"和"下一步"按钮安装 IIS 组件,如果中间有提示插入光盘,在虚拟机设置中设置指定 Windows 2003 Server 的 ISO 映像文件的位置即可。

同样的方法,在 FTP 服务器虚拟机中安装好 FTP 和 SMTP 服务。

对于 E-mail 服务,需要在如图 14-57 所示的对话框中勾选"电子邮件服务"组件以安装 POP3 服务。

14.4.2 配置 Web 服务器

安装好 IIS 服务组件后,依次单击"开始"→"所有程序"→"管理工具"→"Internet 信息服务(IIS)管理器",打开如图 14-60 所示的窗口。

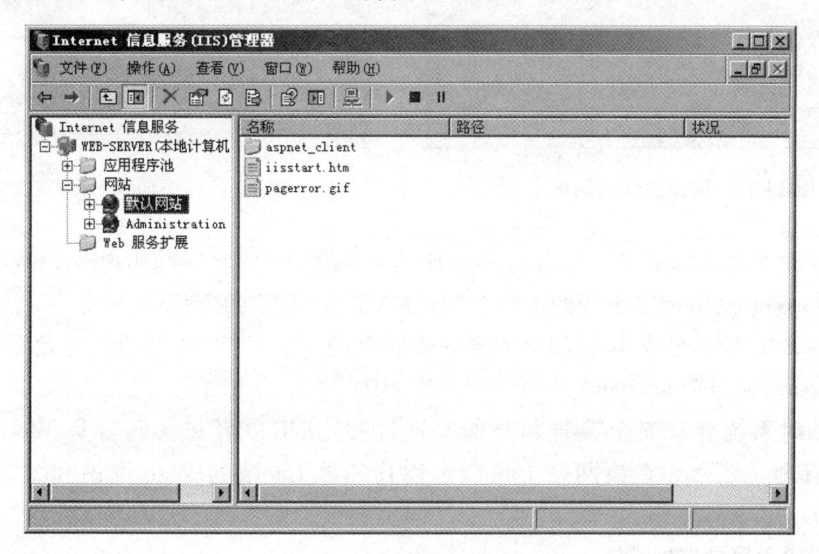

图 14-60 IIS 管理窗口

默认情况下,IIS 网站包括一个默认网站和一个 Administration 网站,其中,默认网站就是普通的 Web 服务器,而 Administration 网站则是整个 IIS 服务器站点(包括 Web 和 FTP 站点)的远程管理与维护的 Web 服务器。

右击“网站”,选择“新建”→“网站”,按系统提示可以新建多个 Web 站点。下面以设置“默认网站”为例简要介绍 Web 服务器的配置。

1. 配置“网站”选项卡

右击“默认网站”,选择“属性”,打开如图 14-61 所示的网站属性对话框,在其中可以指定网站的名称、IP 地址、TCP 端口号等。默认情况下,TCP 端口号为 80,也可以自定义为 1024～65 535 的端口号,比如 8866,此时访问该 Web 站点的 URL 地址形式为 http://192.168.11.80:8866。

当在该虚拟机上创建多个 Web 服务器时,就可以采用这种方法,为每个 Web 站点指定不同的 TCP 端口号,通过共享一台主机和一个 IP 地址实现多个 Web 站点。

如果希望通过以域名 http://www.mynet.com 的形式访问 Web 站点,则可以单击“高级”按钮,在如图 14-62 所示的对话框中添加该 Web 站点的 IP 地址、TCP 端口号以及主机头值。

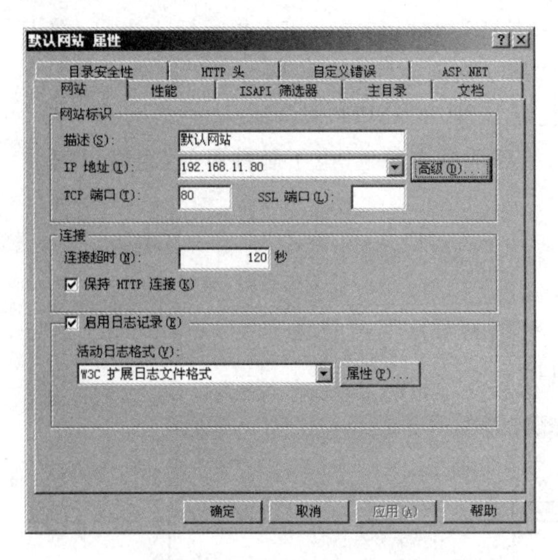

图 14-61　网站属性对话框

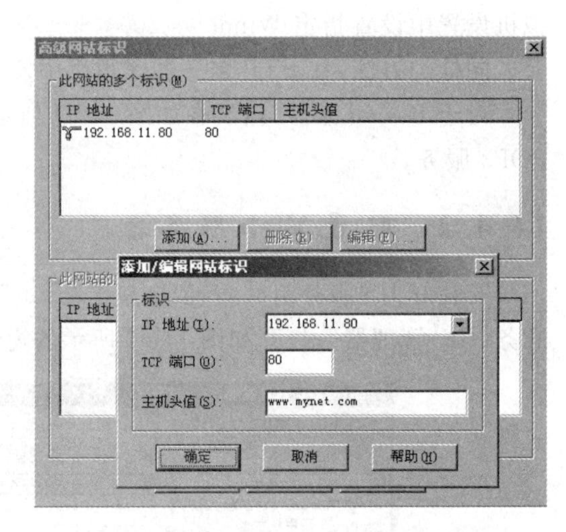

图 14-62　添加 Web 站点主机头

通过这种方式可以实现一台主机一个 IP 地址以及一个端口号,实现多个 Web 网站,但必须为每个 Web 网站指定不同的主机头值,并需要有 DNS 的支持。

默认的 SSL 端口号为 443,如果需要创建安全的 Web 站点就必须设置此端口号,比如 Administration 站点就是这样的一个站点,其 URL 地址为 https://192.168.11.80:8098,访问此网站时系统会有安全警告和身份验证过程,其用户名和密码就是 Web 服务器的 Windows 管理员账号。在该网站上可以远程管理该 IIS 下的 Web 网站和 FTP 站点,如图 14-63 所示。

2. 配置“主目录”选项卡

切换到“主目录”选项卡下,如图 14-64 所示,在此可以指定站点资源的来源位置和访问

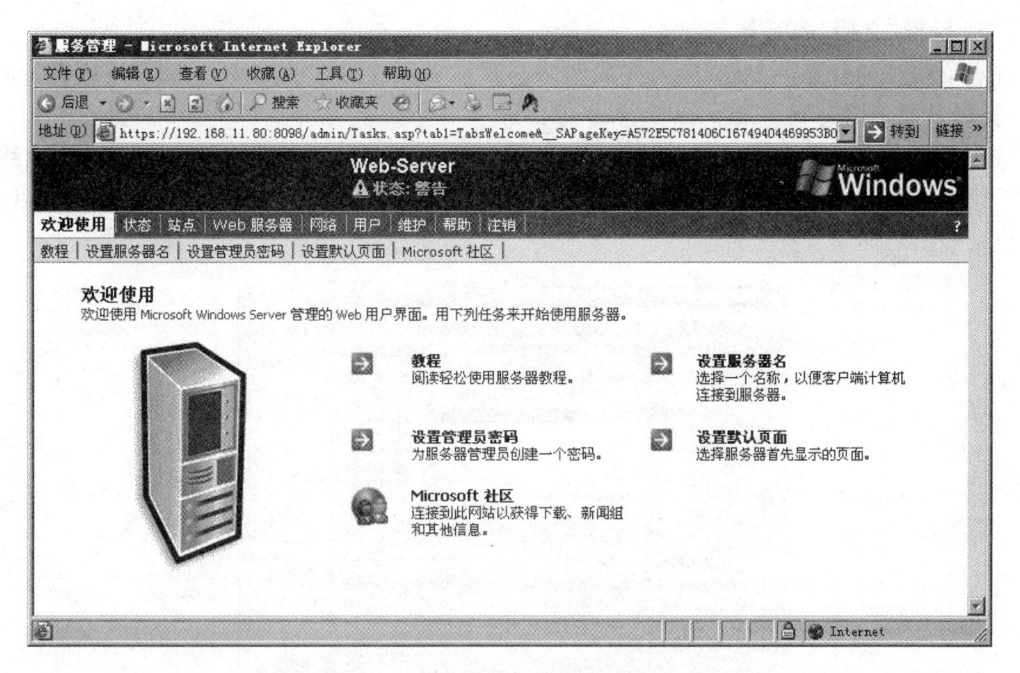

图 14-63　Administrator 站点的首页面

这些资源的权限等。

通常情况下，需要勾选“读取”“记录访问”“索引资源”选项。如果网站首页文件不存在时，且允许用户查看站点目录中的文件夹和文件，则需要勾选“目录浏览”。

为了便于后面的测试，可以在站点目录 C:\inetpub\wwwroot 下新建一个名为 index.htm 的文件，并在其中随意填写一些字符。

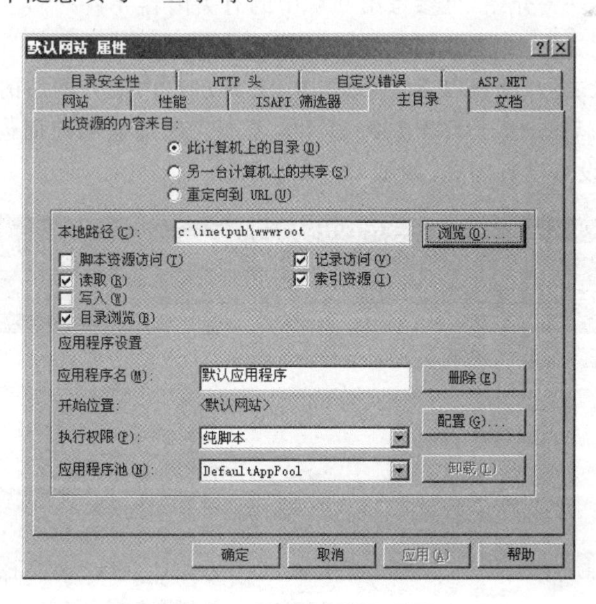

图 14-64　设置站点主目录

3. 设置"文档"选项卡

每个网站都会有一个首页，大多数网站的默认首页文件名为 index、default 或者 main 等，扩展名则可以为 htm、asp、aspx、php 等。

在如图 14-65 所示的"文档"选项卡下可以设置网站的默认首页文件名，并通过"上移"和"下移"按钮调整默认文档的优先顺序。通过这样的设置，用户在访问该网站时就可以不必记忆和指定网站首页文件名了。

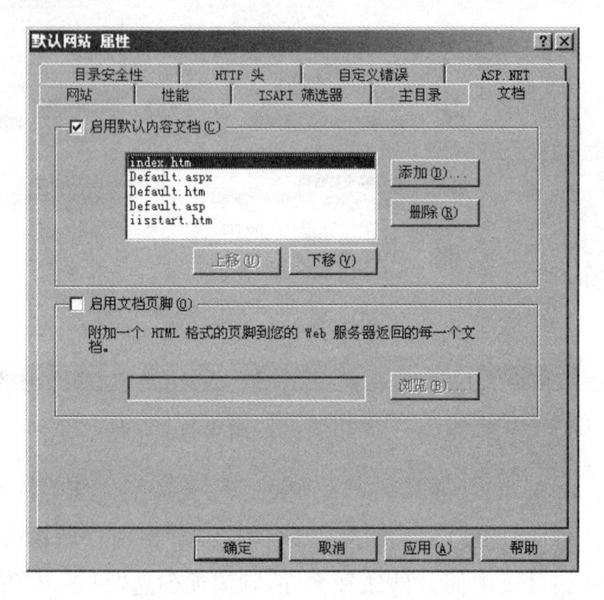

图 14-65　设置网站首页默认文档

其他设置在此不一一介绍，可参考第 9 章中的有关内容。

4. 测试

完成上面的设置之后，便可以着手测试，在 IE 地址栏内输入网站的 URL 地址 http://www.mynet.com，或者 http://192.168.11.80，若能正确地显示前面创建的 index.htm 文档内容，则表明基本设置没有问题，如图 14-66 所示。

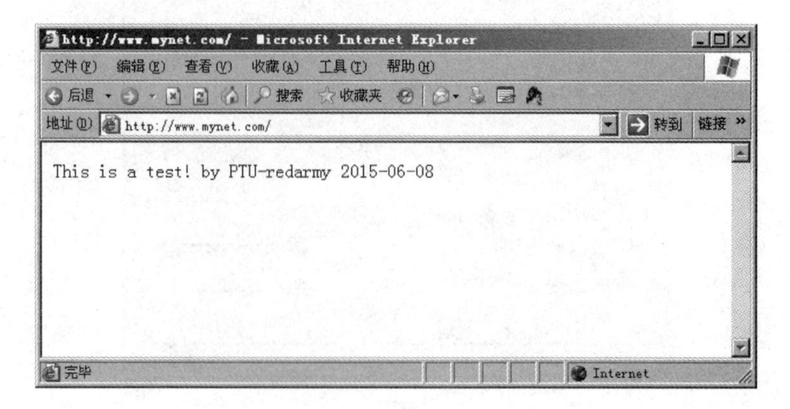

图 14-66　Web 站点测试

14.4.3 配置 FTP 服务器

在 FTP 服务器上安装完成 IIS 中的 FTP 服务后，在 IIS 管理窗口中便可以看到默认的 FTP 站点，如图 14-67 所示。

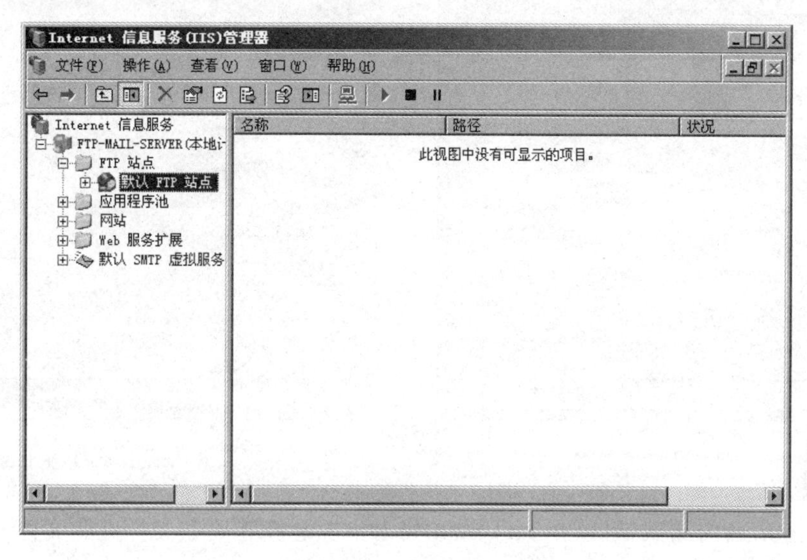

图 14-67 IIS 管理窗口

右击“FTP 站点”，选择“新建”→“FTP 站点”，按向导提示操作可以创建多个 FTP 站点，其中，FTP 站点分为非隔离用户站点和隔离用户站点两种类型。其中，隔离用户站点是指用户只能访问他自己的目录，且 FTP 目录结构如下。

(1) FTP 主目录下必须有一个名为 LocalUser 的文件夹。

(2) 在 LocalUser 文件夹下必须为用户新建与其 Windows 账号名相同的文件夹（该 Windows 账号要在 FTP 服务器所在虚拟机中创建）。

(3) 如果允许匿名访问，则在 LocalUser 文件夹下必须新建一个名为 Public 的文件夹。

这样，匿名用户只能访问 Public 文件夹中的内容，其他用户只能访问与其账号相同的文件夹，且都不能访问其父文件夹（如 FTP 主目录）。

非隔离 FTP 站点没有上面的限制，它允许用户访问其他用户的目录，包括主目录等。

下面以设置默认 FTP 站点为例简要介绍 FTP 站点的配置。

1. 设置 FTP 站点属性

右击“默认 FTP 站点”，选择“属性”，打开如图 14-68 所示的对话框，在其中可以指定 FTP 站点的名称、IP 地址和 TCP 端口号等信息。其中，TCP 端口号默认为 21，也可以自定义为 1024～65 535 的其他值，如 2121，利用该方法可以用一台主机、一个 IP 地址实现多个具有不同 TCP 端口号的 FTP 站点。访问自定义了 TCP 端口号的 FTP 站点的 URL 地址形式为 ftp://192.168.11.21:2121。

单击“当前会话”按钮可以查看当前正在访问该 FTP 站点的用户及其连接信息。

2. 设置“主目录”选项卡

在如图 14-69 所示的主目录选项卡中，可以指定 FTP 站点资源的来源和位置目录以及访问权限。通常情况下，勾选“读取”和“记录访问”即可，如果允许用户上传文件，则需要勾选“写入”。

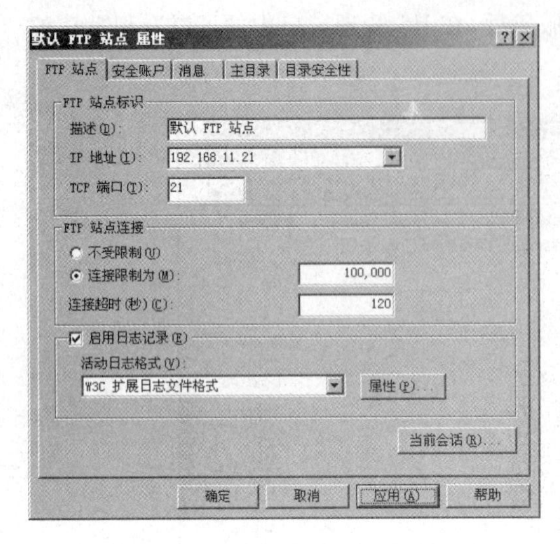

图 14-68　FTP 站点属性对话框

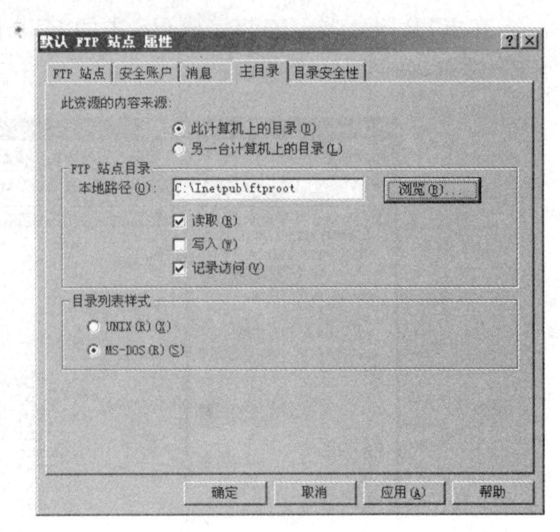

图 14-69　设置 FTP 主目录

为了便于后面的测试，可以在 FTP 站点目录下随意新建一些文件夹和文件。

3. 设置目录安全性

在如图 14-70 所示的对话框中，可以指定 FTP 站点的访问限制类型。

“授权访问”表示该站点默认允许访问，但下面列表框中的 IP 地址不允许访问。

“拒绝访问”表示该站点默认不允许访问，但只有下面列表框中的 IP 地址可以访问。

FTP 站点的目录安全性可以根据需要设置，如果没有特别要求，则可以不用设置。

4. 设置安全账号

在如图 14-71 所示的对话框中可以设置 FTP 站点是否允许匿名访问，如果允许匿名访问，则使用“IUSR_计算机名”的 Windows 用户账号，该账号属于 Internet 来宾账号，隶属于 Guests 组，具有最低访问权限。如果希望使用其他用户账号访问，则在该服务器中新建用户账号即可。

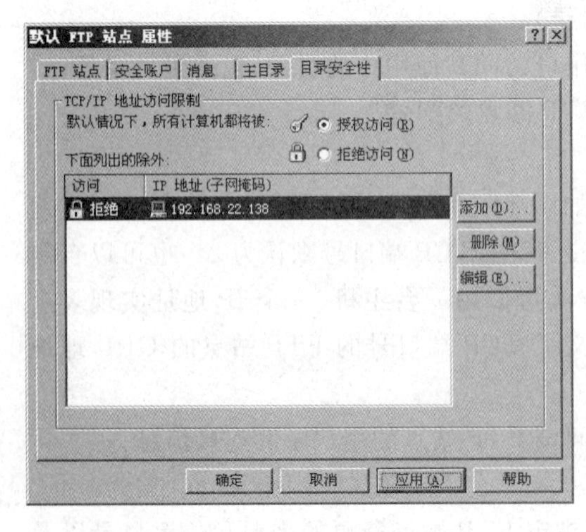

图 14-70　FTP 站点目录安全性

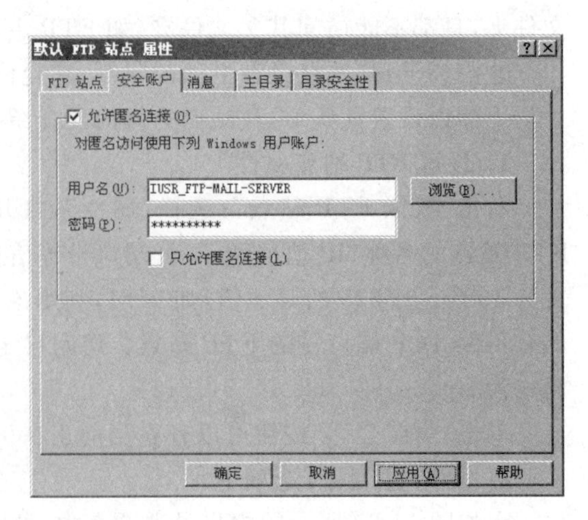

图 14-71　FTP 站点“安全账户”选项卡

在“消息”选项卡下可以设置用户访问、离开该 FTP 站点时显示的相关消息。

5. 测试

完成上面的基本设置之后，在“我的电脑”窗口的地址栏中输入 FTP 站点的 URL 地址，如 ftp://ftp.mynet.com，或者 ftp://192.168.11.21。如果能正确访问主目录下的文件或文件夹，则表示基本的 FTP 站点设置没有问题，如图 14-72 所示为匿名访问，在窗口空白处右击并在弹出的快捷菜单中选择“登录”，在弹出的对话框中输入用户账号和密码便可以登录到 FTP 站点。

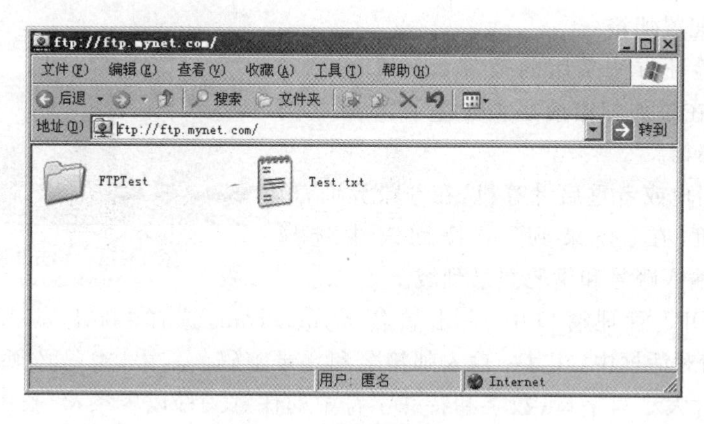

图 14-72 测试 FTP 站点

14.4.4 配置 E-mail 服务器

E-mail 服务器一般需要使用 POP3 和 SMTP 这两个服务，因此，在安装 Windows 组件时需要安装这种两种服务。邮箱地址形式形如 username@domainname，其中，username 是指用户的邮箱账号，而 domainname 是指邮箱所在的位置，如常见的 qq.com、163.com 等，中间的符号@表示英文单词 at。

1. 配置 POP3 服务

在 E-mail 服务器中，依次单击“开始”→“所有程序”→“管理工具”→“POP3 服务”，打开如图 14-73 所示的窗口。

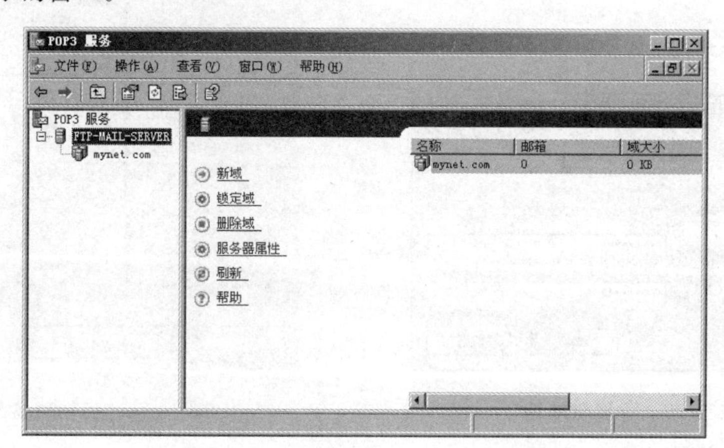

图 14-73 “POP3 服务”窗口

在如图 14-73 所示窗口中，单击“服务器属性”，打开如图 14-74 所示的对话框，身份验证方法采用“Active Directory 集成的”，即只有域中的用户才可以访问，默认 TCP 端口为 110，根邮件目录是指存放用户邮件的目录位置。

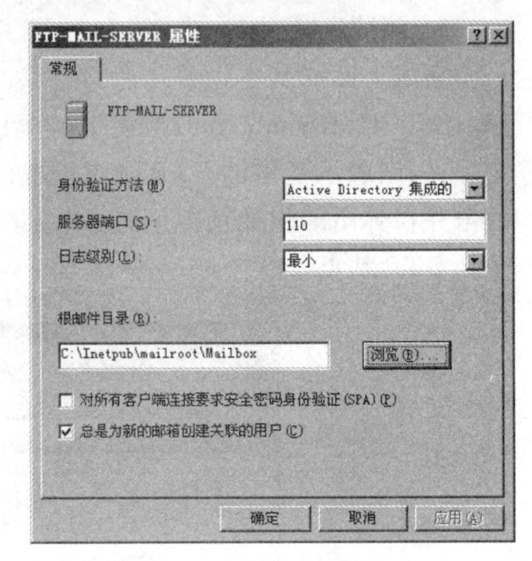

图 14-74　POP3 服务器属性

单击“新域”，在弹出的对话框中输入域名“mynet.com”，创建邮箱域名。

建好域名的 POP3 管理窗口如图 14-73 所示。

2. 添加和配置邮箱

由于身份验证方法采用的是“Active Directory 集成的”，因此，在添加邮箱前必须先登录到域，否则将无法添加新邮箱。

注销当前用户或者重启计算机，在登录界面，单击“选项”按钮，在“登录到”下拉列表中选择 MYNET，然后输入账号和密码登录到域。

接着，在 POP3 管理窗口中，右击域名 mynet.com，选择“新建”→“邮箱”，打开如图 14-75 所示的对话框中，在其中输入邮箱名和登录密码。其中，密码必须符合密码策略，即密码必须包含大小写字母、数字和特殊字符中的任意三种以上字符，长度不少于 7 个字符，而且其中不能包含用户名。

默认情况下，用户邮箱没有限制空间大小，如果需要限制用户邮箱空间大小，则需要对用户进行配额。在“我的电脑”窗口中，右击 C 盘，选择“属性”，在打开的对话框中，打开“配额”选项卡，然后勾选“启用配额管理”和“拒绝将磁盘空间给超过配额限制的用户”，如图 14-76 所示。

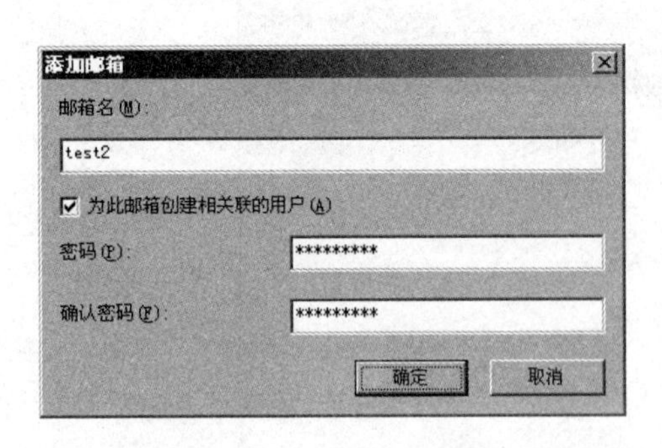

图 14-75　添加新邮箱

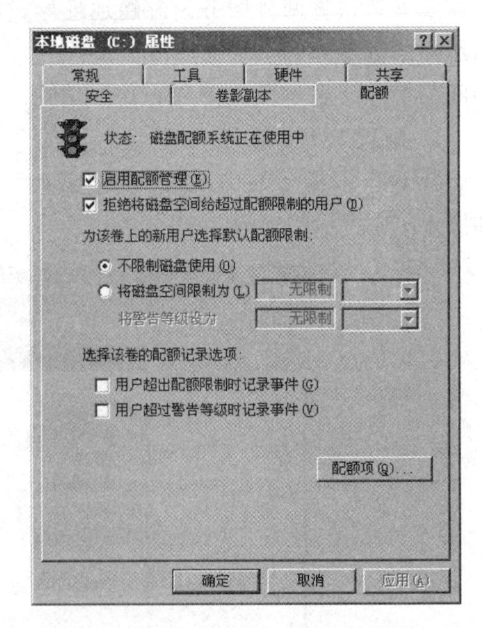

图 14-76　启动磁盘配额

单击“配额项”按钮，打开如图 14-77 所示的窗口，依次单击“配额”→“新建配额项”，在打开的对话框中填入要限制的用户名并单击“确定”按钮，打开如图 14-78 所示的对话框，并在其中为该用户设置限额大小和警告等级。当该用户磁盘使用超过 80MB 时系统将予以警告，超过 100MB 时将拒绝分配更多的空间给该用户使用。

本地磁盘 (C:) 的配额项

配额(Q) 编辑(E) 查看(V) 帮助(H)

状态	名称	登录名	使用数量	配额限制	警告等级	使用的百分比
确定	test3	test3@mynet.com	0 字节	100 MB	80 MB	0
确定	test2	test2@mynet.com	0 字节	100 MB	80 MB	0
确定		NT AUTHORITY\NETWORK SERVICE	298 KB	无限制	无限制	暂缺
确定		NT AUTHORITY\SYSTEM	1 KB	无限制	无限制	暂缺
确定		NT AUTHORITY\LOCAL SERVICE	281 KB	无限制	无限制	暂缺
确定		BUILTIN\Administrators	2.14 GB	无限制	无限制	暂缺

项目总数 6 个，已选 1 个。

图 14-77 管理磁盘配额项

3. 启动 SMTP 服务

在 Mail 服务器中，依次单击“开始”→“所有程序”→“管理工具”→“服务”，在打开的窗口中找到并右击 Simple Mail Transfer Protocol (SMTP)，选择“启动”(如果没有启动的话)。

4. 配置电子邮件中继服务

在 IIS 控制台窗口中，右击“默认 SMTP 虚拟服务器”，选择“属性”，在打开的对话框中打开“访问”选项卡，并单击其中的“身份验证”按钮，打开如图 14-79 所示的对话框，勾选“集成 Windows 身份验证”并单击“确定”按钮。

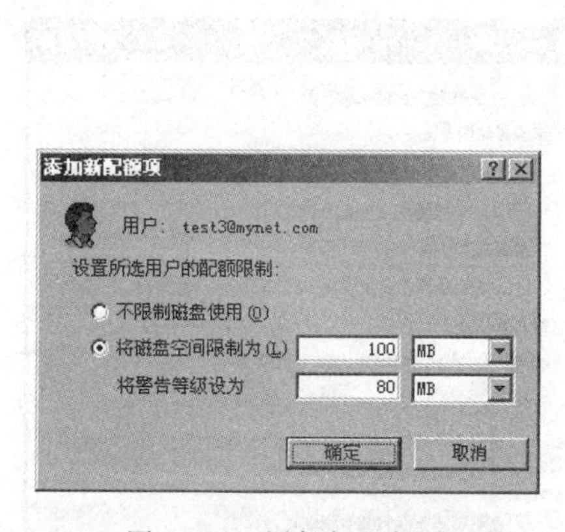

图 14-78 添加新配额项

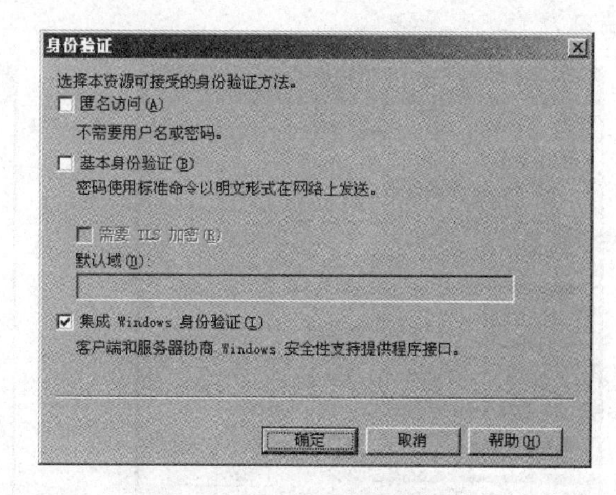

图 14-79 选择身份验证方法

5. 设置 Outlook Express 客户端

Windows 的 POP3 服务组件只支持客户端收发邮件，Windows 集成的邮件客户端软件为 Outlook Express，也可以下载安装 Foxmail 客户端软件。

在 PC1 和 PC2 中分别执行以下操作。

(1) 依次单击“开始”→“所有程序”→Outlook Express，首次启动 Outlook Express 时，系统会弹出一个“Internet 连接向导”对话框，按系统提示依次设置好“显示名”“电子邮件地址”，在如图 14-80 所示的对话框中按图中设置，设置好接收、发送邮件服务器的地址或者域名。接下来，按系统提示输入用户账号和密码，直到完成。

(2) 依次单击 Outlook Express 中的菜单“工具”→“账户”，打开如图 14-81 所示的对话框，选择图 14-80 中设置的接收邮件服务器 pop3. mynet. com，并单击“属性”按钮，在打开的对话框中打开“服务器”选项卡，如图 14-82 所示，并勾选“使用安全密码验证登录”和“我的服务器要求身份验证”复选框。

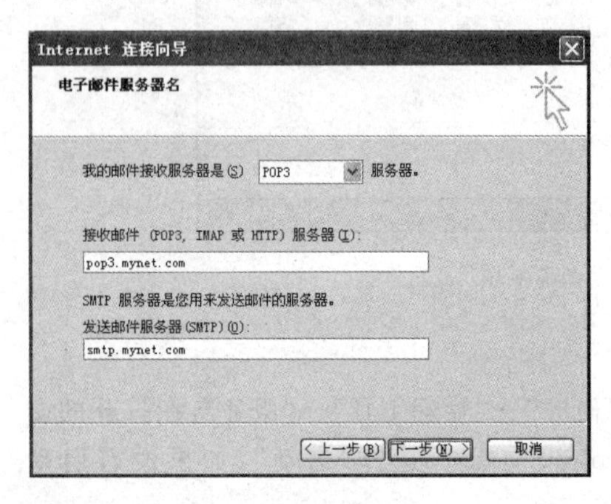

图 14-80　设置收发邮件服务器

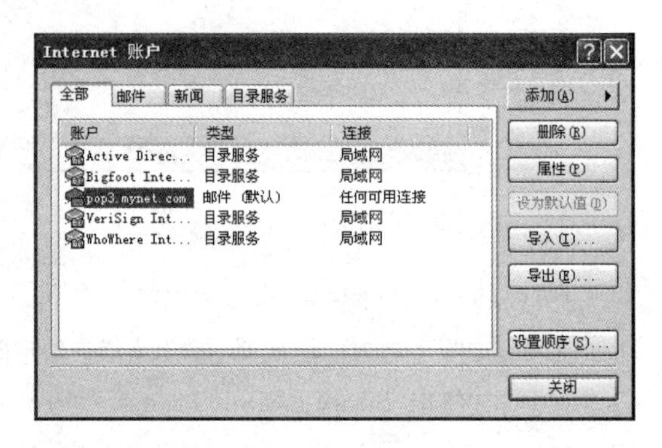

图 14-81　邮箱账户管理

(3) 为了保证邮件安全性以及管理的同步性，可在“高级”选项卡中，勾选“在服务器上保留邮件副本”“从‘已删除邮件’中删除的同时从服务器上删除”复选框，如图 14-83 所示。从图中还可以看到发送邮件使用 SMTP 服务，服务端口为 25，接收邮件使用 POP3 服务，服务端口为 110。

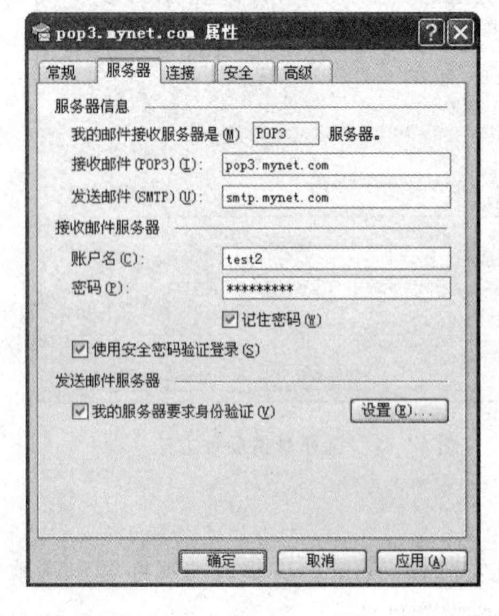

图 14-82　邮件服务器设置

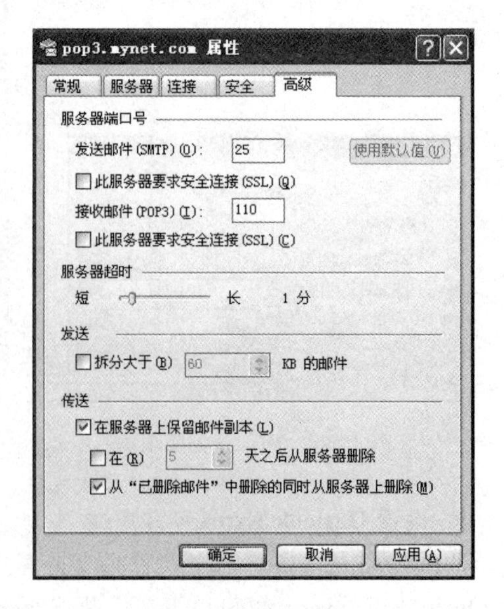

图 14-83　高级设置

6. 收发邮件

在PC1和PC2上，分别用Outlook Express向不同邮箱发送或回复邮件，测试发送和接收邮件是否正常。如图14-84所示为test2向test3发送邮件后，test3对test2的答复，双方收发邮件正常。

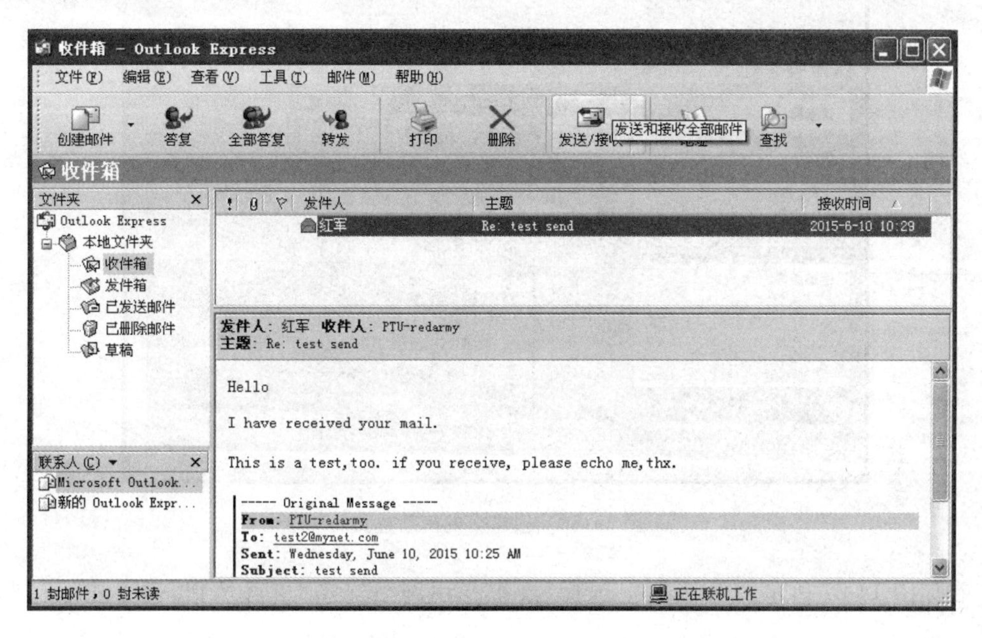

图14-84 收发邮件测试

14.5 综合应用与测试

14.5.1 设置VPN授权访问账号

对允许拨号连接到VPN服务器的用户必须在Active Directory中进行授权。操作方法如下。

在域控制器中，依次单击"开始"→"所有程序"→"管理工具"→"Active Directory用户与计算机"，在mynet.com域下的Users中，新建或者选择一个允许拨号连接到VPN服务器的用户账号，右击该账号名，选择"属性"，打开如图14-85所示的对话框，在"拨入"选项卡下，选择"允许访问"单选按钮。

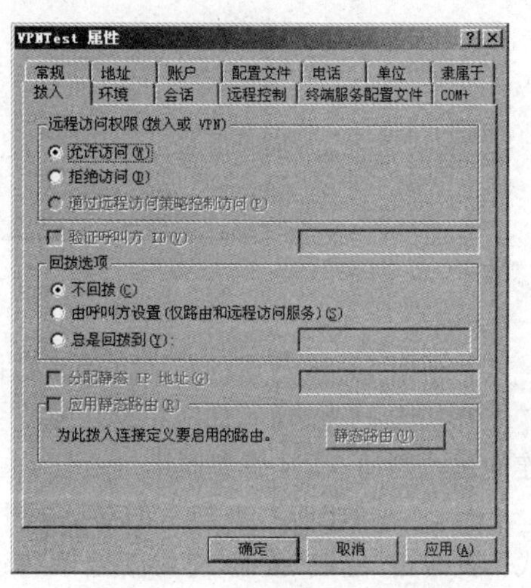

图14-85 设置用户访问权限

14.5.2 测试VPN连接

要与VPN服务器建立连接，首先要建立与VPN的拨号连接。

在内网PC1中，依次单击"开始"→"控制面板”，选择“网络和 Internet 连接”，打开如图 14-86 所示的窗口，选择“创建一个到您的工作位置的网络连接”。

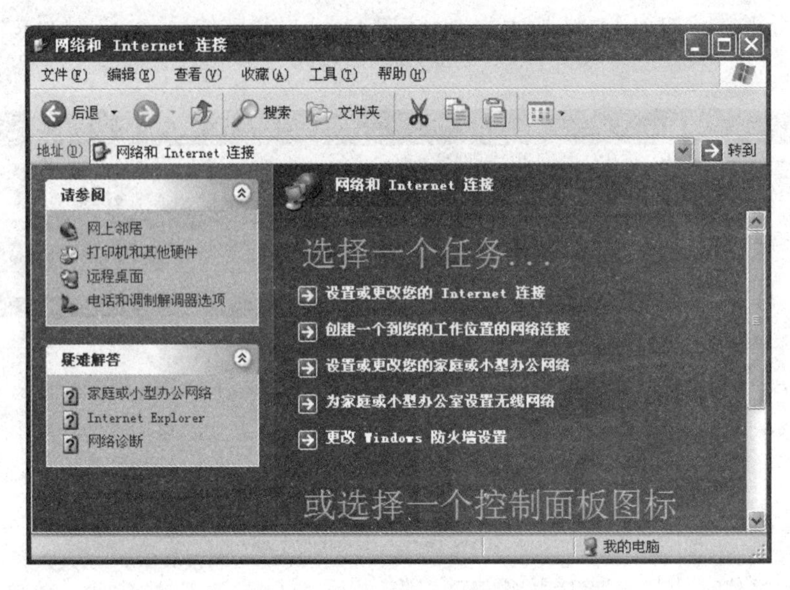

图 14-86　创建新的网络连接

在如图 14-87 所示的对话框中选择“虚拟专用网络连接”单选按钮，并单击“下一步”按钮。

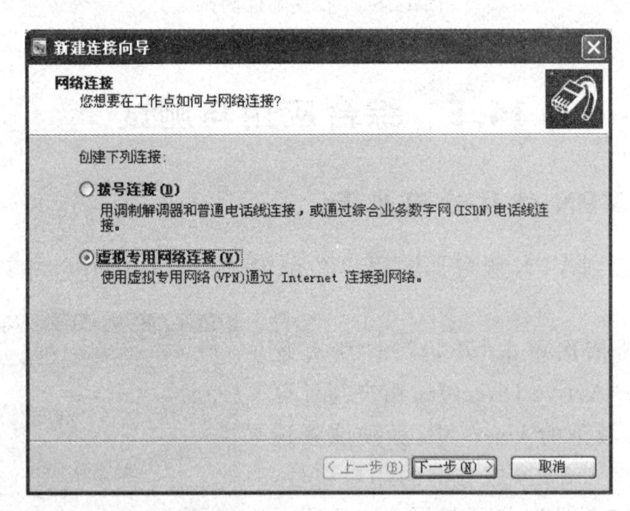

图 14-87　选择网络连接方式

在如图 14-88 所示的对话框中指定网络连接的名称，并单击“下一步”按钮。

在如图 14-89 所示的对话框中指定 VPN 服务器的 IP 地址，这个地址必须是与 PC1 相连的这一侧的 VPN 服务器接口地址，也就是图 14-1 中的内网口地址，单击“下一步”按钮。

最后，在如图 14-90 所示的对话框中，勾选“在我的桌面上添加一个到此连接的快捷方式”，并单击“完成”按钮，完成新建网络连接的过程。此时桌面上的 PTU 连接呈灰色不可用状态。

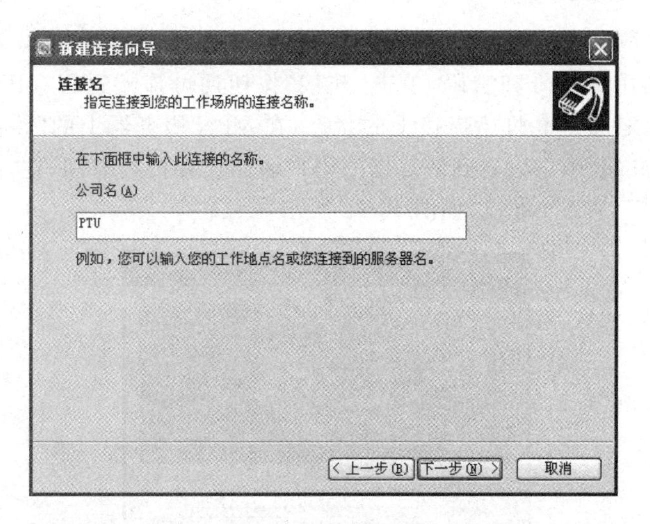

图 14-88　指定网络连接的名称

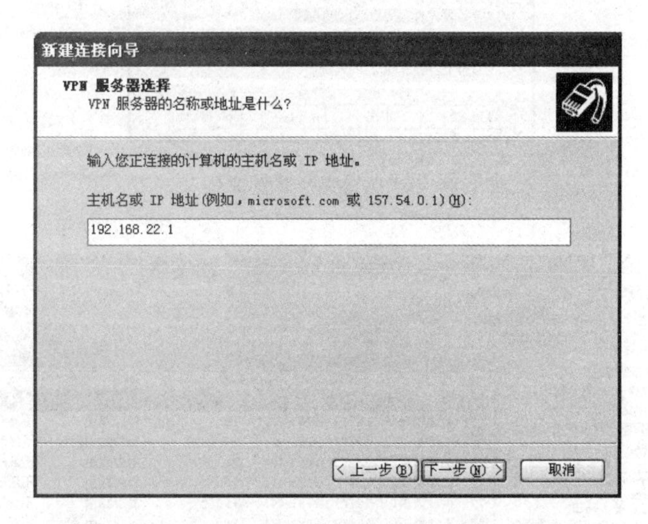

图 14-89　指定 VPN 服务器 IP 地址

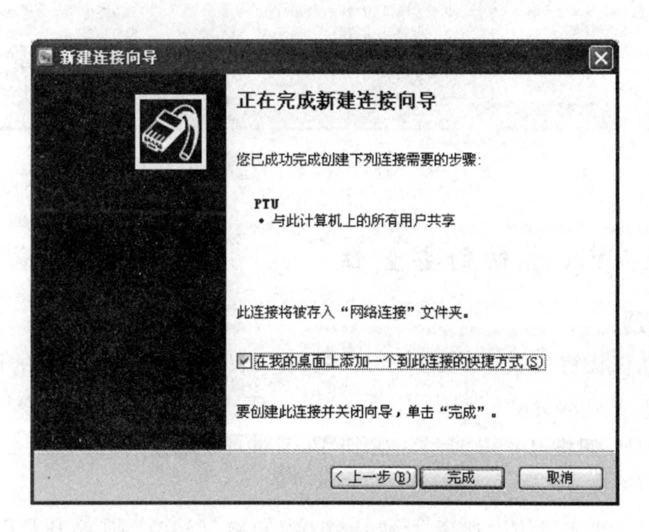

图 14-90　完成创建网络连接

在桌面上双击刚新建的网络连接，打开如图 14-91 所示的对话框，输入图 14-85 中指定的允许拨号连接的用户账号和密码，单击"连接"按钮便可连接远程 VPN 连接，连接成功后，桌面上的 PTU 连接呈亮灯已连接上的状态，在 VPN 服务器上的"路由与远程访问"窗口的"远程访问客户端"中可以看到该连接的用户名和连接持续时间，在"端口"中也可以看到一个活动的 PPTP WAN 端口，如图 14-92 所示。

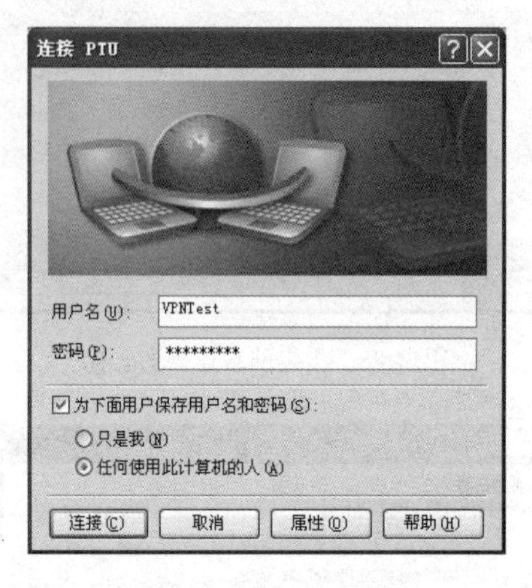

图 14-91　VPN 拨号连接

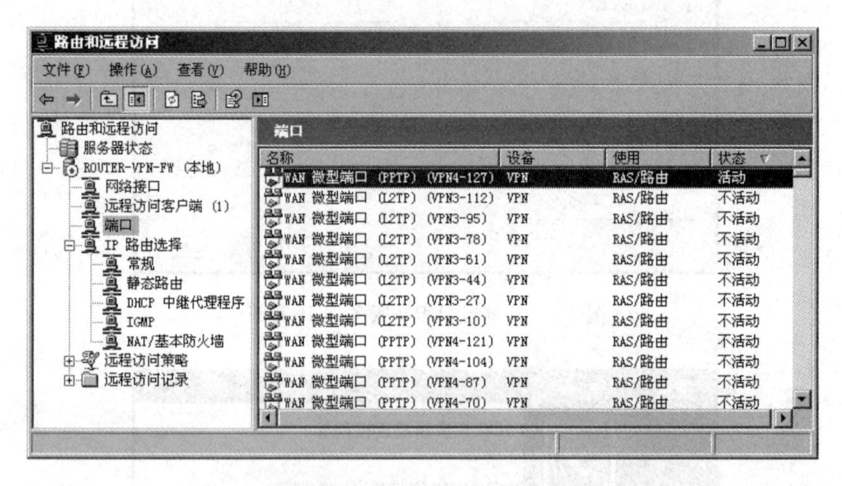

图 14-92　连接成功后的端口状态

14.5.3　验证 VPN 通信的安全性

1. 未用 VPN 通信时

在 PC2 上按默认设置安装 Sniffer Pro，并计划用该软件监听 PC1 的网络通信数据（也可以用前面介绍的 Wireshark）。打开 Sniffer Pro，依次单击 Monitor→Matrix，在打开的对话框左下角，选择 IP，如图 14-93 所示，找到 PC1 的 IP 地址 192.168.22.2 并右击，选择 Capture 开始监听 PC1。

此时的 PC1 先不要与 VPN 服务器建立连接，如果已建立，则右击 PTU 连接并选择"断

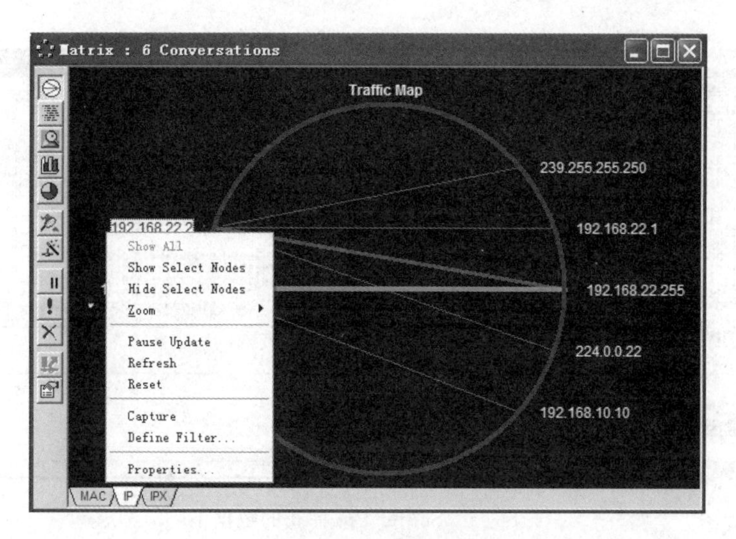

图 14-93　选择监听对象

开”。然后在“我的电脑”窗口的地址栏中输入 FTP 服务器的 URL 地址 ftp://192.168.11.21 并回车，接着在空白处右击并选择“登录”，如图 14-94 所示，在打开的对话框中输入 FTP 服务器的 Windows 登录账号和密码（如 Administrator 及其对应的密码），成功登录并访问 FTP 服务器。

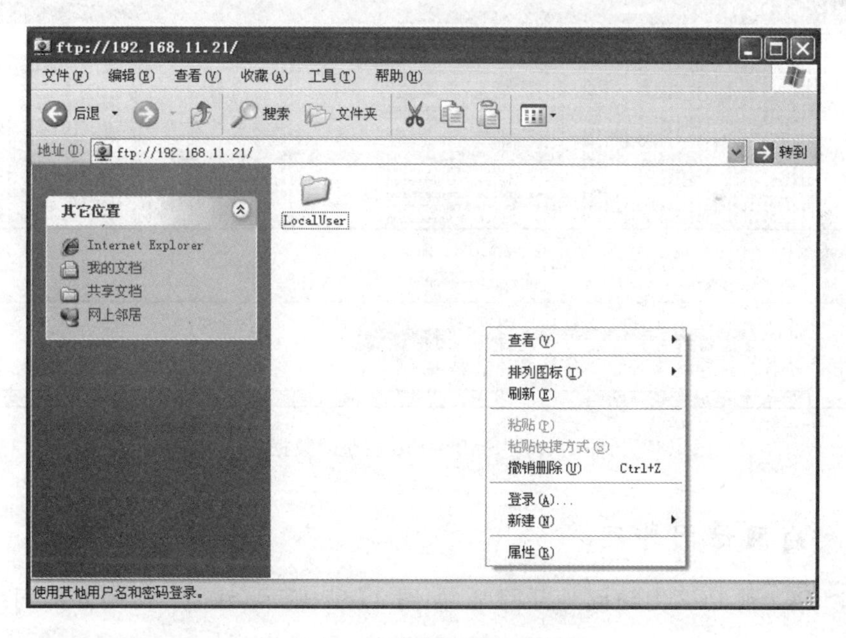

图 14-94　成功访问 FTP 服务器

回到 PC2 中，在 Sniffer Pro 中依次单击 Capture→Stop and Display，在打开的窗口的左下角，选择 Decode，如图 14-95 所示，从图中可以清晰看到 PC1 与 FTP 服务器的通信过程以及通信内容，包括登录过程的账号及密码，可见 FTP 在通信过程中传输的是明文消息。

2. 建立 VPN 连接后的通信

关闭 PC1 和 PC2 中的所有窗口，在 PC2 中重新监听 PC1，然后 PC1 建立与 VPN 服务

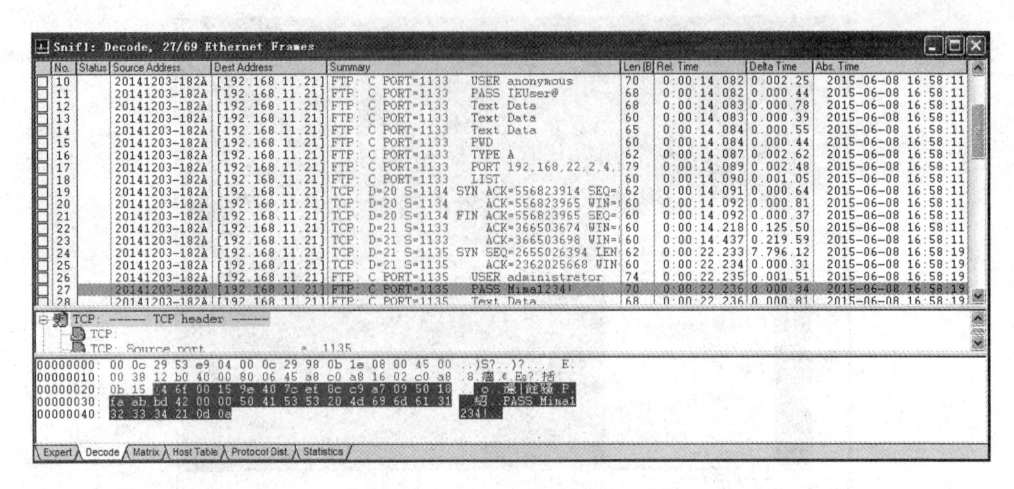

图 14-95　Sniffer Pro 捕获的数据 Ⅰ

器的 VPN 连接，接着按前面的步骤再次访问 FTP 服务器，完成后在 PC2 上查看捕获的数据，如图 14-96 所示，从图中可以看到，此时捕获到的数据都是加密后的 PPP 帧，已完全看不出 PC1 与谁在通信，通信内容均被加密成乱码，通信过程也被隐蔽，由此可以证实 VPN 的安全性。

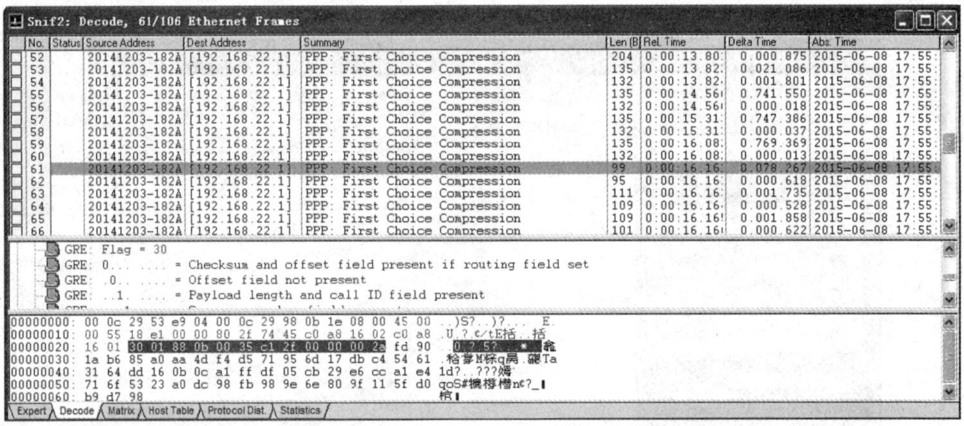

图 14-96　Sniffer Pro 捕获的数据 Ⅱ

14.5.4　内网访问外网

在内网 PC1 或 PC2 上访问外部网络，如图 14-97 所示（注意：访问外部网络不能用 VPN 连接）。

同样的方法，可以测试 DMZ 区的服务器均可以正常访问 Internet。

14.5.5　外网访问 DMZ 区的服务

由于外网无法访问 DMZ 区的 DNS 服务，而内部的域名如 www.mynet.com 等在 Internet 上并没有注册，因此，外部主机无法利用 DNS 正确解析这些内部域名。但可以利用本地的 hosts 文件静态解析。

图 14-97　内部 PC1 访问 Internet

在物理主机，用记事本文件打开 C:\Windows\System32\drives\etc\HOSTS 文件，并在其中添加如图 14-98 所示的两条记录。

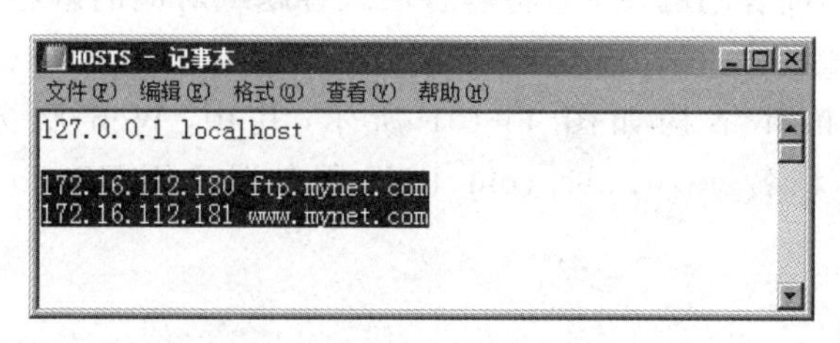

图 14-98　编辑 hosts 文件

如图 14-99 所示，在物理主机上通过域名和 IP 地址均可以正确地访问 DMZ 区的 Web 服务器。

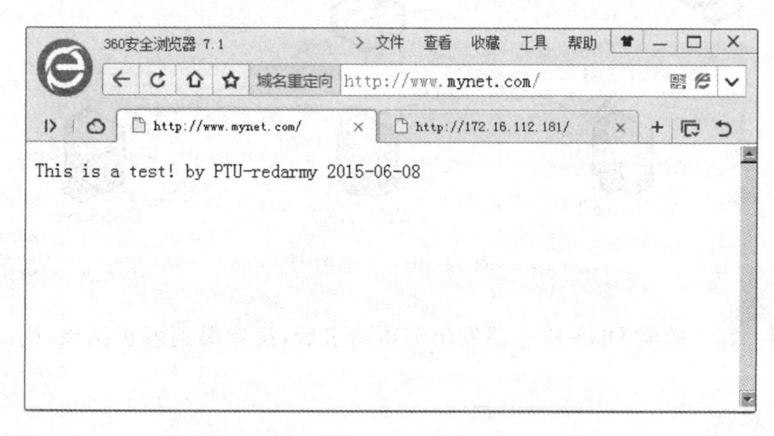

图 14-99　外部主机访问 DMZ 区的 Web 服务器

如图14-100所示,在物理主机上通过域名和IP地址均可以正确地访问DMZ区的FTP服务器。

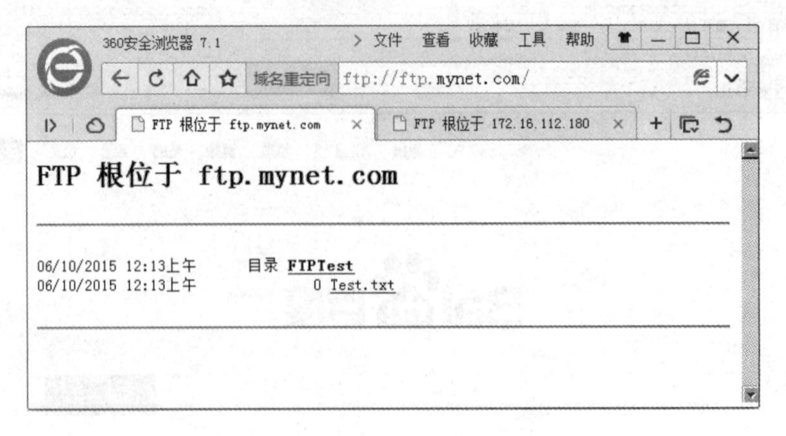

图14-100 外部主机访问DMZ区的FTP服务器

习 题

一、简答题

1. 阅读下列说明,回答问题1~6,将解答填入答题纸对应的解答栏内。(2012年上半年网络工程师考试真题)

【说明】 网络拓扑结构如图14-101所示,其中,Web服务器WebServer1和WebServer2对应同一域名www.abc.com,DNS服务器采用Windows Server 2003操作系统。

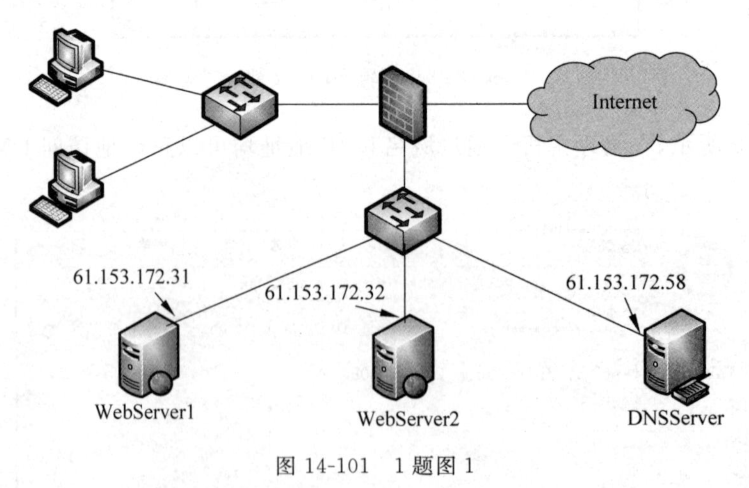

图14-101 1题图1

【问题1】 客户端向DNS服务器发出解析请求后,没有得到解析结果,则___(1)___进行解析。

(1) 备选答案:

A. 查找本地缓存　　　　B. 使用NetBIOS名字解析

C. 查找根域名服务器　　　　D. 查找转发域名服务器

【问题 2】 在图 14-101 中,两台 Web 服务器采用同一域名的主要目的是什么?

【问题 3】 DNS 服务器为 WebServer1 配置域名记录时,在如图 14-102 所示的对话框中,添加的主机"名称"为__(2)__,"IP 地址"是__(3)__。

采用同样的方法为 Webserver2 配置域名记录。

【问题 4】 在 DNS 系统中,反向查询(Reverse Query)的功能是__(4)__。若不希望对域名 www.abc.com 进行反向查询,在如图 14-102 所示的窗体中应如何操作?

【问题 5】 在如图 14-103 所示的 DNS 服务器属性窗口中应如何配置,才能使得两次使用 nslookup www.abc.com 命令得到如图 14-104 所示结果?

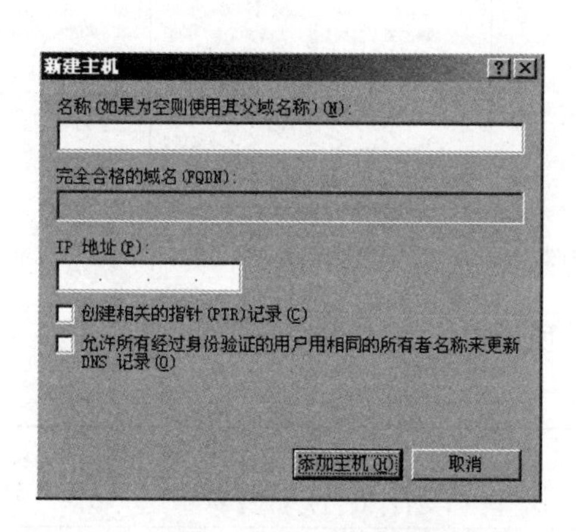

图 14-102　1 题图 2

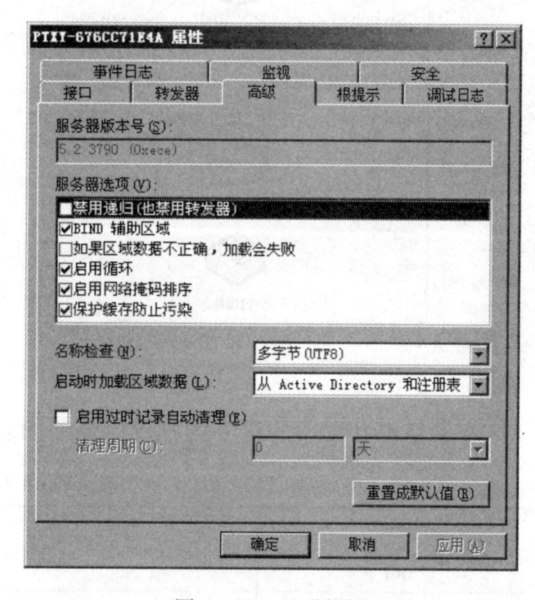

图 14-103　1 题图 3

```
C:\Documents and Setings\asd>nslookup www.abc.com
Server:ns.abc.com
Address:61.153.172.58
Non-authoritative:
Name:www.abc.com
Address: 61.153.172.31,61.153.172.32

C:\ Documents and Setings\asd>nslookup www.abc.com
Server:ns.abc.com
Address:61.153.172.58
Non-authoritative:
Name:www.abc.com
Address: 61.153.172.32,61.153.172.31
```

图 14-104　1 题图 4

【问题6】 要测试DNS服务器是否正常工作，在客户端可以采用的命令是____(5)____或____(6)____。

(5)、(6)备选答案：A. ipconfig　B. nslookup　C. ping　D. netstat

2. 阅读以下说明，回答问题1和问题2，将解答填入答题纸对应的解答栏内。(2012年上半年网络工程师考试真题)

【说明】 某公司总部内采用RIP，网络拓扑结构如图14-105所示。根据业务需求，公司总部的192.168.40.0/24网段与分公司192.168.100.0/24网段通过VPN实现互联。

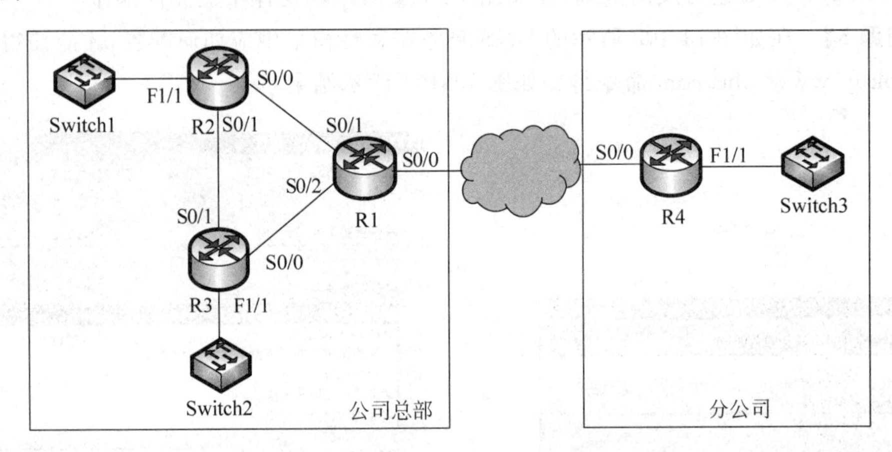

图14-105　2题图

在网络拓扑图中的路由器各接口地址如表14-1所示。

表14-1　2题

名称	接口	IP
R1	S0/0	212.34.17.9/27
R1	S0/1	192.168.10.1/24
R1	S0/2	192.168.20.1/24
R2	S0/0	192.168.10.2/24
R2	S0/1	192.168.30.1/24
R2	F1/1	192.168.40.1/24
R3	S0/0	192.168.20.2/24
R3	S0/1	192.168.30.2/24
R3	F1/1	192.168.50.1/24
R4	S0/0	202.100.2.3/27
R4	F1/1	192.168.100.1/24

【问题1】 根据网络拓扑和需求说明，完成路由器R2的配置。

```
R2#config t
R2 (config)#interface serial 0/0
R2 (config-if)#ip address ____(1)____ ____(2)____
R2 (config-if)#no shutdown
R2(config-if)#exit
R2 (config)#ip routing
```

```
R2(config)#router  (3) ;                        ;(进入 RIP 配置子模式)
R2 (config-router)#network  (4)
R2 (config-router)#network  (5)
R2 (config-router)#network  (6)
R2 (config-router)#version 2                    ;(设置 RIP 版本 2)
R2(config-router)#exit
```

【问题 2】 根据网络拓扑和需求说明,完成(或解释)路由器 R1 的配置。

```
R1(config)# interface serial 0/0
R1 (config-if)# ip address  (7)  (8)
R1 (config-if)# no shutdown
R1 (config)#ip route 192.168.100.0 0.0.0.255 202.100.2.3       ; (9)
R1 (config)#crypto isakmp policy 1
R1 (config-isakmp)#authentication pre-share                     ; (10)
R1 (config-isakmp)#encryption 3des                              ;加密使用 3DES 算法
R1 (config-isakmp)#hash md5                                     ;定义 MD5 算法
R1 (config)#crypto isakmp key test123 address  (11)            ;设置密钥为 test123 和对端地址
R1 (config)#crypto isakmp transform-set link ah-md5-h esp-3des
                                                                 ;指定 VPN 的加密和认证算法。
R1 (config)#access-list 300 permit ip 192.168.100.0 0.0.0.255  ;配置 ACL
R1 (config)#crypto map vpntest 1 ipsec-isakmp                  ;创建 crypto map 名字为 vpntest
R1 (config-crypto-map)#set peer 202.100.2.3                    ;指定链路对端 IP 地址
R1 (config-crypto-map)#set transfrom-set link                  ;指定传输模式 link
R1 (config-crypto-map)#match address 300                        ;指定应用访控列表
R1 (config)# interface serial0/0
R1 (config)#crypto map  (12)                                    ;应用到接口
```

3.【说明】 某单位网络拓扑结构如图 14-106 所示,该单位 Router 以太网接口 E0 接内部交换机 S1,S0 接口连接到电信 ISP 的路由器;交换机 S1 连内部的 Web 服务器、DHCP 服务器、DNS 服务器和部分客户机,服务器均安装 Window Server 2003,办公室的代理服务器(Window XP 系统)安装了两块网卡,分别连交换机 S1、S2,交换机 S1、S2 的端口均在 VLAN1 中。(2012 年下半年网络工程师考试真题)

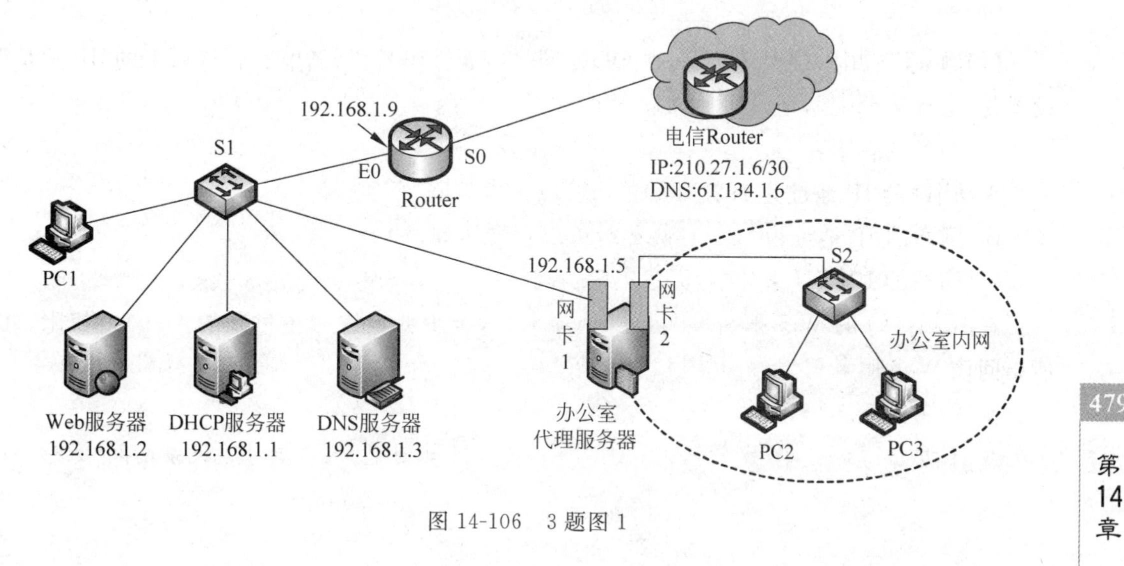

图 14-106 3 题图 1

【问题 1】 根据图 14-106,该单位 Router S0 接口的 IP 地址应设置为 (1) ;在 S0 接口与电信 ISP 路由器接口构成的子网中,广播地址为 (2) 。

【问题 2】 办公室代理服务器的网卡 1 为静态地址,在网卡 1 上启用 Window XP 内置的"Internet 连接共享"功能,实现办公室内网的共享服务代理;那么通过该共享功能自动分配给网卡 2 的 IP 地址是 (3) 。

【问题 3】 在 DHCP 服务的安装过程中,租约期限一般默认 (4) 天。

【问题 4】 该单位路由器 Router 的 E0 口设置为 192.168.1.9/24,若在 DHCP 服务器上配置、启动、激活 DHCP 服务后,查看 DHCP 地址池的结果如图 14-107 所示。

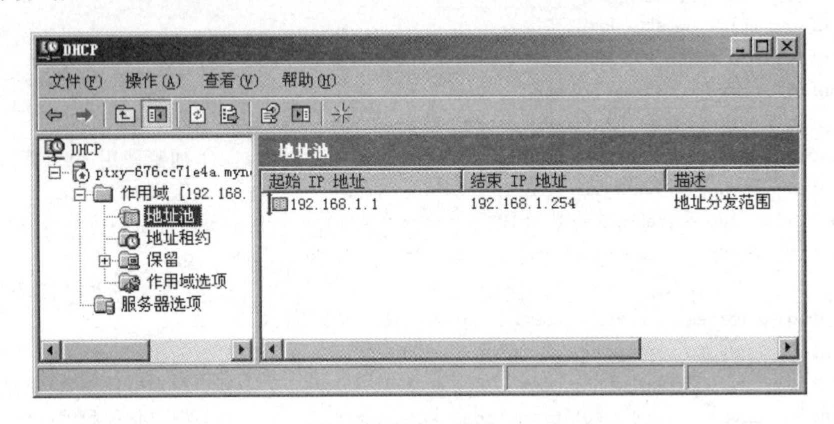

图 14-107 3 题图 2

为了满足图 14-106 的功能,在 DHCP 服务器地址池配置操作中还应该增加什么操作?

【问题 5】 假如在图 14-106 中移除 DHCP 服务器,改由单位 Router 来提供 DHCP 服务,在 Router 上配置 DHCP 服务时用到了如下命令,请在下画线处将命令行补充完整。

```
Router(config)# ip  (5)  hkhk                    //配置 DHCP 地址池名为 hkhk
Router(dhcp-config)#  (6)  192.168.1.0 255.255.255.0
Router(dhcp-config)#  (7)  192.168.1.9
```

【问题 6】 如图 14-108 所示,在 QQQ 网站的属性窗口中,若"网站"选项卡的"IP 地址"设置为"全部未分配",则说明 (8) 。

空(8)备选答案:

A. 网站的 IP 地址为 192.168.1.1,可以正常访问

B. 网站的 IP 地址为 192.168.1.2,可以正常访问

C. 网站的 IP 地址未分配,无法正常访问

在图 14-109 的 Web 服务"主目录"选项卡上,至少要设置对主目录的 (9) 权限,才能访问该 Web 服务器。

空(9)备选答案:

A. 读取　　B. 写入　　C. 目录浏览　　D. 记录访问

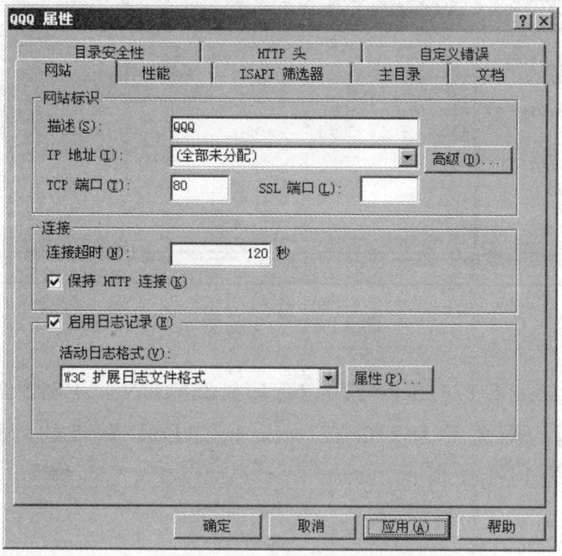

QQQ 属性

目录安全性　HTTP 头　自定义错误
网站　性能　ISAPI 筛选器　主目录　文档

网站标识
描述(S):　QQQ
IP 地址(I):　(全部未分配)　高级(D)...
TCP 端口(T):　80　SSL 端口(L):

连接
连接超时(N):　120 秒
☑ 保持 HTTP 连接(K)

☑ 启用日志记录(E)
活动日志格式(V):
W3C 扩展日志文件格式　属性(P)...

确定　取消　应用(A)　帮助

图 14-108　3 题图 3

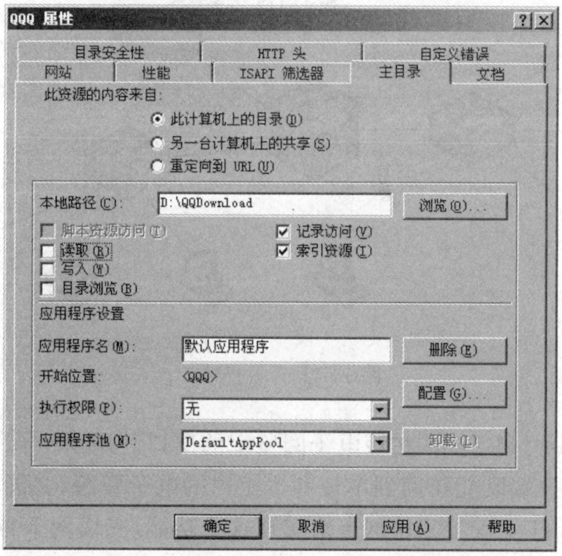

QQQ 属性

目录安全性　HTTP 头　自定义错误
网站　性能　ISAPI 筛选器　主目录　文档

此资源的内容来自:
◉ 此计算机上的目录(D)
○ 另一台计算机上的共享(S)
○ 重定向到 URL(U)

本地路径(C):　D:\QQDownload　浏览(O)...
☐ 脚本资源访问(T)　☑ 记录访问(V)
☐ 读取(R)　☑ 索引资源(I)
☐ 写入(W)
☐ 目录浏览(B)

应用程序设置
应用程序名(M):　默认应用程序　删除(E)
开始位置:　<QQQ>
执行权限(P):　无　配置(G)...
应用程序池(N):　DefaultAppPool　卸载(L)

确定　取消　应用(A)　帮助

图 14-109　3 题图 4

【问题 7】 按系统默认的方式配置了 KZ 和 QQQ 两个网站(如图 14-110 所示),此时两个网站均处于停止状态,若要使这两个网站能同时工作,请给出三种可行的解决方法。

解决办法:

方法一:＿＿(10)＿＿;方法二:＿＿(11)＿＿;方法三:＿＿(12)＿＿。

4. 阅读以下说明,回答问题 1~4,将解答填入答题纸对应的解答栏内。(2012 年下半年网络工程师考试真题)

【说明】 某学校的图书馆电子阅读室已经连接为局域网(局域网段 192.168.1.0/24),在原有接入校园网的基础上又租用了一条电信的 ADSL 宽带接入来满足用户的上网需求。

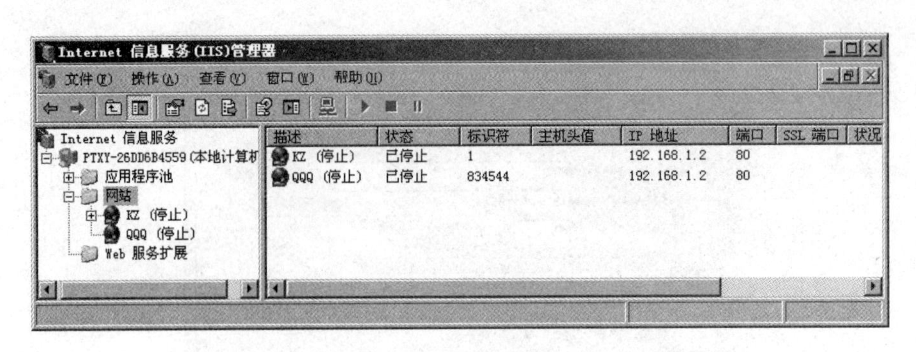

图 14-110　3 题图 5

其中，校园网网段为 210.27.176.0 ～ 210.27.191.255，DNS 为 210.27.176.3，子网按照 C 类网络划分，每个子网的网关都为 210.27.xxx.1。ADSL 宽带的网络地址由电信自动分配。具体网络结构如图 14-111 所示。

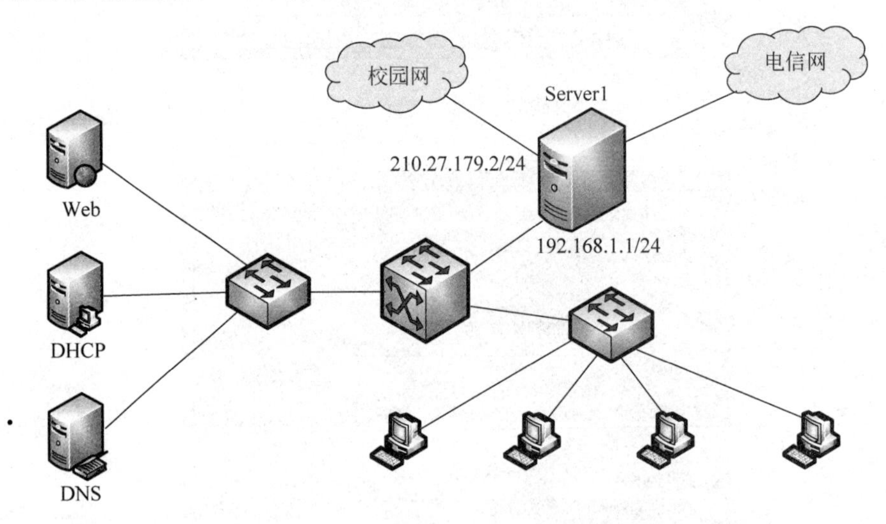

图 14-111　4 题图 1

【问题 1】 如图 14-111 所示，在该电子阅览室的出口利用了一台安装 Windows Server 2003 的服务器实现客户端既能访问到本校和本馆内的电子资源，又能通过 ADSL 访问外部资源。现计划在 Server1 上安装三块网卡来实现这个功能，三块网卡首先需要在如图 14-112 所示的界面上配置 IP 地址等信息。按照题目要求选择(1)～(6)中的正确选项。

网卡 1：连接电子阅览室内网，IP 地址：192.168.1.1，子网掩码 255.255.255.0，网关：__(1)__，DNS：__(2)__。

网卡 2：连接 ADSL 电信网，IP 地址：__(3)__，DNS：__(4)__。

网卡 3：连接校园网，IP 地址：__(5)__，子网掩码：255.255.255.0，

网关：__(6)__，DNS：210.27.176.3。

空(1)～(6)备选答案：

A. 192.168.1.1　　B. 自动获取　　C. 192.168.1.2

D. 不确定，保持为空　　E. 210.22.179.2　　F. 210.27.179.1

G. 255.255.255.0

图 14-112　4 题图 2

【问题 2】 在 Server1 上开启路由和远程访问服务出现如图 14-113 所示的窗口，在继续配置“网络接口”时，出现如图 14-114 所示的对话框，应该选择“ （7） ”，然后输入 ADSL 账号和密码完成连接建立过程。

图 14-113　4 题图 3

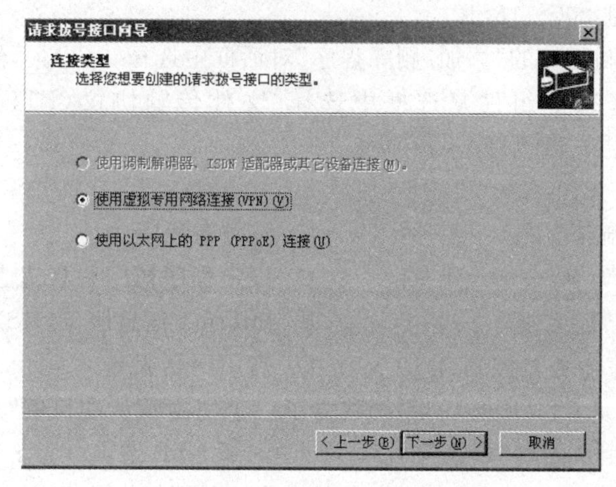

图 14-114　4 题图 4

为了使客户机自动区分电子阅览室内网、校园网和ADSL电信网，还需新建一个批处理文件route.bat，并把路由功能加入到服务器中，route.bat文件内容如下所示，完成相关配置。

```
cd\
route delete   (8)                                          //删除默认路由
route add   (9)   mask 255.255.255.0 192.168.1.1            //定义内网路由
route add   (10)   mask 255.255.255.0 210.27.176.1          //定义校园网一个网段路由
…                                                           //依次定义校园网其他各网段路由
```

【问题3】 因为电子阅览室的DHCP服务器设备老化需要更换，原有的DHCP服务器内容需要转移到新的服务器设备上，这时采用导入导出方式进行配置的迁移，采用的步骤如下。

(1) 在原有的DHCP服务器命令行模式下输入"netsh dhcp server export c:\dhcpbackup.txt"命令，将该文件复制到新服务器的相同位置。

(2) 在新的服务器上安装好DHCP服务后，在命令行模式下输入"__(11)__"命令，即可完成DHCP服务器的迁移。

(3) 在迁移操作时，一定要使用系统__(12)__组的有效账户。

【问题4】

(1) 若电子阅览室的客户机访问Web服务器时，出现"HTTP错误401.1-未经授权；访问由于凭据无效被拒绝。"现象，则需要在控制面板—管理工具—计算机管理—本地用户和组，将__(13)__账号启用来解决此问题。

(2) 若出现"HTTP错误401.2-未经授权；访问由于配置被拒绝。"的现象，造成错误的原因是身份验证设置问题，一般应将其设置为__(14)__身份认证

空(13)、(14)备选答案：

A. IUSR_计算机名　　B. Administrator　　C. Guest　　D. 匿名

5. 阅读以下说明，回答问题1～6，将解答填入答题纸对应的解答栏内。(2007年下半年网络工程师真题)

【说明】 某公司要在Windows 2003 Server上搭建内部FTP服务器，服务器分配有一个静态的公网IP地址200.115.12.3。

【问题1】 在控制面板的"添加/删除程序"对话框中选择__(1)__，然后进入"应用程序服务器"选项，在__(2)__组件复选框中选择"文件传输协议(FTP)服务"，就可以在Windows 2003中安装FTP服务。

备选答案：

(1) A. 更改或删除程序　　B. 添加新程序
　　C. 添加/删除Windows组件　　D. 设定程序访问和默认值

(2) A. ASP.NET　　B. Internet信息服务(IIS)
　　C. 应用程序服务器控制台　　D. 启用网络服务

【问题2】 安装完FTP服务后，系统建立了一个使用默认端口的"默认FTP站点"，若要新建另一个使用"用户隔离"模式的FTP站点"内部FTP站点"，为了使两个FTP服务器不产生冲突，在如图14-115所示的内部FTP站点属性对话框中的IP地址应配置为__(3)__，

端口号应配置为 (4) 。

备选答案：

(3) A. 127.0.0.1　　B. 202.115.12.3

C. 202.115.12.4　　D. 192.168.0.0

(4) A. 20　　B. 21

C. 80　　D. 服务器 1024～65 535 中未用端口号

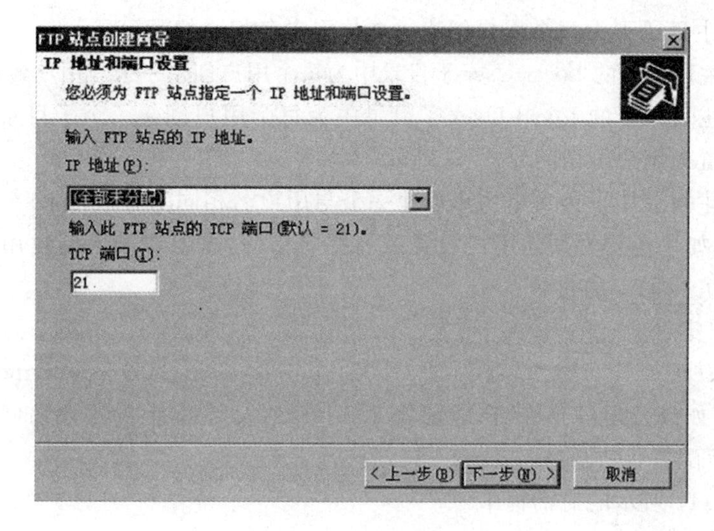

图 14-115　5 题图 1

【问题 3】 在图 14-116 中，新建 FTP 站点的默认主目录为 (5) 。

备选答案：

(5) A. C:\inetpub\ftproot　　B. C:\ftp

C. C:\ftp\root　　D. C:\inetpub\wwwroot

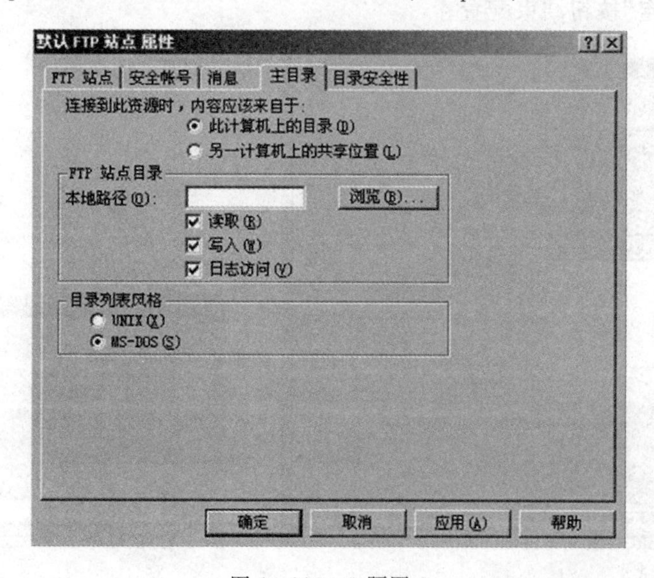

图 14-116　5 题图 2

【问题 4】 公司要为每个员工在服务器上分配一个不同的 FTP 访问目录，且每个用户只能访问自己目录中的内容，需要进行以下操作：__(6)__和__(7)__。

备选答案：

(6) A. 为每个员工分别创建一个 Windows 用户

B. 在“内部 FTP 站点”中为每个员工分别创建一个用户

C. 为每个员工分别设置一个用户名和密码

(7) A. 在主目录下为每个用户创建一个与用户名相同的子目录

B. 在主目录下的 Local User 子目录中为每个用户创建一个与用户名相同的子目录

C. 在主目录下的 Local User 子目录中为每个用户创建一个子目录，并在 FTP 中设置为用户可访问

D. 在主目录中下为每个用户创建一个与用户名相同的虚拟目录

【问题 5】 如果还要为其他用户设置匿名登录访问，需要在以上创建用户目录的同一目录下创建名为__(8)__的目录。

备选答案：

(8) A. iUser　　B. users　　C. public　　D. anonymous

【问题 6】 如果公司只允许 IP 地址段 200.115.12.0/25 上的用户访问“内部 FTP 站点”，应进行如下配置。

在如图 14-117 所示的对话框中：

(1) 选中__(9)__单选按钮；

(2) 单击“添加”按钮，打开如图 14-118 所示的对话框。

在如图 14-118 所示的对话框中：

(1) 选中“一组计算机”单选按钮；

(2) 在“IP 地址”输入框中填入地址__(10)__，在“子网掩码”输入框中填入 255.255.255.128；

(3) 单击“确定”按钮结束配置。

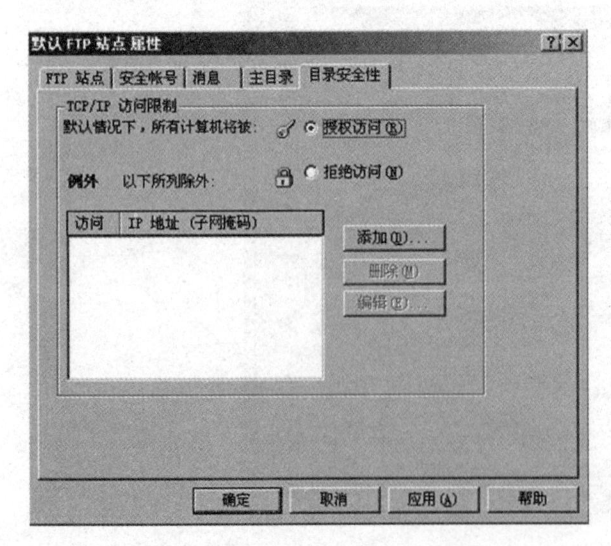

图 14-117　5 题图 3

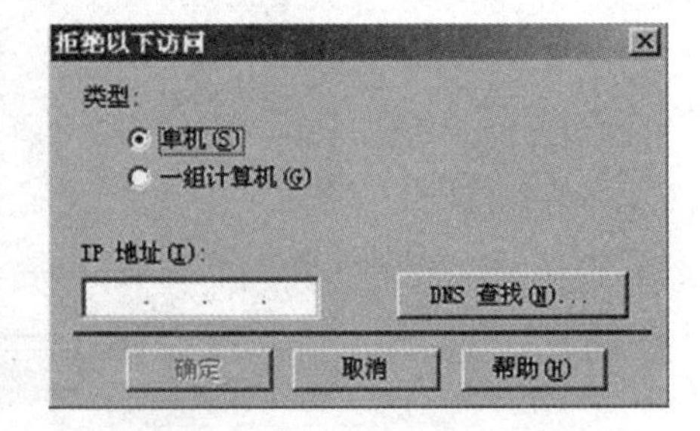

图 14-118　5 题图 4

6. 阅读以下说明，回答问题1～4，将解答填入答题纸对应的解答栏内。（2008年下半年网络工程师考试真题）

【说明】 2007年间，ARP木马大范围流行。木马发作时，计算机网络连接正常却无法打开网页。由于ARP木马发出大量欺骗数据包，导致网络用户上网不稳定，甚至网络短时瘫痪。

【问题1】 ARP木马利用___(1)___协议设计之初没有任何验证功能这一漏洞而实施破坏。

【问题2】 在以太网中，源主机以___(2)___方式向网络发送含有目的主机IP地址的ARP请求包；目的主机或另一个代表该主机的系统，以___(3)___方式返回一个含有目的主机IP地址及其MAC地址对的应答包。源主机将这个地址对缓存起来，以节约不必要的ARP通信开销。ARP___(4)___必须在接收到ARP请求后才可以发送应答包。

备选答案：

(2) A. 单播　　B. 多播　　C. 广播　　D. 任意播

(3) A. 单播　　B. 多播　　C. 广播　　D. 任意播

(4) A. 规定　　B. 没有规定

【问题3】 ARP木马利用感染主机向网络发送大量虚假ARP报文，主机___(5)___导致网络访问不稳定。例如，向被攻击主机发送的虚假ARP报文中，目的IP地址为___(6)___，目的MAC地址为___(7)___。这样会将同网段内其他主机发往网关的数据引向发送虚假ARP报文的机器，并抓包截取用户口令信息。

备选答案：

(5) A. 只有感染ARP木马时才会

B. 没有感染ARP木马时也有可能

C. 感染ARP木马时一定会

D. 感染ARP木马时一定不会

(6) A. 网关IP地址　　B. 感染木马的主机IP地址

C. 网络广播IP地址　　D. 被攻击主机IP地址

(7) A. 网关MAC地址　　B. 被攻击主机MAC地址

C. 网络广播MAC地址　　D. 感染木马的主机MAC地址

【问题4】 网络正常时，运行如下命令，可以查看主机ARP缓存中的IP地址及其对应的MAC地址。

```
C:\> arp ___(8)___
```

备选答案：

(8) A. -s　　B. -d　　C. -all　　D. -a

假设在某主机运行上述命令后，显示如图14-119所示信息。

```
Interface: 172.30.1.13 --- 0x30002
  Internet Address      Physical Address      Type
  172.30.0.1            00-10-db-92-aa-30     dynamic
```

图14-119　6题图1

00-10-db-92-aa-30 是正确的 MAC 地址。在网络感染 ARP 木马时,运行上述命令可能显示如图 14-120 所示信息。

```
Interface: 172.30.1.13 --- 0x30002
  Internet Address      Physical Address      Type
  172.30.0.1            00-10-db-92-00-31     dynamic
```

图 14-120　6 题图 2

当发现主机 ARP 缓存中的 MAC 地址不正确时,可以执行如下命令清除 ARP 缓存。

C:\> arp ＿(9)＿

备选答案:

(9) A. -s　　B. -d　　C. -all　　D. -a

之后,重新绑定 MAC 地址,命令如下。

C:\> arp -s ＿(10)＿ ＿(11)＿

(10) A. 172.30.0.1　　B. 172.30.1.13
　　C. 00-10-db-92-aa-30　　D. 00-10-db-92-00-31

(11) A. 172.30.0.1　　B. 172.30.1.13
　　C. 00-10-db-92-aa-30　　D. 00-10-db-92-00-31

二、选择题

1. 以下关于 DNS 服务器的说法中,错误的是________。
   A. DNS 的域名空间是由树状结构组织的分层域名
   B. 转发域名服务器位于域名树的顶层
   C. 辅助域名服务器定期从主域名服务器获得更新数据
   D. 转发域名服务器负责所有非本地域名的查询

2. 某单位架设了域名服务器来进行本地域名解析,在客户机上运行 nslookup 查询某服务器名称时能解析出 IP 地址,查询 IP 地址时却不能解析出服务器名称,解决这一问题的方法是________。
   A. 在 DNS 服务器区域上允许动态更新
   B. 在客户机上用 ipconfig/flushdns 刷新 DNS 缓存
   C. 在 DNS 服务器上为该服务器创建 PTR 记录
   D. 重启 DNS 服务

3. 下列关于 DHCP 配置的叙述中,错误的是________。
   A. 在 Windows 环境下,客户机可用命令 ipconfig /renew 重新申请 IP 地址
   B. 若可供分配的 IP 地址较多,可适当增加地址租约期限
   C. DHCP 服务器不需要配置固定的 IP 地址
   D. DHCP 服务器可以为不在同一网段的客户机分配 IP 地址

4. 某单位局域网配置如图 14-121 所示,PC2 发送到 Internet 上的报文源 IP 地址为________。
   A. 192.168.0.2　　B. 192.168.0.1　　C. 202.117.112.1　　D. 202.117.112.2

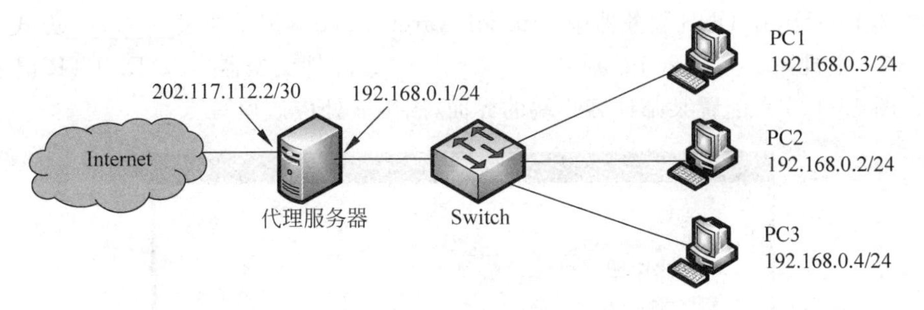

图 14-121　4 题图

5. 某公司域名为 pq. com，其中，POP 服务器的域名为 pop. pq. com，SMTP 服务器的域名为 smtp. pq. com，配置 Foxmail 邮件客户端时，在发送邮件服务器栏应填写________。

A. pop. pq. com　　B. smtp. pq. com　　C. pq. com　　D. pop3. pq. com

6. 续上一题，在接收邮件服务器栏应该填写________。

A. pop. pq. com　　B. smtp. pq. com　　C. pq. com　　D. pop3. pq. com

7. DNS 服务器中的资源记录分成不同类型，其中，指明区域主服务器和管理员邮件地址的是________。

A. SOA 记录　　B. PTR 记录　　C. MX 记录　　D. NS 记录

8. 续上一题，指明区域邮件服务器地址的是________。

A. SOA 记录　　B. PTR 记录　　C. MX 记录　　D. NS 记录

9. 在 Windows 操作系统中，________文件可以帮助域名解析。

A. cookis　　B. index　　C. hosts　　D. default

10. 由 DHCP 服务器分配的默认网关地址是 192. 168. 3. 33/28，________是本地主机的有效地址。

A. 192. 168. 5. 32　　B. 192. 168. 5. 55

C. 192. 168. 5. 47　　D. 192. 168. 5. 40

11. 在 Windows 客户端运行 nslookup 命令，结果如图 14-122 所示。为 www. softwaretest. com 提供解析的是________。

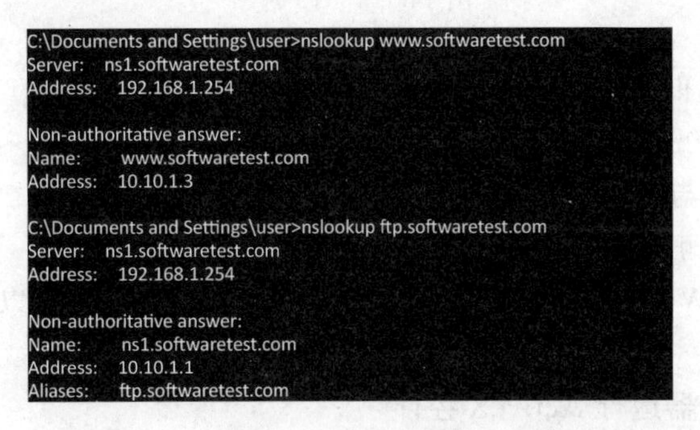

图 14-122　11 题图

A. 192. 168. 1. 254　　B. 10. 10. 1. 3

C. 10. 10. 1. 1　　D. 192. 168. 1. 1

12. 续上一题，在 DNS 服务器中，ftp. softwaretest. com 记录通过________方式建立。

A. 主机　　B. 别名　　C. 邮件交换器　　D. PTR 记录

13. 图 14-123 是配置某邮件客户端的界面，图中 a 处应该填写________。

新建帐号

帮助

接收服务器类型: POP3

邮件帐号:

密码:

POP 服务器: a　SSL　端口: b

SMTP服务器: smtp. abc. com　SSL　端口:

如果服务器支持，就使用STARTTLS加密传输(T)

代理设置

返回　创建　取消

图 14-123　13 题图

A. abc. com　　B. POP3. abc. com　　C. POP. com　　D. PO3. com

14. 续上一题，b 处应该填写________。

A. 25　　B. 52　　C. 100　　D. 110

15. 如图 14-124 所示，从输出的信息中可以确定的是________。

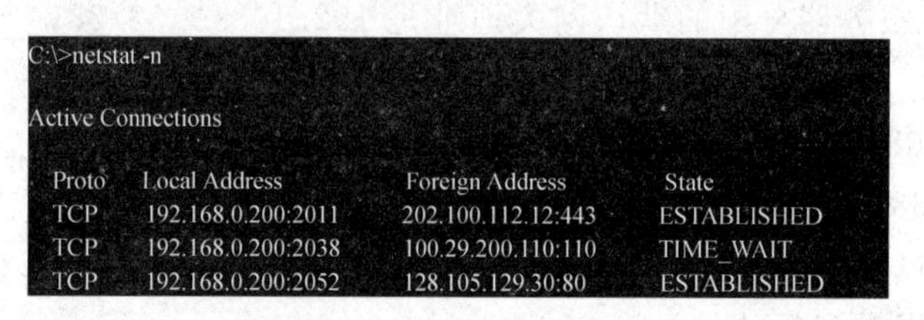

C:\>netstat -n
Active Connections
Proto　Local Address　Foreign Address　State
TCP　192.168.0.200:2011　202.100.112.12:443　ESTABLISHED
TCP　192.168.0.200:2038　100.29.200.110:110　TIME_WAIT
TCP　192.168.0.200:2052　128.105.129.30:80　ESTABLISHED

图 14-124　15 题图

A. 本地主机正在使用的端口号是公共端口号

B. 192. 168. 0. 200 正在与 128. 105. 129. 30 建立连接

C. 本地主机与 202. 100. 112. 12 建立了安全连接

D. 本地主机正在与 100. 29. 200. 110 建立连接

16. 为防止 WWW 服务器与浏览器之间传输的信息被窃听，可以采取________来防止该事件的发生。

A. 禁止浏览器运行 ActiveX 控件

B. 索取 WWW 服务器的 CA 证书

C. 将 WWW 服务器地址放入浏览器的可信任站点区域

D. 使用 SSL 对传输的信息进行加密

17. 默认情况下，远程桌面用户组（Remote Desktop Users）成员对终端服务器________。

A. 具有完全控制权　　B. 具有用户访问权和来宾访问权

C. 仅具有来宾访问权　　D. 仅具有用户访问权

18. Windows Server 2003 采用了活动目录(Active Directory)对网络资源进行管理,活动目录需安装在________分区。

A. FAT 16　　B. FAT32　　C. ext2　　D. NTFS

19. IIS 6.0 将多个协议结合起来组成一个组件,其中不包括________。

A. POP3　　B. SMTP　　C. FTP　　D. DNS

20. 在 Windows 系统中,进行域名解析时,客户端系统会首先从本机的________文件中寻找域名对应的 IP 地址。

A. hosts　　B. imhosts　　C. networks　　D. dnsfile

21. 续上一题,在该文件中,默认情况下必须存在的一条记录是________。

A. 192.168.0.1gateway　　B. 224.0.0.0multicast

C. 0.0.0.0source　　D. 127.0.0.0localhost

22. 某网络结构如图 14-125 所示。在 Windows 操作系统中,Server1 通过安装________组件创建 Web 站点。

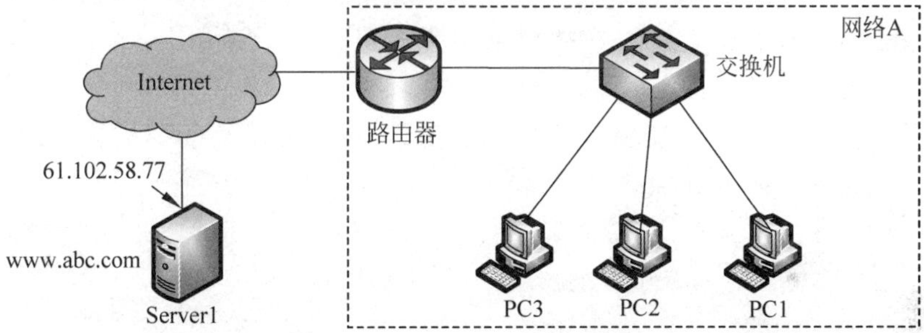

图 14-125　22 题图

A. IIS　　B. IE　　C. WWW　　D. DNS

23. 续上一题,PC1 的用户在浏览器地址栏中输入 www.abc.com 后无法获取响应页面,管理人员在 Windows 操作系统下可以使用________判断故障发生在网络 A 内还是网络 A 外。

A. ping 61.102.58.77　　B. tracert 61.102.58.77

C. netstat 61.102.58.77　　D. arp 61.102.58.77

24. 续上一题,如果使用 ping 61.102.58.77 命令对服务器 Server1 的问题进行测试,响应正常,则可能出现________。

A. 网关故障　　B. 线路故障

C. 域名解析故障　　D. 服务器网卡故障

25. 校园网连接运营商的 IP 地址为 202.117.113.3/30,本地网关的地址为 192.168.1.254/24,如果本地计算机采用动态地址分配,在图 14-126 中应________。

A. 选取"自动获得 IP 地址"

B. 配置本地计算机的 IP 地址为 192.168.1.X

C. 配置本地计算机的 IP 地址为 202.115.113.X

D. 在网络 169.254.X.X 中选取一个不冲突的 IP 地址

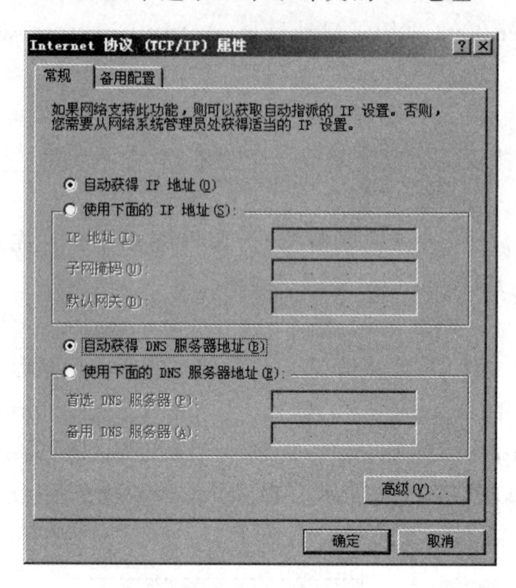

图 14-126　25 题图

附　　录

附录A　部分习题参考答案

第1章　计算机网络概述

二、选择题

1～5　DBCAB　　6～10　ADCAA　　11～15　BABAA

16～20　BDDAA　　21～25　BDBDB

第2章　物理层

一、简答题

5.

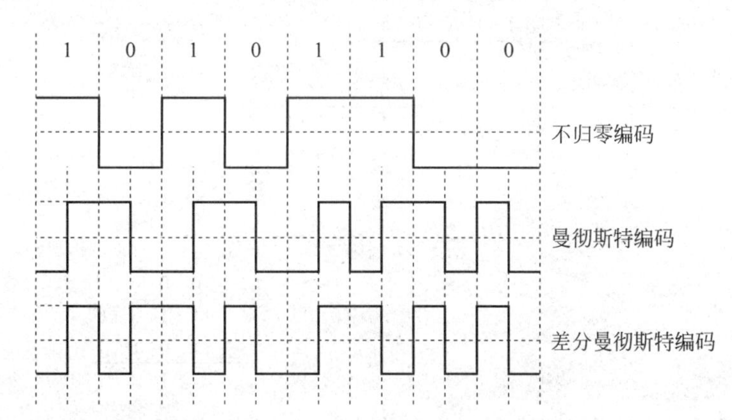

6. 根据奈奎斯特定理：

$$C = 2W\log_2 V = 2 \times 6 \times 10^6 \times \log_2 4 = 24\text{Mb/s}$$

7. $20\text{dB}=10\log_{10} S/N$，可知 $S/N=100$。

根据香农公式：

$$C = W\log_2(1+S/N)\text{b/s} = 3000 \times \log_2^{(1+100)} \approx 19\,975\text{b/s}$$

15. 将接收器收到的码片序列分别与各站的码片序列进行规格化内积：

$$\frac{1}{8}\times(-1+1-3+1-1-3+1+1)\cdot(-1-1-1+1+1-1+1+1)=1$$

$$\frac{1}{8}\times(-1+1-3+1-1-3+1+1)\cdot(-1-1+1-1+1+1+1-1)=-1$$

$$\frac{1}{8}\times(-1+1-3+1-1-3+1+1)\cdot(-1+1-1+1+1+1-1-1)=0$$

$$\frac{1}{8}\times(-1+1-3+1-1-3+1+1)\cdot(-1+1-1-1-1-1+1-1)=1$$

从计算结果可以看出，A和D发送比特1，B发送比特0，C未发送数据。

二、选择题

1～5　DDDDB	6～10　CADBD	11～15　DABDB
16～20　DBCDC	21～25　CCCAB	26～30　CBBDD
31～35　BCCCB	36～40　BBDCC	41～45　DADBD
46～50　CBABC		

第3章　数据链路层

一、简答题

4. PPP用于异步链路时，采用字节填充法，定界标志是十六进制7E，转义字符为7D，且当数据部分出现7E和7D时，将每个7E转义为2字节序列(7D 5E)，每个7D转义为2字节序列(7D 5D)。故数据经转义后的数据形式为：5E **7D 5E 7D 5D** 5D **7D 5D 7D 5D**。

5. 解：生成多项式 X^4+X^3+1 对应的二进制代码为11001，1011001111010000模2除以11001的过程如下。

```
                    1 1 0 1 0 1 0 0 1 1 1 0
1 1 0 0 1 | 1 0 1 1 0 0 1 1 1 1 0 1 0 0 0 0
            1 1 0 0 1
              1 1 1 1 0
              1 1 0 0 1
                  1 1 1 1 1
                  1 1 0 0 1
                      1 1 0 1 1
                      1 1 0 0 1
                            1 0 0 1 0
                            1 1 0 0 1
                              1 0 1 1 0
                              1 1 0 0 1
                                1 1 1 1 0
                                1 1 0 0 1
                                    1 1 1 0
```

由以上计算可得余数为1110，所以实际发送的二进制数字序列为1011001111011110。

6. 生成多项式为 X^4+X^3+1 对应的二进制代码为11001，用101110110101除以11001，过程如下。

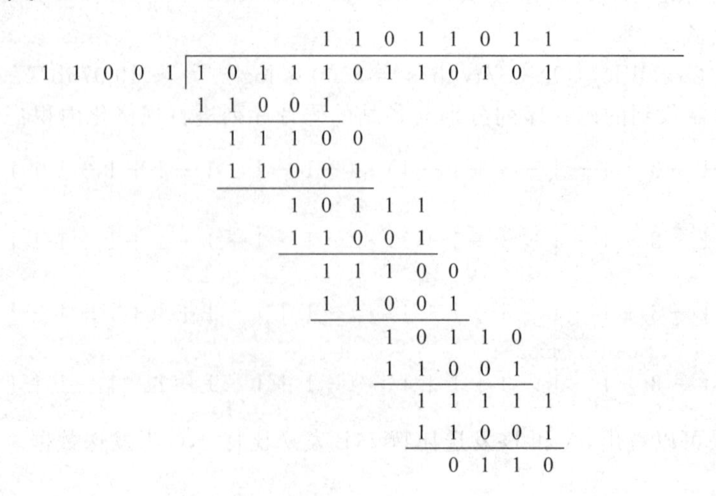

得余数为 0110。余数不为 0,说明传输中出错。

7. PPP 用于异步链路时,采用字节填充法,定界标志是十六进制 7E,转义字符为 7D,且当数据部分出现 7E 和 7D 时,将每个 7E 转义为 2 字节序列(7D 5E),每个 7D 转义为 2 字节序列(7D 5D)。故真正传输的数据为:7E FE 27 7D 7D 65 7E。

9. 011110111110111110 经位填充后的输出串为 01111011111***0***011111***0***10。

二、选择题

1～5 CACDD	6～10 BADBC	11～15 BBABB
16～20 BDBDC	21～25 BBACC	26～30 BCCCB
31～35 ACABB	36～40 BBBBD	41～45 CBABD
46～50 DCCCD	51～55 DBABC	56～57 BC

第 4 章 网络层

一、简答题

10. 因 IP 数据报固定首部长度为 20B,因此 8888B 长的数据报中的有效数据长度为 8868B。又因以太网 MTU 为 1500B,因此,最大有效数据长度为 1480B。8868÷1480=5…1468,于是 8868B 长的数据应分为 6 个分片,各分片的长度和 MF 标志值如附表 A-1 所示。

附表 A-1 10 题表

分 片	总长度/B	数据长度/B	MF	片 偏 移
原始数据报	8888	3980	0	0
数据报分片 1	1500	1480	1	0×1480/8=0
数据报分片 2	1500	1480	1	1×1480/8=185
数据报分片 3	1500	1480	1	2×1480/8=370
数据报分片 4	1500	1480	1	3×1480/8=555
数据报分片 5	1500	1480	1	4×1480/8=740
数据报分片 6	1488	1468	0	5×1480/8=925

11. 6 次

12. 子网号取 3 位,子网掩码为 255.255.255.224,每个子网最多可以包含 $2^{8-3}-2=30$ 台主机。

如果子网号按从小到大依次分配,则前 5 个子网的最小地址、最大地址、最小可分配地址和最大可分配地址如附表 A-2 所示。

附表 A-2 12 题表

子 网	最 小 地 址	最 大 地 址	最小可分配地址	最大可分配地址
218.88.66.32	218.88.66.32	218.88.66.63	218.88.66.33	218.88.66.62
218.88.66.64	218.88.66.32	218.88.66.95	218.88.66.65	218.88.66.94
218.88.66.96	218.88.66.96	218.88.66.127	218.88.66.97	218.88.66.126
218.88.66.128	218.88.66.128	218.88.66.159	218.88.66.129	218.88.66.158
218.88.66.160	218.88.66.160	218.88.66.191	218.88.66.161	218.88.66.190

13. 如附表 A-3 所示。

附表 A-3　13 题表

子　　网	子网掩码	IP 地址范围
8.0.0.0	255.224.0.0	8.0.0.0～8.31.255.255
8.32.0.0	255.224.0.0	8.32.0.0～8.63.255.255
8.64.0.0	255.224.0.0	8.64.0.0～8.95.255.255
8.96.0.0	255.224.0.0	8.96.0.0～8.127.255.255
8.128.0.0	255.224.0.0	8.128.0.0～8.159.255.255
8.160.0.0	255.224.0.0	8.160.0.0～8.191.255.255
8.192.0.0	255.224.0.0	8.192.0.0～8.223.255.255
8.224.0.0	255.224.0.0	8.224.0.0～8.255.255.255

14. (1) 将各 IP 地址依次与表中各行的子网掩码进行与运算,并将运算结果与该行的目的网络地址进行比较可知:

① 201.101.111.166 只与默认路由匹配,故其最佳路由为序号为 5 的路由。

② 188.166.60.66 与序号为 1 的目的网络地址匹配,故其最佳路由为序号为 1 的路由。

③ 188.166.94.66 的最佳路由序号为 2。

④ 188.166.222.66 的最佳路由序号为 5。

⑤ 188.166.126.66 的最佳路由序号为 3。

⑥ 188.166.129.66 的最佳路由序号为 4。

(2) 由于该路由器 R1 的 F0/1 接口连接的是一个从 B 类地址划分了子网后的网络,其中子网号占 3 位,子网号的二进制形式为 001。于是主机号占 16－3＝13 位,将 7230 转换成二进制为 11100 00111110,将子网号与主机号合在一起就是 00111100 00111110,点分十进制就是 60.62,R1 的 F0/1 接口完整的 IP 地址就是 188.166.60.62。

15. (1)由于前面的两个字节(16 位)相同,因此只需要关注第三个字节的数,将十进制 129、130、131、132、133、135 转换成二进制如附表 A-4 所示。

附表 A-4　15 题表

十进制形式	二进制形式
129	10000001
130	10000010
131	10000011
132	10000100
133	10000101
135	10000111

可见,这 6 个数共同的部分为 5 位灰色底纹部分,可以写成二进制形式为 10000000,对应的十进制就是 128,共同前缀长度为 16＋5＝21,故聚合的网络地址为 218.88.128.0/21。

(2) 由于首地址块第三字节 129 不能被 6 整除,且地址块不连续,故不能构造成超网,需要添加地址块 218.88.128.0/24 和 218.88.134.0/24 后才能构造成一个超网,该超网的 CIDR 记法为 218.88.128.0/21。

20. 路由器 A 将收到路由信息的下一跳路由器设置为 C，距离均加 1，如附表 A-5 所示。

附表 A-5　20 题表

路由器 B 自身的路由信息	收到的路由信息
N1　4　B	N1　3　C
N2　2　C	N2　2　C
N3　1　F	N3　4　C
N4　5　G	

然后将此路由信息与自身的路由表信息逐项进行比对，更新后的路由表如下，后面的汉字为注释。

```
N1  3  C            //不同的下一跳,距离更短,更新
N2  2  C            //相同的下一跳,距离一样,不更新
N3  1  F            //不同的下一跳,距离更大,不更新
N4  5  G            //无新信息,不更新
```

二、选择题

1～5　CBDAC　　6～10　BCACA　　11～15　ABBAC
16～20　BCCDC　　21～25　BCCAD　　26～30　CBCCB
31～35　BACDC　　36～40　ABCBB　　41～45　ABACC
46～50　BDABB　　51～55　ABBAA　　56～60　BBBAD
61～65　BBCAA　　66～70　CBDBA　　71～75　CACBC
76～80　CBBAB　　81～85　CDACB　　86～90　ABADC
91～95　ABACB　　96～100　BCDCD　　101～105　CBCCC
106～110　ACBCB　　111～115　BDCBA　　116～120　ACBAC
121～125　CDBAC

第 5 章　运输层

一、简答题

10. (1) 第一个报文段的数据序号是 70～99，共 30B 的数据。

(2) 确认号应为 100。

(3) 80B。

(4) 70

11. 携带了 TCP 报文的 IP 数据报的组成部分如附图 A-1 所示。

IP头部	TCP头部	数据

附图 A-1　11 题图

根据题意，IP 头部长 20B，TCP 头部长 32B，总长度 04B0 对应的十进制数为 $4\times16^2+11\times16=1200$，所以有效的用户数据部分的长度为 $1200-(20+32)=1148$B。

12. 携带了 TCP 报文的 IP 数据报的组成部分如附图 A-2 所示。

IP头部	TCP头部	数据

附图 A-2　12 题图

根据题意，IP 头部长 20B，TCP 头部长 32B，所以有效的用户数据部分的长度为 1000－52＝948B。

该 TCP 数据报的字节序列号字段的值为十进制 20 322 073，也就是该报文中携带的用户数据的第一个字节的编号为 20322073，最后一个字节的编号为 20322073＋948－1＝20323020。因此，下一个 TCP 数据段的序列号就是 20323020＋1＝20323021。

17. 如附图 A-3 所示。

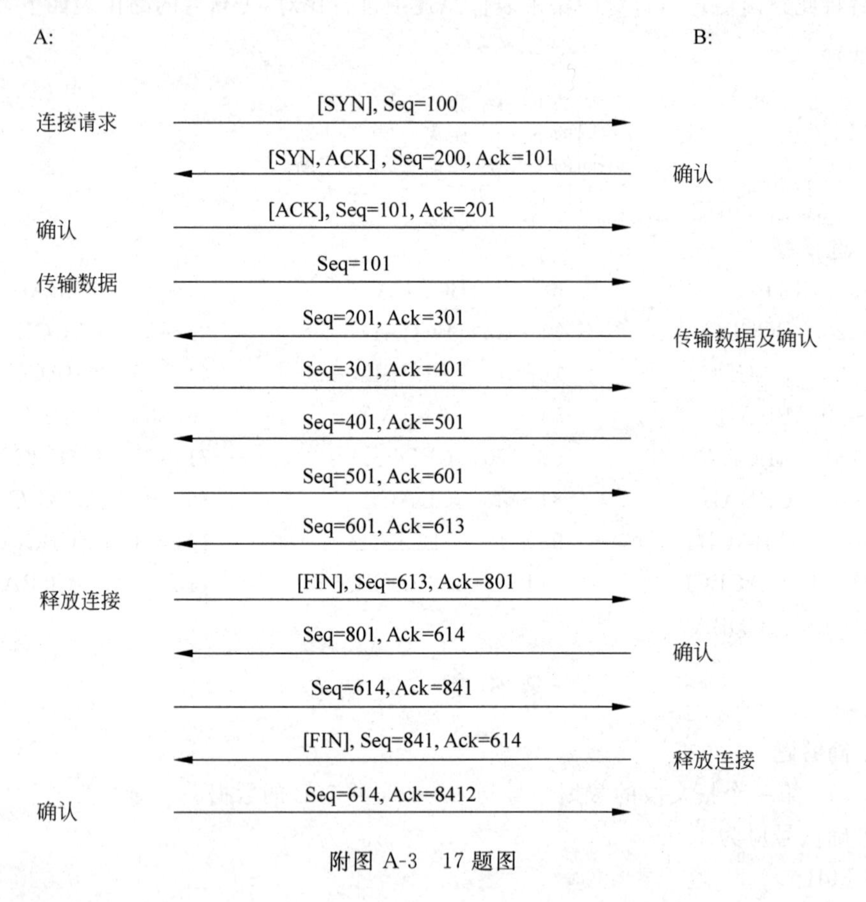

附图 A-3　17 题图

29. 如附表 A-6 所示。

附表 A-6　29 题表

传输轮次	1	2	3	4	5	6	7	8	9	10
拥塞窗口大小	1	2	4	8	9	10	1	2	4	5

二、选择题

1～5　BCCAB　　6～10　DCBCB　　11～15　DBBDD

16～20　CACAC　　21～25　BDCCA　　26～30　ABBCB

31～35	ACBBC	36～40	CBBBD	41～45	ACCAB
46～50	DABDC	51～55	ABBDC	56～60	ACDAD
61～65	ACBAB	66～70	ADCBB	71～72	BC

第6章　应用层

一、简答题

4. 对主机 m. a. com 的第一次请求，域名转换过程如下。

（1）主机 m. a. com 作为客户机向本地域名服务器发出 DNS 查询报文，查询域名为 www. abc. net 的主机的 IP 地址。

（2）由于本地域名服务器所管理的缓存中没有该域名，本地域名服务器以客户身份继续向顶级域名服务器 dns. net 查询。

（3）顶级域名服务器根据被查询域名中的 abc，将下属的权威域名服务器 dns. abc. net 的 IP 地址返回给本地域名服务器 dns. a. com。然后，本地域名服务器直接向权威域名服务器 dns. abc. net 进行查询。

（4）权威域名服务器 dns. abc. net 将所查到的 IP 地址返回给本地域名服务器 dns. a. com。

（5）本地域名服务器 dns. a. com 将查到的 IP 地址告知主机 m. a. com，同时在本地域名服务器中缓存下来。

对主机 m. a. com 的第二次请求，域名转换过程如下。

（1）主机 m. a. com 向本地域名服务器 dns. a. com 提出对 www. abc. net 的域名解析请求。

（2）本地域名服务器从缓存中发现有该域名的记录。

（3）本地域名服务器取出该记录，并将对应的 IP 地址告知主机 m. a. com。

5. 交互过程大致如下。

（1）FTP 客户进程访问 FTP 服务器 ftp. bit. edu. cn，首先要完成对该服务器域名的解析，最终获得该服务器的 IP 地址 202.12.66.88。

（2）FTP 的客户进程与服务器进程之间使用 TCP 建立起一条控制连接，并经过它传送包括用户名和口令在内的各种 FTP 命令。

（3）控制连接建立之后，客户进程和服务器进程之间使用 TCP 建立一条数据连接，通过该数据连接进行文件 File1 的传输。

（4）当文件 File1 传输完成之后，客户进程与服务器进程释放数据连接。

（5）客户进程和服务器进程之间使用 TCP 再建立一条数据连接，通过该数据连接进行文件 File2 的传输。

（6）当文件 File2 传输完成之后，客户进程与服务器进程分别释放数据连接和控制连接。

9.（1）alpha. edu，smith；（2）三个，分别是 jones、green 和 brown；（3）beta. gov；（4）jones 和 brown；（5）25；（6）TCP。

13. 步骤如下。

（1）用户第一次访问电子商务网站时，服务器在 HTTP 响应报文中的 cookie 首部行中加入一个新产生的用户ID,并在服务器的后端数据库中建立相应记录。

(2) 在用户主机中产生Cookie文件,由用户浏览器管理。

(3) 用户下一次访问时,浏览器在其HTTP请求报文中的cookie首部行中引用服务器所分配的用户ID,用户的购买记录会被记录在后台数据库中。

二、选择题

1～5 ABCDB　　6～10 BBBAA　　11～15 CCAAC

16～20 BBABB　　21～25 BCABA　　26～30 BBDDB

31～35 ABDDC　　36～40 BABCD　　41～45 AABAB

46～50 DADDB　　51～55 DCABB　　56～60 DBDBC

61～65 CBBCA　　66～70 BABAA　　71～75 DBBCB

76～80 BBCAA　　81～85 DAAAD

第7章　网络安全

二、选择题

1～5 BAABB　　6～10 ACAAC　　11～15 DABDB

16～20 ACDAC　　21～25 ADBAA　　26～30 ABDAB

31～35 DBCBB　　36～40 ABADC　　41～45 ABDDC

46～50 CCCAB　　51～55 AADCD　　56～60 DCDAA

61～65 ADBAB　　66～70 CBBCB　　71～75 DADCC

第8章　网络实验基础知识

二、选择题

1～5 ACBBB　　6～10 ABBBC　　11～15 CCACB

16～20 ABACA　　21～25 BCDDB　　26～30 CCABD

31～35 CDABD　　36～40 BCCCC　　41～45 BCCCA

46～48 CAD

第9章　网络服务器的配置与管理

二、选择题

1～5 ACBBC　　6～10 BCCAD　　11～15 DAAAB

16～20 ABACA　　21～25 BBABA　　26～30 DCDBD

第10章　网络嗅探与协议分析

二、选择题

1～5 ACACC

第11章　交换机的配置与管理

二、选择题

1～5 DBBCA　　6～10 ABCBB　　11～15 CAADB

16～20　DDCDA　　21～25　ACCDB　　26　C

第12章　路由器的配置与管理

二、选择题

1～5　AABDC　　6～10　BBDDA　　11～15　CABDD

16～20　CABBA　　21～25　ACDBB　　26～30　CDAAD

31～35　ABABA　　36～40　DBBCA　　41～45　DDCAC

第13章　宽带接入到 Internet

二、选择题

1～5　BADDB　　6～9　DCBD

第14章　计算机网络综合实验

一、简答题

1. **【问题1】**　(1) B

【问题2】　负载均衡、备份

【问题3】　(2) www　(3) 61.153.172.31

【问题4】　(4) 通过 IP 查找域名。去掉"创建相关的指针(PTR)记录"

【问题5】　启用循环

【问题6】　(5) B　(6) C

2. **【问题1】**　(1) 192.168.10.2　(2) 255.255.255.0　(3) RIP

(4) 192.168.10.0　(5) 192.168.30.0　(6) 192.168.40.0

【问题2】　(7) 212.34.17.9　(8) 255.255.255.224　(9) 设置静态路由

(10) 设置预共享密钥认证方式　(11) 202.100.2.3　(12) vpntest

3. **【问题1】**　(1) 210.27.1.5　(2) 210.27.1.7

【问题2】　(3) 192.168.0.1

【问题3】　(4) 8 天

【问题4】　进行"添加排除"IP 地址的操作

【问题5】　(5) DHCP pool　(6) network　(7) default-router

【问题6】　(8) B　(9) A

【问题7】　(10) 给 KK 和 QQQ 指定不同的 IP 地址

(11) 给 KK 和 QQQ 指定不同的主机头值

(12) 给 KK 和 QQQ 指定不同的端口号

4. **【问题1】**　(1) A　(2) D　(3) B　(4) B　(5) E　(6) F

【问题2】　使用以太网上的 PPP(PPPoE)连接

(8) 0.0.0.0

(9) 192.168.1.0

(10) 210.27.176.0

【问题3】　(11) netsh dhcp server import c:\dhcpbackup.txt

(12) administrators

【问题 4】 (13) C (14) D

5. **【问题 1】** (1) C (2) B

【问题 2】 (3) B (4) D

【问题 3】 (5) A

【问题 4】 (6) A (7) B

【问题 5】 (8) C

【问题 6】 (9) 拒绝访问 (10) 200.115.12.0

6. **【问题 1】** (1) ARP 或地址解析协议

【问题 2】 (2) C (3) A (4) B

【问题 3】 (5) B (6) A (7) D

【问题 4】 (8) D (9) B (10) A (11) C

二、选择题

1～5 BCCDA　6～10 BDCCD　11～15 ABBDC

16～20 DBDDA　21～25 DABCA

附录B 2016年下半年软考网络工程师考试真题

B.1 2016年下半年软考网络工程师真题(上午题)

• 在程序运行过程中,CPU需要将指令从内存中取出并加以分析和执行。CPU依据 (1) 来区分在内存中以二进制编码形式存放的指令和数据。

(1) A. 指令周期的不同阶段　　B. 指令和数据的寻址方式
C. 指令操作码的译码结　　D. 指令和数据所在的存储单元

• 计算机在一个指令周期的过程中,为从内存读取指令操作码,首先要将 (2) 的内容送到地址总线上。

(2) A. 指令寄存器(IR)　　B. 通用寄存器(GR)
C. 程序计数器(PC)　　D. 状态寄存器(PSW)

• 设16位浮点数,其中阶符1位、阶码值6位、数符1位,尾数8位。若阶码用移码表示,尾数用补码表示,则该浮点数所能表示的数值范围是 (3) 。

(3) A. $-2^{64} \sim (1-2^{-8})2^{64}$
B. $-2^{63} \sim (1-2^{-8})2^{63}$
C. $-(1-2^{-8})2^{64} \sim (1-2^{-8})2^{64}$
D. $-(1-2^{-8})2^{63} \sim (1-2^{-8})2^{63}$

• 已知数据信息为16位,最少应附加 (4) 位校验位,以实现海明码纠错。

(4) A. 3　　B. 4　　C. 5　　D. 6

• 将一条指令的执行过程分解为取指、分析和执行三步,按照流水方式执行,若取指时间 $t_{取指}=4\Delta t$、分析时间 $t_{分析}=2\Delta t$、执行时间 $t_{执行}=3\Delta t$,则执行完100条指令,需要的时间为(5) Δt。

(5) A. 200　　B. 300　　C. 400　　D. 405

• 在敏捷过程的开发方法中, (6) 使用了迭代的方法,其中,把每段时间(30天)一次的迭代称为一个“冲刺”,并按需求的优先级别来实现产品,多个自组织和自治的小组并行地递增实现产品。

(6) A. 极限编程XP　　B. 水晶法
C. 并列争球法　　D. 自适应软件开发

• 某软件项目的活动图如附图B-1所示,其中顶点表示项目里程碑,连接顶点的边表示包含的活动,边上的数字表示相应活动的持续时间(天),则完成该项目的最少时

间为 (7) 天。活动 BC 和 BF 最多可以晚开始 (8) 天而不会影响整个项目的进度。

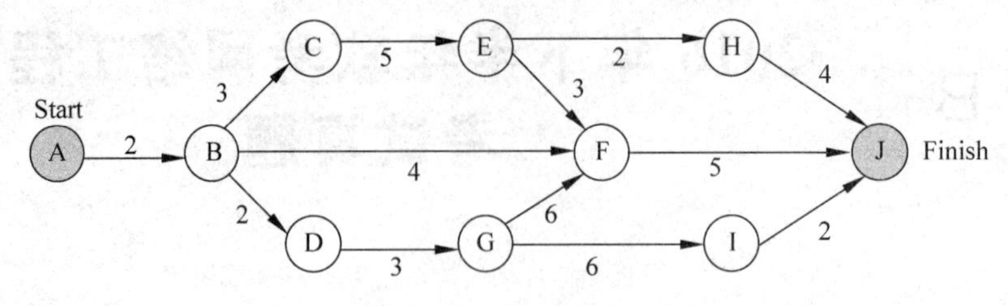

附图 B-1 项目活动图

(7) A. 11　　B. 15　　C. 16　　D. 18

(8) A. 0 和 7　　B. 0 和 11　　C. 2 和 7　　D. 2 和 11

• 假设系统有 n 个进程共享资源 R，且资源 R 的可用数为 3，其中 $n\geqslant3$。若采用 PV 操作，则信号量 S 的取值范围应为 (9) 。

(9) A. $-1\sim n-1$　　B. $-3\sim3$　　C. $-(n-3)\sim3$　　D. $-(n-1)\sim1$

• 甲乙两厂生产的产品类似，且产品都拟使用“B”商标。两厂于同一天向商标局申请商标注册，且申请注册前两厂均未使用“B”商标。此情形下， (10) 能核准注册。

(10) A. 甲厂　　B. 由甲、乙厂抽签确定的厂
C. 乙厂　　D. 甲、乙两厂

• 能隔离局域网中广播风暴、提高带宽利用率的设备是 (11) 。

(11) A. 网桥　　B. 集线器　　C. 路由器　　D. 交换机

• 点对点协议 PPP 中 LCP 的作用是 (12) 。

(12) A. 包装各种上层协议　　B. 封装承载的网络层协议
C. 把分组转变成信元　　D. 建立和配置数据链路

• TCP/IP 网络中的 (13) 实现应答、排序和流控功能。

(13) A. 数据链路层　　B. 网络层　　C. 传输层　　D. 应用层

• 在异步通信中，每个字符包含 1 位起始位、7 位数据位、1 位奇偶位和 1 位终止位，每秒钟传送 100 个字符，采用 DPSK 调制，则码元速率为 (14) ，有效数据速率为 (15) 。

(14) A. 200 波特　　B. 500 波特　　C. 1000 波特　　D. 2000 波特

(15) A. 200b/s　　B. 500b/s　　C. 700b/s　　D. 1000b/s

• E1 载波的数据速率是 (16) Mb/s，E3 载波的数据速率是 (17) Mb/s。

(16) A. 1.544　　B. 2.048　　C. 8.448　　D. 34.368

(17) A. 1.544　　B. 2.048　　C. 8.448　　D. 34.368

• IPv6 的链路本地地址是在地址前缀 1111 1110 10 之后附加 (18) 形成的。

(18) A. IPv4 地址　　B. MAC 地址
C. 主机名　　D. 随机产生的字符串

• 连接终端和数字专线的设备 CSU/DSU 被集成在路由器的 (19) 端口中。

(19) A. RJ-45 端口　　B. 同步串口　　C. AUI 端口　　D. 异步串口

• ____(20)____协议可通过主机的逻辑地址查找对应的物理地址。

(20) A. DHCP　　B. SMTP　　C. SNMP　　D. ARP

• 下面的应用层协议中通过 UDP 传送的是____(21)____。

(21) A. SMT　　B. TFTP　　C. POP3　　D. HTTP

• 代理 ARP 是指____(22)____。

(22) A. 由邻居交换机把 ARP 请求传送给远端目标

B. 由一个路由器代替远端目标回答 ARP 请求

C. 由 DNS 服务器代替远端目标回答 ARP 请求

D. 由 DHCP 服务器分配一个回答 ARP 请求的路由器

• 如果路由器收到了多个路由协议转发的、关于某个目标的多条路由，它决定____(23)____。

(23) A. 选择与自己路由协议相同的　　B. 选择路由费用最小的

C. 比较各个路由的管理距离　　D. 比较各个路由协议的版本

• 下面的选项中属于链路状态路由选择协议的是____(24)____。

(24) A. OSPF　　B. IGRP　　C. BGP　　D. RIPv2

• 如附图 B-2 所示的 OSPF 网络由多个区域组成。在这些路由器中，属于主干路由器的是____(25)____，属于自治系统边界路由器(ASBR)的是____(26)____。

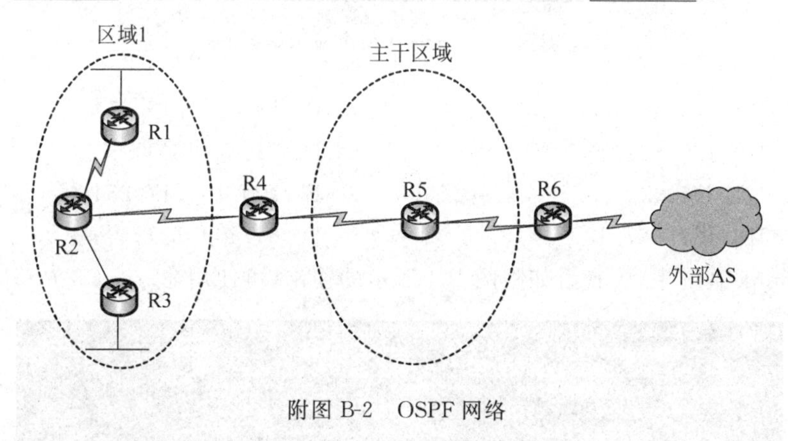

附图 B-2　OSPF 网络

(25) A. R1　　B. R2　　C. R3　　D. R4

(26) A. R3　　B. R4　　C. R5　　D. R6

• RIPv2 与 RIPv1 相比，____(27)____。

(27) A. RIPv2 的最大跳数扩大了，可以适应规模更大的网络

B. RIPv2 变成无类别的协议，必须配置子网掩码

C. RIPv2 用跳数和带宽作为度量值，可以有更多的选择

D. RIPv2 可以周期性地发送路由更新，收敛速度比原来的 RIP 快

• 在采用 CRC 校验时，若生成多项式为 $G(X)=X^5+X^2+X+1$，传输数据为 1011110010101 时，生成的帧检验序列为____(28)____。

(28) A. 10101　　B. 01101　　C. 00000　　D. 11100

• 结构化布线系统分为 6 个子系统，其中干线子系统的作用是____(29)____。

(29) A. 连接各个建筑物中的通信系统
　　B. 连接干线子系统和用户工作区
　　C. 实现中央主配线架与各种不同设备之间的连接
　　D. 实现各楼层设备间子系统之间的互连

• Windows 命令 tracert www.163.com.cn 显示的内容如附图 B-3 所示，那么本地默认网关的 IP 地址是＿(30)＿，网站 www.163.com.cn 的 IP 地址是＿(31)＿。

```
C:\Documents and Settings\Administrator>tracert www.163.com.cn

Tracing route to www.163.com.cn [219.137.167.157]
over a maximum of 30 hops:

  1    26 ms    15 ms    11 ms  100.100.17.254
  2    <1 ms    <1 ms    <1 ms  254-20-168-128.cos.it-comm.net [128.168.20.254]

  3    <1 ms    <1 ms    <1 ms  61.150.43.65
  4    <1 ms    <1 ms    <1 ms  222.91.155.5
  5    <1 ms    <1 ms    <1 ms  125.76.189.81
  6     1 ms    <1 ms    <1 ms  61.134.0.13
  7    28 ms    28 ms    28 ms  202.97.35.229
  8    28 ms    29 ms    29 ms  61.144.3.17
  9    29 ms    29 ms    32 ms  61.144.5.9
 10    32 ms    32 ms    32 ms  219.137.11.53
 11    29 ms    29 ms    28 ms  219.137.167.157

Trace complete.
```

附图 B-3　tracert 命令显示结果

(30) A. 128.168.20.254　　B. 100.100.17.254
　　C. 219.137.167.157　　D. 61.144.3.17

(31) A. 128.168.20.254　　B. 100.100.17.254
　　C. 219.137.167.157　　D. 61.144.3.17

• 在 Linux 系统中，要查看如附图 B-4 所示的输出，可使用命令＿(32)＿。

```
eth0      Link encap:Ethernet  HWaddr 00:0c:29:b1:da:10
          inet addr:192.168.44.149  Bcast:192.168.44.255  Mask:255.255.255.0
          inet6 addr: fe80::20c:29ff:feb1:da10/64 Scope:Link
          UP BROADCAST RUNNING MULTICAST  MTU:1500  Metric:1
          RX packets:56 errors:0 dropped:0 overruns:0 frame:0
          TX packets:108 errors:0 dropped:0 overruns:0 carrier:0
          collisions:0 txqueuelen:1000
          RX bytes:13428 (13.4 KB)  TX bytes:14309 (14.3 KB)
          Interrupt:19 Base address:0x2000
```

附图 B-4　Linux 命令输出

(32) A. [root@localhost]# ifconfig　　B. [root@localhost]# ipconfig eth0
　　C. [root@localhost]# ipconfig]　　D. [root@localhost]# ipconfig figeth0

• 当 DHCP 服务器拒绝客户端的 IP 地址请求时发送＿(33)＿报文。

(33) A. DhcpOffer　B. DhcpDecline　C. DhcpAck　D. DhcpNack

• 在进行域名解析过程中，当主域名服务器查找不到 IP 地址时，由＿(34)＿负责域名解析。

(34) A. 本地缓存　　B. 辅域名服务器
　　C. 根域名服务器　　D. 转发域名服务器

• 在建立 TCP 连接过程中，出现错误连接时，___(35)___标志字段置“1”。

(35) A. SYN　　B. RST　　C. FIN　　D. ACK

• POP3 服务器默认使用___(36)___协议的___(37)___的端口。

(36) A. UDP　　B. TCP　　C. SMTP　　D. HTTP

(37) A. 21　　B. 25　　C. 53　　D. 110

• 当客户端收到多个 DHCP 服务器的响应时，客户端会选择___(38)___地址作为自己的 IP 地址。

(38) A. 最先到达的　　B. 最大的　　C. 最小的　　D. 租期最长的

• 在 Windows 的 DOS 窗口中输入命令

```
C: \> nslookup
> set type = a
> xyz.com.cn
```

这个命令序列的作用是___(39)___。

(39) A. 查询 xyz.com.cn 的邮件服务器信息

B. 查询 xyz.com.cn 到 IP 地址的映射

C. 查询 xyz.com.cn 的资源记录类型

D. 显示 xyz.com.cn 中各种可用的信息资源记录

• 下面是 DHCP 工作的 4 种消息，正确的顺序应该是___(40)___。

① DHCP Discovery ②DHCP Offer ③DHCP Request ④DHCP Ack

(40) A. ①③②④　　B. ①②③④　　C. ②①③④　　D. ②③①④

• 在 Linux 中，___(41)___命令可将文件以修改时间顺序显示。

(41) A. ls -a　　B. ls -b　　C. ls -c　　D. ls -d

• 要在一台主机上建立多个独立域名的站点，下面的方法中___(42)___是错误的。

(42) A. 为计算机安装多块网卡　　B. 使用不同的主机头名

C. 使用虚拟目录　　D. 使用不同的端口号

• 下面不属于数字签名作用的是___(43)___。

(43) A. 接收者可验证消息来源的真实性

B. 发送者无法否认发送过该消息

C. 接收者无法伪造或篡改消息

D. 可验证接收者的合法性

• 下面可用于消息认证的算法是___(44)___。

(44) A. DES　　B. PGP　　C. MD5　　D. KMI

• DES 加密算法的密钥长度为 56 位，三重 DES 的密钥长度为___(45)___位。

(45) A. 168　　B. 128　　C. 112　　D. 56

• 在 Windows Server 2003 中，___(46)___组成员用户具有完全控制权限。

(46) A. Users　　B. Power Users　　C. Administrators　　D. Guests

• SNMP 中网管代理使用___(47)___操作向管理站发送异步事件报告。

(47) A. trap　　B. set　　C. get　　D. get-next

• 当发现主机受到 ARP 攻击时需清除 ARP 缓存，使用的命令是___(48)___。

(48) A. arp -a　　B. arp -s　　C. arp -d　　D. arp -g

- 从 FTP 服务器下载文件的命令是 (49) 。

(49) A. get　　B. dir　　C. put　　D. push

- 由于内网 P2P、视频/流媒体、网络游戏等流量占用过大，影响网络性能，可以采用 (50) 来保障正常的 Web 及邮件流量需求。

(50) A. 使用网闸　　B. 升级核心交换机
　　C. 部署流量控制设备　　D. 部署网络安全审计设备

- ISP 分配给某公司的地址块为 199. 34. 76. 64/28，则该公司得到的 IP 地址数是 (51) 。

(51) A. 8　　B. 16　　C. 32　　D. 64

- 下面是路由表的 4 个表项，与地址 220. 112. 179. 92 匹配的表项是 (52) 。

(52) A. 220. 112. 145. 32/22　　B. 220. 112. 145. 64/22
　　C. 220. 112. 147. 64/22　　D. 220. 112. 177. 64/22

- 下面 4 个主机地址中属于网络 110. 17. 200. 0/21 的地址是 (53) 。

(53) A. 110. 17. 198. 0　　B. 110. 17. 206. 0
　　C. 110. 17. 217. 0　　D. 110. 17. 224. 0

- 某用户得到的网络地址范围为 110. 15. 0. 0～110. 15. 7. 0，这个地址块可以用 (54) 表示，其中可以分配 (55) 个可用主机地址。

(54) A. 110. 15. 0. 0/20　　B. 110. 15. 0. 0/21
　　C. 110. 15. 0. 0/16　　D. 110. 15. 0. 0/24

(55) A. 2048　　B. 2046　　C. 2000　　D. 2056

- 下面的提示符 (56) 表示特权模式。

(56) A. >　　B. #　　C. (config)#　　D. !

- 把路由器当前配置文件存储到 NVRAM 中的命令是 (57) 。

(57) A. Router(confg)#copy current to startlng
　　B. Router#copy startmg to running
　　C. Router(config)#copy running-config starting-config
　　D. Router#copy run startup

- 如果路由器显示"Serial 1 is down，line protocol is down"故障信息，则问题出在 OSI 参考模型的 (58) 。

(58) A. 物理层　　B. 数据链路层　　C. 网络层　　D. 会话层

- 下面的交换机命令中 (59) 为端口指定 VLAN。

(59) A. S1(config-if)# vlan-menbership static
　　B. S1(config-if)# vlan database
　　C. S1(config-iif)# switchport mode access
　　D. S1(config-if)#switchport access vlan 1

- STP 的作用是 (60) 。

(60) A. 防止二层环路　　B. 以太网流量控制
　　C. 划分逻辑网络　　D. 基于端口的认证

• VLAN之间通信需要__(61)__上的支持。

(61) A. 网桥　B. 路由器　C. VLAN服务器　D. 交换机

• 以太网中出现冲突后,发送方__(62)__再次尝试发送。

(62) A. 再次收到目标站的发送请求后
　B. 在JAM信号停止并等待一段固定时间后
　C. 在JAM信号停止并等待一段随机时间后
　D. 当JAM信号指示冲突已经被清除后

• 网桥怎样知道网络端口连接了哪些网站?__(63)__
当网桥连接的局域网出现环路时怎么办?__(64)__

(63) A. 如果从端口收到一个数据帧,则将其目标地址记入该端口的数据库
　B. 如果从端口收到一个数据帧,则将其源地址记入该端口的数据库
　C. 向端口连接的各个站点发送请求以便获取其MAC地址
　D. 由网络管理员预先配置好各个端口的地址数据库

(64) A. 运行生成树协议阻塞一部分端口
　B. 运行动态主机配置协议重新分配端口地址
　C. 通过站点之间的协商产生一部分备用端口
　D. 各个网桥通过选举产生多个没有环路的生成树

• IEEE 802.11标准采用的工作频段是__(65)__。

(65) A. 900MHz和800MHz　B. 900MHz和2.4GHz
　C. 5GHz和800MHz　D. 2.4GHz和5GHz

• IEEE 802.11 MAC子层定义的竞争性访问控制协议是__(66)__。

(66) A. CSMA/CA　B. CSMA/CB　C. CSMA/CD　D. CSMA/CG

• 无线局域网的新标准IEEE 802.11n提供的最高数据速率可达到__(67)__Mb/s。

(67) A. 54　B. 100　C. 200　D. 300

• 在网络设计和实施过程中要采取多种安全措施,下面的选项中属于系统安全需求措施的是__(68)__。

(68) A. 设备防雷击　B. 入侵检测
　C. 漏洞发现与补丁管理　D. 流量控制

• 在网络的分层设计模型中,对核心层工作规程的建议是__(69)__。

(69) A. 要进行数据压缩以提高链路利用率
　B. 尽量避免使用访问控制列表以减少转发延迟
　C. 可以允许最终用户直接访问
　D. 尽量避免冗余连接

• 在网络规划和设计过程中,选择网络技术时要考虑多种因素。下面的各种考虑中不正确的是__(70)__。

(70) A. 网络带宽要保证用户能够快速访问网络资源
　B. 要选择具有前瞻性的网络新技术
　C. 选择网络技术时要考虑未来网络扩充的需要
　D. 通过投入产出分析确定使用何种技术

All three types of cryptography schemes have unique function mapping to specific. For example, the symmetric key ___(71)___ approach is typically used for the encryption of data providing ___(72)___, where as asymmetric key cryptography is mainly used in key ___(73)___ and nonrepudiation, there by providing confidentiality and authentication. The hash ___(74)___ (noncryptic), on the other hand, does not provide confidentiality but provides message integrity, and cryptographic hash algorithms provide message ___(75)___ and identity of peers during transport over insecure channels.

(71) A. cryptography　B. decode　C. privacy　D. security

(72) A. conduction　B. confidence　C. confidentiality　D. connection

(73) A. authentication　B. structure　C. encryption　D. exchange

(74) A. algorithm　B. Secure　C. structure　D. encryption

(75) A. confidentiality　B. integrity　C. service　D. robustness

B.2　2016年下半年软考网络工程师真题(下午试卷)

试题一(共20分)

阅读以下说明,回答问题1～6,将解答填入答题纸对应的解答栏内。

【说明】

某企业的行政部、技术部和生产部分布在三个区域,随着企业对信息化需求的提高,现拟将网络出口链路由单链路升级为双链路,提升ERP系统服务能力以及加强员工上网行为管控。网络管理员依据企业现有网络和新的网络需求设计了该企业网络拓扑(如附图B-5所示),并对网络地址重新进行了规划,其中防火墙设备集成了传统防火墙与路由功能。

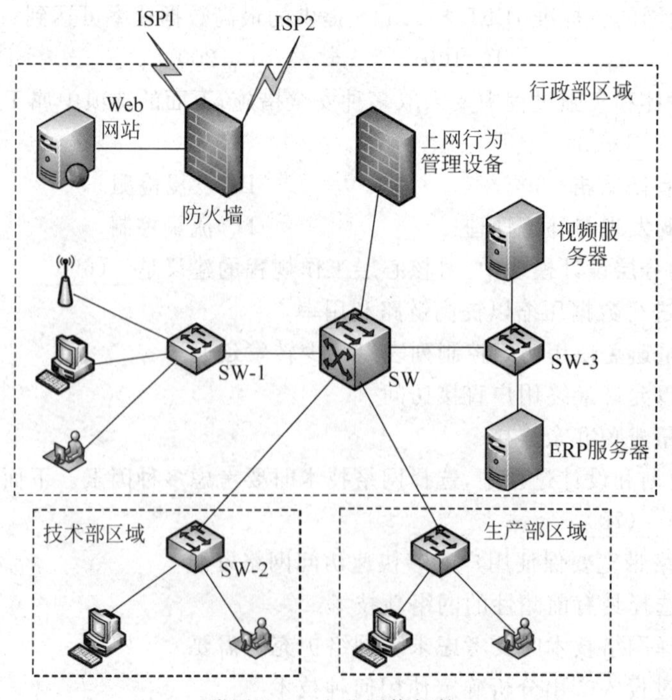

附图B-5　企业网络拓扑

【问题1】（4分）

在附图B-5所示的防火墙设备中，配置双出口链路有提高总带宽、___(1)___、链路负载均衡作用。通过配置链路聚合来提高总带宽，通过配置___(2)___来实现链路负载均衡。

【问题2】（4分）

防火墙工作模式有路由模式、透明模式、混合模式，若该防火墙接口均配有IP地址，则防火墙工作在___(3)___模式，该模式下，ERP服务器部署在防火墙的___(4)___区域。

【问题3】（4分）

若地址规划如附表B-1所示，从IP规划方案看该地址的配置可能有哪些方面的考虑？

附表B-1　地址规划

位置或系统	VLAN ID	地 址 区 间	信息点数量	备　注
行政部	10～13	192.168.10.0～192.168.13.0	60	网段按楼层分配，每个网段末位地址为网关
技术部	14～17	192.168.14.0～192.168.17.0	80	
生产部	18～20	192.168.18.0～192.168.20.0	30	
无线网络	22	192.168.22.0		行政楼区域部署
监控网络	23	192.168.23.0	30	信息点分散
ERP	30	192.168.30.0		

【问题4】（3分）

该网络拓扑中，上网行为管理设备的位置是否合适？请说明理由。

【问题5】（3分）

该网络中有无线结点的接入，在安全管理方面应采取哪些措施？

【问题6】（2分）

该网络中视频监控系统与数据业务共用网络带宽，存在哪些弊端？

试题二（共20分）

阅读下列说明，回答问题1～4，将解答填入答题纸的对应栏内。

【说明】

附图B-6是某互联网企业网络拓扑，该网络采用二层结构，网络安全设备有防火墙、入侵检测系统，楼层接入交换机32台，全网划分17个VLAN，对外提供Web和邮件服务，数据库服务器和邮件服务器均安装CentOS操作系统（Linux平台），Web服务器安装Windows 2008操作系统。

【问题1】（6分）

SAN常见方式有FC-SAN和IPSAN，在附图B-6中，数据库服务器和存储设备连接方式为___(1)___，邮件服务器和存储设备连接方式为___(2)___。

虚拟化存储常用文件系统格式有CIFS、NFS，为邮件服务器分配存储空间时应采用的文件系统格式是___(3)___，为Web服务器分配存储空间应采用的文件系统格式是___(4)___。

【问题2】（3分）

该企业采用RAID5方式进行数据冗余备份。请从存储效率和存储速率两个方面比较RAID1和RAID5两种存储方式，并简要说明采用RAID5存储方式的原因。

【问题3】（8分）

网络管理员接到用户反映，邮件登录非常缓慢，按以下步骤进行故障诊断。

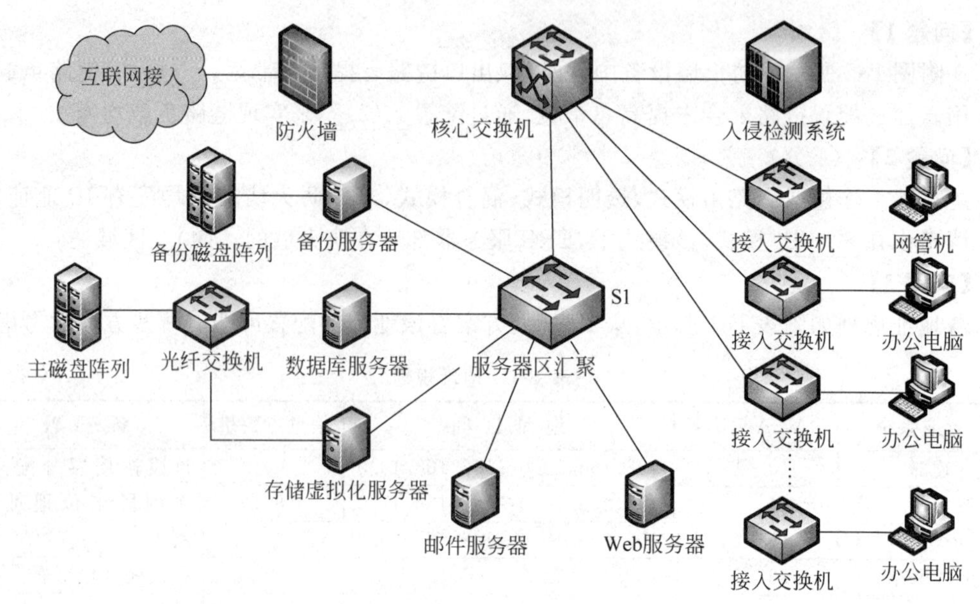

附图 B-6　企业网络拓扑

1. 通过网管机,利用__(5)__登录到邮件服务器,发现邮件服务正常,但是连接时断时续。

2. 使用__(6)__命令诊断邮件服务器的网络连接情况,发现网络丢包严重,登录服务器区汇聚交换机 S1,发现连接邮件服务器的端口数据流量异常,收发包量很大。

3. 根据以上情况,邮件服务器的可能故障为__(7)__,应采用__(8)__的办法处理上述故障。

(5)～(8)备选答案:

(5) A. ping　　B. ssh　　C. tracert　　D. mstsc

(6) A. ping　　B. telnet　　C. tracet　　D. netstat

(7) A. 磁盘故障　　B. 感染病毒　　C. 网卡故障　　D. 负荷过大

(8) A. 更换磁盘　　B. 安装防病毒软件,并查杀病毒

C. 更换网卡　　D. 提升服务器处理能力

【问题 4】 (3 分)

上述企业网络拓扑存在的网络安全隐患有:__(9)__、__(10)__、__(11)__。

(9)～(11)备选答案:

A. 缺少针对来自局域网内部的安全防护措施

B. 缺少应用负载均衡

C. 缺少流量控制措施

D. 缺少防病毒措施

E. 缺少 Web 安全防护措施

F. 核心交换机到服务器区汇聚交换缺少链路冗余措施

G. VLAN 划分太多

试题三(共 20 分)

阅读以下说明,回答问题 1～4,将解答填入答题纸对应的解答栏内。

【说明】

某公司的IDC(互联网数据中心)服务器Server1采用Windows Server 2003操作系统,IP地址为172.16.145.128/24,为客户提供Web服务和DNS服务;配置了三个网站,域名分别为www.company1.com、www.company2.com和www.company3.com。其中,company1使用默认端口。基于安全的考虑,不允许用户上传文件和浏览目录。company2和company3对应的网站目录分别为company1-web、company2-web和company3-web,如附图B-7所示。

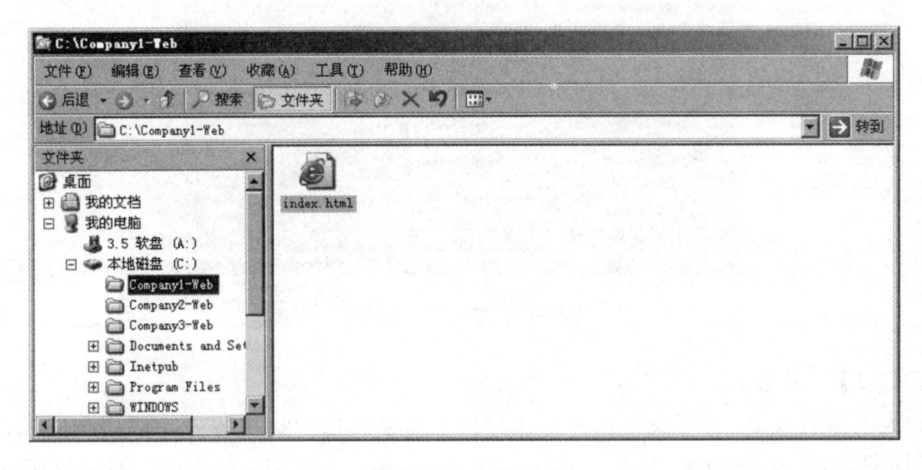

附图B-7 网站目录

【问题1】(2分,每空1分)

为安装Web服务和DNS服务,Server1必须安装的组件有 (1) 、 (2) 。

(1)~(2)备选答案:

A. 网络服务 B. 应用程序服务器 C. 索引服务 D. 证书服务 E. 远程终端

【问题2】(4分,每空2分)

在IIS中创建这三个网站时,在附图B-8中勾选读取 (3) 和执行,并在如附图B-9所示的"文档"选项卡中添加 (4) 为默认文档。

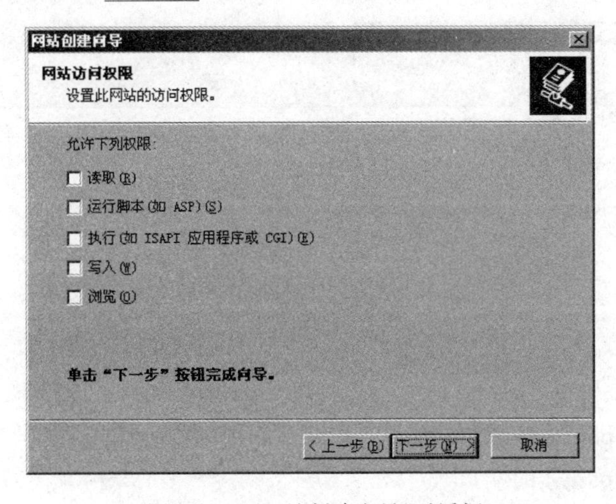

附图B-8 "网站创建向导"对话框

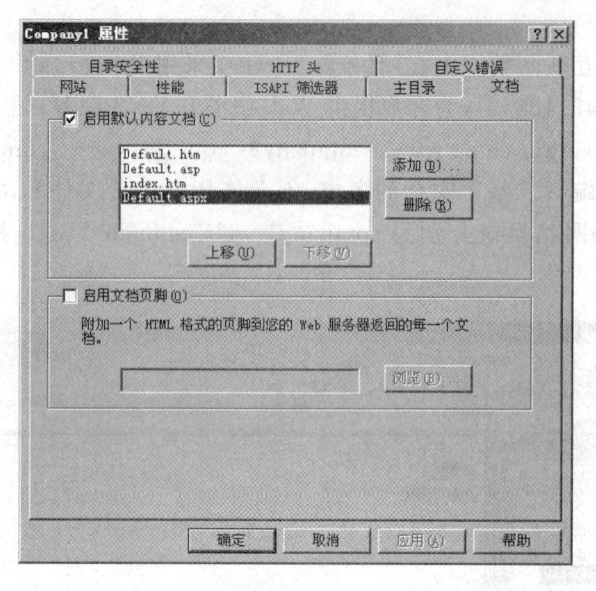

附图 B-9 "文档"选项卡

【问题 3】 (6 分,每空 1 分)

1. 为了节省成本,公司决定在一台计算机上为多类用户提供服务。使用不同端口号来区分不同网站,company1 使用默认端口__(5)__,company2 和 company3 的端口应在 1025 至__(6)__范围内任意选择,在访问 company2 或者 company3 时需在域名后添加对应端口号,使用__(7)__符号连接。设置完成后,管理员对网站进行了测试,测试结果如附图 B-10 所示,原因是__(8)__。

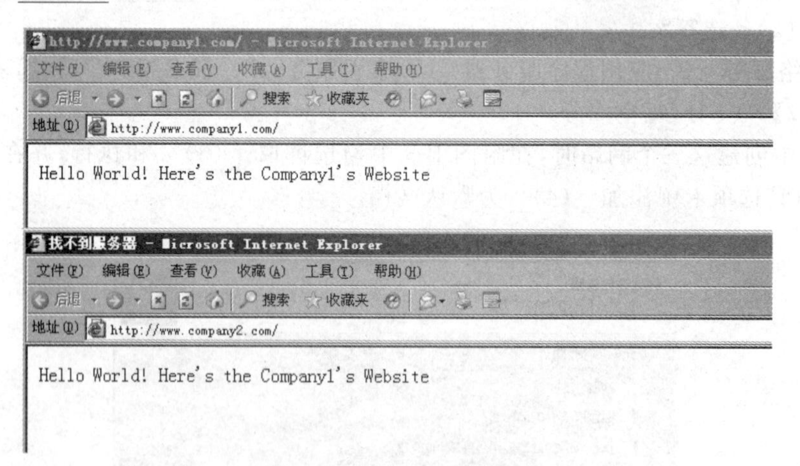

附图 B-10 测试结果

(8) 备选答案:

A. IP 地址对应错误

B. 未指明 company1 的端口号

C. 未指明 company2 的端口号

D. 主机头设置错误

2. 为便于用户访问，管理员决定采用不同主机头值的方法为用户提供服务，需在 DNS 服务中正向查找区域为三个网站域名分别添加__(9)__记录。网站 company2 的主机头值应设置为__(10)__。

【问题 4】（8 分，每空 2 分）

随着 company1 网站访问量的不断增加，公司为 company1 设立了多台服务器。下面是 ping 网站 www. company1. com 后返回的 IP 地址及响应状况，如附图 B-11 所示。

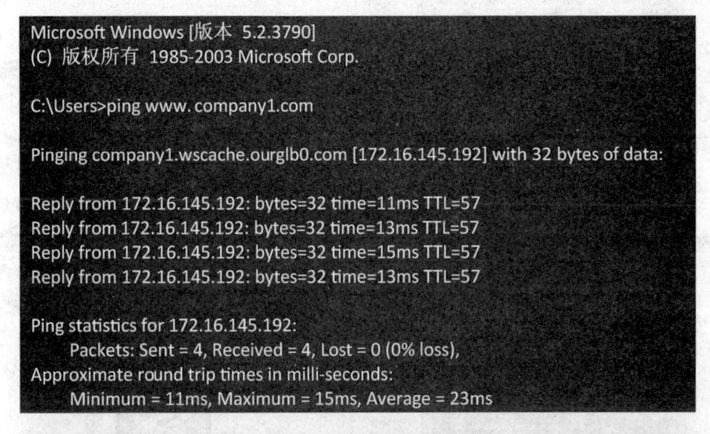

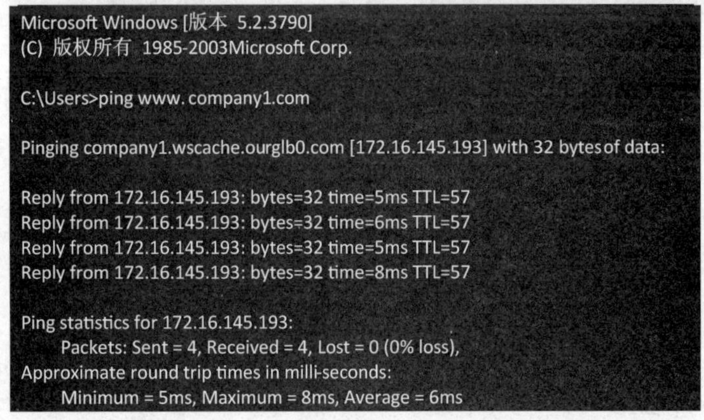

附图 B-11　ping 网站 company1 的响应状况

从附图 B-11 可以看出，域名 www. company1. com 对应了多个 IP 地址，说明在附图 B-12 所示的 DNS 属性中启用了__(11)__功能。

在附图 B-12 中勾选了“启用网络掩码排序”后，当存在多个匹配记录时，系统会自动检查这些记录与客户端 IP 的网络掩码匹配度，按照__(12)__原则来应答客户端的解析请求。如果勾选了“禁用递归”，这时 DNS 服务器仅采用__(13)__查询模式。当同时启用了网络掩码排序和循环功能时，__(14)__优先级较高。

(14) 备选答案：

A. 循环　　　B. 网络掩码排序

试题四(共 15 分)

阅读以下说明，回答问题 1 和问题 2，将解答填入答题纸对应的解答栏内。

【说明】

某公司建立局域网拓扑图如附图 B-13 所示。公司计划使用路由器作为 DHCP 服务器,根据需求,公司内部使用 C 类地址段,服务器地址段为 192.168.2.0/24,S2 和 S3 分别为公司两个部门的接入交换机,分别配置 VLAN 10 和 VLAN 20,地址段分别使用 192.168.10.0/24 和 192.168.20.0/24,通过 DHCP 服务器自动为两个部门分配 IP 地址,地址租约期为 12 小时。其中,192.168.10.1~192.168.10.10 作为保留地址。

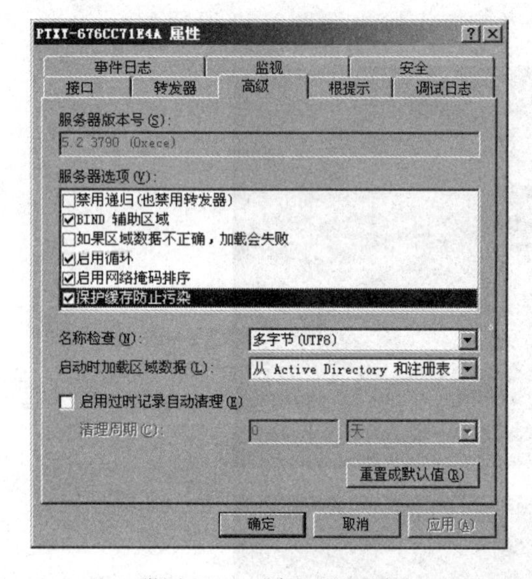

附图 B-12 “高级”选项卡

R1
F0/0：192.168.1.2/24
F0/24：192.168.1.1/24
VLAN 5
F0/21
F0/22
F0/23
S1
DNS Server
192.168.2.253/24
VLAN 10
S2
VLAN 20
S3

附图 B-13 局域网拓扑图

【问题 1】(10 分,每空 1 分)

下面是 R1 的配置代码,请将下面的配置代码补充完整。

```
R1#config t
R1 (config)# interface FastEthernet0/0
R1 (config-if)#ip address __(1)__ __(2)__
R1 (config-if)#no shutdown
R1(config-if)#exit
R1 (config)#ip dhcp __(3)__ depart1
R1 (dhcp-config)#network 192.168.10.0 255.255.255.0
R1 (dhcp-con fig)#default-router 192.168.10.254 255.255.255.0
R1 (dhcp-config)#dns-server __(4)__
R1 (dhcp-config)#lease 0 __(5)__ 0
R1 (dhcp-config)#exit
R1 (config)#ip dhcp pool depart2
R1(dhcp-config)# network __(6)__ __(7)__
R1 (dhcp-config)#default-router 192.168.20.254 255.255255.0
R1 (dhcp-config)# dns-server 192.168.2.253
R1 (dhcp-conlig)# lease 0 12 0
R1 (dhcp-coniig)#exit
R1 (config)# ip dhcp excluded-address __(8)__ __(9)__
R1 (config)# ip dhcp excluded-address __(10)__          //排除掉不能分配的 IP 地址
R1 (config)# ip dhcp excluded-address 192.168.20.254
```

【问题 2】（5 分，每空 1 分）

下面是 S1 的配置代码，请将下面的配置代码解释或补充完整。

```
S1#config terminal
S1(config)#interface vlan 5
S1(config-if)#ip address 192.1682.254 255.255255.0
S1(config)#interface vlan 10
S1(config-if)#ip helper-address  (11)                    //指定 DHCP 服务器的地址
S1(config-if)#exit
S1(config)#interface vlan 20
...
S1(config)#interface f0/24
S1(config-if)#switchport mode  (12)
S1(config-if)# switchport trunk  (13)  vlan all           //允许所有 VLAN 数据通过
S1(config-if)#exit
S1(config)#interface f0/21
S1(config-if)#switchport mode access
S1(config-if)#switchport access vlan 5
S1(config-if)#exit
S1(config)#interface f0/22
S1(config-if)#switchport mode access
S1(config-if)#switchport access  (14)
S1(config)#interface f0/23
S1(config-if)#switchport mode access
S1(config-if)#switchport access  (15)
```

B.3 2016 年下半年软考网络工程师考试真题参考答案

B.3.1 上午试卷参考答案

1～5	BCBCD	6～10	CDACB	11～15	CDCCC	16～20	BDBBD
21～25	BBCAD	26～30	DDCDB	31～35	CDDDB	36～40	BDABB
41～45	CCDCC	46～50	CACAC	51～55	BDBBB	56～60	BDADA
61～65	BCBAD	66～70	ADCBB	71～75	ACCAA		

B.3.2 下午试卷参考答案

试题一

【问题 1】（1）提高可靠性　（2）策略路由

【问题 2】（3）路由模式　（4）信任区域/或者写内网

【问题 3】可扩展性，包括部门中信息点数的可扩展和增强部门的可扩展。

【问题 4】不适合，应该串接在防火墙和核心交换之间，因为要对用户上网行为进行管控，要保证上网数据流经上网行为管理设备。

【问题 5】注意 SSID 的隐藏，MAC 地址的过滤，接入认证，加密方式的选择。

【问题 6】视频监控系统业务流量大，如果带宽不足，会影响正常数据业务的传输。

试题二

【问题 1】（1）FC SAN　（2）IP SAN　（3）NFS　（4）CIFS

【问题 2】 RAID1 通过磁盘数据镜像实现数据冗余，在成对的独立磁盘上产生互为备份的数据，存储效率只有 50%，没有提高存储性能。RAID5 是一种存储性能、数据安全和存储成本兼顾的存储解决方案，存储效率是 $(N-1)/N$，其中，N 是磁盘数量，在 RAID5 上，读/写指针可同时对阵列设备进行操作，提供了更高的存储性能。

采用 RAID5 是因为 RAID5 磁盘空间利用率高，存取速度快，存储成本相对较低。

【问题 3】 (5) B　(6) A　(7) B　(8) B

【问题 4】 (9) D　(10) E　(11) F

试题三

【问题 1】 (1) A　(2) B

【问题 2】 (3) 运行脚本(如 ASP)(S)　(4) index.html

【问题 3】 (5) 80　(6) 65535　(7)：　(8) C

(9) A　(10) www.commany2.com

【问题 4】 (11) 启用循环　(12) 最长匹配原则，对访问者实现的本地子网优先级匹配

(13) 迭代　(14) B

试题四

【问题 1】 (1) 192.168.1.2　(2) 255.255.255.0　(3) pool

(4) 192.168.2.253　(5) 12　(6) 192.168.20.0

(7) 255.255.255.0　(8) 192.168.10.1　(9) 192.168.10.10

(10) 192.168.10.254

【问题 2】 (11) 192.168.1.2　(12) trunk

(13) allowed　(14) vlan 10　(15) vlan 20